U0306261

·中国农业科学院烟草研究所
·中国烟草总公司青州烟草研究所

中国烟草种质资源目录

[续编一]

Catalogue of tobacco germplasm resources in China

[serial one]

主 编 王志德 张兴伟 王元英 刘艳华

中国农业科学技术出版社

图书在版编目（CIP）数据

中国烟草种质资源目录. 续编一 / 王志德等主编. —北京：中国农业科学技术出版社，2018.1

ISBN 978-7-5116-3344-6

Ⅰ. ①中… Ⅱ. ①王… Ⅲ. ①烟草 - 种质资源 - 目录 - 中国
Ⅳ. ① S572.024

中国版本图书馆 CIP 数据核（2017）第 267262 号

责任编辑　闫庆健
文字加工　李功伟
责任校对　马广洋

出 版 者　中国农业科学技术出版社
　　　　　北京市中关村南大街12号　邮编：100081
电　　话　(010) 82106632（编辑室）(010) 82109702（发行部）
　　　　　(010) 82109709（读者服务部）
传　　真　(010) 82106625
网　　址　http://www.castp.cn
经 销 者　各地新华书店
印 刷 者　北京建宏印刷有限公司
开　　本　880mm×1 230mm　1/16
印　　张　29.75
字　　数　766千字
版　　次　2018年1月第1版　2018年1月第1次印刷
定　　价　198.00

版权所有 · 翻印必究

编委会名单
Editorial Board List

主　　编　王志德　张兴伟　王元英　刘艳华

副 主 编　冯全福　杨爱国　戴培刚　罗成刚　牟建民　任　民　刘国祥

编著人员　（以姓氏笔画为序）

于卫松　马　兰　马维广　王　艳　王　毅　王元英　王凤龙
王允白　王志德　王秀芳　王松峰　王绍美　王春军　王　娟
王新伟　文光红　文柳璎　孔凡玉　石　屹　申莉莉　田　峰
付宪奎　冯全福　宁　扬　吕洪坤　朱列书　任　民　任广伟
任学良　向小华　刘　旦　刘仁祥　刘好宝　刘国祥　刘贯山
刘艳华　刘海伟　许立峰　许美玲　孙　渭　孙　鹏　孙玉合
牟建民　巫升鑫　李小龙　李凤霞　李永平　李廷春　李依婷
李雪君　李尊强　杨　龙　杨华应　杨全柳　杨金广　杨春元
杨爱国　时　焦　吴　春　吴国贺　邱恩建　佟　英　张　玉
张　彦　张小全　张兴伟　陈志华　陈志强　陈荣平　陈俊标
陈前锋　陈乾锦　陈德鑫　范书华　林国平　罗成刚　金妍姬
周东新　周应兵　郑永美　赵伟才　赵　彬　胡日生　胡海洲
姜洪甲　耿锐梅　钱玉梅　徐宜民　徐建华　郭承芳　曹景林
常爱霞　崔昌范　董清山　蒋彩虹　程立锐　程君奇　程崖芝
鲁世军　蔡长春　谭铭喜　潘旭浩　戴培刚　魏治中

审　　校　苑文林　蒋予恩

序言
Preamble

种质资源在许多国家，尤其是在发达国家都被提升到战略资源的高度，并对此投入了大量人力物力财力进行保障研究。我国《“十三五”国家科技创新规划》将种质资源研究列为发展现代农业、突破生物育种的核心关键技术，中国农业科学院《“十三五”科学技术发展规划》将种质资源研究列为重点研究领域，中国农业科学院烟草研究所《科技创新工程“十三五”发展规划》和《“十三五”（2016—2020）科技发展规划》将烟草种质资源保护及优异基因资源发掘列为重点研究任务，并列为产业核心理论及基础研究。中国工程院副院长、刘旭院士在各种场合多次谈到，种质资源属于国家战略资源，各资源依托单位要高度重视种质资源的战略性地位；2017 年 4 月 10 日，在中国农业科学院科技创新工程全面推进期工作会议上，中国农业科学院吴孔明副院长的报告中指出，要将作物种质资源与基因改良学科建设成为 10 个世界级农业科学研究中心之一，进一步提升了作物种质资源的战略地位。

种质资源在漫长的进化过程中，积累了来自自然和人工选择引起的丰富遗传变异，蕴藏着各种性状的遗传基因，是进行新品种选育和各类基础研究的物质基础，是农业科技创新驱动战略的重要组成部分。同时，种质资源的数量和质量也直观反映一个国家的科学进步水平。种质资源工作涉及面广，包括种质资源的收集、编目、保护、繁种更新、分发利用和信息系统建立等基础性工作，起源、驯化与传播、种质分类等基础研究，遗传多样性评价、重要性状表型鉴定、种质资源基因型鉴定、基因发掘和种质创新等应用基础研究。其中，种质资源收集、鉴定和编目是最基础和最重要的工作，是进一步进行种质资源利用与创新工作的基础。我国虽然不是烟草起源中心，但已有 400 多年的种植历史，种植的生态环境、栽培措施和人文环境的多样性，使我国蕴含了丰富的烟草种质资源，这些是烟草生产和科研工作的巨大宝库。我国烟草种质资源的收集从无到有，自 20 世纪 50 年代就开展了全国性的种质资源收集工作，经过半个多世纪的不断收集、引进，截至 2016 年年底国家种质资源库保存各类烟草种质多达 5 607 份，我国已成为世界上烟草种质资源保存、编目数量最多的国家。经过几代烟草人的不断努力，已将烟草种质资源库中的材料进行了详尽的鉴定、编目，获得了各种质资源农艺性状、经济性状、外观质量、化学成分、病虫害抗性等一系列翔实的数据。建立了烟草种质资源共享平台，为全国 50 多家育种和教学单位提供各类烟草种质资源达 14 939 次，用作亲本选育了 85 个烟草新品种，极大地支撑了烟草行业育种需求。同时，对 1 614 份烟草种质资源进行 7 种病害 2 种虫害抗性全面系统鉴定，共筛选出抗性优异种质资源 1 406 份，抗性综合优异种质资源 460 份，这些抗性鉴定数据对烟草抗性新品种的培育意义重大。烟草种质资源库支撑了行业科研工作的顺利进行，为烟草基因组计划和特色烟项目提供各类种质资源达 400 余份，提供的 *N.sylvestris*（林烟草）、*N.tomentosiformis*（绒毛状烟草）和红花大金元，已经完成了基因组图谱的绘制工作，这标志着我国对烟草的研究已经上升到了基因组时代。

本书是几代烟草种质资源人辛勤劳动的结晶，

是烟草种质资源基础工作的重要体现，是在1997年版《中国烟草品种资源》基础上，继续将国家烟草种质资源库中收集、编目的种质资源汇编成册，供烟草行业工作者研究利用，以期能推动烟草行业健康有序发展。

本书的出版得到了国家烟草专卖局“中国烟草种质资源平台建设”（国烟办综2005〔501〕号）、农业部保种项目、科技部平台运行服务项目、中国农业科学院科技创新工程（ASTIP-TRIC01）和海南省烟草公司科技项目（20164600020007）的大力资助，在此一并致谢。

“中国烟草种质资源平台建设”是在中国农业科学院烟草研究所牵头下，联合国内共16家研究单位协作攻关完成的，这些单位包括中国农业科学院烟草研究所、山西农业大学、广东省农业科学院作物研究所、中国烟草育种研究（南方）中心、丹东农业科学院烟草研究所、安徽省农业科学院烟草研究所、中国烟草白肋烟试验站、黑龙江省农业科学院牡丹江分院、延边朝鲜族自治州农业科学院、中国烟草西南试验站、中国烟草东南试验站、中国烟草东北试验站、中国烟草中南试验站、湖南省烟草公司湘西自治州公司烟叶生产技术中心、河南省农业科学院烟草研究中心和陕西省烟草研究所等。在此，谨表示衷心的感谢！

尽管全体编写人员为本书付出了极大的艰辛和努力，但因内容较多，编写时间仓促，再加之编写人员水平所限，书中难免存在疏漏和失误之处，敬请广大读者指正，以便再版时修正，使之更臻完善。

主编：王志德　张兴伟　王元英　刘艳华

2017年8月于青岛

目 录

Contents

第二章 烟草种质资源品质鉴定

第三章 烟草种质资源主要病虫害抗性鉴定

第四章 烟草种质资源产量鉴定

附录

编写说明
Preparation of notes

1. 本书收录的是中国农业科学院烟草研究所于1996年《中国烟草品种资源》出版后20年间新收集编目的1970份烟草种质资源，其中烤烟962份，白肋烟120份，黄花烟7份，晒晾烟563份，香料烟22份，雪茄烟4份，药烟245份，野生烟17份。参加本目录编目的单位及其编目种质份数如下：

序号	编目单位	简 称	编目份数
1	中国农业科学院烟草研究所	中烟所	492
2	山西农业大学	山西农大	322
3	广东省农业科学院作物研究所	广东所	307
4	中国烟草育种研究（南方）中心	云南院	174
5	丹东农业科学院烟草研究所	丹东所	96
6	安徽省农业科学院烟草研究所	安徽所	65
7	中国烟草白肋烟试验站	湖北院	64
8	黑龙江省农业科学院牡丹江分院	牡丹江院	59
9	延边朝鲜族自治州农业科学院	延边所	58
10	中国烟草西南试验站	贵州院	55
11	中国烟草东南试验站	东南站	48
12	中国烟草东北试验站	东北站	39
13	山东农业大学	山东农大	39
14	中国烟草中南试验站	中南站	34
15	湖南省烟草公司湘西自治州公司烟叶生产技术中心	湘西所	30

续表

序号	编目单位	简称	编目份数
16	河南省农业科学院烟草研究中心	河南所	22
17	陕西省烟草研究所	陕西所	19
18	福建省烟草农业科学研究所龙岩分所	龙岩分所	16
19	四川省烟草公司达州市公司	达州公司	8
20	河南农业大学	河南农大	6
21	广东省烟草南雄科学研究所	南雄所	4
22	贵州大学	贵州大学	3
23	贵州省遵义市烟草公司	遵义公司	2
24	贵州省烟草公司毕节地区公司	毕节公司	2
25	湖北省烟草公司宜昌市公司	宜昌公司	2
26	福建省烟草农业科学研究所三明分所	三明分所	2
27	湖南中烟工业公司技术中心	湖南中烟	1
28	四川省烟草公司凉山州公司	凉山公司	1

2. 对国家烟草种质资源库烟草种质资源收集工作作出重大贡献的专家还有从美国引进300余份烟草种质资源的蒋予恩研究员、先后送交各类资源达300余份的苑文林先生、考察获得湖北地方晒晾烟资源达100余份的徐宜民研究员、考察获得东北地方晒晾烟资源达100余份的赵彬先生等，在此一并致谢。

3. 本书共分6部分，第1部分是绪论，阐述了烟草的起源和传播，进化和分类，烟草种质资源的重要性以及烟草种质资源的收集、保存、研究和利用情况；第2部分是烟草种质资源目录；第3部分是烟草种质资源品质鉴定，包括原烟外观质量鉴定、化学成分鉴定和香吃味评吸鉴定；第4部分是烟草种质资源主要病虫害抗性鉴定，包括黑胫病、青枯病、根结线虫病、赤星病、病毒病、白粉病和烟蚜的抗性鉴定；第5部分是烟草种质资源产量鉴定；第6部分是附录，包括各类烟草种质资源索引、优异种质名录、烟草种质资源调查记载标准，最后并附全书主要参考文献。

4. 本书采用的数据绝大部分是国家烟草专卖局基础性专项“中国烟草种质资源平台建设”（2006—2011年）项目开展以来16家平台单位通力合作共同鉴定的数据，少部分是国家烟草中期库的历史数据和近几年的鉴定数据。其中农艺性状、外观质量和产量性状由承担具体任务的各平台单位鉴定。病虫害（包括黑胫病、赤星病、根结线虫病、TMV、CMV、PVY、白粉病及烟蚜）抗性由中国烟草遗传育种研究（北方）中心鉴定，部分种质 PVY 抗性由中国烟草东北试验站鉴定，青枯病抗性由中国烟草种质资源平台青枯病鉴定圃（邵武、三明）鉴定。化学成分和评吸质量由农业部烟草产业产品质量监督检验测试中心鉴定（检验依据为铜还原直接滴定法、YC/T 34—1996、YC/T 33—1996、YC/T 173—2003、YC/T 153—2001、YC/T 138—1998 及 GB/T19609—2004）。

5. 本书正文编写结构及顺序按烤烟、白肋烟、黄花烟、晒晾烟、香料烟、雪茄烟、药烟及野生烟共 8 个类型进行，其中烤烟、白肋烟及晒晾烟又按种质类型（即按照地方、品系、选育、引进）分类，然后按照编目单位再进行分类，各类烟草种质资源按照序号从小至大依次进行编写。

6. 为了方便读者查阅，在书后附有“各类烟草种质资源索引”，顺序即按照上面的烟草类型顺序进行，每种类型的种质名称按照拼音进行排序。并附有优异种质名录、烟草种质资源调查记载标准和参考文献。

7. 杂交组合中的“+”在母本中表示嫁接法，如（阳高黑老虎 + 红花烟）× 罗勒。H 表示花药培养，如（88-4009× 中烟 86）H。

8. 本书编写的资料来自全国不同生态条件下各有关单位的观察记载结果。由于烟草种质资源的植物学特征特性易受自然环境和栽培条件的影响，表现不尽一致，书中内容仅供参考。

9. 全书内容经过各编目单位仔细审定，又经苑文林、蒋予恩的审定，在此一并致谢。下图展示的是各编目单位参加在青岛召开的各类烟草种质资源编目审定的会议照片。

绪 论
The introduction

一、烟草的起源与进化

烟草是一种重要的经济作物，同时作为模式植物，其起源、进化及多倍体演化过程一直备受研究者关注。烟属植物大多是草本，少数是灌木或乔木状，为一年生或多年生植物。烟属植物大多都能产生一种特有的植物碱，即烟碱，它作为烟草植株特有的生物碱，其含量占烟草栽培品种生物碱总量的90%～95%（Ashihara 等，2011）。烟草在世界上分布很广，遍布亚洲、南美洲、北美洲、非洲及东欧的广大地区。从北纬60°到南纬45°，从低于海平面到海拔2 500m的高原山地都有烟草分布。我国大部分地区都有烟草种植，每年种植面积为100万hm^2左右，烟草生产和销量约占世界总量的1/3，是全球烟草生产和消费量第一大国。

（一）烟草的起源

烟草起源于美洲、大洋洲及南太平洋的某些岛屿，其中普通烟草种和黄花烟草种起源于南美洲的安第斯山脉（普通烟草又叫红花烟草，是一年生或二、三年生草本植物，一般适宜种植在较温暖地区；黄花烟是一年生或两年生草本植物，耐寒能力较强，适宜于低温地区种植），野生烟中有45个种分布在北美洲（8个种）和南美洲（37个种），15个种分布在大洋洲，20世纪60年代又在非洲西南部发现了一个新的野生种*N. africana*（佟道儒，1997）。之后半个多世纪以来，一些研究者相继发现许多新种，其中8个烟草自然种得到普遍认可：*N. burbidgeae*（Symon, 1984）、*N. wuttkei*（Clarkson 等，1991）、*N. heterantha*（Symon等，1994）、*N. truncata*（Symon, 1998; Horton, 1981）、*N. mutabilis*（Stehmann等，2002）、*N. azambujae*、*N. paa*、*N. cutleri*。

目前，烟草起源学说比较公认的是起源于南美洲。相关烟草资源考察证明，普通烟草和黄花烟草都原产于南美洲安第斯山脉自厄瓜多尔至阿根廷一带。前苏联柯斯的《原始文化始纲》和美国摩尔根的《古代社会》中都曾指出美洲印第安人早在原始社会就有吸烟嗜好。当地居民为了祛邪治病开始吸食烟草，后来慢慢变成一种嗜好。人类迄今使用烟草最早的证据是公元432年的墨西哥贾帕思州（Chiapas）倍伦克（Palenque）一座神殿里的浮雕。考古人员发现该浮雕描绘了玛雅人在举行祭祀典礼时头人吸烟的场景。另一证据是考古学家在美国亚利桑那州（Arizona）北部印第安人居住过的洞穴中，发现有公元650年左右遗留的烟草和烟斗中吸剩下的烟丝。1492年10月，西班牙探险家克里斯托夫·哥伦布（Christopher Columbus）发现美洲时就看到当地人把干烟叶卷着吸用。这些证据说明公元5世纪美洲人已经普遍种植烟草。原产于南美洲的烟属植物既有黄花烟草种、红花烟草种（普通烟），又有碧冬烟草种，而原产于北美洲、澳大利亚和非洲的都属于碧冬烟亚属。从分布上看，原产于南美洲的烟属种最多；从分类上看，南美洲的烟属植物分布于三个亚属中，类型最丰富。因此，烟草起源于南美洲的学说最为研究者认同。还有一些烟草起源学说：中国起源新说、非洲起源新说、埃及起源新说、蒙古起源新说等，但由于缺乏有力证据，不为大部分研究者接受。

（二）烟草的传播

随着哥伦布发现美洲，通往美洲航道的开通，欧美大陆之间的往来日益频繁。1559年左右，水手们将烟叶和烟草种子从圣多明各带回西班牙。1565年左右，烟草传播到英格兰，随后传遍欧洲大陆。人们陆续发现烟草的其他功能，如有麻醉作用和一些药用功能。1561年，法国驻葡萄牙大使Jean Nicot听说烟草可以解乏提神、止痛和治疗疾病，尤其对治疗头痛更为有效，他将烟草种子带回法国，精心栽培在自己的花园，人们为了纪念尼古特，将烟草碱称为尼古丁（Nicotine）。

烟草传入亚洲是在16世纪中叶，大多是从西班牙和葡萄牙传入的。1543年，西班牙殖民者沿着麦哲伦走过的航路入侵菲律宾，烟草也由此在菲律宾种植。1599年传入印度，1600年传入日本，1616年传入朝鲜。

烟草传入我国的具体时间国内学术界一直有争论。当前最流行的看法是以吴晗为代表，认为烟草是在明万历年间传入的。吴晗（1959）认为，烟草最早传入中国的时间是17世纪初，由福建水手从吕宋带回烟草种子，再从福建传到广东、江浙。他的依据是明末名医张介宾在他的著作《景岳全书》中首次提到的有关烟草的故事。近年来，一些研究烟草史的学者提出不同看法。郑超雄（1986）根据广西合浦县一座明代龙窑遗址的考古发现，认为烟草应该早于万历而在正德至嘉靖二十八年间（1506—1549）率先传入我国广西。但同时也有学者质疑，匡达人（2000）依据“烟草种子是1558年前后从美洲带到欧洲，由殖民者传入中国的时间应当在1558年之后”而否定此观点。

我国学术界在烟草传入我国途径上的观点可分为三条说、两条说和四条说，而且在具体传入路线上也有较大争议。

1. 三条说

吴晗将烟草传入我国的路线总结为三条：第一条是由日本传到朝鲜，再传入我国东北；第二条是从菲律宾传到福建、广东，又从闽粤传到北方；第三条是由南洋输入广东。随着研究的深入，有学者在“三条说”的基础上提出了不同的见解。陶卫宁（1998）在具体路线和各条路线传入的时间上都做了修改，他总结的三条路线是：在正德嘉靖年间由南洋入广东是烟草传入我国的第一条路线，也是最早的一条途径。由东南海上传入福建漳州和泉州一带是烟草传入我国的第二条途径。烟草传入的第三条路线是由俄罗斯经蒙古国传入我国新疆地区的西北线。蒋慕东、王思明（2006）赞成吴晗先生关于烟草传入路径的看法，只是在各条路线传入时间上有不同意见。

2. 两条说

叶依能（1986）认为烟草传入我国分南北两条路线。南线：一是由吕宋直接传到我国福建漳、泉二州；二是自吕宋先传入我国澳门，在17世纪初由我国台湾地区传到内地；三是自南洋或越南传入我国广东。北线：由朝鲜引进我国东北。

3. 四条说

汪银生、张翔（2006）认为，烟草传入我国有四条路线：一是由菲律宾首先传入我国台湾、福建，再向广东、江西等省传播；二是由越南传入我国广东，再传到江浙一带；三是由葡萄牙人将烟草带到日本，再传入朝鲜，然后由朝鲜传入我国东北；四是由俄罗斯传入蒙古国，再传到我国新疆。另外，在我国东北一线的传播路线上，国内学者分歧很大。吴晗认为我国东北的烟草是由日本经朝鲜传入的，王元春等（2006）则从语言学、历史史实以及考古发现三个方面认为烟草传入东北的最初途径应该是通过明代万历时参加朝鲜战役的广东嗜食烟草的官兵带入的。从佩远（2003）则认为东北烟草传入有两条路径：一条经由朝鲜，由其使臣传入；一条经由中国内地传入东北地区。

最开始传入我国的都是晒晾烟，烤烟传入我国的时间较晚。1900 年，为了满足烤烟工业对原料的需求开始在我国台湾试种，1910 年在山东省威海卫试种，随后在河南、安徽、辽宁、吉林等地试种。1937—1940 年，在四川省、云南省和贵州省等地试种并推广，由此形成了大规模的烤烟种植。黄花烟可能是由俄罗斯传入我国的，有 200 多年的历史。最初是在陕西省北部、湖北省和四川省的高海拔山地种植，随后逐渐推广到甘肃、新疆、内蒙古、黑龙江等边远省份。香料烟是在 20 世纪 40 年代引进的，首先在台湾省试种成功。白肋烟于 20 世纪 60 年代引进，在湖北省建始县试种成功。

（三）烟草的进化

烟属植物是茄科内染色体数目变化最大的一个属。在烟属现有的种中，体细胞染色体数目由 2n=9 Ⅱ、10 Ⅱ、12 Ⅱ、16 Ⅱ、18 Ⅱ、19 Ⅱ、20 Ⅱ、21 Ⅱ、22 Ⅱ，23 Ⅱ，24 Ⅱ十一种之多，以 2n=12 Ⅱ的种最多。

1. 经典进化理论

从林奈描述烟草到 20 世纪早期，这个时期是人们不断发现新的烟草及对烟草逐步认知的过程。在这段时期，林奈、莱曼、George Don、Kostoff 等很多学者都对烟草起源、分类和进化提出了各自的学术观点。这些观点大部分都是以烟属形态学观察为依据。其中，对烟属的建立、属内组的划分、烟草起源与进化的推测等为以后对烟属研究奠定了重要基础。20 世纪中期，著名烟草学家 Goodspeed 带领一批烟草学家，经过 50 多年不断研究，总结了前人对烟属研究的经验和问题，于 1954 年出版了著名的《烟属》专著。在此专著中，Goodspeed 系统论述了烟属起源、进化和分类的相关理论。Goodspeed 认为烟属植物是由属分化前就存在的体细胞染色体数 2n=6 Ⅱ的亲缘类型衍生来的。茄科中有两个属是烟属的近亲：一个是夜香树属（*Cestrum*），另外一个是碧冬茄属（*Petunia*），这两个属不仅原产地和植物分类学上与烟属相近，而且属内部都有 2n=6 Ⅱ的种，并有过属间杂交的实例。在进化的初期，夜香树属、烟属、碧冬茄属的祖先来自于同一古老植物类群，称为古夜香树（*Pre-cestrum*）、古烟草（*Pre-nicotiana*）、古碧冬茄属（*Pre-petunia*）植物类群。

烟属进化的第一步是古夜香树（*Pre-cestrum*）、古烟草（*Pre-nicotiana*）、古碧冬茄属（*Pre-petunia*）植物类群分化为 2n=6 Ⅱ的类夜香树（*Cestroid*）和类碧冬茄（*Petunioid*）两个植物类群。烟属进化的第二步是通过染色体数目的自然加倍，使两个不同基因合并成 2n=6 Ⅱ 1+6 Ⅱ 2=12 Ⅱ的双二倍体。类夜香树植物类群发展成 2n=12 Ⅱ的古普通烟草（*Pre-tabacum*）和古黄花烟草（*Pre-rustica*），类碧冬茄植物发展成 2n=12 Ⅱ的古碧冬茄烟草（*Pre-petunioides*）。烟属进化的第三步是从 2n=12 Ⅱ的古普通烟草、古黄花烟草、古碧冬烟草开始，由于基因突变或染色体畸变，但仍保留形成了 2n=12 Ⅱ染色体数，形成了一些 2n=12 Ⅱ的现代种，或者由于天然杂交和染色体数目的自然加倍，形成了一些染色体数目为 2n=24 Ⅱ的双倍体现代种，或者由于染色体丢失，由含有 2n=12 Ⅱ，2n=24 Ⅱ整倍体开始演变成 2n=9 Ⅱ、10 Ⅱ 或 2n=16 Ⅱ、18 Ⅱ、19 Ⅱ、20 Ⅱ、21 Ⅱ、22 Ⅱ、23 Ⅱ的现代种。经典的烟属进化过程可以看出，普通烟亚属和黄花烟亚属来源于一个共同的祖先类夜香树，两者亲缘关系较近。而碧冬烟亚属则独自来源于类碧冬茄，与其他两个亚属的亲缘关系较远。但从三个亚属的各组来看，这种界限就不十分明显了，因为它们之中的大多数是通过组间杂交形成的。由于这种复杂的进化过程造成烟属植物在株型、叶形、花、果实等性状上存在较大差异。

2. 烟属分子系统进化研究

随着分子技术的不断进步，通过分子生物学技术研究烟属的起源进化进入一个新的阶段（表 1）。在烟草起源上分子研究结果与经典的烟属起源研究结果有较大差别，分子进化研究都表明烟属与夜香树、碧冬烟亲缘关系较远，而与澳大利亚土著植物的亲缘关系较近（Chase 等，2003；Olmstead 等，1999；Clarkson 等，2004）。这些研究结果对 Goodspeed 传统烟草起源理论提出了挑战。而在烟属进化理论方面，经典理论与分子系统进化理论差别不大。Kenton 等（1993）和 Volkov 等（1999）应用基因组原位杂交（GISH）技术阐明 *N. tabacum* 复杂的起源问题，原位杂交试验能显示出烟草基因组中更小的信号位点（Lim，2000）。20 世纪 90 年代开始，核糖体 DNA 转录间隔区（ITS）分析法被广泛用于开花植物系统发育研究，推断构建物种系统发育树（Baldwin 等，1992）。Chase 等（2003）利用原位杂交技术对烟属 70 个种（包括 4 个人工合成种）、夜香树（*Cestrum*）、矮牵牛（*Petunia*）以及澳洲土著植物黏性雷花中的 4 个种的 ITS 区序列进行分析，并根据研究结果构建了相近的烟属系统进化树，这个研究结果虽然在很多地方与 Goodspeed 的推断有惊人的相似之处，但 *N. sylvestris* 和 *N. nudicaulis* 等 6 个种的亲缘关系有着本质上的不同解释。Aoki 等（2000）针对烟属 *matK* 基因的研究也得到类似的结果，构建的烟属系统进化树只有 *N. tabacum*、*N. quadrivalis* 2 个种和香甜烟草组的亲缘关系上略有不同外，其他基本一致。

表 1 烟属起源、进化和分类研究进展（引自王仁刚等，2011）

主要研究阶段		起源、进化或分类事件	主要论述或观点	参考文献
20 世纪中叶前烟属研究前期	1753 年	林奈描述烟草种	首次对烟草种进行了描述	Knapp 等，2004
	1818 年	莱曼以花的特征为依据进行归类	首次把烟草种作为一个整体的属	
	1838 年	George Don 等以花的形状和颜色，对烟草进行分组	烟草首次被划分为 4 个分组	
	20 世纪早期	George Don 描述四倍体烟草的可能来源 East 和 Kostoff 描述划分烟属“遗传中心”种	发现四倍体烟草可能来源“Rustica”和“Petunioids” 发现烟草的“遗传中心”种	
Goodspeed 经典理论时期	1954 年	Goodspeed 的《烟属》出版，提出分类系统及起源假说	Goodspeed 根据烟草原产地、植物学形态特征、染色体结构及特征、种间杂交的可能性等研究结果，将已认识的烟属划分为 3 个亚属、14 个组	Goodspeed, 1954

续表

主要研究阶段		起源、进化或分类事件	主要论述或观点	参考文献
现代分子系统进化研究	2000 年	Aoki 和 Ito 利用 *matK* 基因研究烟属的系统发育进化	利用烟草叶绿体 *matK* 基因序列分析了 39 个烟草种间关系，结果与传统的分类方法大多吻合；烟草起源于南美洲，然后扩散到其他洲；烟草祖先种染色体基数为 N=12	Aoki and Ito, 2000
	2003 年	Chase 等利用基因组原位杂交，核糖体 DNA 转录间隔区（ITS）研究烟属系统发育及烟属杂交种起源	采用 ITS 序列分析法，以 3 个人工双二倍体种，Cestrum 和 Petunia 为参照，分析烟草 66 个自然种的种间关系，并结合 GISH 法，分析烟草种的起源和进化，结果表明，烟草的祖先种不是 Cestrum 和 Petunia，而可能是澳洲土著的 Anthocercideae 类群	Chase 等，2003
现代分子系统进化研究	2004 年	Clarkson 等利用质体 DNA 研究烟草系统发育	利用烟属质体 DNA 区域，包括内含子 *trnL*，间隔子 *trnL-F* 和 *trnS-G*，2 个基因 *ndlF* 和 *matK*，分析了烟草的系统发育关系，结果表明，Nicotiana 与澳洲土著的 Anthocercideae 是姐妹种；烟草起源于南美洲南部，后来扩散到非洲和澳洲	Clarkson 等，2004
	2004 年	Knapp 等基于分子系统分析与传统分类相结合提出烟属分类的新方法	基于遗传学、形态学的研究进展，及分子生物技术在烟属分类上的应用，提出新分类系统，建议取消分类中的亚属，划分为 13 个组	Knapp 等，2004

续表

主要研究阶段		起源、进化或分类事件	主要论述或观点	参考文献
	2010 年	Clarkson 等利用核基因谷氨酰胺合成酶，研究了烟属二倍体和异源四倍体的起源及系统发育	第一次利用低拷贝的核基因对烟草进行系统发育和起源研究，结果显示，用低拷贝的核基因分析多倍体的祖先种，尤其是以前不知道其亲本的多倍体，非常有用；可用低拷贝的基因来进一步阐明烟草同倍体和多倍体的起源和进化	Clarkson 等，2010
	2010 年	Leitch 等利用基因组原位杂交研究烟属多倍体种基因组大小的进化	利用烟草多倍体基因组大小的比较，结合原位杂交分析，结果表明，不同时代形成的烟草多倍体基因组没有明确的模式	Leitch 等，2010

3. 烟属分子进化系统进化研究与传统起源、进化理论的比较

通过分子技术构建的系统进化树与 Goodspeed 最初确定的分类亚属起源虽然不完全一致，但具有较高的相似性。证明 Goodspeed 理论非常成功，并有了现代分子技术结果的验证。因此，烟属分子系统进化研究继承了 Goodspeed 大部分的观点，只在以下几个问题上有较大出入。

（1）烟草的起源与进化

Goodspeed 为了利用系统发育框架分清类组，在大量资源和数据的基础上，提出了单起源的概念。但大量实验数据证明，烟草的进化要比想象的复杂。通过分子生物学技术，能够获得更多的进化特征（如用 GISH 解析二倍体基因组在杂交类群中的分布），并能更细致地洞察烟草进化历史，虽然 ITS 分析可能存在个别问题，但现有结果足以证明 Goodspeed 划分的 3 个亚属中没有一个是单起源的。烟属中有 40% 是多倍体种，包括：1）*N. tabacum*（section Nicotianae），2）*N. rustica*（section rusticae），3）*N. arentsii*（section Undulatae），4）*N. clevelandii*，*N. quadrivalvis*（section Polydicliae），5）*N. nudicaulis*，*N. repanda*，*N. nesophila*，*N. stocktonii*（section Repandae），6）section Suaveolentes 的 23 个种。基于质体基因与核基因的研究以及基因组原位杂交，结合分子钟的分析等多项研究结果表明，烟属多倍体产生于不同的年代（Chase 等，2003; Aoki 等，2000; Clarkson 等，2005; Kovarik 等，2004）；从分子系统发育的研究来看，这些烟草多倍体的形成不仅在时间上很不一致，而且在其亲本（二倍体）种的关系上也有很大的差异。

①最年轻的双二倍体种 *N. tabacum*、*N. rustica* 和 *N. arentsii* 产生于 20 万年前。*N. tabacum* 的亲本是 *N. sylvestris* 和绒毛烟草组（*N. sect. Tomentosae*）的成员；*N. rustica* 的亲本是圆锥烟草组与波叶烟草组的成员；*N. arentsii* 的亲本是渐尖叶烟草组与三角叶烟草组的成员（Leitch 等，2008）。栽培烟草种双二倍体有不同的双亲基因组，即 S- 基因组和 T- 基因组。分子生物学和生物化学方面的证据显示，*N. sylvestris* Spegazzini et Comes 或其亲缘关系很近的一个种是母本，它为种间杂交种贡献了 S- 基因组，同时贡献细

胞质（Aok 等，2000; Olmstead 等，1991）；栽培种烟草双二倍体的父本是绒毛烟草组的一个成员，其基因组可能从 *N. otophora* G risebach 获得（Lim 等，2000; Kitamura 等，2001）。

②多室烟草组（*N. Polydicliae*）组的 2 个种（*N. clevelandii* A. Gray，*N. quadrivalvis* Pursh）产生于约 100 万年前，亲本是 *N. obtusifolia*（section Trigonophyllae）的一个祖先种和 *N. attenuata*（section Petunioides）的祖先种（Chase 等，2003; Clarkson 等，2004; Knapp 等，2004)。

③残波烟草组（*N. Repandae*）组的 4 个种（*N. Repanda* Willd.，*N. nesophila* I. M. Johnston，*N. nudicaulis* S. Watson，*N. stocktonii* Brandegee）产生于约 450 万年前，其亲本可能都是 *N. sylvestris* 的祖先种和 *N. obtusifolia* 的祖先种（Leitch 等，2008）。

④香甜烟草组（*N. Suaveolentes*）组中最古老的多倍体种，产生于 1000 万年前，可能是来源于 *N. sylvestris* 与夜花烟草组（section. *Noctiflorae*）的近缘种。在烟草多倍体种的进化及演化过程中，可能发生了染色体组的翻转，重复序列的交换，种间染色体的易位、重排和丢失（Leitch 等，2008）。

（2）几个种的亲缘关系

根据 Chase 构建的烟属分子系统发育进化树的结论，在几个种的亲缘关系上与 Goodspeed 学说有较大出入，主要是烟属的 4 个二倍体种和 2 个多倍体种的亲缘关系上有不同之处：

① Goodspeed 认为，*N. glutinosa* 与 *N. setchelii*，*N. tomentosa*，*N. otophora* 等亲缘关系较近，为近缘种。因此，在进化树中将 *N. glutinosa* 与 *N. setchelii* 分在 *N. sect. Tomentosae* 组；但在分子系统进化树中显示，*N. glutinosa* 与 *N. sect. Tomentosae* 组成员的关系较远，而与 *N. sect. Undulatae* 组中的成员 *N.undulata* 等亲缘关系较近。

② Goodspeed 把 *N. thyrsiflora* 作为 *N. sect. Thyrsiflorae* 的唯一种，认为 *N. thyrsiflora* 是古黄花烟草直接分化出的一个种，与其他烟草种亲缘关系较远；但 ITS 分析结果显示，*N. Thyrsiflora* 与 *N. sect. Undulatae* 组中的 *N. arentsii*、*N. undulata* 和 *N. Wigandioides* 是姐妹种（Chase 等，2003）。

③ Goodspeed 把 *N. glauca* 放在 *N. sect. Paniculatae* 组中，但是分子系统分析把它归到 N. sect. Noctiflorae 组。

④ Goodspeed 把 *N. sylvestris* 作为 *N. sect. Alatae* 的成员，但分子系统分类把它作为一个单独的组列出来，建立一个新组 *N. sect. Sylvestres*（林烟草组）。因为虽然 *N. sylvestris* 与 *N. sect. Alatae* 的成员形态上关系密切，也与 *N. sect. Noctiflorae* 的成员有相同的染色体特征，但是它的基因组涉及好几个异源四倍体形成事件，可能是比其他现存种更可能是烟草基因组的祖先种（Chase 等，2003），而且在严格一致分子系统分析中，*N. sylvestris* 作为 *N. sect. Alata* 的成员或 *N. sect. Noctiflorae* 的成员得不到良好的自展比例支持（Chase 等，2003; Knapp 等，2004）。

⑤分子生物学数据结果表明，*N. sect. Nudicaules* 的唯一成员 *N. nudicaulis* 与残波烟草组（*N. sect. Repandae*）内的 *N. repanda*、*N. stocktonii* 等是近缘种，2 个组内成员具有相同的亲本，一个亲本是祖先种 *N. sylvestris*，另一个亲本是 *N. obtusifolia*，因此 *N. sect. Nudicaules* 与 *N. sect. Repandae* 应属于一个组（Knapp 等，2004; Clarkson 等，2010）。

⑥对三角叶烟草组（*N. sect. Trigonophyllae*），有人认为是 *N. obtusifolia* 和 *N. palmeri* 2 个种组成，而更多的学者认为，这 2 个种实质上是一种烟草。分子系统进化研究显示，该组是由 *N. obtusifolia* 和 *N. palmeri* 这 2 个近缘种组成。

⑦ *N. sect. Polydicliae*（*N. sect. Bigelovianae*）成员 *N. clevelandii* 与 *N. quadrivalvis*（原名 *N. bigelovii*）是并系群体，基因组来源复杂，并且由 ITS 分析和质体分析结果显示，这 2 个类群的亲本虽然相同，但是多倍体化事件发生在不同的时代（Chase 等，2003; Clarkson 等，2004）。

（3）分子进化研究对两个种归属的解析

Goodspeed 对当时 60 个种做了基本类群的划分，但对 *N. glauca* 和 *N. glutinosa* 种，因为不能确定其地域分布或进化历史，所以对这两个种的类群划分存在疑问。

①*N. glauca*

Goodspeed当时根据开花特性将*N. glauca*放在*N. Paniculatae*组。其花具有花冠形状，卵形，心形叶片，与*N. Paniculatae*组的所有成员一样，并强调它的“隔离进化”（Goodspeed, 1954）；但是，在对*N. noctiflora*的讨论中，又提到了*N. noctiflora*与*N. glauca*的花结构类似。而ITS系统分析结果把*N. glauca*从*N. sect. Paniculatae*调至*N. sect. Noctiflorae*（Chase等，2003; Knapp等，2004）。*N. Paniculatae*组和*N. Noctifiorae*组都来自南美洲南部，*N. glauca*在分子系统分支上作为*N. Noctifiorae*组的姐妹系的位置。

②*N. glutinosa*

Goodspeed把*N. glutinosa*放在*N. Tomentosae*组，但指出其性状特征明显地混有其他组的特征。他还怀疑澳洲的类群中*N. Suaveolentes*组的准确来源，Olmstead根据澳大利亚烟草种在质体DNA限制性位点变化的缺失分析结果，确定澳大利亚烟草物种（*N. sect. Suaveolentes*）是殖民统治导致的辐射扩散结果，不是由于地理隔离引起的。一种地理隔离模式应包括更大程度的变异以及较少的衍生系统发育（Olmstead等，1991）。Goodspeed说明，*N. glutinosa*显然部分是“alatoid”源性的，但*N. Acuminatae*和*N. Noctiflorae*都可能是其他基因库来源。分子系统分析法把*N. glutinosa*由*N. sect. Tomentosae*调至*N. sect. Undulatae*（Chase等，2003; Clarkson等，2004; Knapp等，2004）。

二、烟属的分类

烟草在植物分类学上属于双子叶植物纲（Dicotyledoneae），管花目（Tubiflorae），茄科（Solanaceae），烟属（*Nicotiana*）。烟属中普通烟草和黄花烟草对农业经济意义重大，其他野生种也是烟草主要病害的抗源，对烟草新品种创制意义重大。1954年，Goodspeed所著的《烟属》中第一次详细阐述烟属分类系统（Goodspeed, 1954）。这一经典分类系统在过去50年里被广泛采纳。近年来，随着烟草新种的发现、创新和分子生物学技术在烟属分类研究中的深入利用，烟属新的分类法也随之产生（Knapp等，2004）。总结近50年来报道的烟属种已达86个（包括人工合成的种），但各研究机构对许多种的确定存在争议。Knapp将烟属划分为76个种，并进行了重新分组（任学良，2007）。

（一）Goodspeed分类体系

Goodspeed根据烟草的原产地、植物学形态特征、染色体数目、染色体形态结构、染色体联会特点种间杂交的可能性等研究结果，将*N. sect. Tabacum*，*Rustica*和*Petunioides*定为3个亚属，同时，对它们进行了明确的表述，提出了一系列相关种的组名。在组的划分上，他从*N. sect. Alatae*（具翼烟草组）中分离出1个新组*N. sect. Repandae*（残波烟草组）；从*N. sect. Acuminatae*（渐尖叶烟草组）中分离出2个新组*N. sect. Nudicaules*（裸茎烟草组）和*Bigelovianae*（毕基劳氏烟草组）。Goodspeed专著《烟属》中，将当时发现的60个种，划分为3个亚属14个组，有45个原产于南美洲和北美洲；有15个种原产于大洋洲及南太平洋的一些岛屿。*Rustica*（黄花烟亚属）包含3个组9个种；*Tabacum*（普通烟亚属）包含2个组6个种；*Petunioides*（碧冬茄烟草亚属）包含9个组45个种。Burbidge给原产澳大利亚的种增加了5个新种：*N. umbratica*（荫生烟草）、*N. cavicola*（洞生烟草）、*N. amplexicaulis*（抱茎烟草）、*N. hesperis*（西烟草）、*N. simulans*（拟似烟草），并把*N. stenocarpa*改名为*N. rosulata*（莲座烟草）。Wells将*N. Sect. Trigonophyllae*（三角叶烟草组）的*N. palmeri*（帕欧姆烟草）和*N. trigonophylla*（三角叶烟草）2个种合并为*N. trigonophylla*一个种。这样烟属包含的种就成为64个。20世纪60年代又发现2个新种：一个是原产西南非洲纳米比亚的*N. africana*

（非洲烟草）暂时归于*Petunioides*（碧冬茄烟草亚属）的*N. Sect. Suaveolentes*（香甜烟草组）；另一个是原产南美洲安第斯山一带的*N. kawakamii*（卡瓦卡米氏烟草），暂置于*Tabacum*（普通烟亚属）的*N. Sect. Tomentosae*（绒毛烟草组）。因此当时确定的烟属植物有66个种。

（二）烟属新种的发现与命名

Goodspeed烟属经典分类体系建立之后，一些学者相继发现了很多新种，其中有8个烟草自然种得到普遍认可。这些新种的发现与认定也进一步推动了烟属新分类系统的建立。

N. burbidgeae（巴比德烟草）来源于南澳洲的北部斯普林斯地区（Symon等，1984）。1981年Horton在修订《澳洲烟草》时提及收集到了一些*N. benthamiana*（本塞姆氏烟草）的染色体数目发生变化的烟草，2n= 42（*N.benthamiana*, 2n= 38），但当时未因这一细胞学的特征而确定为1个新种。Peter Ellis进一步证实了这些2n= 42的烟草是一个稳定的群体，而在形态学上也与*N. benthamiana*有着一些细微但却是本质上的区别，即*N. burbidgeae*与*N. benthamiana*除了在染色体数目上有别外，形态学上不同之处在于茎秆较木质化，叶片多叶肉且无柄，花冠较大。1984年D. E. Symon确定其为1个新种。

N. wuttkei（伍开烟草）原产于澳大利亚昆士兰州东北部地区（Clarkson等，1991），由J. R. Clarkson和D. E. Symon在1991年第一次公开描述。根据调查人所提供的描述，*N. wuttkei*的形态学特征，类似于*N. sect. Suaveolentes*（香甜烟草）中包含非典型染色体数目2n= 28的烟草种，而*N. wuttkei*的染色体数目被证实为2n= 32。*N. wuttkei*成功的与2n= 32的*N. maritima*（海滨烟草）和*N. velutina*（颤毛烟草）杂交。植物形态学特征与染色体配对特征表明，*N.wuttkei*的亲源关系更接近于*N. maritima*，但与N. maritima等不同的是：*N. wuttkei*具有很多优良的抗病特征，抗多种烟草重要病害，如黑胫病、霜霉病、TSWV、PVY、TRV等，具有较大潜在利用价值（Laskowska等，2003）。

N. heterantha（赫特阮斯烟草）原产于西澳大利亚布鲁姆地区（Symon等，1994），1994年由D. E. Symon公开描述。目前该种仅发现过2个混杂于牧草之中的种群。其外观特征较接近于*N. rosulata*（莲座叶烟草Ⅰ）。染色体数2n= 48。

N. truncata（楚喀特烟草）是D. E. Symon于1998年描述并公开发表的1个种（Symon等，1998；Horton等，1981），该种的发现最早可追溯到1955年，是由E. H. Ising从混杂于*N. simulans*（拟似烟草）的种子中分离纯化出的。A. C. Robinson在南澳大利亚库伯佩迪附近的一次荒漠生物资源调查中再次发现了*N. truncata*，并意识到可能是1个新种。该种区别于其他种的显著特征是截平头的花萼略肉质，叶片无毛，成熟的蒴果类似于*N. glauca*（粉蓝烟草），染色体数2n= 36。

N. mutabilis（姆特毕理斯烟草）是由J. R. Stehmanm于2002年描述的新种（Stehmann等，2002），来源于巴西南部，该种区别于其他种的显著特征是花色由白色变为粉色或洋红色。在形态学特征上类似于*N. forgetiana*（福尔吉特氏烟草），其区别在于花的裂片较浅，而且具有一个花色变化过程。

另外还有3个新种：*N. azambujae*（阿姆布吉烟草）发现于澳洲南部的种，1964年由D. E. Symon描述（Tropicos等，2009）；*N. paa*（皮阿烟草）是20世纪70年代在南美阿根廷发现的新种（Tropicos等，2009）；*N. cutleri*（卡特勒烟草）是发现于南美西部玻利维亚的种，其典型特征有是黄绿色的花冠，由Ann. Missouri于1976年公开描述（Tropicos等，2009）。

（三）Knapp烟属植物学分类系统

基于新种的发现及遗传学与形态学的研究进

展，特别是FISH（荧光原位杂交）和GISH（基因组原位杂交）等现代分子生物技术在烟属分类上的使用（Chase等，2003），Knapp提出了对烟属分类的新方法（Knapp等，2004）。新分类系统与原分类系统的主要差异体现在：在Knapp的烟属划分方法中，淡化了亚属的概念；将Goodspeed的分组*N. sect. Repandae*（残波烟草组）和*Nudicaules*（裸茎烟草组）合并为*N. Sect. Repandae*（残波烟草组），因为这2个组的质体和细胞核数据分析表明，它们具有相同的亲本，因此属于1个组；将*N. sect. Thrysiflorae*（拟穗状烟草组）与*Undulatae*（波叶烟草组）合并为一个*N. Sect. Undulatae*（波叶烟草组）；因*N. sylvestris*（林烟草）基因组属多种异源多倍体，不同于其他的现存种，因此将其从*N. Sect. Alatae*（具翼烟草组）中分出，建立1个新组*N. Sect. Sylvestres*（林烟草组），即将林烟草种单独列为1组；将*N. nudicaulis*（裸茎烟草）由*N. sect. Nudicaules*（裸茎烟草组）列入*N. sect. Repandae*（残波烟草组）、将*N. thrysiflora*（拟穗状烟草）由*N. sect. thrysiflorae*（拟穗状烟草组）列入*N. sect. undulate*（波叶烟草组）、*N. glauca*（粉蓝烟草）从*N. sect. Paniculatae*（圆锥烟草组）调至*N. sect. Noctiflorae*（夜花烟草组）、*N. glutinosa*（黏烟草）由*N. sect. Tomentosae*（绒毛烟草组）调至*N. sect. Undulatae*（波叶烟草组）；新增8个种，分别为*N. mutabilis*（姆特毕理斯烟草）、*N. azambujae*（阿姆布吉烟草）列入*N. Sect. Alatae*（具翼烟草组），*N. paa*（皮阿烟草）列入*N. Sect. Noctiflorae*（夜花烟草组），*N. cutleri*（卡特勒烟草）列入*N. sect. Paniculatae*（圆锥烟草组），*N. burbidgeae*（巴比德烟草）、*N. heterantha*（赫特阮斯烟草）、*N. truncata*（楚喀特烟草）、*N. wuttkei*（伍开烟草）列入*N. Sect. Suaveolentes*（香甜烟草组）；将*N. Sect. Trigonophyllae*（三角叶烟草组）由1960年合并而来的1个种（*N. trigonophylla*，三角叶烟草）重新折分，并用种名*N. obtusifolia*替代了原名*N. trigonophylla*，该组变为2个种（*N. obtusifolia*，欧布特斯烟草；*N. palmeri*，帕欧姆烟草）；普通烟草组的写法由原先的*N. sect. Genuinae*改为*N. sect. Nicotiana*。用*N. sect. Polydicliae*（多室烟草组）替代了原组名*N. sect. Bigelovianae*（毕基劳氏烟草组）。种名*N. bigelovii*（*Torrey*）S. Watson（毕基劳氏烟草）改为*N. quadrivalvis Pursh*（夸德瑞伍氏烟草）；Burbidge于1960年将*N. Sect. Suaveolentes*（香甜烟草组）中的*N. stenocarpa*改名为*N. rosulata*，Knapp分类系统则分列为：*N. rosulata*（S.Moore）Domin（莲座叶烟草Ⅰ）和*N. stenocarpa* H. M. Wheeler（莲座叶烟草Ⅱ）；将原先的14个分组整合为13个，种数由原66个增至76个（表2）。

表2　Knapp新分类系统对烟属的分组（Knapp等，2004）

组　名	种　名	配子染色体数
N. sect. Nicotiana（普通烟草组）	*N. tabacum* L.（普通烟草）	24
N. sect. Alatae（具翼烟草组）	*N. alata* Link & Otto（具翼烟草）	9
	N. bonariensis Lehm.（博内里烟草）	9
	N. forgetiana Hemsl.（福尔吉特氏烟草）	9
	N. langsdorffii Weinm.（蓝格斯多夫烟草）	9
	N. longiflora Cav.（长花烟草）	10
	N. plumbaginifolia Viv.（蓝茉莉叶烟草）	10
	N. mutabilis Stehmann & Samir（姆特毕理斯烟草）●	9
	N. azambujae L.B.Smith & Downs（阿姆布吉烟草）●	?

续表

组　名	种　名	配子染色体数
N. sect. Noctiflorae（夜花烟草组）	*N. acaulis* Speg（无茎烟草）	12
	N. glauca Graham（粉蓝烟草）	12
	N. noctiflora Hook.（夜花烟草）	12
	N. petuniodes （Griseb.） Milla'n.（矮牵牛状烟草）	12
	N. paa Mart. Crov.（皮阿烟草）●	12
	N. ameghinoi Speg .（阿米基诺氏烟草）	12
N. sect. Paniculatae（圆锥烟草组）	*N. benavidesii* Goodsp.（贝纳末特氏烟草）	12
	N. cordifolia Phil.（心叶烟草）	12
	N. knightiana Goodsp.（奈特氏烟草）	12
	N. paniculata L.（圆锥烟草）	12
	N. raimondii J.F.Macbr.（雷蒙德氏烟草 ）	12
	N. solanifolia Walp.（茄叶烟草）	12
	N. cutleri D'Arcy（卡特勒烟草）●	12
N. sect. Petunioides（渐尖叶烟草组）	*N. acuminata* （Graham） Hook.（渐尖叶烟草）	12
	N. attenuata Torrey ex S.Watson （渐狭叶烟草）	12
	N. corymbosa J.Remy（伞床烟草）	12
	N. linearis Phil.（狭叶烟草）	12
	N. miersii J.Remy（摩西氏烟草）	12
	N. pauciflora J.Remy（少花烟草）	12
	N. spegazzinii Milla'n.（斯佩格茨烟草）	12
	N. longibracteata Phil.（长苞烟草）	12
N. sect. Polydicliae（多室烟草组）	*N. clevelandii* A.Gray（克利夫兰氏烟草）	24
	N. quadrivalvis Pursh（夸德瑞伍氏烟草）	24
N. sect. Repandae（残波烟草组）	*N. nesophila* I.M.Johnston（岛生烟草）	24
	N. nudicaulis S.Watson（裸茎烟草）	24
	N. repanda Willd（残波烟草）	24
	N. stocktonii Brandegee.（斯托克通氏烟草）	24
N. sect. Rusticae（黄花烟草组）	*N. rustica* L.（黄花烟草）	24
N. sect. Suaveolentes（香甜烟草组）	*N. africana* Merxm.（非洲烟草）	23
	N. amplexicaulis N.T.Burb.（抱茎烟草）	18
	N. benthamiana Domin（本塞姆氏烟草）	19
	N. burbidgeae Symon（巴比德烟草）●	21
	N. cavicola N.T.Burb（洞生烟草）	20,23
	N. debneyi Domin（迪勃纳氏烟草）	24

续表

组　名	种　名	配子染色体数
	N. excelsior J.M.Black（高烟草）	19
	N. exigua H.M.Wheeler（稀少烟草）	16
	N. fragrans Hooker（香烟草）	24
N. sect. Suaveolentes（香甜烟草组）	*N. goodspeedii* H.M.Wheeler（古特斯比氏烟草）	20
	N. gossei Domin（哥西氏烟草）	18
	N. hesperis N.T.Burb（西烟草）	21 ?
	N. heterantha Kenneally & Symon（赫特阮斯烟草）●	24
	N. ingulba J.M.Black（因古儿巴烟草）	20
	N. maritima H.M. Wheeler（海滨烟草）	16
	N. megalosiphon Van Huerck & Miill. Arg.（特大管烟草）	20
	N. occidentalis H.M.Wheeler（西方烟草）	21
	N. rosulata（S.Moore）Domin（莲座叶烟草 I）	20
	N. rotundifolia Lindl.（圆叶烟草）	22
	N. simulans N.T.Burb.（拟似烟草）	20
	N. stenocarpa H.M.Wheeler（莲座叶烟草 II）	20
	N. suaveolens Lehm.（香甜烟草）	16
	N. truncata D.E.Symon（楚喀特烟草）●	18
	N. umbratica N.T.Burb.（荫生烟草）	23
	N. velutina H.M.Wheeler（颤毛烟草）	16
	N. wuttkei Clarkson & Symon.（伍开烟草）●	14
N. sect. Sylvestres（林烟草组）	*N. sylvestris* Speg. & Comes（林烟草）	12
N. sect. Tomentosae（绒毛烟草组）	*N. kawakamii* Y.Ohashi（卡瓦卡米氏烟草）	12
	N. otophora Griseb.（耳状烟草）	12
	N. setchellii Goodsp.（赛特氏烟草）	12
	N. tomentosa Ruiz & Pay.（绒毛烟草）	12
	N. tomentosiformis Goodsp.（绒毛状烟草）	12
N. sect. Trigonophyllae（三角叶烟草组）	*N. obtusifolia* M.Martens & Galeotti（欧布特斯烟草）	12
	N. palmeri A.Gray（帕欧姆烟草）	12
N. sect. Undulatae（波叶烟草组）	*N. arentsii* Goodsp.（阿伦特氏烟草）	24
	N. glutinosa L.（黏烟草）	12
	N. thrysiflora Bitter ex Goodsp.（拟穗状烟草）	12
	N. undulata Ruiz & Pav.（波叶烟草）	12
	N. wigandioides Koch & Fintelm（芹叶烟草）	12

注：●表示新增加的种。

三、烟草种质资源工作进展

（一）我国烟草种质资源工作概述

我国烟草种质资源收集保存工作始于20世纪50年代，当时在全国范围内开展了群众性的烟草品种资源征集工作，为我国烟草种质资源的收集、保存奠定了基础，当时收集到4 000多份烟草种质资源，但由于条件所限，其中包含大量重复。1979—1983年又进行了全国范围的烟草种质资源补充收集。之后，我国烟草种质资源的收集工作逐步转向以重点地区考察收集为主，“七五”和“八五”期间，成立考察队对神农架及三峡地区进行了品种资源考察，共收集编目资源390份；川东北及川西南地区收集到160多份；还对西北、海南岛、广西和云南等地有计划地开展烟草资源考察收集工作（李毅军，1995）。

2007—2011年，国家烟草专卖局开始建设“中国烟草种质资源平台”，以中国农业科学院烟草研究所为牵头单位，联合烟草行业内外16家平台单位抢救性地收集编目1 200余份烟草种质资源，极大丰富了我国烟草种质资源的遗传多样性。2015年7月10日，农业部为贯彻落实《全国农作物种质资源保护与利用中长期发展规划（2015—2030年）》（农种发〔2015〕2号），印发《第三次全国农作物种质资源普查与收集行动实施方案》（农种发〔2015〕26号）。该行动将全面系统地对全国农作物种质资源进行普查和抢救性收集工作。烟草作为重要的经济作物，由中国农业科学院烟草研究所承担普查和收集工作。参加重庆市、湖南省、湖北省种质资源考察收集工作，共收集到资源170余份。截至2016年年底，国家烟草种质资源库中已编目的种质资源有5 607份，其中国内收集编目材料达4 782份，国外引进、编目材料达825份（表3）。我国现已成为世界上种质资源保存编目数量最多，多样性丰富的国家，这个成果离不开国内各研究机构、科研院所的共同努力。

表3 国家烟草种质资源库编目的资源

国家	烤烟	白肋烟	黄花烟	晾晒烟	雪茄烟	香料烟	野生烟	药烟	合计
阿尔巴尼亚	0	0	0	0	0	7	0	0	7
阿根廷	0	0	0	0	0	0	7	0	7
澳大利亚	3	0	0	1	0	0	13	0	17
巴西	0	1	0	1	0	0	1	0	3
保加利亚	0	0	0	0	0	16	0	0	16
波兰	5	4	0	3	6	4	0	0	22
玻利维亚	0	0	0	0	0	0	3	0	3
朝鲜	5	0	0	1	0	0	0	0	6
德国	0	3	0	0	7	0	0	0	10
厄瓜多尔	0	0	1	0	0	0	0	0	1
法国	2	2	0	0	0	0	0	0	4
菲律宾	2	3	0	0	2	0	0	0	7
古巴	3	3	0	1	2	0	0	0	9
韩国	3	3	0	1	0	0	0	0	7
几内亚	0	0	0	1	0	0	0	0	1

续表

国家	烤烟	白肋烟	黄花烟	晾晒烟	雪茄烟	香料烟	野生烟	药烟	合计
加拿大	12	0	0	1	0	0	0	0	13
津巴布韦	21	3	1	1	0	1	0	0	27
马拉维	0	3	0	0	0	0	0	0	3
马来西亚	0	0	0	1	0	0	0	0	1
毛里求斯	0	0	0	2	0	0	0	0	2
美国	287	67	5	28	14	0	11	0	412
孟加拉国	0	0	1	0	0	0	0	0	1
秘鲁	0	0	0	0	0	0	6	0	6
墨西哥	0	0	0	0	0	0	4	0	4
纳米比亚	0	0	0	0	0	0	1	0	1
南美	0	0	0	0	1	0	0	0	1
前南斯拉夫	1	0	0	5	3	7	0	0	16
前苏联	0	0	0	0	1	3	0	0	4
日本	10	4	3	6	0	8	1	0	32
瑞典	0	1	0	0	0	0	0	0	1
塞拉利昂	1	0	0	0	0	0	0	0	1
索马里	5	0	0	1	0	0	0	0	6
泰国	3	0	0	0	0	3	0	0	6
坦桑尼亚	5	0	0	0	0	0	0	0	5
土耳其	0	0	0	0	1	8	0	0	9
希腊	0	0	0	0	0	6	0	0	6
匈牙利	1	0	0	0	0	3	0	0	4
意大利	0	0	0	0	1	0	0	0	1
印度	0	0	0	0	0	1	0	0	1
印度尼西亚	2	0	1	3	4	0	0	0	10
英国	1	0	0	0	0	0	0	0	1
越南	2	0	0	0	0	0	0	0	2
赞比亚	2	0	0	0	0	3	0	0	5
智利	0	0	0	0	0	0	4	0	4
中国	1 681	101	329	2 393	11	16	0	251	4 782
未注明来源	61	15	4	16	11	12	1	0	120
总计	2 118	213	345	2 466	64	98	52	251	5 607

（二）我国烟草种质资源的类型

1. 野生烟

野生烟是指烟属中除了普通烟草和黄花烟草这两个栽培种以外的所有烟草野生种。这些野生种形态各异，未被人们大面积种植利用。由于野生烟未被人工选择，其抗病、抗虫、抗逆等基因得到保留（表4）。面对不断变化的生理小种和育种亲本日益狭窄的遗传背景，合理利用野生烟资源意义重大。野生烟有些抗病虫基因已转移到栽培烟草上，选育出了抗病品种，如1952年利用*N. glutinosa*的抗病性，育成第一个抗TMV的白肋烟品种Kentucky56。另外，野生烟中存在大量尚未开发和利用的优异基因，由于这些种质资源的不利性状较多，表型较差，有利基因往往与不利基因连锁，并且可能存在远缘杂交不亲和的现象，使野生种质资源中的优异基因在很长一段时间不能被有效利用（Lewis等，2005）。因此，烟草野生种还是利用现代生物技术及细胞融合进行种间或属间远缘杂交，开展烟草种质创新，拓宽烟草遗传背景等研究的重要物质基础。而且有些野生种花色艳丽、气味芳香，可以作为观赏植物，如引自美国的*N. alata*。

由于我国不是烟草的原产地，因此野生种全部来自国外，这给野生资源的收集带来一定困难，这一特点也决定了今后野生资源的收集工作只能采取主动走出去的模式。目前在国家烟草库中已编目的烟草野生种有52份，主要来自美洲和大洋洲。

表4　国家烟草种质资源库中保存的52份烟草野生种

全国统一编号	种名	原产地	特征特性
00001260	*N. alata*	乌拉圭、巴西	抗野火病、根黑腐病
00001261	*N. debneyi*	澳大利亚	对霜霉病免疫，抗野火、白粉、根黑腐等病
00001262	*N. exigua*	昆士兰	抗霜霉病、根结线虫病
00001263	*N. glauca*	阿根廷	对根黑腐免疫，抗野火病，耐花叶病
00001264	*N. glutinosa*	秘鲁	抗TMV、白粉病及根结线虫病等病
00001265	*N. goodspeedii*	澳大利亚西南部	抗霜霉病、白粉病、赤星病、炭疽病及TMV等病
00001266	*N. ingulba*	澳大利亚	抗霜霉病、白粉病
00001267	*N. linearis*	南美	耐花叶病
00001268	*N. nudicaulis*	墨西哥	抗黑胫病、炭疽病、野火病、白粉病、蛙眼病
00001269	*N. otophora*	玻利维亚	雄蕊伸出，抗花叶病、根结线虫病
00001270	*N. petunioides*	阿根廷	耐花叶病，抗根结线虫病
00001271	*N. quadrivalvis*	美国	抗野火病、角斑病、白粉病及霜霉病
00001272	*N. repanda*	墨西哥	抗花叶病、黑胫病、蛙眼病、对根结线虫病免疫
00001273	*N. sylvestris*	阿根廷北部	抗花叶病、根结线虫病
00001274	*N. tomentosa*	秘鲁及玻里维亚	雄蕊伸出，抗白粉病、根结线虫病、PVY等病
00001275	*N. tomentosiformis*	南美	雄蕊伸出，抗白粉病、根结线虫病及PVY等病
00002410	*N. acuminata*	智利	抗根腐病、白粉病、霜霉病、PVY、TMV等病

续表

全国统一编号	种名	原产地	特征特性
00002411	*N. africana*	纳米比亚	雄蕊伸出，抗 PVY 及白粉病
00002412	*N. affinis*	乌拉圭、巴西	抗根腐病、白粉病、霜霉、PVY、TMV 等病
00002413	*N. alata*	美国	白花观赏花卉
00002414	*N. benavidesii*	秘鲁	雄蕊伸出，抗白粉病、TMV、PVY 等病
00002415	*N. bonariensis*	乌拉圭、巴西	抗野火病、角斑病、赤星病、白粉病及 PVY 等病
00002416	*N. clevelandii*	美国、墨西哥	抗霜霉病及 PVY
00002417	*N. gossei*	澳大利亚	抗根黑腐病、耐青虫及桃蚜等
00002418	*N. knightiana*	秘鲁	抗白粉病、炭疽病、根结线虫病等病
00002419	*N. kawakamii*	南美	雄蕊伸出，抗白粉病及 PVY 等病
00002420	*N. longiflora*	巴拉圭	抗野火病、角斑病、黑胫病、根结线虫病等病
00002421	*N. nesophila*	墨西哥	抗黑胫病、赤星病、炭疽病及 TMV 等病
00002422	*N. noctiflora*	智利	抗赤星病、白粉病、蛙眼病及 PVY 等病
00002423	*N. paniculata*	秘鲁	抗根黑腐病、白粉病、根结线虫病等病
00002424	*N. plumbaginifolia*	巴西	抗野火病、角斑病、黑胫病等病
00002425	*N. stocktonii*	墨西哥	抗黑胫病、赤星病、蛙眼病及 TMV 病
00002426	*N. suaveolens*	澳大利亚	抗野火病、角斑病、霜霉病、赤星病及 TMV 病
00002427	*N. undulata*	阿根廷	抗野火病、角斑病、TMV 和 PVY 等病
00003637	*N. alata*	美国	红花观赏花卉
00005377	*N. acuminata* Var. Multiflora	美国	
00005387	*N. rosulata*	澳大利亚	抗霜霉病
00005391	*N. amplexicaulis*	澳大利亚	抗白粉病、霜霉病及蛙眼病
00005392	*N. hybrid* B63 4n（cle×Glu）	美国	高抗 TMV
00005393	*N. pauciflora*	智利	抗白粉病、中抗青枯病
00005394	*N. attennuata*	美国	抗野火病、角斑病、根黑腐病、白粉病及霜霉病
00005395	*N. cavicola*	澳大利亚	抗野火病、角斑病、白粉病及霜霉病，中抗青枯病
00005396	*N. rotundifolia*	澳大利亚	抗白粉病和霜霉病，中抗青枯病
00005397	*N. occidentalis*	澳大利亚	抗角斑病、白粉病、霜霉病、赤星病和炭疽病
00005398	*N. excelsior*	澳大利亚	抗白粉病和霜霉病
00005399	*N. langsdorffii*	巴西	抗野火病、白粉病、霜霉病、炭疽病、TMV 及 PVY，中抗青枯病

续表

全国统一编号	种名	原产地	特征特性
00005400	*N. miersii*	智利	抗 PVY 和根结线虫病，中抗青枯病
00005285	*N. benthamiana*	澳大利亚	抗根黑腐病、白粉病和 TMV
00005604	*N. obtusifolia*	美国	
00005605	*N. cordifolia*	美国	抗青枯病和 TSV（烟草条纹病）
00005606	*N. hybrid* B51 4n（sua×Tab）	美国	
00005607	*N. hybrid* B38 4n（rep×syl）	美国	

2. 烤烟

我国是世界上主要的烤烟生产国，其烤烟产量约占国内烟叶总产量的80%以上，生产主要集中在云南、贵州、四川、湖南、河南、福建等省（Ministry 等，1995）。烤烟传入我国的时间相对较晚，但也走过了百年的历程，经过我国多态环境和人工有目的选育，产生了大量变异，形成了丰富的烤烟资源。如从山东地方品种中筛选出的大白筋 599，具有独特的香型，在工业上有特殊的使用价值。其他如河南省襄城县的大黑苗 2316、竖把黄苗，禹州市的黄苗竖把 2219、黄苗歪筋、竖把 2129，邓州市的竖把种，许昌市的竖把老母鸡 2113，长葛县的长葛柳叶，沁阳县的柳叶青，安徽省定远县一带的小尖梢，山东省青州市的小老母鸡、小黄金 1025 和大黄金 5210 等均是品质优良的种质，有待于我们认真开发利用。

3. 晒晾烟

我国晒晾烟资源之丰富，为其他国家所不及。国家烟草种质库的统计数据显示，晒晾烟资源达到了 2 466 份，占全部资源的 44%，是最丰富的一类烟草资源。国内品质优良的晒烟有八大香、二明烟、凤凰小花青、半铁泡、红花铁杆、枇杷柳、督叶尖杆、红花铁矮子、青梗等。我国绝大部分省份都有晒晾烟分布，其中分布比较集中的省份分别为：广东、贵州、黑龙江、湖北、湖南、山东、陕西、四川和云南等省，占总数量的 82%。晒烟在我国有悠久的栽培历史，各地烟农不仅具有丰富的栽培经验，并且因地制宜地创造了许多独特的晒制方法。一些名牌晒烟如四川的“泉烟”、“大烟”、“毛烟”和“柳烟”（李毅军，1996），青川的上梁晒烟，广东南雄产的晒黄烟和高鹤产的晒红烟，广西的“大宁烟”、“大安烟”、“良丰烟”，江西的“紫老烟”，河南的“邓片”，山东的“沂水绺子”，云南的“刀烟”，吉林的“关东烟”等早已驰名中外。我国的传统晾烟面积较少，主要产地有广西武鸣、云南永胜和贵州黔东南等地。武鸣晾烟的栽培方法与晒红烟基本相同，调制方法是将砍收的整株挂在阴凉通风的场所，晾干后堆积发酵。调制后的烟叶呈黑褐色，油分足，弹性强，吸味丰满，燃烧性好，灰色洁白（蒋予恩，1990）。此外，一些晒晾烟品种，还具有某些优异的特性和特点。例如湖北省黄冈晒烟品种“千层塔”，晒后叶色黄亮，燃烧性好，香气浓，吃味好，深受国内卷烟工业的欢迎。广东廉江晒烟品种“塘蓬”，是我国特有的烟草隐性遗传白粉病抗源（国外选育的抗病品种是显性遗传）。湖北来凤县的“纽子烟”系列、四川的“中院烟”等，是较好的育种材料（于梅芳，1980）。

4. 香料烟

香料烟的香气浓郁，吃味芬芳，是混合型卷烟的调香配料。我国香料烟主要集中在云南省保山、浙江省新昌、湖北省郧西和新疆伊犁等地，目前我国的香料烟种质大都是从国外引入的。近年来云南院选育了云香巴斯玛一号，该品种各性状明显优于当地主栽品种，有良好的推广前途。

5. 白肋烟

白肋烟原产于美国，是马里兰型阔叶烟一个突变种。1864 年在美国俄亥俄州布朗县的一个种植马里兰阔叶型烟的苗床里发现的缺绿型突变株，后经专门种植，证明具有特殊使用价值，从而发展成为烟草的一个新类型。世界上生产白肋烟的国家主要是美国，其次是马拉维、巴西、意大利和西班牙等。我国于1956—1966年先后在山东、河南、安徽等省试种。进入80年代以来，又先后在湖北、重庆等地种植白肋烟，烟叶品质有所提高，已用于生产混合型卷烟。湖北鹤峰县的黄筋蔸、白筋蔸等，是白肋烟型晒烟，兼具白肋烟和晒烟两种风格，是极好的遗传研究材料（李毅军，1992）。优质的白肋烟有白肋21、白肋37等。

6. 黄花烟

黄花烟与红花烟（普通烟草）在植物分类上属不同的种，所以有较大的差异。黄花烟的植株比红花烟矮小，生长期短，耐寒力强，所以我国种植黄花烟的地区多在北方，在湖北神农架地区也有部分黄花烟资源（李毅军，1992）。其中著名的有兰州黄花烟（即兰州水烟）、东北蛤蟆烟、新疆伊犁莫合烟（又称马合烟）。新疆莫合烟始于18世纪到19世纪之间，莫合烟制品以茎秆为主要原料，加工成金黄色的颗粒，再掺入一定比例的烟叶，用纸卷吸，烟味清香，劲头大，以霍城所产品质最佳（佟道儒，1986）。

7. 雪茄烟

雪茄烟劲头大、香气浓郁，吃味浓，同时焦油与烟碱比值小，近年来在国内外市场需求日益增长，产业前景广阔（闫克玉，2008）。我国雪茄烟研究工作起步晚，基础研究落后，目前种植的品种绝大部分为国外品种。受种植条件及栽培措施的限制，烟叶品质与国外优质雪茄烟叶还存在较大差距，不能充分满足烟草工业公司对烟叶原料的需求。

目前世界上的优质雪茄生产地区包括古巴、巴西、多米尼加、美国、印度尼西亚等，世界上公认的高品质的雪茄大都产自古巴，而古巴雪茄烟叶种植的品种大都来源于地方使用的古巴两个最古老的品种 Corojo 和 Criollo，其中 Corojo 用作生产雪茄茄衣。此外国际市场比较受欢迎的古巴茄衣品种还有 Habona2000，常用来生产高端茄衣 Maduro。

我国目前保存的雪茄烟种质资源不多，且多为引进种质，地方品种较少，其中最为著名的是浙江桐乡的“督叶尖干种”和“世纪一号”。近几年开始种植的茄衣品种都是来自国外，种植面积较大的是印度尼西亚的H382（伯苏基）。但是我国晾晒烟资源丰富，很多地区种植的晾晒烟都具有特殊的雪茄香型和吃味。如什邡毛烟、新都柳烟都是上等的茄芯原料，江西广丰紫老烟、广东廉江晒红烟、广西武鸣晾烟及贵州打宾烟等，都曾是良好的茄芯或茄套原料（訾天镇，1988）。因此，加大对国家种质资源库中晾晒烟材料的筛选工作，从中筛选出优异的雪茄烟茄芯、茄套资源是以后雪茄烟发展的重要途径。另外，国家种质资源库中有64份雪茄烟品种资源，大部分为国外引种，包括一些优异品种：Havana 10、Havana 211、Connecticut Broad Leaf、Connecticut Shade、Florida 301、Florida 503、Sumatra Deli 和 Manila 等，这些雪茄烟品种资源可以在适宜地区试种，通过育种方法选育出适合我国的雪茄烟茄衣品种。

我国雪茄烟叶的主产区有四川什邡、犍为、万源及浙江桐乡等地，但这些产地的烟叶尚无法替代国外优异雪茄烟叶原料，国内雪茄烟叶大部分用作茄芯，少部分用作茄套，尚无规模化的高品质烟叶用作茄衣。因此，合理利用国家烟草种质资源库中雪茄烟资源和晾晒烟资源，选育出优异的茄衣、茄芯品种，才能更快推进我国雪茄烟工业的发展。

8. 药烟

药烟是指药用植物与烟草进行科、属间的远缘杂交，培育成的一类含有对人体有益的医药成分、低焦油、具有特殊香气的新型烟草类型（魏治中，2002）。这类烟草类型属于烟草种质资源的重大原始创新，这种种质创新在世界上属于首次，药烟类型为中国所独有。山西农业大学经过近40年的选择与培育，选育出紫苏烟、罗勒烟、薄荷烟、人参烟、曼陀罗烟、黄芪烟等六大类型药烟。并分别于1988年和1995年，对前4种药烟通过了省级鉴定，于2002年对紫苏烟、罗勒烟、曼陀罗烟通过了国家鉴定。

（三）我国烟草种质资源的地理分布

自从明代末期，烟草从海外传入我国，至今已有400多年的历史。目前，我国烟草生产无论在面积和产量方面都居世界第一位。由于我国疆域辽阔，自然条件迥异，烟草本身可塑性强，易受环境影响而变异，经过人们长期栽培和选择，形成了各具地方特色的众多品种；加之不断地从国外引进烟草类型和品种，形成了类型齐全、数量丰富的烟草资源。各种烟草资源在我国各地的总体分布情况如图1所示。

图1　中国烟草种质资源地理分布

我国烟草资源的区域分布情况十分不均衡，从国家烟草种质资源库的编目数据来看，国内收集编目4 782份烟草种质资源，主要集中在广东省（418份）、贵州省（439份）、河南省（372份）、湖北省（470份）、山东省（373份）、山西省（535份）、四川省（312份）和云南省（295份），占全国资源收集总数的67.2%。甘肃、广西、河北、江苏等省的烤烟资源数量稀少，还不到全国的1%。另有一些省份尚未收集到烤烟资源。从以上分析可以看出一方面我国的烟草资源有区域间分布不均衡的特点，老烟区的资源数量要明显的多于新烟区，另外我国烟草传入地的资源数量也较为丰富；另一方面上述统计分析是基于目前国家库中保存的烟草种质数量，随着资源收集工作的持续开展，各类种质的数量还在不断发生变化，说明各地仍有大量未收集资源，因此，现存资源较少的地区也应加大资源收集考察的力度。

四、烟草种质资源分发利用成效

烟草种质资源既是现代烟草育种工程的强大支柱，更是今后整个烟草行业可持续发展的基础，是发展新型烟草制品的原料保障，其在烟草理论探讨和实际生产中发挥着越来越不可替代的作用。中国农业科学院烟草研究所自成立以来，其种质资源科室依托国家烟草种质资源平台和国家烟草种质资源中期库一直负责向全国烟草公司及大专院校分发烟草种质资源以供研究利用。

（一）我国烟草种质资源分发数量发展趋势

从1983年开始，我国烟草种质资源的分发一直登记入烟草种质资源分发簿中。在1983—2014年这32年中，共有2 385份不同种质资源至少被分发过一次，占到库存资源总数的45.28%。有27个烟草种质分发次数在50次以上（表5），包括Speight G-28、Samsun、K326、NC82、Burley21、NC89、小黄金1025、红花大金元、革新三号和Speight G-140等，其中Speight G-28的用种次数最多，为174次。在这27个烟草种质中有2个为地方种质，8个为选育种质，17个为引进种质。除Burley 21和Ky14为白肋烟种质、*N.glutinosa*、*N.glauca* 和 *N.repanda* 为野生烟、Samsun 和 Basma Llovina 为香料烟及 Maryland 609 为马里兰烟种质外，其余均为烤烟种质。这些种质均是我国烟草产业发展史上的“有功之臣”，如金星 6007，利用它我们系统选育出了许多优良品种，如偏筋黄、安农 1 号等，用它作杂交亲本又选育出了如春雷一号、辽烟十二号、中烟 14 等（常爱霞，2013）。净叶黄则在抗病育种上发挥了较大的作用，用作亲本培育出了中烟 98、许金四号等 18 个抗病优质品种（蔡长春，2012）。我国选育的红花大金元以及从美国引进的 K326 等优质烤烟品种现在仍在我国烟叶生产种植中占据着主要地位，对烟叶产量的稳定、烟叶综合品质的提升做出了重大的贡献。而分发数量最多的 Speight G-28 因其品质较佳，综合表现良好，除在生产上大量应用外，在育种方面充当杂交亲本先后选育出了十多个优异品种，其在我国育成的烤烟品种中占有重要位置。32 年中的总分发数量达到 13 635 份次。其中每年的分发数量（份）详见图 2。从这 32 年的分发数量变化趋势可见，我国烟草种质资源的分发情况，除个别年份有小幅度下降之外，一直在稳步上升中，尤其是自 2007 年开始，烟草种质的年分发数量急速上升。年分发数量由之前的平均 240 份左右上升到 1 000 份左右，2007—2014 年这 8 年的总分发数量达 7 857 份次，占总分发数量的 57.62%。

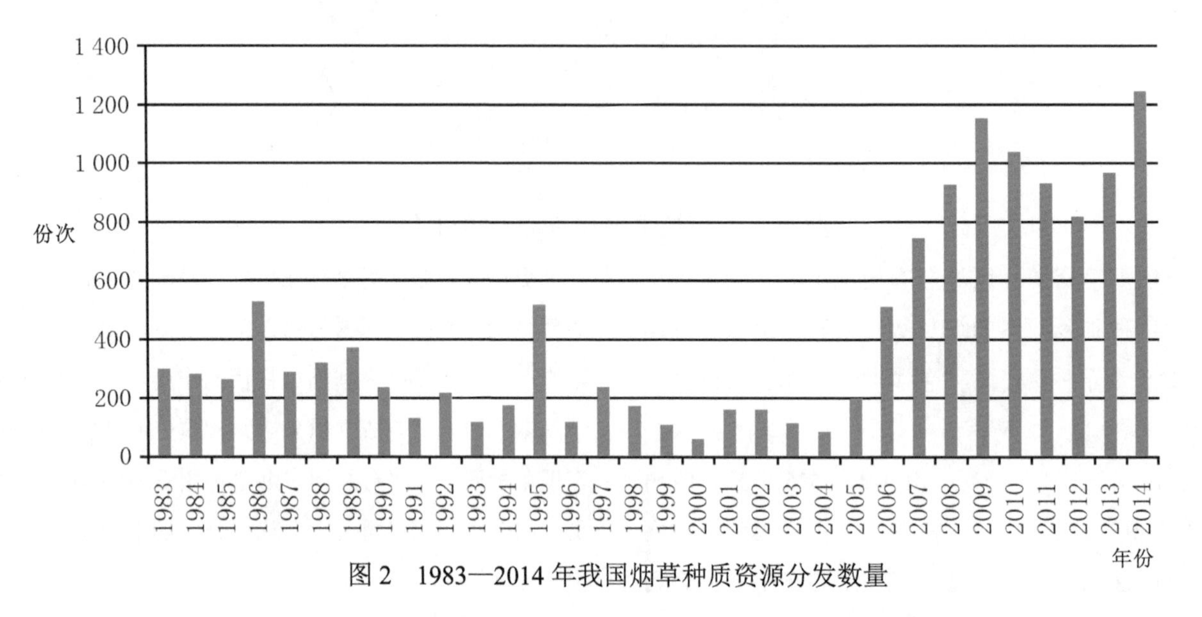

图 2　1983—2014 年我国烟草种质资源分发数量

表 5　27 个用种份次超过 50 的烟草种质

总排名	品种名称	类型	种质类型	分发总份次	2007—2014 年分发份次	近 8 年排名	排名变化幅度
1	Speight G-28	烤烟	引进	174	37	3	-2
2	Samsun	香料烟	引进	128	23	13	-11
3	K326	烤烟	引进	125	41	2	1
4	NC82	烤烟	引进	123	24	11	-7
5	Burley 21	白肋烟	引进	117	24	11	-6
6	NC89	烤烟	引进	115	33	4	2
7	小黄金 1025	烤烟	地方	111	29	7	0
8	红花大金元	烤烟	选育	109	43	1	7
9	革新三号	烤烟	选育	104	27	8	1
10	Speight G-140	烤烟	引进	103	18	19	-9
11	N.glutinosa	野生烟	引进	100	19	17	-6
12	大白筋 599	烤烟	选育	84	21	15	-3

续表

总排名	品种名称	类型	种质类型	分发总份次	2007—2014 年分发份次	近 8 年排名	排名变化幅度
13	Basma Llovina	香料烟	引进	74	25	9	4
13	Speight G-80	烤烟	引进	74	31	6	7
15	长脖黄	烤烟	地方	71	20	16	-1
16	Coker 319	烤烟	引进	70	16	20	-4
17	金星 6007	烤烟	选育	69	23	13	4
18	NC 95	烤烟	引进	66	25	9	9
19	净叶黄	烤烟	选育	63	16	20	-1
20	Ky14	白肋烟	引进	54	15	23	-3
20	中烟 90	烤烟	选育	54	33	4	16
22	中烟 15	烤烟	选育	52	15	23	-1
23	Maryland 609	马里兰烟	引进	51	12	27	-4
23	N.glauca	野生烟	引进	51	14	25	-2
23	N.repanda	野生烟	引进	51	13	26	-3
23	中烟 14	烤烟	选育	51	16	20	3
27	K394	烤烟	引进	50	19	17	10

（二）我国不同类型烟草种质资源分发情况

在 2 385 份被分发种质中，按调制类型分类，其中有烤烟 1 305 份，占总数的 54.72%，晒烟 711 份，占 29.81%，白肋烟、黄花烟、香料烟、雪茄烟、野生烟及马里兰烟分别占 4.40%、4.78%、2.47%、2.01%、1.51% 和 0.29%（表 6）。可见烤烟种质仍在我国烟草行业利用中占据着主要地位，而作为我国资源数量最丰富的晒晾烟资源，其分发利用数量却相对较少。“中国烟草种质资源平台建设”启动以来的 8 年间（表 6），烤烟、晒烟、黄花烟和雪茄烟的利用份次数均占到总利用份次数的六成以上，白肋烟、香料烟、野生烟及马里兰烟的利用份次数也占到总利用份次数的三成以上，充分说明“中国烟草种质资源平台建设”启动以来各种类型资源利用效率均显著提高。按种质类型分类，其中地方品种 1 133 份，占 47.51%，引进品种 627 份、选育品种 442 份和遗传材料 183 份，分别占 26.29%、18.53% 和 7.67%（表 7）。很明显地方品种和引进品种利用研究较多，而选育品种和遗传材料利用情况较差。进一步分析可知，这些遗传材料均是在“中国烟草种质资源平台建设”期间编目的，是利用远缘杂交获得的药用烟草，在新型烟草制品研发中具有广阔的应用前景。特别分析 2007—2014 年我国种质资源的分发情况，各烟草种质的平均年分发数量均显著上升，其中晒烟、黄花烟的利用情况大大好转（表 6），是前 24 年平均年分发数量的 6 ～ 8 倍，雪茄烟利用效率也明显提高，这些也反映了我国生产混合型卷烟的发展趋势；地方和选育品种利用效率提高（表 7），其中地方品种的年平均分发数量是前 24 年平均年分发数量的 8.6 倍。

表 6　烟草不同调制类型的用种情况

类型	品种种类	占总数的百分比（%）	总份次	2007—2014 年分发份次	近 8 年分发份次占总份次百分比（%）
烤烟	1 305	54.72	8 008	4 874	60.86
晒烟	711	29.81	2 739	1 816	66.30
白肋烟	105	4.40	901	279	30.97

续表

类型	品种种类	占总数的百分比（%）	总份次	2007—2014年分发份次	近8年分发份次占总份次百分比（%）
黄花烟	114	4.78	365	227	62.19
香料烟	59	2.47	532	168	31.58
雪茄烟	48	2.01	251	160	63.75
野生烟	36	1.51	757	307	40.55
马里兰烟	7	0.29	82	26	31.71

表7　烟草不同种质类型的用种情况

类型	品种种类	占总数的百分比(%)	总份次	2007—2014年分发份次	近8年用种份次占总份次百分比(%)
地方	1 133	47.51	4 166	2 898	69.56
选育	442	18.53	2 724	1 566	57.49
引进	627	26.29	5 974	2 622	43.89
遗传材料	183	7.67	771	771	100.00

（三）烟草种质资源的利用效果

从以上对1983—2014年这32年期间我国烟草种质资源分发利用情况的分析来看，2006年是一个明显的分界点，在2007年开始之后的8年中，我国烟草种质资源的研究利用情况得到了迅猛的发展，资源利用率不断提高（表5、表6和表7）。“中国烟草种质资源平台建设”这项工作的启动极大促进了我国烟草种质资源利用率的提高（张兴伟，2013）。现就其在不同方面的利用情况和效果作以下概述。

1. 在重要性状鉴定评价等方面的利用

随着“中国烟草种质资源平台”的建设，近8年来16家平台单位利用国家烟草种质中期库所提供的1 614份各类烟草种质资源，对其7种病害2种虫害抗性进行了全面系统鉴定，共筛选出抗性优异种质1 406份，其中黑胫病388份，青枯病218份，根结线虫病293份，赤星病322份，TMV 224份，CMV 237份，PVY 112份，烟蚜虫305份，烟青虫27份（王志德，2014）。在鉴定的1 614份种质中，共筛选出抗性综合优异种质460份，其中一级抗性综合优异种质75份（兼抗4种以上病虫害），二级抗性综合优异种质195份（兼抗3种以上病虫害），三级综合优异种质190份（兼抗2种病虫害）。这些资源为相关省份及全国的烟草育种工作的进一步开展奠定了坚实的基础。此外，16家平台单位还利用国家烟草种质中期库所提供的种质筛选出423份优异种质，其中经济性状优异种质185份，原烟外观品质优异种质269份，感官评吸指标优异种质153份。通过化学成分特异性分析，筛选出291份内在品质特异种质，特别是高钾、低焦油的特异性种质，为我国烟草行业钾高效、低危害等重大专项研究提供了重要物质基础。

2. 在育种方面的利用

32年来为全国50多个育种和教学单位提供各类烟草种质14 939份次（图4），用作亲本选育出了新品种85个，占同期审定品种总数的71.03%，通过国家审定大面积推广种植，并育成一批表现优良的高代品系，为我国烟草新品种的选育奠定了良好的基础。

（1）烤烟育种

中烟所利用优质源红花大金元、Speight G-28、NC89等，抗源CT107、D5103、净叶黄等选育出中烟90、中烟100、中烟102、中烟103、中烟104、中烟202、中烟203、中烟204及中烟205等；云南院利用优良品种K326育成云烟317、云烟85和云烟87等，进而利用云烟85和云烟87等、CV系列选育出云烟98、云烟97和云烟105等；河南省农科院和河南农业大学利用Speight G-70、Speight G-28等育成豫烟2号、豫烟5号、豫烟6号和豫烟11号等；吉林省延边烟草所利用赤星病抗源净叶黄、优质亲本Speight G-28等育成吉烟5号和吉烟7号；广东省农科院从K326系选出粤烟96，利用优质不育系MS G28培育广遵2号和广遵4号等杂交种；贵州院从K326和Speight G-28中分别系选出晚花K326和韭菜坪2号等；黑龙江省烟草所利用中烟90、CV91、CV87等选育出龙江915、龙江911、龙江925、龙江935和龙江981等；湖南省利用MS中烟90、中烟90等先后育成湘烟2号和湘烟4号；辽宁省丹东农科院烟草所利用MS G-28、CF20、MS G-80等配置杂种一代，育成辽烟15、辽烟17和辽烟18；福建省烟草所利用RG12、K326等育成闽烟7号、闽烟38、闽烟35、闽烟9号、闽烟57及蓝玉一号等。

（2）白肋烟育种

中国烟草白肋烟试验站利用优质源MS Ky14、MSTN86、MS Burley21不育系和黑胫病抗源L-8、优异种质LA Burley21/Ky14和Ky8959等杂交，培育成优质抗病高产的新品种鄂烟1号、22084、鄂烟2号、鄂烟3号、鄂烟4号及鄂烟101等；云南省烟草农业科学研究院利用Ky907、Kentucky14、Burley64、TN90、Ky8959等培育出YNBS1、云白2号、云白3号和云白4号；此外，四川省达州市烟草公司烟草所利用优质源Ky14培育出了达白一号。以上等新品种已大面积种植推广，极大地促进了白肋烟育种工作的发展。

（3）香料烟、马里兰烟及晒烟育种

云南省烟草农业科学研究院从优良种质克撒锡巴斯玛中系统选育出了云香巴斯玛一号，该品种各性状明显优于当地主栽品种，有良好的推广前途。湖北宜昌烟草公司从马里兰609中系统选育出的五峰1号，利用不育源Msmd609和优质源Md872培育了五峰2号，这些品种的培育成功，突破性地扭转了我国在30多年里马里兰烟栽培品种单薄的历史，对建设国内特色型烟叶生产基地和保持马里兰烟优质原料的稳定来源具有非凡的意义。云南省烟草农业科学研究院从公会晒烟中系选出云晒1号，这是云南省利用国家烟草种质库提供的资源培育的第一个晒烟品种。以上品种先后通过国家审定或省审定在国内烟区大面积推广，累计超过11 400万亩，产生了巨大的经济效益。

3. 在科研上的利用

（1）生物技术领域应用

烟草作为模式作物在生物技术研究领域一直发挥着重要作用。自2007年资源平台正式启动以来，由国家烟草种质库提供的种质在生物技术研究中取得多次突破性进展。首先在基因研究方面，郭兆奎等（2005）将拟南芥中编码高亲和性K+的载体蛋白基因AtKup1导入烟草品种龙江911和K326中，结果使转基因烟草烟叶含钾量提高了约45%。牛颜冰等（2011）应用RNA沉默技术获得了抗CMV和TMV的转基因烟草。这些为创造其他转基因作物走出了第一步。其次在远缘杂交方面，魏治中等（2008）采用无性嫁接和有性杂交结合的方法，选育出了曼陀罗烟、罗勒烟、紫苏烟等6个新型药烟品种，是我国独有的十分珍贵的遗传创新材料，这不仅为我国的烟草资源添加了新型种质，而且对今后新型烟草制品研发指明了方向，具有广泛的实践意义。在烟草基因组计划及特色烟项目方面，我们提供了包括野生种等各类种质资源达400余份。其中所提供的*N. sylvestris*（林烟草）、*N. tomentosiformis*（绒毛状烟草）和红花大金元，已经完成了全基因组图谱的绘制，标志着我们对烟草的研究已经上升到了基因组时代的高度。为我国于2011年启动的“特色优质烟叶开发”专项提供了100余份低焦油品种及低焦油种质资源，有力保障了该项目的顺利实施。

（2）在功能成分研究方面的利用

随着时代和科学的发展，人们对于烟草的认识愈加客观，烟草除了含有对人体有害的成分，还含有大量对人体有益的功能成分，烟草种质资源在提取对人体有益的功能成分方面具有广阔的应用前景。中烟所利用所提供的七大类型烟草种质，进行了多种功能成分的研究。研究发现，不同类型烟草中有益功能成分存在较大差异。白肋烟可作为烟草西柏烷二萜的重要资源。晒烟、烤烟、雪茄烟中含有较高的茄尼醇。雪茄烟、晒烟、烤烟、香料烟中绿原酸、芸香苷含量较高，具有利用价值。所提供的吉烟 9 号、龙江 911、Virginia1061（白肋烟）、KY16（白肋烟）、夏湾那（雪茄烟）种质，其西柏烷二萜的含量大于 1.2%，可作为烟草西柏烷类物质的优异资源。所提供的大白筋 599、沂水大弯筋、翠碧一号、Havana211、道真柳叶烟茄尼醇的含量均在 5% 以上，可作为烟草茄尼醇的优异资源。野生烟资源 *N. langsdorffii*、*N. alata* 绿原酸含量分别达 3.2%、4.6%，红花大金元、龙江 925、龙江 911 绿原酸含量也大于 3%、可作为绿原酸的优异资源。Coker 176 烟叶中芸香苷含量可达 2.5%，可作为芸香苷的优异资源。烟草花中西柏烷类化学物含量丰富，可作为西柏烷化合物的提取材料。烟草叶片可作为绿原酸、芸香苷、茄尼醇、西柏烷类化合物的提取材料（杜咏梅，2014）。

（3）在其他研究方面的利用

蒋彩虹等（2014）利用高抗赤星病和黑胫病的种质 Beinhart 1000-1，发现了与其连锁的 SSR 分子标记，为抗赤星病和黑胫病标记辅助选择育种（MAS）奠定了坚实的基础。刘艳华等（2010）利用 NC89 获得了对于 TMV 的环介导恒温扩增（LAMP）的快速检测体系，获得了国家专利，并参加了国际学术交流。蔡长春等（2008）利用 Burley37 和 LABurley21 构建的 94 个 DH 系为作图群体，构建了国内第一张白肋烟遗传连锁图谱。以上工作均促进了我国科学研究的发展。此外，据统计，“资源平台”启动以来，利用国家烟草种质中期库所提供的种质出版的著作有 12 部，发表论文达 300 余篇，其内容涉及方面广泛，极大促进了烟草学术交流。近几年烟草分子水平上的研究成为热点，利用资源进行的育种和常规研究也占据了较大的比例，对资源的病虫害鉴定研究方面需要进一步加强。

4. 支撑各地方烟草种质资源库的建设

云南烟草种质资源库（以下简称云南库）和贵州烟草种质资源库（以下简称贵州库）的建设得到了国家烟草种质库（以下简称中烟所）的大力支持，历史上曾经多次从中烟所引入资源。据《烟草种质资源图鉴》（上册、下册）（许美玲，2009）介绍，云南库现在保存各类烟草种质 1 477 份，其中 1 241 份与中烟所的资源具有相同的全国统一编号，占其资源总份数的 84.02%；据《贵州烟草品种资源》（卷一、卷二）（杨春元，2008；2009）介绍，贵州库现在保存各类烟草种质 821 份，其中 647 份与中烟所的资源具有相同的全国统一编号，占其资源总份数的 78.81%。特别值得提出的是云南库和贵州库在上述几本书里记载的野生烟草资源则全部来自于中烟所。中国烟草白肋烟试验站的种质资源在中烟所帮助下全部备份保存；陕西所的种质资源由于地址变迁、人员变动等原因，几乎全部丧失发芽率，在中烟所支持下，资源失而复得；广东省农科院作物所的种质资源在资源平台启动以前只有 700 余份，通过资源平台项目实施，现保存数量已超过 1 000 份。

五、烟草种质资源平台

国家烟草专卖局高度重视烟草种质资源基础性研究工作，于 2006 年启动并于 2007 年正式实施了“中国烟草种质资源平台建设”（以下简称“资源平台”）重大专项，使我国烟草种质资源研究得到迅猛发展，取得了重要成就。

（一）资源平台立项意义

国家烟草专卖局启动烟草种质资源平台建设，主要是基于如下几个方面考虑。

一是基于我国烟草行业可持续发展战略的考虑。《烟草行业中长期科技发展规划纲要（2006—2020 年）》提出了今后 15 年烟草行业中长期科技发展的指导方针，即“坚持方向、突出重点、持续创新、支撑发展”。持续创新是支撑发展的前提，就育种研究领域来说，种质资源创新和深入研究是一项非常重要的支撑性基础工作，这个基础不打牢，育种工程就无异于“空中楼阁”，也就谈不上支撑行业长远发展。姜成康局长在 2007 年全国烟草工作会议上做了《坚持以科学发展观统领行业改革和发展 全面提高中国烟草整体竞争实力》工作报告，报告的第二部分重点强调烟叶是行业发展的基础，也是行业发展最为薄弱的环节和制约因素。烟草种质资源是行业发展的基础之基础，同时也是最为薄弱的环节和制约因素。因此，只有坚持在最薄弱的环节和制约因素上狠下功夫，突出重点，不断创新才能提高行业在国际上的竞争能力，支撑行业长期稳定健康发展。

二是平台建设是实施育种工程和基因组计划的重要保证。种质资源作为遗传物质的载体，谁掌握的数量越多，遗传多样性越丰富，谁就能在未来农业技术竞争中占领先地位。国家烟草专卖局已经启动的育种工程，将用5年时间选育、改良5个左右在高香气、低危害、抗病性等方面特别突出的品种；用10年左右的时间，培育一批突破性烟草新品种，全面提高我国烟草育种整体水平。同时，选育一批具有鲜明地方特色的烟草品种，丰富中式卷烟原料基础，满足卷烟配方对烟叶品质的特定需求。要实现这一目标，种质资源的研究与利用是基础、是关键。同时烟草基因组计划，更需要提供遗传多样性丰富的种质资源来加以支撑。

三是进一步加强我国烟草种质资源深入研究、不断创新和国际合作的需要。我国烟草种质资源虽然在保存数量上居世界领先，但在研究深度上，特别是在分子水平上的研究与其他发达国家相比是滞后的，导致在育种研究上可供利用的资源遗传基础狭窄，很大程度上制约了烟草育种的发展。通过资源平台的建立，可大大加强我国烟草种质资源的全面鉴定、深入研究和种质创新，提供育种与科研高效利用。促进与美国、南美、日本等世界烟草先进生产国家和地区的交往、加强国际间的研究合作和种质交换，提高我国烟草种质资源研究领域的国际地位。

四是实现烟草种质资源整合与共享的需要。种质资源整合与共享是信息时代科技发展的必然选择，随着行业以企业为主体的科技创新体系的建立，企业的自主创新能力有了显著提升，但对一些有关行业全局发展的基础性、共性科技研究，需要国家烟草专卖局采取措施进行整合和优化配置，以提升整个行业可持续创新发展，我们有这方面的优势。平台建设的核心内容之一，就是建立有效的资源整合和共享机制，对全国的烟草种质研究领域的实物资源、信息资源和人才资源进行整合，变分散型“小作坊”为大兵团作战模式，集中全国优势科研力量，形成有效的全国性研发体系，齐心协力，协作公关，以解决一些关系行业全局发展的关键性基础技术问题，实现种质资源实物与信息全面共享，为行业可持续发展奠定牢固的基石。

（二）重要进展与成效

自2007年资源平台建设启动以来，在国家烟草专卖局科技司直接领导下，通过16家成员单位的共同努力，取得了重要进展，主要体现在如下几个方面：

1. 烟草种质资源数量保持世界第一

项目实施期间，新收集编目种质1 257份，使我国烟草种质资源的数量达到5 299份，进一步奠定其国际领先地位。尤其是利用建立的烟草远缘杂交技术体系，创制了179份科、属间远缘杂交新种质，极大地丰富了烟草种质资源的遗传基础。

2. 烟草种质资源利用效率显著提高

通过以核心种质为主体的重要性状鉴定及分子水平研究的不断深入，资源利用效率显著上升，年分发数量由资源平台启动前300～500份次提高到目前1 000份次以上，2006—2016年国家烟草种质资源库向全国研究单位及大专院校提供种质利用共计11 058份次（图3），极大地促进了烟草新品种选育，利用提供的烟草种质育成并通过审定新品种72个，推广面积累计1 800多万亩，创造了巨大的经济效益。为国家局基因组计划、特色烟等重大专项提供各类种质资源400余份，提供了材料保障。并且极大支撑了各地方烟草种质资源的收集和保存，挽救和支撑了各地方烟草种质资源库的建设，为行业种质资源的战略储存作出了巨大贡献。

3. 建立了烟草种质资源繁殖更新技术体系，并

以此为指导繁殖更新种质 4 640 份

通过品种内分子遗传多样性研究、种子老化对种质活力影响的研究、"短日照"品种光周期研究等，构建了较为完善的烟草繁种更新理论与技术体系。2007—2011 年共繁殖更新烟草种质 3 767 份，2012—2014 年繁殖 873 份，挽救了一批濒危、珍稀种质；建立烟草资源繁种更新数据库。图像采集 3 480 份，包括株型、叶形、花、花序及蒴果计 15 000 余张，补充完善了图像数据库，同时为分发利用提供了坚实的物质基础和技术保障。

4. 研究制定了烟草种质资源描述规范和数据标准

利用该标准系统评价鉴定资源 5 401 份次，初步筛选出优质、抗病虫种质 2 013 份次，其中经济性状优异种质 185 份，原烟外观品质优异种质 269 份，感官评吸指标优异种质 153 份、抗性优异种质 1406 份，为烟草优质、减害、多抗品种的培育提供种质支撑。

图 3　2006-2016 年我国烟草种质资源分发利用情况

5. 建立了烟草核心种质指纹图谱

利用 SRAP、SSR 分子标记的方法研究了烟草核心种质的遗传多样性、构建了 446 份核心种质的指纹图谱；利用 SSR 分子标记和表型数据构建了包含 127 份烟草种质资源的微核心种质。为烟草育种过程中种质资源的系谱来源和真实性鉴别提供了数据和技术保障。

6. 建立了烟草种质资源信息与实物共享系统

该系统（www.ycsjk.com.cn）在 2 个底层数据库（共性数据库和特性数据库）的基础上，依据不同用户类型和实际需求，有针对性地开发了"种质数据查询"、"核心种质查询"、"优异种质查询"、"抗性种质查询"、"种质图像查询"、"共性数据查询"等功能；另外，开发的中国烟草种质资源地理信息系统实现了地图操作和种质资源查询的整合，根据地图标注和地址解析功能直观地展现种质资源的地理分布状况、种质资源所在位置的地址名称、经纬度等；最后开发的种质资源在线实物共享系统，可实现烟草种质需求信息在线提交以及在线管理，解决了长期以来种质资源信息、实物集中于一处，难以共享的局面，实现了资源实物与信息全面共享。网络信息系统功能不断完善。开发了烟草种质资源二维码，极大地便捷了资源信息查询。

7. 建立了烟草种质资源长期安全保存体系

通过资源平台建设建立国家烟草种质资源库，实现国家长期库、中期库和短期库完善的保存体系。国家烟草种质资源库 1 047m^2 的资源楼于 2008 年 7 月份全面竣工，9 月初正式通过验收，10 月上旬全面启用。拥有中期库房、临时库房、温室、信息室、物理实验室、生化实验室、分子实验室、标本室等。资源楼的启用使我国烟草种质资源保存能力提高到 2 万余份，可扩展保存能力达 4 万余份，保存和检测设施得到极大改善，为烟草种质资源长期安全保存提供了重要保障，同时也为烟草基因组计划、遗传组织保存等提供了强大的支撑。

8. 加强了烟草种质资源的国际交流与合作

对巴西的烟草种质资源和育种技术、种子生产等方面进行了考察，为进一步提高我国烟草种质资源研究提供了有益借鉴；多年来全面参与 CORESTA、TSRC 等国际、国内学术会议，进行学术交流。极大提升资源平台研究水平和科研人员的科研素质。

通过该项目实施，建立了由国家局领导，16 家烟草重点科研机构组成的全国性、多学科、大协作的烟草种质资源研究平台，构建了由收集保存、鉴定评价、种质创新、资源共享组成的烟草种质资源科研体系，为烟草种质资源全面系统研究奠定了长期性研究方向；制定了一系列管理办法和技术规范，为烟草种质资源的长远发展提供了重要管理保障；同时为行业烟草种质资源研究培养和凝聚了一批优秀科研骨干，使烟草种质资源平台成为资源研究、资源共享、人才培养、国际交流等国家级基础性、公益性、战略性平台。

第一章
烟草种质资源目录
Catalogue of tobacco germplasm resources

1. 烤烟地方种质资源目录——护照信息

序号	全国统一编号	种质名称	编目单位	种子来源	原产地	收集时间
3638	00004057	西陂柳叶	东南站	永定	福建省龙岩市永定区	2007 年
3639	00004061	来凤十点	东南站	东南站	湖北省恩施土家族苗族自治州来凤县	2010 年
3640	00004063	后坡种	东南站	龙岩	福建省龙岩市	2010 年
3641	00004064	黑烟	东南站	东南站	福建省福州市	2010 年
3642	00004074	大叶翘	东南站	龙岩	福建省龙岩市	2010 年
3643	00004083	长汀烤烟	东南站	长汀	福建省长汀市	2007 年
3644	00004049	封开烤烟	广东所	封开	广东省肇庆市封开县	2008 年
3645	00004050	南雄单四	广东所	南雄	广东省南雄市	2007 年
3646	00004053	山东 -2-7	广东所	中烟所	山东省青州市	2009 年
3647	00004054	山东大白花	广东所	青州	山东省	2011 年
3648	00004055	湄黄四号 -A-2	广东所	湄潭县农业局	贵州省湄潭县	2009 年
3649	00004056	乔庄黑苗	广东所	河南	河南省襄城县	2010 年
3650	00004058	北金烤烟五号	广东所	玉林	广西壮族自治区玉林市	2008 年
3651	00004059	吕引烤烟一号	广东所	广东所	广东省广州市	2009 年
3652	00004062	潞西长叶烟	广东所	云南院	云南省德宏傣族景颇族自治州潞西市	2008 年
3653	00004066	五九九	广东所	南雄	广东省南雄市	2009 年

1. 烤烟地方种质资源目录——植物学信息

序号	株高/cm	茎围/cm	节距/cm	叶数/片	叶长/cm	叶宽/cm	叶柄/cm	株型	叶形	叶尖	叶面	叶缘	叶色	叶片厚薄	花序密度	花序形状	花色	茎叶角度	移栽至开花/天
3638	209.80	9.56	7.76	21.70	70.55	38.00	0.00	筒形	宽椭圆	钝尖	平	平滑	绿	较薄	密集	球形	淡红	中	76.0
3639	191.67	7.33	10.46	14.50	56.10	28.29	0.00	筒形	椭圆	渐尖	较平	微波	绿	较厚	松散	菱形	淡红	大	71.0
3640	144.60	9.69	4.19	22.00	72.20	34.05	0.00	筒形	椭圆	渐尖	较皱	波浪	绿	中等	密集	球形	淡红	中	87.0
3641	175.50	9.47	7.42	17.70	71.85	39.55	0.00	塔形	宽椭圆	渐尖	较平	微波	绿	较薄	密集	球形	淡红	中	82.0
3642	172.80	9.37	7.06	19.40	66.05	36.35	0.00	筒形	宽椭圆	渐尖	较皱	波浪	浅绿	中等	密集	球形	淡红	中	86.0
3643	207.60	10.93	6.60	25.20	79.50	35.55	0.00	筒形	长椭圆	渐尖	较平	微波	绿	较薄	密集	球形	红	中	76.0
3644	223.90	7.91	6.66	27.30	56.35	24.70	0.00	筒形	长椭圆	渐尖	较皱	波浪	黄绿	中等	松散	倒圆锥形	淡红	中	69.0
3645	229.60	7.82	6.81	28.30	50.25	26.35	0.00	橄榄形	椭圆	急尖	平	平滑	黄绿	较薄	松散	菱形	淡红	中	68.0
3646	194.70	10.52	6.29	24.30	61.10	33.90	0.00	塔形	宽椭圆	急尖	较平	波浪	黄绿	中等	松散	倒圆锥形	淡红	中	83.0
3647	142.00	8.26	4.69	19.70	51.40	24.10	0.00	塔形	椭圆	急尖	平	平滑	深绿	薄	密集	扁球形	白	中	64.0
3648	138.50	9.70	5.65	16.40	67.90	29.60	0.00	塔形	长椭圆	渐尖	较皱	波浪	黄绿	中等	松散	菱形	淡红	大	78.0
3649	277.05	9.07	5.50	43.10	59.90	30.50	0.00	筒形	椭圆	急尖	较平	波浪	绿	中等	密集	球形	红	中	120.0
3650	179.00	8.98	6.50	17.30	64.60	25.30	0.00	橄榄形	长椭圆	渐尖	较平	微波	绿	较厚	松散	倒圆锥形	淡红	中	61.0
3651	193.60	8.79	5.03	30.60	71.40	25.40	0.00	塔形	长椭圆	渐尖	较平	微波	黄绿	较厚	松散	菱形	淡红	中	70.0
3652	193.40	9.83	5.03	30.20	63.60	28.25	0.00	塔形	长椭圆	渐尖	较皱	波浪	黄绿	中等	松散	倒圆锥形	淡红	中	75.0
3653	181.30	8.45	5.84	21.50	58.70	25.30	0.00	橄榄形	长椭圆	渐尖	较皱	波浪	绿	中等	松散	菱形	淡红	中	85.0

序号	全国统一编号	种质名称	编目单位	种子来源	原产地	收集时间
3654	00004067	大山沟（云南）	广东所	南雄	云南省	2007 年
3655	00004072	山东 -3-3	广东所	中烟所	山东省青州市	2009 年
3656	00004075	罗定金星	广东所	罗定	广东省云浮市罗定市	2007 年
3657	00004078	湄辐三号	广东所	湄潭县农业局	贵州省湄潭县	2007 年
3658	00004082	郫县烤烟一号	广东所	郫县	四川省郫县	2010 年
3659	00004084	庆胜烟	广东所	许昌	河南省许昌市	2007 年
3660	00004088	海南烟	广东所	陵水	海南省陵水县	2010 年
3661	00004070	福泉小黄叶	贵州院	福泉市	贵州省福泉市	1954 年
3662	00004073	独山趴杆烟	贵州院	苑文林从马怀麟处收集	贵州省独山县	1952 年
3663	00004076	折烟	贵州院	福泉市	贵州省福泉市沙坪乡	1953 年
3664	00004080	贵定团鱼叶	贵州院	贵定县	贵州省贵定县	2008 年
3665	00004081	炉山小窝笋叶	贵州院	凯里市	贵州省凯里市炉山	1953 年
3666	00004086	贵定尖叶折烟	贵州院	贵定县	贵州省贵定县新铺乡	1953 年
3667	00004089	炉山柳叶	贵州院	凯里市炉山	贵州省凯里市炉山	1953 年
3668	00004051	堡子烟	云南院	云南院	云南省玉溪市	2007 年
3669	00004060	埔烟 2 号	云南院	云南院	广东省太浦县	1995 年
3670	00004065	江川烤烟	云南院	云南院	云南省玉溪市江川县	2007 年
3671	00004071	宝丰烤烟	云南院	河南	河南省许昌市	1997 年

序号	株高/cm	茎围/cm	节距/cm	叶数/片	叶长/cm	叶宽/cm	叶柄/cm	株型	叶形	叶尖	叶面	叶缘	叶色	叶片厚薄	花序密度	花序形状	花色	茎叶角度	移栽至开花/天
3654	146.40	8.76	4.29	23.00	61.30	26.60	0.00	橄榄形	长椭圆	渐尖	较平	微波	绿	较厚	密集	菱形	红	中	60.0
3655	149.00	7.66	6.06	17.80	67.10	28.90	0.00	塔形	长椭圆	急尖	皱	皱折	黄绿	中等	松散	菱形	淡红	中	70.0
3656	162.00	10.55	4.70	22.60	57.70	29.35	0.00	筒形	椭圆	渐尖	平	平滑	绿	中等	松散	球形	红	中	62.0
3657	193.40	7.88	6.04	22.70	61.40	26.50	0.00	塔形	长椭圆	渐尖	较平	微波	绿	中等	松散	菱形	淡红	中	55.0
3658	189.70	7.44	3.88	37.70	58.60	26.00	0.00	塔形	长椭圆	急尖	较平	微波	黄绿	较薄	松散	菱形	淡红	中	81.0
3659	175.60	8.23	4.34	29.90	60.50	23.65	0.00	橄榄形	长椭圆	尾状	较平	微波	黄绿	中等	松散	球形	淡红	中	70.0
3660	133.10	8.95	4.41	21.40	67.70	31.70	0.00	塔形	椭圆	渐尖	较平	波浪	绿	较薄	松散	菱形	淡红	中	70.0
3661	150.38	8.19	3.93	27.47	54.19	24.93	0.00	塔形	椭圆	渐尖	较皱	波浪	绿	较薄	密集	球形	淡红	中	63.0
3662	186.05	8.68	5.60	25.13	52.84	31.57	0.00	筒形	宽椭圆	急尖	较平	锯齿	绿	中等	密集	倒圆锥形	淡红	中	65.0
3663	170.13	7.45	4.89	25.07	48.89	23.80	0.00	塔形	椭圆	渐尖	较皱	波浪	深绿	较厚	密集	倒圆锥形	淡红	中	62.0
3664	165.93	8.18	6.09	18.67	54.02	32.46	0.00	塔形	宽椭圆	渐尖	较平	微波	绿	中等	密集	倒圆锥形	淡红	中	61.0
3665	159.79	6.98	4.55	23.75	57.64	23.07	0.00	塔形	长椭圆	渐尖	较平	波浪	绿	薄	松散	菱形	淡红	中	65.0
3666	143.67	7.48	4.41	23.33	58.23	29.02	0.00	筒形	椭圆	急尖	较平	波浪	绿	中等	密集	倒圆锥形	淡红	中	64.0
3667	150.55	7.67	4.86	21.60	54.17	32.00	0.00	塔形	宽椭圆	渐尖	较平	波浪	绿	中等	密集	倒圆锥形	淡红	中	65.0
3668	168.60	11.50	7.20	16.40	72.50	31.40	0.00	塔形	长椭圆	急尖	较平	波浪	绿	中等	密集	倒圆锥形	淡红	中	61.0
3669	148.20	10.30	5.10	19.40	59.10	28.40	0.00	筒形	椭圆	急尖	较平	波浪	绿	中等	密集	倒圆锥形	淡红	中	59.0
3670	123.20	9.20	3.40	22.00	57.20	27.10	0.00	塔形	椭圆	渐尖	较皱	波浪	浅绿	中等	密集	倒圆锥形	淡红	中	51.0
3671	137.20	10.10	4.60	17.60	69.80	26.10	0.00	塔形	长椭圆	渐尖	较皱	波浪	绿	中等	密集	倒圆锥形	淡红	中	52.0

序号	全国统一编号	种质名称	编目单位	种子来源	原产地	收集时间
3672	00004079	大芭蕉叶	云南院	云南院	云南省玉溪市	2007 年
3673	00004091	大有种	云南院	云南院	云南省玉溪市	2007 年
3674	00004092	蔓光白烟	云南院	许昌所	河南省许昌市襄城县陈庄	2007 年
3675	00004778	路南虎街烤烟	云南院	云南院	云南省路南县	2007 年
3676	00004085	鲁益四号	中烟所	中烟所	山东省青州市	2008 年

2. 烤烟品系种质资源目录——护照信息

序号	全国统一编号	种质名称	杂交组合	编目单位	种子来源	原产地	收集时间
3677	00003691	94202		安徽所	安徽所	安徽省滁州市凤阳县	1992 年
3678	00003692	94208		安徽所	安徽所	安徽省滁州市凤阳县	1992 年
3679	00003693	9501		安徽所	中南站	湖南省长沙市	1996 年
3680	00003694	9503		安徽所	安徽所	安徽省滁州市凤阳县	1996 年
3681	00003695	9504	S79-1×Speight G80	安徽所	安徽所	安徽省滁州市凤阳县	1993 年
3682	00003696	95428		安徽所	安徽所	安徽省滁州市凤阳县	1992 年
3683	00003697	95429		安徽所	安徽所	安徽省滁州市凤阳县	1992 年
3684	00003698	96419		安徽所	安徽所	安徽省滁州市凤阳县	1996 年
3685	00003699	96438		安徽所	安徽所	安徽省滁州市凤阳县	1996 年
3686	00003700	96452		安徽所	安徽所	安徽省滁州市凤阳县	1996 年

序号	株高/cm	茎围/cm	节距/cm	叶数/片	叶长/cm	叶宽/cm	叶柄/cm	株型	叶形	叶尖	叶面	叶缘	叶色	叶片厚薄	花序密度	花序形状	花色	茎叶角度	移栽至开花/天
3672	155.60	11.43	4.70	20.60	41.10	17.40	0.00	筒形	长椭圆	渐尖	较皱	波浪	绿	中等	密集	倒圆锥形	淡红	中	49.0
3673	174.20	10.60	5.50	23.60	68.00	33.80	0.00	塔形	椭圆	渐尖	较皱	波浪	绿	薄	密集	倒圆锥形	淡红	中	63.0
3674	170.00	10.80	5.30	20.80	67.60	28.00	0.00	筒形	长椭圆	渐尖	较平	波浪	绿	中等	密集	倒圆锥形	淡红	中	51.0
3675	124.80	8.80	5.60	14.60	59.30	22.50	0.00	筒形	长椭圆	渐尖	较皱	波浪	绿	中等	密集	倒圆锥形	深红	中	51.0
3676	196.20	10.21	7.23	20.20	70.10	34.80	0.00	塔形	椭圆	急尖	较平	波浪	绿	中等	松散	菱形	淡红	中	62.0

2. 烤烟品系种质资源目录——植物学信息

序号	株高/cm	茎围/cm	节距/cm	叶数/片	叶长/cm	叶宽/cm	叶柄/cm	株型	叶形	叶尖	叶面	叶缘	叶色	叶片厚薄	花序密度	花序形状	花色	茎叶角度	移栽至开花/天
3677	175.00	11.26	5.83	24.00	66.80	29.38	0.00	塔形	长椭圆	渐尖	较皱	微波	浅绿	较薄	松散	菱形	淡红	中	73.0
3678	188.20	10.70	6.80	21.80	62.30	24.76	0.00	塔形	长椭圆	渐尖	较平	微波	浅绿	较薄	松散	菱形	淡红	中	61.0
3679	174.00	11.02	6.26	21.20	68.00	39.40	0.00	筒形	宽椭圆	急尖	较平	微波	浅绿	薄	密集	菱形	淡红	中	65.0
3680	199.40	12.04	8.05	19.80	75.40	31.30	0.00	塔形	长椭圆	尾状	较皱	微波	绿	较薄	松散	菱形	淡红	中	56.0
3681	162.60	11.56	5.95	20.60	74.46	31.70	0.00	塔形	长椭圆	渐尖	较皱	微波	绿	较薄	密集	球形	淡红	中	61.0
3682	167.40	10.74	6.01	21.20	72.00	32.10	0.00	塔形	长椭圆	渐尖	较平	微波	浅绿	较薄	密集	菱形	淡红	中	61.0
3683	161.20	11.36	5.09	23.80	68.80	30.10	0.00	塔形	长椭圆	渐尖	较皱	微波	绿	较薄	密集	球形	淡红	中	61.0
3684	179.60	10.70	5.54	25.20	70.30	24.20	0.00	塔形	长椭圆	尾状	较皱	微波	绿	中等	密集	菱形	淡红	中	59.0
3685	179.40	12.48	5.76	24.20	72.70	39.10	0.00	橄榄形	宽椭圆	渐尖	较皱	微波	绿	较薄	松散	菱形	淡红	中	61.0
3686	190.00	10.42	6.88	21.80	66.90	31.10	0.00	塔形	椭圆	渐尖	较皱	微波	浅绿	较薄	松散	菱形	淡红	中	56.0

序号	全国统一编号	种质名称	杂交组合	编目单位	种子来源	原产地	收集时间
3687	00003701	9506		安徽所	安徽所	安徽省滁州市凤阳县	1992年
3688	00004329	LZ-13	中烟98×L6-2	安徽所	安徽所	安徽省滁州市凤阳县	2010年
3689	00004330	LZ-6-1（2）	中烟98×L6-2	安徽所	安徽所	安徽省滁州市凤阳县	2010年
3690	00004331	CF80-99	CF80系选	安徽所	安徽所	安徽省滁州市凤阳县	2010年
3691	00004332	LZ-2-1-1	中烟98×L6-2	安徽所	安徽所	安徽省滁州市凤阳县	2010年
3692	00004333	LZ-13-3	中烟98×L6-2	安徽所	安徽所	安徽省滁州市凤阳县	2010年
3693	00004334	CF203-99	CF203系选	安徽所	安徽所	安徽省滁州市凤阳县	2010年
3694	00004336	ZT99-99	ZT99系选	安徽所	安徽所	安徽省滁州市凤阳县	2010年
3695	00004338	LZ-1-1	中烟98×L6-2	安徽所	安徽所	安徽省滁州市凤阳县	2010年
3696	00004339	LZ-10-3	中烟98×L6-2	安徽所	安徽所	安徽省滁州市凤阳县	2010年
3697	00004366	2006509	（K346×K326）×（CF80×9504）	安徽所	安徽所	安徽省滁州市凤阳县	2008年
3698	00004371	2006513	（K346×K326）×（CF80×9505）	安徽所	安徽所	安徽省滁州市凤阳县	2008年
3699	00004397	2006504	（K326×CF80）×G80	安徽所	安徽所	安徽省滁州市凤阳县	2008年
3700	00004418	2006522	（9506×CF80）×云烟85	安徽所	安徽所	安徽省滁州市凤阳县	2008年
3701	00004429	2006507	（K326×CF80）×G80	安徽所	安徽所	安徽省滁州市凤阳县	2008年
3702	00004463	AH07C1	K326×NC82	安徽所	安徽所	安徽省滁州市凤阳县	2009年
3703	00004495	2006523	（9506×CF80）×云烟85	安徽所	安徽所	安徽省滁州市凤阳县	2008年
3704	00004498	7508	（云烟85×CF80）×（K399×CF83）	安徽所	安徽所	安徽省滁州市凤阳县	2009年

序号	株高/cm	茎围/cm	节距/cm	叶数/片	叶长/cm	叶宽/cm	叶柄/cm	株型	叶形	叶尖	叶面	叶缘	叶色	叶片厚薄	花序密度	花序形状	花色	茎叶角度	移栽至开花/天
3687	200.80	11.36	7.51	21.40	66.90	27.80	0.00	塔形	长椭圆	尾状	皱	波浪	绿	较薄	密集	菱形	淡红	中	59.0
3688	234.20	11.67	6.57	29.00	69.67	30.73	0.00	塔形	长椭圆	急尖	皱	皱折	深绿	较厚	松散	菱形	白	中	55.0
3689	243.33	13.20	8.04	25.47	72.13	32.87	0.00	塔形	椭圆	急尖	较平	微波	深绿	中等	密集	球形	白	中	55.0
3690	192.53	11.40	5.21	26.67	71.73	31.73	0.00	塔形	长椭圆	渐尖	较平	微波	绿	较厚	松散	菱形	淡红	中	52.0
3691	234.33	12.80	4.89	34.73	72.47	30.40	0.00	塔形	长椭圆	渐尖	较皱	波浪	绿	中等	密集	菱形	淡红	中	69.0
3692	232.00	13.00	6.14	29.07	71.00	35.47	0.00	塔形	椭圆	渐尖	较皱	波浪	深绿	中等	松散	球形	白	中	68.0
3693	213.87	12.93	5.65	27.93	69.33	32.53	0.00	塔形	椭圆	渐尖	较平	微波	浅绿	中等	松散	菱形	淡红	中	51.0
3694	246.33	12.73	6.65	29.20	68.40	33.67	0.00	筒形	椭圆	急尖	皱	皱折	绿	中等	密集	球形	淡红	中	66.0
3695	240.53	12.00	5.06	36.27	69.20	30.27	0.00	塔形	长椭圆	渐尖	较平	微波	浅绿	较厚	密集	倒圆锥形	淡红	中	67.0
3696	249.57	12.47	7.99	26.20	72.40	35.27	0.00	塔形	椭圆	急尖	皱	皱折	深绿	较厚	松散	球形	白	中	56.0
3697	181.23	8.87	6.16	23.40	50.40	19.73	0.00	塔形	长椭圆	渐尖	较皱	波浪	绿	较薄	松散	菱形	淡红	中	59.0
3698	179.10	8.50	6.32	23.00	51.57	21.23	0.00	塔形	长椭圆	渐尖	较皱	波浪	绿	较薄	松散	菱形	淡红	中	59.0
3699	162.60	8.60	5.32	23.47	56.37	20.87	0.00	塔形	长椭圆	渐尖	较皱	波浪	绿	中等	松散	菱形	淡红	中	59.0
3700	180.66	8.27	5.41	26.00	58.23	26.83	0.00	塔形	椭圆	渐尖	较皱	波浪	绿	薄	密集	菱形	红	中	59.0
3701	141.83	8.37	4.41	23.53	55.60	22.83	0.00	塔形	长椭圆	渐尖	较皱	波浪	绿	较薄	松散	菱形	淡红	中	59.0
3702	134.47	8.73	3.53	24.80	65.17	27.17	0.00	塔形	长椭圆	渐尖	较皱	波浪	绿	较薄	密集	菱形	淡红	中	62.0
3703	164.87	8.20	5.25	24.73	56.00	21.00	0.00	塔形	长椭圆	渐尖	较皱	波浪	绿	较薄	松散	菱形	淡红	中	59.0
3704	155.00	9.67	3.76	26.33	63.60	29.22	0.00	塔形	椭圆	渐尖	较皱	波浪	绿	较薄	密集	球形	淡红	中	61.0

序号	全国统一编号	种质名称	杂交组合	编目单位	种子来源	原产地	收集时间
3705	00004526	L6-2		安徽所	安徽所	安徽省滁州市凤阳县	2007年
3706	00004535	AH07C3	K326×NC82	安徽所	安徽所	安徽省滁州市凤阳县	2009年
3707	00004548	7505	（云烟85×CF80）×（K399×CF81）	安徽所	安徽所	安徽省滁州市凤阳县	2009年
3708	00004552	7501	（云烟85×CF80）×（K399×CF80）	安徽所	安徽所	安徽省滁州市凤阳县	2009年
3709	00004556	2006528	（9506×CF80）×云烟85	安徽所	安徽所	安徽省滁州市凤阳县	2008年
3710	00004571	7518	（云烟85×L6-2）×云烟85	安徽所	安徽所	安徽省滁州市凤阳县	2009年
3711	00004573	LZ-3-6	中烟98×L6-2	安徽所	安徽所	安徽省滁州市凤阳县	2010年
3712	00004577	7506	（云烟85×CF80）×（K399×CF82）	安徽所	安徽所	安徽省滁州市凤阳县	2009年
3713	00004590	7509	（云烟85×CF80）×（K399×CF84）	安徽所	安徽所	安徽省滁州市凤阳县	2009年
3714	00004662	3033	K346×中烟98	安徽所	安徽所	安徽省滁州市凤阳县	2008年
3715	00004751	FY6	（9601×Coker176）×9601	安徽所	安徽所	安徽省滁州市凤阳县	2011年
3716	00004761	FY8	CF80×NCTG55	安徽所	安徽所	安徽省滁州市凤阳县	2011年
3717	00004768	FY5	（中烟100×CV85）×Coker371gold	安徽所	安徽所	安徽省滁州市凤阳县	2011年
3718	00004772	FY10	K326×NC50	安徽所	安徽所	安徽省滁州市凤阳县	2011年
3719	00004777	FY25		安徽所	安徽所	安徽省滁州市凤阳县	2011年
3720	00004780	FY19	G80×（SC72×大平板）	安徽所	安徽所	安徽省滁州市凤阳县	2011年
3721	00004783	FY21	云烟97×（SC71×大平板）	安徽所	安徽所	安徽省滁州市凤阳县	2011年
3722	00004786	FY7	（K346×CV85）×K394	安徽所	安徽所	安徽省滁州市凤阳县	2011年

序号	株高/cm	茎围/cm	节距/cm	叶数/片	叶长/cm	叶宽/cm	叶柄/cm	株型	叶形	叶尖	叶面	叶缘	叶色	叶片厚薄	花序密度	花序形状	花色	茎叶角度	移栽至开花/天
3705	149.87	10.98	6.54	16.80	67.00	27.90	0.00	塔形	长椭圆	急尖	较平	微波	深绿	薄	密集	菱形	白	中	59.0
3706	150.20	10.33	3.49	26.73	61.83	25.72	0.00	塔形	长椭圆	渐尖	较皱	波浪	绿	较薄	密集	菱形	淡红	中	66.0
3707	151.40	9.77	4.15	26.33	64.00	26.63	0.00	塔形	长椭圆	渐尖	较皱	波浪	绿	中等	密集	菱形	淡红	中	59.0
3708	153.73	10.29	4.34	25.40	69.37	28.86	0.00	塔形	长椭圆	渐尖	较皱	波浪	绿	中等	密集	菱形	淡红	中	62.0
3709	191.00	8.67	6.04	25.00	57.47	21.47	0.00	塔形	长椭圆	渐尖	较平	微波	绿	薄	松散	菱形	淡红	中	59.0
3710	147.40	9.53	3.86	26.13	62.38	25.21	0.00	塔形	长椭圆	渐尖	较皱	波浪	绿	中等	密集	球形	淡红	中	60.0
3711	220.80	12.80	6.36	28.02	69.47	36.02	0.00	塔形	椭圆	急尖	较平	微波	深绿	中等	松散	菱形	白	中	58.0
3712	155.73	8.69	4.66	24.80	60.21	28.25	0.00	塔形	椭圆	渐尖	较皱	波浪	绿	较薄	密集	菱形	淡红	中	66.0
3713	160.73	9.30	4.56	26.27	62.33	29.72	0.00	塔形	椭圆	渐尖	较皱	波浪	绿	较薄	密集	菱形	淡红	中	59.0
3714	191.00	9.70	5.50	24.00	65.00	28.00	0.00	塔形	长椭圆	渐尖	较皱	波浪	绿	中等	密集	球形	淡红	中	61.0
3715	152.53	9.20	4.54	24.93	65.33	22.80	0.00	塔形	长椭圆	渐尖	较平	波浪	绿	中等	松散	球形	淡红	中	75.0
3716	137.00	9.67	3.87	25.93	70.67	28.53	0.00	塔形	长椭圆	渐尖	较皱	波浪	绿	中等	松散	菱形	淡红	中	75.0
3717	148.33	10.00	4.03	26.60	67.40	24.20	0.00	筒形	长椭圆	尾状	较皱	波浪	绿	中等	密集	球形	淡红	中	75.0
3718	164.33	10.07	4.45	27.13	56.73	29.07	0.00	塔形	椭圆	渐尖	较平	微波	深绿	中等	密集	球形	淡红	中	78.0
3719	138.54	9.77	3.79	26.00	73.67	28.13	0.00	塔形	长椭圆	渐尖	较皱	波浪	黄绿	中等	密集	球形	淡红	中	74.0
3720	143.60	8.43	4.23	24.93	66.60	27.87	0.00	塔形	长椭圆	渐尖	较平	波浪	绿	中等	密集	球形	淡红	中	75.0
3721	138.60	9.53	3.77	25.67	67.80	32.67	0.00	塔形	椭圆	渐尖	较皱	波浪	绿	中等	密集	球形	淡红	中	76.0
3722	139.13	9.70	3.97	24.20	65.87	27.60	0.00	塔形	长椭圆	渐尖	较平	微波	绿	较厚	密集	球形	淡红	中	76.0

序号	全国统一编号	种质名称	杂交组合	编目单位	种子来源	原产地	收集时间
3723	00004789	FY13	K346×94202	安徽所	安徽所	安徽省滁州市凤阳县	2011年
3724	00004790	安四少叶		安徽所	安徽所	安徽省滁州市凤阳县	2007年
3725	00004792	FY9	Coker176×G80	安徽所	安徽所	安徽省滁州市凤阳县	2011年
3726	00004346	39934	红花大金元×NC567	丹东所	丹东所	辽宁省丹东市凤城市	2010年
3727	00004350	39607	（8021×NC89）×（8021×8423）	丹东所	丹东所	辽宁省丹东市凤城市	2010年
3728	00004351	39703	〔CV87×（8021×8423）〕×8021	丹东所	丹东所	辽宁省丹东市凤城市	2008年
3729	00004354	39923	（贵烟11×8022）×（96423×贵烟11）	丹东所	丹东所	辽宁省丹东市凤城市	2008年
3730	00004355	30015	净叶黄×（7001×NC89）	丹东所	丹东所	辽宁省丹东市凤城市	2008年
3731	00004367	39921	NC89×K358	丹东所	丹东所	辽宁省丹东市凤城市	2008年
3732	00004368	38211	（7273×G-28）F2×G-28	丹东所	丹东所	辽宁省丹东市凤城市	2010年
3733	00004369	39917	红花大金元×coker176	丹东所	丹东所	辽宁省丹东市凤城市	2009年
3734	00004370	39601	8105×｛〔（7273×G28）×G28〕×G28｝	丹东所	丹东所	辽宁省丹东市凤城市	2010年
3735	00004378	98113	7900-3×大白筋599	丹东所	丹东所	辽宁省丹东市凤城市	2010年
3736	00004381	8105	6315×（八里香×G28）	丹东所	丹东所	辽宁省丹东市凤城市	2010年
3737	00004389	96801	86651×87-414	丹东所	丹东所	辽宁省丹东市凤城市	2010年
3738	00004390	39920	8021×K358	丹东所	丹东所	辽宁省丹东市凤城市	2008年
3739	00004392	8902	8021×NC82	丹东所	丹东所	辽宁省丹东市凤城市	2010年
3740	00004393	951-5		丹东所	陕西省	陕西省咸阳市	2010年

序号	株高/cm	茎围/cm	节距/cm	叶数/片	叶长/cm	叶宽/cm	叶柄/cm	株型	叶形	叶尖	叶面	叶缘	叶色	叶片厚薄	花序密度	花序形状	花色	茎叶角度	移栽至开花/天
3723	146.87	9.67	3.83	25.33	66.13	27.47	0.00	塔形	长椭圆	渐尖	较平	波浪	深绿	较厚	密集	球形	淡红	中	75.0
3724	182.00	9.74	7.94	15.80	52.80	28.50	0.00	筒形	宽椭圆	渐尖	平	平滑	浅绿	中等	密集	菱形	淡红	中	54.0
3725	142.93	10.07	3.79	27.07	71.00	35.67	0.00	塔形	椭圆	急尖	较平	微波	浅绿	中等	密集	球形	淡红	中	82.0
3726	142.00	10.94	5.09	20.70	61.75	29.57	0.00	塔形	椭圆	急尖	较皱	波浪	绿	中等	密集	球形	淡红	大	62.0
3727	177.80	8.87	5.02	27.60	62.55	26.37	0.00	橄榄形	长椭圆	渐尖	较平	微波	黄绿	中等	松散	扁球形	淡红	中	64.0
3728	179.30	10.80	5.41	25.80	68.55	38.50	0.00	塔形	宽椭圆	钝尖	平	平滑	绿	中等	松散	球形	红	中	73.0
3729	192.20	9.10	6.16	24.50	65.20	36.85	0.00	塔形	宽椭圆	急尖	较平	微波	深绿	中等	松散	菱形	红	中	71.0
3730	158.70	10.82	5.29	22.10	78.62	37.00	0.00	橄榄形	椭圆	急尖	较平	微波	深绿	较厚	松散	菱形	淡红	中	71.0
3731	176.40	10.54	6.01	22.00	65.36	38.65	0.00	筒形	宽椭圆	钝尖	平	平滑	绿	中等	密集	球形	红	中	72.0
3732	162.68	10.19	4.83	25.40	63.49	30.40	0.00	塔形	椭圆	钝尖	较皱	波浪	深绿	较厚	松散	扁球形	淡红	中	65.0
3733	139.25	7.50	3.50	28.70	45.20	14.50	0.00	塔形	披针形	急尖	较皱	波浪	绿	中等	密集	球形	淡红	小	69.0
3734	170.90	8.68	6.05	21.60	56.90	30.24	0.00	筒形	宽椭圆	渐尖	较平	微波	黄绿	较薄	松散	球形	淡红	中	62.0
3735	191.25	8.56	5.50	27.50	56.55	26.80	0.00	筒形	椭圆	急尖	较皱	波浪	深绿	较厚	松散	扁球形	淡红	中	82.0
3736	179.90	9.42	5.57	25.60	56.50	31.50	0.00	筒形	宽椭圆	钝尖	较皱	波浪	绿	较薄	密集	球形	淡红	中	66.0
3737	169.20	11.91	5.01	25.10	66.89	36.44	0.00	橄榄形	宽椭圆	急尖	较皱	波浪	深绿	较厚	密集	扁球形	淡红	中	67.0
3738	194.20	9.01	6.09	25.60	57.44	28.80	0.00	筒形	椭圆	钝尖	较皱	波浪	绿	较薄	密集	扁球形	红	小	74.0
3739	166.40	9.09	5.06	23.90	61.05	30.66	0.00	塔形	椭圆	急尖	较平	微波	黄绿	较薄	松散	扁球形	淡红	中	57.0
3740	152.50	9.24	5.12	22.40	59.52	23.07	0.00	筒形	长椭圆	尾状	较平	微波	深绿	较薄	松散	菱形	淡红	中	58.0

序号	全国统一编号	种质名称	杂交组合	编目单位	种子来源	原产地	收集时间
3741	00004396	9302	8021×（大白筋599×coker86）	丹东所	丹东所	辽宁省丹东市凤城市	2010年
3742	00004404	39936	93-8075×NC567	丹东所	丹东所	辽宁省丹东市凤城市	2010年
3743	00004406	39611	（8021×NC82)×（3069×3051）	丹东所	丹东所	辽宁省丹东市凤城市	2010年
3744	00004407	8907	8021×3371	丹东所	丹东所	辽宁省丹东市凤城市	2010年
3745	00004412	39910	K394×CV87	丹东所	丹东所	辽宁省丹东市凤城市	2009年
3746	00004415	39930	红花大金元×7021	丹东所	丹东所	辽宁省丹东市凤城市	2008年
3747	00004417	39935	93-8075×NC567	丹东所	丹东所	辽宁省丹东市凤城市	2010年
3748	00004419	9205	（91201×8021）×G28	丹东所	丹东所	辽宁省丹东市凤城市	2007年
3749	00004420	87-414	G80×NC89	丹东所	丹东所	辽宁省丹东市凤城市	2007年
3750	00004427	8021	7273×coker86	丹东所	丹东所	辽宁省丹东市凤城市	2007年
3751	00004428	8901-2	8021×NC89	丹东所	丹东所	辽宁省丹东市凤城市	2007年
3752	00004434	9003	（8105×G28)×〔（33-1×凤城大柳叶）×8105〕	丹东所	丹东所	辽宁省丹东市凤城市	2010年
3753	00004435	99814	RG17×86651	丹东所	丹东所	辽宁省丹东市凤城市	2009年
3754	00004437	95801	86651×8611	丹东所	丹东所	辽宁省丹东市凤城市	2010年
3755	00004438	98815	87-414×大白筋599	丹东所	丹东所	辽宁省丹东市凤城市	2009年
3756	00004445	30008	RG11×（NC89×8021）	丹东所	丹东所	辽宁省丹东市凤城市	2008年
3757	00004446	8901	8021×NC89	丹东所	丹东所	辽宁省丹东市凤城市	2010年
3758	00004449	30011	（K358×Va116）×（8021×8423）	丹东所	丹东所	辽宁省丹东市凤城市	2008年

序号	株高/cm	茎围/cm	节距/cm	叶数/片	叶长/cm	叶宽/cm	叶柄/cm	株型	叶形	叶尖	叶面	叶缘	叶色	叶片厚薄	花序密度	花序形状	花色	茎叶角度	移栽至开花/天
3741	160.70	9.12	5.87	20.90	62.40	31.08	0.00	塔形	椭圆	渐尖	平	平滑	深绿	较厚	松散	倒圆锥形	淡红	中	58.0
3742	172.70	10.79	6.01	22.00	67.74	33.26	0.00	筒形	椭圆	渐尖	较皱	波浪	深绿	厚	密集	球形	淡红	中	59.0
3743	146.60	9.85	4.98	21.60	59.98	29.24	0.00	橄榄形	椭圆	钝尖	较平	微波	绿	薄	密集	球形	淡红	中	62.0
3744	184.33	9.15	5.53	26.10	60.20	29.28	0.00	塔形	椭圆	急尖	平	平滑	深绿	较厚	松散	倒圆锥形	淡红	中	79.0
3745	125.10	6.60	3.10	26.80	39.70	17.20	0.00	筒形	长椭圆	渐尖	较平	微波	绿	厚	密集	球形	淡红	小	67.0
3746	133.20	10.44	6.63	14.80	76.43	40.40	0.00	筒形	宽椭圆	钝尖	平	平滑	绿	中等	松散	扁球形	淡红	中	64.0
3747	153.51	11.80	5.09	22.30	60.75	31.48	0.00	筒形	椭圆	渐尖	平	平滑	深绿	较厚	松散	倒圆锥形	淡红	中	66.0
3748	133.07	8.60	4.73	19.93	63.00	31.70	0.00	筒形	椭圆	急尖	较平	微波	浅绿	薄	密集	球形	淡红	大	56.0
3749	155.33	10.23	4.30	25.07	56.93	30.77	0.00	筒形	宽椭圆	渐尖	较皱	波浪	绿	较厚	密集	球形	淡红	大	74.0
3750	130.07	9.83	4.63	19.80	61.33	34.77	0.00	塔形	宽椭圆	急尖	较皱	波浪	绿	较薄	密集	球形	淡红	小	54.0
3751	159.86	9.27	4.27	28.07	54.87	28.83	0.00	筒形	椭圆	钝尖	较皱	波浪	浅绿	中等	松散	倒圆锥形	淡红	中	65.0
3752	150.20	9.33	5.13	21.40	60.24	32.31	0.00	筒形	宽椭圆	急尖	较平	微波	绿	中等	松散	倒圆锥形	淡红	中	60.0
3753	155.70	8.00	5.20	22.80	45.30	28.40	0.00	筒形	宽椭圆	钝尖	平	平滑	黄绿	中等	密集	球形	红	中	62.0
3754	183.90	9.44	6.34	23.00	67.41	34.39	0.00	筒形	椭圆	急尖	较皱	波浪	深绿	较厚	松散	菱形	淡红	中	59.0
3755	115.10	7.90	3.40	21.80	48.40	24.40	0.00	筒形	椭圆	渐尖	平	平滑	深绿	较厚	密集	球形	红	中	63.0
3756	123.90	9.01	6.45	13.00	65.90	36.85	0.00	橄榄形	宽椭圆	钝尖	平	平滑	黄绿	中等	密集	扁球形	红	大	64.0
3757	156.96	11.48	6.06	19.30	73.55	40.56	0.00	橄榄形	宽椭圆	急尖	较平	微波	绿	薄	松散	球形	淡红	中	63.0
3758	195.80	9.70	6.47	24.60	60.30	27.40	0.00	筒形	长椭圆	急尖	较皱	波浪	绿	较薄	松散	菱形	淡红	中	74.0

序号	全国统一编号	种质名称	杂交组合	编目单位	种子来源	原产地	收集时间
3759	00004450	87417	G28×V.NO1168	丹东所	丹东所	辽宁省丹东市凤城市	2011 年
3760	00004460	30012	（K358×Va116）×（8021×8423）	丹东所	丹东所	辽宁省丹东市凤城市	2008 年
3761	00004466	99822	96801×NCTG55	丹东所	丹东所	辽宁省丹东市凤城市	2009 年
3762	00004469	99817	87-414×NCTG55	丹东所	丹东所	辽宁省丹东市凤城市	2009 年
3763	00004470	8611	（单育 2 号 ×G-28）×（G-28× 净叶黄）	丹东所	丹东所	辽宁省丹东市凤城市	2007 年
3764	00004471	39908	8021×K348	丹东所	丹东所	辽宁省丹东市凤城市	2009 年
3765	00004476	9014	8021×8087	丹东所	丹东所	辽宁省丹东市凤城市	2009 年
3766	00004477	39904	39603×Coker176	丹东所	丹东所	辽宁省丹东市凤城市	2009 年
3767	00004478	30010	（K358×Va116）× 红花大金元	丹东所	丹东所	辽宁省丹东市凤城市	2008 年
3768	00004480	8541		丹东所	中烟所	辽宁省丹东市凤城市	2010 年
3769	00004483	82501	Ky56×SC71	丹东所	丹东所	辽宁省丹东市凤城市	2008 年
3770	00004488	30013	（K358×Va116）× 红花大金元	丹东所	丹东所	辽宁省丹东市凤城市	2008 年
3771	00004492	88436	（V.NO1168×NC628）×（V.NO1168×7832）	丹东所	丹东所	辽宁省丹东市凤城市	2011 年
3772	00004493	99825	NC89×96801	丹东所	丹东所	辽宁省丹东市凤城市	2008 年
3773	00004503	39606	（3069×3051）F_1×（8021×8423）	丹东所	丹东所	辽宁省丹东市凤城市	2008 年
3774	00004505	9013	96086×93-5304	丹东所	丹东所	辽宁省丹东市凤城市	2010 年
3775	00004507	30004	〔（8021×8423）×Coker176〕×（7060×CV87）	丹东所	丹东所	辽宁省丹东市凤城市	2008 年
3776	00004511	8210	7273×G28	丹东所	丹东所	辽宁省丹东市凤城市	2007 年

序号	株高/cm	茎围/cm	节距/cm	叶数/片	叶长/cm	叶宽/cm	叶柄/cm	株型	叶形	叶尖	叶面	叶缘	叶色	叶片厚薄	花序密度	花序形状	花色	茎叶角度	移栽至开花/天
3759	165.75	11.31	6.08	20.10	73.02	38.91	0.00	塔形	宽椭圆	渐尖	较平	微波	深绿	中等	密集	倒圆锥形	淡红	中	56.0
3760	186.90	10.79	6.40	22.50	74.16	36.00	0.00	塔形	椭圆	急尖	较皱	波浪	深绿	中等	松散	球形	淡红	中	68.0
3761	159.20	6.70	5.80	21.20	46.00	26.50	0.00	筒形	宽椭圆	钝尖	平	平滑	绿	中等	密集	球形	红	中	68.0
3762	152.50	6.60	5.20	22.50	52.00	27.80	0.00	筒形	宽椭圆	钝尖	平	平滑	绿	较薄	密集	球形	红	小	62.0
3763	137.67	8.87	5.77	17.13	60.53	31.97	0.00	塔形	宽椭圆	渐尖	皱	皱折	浅绿	中等	松散	菱形	淡红	中	54.0
3764	108.40	6.60	3.00	21.40	43.00	22.40	0.00	筒形	椭圆	钝尖	平	平滑	绿	中等	密集	球形	深红	中	65.0
3765	115.80	8.10	2.80	25.00	47.90	21.80	0.00	塔形	椭圆	渐尖	平	平滑	绿	中等	松散	菱形	淡红	中	58.0
3766	139.12	7.30	3.70	25.60	41.50	13.90	0.00	塔形	长椭圆	急尖	较皱	波浪	绿	中等	松散	菱形	淡红	小	69.0
3767	119.20	10.39	5.61	13.80	70.99	33.60	0.00	塔形	椭圆	尾状	皱	皱折	黄绿	较厚	松散	菱形	淡红	大	64.0
3768	160.90	9.00	5.01	23.70	63.93	28.77	0.00	塔形	长椭圆	渐尖	较平	微波	绿	中等	松散	球形	淡红	中	62.0
3769	141.90	9.34	4.80	21.00	65.65	35.60	0.00	塔型	宽椭圆	渐尖	较平	微波	绿	中等	密集	球形	红	中	74.0
3770	160.10	10.13	6.07	19.90	68.92	30.80	0.00	塔形	长椭圆	急尖	较皱	波浪	绿	中等	密集	球形	红	大	68.0
3771	177.90	10.79	7.22	19.10	64.12	35.39	0.00	筒形	宽椭圆	急尖	较皱	波浪	绿	较薄	密集	球形	淡红	小	59.0
3772	188.90	9.73	5.69	25.90	56.80	26.45	0.00	塔形	椭圆	渐尖	皱	皱折	黄绿	较薄	密集	扁球形	淡红	中	75.0
3773	177.40	9.81	5.37	25.80	66.61	32.65	0.00	塔形	椭圆	渐尖	较平	微波	绿	较薄	松散	菱形	淡红	中	76.0
3774	181.40	11.26	5.08	28.10	67.97	34.94	0.00	塔形	椭圆	渐尖	平	平滑	黄绿	较薄	松散	球形	淡红	中	87.0
3775	168.50	9.78	5.67	22.70	71.50	29.25	0.00	橄榄形	长椭圆	急尖	较平	波浪	绿	中等	密集	球形	淡红	大	70.0
3776	145.13	8.90	5.13	20.33	68.27	33.77	0.00	塔形	椭圆	急尖	较平	微波	绿	较厚	密集	扁球形	淡红	大	57.0

序号	全国统一编号	种质名称	杂交组合	编目单位	种子来源	原产地	收集时间
3777	00004514	92-4011	革新一号 ×NC89	丹东所	丹东所	辽宁省丹东市凤城市	2011 年
3778	00004516	98814	7900-3× 大白筋 599	丹东所	丹东所	辽宁省丹东市凤城市	2010 年
3779	00004517	9206	4307×（7273× 大白筋 599）	丹东所	丹东所	辽宁省丹东市凤城市	2010 年
3780	00004518	30003	（93-8075×NC567）×（7060×CV87）	丹东所	丹东所	辽宁省丹东市凤城市	2008 年
3781	00004519	99819	coker86×8611	丹东所	丹东所	辽宁省丹东市凤城市	2009 年
3782	00004528	9419		丹东所	丹东所	辽宁省丹东市凤城市	2011 年
3783	00004530	9007	K358×Va116	丹东所	丹东所	辽宁省丹东市凤城市	2010 年
3784	00004532	30006	{〔（7273×G28）×G28〕×G28}×RG11	丹东所	丹东所	辽宁省丹东市凤城市	2008 年
3785	00004542	7047	96H23× 贵烟 11	丹东所	丹东所	辽宁省丹东市凤城市	2009 年
3786	00004543	8904	8021×8423	丹东所	丹东所	辽宁省丹东市凤城市	2009 年
3787	00004558	39901	39605×K394	丹东所	丹东所	辽宁省丹东市凤城市	2009 年
3788	00004562	39931	NC729×NC89	丹东所	丹东所	辽宁省丹东市凤城市	2009 年
3789	00004563	7046	中烟 15×7910-2	丹东所	丹东所	辽宁省丹东市凤城市	2009 年
3790	00004564	39902	39609×39703	丹东所	丹东所	辽宁省丹东市凤城市	2009 年
3791	00004567	9006	K326×Va116	丹东所	丹东所	辽宁省丹东市凤城市	2009 年
3792	00004568	8912	（8021×NC82）×（8105×G28）	丹东所	丹东所	辽宁省丹东市凤城市	2010 年
3793	00004569	30001	TI1406× 净叶黄	丹东所	丹东所	辽宁省丹东市凤城市	2008 年
3794	00004578	99804-2	96801× 大白筋 599	丹东所	丹东所	辽宁省丹东市凤城市	2008 年

序号	株高/cm	茎围/cm	节距/cm	叶数/片	叶长/cm	叶宽/cm	叶柄/cm	株型	叶形	叶尖	叶面	叶缘	叶色	叶片厚薄	花序密度	花序形状	花色	茎叶角度	移栽至开花/天
3777	140.71	9.77	4.65	22.30	62.79	23.90	0.00	筒形	长椭圆	急尖	皱	皱折	深绿	较厚	松散	菱形	淡红	小	56.0
3778	154.00	10.46	5.25	22.00	65.82	31.78	0.00	塔形	椭圆	急尖	平	平滑	绿	中等	松散	扁球形	淡红	大	66.0
3779	188.30	8.01	7.36	20.20	59.75	28.60	0.00	筒形	椭圆	渐尖	较皱	波浪	深绿	中等	密集	球形	淡红	中	52.0
3780	186.50	11.05	6.20	24.00	72.68	26.35	0.00	塔形	长椭圆	急尖	较平	波浪	绿	较薄	松散	菱形	淡红	中	70.0
3781	158.50	6.70	5.50	22.30	47.90	23.20	0.00	筒形	椭圆	渐尖	平	平滑	绿	较厚	密集	球形	淡红	大	60.0
3782	154.13	9.68	5.40	20.80	56.42	23.79	0.00	橄榄形	长椭圆	急尖	皱	皱折	浅绿	较厚	密集	扁球形	淡红	中	60.0
3783	150.90	10.96	5.05	21.60	65.84	26.04	0.00	塔形	长椭圆	急尖	较皱	波浪	绿	较薄	密集	球形	淡红	大	63.0
3784	145.10	10.25	4.19	25.70	66.75	20.90	0.00	塔形	披针形	尾状	较皱	波浪	深绿	中等	松散	菱形	淡红	甚大	71.0
3785	179.10	7.60	5.90	24.40	51.40	24.90	0.00	筒形	椭圆	急尖	较皱	波浪	绿	较厚	密集	球形	淡红	大	69.0
3786	204.02	9.00	5.90	27.80	46.80	21.90	0.00	筒形	椭圆	急尖	较皱	波浪	黄绿	中等	密集	球形	淡红	大	85.0
3787	157.40	7.70	5.70	20.80	48.20	24.70	0.00	筒形	椭圆	钝尖	较皱	波浪	绿	厚	密集	球形	红	中	67.0
3788	107.90	6.50	3.00	21.90	45.30	19.80	0.00	塔形	长椭圆	渐尖	较平	微波	绿	较厚	密集	球形	淡红	小	64.0
3789	186.00	7.60	6.30	22.50	56.30	24.50	0.00	筒形	长椭圆	急尖	较皱	波浪	绿	较厚	密集	球形	淡红	大	69.0
3790	145.40	9.20	4.40	24.50	52.30	22.30	0.00	筒形	长椭圆	尾状	平	平滑	绿	厚	密集	球形	淡红	大	71.0
3791	134.40	5.60	4.00	22.70	43.70	13.50	0.00	塔形	披针形	尾状	较皱	波浪	绿	厚	密集	球形	淡红	小	69.0
3792	126.40	9.51	3.70	23.90	59.83	27.35	0.00	塔形	椭圆	急尖	较皱	波浪	黄绿	较薄	密集	球形	淡红	大	61.0
3793	165.60	10.68	6.40	20.00	71.43	20.30	0.00	塔形	披针形	尾状	较平	波浪	深绿	中等	松散	扁球形	淡红	大	65.0
3794	208.80	11.95	6.71	24.70	74.44	34.73	0.00	筒形	椭圆	渐尖	较皱	波浪	绿	中等	松散	菱形	淡红	中	74.0

序号	全国统一编号	种质名称	杂交组合	编目单位	种子来源	原产地	收集时间
3795	00004580	30005	〔4037×（7273×大白筋599）〕×RG11	丹东所	丹东所	辽宁省丹东市凤城市	2008年
3796	00004582	7049	贵烟11×92409	丹东所	丹东所	辽宁省丹东市凤城市	2017年
3797	00004600	86651	8021×coker176	丹东所	丹东所	辽宁省丹东市凤城市	2007年
3798	00004601	9004	87414×RG11	丹东所	丹东所	辽宁省丹东市凤城市	2009年
3799	00004606	30009	G117×CV70	丹东所	丹东所	辽宁省丹东市凤城市	2008年
3800	00004607	87402	SCR×GAT-2	丹东所	丹东所	辽宁省丹东市凤城市	2011年
3801	00004608	92409	87-414×〔K394×（8611×91045）〕	丹东所	丹东所	辽宁省丹东市凤城市	2011年
3802	00004613	30016	（96086×93-5304）×（K358×Va116）	丹东所	丹东所	辽宁省丹东市凤城市	2008年
3803	00004658	8022-1	辽烟12号（7273）×大白筋599	丹东所	丹东所	辽宁省丹东市凤城市	2011年
3804	00004669	MSVa1168	MS8021×Va1168	丹东所	丹东所	辽宁省丹东市凤城市	2008年
3805	00004671	MSCoker86	MS8021×coker86	丹东所	丹东所	辽宁省丹东市凤城市	2007年
3806	00004684	4032		丹东所	丹东所	辽宁省丹东市凤城市	2010年
3807	00004686	MS9205	MS8022×9205	丹东所	丹东所	辽宁省丹东市凤城市	2007年
3808	00004689	MS8901-2	MS8021×8910-2	丹东所	丹东所	辽宁省丹东市凤城市	2007年
3809	00004691	MSNC567	MS8021×NC567	丹东所	丹东所	辽宁省丹东市凤城市	2007年
3810	00004699	MS8611	MS8021×8611	丹东所	丹东所	辽宁省丹东市凤城市	2007年
3811	00004707	MS8210	MSNC89×8210	丹东所	丹东所	辽宁省丹东市凤城市	2007年
3812	00004737	MSNC55	MSNC89×NCTG55	丹东所	丹东所	辽宁省丹东市凤城市	2008年

序号	株高/cm	茎围/cm	节距/cm	叶数/片	叶长/cm	叶宽/cm	叶柄/cm	株型	叶形	叶尖	叶面	叶缘	叶色	叶片厚薄	花序密度	花序形状	花色	茎叶角度	移栽至开花/天
3795	188.00	10.06	6.19	24.40	65.30	39.50	0.00	筒形	宽椭圆	钝尖	平	平滑	绿	中等	松散	球形	红	甚大	73.0
3796	156.30	6.40	6.30	19.20	44.30	24.50	0.00	筒形	宽椭圆	钝尖	较皱	波浪	绿	中等	密集	球形	淡红	大	67.0
3797	154.27	9.30	4.20	26.93	59.13	29.50	0.00	橄榄形	椭圆	渐尖	较平	锯齿	绿	中等	松散	球形	淡红	中	61.0
3798	144.00	7.70	5.40	18.80	54.60	23.90	0.00	筒形	长椭圆	急尖	平	平滑	黄绿	较厚	密集	球形	红	大	63.0
3799	103.10	10.88	5.44	12.50	70.48	34.55	0.00	筒形	椭圆	急尖	较皱	波浪	绿	较厚	密集	菱形	淡红	中	60.0
3800	159.99	9.08	4.24	28.30	67.19	21.12	0.00	筒形	披针形	渐尖	皱	皱折	绿	较厚	松散	菱形	淡红	大	60.0
3801	129.26	9.56	3.18	28.30	60.56	18.86	0.00	筒形	披针形	尾状	皱	皱折	浅绿	较厚	松散	球形	淡红	中	60.0
3802	156.30	9.19	5.29	21.40	69.37	33.05	0.00	筒形	椭圆	渐尖	平	平滑	绿	较薄	密集	扁球形	淡红	中	69.0
3803	164.80	11.00	5.04	24.20	57.40	32.80	0.00	塔形	椭圆	渐尖	较平	波浪	绿	中等	密集	球形	淡红	中	58.0
3804	170.50	9.84	6.07	21.30	59.60	28.85	0.00	塔形	椭圆	渐尖	较皱	波浪	黄绿	中等	松散	菱形	淡红	大	75.0
3805	155.87	8.87	3.87	30.80	54.97	28.77	0.00	筒形	椭圆	钝尖	较皱	波浪	浅绿	较薄	松散	扁球形	淡红	中	65.0
3806	167.40	9.03	6.08	21.30	50.91	28.19	0.00	筒形	宽椭圆	急尖	较皱	波浪	黄绿	中等	密集	球形	淡红	中	59.0
3807	134.67	8.70	4.60	20.67	58.90	28.17	0.00	筒形	椭圆	急尖	较平	微波	浅绿	薄	密集	球形	淡红	大	60.0
3808	166.67	9.83	4.33	29.20	60.40	33.33	0.00	筒形	宽椭圆	钝尖	较皱	波浪	浅绿	中等	松散	倒圆锥形	淡红	中	64.0
3809	122.20	8.50	3.47	24.13	58.50	26.63	0.00	塔形	椭圆	急尖	皱	皱折	绿	厚	密集	球形	淡红	大	64.0
3810	136.33	8.63	5.20	18.93	59.10	30.40	0.00	塔形	椭圆	渐尖	皱	皱折	浅绿	中等	松散	菱形	淡红	中	54.0
3811	125.13	9.07	4.80	17.20	67.43	35.53	0.00	塔形	宽椭圆	急尖	较平	微波	绿	较厚	密集	扁球形	淡红	大	54.0
3812	165.00	9.07	5.48	23.30	67.65	27.40	0.00	橄榄形	长椭圆	急尖	较皱	波浪	绿	中等	松散	菱形	淡红	中	73.0

序号	全国统一编号	种质名称	杂交组合	编目单位	种子来源	原产地	收集时间
3813	00004740	MS86651	MS8022×86651	丹东所	丹东所	辽宁省丹东市凤城市	2007 年
3814	00004765	6205		丹东所	丹东所	辽宁省丹东市凤城市	2011 年
3815	00004816	3116	CV87 系选	丹东所	丹东所	辽宁省丹东市凤城市	2017 年
3816	00004876	NC55-1	NCTG55 系选	丹东所	丹东所	辽宁省丹东市凤城市	2010 年
3817	00004383	0110-52	龙江 911×8021	东北站	牡丹江	黑龙江省牡丹江市	2009 年
3818	00004416	0109-312	龙江 911×8021	东北站	牡丹江	黑龙江省牡丹江市	2009 年
3819	00004425	8602-123	龙江 851× 净叶黄	东北站	牡丹江	黑龙江省牡丹江市	2009 年
3820	00004500	9859-222		东北站	东北站	黑龙江省牡丹江市	2011 年
3821	00004524	9022-22	（龙江 851×NC82）× 吉烟 1 号	东北站	东北站	黑龙江省牡丹江市	2009 年
3822	00004525	9861-82		东北站	东北站	黑龙江省牡丹江市	2011 年
3823	00004527	9619-531	CV87×Va116	东北站	东北站	黑龙江省牡丹江市	2017 年
3824	00004531	9408-21	HJ002× 龙江 851	东北站	东北站	黑龙江省牡丹江市	2007 年
3825	00004536	9539-13A	CV87×9304	东北站	东北站	黑龙江省牡丹江市	2007 年
3826	00004560	9619-531		东北站	东北站	黑龙江省牡丹江市	2009 年
3827	00004555	9821-612	龙江 851×CV87	东北站	东北站	黑龙江省牡丹江市	2010 年
3828	00004594	9821-612 新		东北站	牡丹江	黑龙江省牡丹江市	2011 年
3829	00004697	6603	NC89× 净叶黄 74-1	东北站	许昌	河南省许昌市	2009 年
3830	00004716	HJ002		东北站	合肥	安徽省合肥市	2008 年

序号	株高/cm	茎围/cm	节距/cm	叶数/片	叶长/cm	叶宽/cm	叶柄/cm	株型	叶形	叶尖	叶面	叶缘	叶色	叶片厚薄	花序密度	花序形状	花色	茎叶角度	移栽至开花/天
3813	121.00	9.20	3.33	25.27	63.03	32.40	0.00	橄榄形	椭圆	渐尖	较平	锯齿	绿	中等	松散	倒圆锥形	淡红	中	61.0
3814	154.35	9.52	4.89	23.00	64.90	22.53	0.00	塔形	长椭圆	尾状	皱	皱折	浅绿	较厚	松散	菱形	淡红	大	53.0
3815	169.70	9.50	5.71	22.00	62.70	30.70	0.00	筒形	椭圆	渐尖	较皱	平滑	深绿	较厚	密集	球形	淡红	中	97.9
3816	182.19	11.32	5.78	24.60	65.34	35.21	0.00	塔形	椭圆	渐尖	较皱	波浪	绿	较厚	松散	扁球形	淡红	中	65.0
3817	182.20	7.66	6.50	22.60	55.80	22.90	0.00	塔形	长椭圆	渐尖	较皱	波浪	绿	中等	松散	倒圆锥形	淡红	中	66.0
3818	204.60	8.22	7.02	23.40	62.40	27.30	0.00	塔形	长椭圆	渐尖	较皱	波浪	绿	中等	松散	倒圆锥形	淡红	中	64.0
3819	155.80	10.00	5.30	22.60	62.60	30.22	0.00	塔形	椭圆	渐尖	较皱	波浪	绿	中等	松散	球形	淡红	中	70.0
3820	177.40	9.20	7.04	19.80	66.20	31.60	0.00	筒形	椭圆	渐尖	较皱	波浪	绿	中等	密集	球形	淡红	中	68.0
3821	203.60	9.16	7.02	23.20	67.20	29.70	0.00	塔形	长椭圆	渐尖	较皱	波浪	绿	较厚	松散	球形	淡红	中	66.0
3822	186.40	10.00	7.42	20.40	66.80	28.80	0.00	筒形	长椭圆	渐尖	较皱	波浪	黄绿	中等	松散	倒圆锥形	淡红	中	66.0
3823	167.80	7.92	6.32	21.00	62.40	28.72	0.00	塔形	椭圆	渐尖	较皱	波浪	绿	中等	松散	球形	淡红	中	65.0
3824	170.20	8.60	5.34	22.20	63.40	30.30	0.00	筒形	椭圆	急尖	较平	微波	浅绿	中等	密集	菱形	淡红	中	70.0
3825	179.40	10.00	6.44	21.40	67.00	33.70	0.00	塔形	椭圆	渐尖	较皱	波浪	绿	较厚	密集	球形	淡红	中	70.0
3826	171.04	9.20	7.28	18.00	67.60	30.20	0.00	筒形	长椭圆	渐尖	较皱	波浪	黄绿	中等	密集	球形	淡红	中	64.0
3827	214.60	8.92	8.00	22.60	62.40	34.68	0.00	筒形	宽椭圆	渐尖	较皱	波浪	绿	中等	松散	倒圆锥形	淡红	中	95.0
3828	160.60	10.00	6.44	19.40	64.20	30.00	0.00	筒形	椭圆	渐尖	较皱	波浪	黄绿	中等	密集	球形	淡红	中	62.0
3829	203.20	9.06	7.04	23.20	57.20	30.18	0.00	塔形	宽椭圆	渐尖	较皱	波浪	绿	较厚	松散	球形	淡红	中	70.0
3830	171.20	8.92	6.10	20.80	60.00	30.00	0.00	筒形	长卵圆	渐尖	皱	皱折	绿	较厚	密集	扁球形	淡红	大	59.0

序号	全国统一编号	种质名称	杂交组合	编目单位	种子来源	原产地	收集时间
3831	00004729	CV90		东北站	中烟所	山东省青州市	2009年
3832	00004770	CV16-1	CV16系选	东北站	中烟所	山东省青州市	2011年
3833	00004784	4082	CV40×NC82	东北站	牡丹江	黑龙江省牡丹江市	2007年
3834	00004807	G28丹东		东北站	丹东	辽宁省丹东市	2011年
3835	00005382	9891		东北站	东北站	黑龙江省牡丹江市	2015年
3836	00004459	贵州32号		东南站	贵州福泉	贵州省福泉市	2008年
3837	00004479	91-5		东南站	贵州福泉	贵州省福泉市	2008年
3838	00004509	35-1	岩烟97×云烟85	东南站	东南站	福建省福州市宦溪镇	2006年
3839	00004540	517		东南站	龙岩	福建省龙岩市	2011年
3840	00004546	73-11		东南站	东南站	福建省龙岩市	2008年
3841	00004554	97Y1-3		东南站	东南站	福建省龙岩市	2008年
3842	00004675	反帝3号	湄潭大柳叶×Dixie Bright 101	东南站	苑文林寄来	贵州省湄潭县	1978年
3843	00004679	三明系4	（Coker176×G80）×（G28×Coker317）	东南站	三明	福建省三明市	2006年
3844	00004688	龙岩烤烟型	沙县晒烟×G80	东南站	龙岩	福建省龙岩市	2007年
3845	00004692	平和黑骨种C	黑骨种系选	东南站	龙岩	福建省平和县	2009年
3846	00004698	平和黑骨种A	黑骨种系选	东南站	东南站	福建省平和县	2009年
3847	00004703	白花G28	G28系选	东南站	东南站	福建省龙岩市	2007年
3848	00004710	平和黑骨种B	黑骨种系选	东南站	东南站	福建省平和县	2010年

序号	株高/cm	茎围/cm	节距/cm	叶数/片	叶长/cm	叶宽/cm	叶柄/cm	株型	叶形	叶尖	叶面	叶缘	叶色	叶片厚薄	花序密度	花序形状	花色	茎叶角度	移栽至开花/天
3831	201.00	9.20	7.08	23.40	57.00	27.30	0.00	塔形	椭圆	渐尖	较平	微波	黄绿	中等	密集	球形	淡红	中	66.0
3832	190.00	9.00	7.64	20.60	62.40	31.00	0.00	筒形	椭圆	渐尖	皱	波浪	黄绿	中等	密集	球形	淡红	中	61.0
3833	145.40	8.60	6.06	17.60	66.20	29.30	0.00	塔形	长椭圆	渐尖	较平	微波	浅绿	中等	松散	球形	淡红	中	57.0
3834	177.00	9.30	8.34	17.00	63.80	38.40	0.00	筒形	宽椭圆	钝尖	较平	波浪	黄绿	较厚	密集	球形	淡红	中	61.0
3835	178.41	7.97	4.95	27.00	56.33	31.45	0.00	筒形	宽椭圆	渐尖	较皱	皱折	绿	较薄	密集	球形	淡红	中	67.0
3836	181.07	9.43	5.48	25.20	61.00	25.60	0.00	筒形	长椭圆	渐尖	较皱	皱折	绿	中等	密集	菱形	红	中	74.0
3837	172.50	8.84	5.12	24.40	62.60	24.85	0.00	筒形	长椭圆	渐尖	较皱	波浪	绿	较厚	松散	菱形	淡红	小	73.0
3838	193.40	9.10	5.91	26.50	75.50	28.00	0.00	塔形	长椭圆	渐尖	较平	微波	绿	中等	松散	菱形	淡红	中	69.0
3839	144.07	9.95	5.96	17.93	69.45	34.63	0.00	筒形	椭圆	急尖	较平	微波	浅绿	中等	松散	菱形	红	中	73.0
3840	251.74	9.71	6.29	34.13	63.07	25.17	0.00	筒形	长椭圆	渐尖	较平	波浪	绿	较薄	松散	菱形	淡红	中	85.0
3841	192.60	9.48	6.04	24.70	67.55	23.15	0.00	筒形	长椭圆	渐尖	较皱	波浪	绿	较厚	松散	菱形	淡红	小	74.0
3842	177.40	8.47	6.09	20.80	62.50	29.40	0.00	筒形	椭圆	渐尖	较皱	波浪	绿	较厚	松散	菱形	淡红	中	87.0
3843	198.60	9.08	6.53	24.10	76.80	28.95	0.00	筒形	长椭圆	渐尖	较皱	波浪	绿	较薄	松散	菱形	淡红	中	67.0
3844	181.10	9.20	7.04	20.70	78.55	35.10	0.00	塔形	长椭圆	渐尖	较平	微波	绿	较薄	密集	菱形	淡红	中	71.0
3845	167.90	7.48	6.11	19.00	61.40	26.25	0.00	筒形	长椭圆	渐尖	较平	微波	绿	较厚	密集	倒圆锥形	淡红	中	83.0
3846	150.00	6.90	6.49	16.80	64.75	20.55	0.00	筒形	披针形	渐尖	较皱	波浪	绿	较厚	密集	倒圆锥形	淡红	中	76.0
3847	168.50	8.62	5.83	22.50	69.70	31.95	0.00	塔形	椭圆	渐尖	较皱	波浪	绿	较薄	密集	菱形	白	中	69.0
3848	147.80	6.85	5.84	18.10	62.90	20.50	0.00	筒形	披针形	渐尖	较平	微波	绿	较厚	密集	倒圆锥形	淡红	中	79.0

序号	全国统一编号	种质名称	杂交组合	编目单位	种子来源	原产地	收集时间
3849	00004715	三明系 6	（K326×Coker258）×（NC82×Coker176）	东南站	三明	福建省三明市	2006 年
3850	00004731	三明系 2	（K326×Coker176）×（Coker316×k395）	东南站	三明	福建省三明市	2007 年
3851	00004736	三明系 1	（K326×Coker176）×（Coker316×K394）	东南站	三明	福建省三明市	2007 年
3852	00004742	丰字 2 号		东南站	东南站	福建省	2010 年
3853	00004752	革新三 -1	革新三号系选	东南站	中烟所	山东省青州市	2010 年
3854	00004753	永定清香 2 号		东南站	永定	福建省永定市	2006 年
3855	00004754	三明系 5	（云烟 317×K394）×（Coker176×NC89）	东南站	三明	福建省三明市	2006 年
3856	00004755	白花云烟 87	云烟 87 系选	东南站	三明	福建省三明市	2006 年
3857	00004757	云南多抗		东南站	云南院	云南省玉溪市	2011 年
3858	00004764	三明系 3	（Coker176×G80）×（G28×Coker316）	东南站	三明	福建省三明市	2007 年
3859	00004771	云烟 4 号	红花大金元 ×SPG28	东南站	云南院	云南省玉溪市	2011 年
3860	00004785	HT-5		东南站	东南站	福建省	2009 年
3861	00003713	C152	TI245×75-81	广东所	广东所	广东省广州市	1996 年
3862	00003714	C151	TI245×75-81	广东所	广东所	广东省广州市	1996 年
3863	00003715	C212	TI245×75-81	广东所	广东所	广东省广州市	1996 年
3864	00003716	丰字烤烟 1 号	Special401×K326	广东所	广东所	广东省丰顺县	1996 年
3865	00003717	南选烤烟 1 号		广东所	广东所	广东省南雄市	1995 年
3866	00004052	湄黄五号选 -1	湄黄五号系选	广东所	湄潭县农业局	贵州省湄潭县	2009 年

序号	株高/cm	茎围/cm	节距/cm	叶数/片	叶长/cm	叶宽/cm	叶柄/cm	株型	叶形	叶尖	叶面	叶缘	叶色	叶片厚薄	花序密度	花序形状	花色	茎叶角度	移栽至开花/天
3849	181.60	8.66	5.93	24.60	73.15	26.85	0.00	塔形	长椭圆	渐尖	较皱	波浪	绿	中等	密集	菱形	淡红	中	70.0
3850	190.13	8.73	6.20	24.70	80.50	26.45	0.00	塔形	披针形	渐尖	较皱	波浪	绿	中等	松散	菱形	淡红	中	68.0
3851	187.57	8.45	5.81	25.40	81.25	26.95	0.00	塔形	披针形	渐尖	较皱	波浪	绿	中等	松散	菱形	淡红	中	63.0
3852	184.00	7.66	7.55	18.70	65.80	24.15	0.00	筒形	长椭圆	渐尖	较皱	波浪	深绿	中等	松散	菱形	淡红	中	81.0
3853	163.10	9.11	5.98	20.60	73.40	27.95	0.00	塔形	长椭圆	渐尖	较平	微波	绿	中等	松散	菱形	红	中	81.0
3854	213.90	10.82	7.00	25.00	84.15	37.75	0.00	筒形	长椭圆	渐尖	较平	微波	浅绿	较薄	松散	球形	淡红	中	79.0
3855	175.70	8.23	5.76	23.80	71.75	27.20	0.00	塔形	长椭圆	渐尖	较平	微波	绿	中等	密集	菱形	淡红	中	69.0
3856	192.30	8.25	6.18	24.00	79.40	26.65	0.00	筒形	长椭圆	渐尖	较皱	波浪	绿	中等	密集	菱形	白	中	62.0
3857	105.08	9.25	3.24	19.00	67.91	30.79	0.00	筒形	长椭圆	尾状	较平	微波	浅绿	较厚	密集	菱形	红	中	64.0
3858	194.60	8.66	7.05	21.40	74.65	35.25	0.00	筒形	椭圆	钝尖	平	平滑	绿	较薄	松散	菱形	红	中	69.0
3859	107.53	9.06	3.70	18.73	63.53	29.32	0.00	塔形	椭圆	急尖	较皱	波浪	浅绿	较厚	密集	菱形	红	中	67.0
3860	134.10	7.21	5.87	16.20	57.40	20.55	0.00	塔形	长椭圆	渐尖	较皱	波浪	浅绿	中等	松散	球形	红	中	65.0
3861	178.60	6.68	5.24	27.40	56.60	23.00	0.00	塔形	长椭圆	渐尖	平	微波	绿	中等	松散	菱形	白	小	63.0
3862	156.90	12.14	4.88	22.40	66.55	32.85	0.00	塔形	椭圆	渐尖	较平	微波	绿	较厚	松散	菱形	白	中	62.0
3863	175.80	6.52	5.92	23.80	52.30	22.50	0.00	筒形	长椭圆	渐尖	平	微波	深绿	较厚	密集	菱形	白	中	57.0
3864	191.40	9.67	5.78	26.20	60.20	29.20	0.00	筒形	椭圆	急尖	皱	波浪	绿	较厚	松散	菱形	淡红	小	62.0
3865	168.20	9.61	5.17	24.80	73.70	29.90	0.00	塔形	长椭圆	渐尖	皱	皱折	绿	中等	松散	菱形	淡红	中	62.0
3866	121.20	8.45	4.34	18.50	63.20	31.80	0.00	塔形	椭圆	渐尖	较平	波浪	绿	较薄	松散	菱形	淡红	中	78.0

序号	全国统一编号	种质名称	杂交组合	编目单位	种子来源	原产地	收集时间
3867	00004069	湄黄五号选 -2	湄黄五号系选	广东所	湄潭县农业局	贵州省湄潭县	2009 年
3868	00004077	小黄金 1925-6		广东所	广东所	广东省广州市	2009 年
3869	00004340	99-6-211	98-68×RG17	广东所	广东所	广东省广州市	2008 年
3870	00004341	138 号		广东所	广东所	广东省广州市	2009 年
3871	00004342	97-7-21230	89-97×95-6-2	广东所	广东所	广东省广州市	2007 年
3872	00004343	98-36-1111	T-6× 中烟 90	广东所	广东所	广东省广州市	2008 年
3873	00004347	97-10-2133	95-6-2×89-97	广东所	广东所	广东省广州市	2007 年
3874	00004348	98-37-1121	T-7× 中烟 90	广东所	广东所	广东省广州市	2008 年
3875	00004352	400	Special 400 系选	广东所	龙岩	福建省龙岩市	2008 年
3876	00004356	98-24-1211	C2-1-2×RG17	广东所	广东所	广东省广州市	2008 年
3877	00004357	97-4-3-1	95-11-1×89-97	广东所	广东所	广东省广州市	2008 年
3878	00004360	98-57-111	98-18×Va116	广东所	广东所	广东省广州市	2008 年
3879	00004361	401		广东所	龙岩	福建省龙岩市	2008 年
3880	00004365	96-14-111	K346×s96-3	广东所	广东所	广东省广州市	2008 年
3881	00004373	72-42	2120×68-19-2-1	广东所	广东所	广东省广州市	2007 年
3882	00004374	98-54-111	98-15×RG17	广东所	广东所	广东省广州市	2008 年
3883	00004375	68-42	6208-1-1-3-4-2× 隆安春 -3-1	广东所	广东所	广东省广州市	2007 年
3884	00004376	98-102-1211	98-36×98-33	广东所	广东所	广东省广州市	2007 年

序号	株高/cm	茎围/cm	节距/cm	叶数/片	叶长/cm	叶宽/cm	叶柄/cm	株型	叶形	叶尖	叶面	叶缘	叶色	叶片厚薄	花序密度	花序形状	花色	茎叶角度	移栽至开花/天
3867	168.20	9.11	8.49	15.30	76.60	37.30	0.00	筒形	椭圆	渐尖	较皱	皱折	绿	中等	松散	球形	淡红	中	71.0
3868	160.70	7.22	8.21	12.40	74.10	26.90	0.00	塔形	长椭圆	渐尖	较皱	波浪	黄绿	较薄	松散	菱形	淡红	中	64.0
3869	166.20	9.07	5.25	23.20	62.10	24.40	0.00	橄榄形	长椭圆	急尖	较皱	波浪	绿	较厚	松散	菱形	淡红	中	68.0
3870	160.10	12.16	6.44	18.30	61.20	31.10	0.00	塔形	椭圆	渐尖	皱	皱折	绿	中等	松散	球形	淡红	中	69.0
3871	178.70	8.29	4.80	29.10	51.85	24.60	0.00	塔形	椭圆	渐尖	较平	微波	黄绿	中等	密集	菱形	淡红	中	65.0
3872	196.30	9.67	7.87	17.50	64.20	28.80	0.00	塔形	长椭圆	渐尖	较皱	波浪	绿	中等	松散	菱形	淡红	中	58.0
3873	156.70	8.85	4.10	25.30	56.40	26.20	0.00	塔形	椭圆	急尖	平	平滑	绿	中等	松散	菱形	淡红	中	56.0
3874	185.10	8.57	5.78	22.70	65.10	26.20	0.00	塔形	长椭圆	渐尖	较皱	波浪	黄绿	较薄	松散	菱形	淡红	中	59.0
3875	228.40	9.23	4.31	44.50	54.90	22.20	0.00	橄榄形	长椭圆	渐尖	较平	波浪	绿	中等	松散	菱形	淡红	中	84.0
3876	173.40	9.33	5.52	20.50	54.40	22.50	0.00	塔形	长椭圆	渐尖	皱	皱折	绿	较厚	松散	菱形	淡红	中	58.0
3877	144.70	9.48	3.48	31.70	67.40	22.35	0.00	筒形	披针形	渐尖	较平	微波	绿	中等	密集	球形	淡红	中	66.0
3878	169.00	8.07	4.89	25.70	58.60	16.20	0.00	橄榄形	披针形	尾状	皱	皱折	绿	中等	松散	菱形	淡红	中	65.0
3879	168.10	10.30	5.65	19.30	67.00	34.30	0.00	橄榄形	椭圆	急尖	较平	微波	绿	中等	松散	菱形	淡红	中	57.0
3880	127.30	9.36	2.93	30.60	69.46	21.85	0.00	塔形	披针形	渐尖	较平	微波	深绿	中等	密集	球形	淡红	中	67.0
3881	145.09	9.36	3.39	31.00	49.50	26.30	0.00	塔形	宽椭圆	急尖	较平	微波	黄绿	中等	密集	菱形	淡红	中	65.0
3882	171.50	9.04	5.93	21.60	59.30	19.60	0.00	塔形	披针形	渐尖	较皱	波浪	深绿	中等	松散	菱形	淡红	小	67.0
3883	145.53	7.54	4.29	24.60	52.40	24.50	0.00	筒形	椭圆	急尖	平	平滑	绿	较薄	松散	菱形	红	中	57.0
3884	165.70	8.38	4.90	23.00	58.60	30.60	0.00	塔形	椭圆	渐尖	平	平滑	绿	中等	密集	倒圆锥形	淡红	中	56.0

序号	全国统一编号	种质名称	杂交组合	编目单位	种子来源	原产地	收集时间
3885	00004379	98-13-1111	C151×K358	广东所	广东所	广东省广州市	2007 年
3886	00004380	99-6-111	98-68×RG17	广东所	广东所	广东省广州市	2008 年
3887	00004382	98-48	95-43×K346	广东所	广东所	广东省广州市	2009 年
3888	00004384	98-29-2112	C2-1-2×CV87	广东所	广东所	广东省广州市	2008 年
3889	00004386	400-7-1-2	400-7 系选	广东所	广东所	广东省广州市	2007 年
3890	00004387	517-B	517 系选	广东所	湖北	湖北省	2007 年
3891	00004388	98-33-1111	T-6×RG17	广东所	广东所	广东省广州市	2008 年
3892	00004391	98-13-1122	C151×K358	广东所	广东所	广东省广州市	2007 年
3893	00004395	98-5-2	95-11-1×RG17	广东所	广东所	广东省广州市	2009 年
3894	00004398	99-7-231	98-79×RG17	广东所	广东所	广东省广州市	2008 年
3895	00004402	99-6-122	98-68×RG17	广东所	广东所	广东省广州市	2008 年
3896	00004405	98-28-111	C2-1-2× 株 4	广东所	广东所	广东省广州市	2008 年
3897	00004408	99-2-111	98-85×95-36	广东所	广东所	广东省广州市	2008 年
3898	00004411	98-15-2111	C151×95-43	广东所	广东所	广东省广州市	2007 年
3899	00004413	98-13-11210	C151×K358	广东所	广东所	广东省广州市	2007 年
3900	00004414	98-39-1	T-7×95-36	广东所	广东所	广东省广州市	2008 年
3901	00004423	98-14-1111	C151×K399	广东所	广东所	广东省广州市	2007 年
3902	00004424	98-110-210	98-3×95-43	广东所	广东所	广东省广州市	2007 年

序号	株高/cm	茎围/cm	节距/cm	叶数/片	叶长/cm	叶宽/cm	叶柄/cm	株型	叶形	叶尖	叶面	叶缘	叶色	叶片厚薄	花序密度	花序形状	花色	茎叶角度	移栽至开花/天
3885	167.70	7.16	4.95	21.70	49.55	19.90	0.00	塔形	长椭圆	渐尖	较平	微波	黄绿	中等	松散	菱形	淡红	中	58.0
3886	180.90	9.89	5.93	21.30	62.80	23.30	0.00	塔形	长椭圆	渐尖	皱	皱折	绿	较厚	松散	菱形	淡红	中	58.0
3887	164.50	8.79	5.94	21.40	64.10	31.40	0.00	塔形	椭圆	渐尖	皱	皱折	绿	中等	松散	菱形	淡红	中	79.0
3888	200.00	9.51	7.44	21.10	61.60	22.60	0.00	塔形	长椭圆	渐尖	较平	微波	绿	较厚	松散	菱形	淡红	中	59.0
3889	153.00	8.23	4.56	24.00	54.15	24.90	0.00	塔形	椭圆	急尖	平	平滑	黄绿	中等	密集	球形	淡红	中	56.0
3890	198.00	8.64	5.74	27.40	49.80	20.60	0.00	筒形	长椭圆	渐尖	较平	微波	黄绿	较薄	密集	球形	红	中	63.0
3891	179.80	9.61	5.78	21.90	71.90	26.20	0.00	塔形	长椭圆	急尖	较皱	皱折	绿	中等	松散	菱形	淡红	中	59.0
3892	160.30	7.54	4.52	23.60	43.50	17.00	0.00	塔形	长椭圆	尾状	较平	波浪	绿	中等	松散	菱形	淡红	中	57.0
3893	142.50	8.82	3.94	25.10	63.10	25.80	0.00	塔形	长椭圆	渐尖	较皱	波浪	绿	中等	松散	菱形	淡红	中	85.0
3894	202.10	9.14	6.23	22.60	69.40	18.70	0.00	塔形	披针形	尾状	皱	皱折	绿	中等	松散	菱形	淡红	中	63.0
3895	197.50	9.95	6.75	22.90	70.10	26.30	0.00	塔形	长椭圆	渐尖	较皱	波浪	黄绿	较薄	松散	菱形	淡红	中	67.0
3896	171.10	8.64	5.18	24.70	68.00	26.50	0.00	塔形	长椭圆	渐尖	较平	微波	绿	中等	松散	倒圆锥形	淡红	中	64.0
3897	163.40	9.26	4.58	24.60	65.50	24.50	0.00	筒形	长椭圆	渐尖	较平	微波	黄绿	较薄	松散	菱形	淡红	中	62.0
3898	190.20	8.13	5.59	26.20	50.30	22.70	0.00	塔形	长椭圆	渐尖	较平	微波	绿	中等	松散	菱形	白	中	60.0
3899	167.40	7.22	5.14	23.10	45.30	17.90	0.00	塔形	长椭圆	尾状	平	平滑	绿	中等	密集	菱形	淡红	中	57.0
3900	188.40	9.04	6.50	21.00	69.80	32.20	0.00	筒形	椭圆	渐尖	较皱	波浪	黄绿	中等	松散	倒圆锥形	淡红	中	65.0
3901	158.50	6.78	4.61	25.10	42.25	20.70	0.00	塔形	椭圆	急尖	平	平滑	绿	中等	密集	菱形	淡红	小	58.0
3902	158.10	7.22	4.90	22.10	47.90	19.90	0.00	塔形	长椭圆	渐尖	平	平滑	黄绿	中等	密集	扁球形	淡红	中	59.0

序号	全国统一编号	种质名称	杂交组合	编目单位	种子来源	原产地	收集时间
3903	00004426	98-6-2212	89-97-1×K358	广东所	广东所	广东省广州市	2008 年
3904	00004431	68-40	6208-1-3-2-6-1×6336-1-1-1	广东所	广东所	广东省广州市	2007 年
3905	00004432	98-106-111	98-39×95-36	广东所	广东所	广东省广州市	2007 年
3906	00004433	75-159	72-58-1-2（大叶）×70-12	广东所	广东所	广东省广州市	2007 年
3907	00004439	98-100-1111	98-34×RG17	广东所	广东所	广东省广州市	2007 年
3908	00004440	97-5-3121	89-97×RG17	广东所	广东所	广东省广州市	2007 年
3909	00004442	95-62-4	K346× 翠碧一号	广东所	广东所	广东省广州市	2007 年
3910	00004447	7201（福建）		广东所	龙岩	福建省龙岩市	2007 年
3911	00004448	99-8-333-1	98-84×RG17	广东所	广东所	广东省广州市	2008 年
3912	00004451	98-106-112	98-39×95-36	广东所	广东所	广东省广州市	2007 年
3913	00004452	98-109-1111	98-30×95-11	广东所	广东所	广东省广州市	2007 年
3914	00004454	400 新	Special 400 系选	广东所	广东所	广东省广州市	2007 年
3915	00004458	98-16-210	C151×95-36	广东所	广东所	广东省广州市	2007 年
3916	00004462	98-104-1221	98-38×RG12	广东所	广东所	广东省广州市	2007 年
3917	00004474	95-109-113	C212×K399×95-11	广东所	广东所	广东省广州市	2007 年
3918	00004475	98-13-2111	C151×K358	广东所	广东所	广东省广州市	2007 年
3919	00004481	99-4-311	98-109×95-11-1253	广东所	广东所	广东省广州市	2008 年
3920	00004482	72-41-114	广黄十号 × 净叶黄	广东所	广东所	广东省广州市	2007 年

序号	株高/cm	茎围/cm	节距/cm	叶数/片	叶长/cm	叶宽/cm	叶柄/cm	株型	叶形	叶尖	叶面	叶缘	叶色	叶片厚薄	花序密度	花序形状	花色	茎叶角度	移栽至开花/天
3903	168.70	10.49	5.92	21.00	68.30	26.30	0.00	橄榄形	长椭圆	渐尖	较皱	波浪	绿	较薄	松散	菱形	淡红	中	66.0
3904	116.00	8.67	5.00	15.20	59.25	29.30	0.00	塔形	椭圆	渐尖	平	平滑	绿	中等	密集	球形	深红	中	48.0
3905	175.00	7.38	5.84	23.50	54.00	16.00	0.00	塔形	披针形	渐尖	较皱	波浪	深绿	较厚	松散	倒圆锥形	淡红	中	61.0
3906	211.20	8.82	7.59	22.30	61.00	36.00	0.00	筒形	宽椭圆	急尖	平	平滑	黄绿	中等	松散	菱形	红	中	60.0
3907	174.60	7.60	5.41	23.40	54.30	27.30	0.00	塔形	椭圆	急尖	平	平滑	绿	较薄	松散	菱形	白	中	60.0
3908	178.32	8.01	5.32	26.00	51.90	25.00	0.00	塔形	椭圆	渐尖	较皱	波浪	绿	中等	松散	菱形	淡红	中	60.0
3909	131.00	8.48	2.92	30.20	61.25	24.45	0.00	筒形	长椭圆	渐尖	平	平滑	深绿	较厚	松散	球形	淡红	中	71.0
3910	268.10	8.89	6.00	36.00	53.70	24.80	0.00	筒形	椭圆	渐尖	较皱	波浪	绿	中等	密集	倒圆锥形	淡红	中	96.0
3911	161.40	9.42	4.96	21.70	70.60	28.70	0.00	塔形	长椭圆	急尖	较皱	波浪	黄绿	中等	松散	菱形	淡红	中	63.0
3912	153.10	6.28	5.10	21.20	46.00	17.90	0.00	塔形	长椭圆	急尖	较平	微波	深绿	中等	松散	倒圆锥形	红	中	64.0
3913	174.70	8.13	4.89	24.50	53.00	30.10	0.00	塔形	宽椭圆	急尖	较皱	波浪	绿	中等	密集	菱形	淡红	小	65.0
3914	148.70	8.79	4.50	23.60	52.50	27.70	0.00	橄榄形	宽椭圆	急尖	较平	微波	黄绿	较厚	密集	倒圆锥形	淡红	中	57.0
3915	157.40	8.79	4.70	22.50	49.40	23.20	0.00	塔形	椭圆	渐尖	较平	微波	绿	中等	松散	菱形	白	小	61.0
3916	178.30	8.04	5.50	23.20	58.90	23.30	0.00	塔形	长椭圆	急尖	较皱	波浪	绿	中等	松散	菱形	淡红	中	61.0
3917	187.40	8.01	5.83	25.00	55.15	26.00	0.00	筒形	椭圆	渐尖	较平	微波	黄绿	中等	松散	菱形	淡红	中	58.0
3918	184.20	10.36	6.12	22.30	56.00	25.90	0.00	塔形	椭圆	渐尖	较平	微波	绿	中等	松散	菱形	淡红	中	59.0
3919	167.60	9.01	5.18	23.00	70.50	26.30	0.00	筒形	长椭圆	急尖	较皱	波浪	黄绿	较薄	松散	菱形	淡红	小	64.0
3920	155.20	8.98	4.54	21.00	61.50	30.90	0.00	塔形	椭圆	急尖	平	平滑	黄绿	中等	松散	菱形	淡红	中	63.0

序号	全国统一编号	种质名称	杂交组合	编目单位	种子来源	原产地	收集时间
3921	00004484	98-103-2212	98-37×G126	广东所	广东所	广东省广州市	2007 年
3922	00004485	97-4-310-1	95-11-1×89-97	广东所	广东所	广东省广州市	2008 年
3923	00004486	98-109-713	98-30×95-11	广东所	广东所	广东省广州市	2007 年
3924	00004490	98-24-1212-2	C2-1-2×RG17	广东所	广东所	广东省广州市	2008 年
3925	00004491	95-48	K394× 翠碧一号	广东所	广东所	广东省广州市	2007 年
3926	00004494	95-48-12	K394× 翠碧一号	广东所	广东所	广东省广州市	2007 年
3927	00004496	97-6-120-1	95-21-1×89-97	广东所	广东所	广东省广州市	2008 年
3928	00004497	98-109-113	98-30×95-11	广东所	广东所	广东省广州市	2007 年
3929	00004508	98-45-120	97-5-2×95-11-1253	广东所	广东所	广东省广州市	2008 年
3930	00004510	95-5-211	K394× 翠碧一号	广东所	广东所	广东省广州市	2007 年
3931	00004512	96-14-21	K346×s96-3	广东所	广东所	广东省广州市	2008 年
3932	00004513	99-8-232-1	98-84×RG17	广东所	广东所	广东省广州市	2008 年
3933	00004515	7611		广东所	中烟所	山东省青州市	2008 年
3934	00004520	98-104-1211	98-38×RG12	广东所	广东所	广东省广州市	2007 年
3935	00004529	98-32-1121-1	T-6×CV87	广东所	广东所	广东省广州市	2008 年
3936	00004533	98-108-1111	98-41×RG13	广东所	广东所	广东省广州市	2007 年
3937	00004534	95-43-3	K394×K358	广东所	广东所	广东省广州市	2007 年
3938	00004537	95-11-1250	Coker48×K394	广东所	广东所	广东省广州市	2007 年

序号	株高/cm	茎围/cm	节距/cm	叶数/片	叶长/cm	叶宽/cm	叶柄/cm	株型	叶形	叶尖	叶面	叶缘	叶色	叶片厚薄	花序密度	花序形状	花色	茎叶角度	移栽至开花/天
3921	197.40	8.60	5.90	24.60	56.00	28.00	0.00	塔形	椭圆	急尖	较平	微波	绿	较薄	松散	菱形	淡红	小	62.0
3922	172.20	10.33	5.16	22.80	77.20	28.40	0.00	塔形	长椭圆	渐尖	较皱	波浪	绿	中等	松散	菱形	淡红	小	62.0
3923	168.70	7.88	4.45	24.50	50.45	26.90	0.00	塔形	宽椭圆	急尖	较平	微波	黄绿	中等	密集	菱形	红	小	62.0
3924	175.60	9.48	6.46	18.50	71.30	29.50	0.00	塔形	长椭圆	渐尖	较皱	皱折	绿	中等	松散	菱形	淡红	中	59.0
3925	158.70	9.07	4.53	25.50	64.90	22.80	0.00	筒形	长椭圆	渐尖	较皱	波浪	黄绿	较厚	松散	菱形	淡红	中	61.0
3926	171.40	6.53	5.00	26.10	50.00	18.10	0.00	筒形	长椭圆	急尖	较平	微波	黄绿	中等	密集	倒圆锥形	红	小	66.0
3927	155.00	9.95	3.64	30.30	70.75	23.75	0.00	筒形	长椭圆	渐尖	较平	微波	深绿	较厚	松散	球形	淡红	中	65.0
3928	151.90	7.85	5.27	20.00	47.16	25.00	0.00	塔形	宽椭圆	急尖	平	平滑	绿	中等	密集	倒圆锥形	淡红	中	57.0
3929	159.50	8.48	5.17	22.40	68.10	27.70	0.00	塔形	长椭圆	急尖	较皱	波浪	绿	中等	密集	菱形	淡红	小	67.0
3930	181.60	8.64	5.21	27.00	52.60	25.10	0.00	橄榄形	椭圆	急尖	平	平滑	黄绿	较薄	松散	扁球形	淡红	中	66.0
3931	138.10	9.45	3.71	22.10	66.60	28.10	0.00	塔形	长椭圆	渐尖	较皱	波浪	绿	中等	松散	菱形	淡红	中	64.0
3932	190.90	9.64	6.59	22.00	61.30	24.90	0.00	塔形	长椭圆	急尖	较皱	波浪	黄绿	中等	松散	菱形	淡红	中	62.0
3933	153.90	9.83	4.93	21.00	62.50	28.50	0.00	塔形	椭圆	渐尖	较皱	波浪	黄绿	中等	松散	倒圆锥形	淡红	小	62.0
3934	156.50	8.60	4.80	23.50	63.20	29.50	0.00	塔形	椭圆	渐尖	较平	微波	绿	中等	松散	菱形	淡红	小	60.0
3935	178.10	9.04	5.97	19.70	68.70	27.80	0.00	橄榄形	长椭圆	渐尖	较皱	波浪	绿	中等	松散	菱形	淡红	中	58.0
3936	154.70	12.87	5.36	21.20	51.80	23.40	0.00	塔形	长椭圆	急尖	较平	微波	深绿	中等	密集	菱形	淡红	小	62.0
3937	148.00	8.04	4.43	23.70	60.45	23.50	0.00	橄榄形	长椭圆	急尖	较皱	波浪	绿	中等	松散	菱形	红	中	65.0
3938	177.20	8.51	4.34	30.00	59.70	25.00	0.00	筒形	长椭圆	急尖	较平	微波	黄绿	中等	密集	倒圆锥形	淡红	小	62.0

序号	全国统一编号	种质名称	杂交组合	编目单位	种子来源	原产地	收集时间
3939	00004547	97-7-1111	89-97×95-6-2	广东所	广东所	广东省广州市	2007 年
3940	00004550	99-1-112	98-66×K346	广东所	广东所	广东省广州市	2008 年
3941	00004551	68-46	63007-2-2-1-1× 隆安春 -2-2	广东所	广东所	广东省广州市	2007 年
3942	00004557	95-55	K358× 红花大金元 ×K358	广东所	广东所	广东省广州市	2007 年
3943	00004570	95-6-1111	K394×Coker316	广东所	广东所	广东省广州市	2007 年
3944	00004572	95-11-1253	Coker48×K394	广东所	广东所	广东省广州市	2007 年
3945	00004574	98-13-1121	C151×K358	广东所	广东所	广东省广州市	2007 年
3946	00004575	71-6	广黄十号 ×6333	广东所	广东所	广东省广州市	2007 年
3947	00004579	98-19-1111-1	89-37×K326	广东所	广东所	广东省广州市	2007 年
3948	00004581	98-110-2110	98-31×95-43	广东所	广东所	广东省广州市	2007 年
3949	00004591	98-103-2211	98-37×G126	广东所	广东所	广东省广州市	2007 年
3950	00004592	98-108-1112	98-41×RG13	广东所	广东所	广东省广州市	2007 年
3951	00004593	95-36-111	K394×K346	广东所	广东所	广东省广州市	2007 年
3952	00004595	98-19-1112	89-37×K326	广东所	广东所	广东省广州市	2007 年
3953	00004597	98-108-1122	98-41×RG13	广东所	广东所	广东省广州市	2007 年
3954	00004598	98-108-1121	98-41×RG13	广东所	广东所	广东省广州市	2007 年
3955	00004602	99-8-321	98-84×RG17	广东所	广东所	广东省广州市	2008 年
3956	00004603	99-6-131	98-68×RG17	广东所	广东所	广东省广州市	2008 年

序号	株高/cm	茎围/cm	节距/cm	叶数/片	叶长/cm	叶宽/cm	叶柄/cm	株型	叶形	叶尖	叶面	叶缘	叶色	叶片厚薄	花序密度	花序形状	花色	茎叶角度	移栽至开花/天
3939	166.00	8.32	4.90	24.00	61.70	28.80	0.00	塔形	椭圆	渐尖	较平	微波	黄绿	中等	密集	菱形	红	中	60.0
3940	159.60	8.95	5.35	21.50	60.00	23.30	0.00	塔形	长椭圆	渐尖	较皱	波浪	绿	中等	松散	菱形	淡红	中	63.0
3941	190.60	9.11	5.12	28.50	55.30	29.50	0.00	筒形	宽椭圆	急尖	较平	微波	黄绿	中等	密集	扁球形	红	中	61.0
3942	169.40	10.30	4.48	25.70	60.45	28.20	0.00	塔形	椭圆	急尖	较皱	波浪	黄绿	较厚	密集	菱形	淡红	小	62.0
3943	178.00	7.00	4.74	29.80	48.60	22.00	0.00	筒形	长椭圆	急尖	较皱	波浪	黄绿	中等	密集	球形	红	中	79.0
3944	158.20	7.88	4.14	28.20	50.70	25.00	0.00	塔形	椭圆	急尖	较平	微波	黄绿	中等	密集	球形	淡红	小	64.0
3945	171.00	7.63	6.68	19.60	47.45	24.80	0.00	塔形	椭圆	急尖	平	平滑	绿	中等	密集	菱形	淡红	中	57.0
3946	186.50	8.48	5.80	25.10	52.65	26.00	0.00	塔形	椭圆	渐尖	较平	微波	绿	中等	松散	菱形	红	中	60.0
3947	160.50	7.38	4.71	23.50	45.40	21.85	0.00	塔形	椭圆	急尖	平	平滑	深绿	中等	密集	球形	淡红	中	59.0
3948	191.90	7.85	6.42	23.00	49.20	27.25	0.00	筒形	宽椭圆	急尖	平	平滑	黄绿	较薄	密集	菱形	淡红	中	59.0
3949	180.60	8.57	5.90	21.60	65.40	31.80	0.00	塔形	椭圆	急尖	较平	微波	深绿	中等	密集	菱形	淡红	小	61.0
3950	152.90	7.10	5.28	22.20	50.70	21.50	0.00	塔形	长椭圆	渐尖	较平	微波	黄绿	较厚	密集	菱形	红	中	62.0
3951	159.20	8.48	5.23	23.60	57.20	32.50	0.00	筒形	宽椭圆	急尖	平	平滑	绿	中等	密集	倒圆锥形	红	小	70.0
3952	160.70	7.47	4.60	25.40	44.55	19.25	0.00	塔形	长椭圆	渐尖	较皱	波浪	深绿	中等	松散	倒圆锥形	淡红	中	57.0
3953	180.90	8.01	7.09	20.50	55.50	28.90	0.00	塔形	椭圆	急尖	较平	微波	黄绿	中等	密集	菱形	红	中	62.0
3954	187.00	7.94	6.44	22.80	53.40	27.00	0.00	塔形	椭圆	渐尖	较平	微波	黄绿	中等	密集	菱形	红	中	64.0
3955	170.20	9.04	4.40	26.30	69.60	28.70	0.00	塔形	长椭圆	急尖	较平	波浪	黄绿	中等	松散	菱形	淡红	中	68.0
3956	186.40	9.36	6.69	18.60	68.00	37.20	0.00	橄榄形	宽椭圆	急尖	较平	波浪	黄绿	中等	密集	球形	淡红	中	61.0

序号	全国统一编号	种质名称	杂交组合	编目单位	种子来源	原产地	收集时间
3957	00004604	72-41-115	广黄十号 × 净叶黄	广东所	广东所	广东省广州市	2007 年
3958	00004605	98-109-1122	98-30×95-11	广东所	广东所	广东省广州市	2007 年
3959	00004609	75-140	68-54×605	广东所	广东所	广东省广州市	2007 年
3960	00004610	75-130-1（白花烟）	276× 山东白花烟	广东所	广东所	广东省广州市	2007 年
3961	00004668	反帝 202-A		广东所	湄潭县农业局	贵州省湄潭县	2008 年
3962	00004672	华南二号	贵州大晚系选	广东所	贵州福泉	贵州省福泉市	2008 年
3963	00004674	安巴利马二号	Ambalema 系选	广东所	广东所	广东省广州市	2008 年
3964	00004678	反帝 115-B		广东所	湄潭县农业局	贵州省湄潭县	2008 年
3965	00004680	反帝 106-A- 甲		广东所	湄潭县农业局	贵州省湄潭县	2008 年
3966	00004681	反帝 101-A		广东所	湄潭县农业局	贵州省湄潭县	2008 年
3967	00004682	夏抗三号		广东所	广东所	广东省广州市	2009 年
3968	00004683	云南株 4		广东所	广东所	云南省	2009 年
3969	00004687	反帝 213-A		广东所	湄潭县农业局	贵州省湄潭县	2008 年
3970	00004690	夏抗一号		广东所	广东所	广东省广州市	2009 年
3971	00004693	6428	华南二号 ×5624	广东所	山东	广东省广州市	2007 年
3972	00004694	卡里一号 -2-1	卡里一号 -2 系选	广东所	广东所	广东省广州市	2010 年
3973	00004695	6647	6208-2-4-1× 卡里	广东所	广东所	广东省广州市	2007 年
3974	00004705	晋太 7681		广东所	山西农大	山西省太谷县	2007 年

序号	株高/cm	茎围/cm	节距/cm	叶数/片	叶长/cm	叶宽/cm	叶柄/cm	株型	叶形	叶尖	叶面	叶缘	叶色	叶片厚薄	花序密度	花序形状	花色	茎叶角度	移栽至开花/天
3957	168.60	8.48	5.51	22.40	56.05	27.20	0.00	塔形	椭圆	急尖	平	平滑	黄绿	中等	密集	球形	淡红	中	61.0
3958	157.20	6.91	3.53	28.40	48.50	19.00	0.00	塔形	长椭圆	渐尖	较皱	波浪	绿	中等	密集	菱形	淡红	小	64.0
3959	230.80	8.70	7.57	24.90	58.10	35.50	0.00	筒形	宽椭圆	急尖	较皱	波浪	黄绿	中等	松散	倒圆锥形	淡红	中	74.0
3960	198.30	8.67	4.85	30.00	48.50	27.00	0.00	筒形	宽椭圆	急尖	平	平滑	黄绿	较薄	密集	菱形	白	中	65.0
3961	197.60	9.42	6.19	25.80	64.30	28.15	0.00	筒形	长椭圆	渐尖	较皱	波浪	黄绿	较薄	松散	倒圆锥形	淡红	中	67.0
3962	158.20	8.32	5.44	18.00	55.90	29.40	0.00	筒形	椭圆	渐尖	较皱	波浪	绿	较薄	松散	菱形	淡红	中	57.0
3963	162.80	9.58	5.99	17.10	73.70	31.40	0.00	橄榄形	长椭圆	渐尖	较平	微波	黄绿	较薄	松散	菱形	淡红	小	60.0
3964	189.80	8.82	5.94	22.00	60.30	28.50	0.00	橄榄形	椭圆	渐尖	较皱	波浪	黄绿	中等	松散	菱形	淡红	中	64.0
3965	161.10	9.70	4.84	22.60	73.20	30.70	0.00	筒形	长椭圆	渐尖	较平	微波	黄绿	中等	松散	菱形	淡红	中	60.0
3966	191.90	9.20	5.63	26.90	64.95	27.25	0.00	筒形	长椭圆	渐尖	较皱	波浪	绿	中等	密集	球形	淡红	中	76.0
3967	151.00	9.42	5.42	18.70	72.30	32.90	0.00	橄榄形	椭圆	急尖	皱	皱折	黄绿	中等	密集	球形	淡红	中	74.0
3968	154.20	9.77	6.11	17.60	71.40	30.40	0.00	塔形	长椭圆	渐尖	皱	皱折	绿	中等	松散	菱形	淡红	中	79.0
3969	189.80	8.42	5.84	25.50	63.15	27.30	0.00	橄榄形	长椭圆	急尖	较皱	波浪	绿	较薄	松散	菱形	淡红	中	68.0
3970	191.00	8.10	9.77	13.30	73.30	32.50	0.00	塔形	长椭圆	渐尖	较皱	波浪	绿	中等	松散	菱形	淡红	中	68.0
3971	181.05	7.91	5.89	23.90	52.85	29.30	0.00	塔形	宽椭圆	急尖	平	平滑	绿	中等	松散	倒圆锥形	淡红	中	56.0
3972	195.80	8.32	5.91	26.10	57.10	27.10	0.00	塔形	椭圆	渐尖	较平	波浪	黄绿	中等	松散	菱形	淡红	中	71.0
3973	201.20	8.16	6.20	22.70	51.85	31.60	0.00	橄榄形	宽椭圆	急尖	较皱	波浪	绿	较厚	松散	菱形	红	中	63.0
3974	139.90	8.60	6.27	16.10	57.35	33.48	0.00	塔形	宽椭圆	渐尖	较平	微波	黄绿	较薄	松散	菱形	淡红	中	45.0

序号	全国统一编号	种质名称	杂交组合	编目单位	种子来源	原产地	收集时间
3975	00004709	辽烟一号 -2（窄叶）	辽烟一号系选	广东所	丹东	辽宁省丹东市	2007 年
3976	00004711	陵水礼工 -2		广东所	广东所	海南省陵水黎族自治县	2010 年
3977	00004718	N15A		广东所	中烟所	山东省青州市	2008 年
3978	00004719	华南二号多叶	华南二号系选	广东所	广东所	广东省广州市	2008 年
3979	00004721	反帝 203-B		广东所	湄潭县农业局	贵州省湄潭县	2008 年
3980	00004723	H 红大 12	红花大金元系选	广东所	广东所	广东省广州市	2008 年
3981	00004725	春雷五号 -2	春雷五号系选	广东所	福泉	贵州省福泉市	2007 年
3982	00004727	辽烟一号 -1	辽烟一号系选	广东所	丹东	辽宁省丹东市	2007 年
3983	00004733	反帝 603-C		广东所	湄潭县农业局	贵州省湄潭县	2008 年
3984	00004735	单 401-30-2		广东所	广东所	广东省广州市	2007 年
3985	00004744	春雷五号 -1	春雷五号系选	广东所	福泉	贵州省福泉市	2008 年
3986	00004749	广黄 57	广黄十号 × 长征一号（Dixie Bright 101× 金星 6007）	广东所	广东所	广东省广州市	2008 年
3987	00004760	广黄 58	广黄十号 × 长征一号	广东所	广东所	广东省广州市	2008 年
3988	00004773	皖 7618		广东所	广东所	安徽省凤阳市	2009 年
3989	00004797	单 82-40		广东所	广东所	广东省广州市	2010 年
3990	00004798	广黄五号	（大秋根 -2× 塘蓬）×（D23× 亚美尼亚）	广东所	广东所	广东省广州市	2008 年
3991	00005373	MSGDH88		贵州大学	贵州大学	贵州省贵阳市	2014 年
3992	00005375	GDH88	（K326×8611）F_1×（Coker176× 红花大金元）F_1，对再次杂交得到的 F_1 进行染色体加倍培育而成	贵州大学	贵州大学	贵州省贵阳市	2014 年

序号	株高/cm	茎围/cm	节距/cm	叶数/片	叶长/cm	叶宽/cm	叶柄/cm	株型	叶形	叶尖	叶面	叶缘	叶色	叶片厚薄	花序密度	花序形状	花色	茎叶角度	移栽至开花/天
3975	187.40	8.79	3.40	38.10	51.30	24.90	0.00	橄榄形	椭圆	渐尖	较平	微波	绿	中等	松散	球形	淡红	中	73.0
3976	142.20	7.76	4.55	22.00	60.90	29.10	0.00	塔形	椭圆	渐尖	较皱	波浪	黄绿	薄	松散	球形	淡红	中	73.0
3977	154.00	10.11	5.55	18.60	68.60	25.20	0.00	塔形	长椭圆	渐尖	较平	波浪	黄绿	中等	松散	菱形	淡红	中	66.0
3978	185.00	9.70	6.14	20.80	66.40	37.80	0.00	筒形	宽椭圆	急尖	较皱	波浪	绿	中等	松散	菱形	淡红	中	71.0
3979	193.50	9.01	6.73	20.20	64.50	34.10	0.00	塔形	宽椭圆	急尖	较皱	波浪	黄绿	中等	松散	菱形	淡红	中	61.0
3980	166.60	10.39	5.05	24.80	69.40	29.15	0.00	塔形	长椭圆	渐尖	较平	微波	绿	中等	密集	球形	淡红	中	72.0
3981	200.90	8.42	5.27	30.50	52.10	23.35	0.00	塔形	长椭圆	渐尖	较平	微波	绿	中等	密集	球形	淡红	中	79.0
3982	169.00	9.61	3.54	33.80	60.60	26.55	0.00	筒形	长椭圆	急尖	较平	微波	绿	中等	密集	球形	淡红	小	72.0
3983	210.10	9.29	7.28	20.80	64.90	37.90	0.00	筒形	宽椭圆	急尖	较皱	波浪	黄绿	中等	松散	倒圆锥形	淡红	中	62.0
3984	204.50	8.92	7.05	23.10	58.70	32.80	0.00	橄榄形	宽椭圆	急尖	较平	波浪	黄绿	中等	松散	菱形	淡红	中	61.0
3985	193.20	9.11	6.23	22.10	65.50	30.70	0.00	橄榄形	椭圆	渐尖	较平	波浪	绿	中等	松散	菱形	淡红	中	68.0
3986	181.30	10.02	6.40	19.60	66.80	32.60	0.00	塔形	椭圆	渐尖	较皱	波浪	黄绿	较薄	松散	倒圆锥形	淡红	中	62.0
3987	173.10	10.24	6.09	22.40	66.60	34.40	0.00	橄榄形	椭圆	渐尖	较皱	波浪	黄绿	较薄	松散	菱形	红	中	62.0
3988	138.70	5.28	7.85	12.40	72.80	18.50	0.00	塔形	披针形	尾状	较皱	波浪	绿	较薄	松散	球形	淡红	中	62.0
3989	180.10	9.23	5.11	23.50	69.30	28.70	0.00	筒形	长椭圆	渐尖	较平	波浪	绿	中等	松散	菱形	红	中	81.0
3990	241.70	12.19	4.67	40.50	64.15	31.37	0.00	筒形	椭圆	尾状	较平	波浪	绿	中等	密集	菱形	深红	大	115.0
3991	160.00	10.00	5.00	22.00	65.00	30.00	0.00	塔形	椭圆	渐尖	较皱	平滑	绿	中等	密集	球形	淡红	中	60.0
3992	161.00	10.00	5.05	22.00	66.00	30.00	0.00	塔形	椭圆	渐尖	较皱	平滑	绿	中等	密集	球形	淡红	中	60.0

序号	全国统一编号	种质名称	杂交组合	编目单位	种子来源	原产地	收集时间
3993	00003720	930032		贵州院	贵州院	贵州省福泉市	1995 年
3994	00003721	96021		贵州院	贵州院	贵州省福泉市	1995 年
3995	00003722	96019		贵州院	贵州院	贵州省福泉市	1995 年
3996	00003723	84-E101		贵州院	贵州院	贵州省福泉市	1995 年
3997	00004457	68E-2	（春雷一号 ×Dixie Bright 101）×6302	贵州院	贵州院	贵州省福泉市	2009 年
3998	00004538	γ 72（3）B-2		贵州院	贵州院	贵州省福泉市	2009 年
3999	00004619	2010A1	白岩市 ×K358	贵州院	贵州院	贵州省福泉市	2011 年
4000	00004631	2010A13	片片黄 ×G28×G28	贵州院	贵州院	贵州省福泉市	2011 年
4001	00004634	2010A8	片片黄 ×K326	贵州院	贵州院	贵州省福泉市	2011 年
4002	00004635	2010A7	TC325×NC82	贵州院	贵州院	贵州省福泉市	2011 年
4003	00004640	2010A2	片片黄 ×RG89	贵州院	贵州院	贵州省福泉市	2011 年
4004	00004645	2010A4	K730×RG11×G28×G28	贵州院	贵州院	贵州省福泉市	2011 年
4005	00004646	2010A5	K730× 福泉 1×RG11×RG11	贵州院	贵州院	贵州省福泉市	2011 年
4006	00004648	2010A6	K326× 春 3×RG89×RG89	贵州院	贵州院	贵州省福泉市	2011 年
4007	00004649	2010A9	云烟 85×NC82× 毛烟 ×K358	贵州院	贵州院	贵州省福泉市	2011 年
4008	00004650	2010A3	K730×RG11×K326×K326	贵州院	贵州院	贵州省福泉市	2011 年
4009	00004677	春雷三号(丙)	春雷三号系选	贵州院	贵州院	贵州省福泉市	2009 年
4010	00004700	工农高大烟	黔福一号系选	贵州院	福泉市	贵州省福泉市	2008 年

序号	株高/cm	茎围/cm	节距/cm	叶数/片	叶长/cm	叶宽/cm	叶柄/cm	株型	叶形	叶尖	叶面	叶缘	叶色	叶片厚薄	花序密度	花序形状	花色	茎叶角度	移栽至开花/天
3993	183.22	8.56	6.63	21.60	62.62	27.46	0.00	塔形	长椭圆	渐尖	皱	皱折	绿	中等	密集	球形	红	中	70.0
3994	168.20	10.40	5.62	22.80	62.50	24.70	0.00	塔形	长椭圆	尾状	皱	皱折	绿	中等	密集	球形	淡红	中	64.0
3995	158.60	9.70	4.63	22.20	69.50	30.30	0.00	塔形	长椭圆	尾状	皱	皱折	深绿	中等	密集	菱形	淡红	中	64.0
3996	142.72	7.52	3.59	29.20	58.38	23.46	0.00	塔形	长椭圆	渐尖	较皱	皱折	黄绿	中等	松散	菱形	淡红	中	75.0
3997	206.36	11.01	6.82	24.73	73.83	36.03	0.00	塔形	椭圆	渐尖	较皱	皱折	绿	中等	密集	球形	淡红	中	62.0
3998	203.01	8.61	6.68	22.01	75.52	32.73	0.00	橄榄形	长椭圆	渐尖	较平	波浪	黄绿	中等	密集	球形	淡红	中	79.0
3999	111.00	5.20	3.20	21.00	49.80	26.70	0.00	塔形	宽椭圆	渐尖	较皱	皱折	绿	中等	密集	倒圆锥形	淡红	中	73.0
4000	115.00	7.50	3.20	23.00	58.50	27.80	0.00	塔形	椭圆	渐尖	较皱	皱折	绿	中等	密集	球形	淡红	中	75.0
4001	112.20	7.50	3.00	23.60	52.10	24.40	0.00	塔形	椭圆	渐尖	较皱	波浪	绿	中等	密集	菱形	淡红	中	71.0
4002	102.20	7.80	3.00	20.80	60.10	27.80	0.00	塔形	椭圆	渐尖	较皱	波浪	绿	中等	密集	球形	淡红	中	73.0
4003	145.00	7.50	4.40	21.20	51.70	23.50	0.00	塔形	长椭圆	渐尖	较皱	皱折	绿	中等	松散	球形	淡红	中	71.0
4004	120.80	7.50	3.80	19.80	65.70	29.10	0.00	塔形	长椭圆	渐尖	较皱	波浪	绿	中等	密集	球形	红	中	70.0
4005	110.70	7.50	3.00	21.60	59.00	25.80	0.00	塔形	长椭圆	渐尖	较皱	皱折	绿	中等	密集	菱形	淡红	中	75.0
4006	132.40	7.40	3.60	23.60	57.20	24.20	0.00	塔形	长椭圆	渐尖	较皱	皱折	绿	中等	密集	菱形	淡红	中	72.0
4007	122.60	5.40	2.70	24.80	56.10	23.60	0.00	塔形	长椭圆	渐尖	较皱	皱折	绿	中等	松散	倒圆锥形	淡红	中	69.0
4008	113.20	7.60	2.70	24.20	58.30	24.50	0.00	塔形	长椭圆	渐尖	较皱	皱折	绿	中等	密集	球形	淡红	中	70.0
4009	182.77	9.27	6.07	20.00	60.51	33.89	0.00	橄榄形	宽椭圆	渐尖	较平	微波	深绿	中等	松散	菱形	白	中	59.0
4010	156.98	7.83	4.01	28.53	50.99	23.89	0.00	塔形	椭圆	急尖	较平	波浪	绿	中等	密集	倒圆锥形	淡红	中	64.0

序号	全国统一编号	种质名称	杂交组合	编目单位	种子来源	原产地	收集时间
4011	00004720	NB1	G28 系选	贵州院	遵义市播州区	贵州省遵义市播州区	1995 年
4012	00004730	湄育 2-2	G28×NC82	贵州院	苑文林寄来	贵州省湄潭县	1988 年
4013	00004732	湄育 2-1	G28×NC82	贵州院	苑文林寄来	贵州省湄潭县	1988 年
4014	00004738	湄育 2-3	G28×NC82	贵州院	苑文林寄来	贵州省湄潭县	1988 年
4015	00004743	娄山一号		贵州院	贵州院	贵州省遵义市	2009 年
4016	00004746	贵定 400 号尖叶	Special 400 系选	贵州院	贵州院	贵州省贵定县	2009 年
4017	00004747	GT-11A	贵烟 11 号系选	贵州院	贵州院	贵州省福泉市	2009 年
4018	00004756	春雷三号（甲）	春雷三号系选	贵州院	福泉市	贵州省福泉市	2008 年
4019	00004758	黔 Q7	TC325×NC82	贵州院	贵州院	贵州省福泉市	2010 年
4020	00004781	黔 A10	片片黄 ×K326	贵州院	贵州院	贵州省福泉市	2010 年
4021	00004782	黔 Q4	（（K730×RG11）×G28）×G28	贵州院	贵州院	贵州省福泉市	2010 年
4022	00004787	黔 Q13	（（云烟 85×NC82）× 毛烟）×K358	贵州院	贵州院	贵州省福泉市	2010 年
4023	00004788	黔 Q5	（（K730× 福泉 1）×RG11）×RG11	贵州院	贵州院	贵州省福泉市	2010 年
4024	00004794	黔 Q1	白岩市 ×K358	贵州院	贵州院	贵州省福泉市	2010 年
4025	00004795	黔 Q3	（（K730×RG11）×K326×K326	贵州院	贵州院	贵州省福泉市	2010 年
4026	00004812	黔 A15	（片片黄 ×G28）×G28	贵州院	贵州院	贵州省福泉市	2010 年
4027	00004813	黔 Q2	片片黄 ×RG89	贵州院	贵州院	贵州省福泉市	2010 年
4028	00004814	黔 Q6	（（K326× 春雷 3 号）×RG89）×RG89	贵州院	贵州院	贵州省福泉市	2010 年

序号	株高/cm	茎围/cm	节距/cm	叶数/片	叶长/cm	叶宽/cm	叶柄/cm	株型	叶形	叶尖	叶面	叶缘	叶色	叶片厚薄	花序密度	花序形状	花色	茎叶角度	移栽至开花/天
4011	173.73	12.07	5.30	22.87	76.93	34.67	0.00	塔形	长椭圆	渐尖	皱	皱折	绿	中等	密集	倒圆锥形	淡红	中	63.0
4012	177.45	11.83	6.39	21.13	69.39	31.78	0.00	塔形	椭圆	尾状	较皱	皱折	绿	中等	松散	菱形	淡红	中	62.0
4013	182.11	11.31	6.54	21.73	69.24	41.00	0.00	塔形	宽椭圆	渐尖	较皱	波浪	绿	中等	密集	菱形	淡红	大	62.0
4014	182.01	9.13	5.82	24.40	71.43	32.64	0.00	塔形	椭圆	尾状	较皱	皱折	绿	中等	松散	菱形	淡红	大	62.0
4015	183.47	11.08	5.87	22.40	72.60	28.01	0.00	筒形	长椭圆	尾状	较皱	波浪	绿	中等	密集	菱形	淡红	中	64.0
4016	204.96	10.06	7.09	22.73	72.53	36.27	0.00	塔形	椭圆	渐尖	较皱	波浪	黄绿	中等	松散	菱形	淡红	大	71.0
4017	188.93	10.75	5.29	25.60	71.29	30.00	0.00	塔形	长椭圆	尾状	皱	皱折	绿	中等	密集	球形	淡红	中	80.0
4018	159.92	10.61	3.42	29.47	67.29	32.35	0.00	塔形	椭圆	渐尖	较皱	波浪	绿	薄	松散	菱形	淡红	中	80.0
4019	129.80	9.17	3.77	21.60	69.07	25.27	0.00	筒形	长椭圆	尾状	较皱	波浪	绿	中等	密集	菱形	淡红	中	64.0
4020	143.53	8.90	4.21	22.60	71.53	24.73	0.00	塔形	长椭圆	渐尖	较皱	波浪	绿	中等	密集	菱形	淡红	中	64.0
4021	127.80	8.43	4.19	21.47	65.23	26.07	0.00	塔型	长椭圆	渐尖	较皱	皱折	绿	较薄	密集	球形	淡色	中	61.0
4022	129.67	9.30	4.00	23.40	62.67	26.87	0.00	筒形	长椭圆	渐尖	较平	微波	绿	中等	密集	菱形	淡红	中	64.0
4023	139.07	8.86	4.31	21.73	77.27	26.13	0.00	筒形	长椭圆	尾状	较皱	皱折	绿	中等	密集	菱形	淡红	中	65.0
4024	134.39	9.43	4.14	22.80	76.07	24.40	0.00	塔形	披针形	急尖	较平	微波	深绿	中等	密集	菱形	淡红	中	62.0
4025	146.93	8.83	4.43	22.07	70.27	25.60	0.00	筒形	长椭圆	急尖	较皱	波浪	深绿	中等	密集	球形	红	中	59.0
4026	133.93	8.75	3.99	21.93	67.32	24.94	0.00	塔形	长椭圆	渐尖	较皱	波浪	绿	中等	密集	球形	淡红	中	66.0
4027	130.41	8.93	4.53	19.73	73.85	23.27	0.00	塔形	披针形	渐尖	较平	微波	绿	较薄	密集	球形	淡红	中	63.0
4028	131.53	10.56	4.33	20.93	81.59	25.86	0.00	筒形	披针形	尾状	较皱	皱折	浅绿	中等	密集	球形	淡红	中	66.0

序号	全国统一编号	种质名称	杂交组合	编目单位	种子来源	原产地	收集时间
4029	00004871	农大 202	豫西地方品种系选	河南农大	河南郑州	河南省郑州市	2009 年
4030	00005384	8306	K346×G28	河南农大	河南农大	河南省郑州市	2013 年
4031	00003680	6647		河南所	河南所	河南省	1999 年
4032	00003681	6657		河南所	河南所	河南省	1999 年
4033	00003682	6654		河南所	河南所	河南省	1999 年
4034	00003683	6927		河南所	河南所	河南省	1996 年
4035	00003684	6928		河南所	河南所	河南省	1996 年
4036	00003685	6929		河南所	河南所	河南省	2000 年
4037	00003686	6930		河南所	河南所	河南省	1996 年
4038	00003687	6931		河南所	河南所	河南省	1996 年
4039	00003688	6932		河南所	河南所	河南省	1996 年
4040	00003689	MSK326（许）		河南所	河南所	河南省	1996 年
4041	00003690	MS 湖南 1 号		河南所	河南所	河南省	1996 年
4042	00004722	许昌黄苗		河南所	许昌市许昌县椹涧乡	河南省许昌市许昌县椹涧乡	2008 年
4043	00004724	抗 <2>		河南所	许昌市许昌县椹涧乡	河南省许昌市许昌县椹涧乡	2008 年
4044	00004739	Y041		河南所	河南许昌	河南省许昌市	2008 年
4045	00004776	抗 <1>		河南所	许昌县张潘镇	河南省许昌市许昌县张潘镇	2008 年
4046	00005386	664-01	红花大金元系选	河南所	河南所	河南省	2013 年

序号	株高/cm	茎围/cm	节距/cm	叶数/片	叶长/cm	叶宽/cm	叶柄/cm	株型	叶形	叶尖	叶面	叶缘	叶色	叶片厚薄	花序密度	花序形状	花色	茎叶角度	移栽至开花/天
4029	130.00	10.50	4.10	22.00	72.00	38.00	0.00	筒形	椭圆	钝尖	较皱	平滑	绿	中等	松散	倒圆锥形	淡红	中	73.0
4030	160.00	10.00	5.20	21.00	65.00	30.00	0.00	筒形	椭圆	渐尖	较皱	波浪	绿	中等	密集	球形	淡红	中	65.0
4031	170.20	10.70	3.72	33.00	25.20	15.75	0.00	筒形	宽椭圆	渐尖	较平	微波	绿	中等	松散	球形	淡红	甚大	68.0
4032	151.00	11.20	3.70	30.00	64.20	29.40	0.00	筒形	椭圆	渐尖	较平	微波	绿	较薄	松散	菱形	淡红	甚大	71.0
4033	176.80	10.90	4.15	32.00	54.20	27.00	0.00	筒形	椭圆	渐尖	较平	微波	绿	较薄	松散	球形	红	甚大	70.0
4034	183.60	13.70	4.95	29.00	67.00	35.80	0.00	筒形	宽椭圆	渐尖	较平	微波	绿	中等	松散	球形	淡红	甚大	63.0
4035	186.20	13.20	5.22	28.00	75.60	35.00	0.00	筒形	椭圆	尾状	较平	微波	绿	中等	松散	球形	淡红	甚大	56.0
4036	184.00	13.40	4.65	31.00	63.00	35.30	0.00	筒形	宽椭圆	急尖	较平	微波	绿	中等	密集	扁球形	淡红	甚大	61.0
4037	210.60	13.30	5.91	28.00	73.00	37.60	0.00	筒形	椭圆	渐尖	较平	微波	绿	较厚	松散	球形	淡红	甚大	62.0
4038	194.00	12.90	5.92	26.00	76.00	38.60	0.00	筒形	椭圆	尾状	较平	微波	绿	较厚	松散	球形	淡红	甚大	57.0
4039	210.20	13.00	5.70	29.00	69.80	41.20	0.00	筒形	宽椭圆	尾状	较平	微波	绿	较厚	松散	球形	淡红	甚大	63.0
4040	141.75	10.50	4.35	22.00	60.00	32.00	0.00	筒形	宽椭圆	渐尖	较平	微波	绿	较厚	密集	球形	淡红	中	54.0
4041	174.00	12.00	5.15	27.00	78.80	37.40	0.00	筒形	椭圆	渐尖	较平	微波	绿	较厚	密集	球形	淡红	甚大	56.0
4042	180.00	12.30	6.10	21.70	70.70	41.30	0.00	筒形	宽椭圆	渐尖	较皱	波浪	绿	较厚	松散	菱形	淡红	中	52.0
4043	148.70	12.50	3.60	27.00	75.00	30.00	0.00	筒形	长椭圆	尾状	较平	微波	绿	较厚	密集	球形	淡红	中	50.0
4044	194.30	10.20	5.80	27.00	72.10	37.20	0.00	筒形	椭圆	尾状	较平	微波	绿	较厚	松散	球形	淡红	中	66.0
4045	165.00	13.30	4.50	25.00	76.30	31.30	0.00	筒形	长椭圆	尾状	较平	微波	深绿	较厚	密集	菱形	淡红	中	52.0
4046	180.00	7.10	5.20	27.00	72.33	37.67	1.00	筒形	椭圆	渐尖	较平	波浪	绿	中等	密集	球形	淡红	中	62.0

序号	全国统一编号	种质名称	杂交组合	编目单位	种子来源	原产地	收集时间
4047	00003702	ES-4		龙岩分所	龙岩分所	福建省	1995 年
4048	00003703	G80B		龙岩分所	龙岩分所	福建省	1995 年
4049	00003704	GB		龙岩分所	龙岩分所	福建省	1995 年
4050	00003705	KB-4		龙岩分所	龙岩分所	福建省	1995 年
4051	00003706	KB-6		龙岩分所	龙岩分所	福建省	1995 年
4052	00003707	MS Coker176		龙岩分所	龙岩分所	福建省	1995 年
4053	00003708	MSK394		龙岩分所	龙岩分所	福建省	1995 年
4054	00003709	N32-5		龙岩分所	龙岩分所	福建省	1995 年
4055	00003710	岩烟 89		龙岩分所	龙岩分所	福建省	1995 年
4056	00003712	清香 2 号		龙岩分所	龙岩分所	福建省永定市	1995 年
4057	00004656	9811		龙岩分所	福建龙岩	福建省龙岩市	2007 年
4058	00004866	KC828	（K326×Coker176）×K326	龙岩分所	福建龙岩	福建省龙岩市	2009 年
4059	00004657	9207	中烟 90×NC89	南雄所	广东南雄	广东省南雄市	2009 年
4060	00004867	MS9207		南雄所	广东南雄	广东省南雄市	2009 年
4061	00005279	K-2	〔（DB101×K326）×K326〕×K326	三明分所	三明分所	福建省三明市	2012 年
4062	00005302	8002	单育 2 号 ×G28	山东农大	山东农大	山东省安丘市	2015 年
4063	00005308	80-38-4-1		山东农大	山东农大	广东省	2015 年
4064	00005309	单 75-81-2		山东农大	山东农大		2015 年

序号	株高/cm	茎围/cm	节距/cm	叶数/片	叶长/cm	叶宽/cm	叶柄/cm	株型	叶形	叶尖	叶面	叶缘	叶色	叶片厚薄	花序密度	花序形状	花色	茎叶角度	移栽至开花/天
4047	190.20	11.64	8.34	18.00	66.50	35.60	0.00	筒形	宽椭圆	渐尖	较皱	微波	绿	较薄	密集	球形	淡红	中	63.0
4048	168.60	11.38	6.07	21.20	73.30	28.70	0.00	塔形	长椭圆	渐尖	较皱	微波	绿	中等	密集	球形	淡红	中	68.0
4049	175.60	11.12	5.42	25.00	71.10	29.00	0.00	塔形	长椭圆	渐尖	较皱	微波	绿	中等	密集	球形	淡红	中	64.0
4050	182.80	11.24	5.58	25.60	74.20	30.80	0.00	筒形	长椭圆	尾状	较皱	微波	绿	中等	密集	球形	淡红	中	66.0
4051	125.60	11.39	3.06	28.00	70.40	25.20	0.00	塔形	长椭圆	尾状	较皱	微波	绿	中等	密集	球形	淡红	中	65.0
4052	177.40	10.14	5.05	27.20	74.10	30.00	0.00	筒形	长椭圆	渐尖	较平	微波	绿	较薄	密集	球形	淡红	中	64.0
4053	166.60	9.70	6.59	19.20	70.70	28.30	0.00	塔形	长椭圆	渐尖	较皱	微波	绿	中等	密集	球形	淡红	中	64.0
4054	193.60	9.54	7.11	21.60	68.80	25.10	0.00	筒形	长椭圆	渐尖	较皱	微波	绿	中等	松散	倒圆锥形	淡红	中	68.0
4055	193.80	10.34	6.99	22.00	69.50	30.60	0.00	筒形	长椭圆	渐尖	较皱	微波	绿	中等	密集	球形	淡红	中	67.0
4056	186.60	10.66	6.92	21.20	75.80	34.30	0.00	筒形	长椭圆	渐尖	较皱	微波	绿	较薄	密集	球形	淡红	中	73.0
4057	160.00	9.00	4.90	22.00	60.00	27.80	0.00	塔形	椭圆	渐尖	较平	波浪	绿	中等	密集	球形	淡红	中	58.0
4058	160.00	10.00	5.20	21.00	65.00	30.00	0.00	塔形	椭圆	渐尖	较平	波浪	绿	中等	密集	球形	淡红	中	60.0
4059	174.00	10.00	5.72	22.00	71.00	35.00	0.00	塔形	椭圆	渐尖	较平	平滑	黄绿	中等	密集	球形	淡红	中	60.0
4060	175.00	10.00	5.70	22.00	70.00	35.00	0.00	塔形	椭圆	渐尖	较平	平滑	黄绿	中等	密集	球形	淡红	中	60.0
4061	139.20	9.70	4.60	19.50	69.10	30.40	0.00	筒形	椭圆	渐尖	较平	平滑	绿	中等	松散	菱形	淡红	中	60.0
4062	184.70	9.08	6.00	25.30	55.10	31.75	0.00	塔形	卵圆	急尖	皱	皱折	黄绿	中等	松散	倒圆锥形	淡红	中	77.0
4063	197.30	9.16	5.50	28.60	47.60	26.60	0.00	塔形	卵圆	渐尖	平	平滑	绿	中等	松散	倒圆锥形	淡红	中	94.0
4064	134.10	7.48	5.95	16.13	43.29	20.70	0.00	塔形	卵圆	渐尖	较皱	平滑	深绿	厚	松散	倒圆锥形	红	小	59.0

序号	全国统一编号	种质名称	杂交组合	编目单位	种子来源	原产地	收集时间
4065	00005310	75-81<2>抗 13		山东农大	山东农大	广东省	2015 年
4066	00005311	75-81<2>抗 18		山东农大	山东农大	广东省	2015 年
4067	00005317	79A3-14		山东农大	山东农大	山西省太谷县	2015 年
4068	00005318	78-04-44		山东农大	山东农大	山西省太谷县	2015 年
4069	00005319	78-12-5		山东农大	山东农大	山西省太谷县	2015 年
4070	00005320	78-05-45-7		山东农大	山东农大	山西省太谷县	2015 年
4071	00005321	79-A3-36-17		山东农大	山东农大	山西省太谷县	2015 年
4072	00005322	79-9-15-9		山东农大	山东农大	山西省太谷县	2015 年
4073	00005331	粤 7581-5A		山东农大	山东农大	广东省	2015 年
4074	00005332	粤 7581-71A		山东农大	山东农大	广东省	2015 年
4075	00005402	云烟 5 号		山东农大	山东农大	云南省	2015 年
4076	00005403	单 75-81-<1>		山东农大	山东农大	广东省	2015 年
4077	00005406	75-140-3-1		山东农大	山东农大	中国	2015 年
4078	00003676	H-11-0038-21	薄荷烟 ×K326	山西农大	山西农大	山西省太谷县	2016 年
4079	00003677	A-0035-18	罗勒烟 × 罗勒烟 -15-8	山西农大	山西农大	山西省太谷县	2016 年
4080	00004588	A11-0002	A-0001×Q-0010	山西农大	山西农大	山西省太谷县	2014 年
4081	00004893	Q-5-000015	（8611× 紫苏烟）× 紫苏烟	山西农大	山西农大	山西省太谷县	2007 年
4082	00004894	H-11-0005	K326× 薄荷烟	山西农大	山西农大	山西省太谷县	2009 年

序号	株高/cm	茎围/cm	节距/cm	叶数/片	叶长/cm	叶宽/cm	叶柄/cm	株型	叶形	叶尖	叶面	叶缘	叶色	叶片厚薄	花序密度	花序形状	花色	茎叶角度	移栽至开花/天
4065	145.10	7.52	5.95	18.40	47.35	23.75	0.00	塔形	卵圆	渐尖	较皱	微波	深绿	厚	密集	球形	淡红	中	63.0
4066	167.80	8.66	5.90	22.50	52.10	26.50	0.00	塔形	卵圆	急尖	较平	平滑	绿	中等	松散	菱形	淡红	中	63.0
4067	116.10	5.74	5.20	15.20	39.35	19.50	0.00	塔形	椭圆	急尖	平	平滑	绿	厚	密集	球形	红	中	58.0
4068	167.50	8.26	4.90	26.80	55.90	28.30	0.00	塔形	椭圆	急尖	较皱	微波	黄绿	中等	松散	菱形	淡红	小	63.0
4069	163.00	9.38	4.85	24.70	54.95	28.30	0.00	筒形	椭圆	急尖	较平	平滑	浅绿	中等	密集	球形	淡红	小	76.0
4070	182.40	7.46	5.76	25.20	57.30	25.25	0.00	塔形	长椭圆	渐尖	较皱	微波	浅绿	中等	松散	菱形	淡红	中	82.0
4071	110.20	5.37	4.29	15.90	36.60	18.90	0.00	塔形	卵圆	急尖	平	微波	浅绿	厚	密集	扁球形	红	中	59.0
4072	131.20	6.90	5.10	18.00	46.10	24.15	0.00	塔形	椭圆	急尖	较皱	微波	浅绿	中等	松散	球形	淡红	中	60.0
4073	125.80	6.46	5.10	17.30	44.50	21.10	0.00	塔形	椭圆	渐尖	较平	平滑	深绿	中等	密集	菱形	红	小	58.0
4074	166.40	8.75	5.90	21.30	49.60	26.25	0.00	塔形	宽椭圆	渐尖	平	平滑	深绿	厚	松散	菱形	淡红	小	89.0
4075	166.20	13.36	5.45	23.90	49.90	25.10	0.00	筒形	椭圆	急尖	皱	微波	绿	中等	密集	菱形	淡红	小	93.0
4076	150.84	7.51	6.37	17.40	46.10	26.05	0.00	塔形	卵圆	急尖	较皱	微波	绿	中等	密集	倒圆锥形	淡红	小	63.0
4077	202.90	7.91	6.05	27.00	54.70	26.70	0.00	塔形	长卵圆	急尖	皱	皱折	黄绿	中等	松散	倒圆锥形	淡红	中	70.0
4078	162.00	9.00	4.75	26.00	61.00	29.50	0.00	筒形	宽椭圆	急尖	较皱	微波	黄绿	薄	密集	扁球形	深红	中	75.0
4079	107.20	6.90	4.70	13.20	32.60	15.40	0.00	筒形	长椭圆	渐尖	较平	平滑	黄绿	较薄	密集	扁球形	淡红	中	58.0
4080	172.90	9.50	4.50	28.70	66.40	28.20	6.00	筒形	长椭圆	渐尖	较平	微波	绿	中等	密集	球形	淡红	中	69.0
4081	127.63	6.37	4.13	19.93	42.00	18.87	0.00	筒形	长椭圆	渐尖	较平	微波	黄绿	厚	密集	球形	淡红	中	80.0
4082	134.60	8.40	3.51	25.07	49.13	26.40	0.00	筒形	宽椭圆	渐尖	较平	微波	黄绿	中等	密集	球形	深红	中	64.0

序号	全国统一编号	种质名称	杂交组合	编目单位	种子来源	原产地	收集时间
4083	00004897	S-8-0008-16	曼陀罗烟 ×8611	山西农大	山西农大	山西省太谷县	2009 年
4084	00004901	Q-000010	（8611× 紫苏烟）× 紫苏烟	山西农大	山西农大	山西省太谷县	2007 年
4085	00004905	Q-5-0075	紫苏烟 ×8611	山西农大	山西农大	山西省太谷县	2009 年
4086	00004912	Q-5-0021-7	（人参烟 × 薄荷烟）×K326	山西农大	山西农大	山西省太谷县	2009 年
4087	00004917	S-8-0008-85	曼陀罗烟 ×8611	山西农大	山西农大	山西省太谷县	2009 年
4088	00004918	Q-5-0049	K394× 紫苏烟	山西农大	山西农大	山西省太谷县	2009 年
4089	00004922	Q-5-0070-16	8611× 紫苏烟	山西农大	山西农大	山西省太谷县	2010 年
4090	00004927	H-11-0004	多伦晒烟 × 薄荷烟	山西农大	山西农大	山西省太谷县	2009 年
4091	00004930	S-8-0046	薄荷烟 × 曼陀罗烟	山西农大	山西农大	山西省太谷县	2009 年
4092	00004936	Q-5-0068	8611× 紫苏烟	山西农大	山西农大	山西省太谷县	2010 年
4093	00004944	Q-6-0001	（8611× 紫苏烟）× 多伦晒烟	山西农大	山西农大	山西省太谷县	2009 年
4094	00004956	Q-5-0069-5	8611× 紫苏烟	山西农大	山西农大	山西省太谷县	2010 年
4095	00004961	Q-5-0066-14	8611× 紫苏烟	山西农大	山西农大	山西省太谷县	2010 年
4096	00004964	K9-0055	晋太 766× 人参烟	山西农大	山西农大	山西省太谷县	2009 年
4097	00004970	Q-5-0065-16	8611× 紫苏烟	山西农大	山西农大	山西省太谷县	2010 年
4098	00004980	K-0004	人参烟 ×NC89	山西农大	山西农大	山西省太谷县	2009 年
4099	00004982	K-0002	人参烟 × 龙烟二号	山西农大	山西农大	山西省太谷县	2009 年
4100	00004984	Q-5-0025	（8813× 蛟河晒烟）× 紫苏烟	山西农大	山西农大	山西省太谷县	2010 年

序号	株高/cm	茎围/cm	节距/cm	叶数/片	叶长/cm	叶宽/cm	叶柄/cm	株型	叶形	叶尖	叶面	叶缘	叶色	叶片厚薄	花序密度	花序形状	花色	茎叶角度	移栽至开花/天
4083	140.87	9.71	4.13	24.67	57.00	32.93	9.07	筒形	卵圆	渐尖	较平	微波	黄绿	薄	密集	球形	深红	大	74.0
4084	133.27	8.30	3.83	25.07	57.87	27.60	0.00	筒形	椭圆	渐尖	较平	微波	黄绿	薄	密集	球形	淡红	中	80.0
4085	126.53	8.95	5.96	15.00	59.67	29.20	0.00	筒形	椭圆	渐尖	较平	微波	黄绿	薄	密集	球形	深红	中	53.0
4086	127.07	7.81	4.58	18.53	57.27	27.80	0.00	筒形	椭圆	渐尖	较平	微波	黄绿	薄	密集	球形	淡红	中	53.0
4087	150.01	8.71	4.95	21.33	52.73	28.40	5.37	筒形	卵圆	渐尖	较平	微波	黄绿	薄	密集	球形	深红	中	77.0
4088	134.80	8.44	5.01	19.13	62.67	29.27	0.00	筒形	椭圆	渐尖	较平	微波	黄绿	中等	松散	球形	深红	大	55.0
4089	161.53	9.80	4.10	30.47	65.40	31.87	0.00	筒形	椭圆	渐尖	较平	微波	深绿	中等	密集	球形	淡红	中	63.0
4090	132.40	6.82	4.01	22.53	48.93	22.93	0.00	筒形	椭圆	渐尖	较平	微波	黄绿	中等	密集	球形	深红	大	64.0
4091	128.40	10.51	3.41	24.00	56.20	27.93	7.00	筒形	宽卵圆	渐尖	较平	微波	黄绿	薄	密集	球形	深红	大	73.0
4092	132.00	8.33	4.87	17.87	46.53	24.47	0.00	筒形	椭圆	渐尖	较平	微波	深绿	中等	密集	球形	淡红	中	61.0
4093	133.27	10.65	3.72	25.93	59.00	29.47	0.00	筒形	椭圆	渐尖	较平	微波	黄绿	薄	密集	球形	淡红	中	59.0
4094	148.50	9.00	5.43	20.60	54.00	26.60	0.00	筒形	椭圆	渐尖	较平	微波	深绿	中等	密集	球形	淡红	中	65.0
4095	129.93	8.93	4.33	20.93	44.53	24.27	0.00	筒形	宽椭圆	渐尖	较平	微波	深绿	中等	密集	球形	淡红	中	63.0
4096	164.60	7.27	4.08	29.67	54.67	26.67	0.00	筒形	椭圆	渐尖	较平	微波	黄绿	厚	密集	球形	淡红	大	79.0
4097	124.00	7.50	5.23	15.73	49.60	24.67	0.00	筒形	椭圆	渐尖	较平	微波	深绿	中等	密集	球形	淡红	中	59.0
4098	128.27	7.59	3.25	25.20	54.23	25.23	0.00	筒形	椭圆	渐尖	较平	微波	黄绿	厚	密集	球形	深红	中	77.0
4099	165.47	8.95	3.99	30.20	57.20	26.27	0.00	筒形	椭圆	渐尖	较平	微波	黄绿	厚	密集	球形	深红	大	79.0
4100	143.53	8.57	5.53	19.27	49.20	25.53	0.00	筒形	椭圆	渐尖	较平	微波	深绿	中等	密集	球形	深红	中	56.0

序号	全国统一编号	种质名称	杂交组合	编目单位	种子来源	原产地	收集时间
4101	00005003	Q-5-0070-85	8611×紫苏烟	山西农大	山西农大	山西省太谷县	2011年
4102	00005021	Q-5-0070-98	8611×紫苏烟	山西农大	山西农大	山西省太谷县	2011年
4103	00005023	Q-5-000073	紫苏烟×8611	山西农大	山西农大	山西省太谷县	2008年
4104	00005048	Q-5-0098-65	G-140×紫苏烟	山西农大	山西农大	山西省太谷县	2011年
4105	00005049	Q-5-0098-42	G-140×紫苏烟	山西农大	山西农大	山西省太谷县	2011年
4106	00005486	6-11-0016	A-0001×Q-0010	山西农大	山西农大	山西省太谷县	2016年
4107	00005512	6-11-0011	A-0001×Q-0010	山西农大	山西农大	山西省太谷县	2016年
4108	00005526	S11-0009	曼陀罗烟×Q-0010	山西农大	山西农大	山西省太谷县	2016年
4109	00005529	S11-0005	S-8-0003×Q-0010	山西农大	山西农大	山西省太谷县	2016年
4110	00005536	S11-0003	S-8-0003×Q-0010	山西农大	山西农大	山西省太谷县	2016年
4111	00005538	Q6-0022	（17Q×Q烟）BC1	山西农大	山西农大	山西省太谷县	2016年
4112	00005542	Q12-0011	紫苏烟×8611	山西农大	山西农大	山西省太谷县	2016年
4113	00005544	A12-0004	A-0007×8611	山西农大	山西农大	山西省太谷县	2016年
4114	00005548	Q12-0003	紫苏烟×8611	山西农大	山西农大	山西省太谷县	2016年
4115	00005549	S11-0008	曼陀罗烟×Q-0010	山西农大	山西农大	山西省太谷县	2016年
4116	00005552	A11-0004	A-0001×Q-0010	山西农大	山西农大	山西省太谷县	2016年
4117	00005553	A12-0001	A-0007×8611	山西农大	山西农大	山西省太谷县	2016年
4118	00005557	Q6-0011	Q-5-0003×罗勒烟	山西农大	山西农大	山西省太谷县	2016年

序号	株高/cm	茎围/cm	节距/cm	叶数/片	叶长/cm	叶宽/cm	叶柄/cm	株型	叶形	叶尖	叶面	叶缘	叶色	叶片厚薄	花序密度	花序形状	花色	茎叶角度	移栽至开花/天
4101	115.60	7.09	4.06	19.67	46.47	24.20	0.00	筒形	椭圆	渐尖	较平	微波	黄绿	较厚	密集	球形	深红	大	69.0
4102	147.13	7.26	4.44	23.60	52.07	24.13	0.00	筒形	椭圆	渐尖	较平	微波	黄绿	较厚	密集	球形	深红	大	68.0
4103	132.67	6.45	3.30	25.53	45.80	20.87	0.00	筒形	椭圆	渐尖	较平	微波	绿	厚	密集	球形	淡红	中	50.0
4104	141.60	8.00	4.94	20.93	59.17	28.70	0.00	筒形	椭圆	渐尖	较平	微波	黄绿	较厚	密集	球形	深红	大	75.0
4105	116.80	6.19	3.90	20.40	43.33	22.13	0.00	筒形	椭圆	渐尖	较平	微波	黄绿	较厚	密集	球形	淡红	大	74.0
4106	134.00	5.80	3.60	26.20	46.40	23.00	0.00	筒形	长椭圆	渐尖	较皱	微波	绿	薄	密集	扁球形	淡红	中	79.0
4107	126.75	5.88	3.00	29.50	50.75	24.00	0.00	筒形	长椭圆	渐尖	较平	微波	绿	薄	密集	扁球形	淡红	中	87.0
4108	123.60	9.20	3.70	23.60	53.20	29.20	0.00	筒形	长椭圆	渐尖	较平	微波	绿	中等	密集	球形	深红	中	78.0
4109	119.30	9.20	4.80	16.50	54.80	32.60	0.00	筒形	长椭圆	渐尖	较平	微波	绿	中等	密集	球形	淡红	中	80.0
4110	157.00	9.20	4.50	26.60	45.40	23.60	0.00	筒形	长椭圆	渐尖	较平	微波	绿	中等	密集	球形	淡红	中	86.0
4111	102.00	7.60	3.10	20.30	45.40	20.00	0.00	筒形	长椭圆	渐尖	较平	微波	绿	中等	密集	球形	淡红	中	75.0
4112	172.90	9.50	4.50	28.70	66.40	28.20	0.00	筒形	长椭圆	渐尖	较平	微波	绿	中等	密集	球形	淡红	中	77.0
4113	183.30	10.20	4.30	30.30	64.00	31.30	0.00	筒形	长椭圆	渐尖	较平	微波	绿	中等	密集	球形	淡红	大	79.0
4114	136.60	8.50	3.60	26.40	48.10	22.30	0.00	塔形	长椭圆	渐尖	较平	微波	绿	中等	密集	球形	淡红	中	90.0
4115	174.00	11.40	4.00	30.60	56.00	29.80	0.00	筒形	长椭圆	渐尖	较平	微波	绿	中等	密集	球形	深红	中	77.0
4116	189.30	10.50	4.30	30.90	64.80	32.70	6.00	筒形	长椭圆	渐尖	较平	微波	绿	中等	密集	球形	淡红	中	95.0
4117	93.10	7.60	3.10	16.30	39.30	19.40	4.00	筒形	长椭圆	渐尖	较平	微波	绿	中等	密集	球形	淡红	中	81.0
4118	96.50	5.70	3.20	17.50	30.00	12.00	0.00	筒形	长椭圆	渐尖	较平	微波	绿	中等	密集	球形	淡红	中	59.0

序号	全国统一编号	种质名称	杂交组合	编目单位	种子来源	原产地	收集时间
4119	00005559	T12-0001	18t×A-0007	山西农大	山西农大	山西省太谷县	2016 年
4120	00005561	A11-0001	A-0001×Q-0010	山西农大	山西农大	山西省太谷县	2016 年
4121	00005569	T12-0002	18t×A-0007	山西农大	山西农大	山西省太谷县	2016 年
4122	00005571	Q12-0005	A-0007×8611	山西农大	山西农大	山西省太谷县	2016 年
4123	00005572	A14-0006	A-0001×Q-0010	山西农大	山西农大	山西省太谷县	2016 年
4124	00005573	S11-0010	曼陀罗烟 ×Q-0010	山西农大	山西农大	山西省太谷县	2016 年
4125	00005574	Q12-0002	A-0010×Q-0010	山西农大	山西农大	山西省太谷县	2016 年
4126	00005575	A11-0003	A-0001×Q-0010	山西农大	山西农大	山西省太谷县	2016 年
4127	00005576	Q12-0004	紫苏烟 ×8611	山西农大	山西农大	山西省太谷县	2016 年
4128	00005577	S11-0004	S-8-0003×Q-0010	山西农大	山西农大	山西省太谷县	2016 年
4129	00005578	S11-0007	S-8-0003×Q-0010	山西农大	山西农大	山西省太谷县	2016 年
4130	00005579	A13-0001	罗勒烟 × 紫苏烟	山西农大	山西农大	山西省太谷县	2016 年
4131	00005580	Q12-0012	紫苏烟 ×8611	山西农大	山西农大	山西省太谷县	2016 年
4132	00005582	A12-0002	A-0007×8611	山西农大	山西农大	山西省太谷县	2016 年
4133	00005583	A14-0007	（A-0007×Q-0010）× 紫苏烟 -18	山西农大	山西农大	山西省太谷县	2016 年
4134	00005597	A6-0028	A-0007×G-28	山西农大	山西农大	山西省太谷县	2016 年
4135	00005599	Q-5-0066-28	8611×17Q	山西农大	山西农大	山西省太谷县	2016 年
4136	00004444	200303	（中烟 14×G28）× 秦烟 96	陕西所	陕西所	陕西省泾阳县	2007 年

序号	株高/cm	茎围/cm	节距/cm	叶数/片	叶长/cm	叶宽/cm	叶柄/cm	株型	叶形	叶尖	叶面	叶缘	叶色	叶片厚薄	花序密度	花序形状	花色	茎叶角度	移栽至开花/天
4119	177.20	8.20	4.60	30.80	61.00	26.40	0.00	筒形	长椭圆	渐尖	较平	微波	绿	中等	密集	球形	深红	中	81.0
4120	111.70	10.00	3.20	23.40	56.70	28.50	5.00	筒形	长椭圆	渐尖	较平	微波	绿	中等	密集	球形	淡红	中	69.0
4121	142.00	10.20	4.00	22.30	61.30	30.30	0.00	筒形	长椭圆	渐尖	较平	微波	绿	中等	密集	球形	深红	中	69.0
4122	170.80	9.40	5.00	24.80	57.90	30.50	0.00	筒形	长椭圆	渐尖	较平	微波	绿	中等	密集	球形	淡红	中	80.0
4123	141.80	10.40	4.00	25.20	58.00	27.20	0.00	筒形	长椭圆	渐尖	较平	微波	绿	中等	密集	球形	淡红	中	80.0
4124	130.80	12.70	4.00	22.70	68.30	37.30	0.00	筒形	长椭圆	渐尖	较平	微波	绿	中等	密集	球形	淡红	中	81.0
4125	160.50	10.50	3.80	31.70	50.70	35.40	0.00	塔形	长椭圆	渐尖	较平	微波	绿	中等	密集	球形	淡红	中	79.0
4126	164.40	10.40	4.50	27.60	66.10	28.50	6.00	筒形	长椭圆	渐尖	较平	微波	绿	中等	密集	球形	淡红	中	72.0
4127	152.30	9.70	3.30	29.00	52.60	27.10	0.00	塔形	长椭圆	渐尖	较平	微波	绿	中等	密集	球形	淡红	中	86.0
4128	148.80	8.70	3.80	28.00	53.50	25.80	0.00	筒形	长椭圆	渐尖	较平	微波	绿	中等	密集	球形	淡红	大	77.0
4129	146.50	12.00	4.00	26.50	68.00	36.00	6.00	筒形	长椭圆	渐尖	较平	微波	绿	中等	密集	球形	淡红	中	86.0
4130	179.50	10.50	4.60	30.00	55.80	30.50	0.00	筒形	长椭圆	渐尖	较平	微波	绿	中等	密集	球形	淡红	中	73.0
4131	189.30	10.50	3.90	32.90	64.80	32.70	0.00	筒形	长椭圆	渐尖	较平	微波	绿	中等	密集	球形	淡红	中	83.0
4132	122.80	10.30	3.80	19.80	48.30	21.80	5.00	筒形	长椭圆	渐尖	较平	微波	绿	中等	密集	球形	淡红	大	83.0
4133	152.00	11.50	4.50	25.00	68.00	33.50	0.00	筒形	长椭圆	渐尖	较平	微波	绿	中等	密集	球形	淡红	中	93.0
4134	150.25	7.00	4.50	24.75	39.25	20.50	0.00	筒形	长椭圆	渐尖	较平	微波	绿	薄	密集	扁球形	深红	大	77.0
4135	145.50	6.50	5.00	21.50	50.50	20.50	0.00	筒形	长椭圆	渐尖	较平	微波	绿	较厚	密集	扁球形	深红	中	70.0
4136	159.40	9.90	5.63	21.20	67.00	32.20	0.00	筒形	椭圆	渐尖	较皱	皱折	黄绿	中等	密集	菱形	淡红	中	64.0

序号	全国统一编号	种质名称	杂交组合	编目单位	种子来源	原产地	收集时间
4137	00004502	200301-2	（中烟 14×G28）×K326	陕西所	泾阳县	陕西省泾阳县	2007 年
4138	00004522	200301-1	（中烟 14×G28）×K326	陕西所	陕西所	陕西省泾阳县	2007 年
4139	00004523	200304	（9397×952-1）×（秦烟 ×G28）	陕西所	陕西所	陕西省泾阳县	2007 年
4140	00004539	200302-1	9397× 秦烟 95	陕西所	泾阳县	陕西省泾阳县	2007 年
4141	00004553	200302-2	9397× 秦烟 95	陕西所	陕西所	陕西省泾阳县	2007 年
4142	00004712	NC205	（CV70× 秦烟 95）×NC89	陕西所	泾阳	陕西省泾阳县	2008 年
4143	00004714	K9397	9397×K326	陕西所	泾阳	陕西省泾阳县	2008 年
4144	00003644	9607	（Coker176×8258）× 筑波一号	延边所	延边所	吉林省	1995 年
4145	00003645	9608	（Coker176×8258）× 温德尔	延边所	延边所	吉林省	1996 年
4146	00003646	9502	净叶黄 ×Coker86	延边所	延边所	吉林省	1995 年
4147	00003647	9706	8611× 筑波一号	延边所	延边所	吉林省	1995 年
4148	00003648	9707	（8611×602）×8258	延边所	延边所	吉林省	1995 年
4149	00003649	9801	吉烟一号 ×K326	延边所	延边所	吉林省	1995 年
4150	00003650	9802	吉烟五号 ×K326	延边所	延边所	吉林省	1995 年
4151	00003651	9803	（8611×602）×8258	延边所	延边所	吉林省	1995 年
4152	00003652	9804	吉烟五号 ×9407	延边所	延边所	吉林省	1995 年
4153	00003653	9805	吉烟一号 ×G28	延边所	延边所	吉林省	1995 年
4154	00003654	9407	（G28×8258）F8× 净叶黄	延边所	延边所	吉林省	1995 年

序号	株高/cm	茎围/cm	节距/cm	叶数/片	叶长/cm	叶宽/cm	叶柄/cm	株型	叶形	叶尖	叶面	叶缘	叶色	叶片厚薄	花序密度	花序形状	花色	茎叶角度	移栽至开花/天
4137	156.00	9.60	5.65	19.70	68.10	30.80	0.00	筒形	长椭圆	渐尖	较平	波浪	绿	中等	密集	扁球形	淡红	中	62.0
4138	157.20	9.95	5.83	20.50	66.60	30.60	0.00	筒形	椭圆	渐尖	较皱	皱折	绿	中等	密集	扁球形	淡红	中	67.0
4139	158.00	9.40	5.46	21.30	66.40	29.50	0.00	筒形	长椭圆	渐尖	较平	波浪	绿	较薄	松散	菱形	淡红	中	64.0
4140	149.80	9.70	5.64	18.70	69.80	30.70	0.00	筒形	长椭圆	渐尖	较皱	皱折	绿	中等	密集	扁球形	淡红	中	62.0
4141	148.83	9.50	5.61	19.40	68.00	30.20	0.00	筒形	长椭圆	渐尖	较平	波浪	绿	中等	密集	扁球形	淡红	中	63.0
4142	116.30	10.95	3.64	21.30	81.30	37.30	0.00	塔形	椭圆	渐尖	较皱	波浪	深绿	厚	密集	菱形	淡红	中	64.0
4143	125.40	10.90	3.44	23.30	79.10	38.20	0.00	塔形	椭圆	渐尖	较皱	波浪	绿	中等	密集	扁球形	淡红	中	64.0
4144	184.00	12.50	5.71	25.20	77.40	41.90	0.00	塔形	宽椭圆	渐尖	较皱	平滑	深绿	厚	密集	球形	红	中	69.0
4145	209.10	9.40	6.46	25.40	68.50	39.30	0.00	筒形	宽椭圆	渐尖	较平	微波	绿	中等	密集	菱形	红	中	79.0
4146	236.40	9.70	6.30	30.40	73.00	35.80	0.00	筒形	椭圆	渐尖	较皱	平滑	深绿	中等	密集	球形	红	中	83.0
4147	155.70	10.47	4.86	23.60	77.35	27.75	0.00	筒形	长椭圆	渐尖	较平	微波	深绿	中等	密集	菱形	红	中	70.0
4148	179.60	11.00	7.38	19.60	73.70	41.40	0.00	筒形	宽椭圆	尾状	较皱	微波	绿	中等	密集	球形	红	中	77.0
4149	234.60	10.00	7.46	25.40	71.20	30.40	0.00	筒形	长椭圆	渐尖	较平	微波	绿	中等	密集	球形	红	中	78.0
4150	147.30	11.54	4.79	23.00	76.60	39.80	0.00	筒形	椭圆	渐尖	较皱	微波	绿	中等	密集	菱形	淡红	大	69.0
4151	187.40	12.70	5.71	25.80	76.00	36.60	0.00	塔形	椭圆	尾状	较皱	微波	深绿	中等	密集	球形	红	中	80.0
4152	188.20	10.70	6.18	24.00	69.30	35.80	0.00	筒形	椭圆	渐尖	较平	平滑	绿	中等	密集	扁球形	淡红	大	76.0
4153	175.10	9.70	6.25	21.60	62.00	33.60	0.00	塔形	宽椭圆	渐尖	较皱	锯齿	黄绿	较厚	密集	球形	红	中	77.0
4154	180.80	10.90	6.07	23.20	83.70	41.30	0.00	塔形	椭圆	渐尖	较平	微波	绿	中等	密集	球形	红	中	73.0

序号	全国统一编号	种质名称	杂交组合	编目单位	种子来源	原产地	收集时间
4155	00004344	JY8-01	9407×NCTG55	延边所	延边所	吉林省延边朝鲜族自治州	2008年
4156	00004345	YB01-03	吉烟一号×温德尔	延边所	延边所	吉林省延边朝鲜族自治州	2007年
4157	00004349	JZ7-02	红花大金元×04-02	延边所	延边所	吉林省延边朝鲜族自治州	2008年
4158	00004353	JY8-02	9407×NCTG55	延边所	延边所	吉林省延边朝鲜族自治州	2008年
4159	00004358	JY7-02	9805×4029	延边所	延边所	吉林省延边朝鲜族自治州	2008年
4160	00004362	JZ7-08		延边所	延边所	吉林省延边朝鲜族自治州	2008年
4161	00004363	JZ7-04	吉烟一号×9407	延边所	延边所	吉林省延边朝鲜族自治州	2008年
4162	00004364	Jy10-3	韩国一号×吉烟九号	延边所	延边所	吉林省延边朝鲜族自治州	2010年
4163	00004372	JY8-04	大白筋599×吉烟九号	延边所	延边所	吉林省延边朝鲜族自治州	2008年
4164	00004377	JZ7-07	9407×8611	延边所	延边所	吉林省延边朝鲜族自治州	2008年
4165	00004385	Jy-02-3	温德尔×9407	延边所	延边所	吉林省延边朝鲜族自治州	2009年
4166	00004394	Jy09-5	吉烟一号×会宁一号	延边所	延边所	吉林省延边朝鲜族自治州	2009年
4167	00004399	Jy10-1	NC89×吉烟九号	延边所	延边所	吉林省延边朝鲜族自治州	2010年
4168	00004400	Jy11-04	吉烟一号×04-02	延边所	延边所	吉林省延边朝鲜族自治州	2011年
4169	00004401	Jy09-4	吉烟九号×吉烟一号	延边所	延边所	吉林省延边朝鲜族自治州	2009年
4170	00004409	Jy10-10	04-02×吉烟九号	延边所	延边所	吉林省延边朝鲜族自治州	2010年
4171	00004410	Jy10-2	吉烟一号×吉烟九号	延边所	延边所	吉林省延边朝鲜族自治州	2010年
4172	00004421	JY7-03	9803×NCTG55	延边所	延边所	吉林省延边朝鲜族自治州	2008年

序号	株高/cm	茎围/cm	节距/cm	叶数/片	叶长/cm	叶宽/cm	叶柄/cm	株型	叶形	叶尖	叶面	叶缘	叶色	叶片厚薄	花序密度	花序形状	花色	茎叶角度	移栽至开花/天
4155	214.90	12.50	5.70	30.40	71.90	43.00	0.00	筒形	宽椭圆	渐尖	较平	锯齿	绿	较厚	密集	扁球形	深红	中	79.0
4156	203.40	9.50	7.55	22.30	67.90	40.15	0.00	筒形	宽椭圆	渐尖	较皱	波浪	深绿	中等	密集	扁球形	红	中	65.0
4157	195.80	13.30	6.30	24.90	76.90	42.90	0.00	筒形	宽椭圆	急尖	较平	锯齿	浅绿	中等	密集	球形	红	中	74.0
4158	213.10	12.30	6.05	30.10	75.20	42.45	0.00	筒形	宽椭圆	渐尖	较平	锯齿	绿	中等	密集	球形	红	中	77.0
4159	168.80	11.80	5.80	22.40	70.10	39.70	0.00	筒形	宽椭圆	渐尖	较平	锯齿	绿	中等	密集	球形	深红	中	65.0
4160	221.00	13.50	7.35	23.60	77.00	45.90	0.00	筒形	宽椭圆	急尖	平	平滑	深绿	较厚	密集	球形	深红	中	68.0
4161	217.60	13.70	6.60	26.80	79.70	45.05	0.00	筒形	宽椭圆	渐尖	较平	锯齿	绿	中等	密集	球形	红	中	69.0
4162	183.40	11.10	7.00	20.90	68.90	35.70	0.00	塔形	椭圆	渐尖	较皱	波浪	绿	较厚	密集	球形	深红	中	63.0
4163	179.70	12.06	5.85	24.30	78.80	44.80	0.00	筒形	宽椭圆	急尖	较皱	波浪	深绿	较厚	密集	菱形	红	中	66.0
4164	192.90	13.45	7.05	22.00	76.80	40.35	0.00	筒形	椭圆	渐尖	平	平滑	绿	较厚	密集	球形	红	中	64.0
4165	156.40	11.00	5.00	23.40	72.05	36.50	0.00	塔形	椭圆	渐尖	较平	锯齿	绿	较厚	密集	球形	淡红	中	73.0
4166	156.30	11.80	4.55	26.50	77.50	38.15	0.00	塔形	椭圆	渐尖	较平	锯齿	浅绿	中等	密集	球形	淡红	中	84.0
4167	170.50	11.05	5.70	22.90	73.00	43.15	0.00	塔形	宽椭圆	急尖	较皱	皱折	深绿	厚	密集	球形	红	中	76.0
4168	172.00	9.95	5.00	26.50	77.30	44.95	0.00	筒形	宽椭圆	渐尖	较平	微波	深绿	中等	密集	球形	红	中	75.0
4169	173.20	10.50	6.00	23.00	70.55	33.50	0.00	塔形	椭圆	渐尖	较皱	波浪	深绿	中等	密集	球形	深红	中	80.0
4170	187.62	10.60	6.05	24.40	65.50	35.90	0.00	塔形	宽椭圆	渐尖	较皱	皱折	浅绿	中等	密集	球形	红	中	74.0
4171	182.10	11.40	5.90	24.50	72.10	37.40	0.00	塔形	椭圆	渐尖	较平	锯齿	浅绿	中等	密集	球形	红	中	71.0
4172	215.10	12.05	5.95	28.00	71.40	42.65	0.00	筒形	宽椭圆	渐尖	较平	微波	绿	厚	密集	菱形	深红	中	84.0

序号	全国统一编号	种质名称	杂交组合	编目单位	种子来源	原产地	收集时间
4173	00004422	Jy09-1	02-06×KF09	延边所	延边所	吉林省延边朝鲜族自治州	2009年
4174	00004436	Jy11-05	吉烟一号×05-02	延边所	延边所	吉林省延边朝鲜族自治州	2011年
4175	00004441	Jy09-2	9407×T2013	延边所	延边所	吉林省延边朝鲜族自治州	2009年
4176	00004453	JY7-01	9803×WE12	延边所	延边所	吉林省延边朝鲜族自治州	2008年
4177	00004455	Jy10-9	吉烟七号×吉烟九号	延边所	延边所	吉林省延边朝鲜族自治州	2010年
4178	00004456	Jy11-01	红花大金元×9407	延边所	延边所	吉林省延边朝鲜族自治州	2011年
4179	00004464	YB04-01	9501×K730	延边所	延边所	吉林省延边朝鲜族自治州	2007年
4180	00004465	Jy11-02	K326×04-02	延边所	延边所	吉林省延边朝鲜族自治州	2011年
4181	00004467	Jy11-03	吉烟一号×04-02	延边所	延边所	吉林省延边朝鲜族自治州	2011年
4182	00004468	YB04-02	9501×K730	延边所	延边所	吉林省延边朝鲜族自治州	2007年
4183	00004472	Jy10-4	RG11×吉烟一号	延边所	延边所	吉林省延边朝鲜族自治州	2010年
4184	00004487	YB02-06	9407×吉烟一号	延边所	延边所	吉林省延边朝鲜族自治州	2007年
4185	00004489	Jy09-3	吉烟九号×T2013	延边所	延边所	吉林省延边朝鲜族自治州	2009年
4186	00004504	Jy10-8	云烟87×吉烟七号	延边所	延边所	吉林省延边朝鲜族自治州	2010年
4187	00004506	Jy10-5	Coker371Gold×吉烟九号	延边所	延边所	吉林省延边朝鲜族自治州	2010年
4188	00004559	Jy11-06	9407×云烟87	延边所	延边所	吉林省延边朝鲜族自治州	2011年
4189	00004576	Jy10-7	云烟87×吉烟九号	延边所	延边所	吉林省延边朝鲜族自治州	2010年
4190	00004584	Jy10-6	云烟87×9803	延边所	延边所	吉林省延边朝鲜族自治州	2010年

序号	株高/cm	茎围/cm	节距/cm	叶数/片	叶长/cm	叶宽/cm	叶柄/cm	株型	叶形	叶尖	叶面	叶缘	叶色	叶片厚薄	花序密度	花序形状	花色	茎叶角度	移栽至开花/天
4173	187.38	10.00	6.55	22.50	69.75	37.05	0.00	塔形	宽椭圆	渐尖	较皱	波浪	深绿	中等	密集	球形	淡红	中	78.0
4174	183.70	9.25	5.15	28.40	71.40	42.70	0.00	筒形	宽椭圆	渐尖	较平	微波	深绿	中等	松散	球形	红	中	77.0
4175	154.70	10.90	5.35	21.90	77.05	36.90	0.00	塔形	椭圆	渐尖	较平	锯齿	绿	中等	密集	球形	淡红	中	77.0
4176	187.00	13.25	5.95	24.40	79.40	42.35	0.00	筒形	宽椭圆	渐尖	较皱	波浪	绿	中等	密集	球形	红	中	78.0
4177	175.30	11.20	6.10	21.70	69.20	36.20	0.00	塔形	椭圆	渐尖	较皱	波浪	浅绿	中等	密集	球形	红	中	68.0
4178	191.20	8.80	6.05	25.30	73.65	38.15	0.00	塔形	椭圆	渐尖	较皱	波浪	绿	中等	密集	球形	红	中	70.0
4179	213.40	9.65	5.20	30.30	79.90	46.60	0.00	筒形	宽椭圆	急尖	较平	微波	绿	中等	密集	菱形	红	大	80.0
4180	179.60	8.55	5.55	25.50	73.60	42.55	0.00	筒形	宽椭圆	渐尖	较平	微波	绿	中等	密集	扁球形	红	中	68.0
4181	153.00	8.75	5.05	22.20	74.95	42.45	0.00	筒形	宽椭圆	渐尖	较平	微波	绿	中等	密集	球形	红	中	70.0
4182	228.50	10.75	5.80	29.00	82.15	43.95	0.00	筒形	宽椭圆	渐尖	较平	微波	绿	较厚	密集	菱形	红	中	79.0
4183	134.80	10.40	5.15	18.90	72.90	37.00	0.00	塔形	椭圆	渐尖	较平	波浪	绿	较厚	密集	菱形	深红	中	66.0
4184	198.00	11.90	4.85	28.40	83.65	42.95	0.00	筒形	椭圆	渐尖	较平	锯齿	绿	中等	密集	菱形	红	中	80.0
4185	164.20	10.15	5.55	22.20	74.70	33.20	0.00	塔形	长椭圆	渐尖	较平	锯齿	绿	较厚	密集	球形	深红	中	78.0
4186	201.50	11.10	6.20	23.70	68.20	40.80	0.00	塔形	宽椭圆	渐尖	较皱	皱折	浅绿	较厚	密集	菱形	红	中	80.0
4187	174.80	12.30	5.95	22.90	77.30	38.15	0.00	塔形	椭圆	渐尖	较皱	皱折	浅绿	中等	松散	菱形	红	中	66.0
4188	159.80	8.60	5.00	22.90	82.65	41.00	0.00	塔形	椭圆	渐尖	较平	锯齿	浅绿	中等	密集	球形	红	中	74.0
4189	162.70	10.95	5.65	22.50	74.40	36.00	0.00	塔形	椭圆	渐尖	较平	锯齿	绿	中等	密集	菱形	红	中	67.0
4190	180.12	12.00	5.65	24.80	83.80	39.90	0.00	塔形	椭圆	渐尖	较皱	皱折	深绿	较厚	密集	球形	红	中	81.0

序号	全国统一编号	种质名称	杂交组合	编目单位	种子来源	原产地	收集时间
4191	00004599	YB01-06	9021×KE115	延边所	延边所	吉林省延边朝鲜族自治州	2007年
4192	00003727	云烟317-2	云烟4号×K326	云南院	云南院	云南省玉溪市	1996年
4193	00003729	8602-123	净叶黄×Va115	云南院	云南院	黑龙江省牡丹江市	1996年
4194	00003730	8813	G28×小黄金1025	云南院	四川省宜宾农科所	山东省青州市	1996年
4195	00003731	8801-2	K326系选	云南院	云南院	云南省玉溪市	2007年
4196	00003732	8801-3	K326系选	云南院	云南院	云南省玉溪市	2007年
4197	00003733	8801-5	K326系选	云南院	云南院	云南省玉溪市	2007年
4198	00003734	广黄817		云南院	广东省农科院经作所	广东省	1994年
4199	00003735	埔烟2号		云南院	广东省大浦县烟草公司	广东省大埔县	2007年
4200	00003736	广烟12		云南院	广东省农科院经作所	广东省	1994年
4201	00003737	高州74		云南院	广东省农科院经作所	广东省高州市	1994年
4202	00003738	高州75		云南院	广东省农科院经作所	广东省高州市	1994年
4203	00003739	高州77		云南院	广东省农科院经作所	广东省高州市	1994年
4204	00003740	高州78		云南院	广东省农科院经作所	广东省高州市	2007年
4205	00003741	高州79		云南院	广东省农科院经作所	广东省高州市	1994年
4206	00003743	丰字6号		云南院	云南院	广东省丰顺县	1994年
4207	00003744	8041		云南院	丹东所	辽宁省丹东市	1996年
4208	00004499	9147	K326系选	云南院	云南院	云南省玉溪市	1995年

序号	株高/cm	茎围/cm	节距/cm	叶数/片	叶长/cm	叶宽/cm	叶柄/cm	株型	叶形	叶尖	叶面	叶缘	叶色	叶片厚薄	花序密度	花序形状	花色	茎叶角度	移栽至开花/天
4191	178.35	8.75	5.00	25.50	71.80	46.25	0.00	筒形	宽卵圆	急尖	较平	微波	绿	中等	密集	倒圆锥形	红	中	85.0
4192	141.50	8.80	4.88	21.00	60.20	26.40	0.00	筒形	长椭圆	急尖	较皱	波浪	绿	较薄	密集	球形	淡红	中	60.0
4193	159.70	10.30	5.20	20.80	77.00	29.50	0.00	筒形	长椭圆	渐尖	较皱	波浪	绿	中等	密集	球形	淡红	中	56.0
4194	119.90	10.10	4.23	17.00	69.50	31.80	0.00	塔形	椭圆	渐尖	皱	波浪	绿	中等	松散	倒圆锥形	淡红	中	50.0
4195	177.00	13.90	6.78	20.20	78.26	26.84	0.00	塔形	长椭圆	渐尖	较皱	波浪	绿	中等	松散	倒圆锥形	淡红	中	59.0
4196	176.40	13.92	6.82	20.00	77.54	28.66	0.00	筒形	长椭圆	急尖	较皱	波浪	绿	中等	松散	倒圆锥形	淡红	中	63.0
4197	179.60	13.48	6.76	21.40	73.02	28.88	0.00	塔形	长椭圆	渐尖	较皱	波浪	绿	中等	松散	倒圆锥形	淡红	中	59.0
4198	159.20	9.26	5.62	21.20	58.60	26.66	0.00	筒形	椭圆	急尖	较皱	波浪	绿	中等	密集	球形	淡红	中	59.0
4199	156.20	10.34	5.99	19.40	59.06	28.44	0.00	筒形	椭圆	急尖	较平	波浪	绿	中等	密集	球形	淡红	中	59.0
4200	170.00	8.44	6.70	19.40	50.14	21.86	0.00	筒形	长椭圆	急尖	较皱	波浪	绿	中等	密集	球形	淡红	中	58.0
4201	168.00	8.72	7.30	17.20	78.60	26.00	0.00	筒形	披针形	渐尖	较平	微波	绿	中等	松散	菱形	淡红	中	56.0
4202	166.40	9.67	6.01	19.60	79.80	38.40	0.00	塔形	椭圆	渐尖	较平	皱折	黄绿	中等	松散	菱形	淡红	中	59.0
4203	151.20	8.48	5.69	19.20	80.00	36.60	0.00	塔形	椭圆	渐尖	较皱	波浪	黄绿	中等	松散	菱形	淡红	中	62.0
4204	159.00	11.30	5.47	19.00	63.36	24.68	0.00	筒形	长椭圆	渐尖	较平	波浪	绿	中等	密集	球形	淡红	中	47.0
4205	163.50	8.80	5.26	20.00	69.00	21.00	0.00	筒形	披针形	渐尖	较平	波浪	绿	中等	密集	球形	淡红	中	47.0
4206	170.00	9.26	6.07	21.40	57.76	28.30	0.00	筒形	椭圆	急尖	较皱	波浪	绿	中等	密集	球形	淡红	中	56.0
4207	144.30	8.68	4.68	21.20	64.90	30.38	0.00	筒形	椭圆	钝尖	较平	波浪	绿	中等	密集	球形	淡红	中	57.0
4208	176.00	10.70	4.90	27.40	68.80	33.50	0.00	塔形	椭圆	渐尖	较平	波浪	浅绿	较薄	松散	倒圆锥形	红	中	59.0

序号	全国统一编号	种质名称	杂交组合	编目单位	种子来源	原产地	收集时间
4209	00004501	72-50-5		云南院	广东所	广东省广州市	1979 年
4210	00004521	8807		云南院	云南院	云南省玉溪市	1995 年
4211	00004541	9502-24-3		云南院	云南院	云南省玉溪市	2008 年
4212	00004583	8610-4-2-1		云南院	云南院	云南省玉溪市	2008 年
4213	00004589	7813		云南院	云南院	云南省玉溪市	2008 年
4214	00004659	8610-711		云南院	云南院	云南省	2011 年
4215	00004660	X-347		云南院	云南院	云南省	2011 年
4216	00004663	白花大金元	大金元系选	云南院	云南院	云南省玉溪市	2007 年
4217	00004676	湖北 517	NC2326 系选	云南院	湖北	湖北省	2007 年
4218	00004696	远杂二号		云南院	云南院	云南省玉溪市	2008 年
4219	00004728	云南株 8	云烟 4 号 ×K326	云南院	云南院	云南省玉溪市	2008 年
4220	00004750	人民六队 -15	人民六队系选	云南院	云南院	云南省玉溪市	2007 年
4221	00004769	小巴 6-3-1	小芭蕉叶 × 寸茎烟	云南院	云南院	云南省玉溪市	2008 年
4222	00004793	梁家村	红花大金元系选	云南院	云南院	云南省玉溪市	2007 年
4223	00004802	云烟 76 号	Speight G-28×K326	云南院	云南院	云南省玉溪市	2008 年
4224	00004811	云烟 86 号	云烟 2 号 ×K326	云南院	云南院	云南省玉溪市	2008 年
4225	00004815	云烟 84 号	云烟 2 号 ×K326	云南院	云南院	云南省玉溪市	2008 年
4226	00004878	MS8610-711		云南院	云南院	云南省玉溪市	2011 年

序号	株高/cm	茎围/cm	节距/cm	叶数/片	叶长/cm	叶宽/cm	叶柄/cm	株型	叶形	叶尖	叶面	叶缘	叶色	叶片厚薄	花序密度	花序形状	花色	茎叶角度	移栽至开花/天
4209	184.20	9.60	5.80	25.20	68.90	30.40	0.00	塔形	长椭圆	渐尖	较平	波浪	浅绿	较薄	松散	倒圆锥形	红	中	58.0
4210	171.20	8.60	5.60	23.40	56.80	26.40	0.00	塔形	椭圆	渐尖	较皱	波浪	浅绿	厚	密集	倒圆锥形	红	中	55.0
4211	179.20	10.10	5.40	24.20	61.40	29.80	0.00	塔形	椭圆	渐尖	较皱	波浪	绿	较厚	密集	倒圆锥形	红	中	57.0
4212	191.40	9.30	6.00	25.00	58.80	28.80	0.00	塔形	椭圆	渐尖	较皱	波浪	绿	较厚	密集	倒圆锥形	红	中	67.0
4213	190.00	10.40	4.90	30.80	67.30	27.00	0.00	塔形	长椭圆	渐尖	平	平滑	深绿	中等	松散	倒圆锥形	红	中	72.0
4214	165.00	10.00	5.50	22.00	60.00	28.00	0.00	塔形	椭圆	渐尖	较平	波浪	绿	中等	密集	球形	淡红	中	60.0
4215	150.00	9.00	5.00	20.00	60.00	30.00	0.00	塔形	椭圆	渐尖	较平	波浪	绿	中等	密集	球形	淡红	中	65.0
4216	135.60	8.70	5.10	14.80	57.40	24.30	0.00	筒形	长椭圆	渐尖	皱	皱折	深绿	较厚	密集	倒圆锥形	淡红	大	52.0
4217	143.40	11.50	4.20	20.80	59.00	23.80	0.00	塔形	长椭圆	急尖	较皱	波浪	绿	较厚	密集	倒圆锥形	淡红	中	58.0
4218	178.00	9.30	8.30	16.60	57.50	41.70	0.00	塔形	宽卵圆	渐尖	较皱	波浪	绿	较厚	松散	倒圆锥形	红	大	46.0
4219	166.60	6.10	5.10	25.00	61.60	31.00	0.00	塔形	椭圆	渐尖	较皱	波浪	绿	中等	密集	倒圆锥形	红	中	67.0
4220	146.20	9.40	6.00	16.20	65.50	30.30	0.00	塔形	椭圆	渐尖	较皱	波浪	绿	较厚	密集	倒圆锥形	淡红	中	50.0
4221	168.40	9.80	5.40	24.40	56.80	29.90	0.00	塔形	宽椭圆	渐尖	较皱	波浪	浅绿	中等	密集	倒圆锥形	淡红	中	57.0
4222	138.70	8.90	3.90	24.20	58.30	27.10	0.00	筒形	椭圆	急尖	较平	波浪	绿	中等	密集	倒圆锥形	淡红	中	51.0
4223	177.16	9.60	5.40	25.40	61.50	28.20	0.00	塔形	椭圆	渐尖	较皱	波浪	浅绿	较厚	松散	倒圆锥形	红	中	56.0
4224	176.00	9.10	4.90	25.40	67.90	28.90	0.00	塔形	长椭圆	渐尖	较皱	波浪	浅绿	中等	松散	倒圆锥形	红	中	59.0
4225	170.40	8.80	5.00	25.60	59.70	24.40	0.00	塔形	长椭圆	渐尖	较皱	波浪	浅绿	中等	密集	倒圆锥形	深红	中	61.0
4226	165.00	10.00	5.50	22.00	60.00	28.00	0.00	塔形	椭圆	渐尖	较平	波浪	绿	中等	密集	球形	淡红	中	60.0

序号	全国统一编号	种质名称	杂交组合	编目单位	种子来源	原产地	收集时间
4227	00005277	MS 云烟 317		云南院	云南院	云南省玉溪市	2010 年
4228	00005278	KX13		云南院	云南院	云南省玉溪市	2010 年
4229	00005286	MS 云烟 85		云南院	云南院	云南省玉溪市	2010 年
4230	00005287	MS 云烟 87		云南院	云南院	云南省玉溪市	2010 年
4231	00004335	CY97-7-11		中南站	中南站	湖南省长沙市	2008 年
4232	00004337	YZ-206	K326×NC82	中南站	中南站	湖南省永州市	2008 年
4233	00004403	YZ9201	K326× 云烟 315	中南站	永州	湖南省永州市	2008 年
4234	00004443	YZ19-2	RG11× 云烟 87	中南站	中南站	湖南省永州市	2009 年
4235	00004461	YZ9302	K326×G28	中南站	中南站	湖南省永州市	2008 年
4236	00004473	YZ18-1	云烟 85×CT928	中南站	中南站	湖南省永州市	2009 年
4237	00004544	YZ2-7-2	红大 × 净叶黄	中南站	中南站	湖南省永州市	2009 年
4238	00004545	YZ2-7-1	红大 × 净叶黄	中南站	中南站	湖南省永州市	2009 年
4239	00004561	YZ2-10-1	红大 ×K346	中南站	中南站	湖南省永州市	2009 年
4240	00004565	YZ2-1	云烟 87×CT928	中南站	中南站	湖南省永州市	2009 年
4241	00004566	YZ2-2	云烟 315×CT928	中南站	中南站	湖南省永州市	2009 年
4242	00004585	YZ18-2	云烟 317×CT928	中南站	中南站	湖南省永州市	2009 年
4243	00004586	YZ2-8	红大 ×RG11	中南站	中南站	湖南省永州市	2009 年
4244	00004587	YZ2-11	RG17×K346	中南站	中南站	湖南省永州市	2009 年

序号	株高/cm	茎围/cm	节距/cm	叶数/片	叶长/cm	叶宽/cm	叶柄/cm	株型	叶形	叶尖	叶面	叶缘	叶色	叶片厚薄	花序密度	花序形状	花色	茎叶角度	移栽至开花/天
4227	151.80	13.40	5.10	21.00	74.20	37.70	0.00	筒形	椭圆	急尖	较皱	波浪	绿	中等	密集	倒圆锥形	淡红	中	60.0
4228	175.00	11.00	5.80	22.00	65.00	31.00	0.00	塔形	椭圆	渐尖	较皱	波浪	绿	中等	密集	球形	淡红	中	64.0
4229	144.20	9.60	4.92	20.60	70.40	27.80	0.00	筒形	长椭圆	渐尖	较平	波浪	绿	中等	密集	球形	红	中	58.0
4230	141.40	12.02	5.71	18.00	87.08	29.82	0.00	塔形	长椭圆	渐尖	较皱	波浪	绿	较厚	密集	球形	淡红	中	63.0
4231	136.60	8.10	5.04	19.00	60.30	36.50	0.00	塔形	宽椭圆	渐尖	较皱	波浪	绿	中等	密集	倒圆锥形	淡红	中	55.0
4232	170.40	7.50	6.30	21.40	62.00	36.20	0.00	塔形	宽椭圆	渐尖	较平	波浪	绿	中等	密集	倒圆锥形	淡红	中	55.0
4233	163.20	7.10	6.00	20.00	52.10	27.80	0.00	塔形	宽椭圆	渐尖	较皱	波浪	深绿	中等	密集	倒圆锥形	淡红	中	55.0
4234	170.50	7.20	5.70	21.30	67.50	25.30	0.00	筒形	长椭圆	渐尖	较皱	波浪	黄绿	厚	密集	倒圆锥形	淡红	中	66.0
4235	158.80	7.50	6.54	18.60	60.94	34.10	0.00	塔形	宽椭圆	渐尖	较皱	波浪	深绿	较厚	密集	倒圆锥形	淡红	中	62.0
4236	161.40	7.40	5.30	23.60	63.80	31.20	0.00	筒形	椭圆	渐尖	较皱	波浪	绿	厚	密集	倒圆锥形	红	中	64.0
4237	200.60	7.20	5.90	24.20	64.80	30.00	0.00	筒形	椭圆	渐尖	较皱	波浪	浅绿	厚	密集	倒圆锥形	淡红	中	68.0
4238	197.00	7.50	5.40	26.00	67.50	29.00	0.00	筒形	长椭圆	渐尖	较皱	波浪	浅绿	厚	密集	倒圆锥形	淡红	中	68.0
4239	195.80	8.56	6.00	21.80	68.50	30.00	0.00	筒形	长椭圆	渐尖	较皱	波浪	浅绿	厚	密集	倒圆锥形	淡红	中	63.0
4240	156.80	6.40	4.70	24.20	68.00	28.20	0.00	筒形	长椭圆	渐尖	较皱	波浪	黄绿	厚	密集	倒圆锥形	淡红	中	65.0
4241	176.80	7.23	5.70	24.20	68.00	28.20	0.00	筒形	长椭圆	渐尖	较皱	波浪	深绿	厚	密集	倒圆锥形	淡红	中	69.0
4242	160.20	7.40	4.90	24.20	65.00	29.00	0.00	筒形	长椭圆	渐尖	较皱	波浪	绿	厚	密集	倒圆锥形	淡红	中	67.0
4243	187.40	7.60	5.60	22.80	68.60	28.80	0.00	筒形	长椭圆	急尖	较皱	波浪	黄绿	厚	密集	倒圆锥形	淡红	中	68.0
4244	190.50	7.50	6.20	19.80	73.30	30.50	0.00	筒形	长椭圆	渐尖	较皱	波浪	浅绿	厚	密集	倒圆锥形	淡红	中	64.0

序号	全国统一编号	种质名称	杂交组合	编目单位	种子来源	原产地	收集时间
4245	00004661	F82-11-7	K394× 云烟 87	中南站	中南站	湖南省永州市	2009 年
4246	00004664	CY9506		中南站	中南站	湖南省长沙市	2010 年
4247	00004665	CZ-1		中南站	中南站	湖南省郴州市	2008 年
4248	00004667	CY9504		中南站	中南站	湖南省长沙市	2008 年
4249	00004713	CY9108		中南站	长沙	湖南省长沙市	2008 年
4250	00004748	CZ9303		中南站	郴州	湖南省郴州市	2008 年
4251	00004817	YZ04225	K326×CV70-7	中南站	永州	湖南省永州市	2011 年
4252	00004821	YZ03241	云烟 85×RG17	中南站	永州	湖南省永州市	2011 年
4253	00004822	YZ0324	云烟 85×RG17	中南站	永州	湖南省永州市	2011 年
4254	00004826	YZ0422	K326×CV70-7	中南站	永州	湖南省永州市	2011 年
4255	00004833	YZ03242	云烟 85×RG17	中南站	永州	湖南省永州市	2011 年
4256	00004834	YZ04194	RG17×Coker176	中南站	永州	湖南省永州市	2011 年
4257	00004835	YZ0419	RG17×Coker176	中南站	永州	湖南省永州市	2011 年
4258	00004839	YZ0432	K326×SC58	中南站	永州	湖南省永州市	2011 年
4259	00004843	YZ0319	NC89×RG17	中南站	永州	湖南省永州市	2011 年
4260	00004844	YZ04223	K326×CV70-7	中南站	永州	湖南省永州市	2011 年
4261	00003657	CF20	G-28×79-7503（G-28× 净叶黄）	中烟所	中烟所	山东省青州市	1997 年
4262	00003661	CF973		中烟所	云南院	山东省青州市	2016 年

序号	株高/cm	茎围/cm	节距/cm	叶数/片	叶长/cm	叶宽/cm	叶柄/cm	株型	叶形	叶尖	叶面	叶缘	叶色	叶片厚薄	花序密度	花序形状	花色	茎叶角度	移栽至开花/天
4245	180.00	9.00	6.00	23.00	68.00	29.00	0.00	塔形	长椭圆	渐尖	较平	波浪	绿	中等	密集	球形	淡红	中	66.0
4246	158.20	7.82	5.32	21.20	57.24	30.28	0.00	塔形	宽椭圆	渐尖	较平	波浪	深绿	中等	密集	倒圆锥形	淡红	中	78.0
4247	156.69	8.80	5.72	20.40	61.08	38.50	0.00	筒形	宽卵圆	渐尖	较皱	波浪	深绿	较厚	密集	倒圆锥形	淡红	中	57.0
4248	150.20	7.80	5.48	20.80	58.80	31.00	0.00	塔形	宽椭圆	渐尖	较皱	波浪	深绿	中等	密集	倒圆锥形	淡红	中	51.0
4249	159.80	7.60	6.04	17.00	66.38	33.38	0.00	塔形	椭圆	渐尖	较皱	波浪	深绿	中等	密集	倒圆锥形	淡红	中	60.0
4250	163.55	9.90	6.24	19.80	74.00	32.92	0.00	塔形	长椭圆	渐尖	较皱	波浪	深绿	中等	密集	倒圆锥形	淡红	中	49.0
4251	136.40	9.42	5.55	17.60	67.50	38.30	0.00	筒形	宽椭圆	渐尖	较皱	波浪	绿	中等	密集	倒圆锥形	红	中	61.0
4252	147.10	9.08	6.31	17.70	74.00	38.20	0.00	筒形	椭圆	渐尖	较皱	波浪	浅绿	中等	密集	倒圆锥形	淡红	中	62.0
4253	142.40	8.79	5.76	18.30	75.40	38.70	0.00	筒形	椭圆	渐尖	较皱	波浪	浅绿	中等	密集	倒圆锥形	淡红	中	63.0
4254	150.50	8.47	6.02	17.50	71.80	36.10	0.00	筒形	椭圆	渐尖	较皱	波浪	绿	中等	密集	倒圆锥形	淡红	中	63.0
4255	145.10	9.25	5.85	18.10	71.90	35.10	0.00	筒形	椭圆	渐尖	较皱	波浪	绿	中等	密集	倒圆锥形	淡红	中	63.0
4256	157.40	9.23	6.56	18.10	75.50	36.00	0.00	筒形	椭圆	渐尖	较皱	波浪	绿	中等	密集	倒圆锥形	淡红	中	63.0
4257	140.00	9.09	5.80	17.50	75.20	35.70	0.00	筒形	椭圆	渐尖	较皱	波浪	绿	中等	密集	倒圆锥形	淡红	中	63.0
4258	157.20	9.35	5.35	21.00	75.10	34.70	0.00	筒形	椭圆	渐尖	较皱	波浪	绿	中等	密集	倒圆锥形	淡红	中	66.0
4259	159.60	9.41	5.96	19.40	73.90	33.70	0.00	筒形	椭圆	渐尖	较皱	波浪	绿	中等	密集	倒圆锥形	淡红	中	59.0
4260	144.30	8.77	5.01	20.90	71.30	31.20	0.00	筒形	长椭圆	渐尖	较皱	波浪	深绿	中等	密集	倒圆锥形	淡红	中	62.0
4261	206.40	12.26	6.67	24.20	67.18	35.26	0.00	塔形	椭圆	渐尖	较皱	微波	绿	中等	密集	菱形	淡红	中	67.0
4262	173.00	11.00	5.60	21.60	65.20	31.80	0.00	塔形	椭圆	渐尖	皱	波浪	绿	中等	密集	球形	淡红	中	61.0

序号	全国统一编号	种质名称	杂交组合	编目单位	种子来源	原产地	收集时间
4263	00003662	CV91	CV58×G-28	中烟所	中烟所	山东省青州市	1996 年
4264	00003663	CV088		中烟所	中烟所	山东省青州市	1997 年
4265	00003664	CV502		中烟所	中烟所	山东省青州市	1997 年
4266	00003666	MSK326	MS G28×K326	中烟所	中烟所	山东省青州市	1996 年
4267	00003667	MSK346	MS G28×K346	中烟所	中烟所	山东省青州市	2015 年
4268	00003668	MSNC89	MS G28×NC89	中烟所	中烟所	山东省青州市	1983 年
4269	00003669	MSNC82	MS G28×NC82	中烟所	中烟所	山东省青州市	1996 年
4270	00003670	MSG80	MS G28×G80	中烟所	中烟所	山东省青州市	1996 年
4271	00003671	MS 红大	MS G28× 红花大金元	中烟所	中烟所	山东省青州市	2015 年
4272	00003672	MS 中烟 90	MS G28× 中烟 90	中烟所	中烟所	山东省青州市	2015 年
4273	00003674	MS 大白筋 599	MS G28× 大白筋 599	中烟所	中烟所	山东省青州市	2012 年
4274	00003675	MS 中烟 15	MS G28× 中烟 15	中烟所	中烟所	山东省青州市	2015 年
4275	00004611	78-3013	G28 系选	中烟所	丹东所	山东省青州市	2011 年
4276	00004612	68-54		中烟所	中烟所	山东省青州市	1977 年
4277	00004614	06-4004	（Coker176×G28）×Coker176	中烟所	中烟所	山东省青州市	2007 年
4278	00004615	06-4023	K346× 潘圆黄	中烟所	中烟所	山东省青州市	2008 年
4279	00004616	06-4013	9201×K326	中烟所	中烟所	山东省青州市	2008 年
4280	00004617	06-4008	（G28×K326）F_1×（K326×9201）F_1	中烟所	中烟所	山东省青州市	2008 年

序号	株高/cm	茎围/cm	节距/cm	叶数/片	叶长/cm	叶宽/cm	叶柄/cm	株型	叶形	叶尖	叶面	叶缘	叶色	叶片厚薄	花序密度	花序形状	花色	茎叶角度	移栽至开花/天
4263	220.50	11.80	7.70	23.50	70.00	36.30	0.00	筒形	椭圆	渐尖	较平	波浪	绿	中等	密集	球形	红	中	66.0
4264	197.80	10.20	6.33	24.00	60.00	33.30	0.00	筒形	宽椭圆	渐尖	较平	波浪	绿	厚	密集	球形	淡红	中	70.0
4265	169.40	9.20	5.34	24.40	64.20	34.00	0.00	塔形	宽椭圆	渐尖	较皱	微波	绿	较薄	松散	菱形	淡红	中	63.0
4266	170.50	9.80	5.60	24.00	57.50	23.80	0.00	筒形	长椭圆	渐尖	较皱	波浪	绿	中等	密集	球形	淡红	中	59.0
4267	136.00	7.70	3.30	27.00	49.20	19.60	0.00	筒形	长椭圆	渐尖	皱	皱折	绿	中等	松散	菱形	淡红	中	60.0
4268	135.00	7.20	3.80	25.00	65.20	30.20	0.00	筒形	椭圆	渐尖	较皱	波浪	绿	中等	密集	球形	红	中	61.0
4269	135.00	7.60	4.30	22.00	52.10	22.30	0.00	筒形	长椭圆	渐尖	较平	微波	绿	较厚	密集	倒圆锥形	深红	中	55.0
4270	135.60	7.40	4.12	22.00	55.50	23.50	0.00	筒形	长椭圆	渐尖	较皱	波浪	绿	中等	密集	球形	红	中	55.0
4271	160.00	10.00	5.00	24.00	60.70	21.00	0.00	塔形	长椭圆	渐尖	较皱	波浪	绿	中等	密集	球形	红	中	56.0
4272	164.80	9.10	5.20	24.00	58.40	29.20	0.00	筒形	椭圆	渐尖	皱	皱折	浅绿	较薄	密集	球形	淡红	中	60.0
4273	178.40	9.70	5.60	25.00	53.20	26.70	0.00	筒形	椭圆	渐尖	平	波浪	绿	薄	密集	球形	淡红	中	58.0
4274	162.70	8.80	4.10	30.00	55.30	28.00	0.00	筒形	椭圆	渐尖	较平	波浪	浅绿	中等	密集	球形	淡红	中	57.0
4275	209.37	11.08	7.06	23.60	59.20	32.95	0.00	筒形	宽椭圆	急尖	平	平滑	绿	较薄	松散	菱形	淡红	大	64.0
4276	174.60	11.50	4.60	25.80	77.80	32.50	0.00	塔形	长椭圆	渐尖	较皱	波浪	浅绿	较厚	密集	倒圆锥形	红	中	59.0
4277	122.80	9.60	3.42	25.60	55.60	32.40	0.00	塔形	宽椭圆	渐尖	较皱	波浪	绿	较厚	密集	球形	淡红	中	59.0
4278	160.40	9.70	4.69	26.20	53.30	30.70	0.00	筒形	宽椭圆	急尖	较平	微波	绿	中等	密集	球形	淡红	中	59.0
4279	169.60	10.20	5.22	24.80	62.20	35.60	0.00	筒形	宽椭圆	渐尖	较平	波浪	绿	中等	密集	球形	淡红	中	64.0
4280	185.20	9.80	5.76	25.40	62.70	35.00	0.00	筒形	宽椭圆	渐尖	较皱	波浪	绿	中等	密集	球形	淡红	中	62.0

序号	全国统一编号	种质名称	杂交组合	编目单位	种子来源	原产地	收集时间
4281	00004618	06-4009	（9201×G28）F_1×（K326×G80）F_1	中烟所	中烟所	山东省青州市	2008年
4282	00004620	06-4026	9201×K394	中烟所	中烟所	山东省青州市	2008年
4283	00004621	06-4028	（CF20×NC82）×（CF20×Windel）	中烟所	中烟所	山东省青州市	2008年
4284	00004622	06-4030	（9201×K326）×（9201×NC37NF）	中烟所	中烟所	山东省青州市	2008年
4285	00004623	06-4019	88-4009×中烟86	中烟所	中烟所	山东省青州市	2008年
4286	00004624	06-4021	88-4009×中烟86	中烟所	中烟所	山东省青州市	2008年
4287	00004625	06-4010	9201×K730	中烟所	中烟所	山东省青州市	2008年
4288	00004626	06-4024	中烟100×K326	中烟所	中烟所	山东省青州市	2008年
4289	00004627	06-4020	88-4009×中烟86	中烟所	中烟所	山东省青州市	2008年
4290	00004628	06-4025	K346×潘圆黄	中烟所	中烟所	山东省青州市	2008年
4291	00004629	06-4027	K346×潘圆黄	中烟所	中烟所	山东省青州市	2008年
4292	00004630	06-4002	（9201×NC89）×NC89	中烟所	中烟所	山东省青州市	2007年
4293	00004632	06-4011	中烟100×K346	中烟所	中烟所	山东省青州市	2008年
4294	00004633	06-4018	（9201×K394）F_1×K394	中烟所	中烟所	山东省青州市	2008年
4295	00004636	06-4029	（CF20×K346）×（CF20×Corker371Gold）	中烟所	中烟所	山东省青州市	2008年
4296	00004637	06-4017	（NC89×小黄金1025）×小黄金1025	中烟所	中烟所	山东省青州市	2008年
4297	00004638	06-4007	（9201×红花大金元）×红花大金元	中烟所	中烟所	山东省青州市	2008年
4298	00004639	06-5003	9201×K358	中烟所	中烟所	山东省青州市	2007年

序号	株高/cm	茎围/cm	节距/cm	叶数/片	叶长/cm	叶宽/cm	叶柄/cm	株型	叶形	叶尖	叶面	叶缘	叶色	叶片厚薄	花序密度	花序形状	花色	茎叶角度	移栽至开花/天
4281	187.40	10.40	5.90	25.20	67.80	36.70	0.00	筒形	宽椭圆	渐尖	较皱	波浪	绿	较厚	松散	菱形	淡红	中	68.0
4282	169.60	9.40	4.32	28.00	55.70	29.20	0.00	筒形	椭圆	急尖	较平	微波	绿	中等	密集	球形	淡红	中	64.0
4283	175.40	9.20	4.76	28.00	57.90	30.20	0.00	筒形	椭圆	渐尖	较平	微波	绿	中等	密集	球形	淡红	中	61.0
4284	177.40	10.40	5.04	25.20	62.00	32.00	0.00	塔形	椭圆	急尖	较平	微波	绿	较薄	密集	球形	淡红	中	61.0
4285	155.20	7.90	4.38	24.00	56.50	29.00	0.00	塔形	椭圆	渐尖	较皱	波浪	绿	中等	密集	球形	淡红	中	67.0
4286	157.40	10.70	4.10	28.80	63.40	31.80	0.00	筒形	椭圆	渐尖	较平	微波	深绿	中等	密集	球形	淡红	中	64.0
4287	166.80	9.60	4.78	27.20	58.90	29.40	0.00	筒形	椭圆	渐尖	较平	微波	绿	中等	密集	球形	淡红	中	68.0
4288	171.60	9.40	4.50	28.20	57.40	28.60	0.00	筒形	椭圆	渐尖	较平	微波	绿	中等	密集	球形	淡红	中	59.0
4289	154.20	7.80	4.74	23.60	58.50	28.60	0.00	塔形	椭圆	渐尖	较平	微波	绿	较厚	密集	球形	淡红	中	67.0
4290	174.70	10.00	4.44	27.30	62.00	30.30	0.00	筒形	椭圆	渐尖	较皱	波浪	深绿	厚	松散	菱形	淡红	中	59.0
4291	165.40	8.50	4.38	27.00	50.90	24.50	0.00	筒形	椭圆	急尖	较皱	波浪	绿	中等	密集	球形	淡红	中	61.0
4292	159.60	7.70	6.51	17.60	64.00	30.80	0.00	塔形	椭圆	钝尖	平	平滑	绿	中等	密集	球形	淡红	中	61.0
4293	151.60	9.30	4.28	27.00	60.00	28.30	0.00	筒形	椭圆	渐尖	平	平滑	绿	中等	密集	球形	淡红	中	61.0
4294	183.80	9.60	4.76	27.60	65.30	30.70	0.00	筒形	椭圆	渐尖	较皱	波浪	绿	中等	密集	球形	淡红	中	61.0
4295	180.60	10.30	6.06	22.40	71.80	33.10	0.00	筒形	椭圆	渐尖	较平	微波	绿	中等	密集	球形	淡红	中	61.0
4296	162.80	7.90	4.06	26.60	53.80	24.70	0.00	筒形	椭圆	渐尖	较平	微波	浅绿	较薄	松散	菱形	淡红	中	62.0
4297	178.55	9.00	5.02	27.60	55.40	25.20	0.00	塔形	椭圆	渐尖	较平	微波	绿	中等	松散	倒圆锥形	淡红	中	64.0
4298	147.84	8.70	3.95	27.30	49.70	22.60	0.00	筒形	椭圆	钝尖	较皱	波浪	绿	中等	密集	球形	淡红	中	65.0

序号	全国统一编号	种质名称	杂交组合	编目单位	种子来源	原产地	收集时间
4299	00004641	06-4006	（9201× 红花大金元）F_1 ×（9201×K326）F_1	中烟所	中烟所	山东省青州市	2007 年
4300	00004642	06-4014	9201×NC37NF	中烟所	中烟所	山东省青州市	2008 年
4301	00004643	06-4022	88-4009× 中烟 86	中烟所	中烟所	山东省青州市	2008 年
4302	00004644	06-4001	9201×K326	中烟所	中烟所	山东省青州市	2007 年
4303	00004647	06-4003	（CF20×RG11）×RG11	中烟所	中烟所	山东省青州市	2007 年
4304	00004651	06-4012	9201×K358	中烟所	中烟所	山东省青州市	2008 年
4305	00004652	06-5004	4029×（Corker371Gold×RG17）	中烟所	中烟所	山东省青州市	2007 年
4306	00004653	06-5001	9201×K326	中烟所	中烟所	山东省青州市	2007 年
4307	00004654	06-5002	88-4009× 中烟 86	中烟所	中烟所	山东省青州市	2007 年
4308	00004655	06-4005	（CF20× 中烟 100）F1×RG17	中烟所	中烟所	山东省青州市	2007 年
4309	00004706	CV099		中烟所	中烟所	山东省青州市	2008 年
4310	00004759	CV70		中烟所	中烟所	山东省青州市	2008 年
4311	00004762	大白筋 0638		中烟所	中烟所	山东省青州市	2009 年
4312	00004763	CV89	CV58×（G-28×NC82）	中烟所	中烟所	山东省青州市	2008 年
4313	00004766	CV78	CV58×（G-28×NC82）	中烟所	中烟所	山东省青州市	2008 年
4314	00004775	CV73	CV58×（G-28×NC82）	中烟所	中烟所	山东省青州市	2008 年
4315	00004818	MS 9201	MSG28×9201	中烟所	中烟所	山东省青州市	2010 年
4316	00004819	MS 中烟 103	MSG28× 中烟 103	中烟所	中烟所	山东省青州市	2010 年

序号	株高/cm	茎围/cm	节距/cm	叶数/片	叶长/cm	叶宽/cm	叶柄/cm	株型	叶形	叶尖	叶面	叶缘	叶色	叶片厚薄	花序密度	花序形状	花色	茎叶角度	移栽至开花/天
4299	130.80	9.20	3.12	29.20	60.80	27.60	0.00	筒形	长椭圆	渐尖	较平	波浪	绿	中等	密集	球形	淡红	中	62.0
4300	183.80	9.60	5.84	24.20	68.90	31.10	0.00	塔形	长椭圆	尾状	较皱	波浪	绿	中等	密集	球形	淡红	中	64.0
4301	165.60	9.70	3.88	29.00	58.70	26.30	0.00	塔形	长椭圆	渐尖	较皱	波浪	绿	中等	松散	菱形	淡红	中	61.0
4302	125.80	7.98	4.26	18.20	56.10	22.60	0.00	塔形	长椭圆	渐尖	较平	微波	绿	中等	密集	球形	淡红	中	61.0
4303	132.40	8.80	4.06	17.80	61.80	26.80	0.00	筒形	长椭圆	渐尖	较皱	波浪	绿	中等	密集	菱形	淡红	中	58.0
4304	170.20	9.40	4.34	25.00	65.20	26.20	0.00	筒形	长椭圆	渐尖	较平	波浪	浅绿	较厚	密集	扁球形	淡红	中	67.0
4305	138.10	9.10	3.50	27.60	53.10	21.20	0.00	筒形	长椭圆	渐尖	较皱	波浪	绿	中等	密集	球形	淡红	中	67.0
4306	133.90	8.80	3.20	28.00	51.50	20.50	0.00	筒形	长椭圆	渐尖	较皱	波浪	绿	中等	密集	球形	淡红	中	67.0
4307	128.50	9.00	3.50	26.30	54.60	21.70	0.00	筒形	长椭圆	渐尖	较皱	波浪	绿	中等	松散	菱形	淡红	小	68.0
4308	121.20	8.00	3.24	26.40	58.80	19.40	0.00	塔形	披针形	急尖	较平	微波	绿	中等	密集	球形	淡红	中	61.0
4309	199.20	9.95	7.39	19.40	71.30	30.00	0.00	筒形	长椭圆	渐尖	较皱	波浪	绿	中等	松散	菱形	淡红	中	59.0
4310	196.47	10.00	6.75	20.87	71.50	25.93	0.00	塔形	长椭圆	渐尖	较皱	波浪	绿	中等	密集	菱形	淡红	中	74.0
4311	165.90	7.10	6.19	19.50	55.60	23.85	0.00	筒形	长椭圆	渐尖	较平	波浪	绿	中等	松散	球形	淡红	中	71.0
4312	154.93	9.33	5.80	19.87	70.57	27.40	0.00	塔形	长椭圆	渐尖	较皱	波浪	绿	厚	密集	球形	淡红	中	70.0
4313	145.20	10.37	5.19	20.00	71.90	27.47	0.00	塔形	长椭圆	渐尖	较皱	波浪	深绿	厚	密集	球形	淡红	中	74.0
4314	138.00	11.10	4.40	21.00	69.00	28.60	0.00	塔形	长椭圆	渐尖	较皱	波浪	绿	中等	密集	倒圆锥形	深红	中	60.0
4315	165.00	9.20	4.86	25.40	52.20	29.60	0.00	筒形	宽椭圆	渐尖	较平	微波	绿	中等	密集	球形	淡红	中	70.0
4316	150.40	8.20	4.40	26.00	62.00	33.60	0.00	筒形	宽椭圆	渐尖	较皱	波浪	绿	薄	密集	球形	红	中	60.0

序号	全国统一编号	种质名称	杂交组合	编目单位	种子来源	原产地	收集时间
4317	00004824	抗 88		中烟所	中烟所	山东省青州市	2010 年
4318	00004837	MS 翠碧一号	MSG28× 翠碧一号	中烟所	中烟所	山东省青州市	2007 年
4319	00004841	MS RG17	MSG28×RG17	中烟所	中烟所	山东省青州市	2010 年
4320	00004846	MS 中烟 100	MSG28× 中烟 100	中烟所	中烟所	山东省青州市	2009 年
4321	00004859	MS 中烟 98	MSG28× 中烟 98	中烟所	中烟所	山东省青州市	2010 年
4322	00004879	4017		中烟所	中烟所	山东省青州市	2007 年
4323	00004880	CF203		中烟所	中烟所	山东省青州市	2007 年
4324	00004881	CT106		中烟所	中烟所	山东省青州市	2007 年
4325	00004882	白花云烟 85	云烟 85 系选	中烟所	中烟所	山东省青州市	2006 年
4326	00004883	抗 66		中烟所	中烟所	山东省青州市	2011 年
4327	00005288	MS 抗 88	MSG28× 抗 88	中烟所	中烟所	山东省青岛市	2013 年
4328	00005290	CF87		中烟所	中烟所	山东省青岛市	2011 年
4329	00005293	CT107	CV80 系选	中烟所	中烟所	山东省青岛市	2013 年
4330	00005351	白花大金元	红花大金元系选	中烟所	张成省寄送	四川省凉山州	2015 年
4331	00005388	竖把 2139-1	竖把 2139 系选	中烟所	中烟所	山东省青岛市	2015 年
4332	00005389	9502-1	9502 系选	中烟所	中烟所	山东省青岛市	2015 年
4333	00005390	9706-1	9706 系选	中烟所	中烟所	山东省青岛市	2015 年
4334	00005411	T136	中烟 100 系选	中烟所	中烟所	山东省青岛市	2015 年

序号	株高/cm	茎围/cm	节距/cm	叶数/片	叶长/cm	叶宽/cm	叶柄/cm	株型	叶形	叶尖	叶面	叶缘	叶色	叶片厚薄	花序密度	花序形状	花色	茎叶角度	移栽至开花/天
4317	149.20	9.00	4.34	25.00	50.60	25.70	0.00	筒形	椭圆	渐尖	平	平滑	绿	中等	密集	球形	红	中	68.0
4318	174.40	9.00	4.78	28.20	58.20	27.00	0.00	塔形	椭圆	渐尖	较皱	波浪	绿	较薄	密集	扁球形	淡红	中	61.0
4319	145.60	9.20	4.06	26.40	64.40	29.60	0.00	筒形	椭圆	渐尖	较平	波浪	绿	中等	密集	倒圆锥形	淡红	中	59.0
4320	168.30	8.80	3.96	29.40	58.20	25.40	0.00	筒形	长椭圆	渐尖	较平	微波	绿	薄	密集	倒圆锥形	淡红	中	67.0
4321	135.60	8.60	3.34	26.80	46.80	18.40	0.00	塔形	长椭圆	渐尖	较平	波浪	浅绿	薄	密集	倒圆锥形	淡红	中	63.0
4322	169.00	8.50	5.04	25.20	56.20	33.20	0.00	塔形	椭圆	渐尖	较平	波浪	绿	中等	密集	球形	淡红	中	65.0
4323	168.60	9.80	4.28	26.00	55.00	29.60	0.00	筒形	椭圆	渐尖	较皱	微波	绿	中等	密集	菱形	淡红	中	66.0
4324	156.33	9.58	4.00	28.50	56.67	28.67	0.00	筒形	椭圆	渐尖	较平	波浪	绿	较薄	密集	菱形	淡红	中	66.0
4325	144.20	9.60	4.92	20.60	70.40	27.80	0.00	筒形	长椭圆	渐尖	较平	波浪	绿	中等	密集	球形	白	中	58.0
4326	193.60	11.00	5.12	28.80	63.60	35.20	0.00	塔形	长椭圆	渐尖	较平	波浪	绿	中等	密集	球形	淡红	中	63.0
4327	149.20	9.00	4.34	25.00	50.60	25.70	0.00	筒形	椭圆	渐尖	平	平滑	绿	中等	密集	球形	红	中	68.0
4328	160.00	10.00	5.00	21.00	60.00	28.00	0.00	塔形	椭圆	渐尖	较平	波浪	绿	中等	密集	球形	淡红	中	65.0
4329	165.00	9.80	5.20	22.00	65.40	31.50	0.00	筒形	长椭圆	渐尖	平	波浪	绿	中等	密集	球形	淡红	中	67.0
4330	132.15	6.64	4.85	19.00	45.90	25.10	0.00	塔形	卵圆	渐尖	皱	皱折	绿	厚	密集	球形	白	小	67.0
4331	140.00	11.50	4.03	24.00	65.60	26.00	0.00	筒形	长椭圆	渐尖	较皱	微波	绿	较厚	松散	扁球形	红	甚大	56.0
4332	236.40	9.70	6.30	30.40	73.00	35.80	0.00	筒形	椭圆	渐尖	较皱	平滑	深绿	中等	密集	球形	淡红	中	83.0
4333	155.70	10.47	4.86	23.60	77.35	27.75	0.00	筒形	长椭圆	渐尖	较平	微波	深绿	中等	密集	菱形	淡红	中	70.0
4334	170.00	10.00	5.50	23.00	60.00	25.00	0.00	塔形	长椭圆	渐尖	较平	平滑	绿	中等	密集	球形	淡红	中	67.0

序号	全国统一编号	种质名称	杂交组合	编目单位	种子来源	原产地	收集时间
4335	00005601	航天 NC89	NC89 航天诱变	中烟所	中烟所	山东省青岛市	2014 年

3. 烤烟选育品种资源目录——护照信息

序号	全国统一编号	品种名称	杂交组合	编目单位	种子来源	原产地	收集时间
4336	00004359	安烟二号	（K346×K326）×（CF80×9504）	安徽所	安徽所	安徽省凤阳市	2012 年
4337	00004549	安烟 3 号	（9504× 中烟 98）× 云烟 85	安徽所	安徽所	安徽省凤阳市	2009 年
4338	00004847	安烟一号	MSK394×3033	安徽所	安徽所	安徽省凤阳市	2009 年
4339	00004864	毕纳 1 号	云烟 85 系选	毕节公司	贵州毕节	贵州省毕节市	2011 年
4340	00004865	黔西一号	K326 系选	毕节公司	贵州毕节	贵州省毕节市	2010 年
4341	00004823	辽烟 17 号	M48（G28 系选并转育成不育系）×2077（CF20 系选）	丹东所	丹东所	辽宁省凤城市	2007 年
4342	00004827	辽烟 16 号	MS8021×3116（CV87 系选）	丹东所	丹东所	辽宁省凤城市	2011 年
4343	00004877	辽烟 18 号	MSG80×NC55-1	丹东所	丹东所	辽宁省凤城市	2010 年
4344	00005272	辽烟 9808	87-4141×NCTG55	丹东所	姜洪甲寄来	辽宁省丹东市	2012 年
4345	00003638	龙江 915	MSNC89× 中烟 90	东北站	东北站	黑龙江省牡丹江市	2004 年
4346	00003639	龙江 911	龙江 851×CV91	东北站	东北站	黑龙江省牡丹江市	1996 年
4347	00003640	龙江 912	龙江 951×Coker176	东北站	东北站	黑龙江省牡丹江市	1996 年
4348	00004831	龙江 981	龙江 912×CV87	东北站	东北站	黑龙江省牡丹江市	2011 年
4349	00004832	龙江 935	MSNC89× 龙江 911	东北站	东北站	黑龙江省牡丹江市	2010 年

序号	株高/cm	茎围/cm	节距/cm	叶数/片	叶长/cm	叶宽/cm	叶柄/cm	株型	叶形	叶尖	叶面	叶缘	叶色	叶片厚薄	花序密度	花序形状	花色	茎叶角度	移栽至开花/天
4335	147.10	9.50	4.48	25.00	67.00	29.20	0.00	塔形	长椭圆	渐尖	较皱	皱折	深绿	较厚	密集	球形	淡红	中	68.0

3. 烤烟选育品种资源目录——植物学信息

序号	株高/cm	茎围/cm	节距/cm	叶数/片	叶长/cm	叶宽/cm	叶柄/cm	株型	叶形	叶尖	叶面	叶缘	叶色	叶片厚薄	花序密度	花序形状	花色	茎叶角度	移栽至开花/天
4336	190.70	9.20	5.85	23.40	53.03	21.50	0.00	塔形	长椭圆	渐尖	较皱	波浪	绿	较薄	松散	菱形	淡红	中	59.0
4337	150.67	10.37	4.58	23.93	70.83	31.33	0.00	塔形	长椭圆	渐尖	较皱	波浪	绿	较薄	密集	菱形	淡红	中	59.0
4338	168.70	10.10	5.62	22.90	70.02	30.54	0.00	塔形	长椭圆	渐尖	较皱	波浪	绿	中等	密集	球形	淡红	中	62.0
4339	170.00	10.50	4.50	26.00	61.50	21.70	0.00	塔形	长椭圆	渐尖	较皱	皱折	绿	中等	密集	倒圆锥形	红	中	67.0
4340	157.20	9.60	4.80	25.00	72.80	24.50	0.00	塔形	长椭圆	渐尖	较平	波浪	浅绿	中等	密集	球形	淡红	中	65.0
4341	185.00	10.50	7.00	21.00	66.50	33.80	0.00	筒形	椭圆	渐尖	皱	波浪	绿	中等	松散	菱形	淡红	中	57.0
4342	155.90	10.54	5.30	19.70	66.80	33.30	0.00	筒形	椭圆	渐尖	较皱	波浪	绿	中等	密集	球形	淡红	中	56.0
4343	171.10	10.70	7.20	18.00	65.90	34.70	0.00	筒形	椭圆	渐尖	较皱	波浪	绿	中等	松散	菱形	淡红	中	55.0
4344	167.00	10.70	7.30	17.90	69.20	33.80	0.00	筒形	椭圆	渐尖	较皱	微波	绿	中等	松散	球形	淡红	中	65.0
4345	158.60	9.90	5.45	21.00	70.80	33.80	0.00	筒形	椭圆	渐尖	皱	波浪	绿	中等	密集	球形	红	中	59.0
4346	167.80	9.00	4.71	25.00	74.70	29.10	0.00	塔形	长椭圆	渐尖	皱	皱折	浅绿	厚	密集	球形	淡红	甚大	59.0
4347	167.20	7.92	5.01	25.40	65.60	31.00	0.00	筒形	椭圆	渐尖	皱	皱折	深绿	厚	密集	菱形	淡红	甚大	59.0
4348	177.58	10.84	6.05	22.74	71.05	34.98	0.00	筒形	椭圆	渐尖	较皱	波浪	浅绿	中等	密集	球形	淡红	中	66.0
4349	184.64	10.40	6.40	22.60	66.90	32.70	0.00	筒形	椭圆	渐尖	较皱	波浪	绿	中等	松散	球形	淡红	中	65.0

序号	全国统一编号	品种名称	杂交组合	编目单位	种子来源	原产地	收集时间
4350	00004875	龙江 925	6603×K326	东北站	牡丹江	黑龙江省牡丹江市	2010 年
4351	00005381	龙江 237	MSNC89×9891	东北站	东北站	黑龙江省牡丹江市	2013 年
4352	00004596	闽烟 7 号	云烟 85×Coker347	东南站	东南站	福建省福州市宦溪镇	2007 年
4353	00004767	蓝玉一号	K326 系选	东南站	三明公司	福建省三明市	2008 年
4354	00005275	闽烟 9 号	（翠碧一号 ×RG12）×（云烟 85× 岩烟 97）	东南站	东南站	福建省福州市	2012 年
4355	00005379	闽烟 12	云烟 87×HT-5	东南站	东南站	福建省	2014 年
4356	00003718	粤烟 96	K326 系选	广东所	广东所	广东省南雄市	1995 年
4357	00004861	20810	MSK326×98-39-1	广东所	陈俊标寄来	广东省广州市	2016 年
4358	00005374	贵烟 202	MSGDH88×Va116	贵州大学	贵州大学	贵州省贵阳市	2014 年
4359	00003719	贵烟 11 号	（76D-1×77E-1）F6×NC89	贵州院	贵州院	贵州省贵阳市	1995 年
4360	00004685	贵烟 4 号	MSK326× 中烟 90	贵州院	贵州院	贵州省贵阳市	2009 年
4361	00004741	春雷五号	春雷三号 ×6315	贵州院	福泉市	贵州省福泉市	2008 年
4362	00004850	南江 3 号	红花大金元系选	贵州院	贵州福泉	贵州省福泉市	2008 年
4363	00004856	贵烟 1 号	（NC82×Speight G-28）×K346	贵州院	贵州福泉	贵州省福泉市	2011 年
4364	00004860	韭菜坪 2 号	G28 系选	贵州院	贵州福泉	贵州省福泉市	2008 年
4365	00004870	兴烟 1 号	云烟 85 系选	贵州院	贵州福泉	贵州省福泉市	2011 年
4366	00004838	豫烟五号	（G28× 红花大金元）×（净叶黄 ×NC89）	河南农大	河南郑州	河南省郑州市	2007 年
4367	00004872	豫烟 6 号	MSK326× 农大 202	河南农大	河南郑州	河南省郑州市	2009 年

序号	株高/cm	茎围/cm	节距/cm	叶数/片	叶长/cm	叶宽/cm	叶柄/cm	株型	叶形	叶尖	叶面	叶缘	叶色	叶片厚薄	花序密度	花序形状	花色	茎叶角度	移栽至开花/天
4350	172.60	10.40	5.90	22.00	63.50	32.70	0.00	塔形	椭圆	渐尖	较平	波浪	深绿	中等	密集	球形	淡红	中	66.0
4351	178.40	11.00	7.30	19.70	68.10	36.30	0.00	筒形	椭圆	渐尖	较平	波浪	绿	中等	密集	球形	淡红	中	57.0
4352	186.10	9.23	5.66	25.40	80.10	28.00	0.00	塔形	长椭圆	渐尖	较皱	波浪	绿	中等	密集	菱形	淡红	中	59.0
4353	141.80	8.00	4.53	20.10	58.70	20.60	0.00	塔形	长椭圆	渐尖	较平	微波	浅绿	中等	密集	菱形	红	中	76.0
4354	152.90	10.30	5.40	20.00	75.40	33.50	0.00	塔形	长椭圆	渐尖	较皱	波浪	浅绿	中等	松散	球形	淡红	中	60.0
4355	144.20	9.50	5.30	18.00	75.10	30.90	0.00	筒形	长椭圆	渐尖	较皱	波浪	绿	中等	松散	球形	淡红	中	62.0
4356	178.80	7.50	5.57	25.80	49.80	23.00	0.00	塔形	椭圆	急尖	较皱	波浪	黄绿	中等	密集	菱形	淡红	中	66.0
4357	163.40	9.20	5.60	18.30	72.00	27.90	0.00	筒形	长椭圆	渐尖	较皱	波浪	绿	中等	密集	球形	淡红	中	60.0
4358	150.70	9.50	4.80	20.60	72.60	28.80	0.00	塔形	长椭圆	渐尖	较皱	波浪	绿	中等	密集	球形	淡红	中	68.0
4359	180.50	10.80	5.00	28.20	65.10	32.10	0.00	塔形	椭圆	尾状	皱	皱折	绿	中等	密集	球形	红	小	69.0
4360	160.06	9.55	5.54	21.73	74.62	35.62	0.00	塔形	椭圆	渐尖	皱	皱折	绿	中等	密集	菱形	淡红	中	64.0
4361	200.04	10.46	4.43	36.07	66.63	30.95	0.00	筒形	椭圆	急尖	较皱	波浪	绿	中等	松散	球形	红	中	90.0
4362	155.00	9.60	4.80	25.00	75.40	32.00	0.00	筒形	长椭圆	渐尖	较皱	波浪	深绿	中等	密集	球形	淡红	中	70.0
4363	140.50	9.20	4.10	25.00	67.50	27.50	0.00	塔形	长椭圆	渐尖	较平	微波	绿	中等	密集	球形	红	中	67.0
4364	160.00	11.90	4.50	23.00	72.40	28.30	0.00	筒形	长椭圆	渐尖	较皱	波浪	绿	中等	密集	球形	淡红	中	62.0
4365	186.10	12.10	4.30	33.70	71.20	28.60	0.00	筒形	长椭圆	渐尖	较平	波浪	深绿	中等	松散	菱形	红	中	148.0
4366	156.00	11.80	4.50	23.00	61.70	28.60	0.00	筒形	椭圆	渐尖	较皱	波浪	深绿	中等	密集	球形	淡红	中	61.0
4367	156.20	10.80	5.50	20.90	67.00	34.40	0.00	塔形	椭圆	渐尖	较皱	波浪	深绿	中等	松散	菱形	淡红	中	62.0

序号	全国统一编号	品种名称	杂交组合	编目单位	种子来源	原产地	收集时间
4368	00005274	豫烟 10 号	农大 201× 云烟 87	河南农大	杨铁钊寄来	河南省郑州市	2012 年
4369	00005383	豫烟 11 号	MSK326×8306	河南农大	河南农大	河南省	2013 年
4370	00003679	豫烟三号	NC89×G80	河南所	河南所	河南省许昌市	1996 年
4371	00004873	豫烟二号	（许金 5 号 ×G-70）×G-70	河南所	河南许昌	河南省许昌市	2011 年
4372	00004874	豫烟四号	许金一号 × C oker176	河南所	河南许昌	河南省许昌市	2010 年
4373	00005385	豫烟 9 号	MS 中烟 98×664-01	河南所	河南所	河南省许昌市	2013 年
4374	00005603	豫烟 7 号	MSKY2×664-01	河南所	平文丽寄来	河南省许昌市	2016 年
4375	00005378	金神农 1 号	MSK326×K8	湖北院	湖北院	湖北省	2014 年
4376	00004842	湘烟 2 号	MS 中烟 90× 云烟 315	湖南中烟	湖南长沙	湖南省长沙市	2009 年
4377	00005380	LS-2	云烟 85 系选	凉山公司	凉山公司	四川省凉山彝族自治州	2014 年
4378	00003711	岩烟 97	（401-2×G-80）×G-80	龙岩分所	龙岩分所	福建省龙岩市	1995 年
4379	00004857	闽烟 35	MS 翠碧一号 ×9811	龙岩分所	福建龙岩	福建省龙岩市	2008 年
4380	00004862	闽烟 38	MSK326×KC828	龙岩分所	福建龙岩	福建省龙岩市	2010 年
4381	00005271	FL57	9901×K326	龙岩分所	龙岩分所	福建省龙岩市	2012 年
4382	00004863	粤烟 97	MS9207× 粤烟 96	南雄所	广东南雄	广东省南雄市	2009 年
4383	00004868	粤烟 98	（Coker206×K326）×K326	南雄所	广东南雄	广东省南雄市	2011 年
4384	00005299	翠碧二号	翠碧一号 ×Coker176	三明分所	三明分所	福建省三明市	2012 年
4385	00004701	秦烟 97	秦烟 95×CV70	陕西所	陕西所	陕西省泾阳县	2008 年

序号	株高/cm	茎围/cm	节距/cm	叶数/片	叶长/cm	叶宽/cm	叶柄/cm	株型	叶形	叶尖	叶面	叶缘	叶色	叶片厚薄	花序密度	花序形状	花色	茎叶角度	移栽至开花/天
4368	152.02	11.04	5.06	20.99	70.82	32.87	0.00	筒形	椭圆	渐尖	较皱	波浪	浅绿	中等	松散	球形	淡红	中	62.5
4369	155.00	10.70	5.10	22.00	68.50	32.70	0.00	筒形	长椭圆	渐尖	较皱	波浪	绿	中等	松散	菱形	淡红	中	62.5
4370	199.40	13.20	5.69	28.00	72.20	37.60	0.00	筒形	椭圆	尾状	较平	微波	绿	较厚	松散	球形	淡红	甚大	57.0
4371	160.00	8.70	5.00	22.00	57.40	28.00	0.00	筒形	椭圆	渐尖	较皱	波浪	绿	中等	密集	球形	淡红	中	60.0
4372	135.60	9.32	3.91	21.00	61.00	33.00	0.00	筒形	宽椭圆	渐尖	较平	波浪	绿	中等	密集	球形	淡红	中	66.0
4373	194.30	10.20	5.80	28.00	72.10	37.20	0.00	筒形	椭圆	渐尖	较皱	波浪	绿	中等	密集	球形	淡红	中	65.0
4374	160.40	10.97	5.35	22.00	70.90	33.60	2.00	筒形	椭圆	渐尖	较平	波浪	绿	中等	密集	球形	淡红	中	60.0
4375	142.40	10.50	4.90	20.50	75.10	31.60	0.00	塔形	椭圆	渐尖	较皱	波浪	绿	中等	密集	球形	淡红	大	64.0
4376	156.50	9.66	5.92	20.00	70.00	32.10	0.00	筒形	椭圆	渐尖	较皱	波浪	浅绿	较薄	密集	球形	淡红	中	50.0
4377	170.00	9.00	5.64	20.32	76.71	27.70	0.00	筒形	长椭圆	渐尖	较平	波浪	绿	中等	密集	球形	深红	中	60.0
4378	179.20	10.94	5.54	25.20	70.65	31.55	0.00	筒形	长椭圆	渐尖	皱	微波	绿	中等	密集	球形	淡红	中	71.0
4379	161.00	10.50	5.50	22.00	73.40	29.40	0.00	筒形	长椭圆	渐尖	较皱	波浪	绿	中等	密集	球形	淡红	中	84.0
4380	143.30	10.00	4.20	23.00	69.40	25.60	0.00	筒形	长椭圆	渐尖	较平	波浪	绿	中等	密集	球形	淡红	中	68.0
4381	162.70	10.30	5.10	23.10	72.90	26.20	0.00	筒形	长椭圆	钝尖	较皱	波浪	绿	中等	密集	球形	淡红	中	70.0
4382	152.50	9.50	5.00	21.30	70.20	25.50	0.00	筒形	长椭圆	渐尖	较皱	波浪	绿	中等	松散	菱形	淡红	中	55.0
4383	165.30	9.50	4.90	20.20	68.50	28.20	0.00	塔形	椭圆	渐尖	较皱	波浪	深绿	中等	密集	球形	淡红	中	55.0
4384	148.20	10.70	5.40	18.70	70.10	32.70	0.00	塔形	椭圆	渐尖	较平	波浪	绿	中等	密集	球形	淡红	中	75.0
4385	160.80	11.20	4.73	24.70	73.30	40.30	0.00	筒形	宽椭圆	渐尖	较平	微波	绿	较厚	密集	扁球形	淡红	小	60.0

序号	全国统一编号	品种名称	杂交组合	编目单位	种子来源	原产地	收集时间
4386	00004702	秦烟 95	（K326× 净叶黄）×NC89	陕西所	陕西所	陕西省泾阳县	2010 年
4387	00004734	秦烟 98	秦烟 95×CV70	陕西所	泾阳县	陕西省泾阳县	2007 年
4388	00004779	秦烟 96	G28× 净叶黄	陕西所	泾阳县	陕西省泾阳县	2009 年
4389	00005270	秦烟 1 号	MSG28×NC89	陕西所	中烟所		2002 年
4390	00003641	吉烟 5 号	净叶黄 ×Coker86	延边所	延边所	吉林省龙井市	1995 年
4391	00003642	吉烟 7 号	（G-28×8258）F6× 吉烟 1 号	延边所	延边所	吉林省龙井市	1995 年
4392	00003643	益延 1 号	CV58×G-28	延边所	延边所	吉林省龙井市	1996 年
4393	00004726	吉烟九号	9501× 温德尔	延边所	延边所	吉林省延边朝鲜族自治州	2007 年
4394	00003725	云烟 85	云烟 2 号 ×K326	云南院	云南院	云南省玉溪市	1997 年
4395	00003726	云烟 87	云烟 2 号 ×K326	云南院	云南院	云南省玉溪市	1999 年
4396	00003742	丰字 3 号	K326×Special 401	云南院	广东省丰顺县烟草公司	广东省丰顺县	1994 年
4397	00004673	云烟 317	云烟 4 号 ×K326	云南院	云南院	云南省玉溪市	1997 年
4398	00004845	云烟 99	云烟 85×9147	云南院	云南院	云南省玉溪市	2011 年
4399	00004851	云烟 100	云烟 87 × KX14	云南院	云南院	云南省玉溪市	2009 年
4400	00004852	云烟 205	MS8610-711×X-347	云南院	云南院	云南省玉溪市	2010 年
4401	00004854	云烟 97	云烟 85×CV87	云南院	云南院	云南省玉溪市	2004 年
4402	00004855	云烟 98	Speight G70×CV89	云南院	云南院	云南省玉溪市	2011 年
4403	00005269	云烟 105	云烟 87× 中烟 100	云南院	焦芳婵寄来	云南省玉溪市	2012 年

序号	株高/cm	茎围/cm	节距/cm	叶数/片	叶长/cm	叶宽/cm	叶柄/cm	株型	叶形	叶尖	叶面	叶缘	叶色	叶片厚薄	花序密度	花序形状	花色	茎叶角度	移栽至开花/天
4386	145.40	9.60	3.36	25.40	75.50	28.70	0.00	筒形	长椭圆	渐尖	较平	微波	绿	中等	松散	扁球形	淡红	小	59.0
4387	145.10	10.10	4.95	20.20	72.00	35.90	0.00	筒形	椭圆	渐尖	较平	波浪	绿	较厚	密集	球形	淡红	小	68.0
4388	181.70	9.70	6.90	20.00	65.00	33.10	0.00	筒形	椭圆	渐尖	较平	微波	绿	中等	密集	扁球形	淡红	大	60.0
4389	160.00	10.00	5.20	21.00	61.20	31.40	0.00	塔形	长椭圆	钝尖	较皱	波浪	深绿	中等	密集	球形	淡红	大	59.0
4390	192.80	10.20	6.53	23.40	71.80	31.00	0.00	塔形	长椭圆	渐尖	较皱	平滑	绿	中等	密集	球形	红	大	77.0
4391	155.70	11.69	4.90	22.00	72.00	35.65	0.00	塔形	椭圆	渐尖	较皱	微波	绿	中等	密集	球形	红	中	73.0
4392	199.60	9.90	6.73	22.60	66.20	39.40	0.00	筒形	宽椭圆	渐尖	较平	微波	绿	中等	密集	菱形	淡红	中	73.0
4393	164.25	11.70	4.70	26.60	77.55	45.50	0.00	筒形	宽椭圆	渐尖	较平	微波	绿	中等	密集	球形	红	中	79.0
4394	144.20	9.60	4.92	20.60	70.40	27.80	0.00	筒形	长椭圆	渐尖	较平	波浪	绿	中等	密集	球形	红	中	58.0
4395	141.40	12.02	5.71	18.00	87.08	29.82	0.00	塔形	长椭圆	渐尖	较皱	波浪	绿	较厚	密集	球形	淡红	中	63.0
4396	170.00	9.58	6.50	20.00	63.96	26.60	0.00	筒形	长椭圆	急尖	较皱	波浪	绿	较厚	密集	球形	淡红	中	57.0
4397	151.80	13.40	5.10	21.00	74.20	37.70	0.00	筒形	椭圆	急尖	较皱	波浪	绿	中等	密集	倒圆锥形	淡红	中	60.0
4398	157.60	10.50	5.60	21.00	72.00	31.50	0.00	塔形	长椭圆	渐尖	较平	微波	绿	中等	密集	球形	淡红	中	63.0
4399	161.00	10.00	5.20	23.00	74.10	31.30	0.00	塔形	长椭圆	渐尖	较皱	微波	浅绿	中等	密集	球形	淡红	中	63.0
4400	195.00	10.20	5.80	27.00	71.00	29.90	0.00	筒形	长椭圆	渐尖	较皱	波浪	绿	中等	密集	球形	淡红	中	67.0
4401	171.10	9.70	5.70	23.00	73.80	30.30	0.00	塔形	长椭圆	钝尖	皱	波浪	深绿	中等	密集	倒圆锥形	淡红	中	60.0
4402	155.00	9.60	4.50	24.00	65.90	26.90	0.00	塔形	长椭圆	渐尖	较皱	波浪	绿	中等	密集	球形	淡红	中	67.0
4403	157.50	9.90	4.70	22.30	68.70	28.90	0.00	塔形	长椭圆	渐尖	皱	波浪	绿	中等	密集	球形	淡红	中	68.0

序号	全国统一编号	品种名称	杂交组合	编目单位	种子来源	原产地	收集时间
4404	00005276	云烟 203	MS 云烟 317×KX13	云南院	云南院	云南省玉溪市	2010 年
4405	00005297	云烟 110	KX14×115-31	云南院	云南院	云南省玉溪市	2013 年
4406	00005600	云烟 201	MS8610-711×KX13	云南院	云南院	云南省玉溪市	2008 年
4407	00005602	云烟 116	8610-711× 单育二号	云南院	云南院	云南省玉溪市	2015 年
4408	00004708	湘烟一号	G80×G140	中南站	中南站	湖南省郴州市	2008 年
4409	00004853	湘烟 4 号	（中烟 90× 云烟 315）×G80	中南站	长沙	湖南省长沙市	2011 年
4410	00004858	湘烟 3 号	MSYZ206-9×82-11-7	中南站	永州	湖南省永州市	2010 年
4411	00005371	湘烟 5 号	LS-1×K326	中南站	中南站	湖南省	2015 年
4412	00003655	中烟 9203	MS G28× 红花大金元	中烟所	中烟所	山东省青州市	2016 年
4413	00003656	中烟 98	（G-28× 单育 2 号）×（G-28× 净叶黄）	中烟所	中烟所	山东省青州市	1997 年
4414	00003658	中烟 99	（88-4009× 中烟 86）H	中烟所	中烟所	山东省青州市	1997 年
4415	00003660	中烟 100	（NC82×9201）×NC82 多次回交	中烟所	中烟所	山东省青州市	1997 年
4416	00004820	中烟 103	红花大金元系选	中烟所	中烟所	山东省青州市	2006 年
4417	00004825	中烟 202	MS 中烟 90×CT107	中烟所	中烟所	山东省青州市	2009 年
4418	00004828	中烟 204	MS 抗 88×K326	中烟所	中烟所	山东省青州市	2010 年
4419	00004829	中烟 102	红花大金元 ×NC89	中烟所	中烟所	山东省青州市	2007 年
4420	00004830	中烟 104	红花大金元系选	中烟所	中烟所	山东省青州市	2009 年
4421	00004836	中烟 101	红花大金元 ×G80	中烟所	中烟所	山东省青州市	2010 年

序号	株高/cm	茎围/cm	节距/cm	叶数/片	叶长/cm	叶宽/cm	叶柄/cm	株型	叶形	叶尖	叶面	叶缘	叶色	叶片厚薄	花序密度	花序形状	花色	茎叶角度	移栽至开花/天
4404	153.40	9.30	4.80	21.60	69.90	29.00	0.00	塔形	长椭圆	渐尖	较皱	波浪	绿	中等	密集	球形	淡红	中	63.0
4405	160.00	10.50	5.40	22.00	67.20	31.80	0.00	塔形	椭圆	渐尖	较皱	波浪	浅绿	中等	密集	球形	淡红	中	63.0
4406	168.80	9.00	4.70	19.70	70.40	28.90	0.00	塔形	长椭圆	渐尖	较平	波浪	绿	中等	密集	球形	红	中	63.0
4407	155.50	10.20	5.30	21.00	74.50	28.30	0.00	塔形	长椭圆	渐尖	较皱	波浪	绿	中等	密集	球形	淡红	中	68.0
4408	131.50	8.60	4.10	22.20	55.90	36.50	0.00	塔形	宽卵圆	渐尖	较皱	波浪	深绿	较厚	密集	倒圆锥形	淡红	中	49.0
4409	145.90	9.90	4.30	23.00	74.70	30.80	0.00	塔形	长椭圆	渐尖	较平	波浪	绿	中等	密集	球形	淡红	中	63.0
4410	158.10	9.00	5.10	22.00	74.10	29.40	0.00	筒形	长椭圆	渐尖	较皱	波浪	绿	中等	密集	球形	淡红	中	62.0
4411	149.30	9.30	5.60	18.80	74.70	28.20	0.00	筒形	长椭圆	渐尖	较皱	波浪	绿	中等	密集	球形	淡红	中	49.0
4412	165.00	8.80	4.60	27.00	62.50	30.70	0.00	筒形	椭圆	渐尖	较皱	波浪	绿	较厚	密集	球形	红	中	61.0
4413	210.20	11.92	6.26	26.40	73.46	33.68	0.00	塔形	椭圆	尾状	较皱	微波	绿	较薄	密集	球形	淡红	中	63.0
4414	155.80	8.70	4.51	23.00	65.40	33.00	0.00	筒形	椭圆	渐尖	较皱	波浪	绿	中等	密集	球形	淡红	中	67.0
4415	199.40	12.28	6.32	25.00	61.58	31.70	0.00	塔形	椭圆	急尖	较皱	微波	浅绿	较厚	密集	菱形	淡红	中	67.0
4416	171.50	9.60	4.19	29.30	64.50	33.50	0.00	筒形	椭圆	渐尖	较皱	波浪	绿	中等	密集	菱形	淡红	中	60.0
4417	170.40	10.30	4.51	28.60	65.00	33.00	0.00	筒形	卵圆	渐尖	皱	皱折	绿	中等	松散	菱形	淡红	中	65.0
4418	150.00	10.20	4.20	24.00	70.70	35.20	0.00	筒形	椭圆	渐尖	较平	波浪	绿	中等	密集	球形	淡红	中	60.0
4419	165.00	9.34	4.97	24.00	61.20	30.40	0.00	筒形	椭圆	渐尖	较平	波浪	绿	中等	密集	菱形	淡红	中	57.0
4420	165.80	9.90	4.05	31.00	54.00	26.80	0.00	筒形	椭圆	渐尖	较皱	波浪	绿	中等	密集	球形	红	中	68.0
4421	157.00	9.00	4.00	29.00	61.50	28.70	0.00	筒形	椭圆	渐尖	较皱	波浪	绿	中等	松散	球形	淡红	中	60.0

序号	全国统一编号	品种名称	杂交组合	编目单位	种子来源	原产地	收集时间
4422	00004840	鲁烟 2 号	中烟 98 系选	中烟所	中烟所	山东省青州市	2009 年
4423	00004848	中烟 203	MS 中烟 98×D5103	中烟所	中烟所	山东省青州市	2010 年
4424	00004849	中烟 201	MSK326× 中烟 98	中烟所	中烟所	山东省青州市	2001 年
4425	00005268	金海一号	MSK394×NC567	中烟所	中烟所	贵州省遵义市	2010 年
4426	00005280	川烟 1 号	MS 中烟 100× 云烟 85	中烟所	中烟所	山东省青岛市	2012 年
4427	00005281	鲁烟 1 号	K326 系选	中烟所	中烟所	山东省诸城市	2012 年
4428	00005289	中烟 205	MSCF90（MS 中烟 90）×CF87	中烟所	中烟所	山东省青岛市	2012 年
4429	00005300	CF225	K346×04-5002	中烟所	中烟所	山东省青岛市	2015 年
4430	00005410	CF228	MS 中烟 103×T136	中烟所	中烟所	山东省青岛市	2015 年
4431	00003724	遵烟 1 号	G-28 系选	遵义公司	遵义公司	贵州省遵义市	1995 年
4432	00004869	遵烟 6 号	红花大金元系选	遵义公司	贵州遵义	贵州省遵义市	2010 年

4. 烤烟引进种质资源目录——护照信息

序号	全国统一编号	种质名称	杂交组合	编目单位	种子来源	原产地	收集时间
4433	00005218	Va1168		丹东所	丹东所	美国	2008 年
4434	00005232	S142		丹东所	中烟所		2010 年
4435	00005229	Delliot		东北站	加拿大	加拿大	2007 年
4436	00005246	Delfield		东北站	加拿大	加拿大	2007 年

序号	株高/cm	茎围/cm	节距/cm	叶数/片	叶长/cm	叶宽/cm	叶柄/cm	株型	叶形	叶尖	叶面	叶缘	叶色	叶片厚薄	花序密度	花序形状	花色	茎叶角度	移栽至开花/天
4422	204.60	10.40	4.60	35.30	67.60	31.20	0.00	筒形	长卵圆	渐尖	较皱	波浪	浅绿	薄	松散	菱形	淡红	中	67.6
4423	162.80	8.80	4.34	25.60	64.40	28.00	0.00	筒形	长椭圆	渐尖	较皱	波浪	绿	中等	松散	倒圆锥形	淡红	中	62.0
4424	140.20	8.80	3.64	27.60	62.80	26.80	0.00	筒形	长椭圆	渐尖	较平	微波	绿	中等	密集	球形	淡红	中	60.0
4425	150.50	10.40	5.20	21.10	69.50	30.20	0.00	筒形	长椭圆	渐尖	皱	波浪	深绿	中等	密集	球形	淡红	中	65.0
4426	153.90	9.40	5.30	19.90	73.90	29.60	0.00	筒形	长椭圆	渐尖	较皱	波浪	绿	中等	密集	球形	淡红	中	60.0
4427	156.00	9.90	4.70	24.00	65.00	25.00	0.00	筒形	长椭圆	渐尖	较皱	微波	绿	中等	密集	球形	淡红	中	56.0
4428	151.20	10.70	5.40	20.20	70.85	34.24	0.00	筒形	长椭圆	渐尖	较皱	波浪	绿	中等	密集	球形	淡红	中	58.7
4429	149.10	9.77	4.65	22.00	62.33	29.79	0.00	筒形	椭圆	渐尖	较皱	波浪	绿	中等	密集	球形	淡红	中	61.0
4430	150.00	9.50	5.00	20.00	75.00	33.00	0.00	塔形	长椭圆	渐尖	较平	波浪	绿	中等	密集	球形	淡红	中	60.0
4431	141.80	11.60	4.75	20.40	68.36	28.08	0.00	塔形	长椭圆	渐尖	皱	波浪	绿	较薄	密集	球形	淡红	中	61.0
4432	164.00	9.40	5.10	24.00	74.30	33.00	0.00	塔形	长椭圆	渐尖	较皱	皱折	深绿	中等	密集	球形	红	小	68.0

4. 烤烟引进种质资源目录——植物学信息

序号	株高/cm	茎围/cm	节距/cm	叶数/片	叶长/cm	叶宽/cm	叶柄/cm	株型	叶形	叶尖	叶面	叶缘	叶色	叶片厚薄	花序密度	花序形状	花色	茎叶角度	移栽至开花/天
4433	159.10	8.71	5.43	20.90	65.22	33.00	0.00	塔形	椭圆	渐尖	较皱	波浪	黄绿	中等	松散	球形	淡红	大	75.0
4434	181.60	10.59	6.04	22.90	60.26	34.19	0.00	筒形	宽椭圆	钝尖	较平	微波	绿	较薄	松散	扁球形	淡红	中	67.0
4435	175.20	8.20	5.64	21.80	54.80	26.00	0.00	塔形	椭圆	渐尖	较平	波浪	绿	中等	松散	球形	淡红	中	68.0
4436	160.60	8.50	6.28	19.60	61.20	29.10	0.00	筒形	椭圆	急尖	较平	波浪	绿	中等	松散	球形	淡红	中	68.0

序号	全国统一编号	种质名称	杂交组合	编目单位	种子来源	原产地	收集时间
4437	00005225	塞拉利昂		东南站	广东所	塞拉利昂	2010 年
4438	00005234	KE-2		东南站	东南站	津巴布韦	2009 年
4439	00005237	B.L.Hicks		东南站	中烟所		2008 年
4440	00005238	Reams134		东南站	东南站	美国	2009 年
4441	00005239	C.C.PD4		东南站	中烟所		2008 年
4442	00005240	KE-1		东南站	东南站	津巴布韦	2009 年
4443	00005241	RG81		东南站	东南站	美国	2009 年
4444	00005214	Reams 940		广东所	广东所	美国	2009 年
4445	00005215	卡里		广东所	河南所	美国	2008 年
4446	00005217	Hungary		广东所	香港	匈牙利	2008 年
4448	00005220	印尼烤烟		广东所	印度尼西亚	印度尼西亚	2009 年
4449	00005221	蔓光		广东所	美国	美国	2008 年
4450	00005222	哈利亚波亚		广东所	广东所	美国	2008 年
4451	00005223	NC347		广东所	广东所	美国	2008 年
4452	00005224	加里白色		广东所	广东所	美国	2008 年
4453	00005226	印度尼西亚		广东所	玉溪	印度尼西亚	2009 年
4454	00005227	约克		广东所	广东所	英国	2009 年
4455	00005228	忌利司买皮亚		广东所	广东所		2010 年

序号	株高/cm	茎围/cm	节距/cm	叶数/片	叶长/cm	叶宽/cm	叶柄/cm	株型	叶形	叶尖	叶面	叶缘	叶色	叶片厚薄	花序密度	花序形状	花色	茎叶角度	移栽至开花/天
4437	177.50	10.05	7.00	20.10	77.00	36.00	0.00	塔形	椭圆	渐尖	较皱	波浪	绿	中等	密集	球形	淡红	中	87.0
4438	137.20	6.64	5.57	13.90	49.90	20.45	0.00	筒形	长椭圆	渐尖	较皱	波浪	绿	中等	松散	球形	淡红	中	73.0
4439	169.20	8.46	5.97	18.60	68.47	23.90	0.00	塔形	长椭圆	尾状	较皱	皱折	绿	中等	松散	菱形	淡红	中	68.0
4440	129.40	8.16	4.70	18.20	57.10	23.00	0.00	塔形	长椭圆	渐尖	较平	微波	浅绿	中等	松散	菱形	淡红	中	70.0
4441	169.33	8.78	5.52	20.80	61.07	22.47	0.00	筒形	长椭圆	渐尖	较皱	波浪	深绿	中等	松散	菱形	淡红	中	72.0
4442	133.40	7.14	6.56	15.00	53.30	22.60	0.00	筒形	长椭圆	渐尖	较皱	波浪	绿	中等	松散	倒圆锥形	淡红	中	69.0
4443	123.00	7.58	4.34	18.70	55.80	20.75	0.00	塔形	长椭圆	渐尖	较皱	波浪	浅绿	中等	松散	球形	淡红	中	74.0
4444	145.70	7.63	6.21	16.90	53.30	24.50	0.00	塔形	椭圆	渐尖	皱	皱折	绿	中等	松散	菱形	淡红	中	61.0
4445	188.90	9.99	7.00	21.20	55.00	34.40	0.00	橄榄形	宽椭圆	急尖	较皱	波浪	深绿	中等	松散	倒圆锥形	淡红	中	70.0
4446	188.60	9.36	6.75	20.60	69.90	35.80	0.00	橄榄形	椭圆	渐尖	较平	微波	黄绿	中等	松散	菱形	淡红	中	58.0
4448	177.50	9.11	6.59	17.70	65.20	35.60	0.00	塔形	宽椭圆	渐尖	较皱	波浪	黄绿	中等	松散	菱形	淡红	中	73.0
4449	179.70	9.67	5.58	22.10	68.10	32.20	0.00	塔形	椭圆	渐尖	较平	微波	绿	较厚	松散	菱形	淡红	中	56.0
4450	243.50	9.11	6.38	32.80	57.40	31.35	0.00	筒形	宽椭圆	急尖	较平	微波	黄绿	较薄	密集	球形	淡红	中	66.0
4451	170.00	9.58	5.73	23.00	72.70	28.30	0.00	塔形	长椭圆	渐尖	较平	波浪	黄绿	较薄	松散	菱形	淡红	中	65.0
4452	153.40	9.58	4.74	20.10	73.20	23.90	0.00	筒形	披针形	尾状	较平	波浪	绿	中等	松散	菱形	淡红	中	59.0
4453	251.80	9.11	5.04	40.50	51.40	22.10	0.00	筒形	长椭圆	渐尖	较皱	波浪	黄绿	较薄	松散	菱形	淡红	中	106.0
4454	185.40	8.23	7.63	16.60	68.90	34.00	0.00	橄榄形	椭圆	渐尖	较皱	波浪	黄绿	中等	松散	菱形	淡红	中	68.0
4455	160.10	8.29	8.14	15.20	63.00	33.70	0.00	塔形	宽椭圆	渐尖	较皱	波浪	黄绿	较薄	松散	菱形	淡红	中	71.0

序号	全国统一编号	种质名称	杂交组合	编目单位	种子来源	原产地	收集时间
4456	00005230	Mcnaiy133		广东所	盐步	美国	2008 年
4457	00005231	Eygo		广东所	广东所	美国	2009 年
4458	00005305	DELCREST E.24		山东农大	山东农大		2015 年
4459	00005328	IRABOURBO No-1		山东农大	山东农大	津巴布韦	2015 年
4460	00005329	WTSAGA 51E		山东农大	山东农大	津巴布韦	2015 年
4461	00003746	AK6		云南院	广东所		1996 年
4462	00003776	NC6085	K326×0092	云南院	云南院	美国	1999 年
4463	00003777	NC8029	（NC82×0048）×Coker347×K399	云南院	云南院	美国	1996 年
4464	00003778	NC8036	（NC86×MC373）×〔（G-28×Coker347）×Coker51〕	云南院	云南院	美国	1999 年
4465	00003779	NC8053	（Coker139×Coker411）×（CV166×CV195）	云南院	云南院	美国	1999 年
4466	00003804	RG22	MC Nair373×Coker51	云南院	来自云南所	美国	1997 年
4467	00003817	Reams713	Coker319×Hicks	云南院	来自云南所	美国	1997 年
4468	00003830	TI93		云南院	引自美国	前苏联	1999 年
4469	00003988	泰国弗吉尼亚		云南院	1998 年云南院从泰国引进	泰国	2016 年
4470	00005212	津 7		云南院	云南院	津巴布韦	2016 年
4471	00005216	津引烤烟 1 号		云南院	云南院	津巴布韦	2016 年
4472	00005233	菲律宾烤烟 1 号		云南院	菲律宾	菲律宾	2009 年
4473	00005242	VarNo1668		云南院	美国	美国	2008 年

序号	株高/cm	茎围/cm	节距/cm	叶数/片	叶长/cm	叶宽/cm	叶柄/cm	株型	叶形	叶尖	叶面	叶缘	叶色	叶片厚薄	花序密度	花序形状	花色	茎叶角度	移栽至开花/天
4456	158.60	9.26	4.87	20.30	63.50	28.40	0.00	塔形	长椭圆	渐尖	较皱	波浪	黄绿	较薄	密集	菱形	淡红	中	62.0
4457	178.40	8.85	6.85	19.40	63.50	32.50	0.00	橄榄形	椭圆	渐尖	较皱	波浪	深绿	中等	松散	菱形	淡红	中	73.0
4458	148.90	6.17	5.90	19.30	51.20	24.10	0.00	塔形	长卵圆	渐尖	皱	微波	绿	厚	松散	球形	淡红	中	59.0
4459	170.80	9.36	4.65	28.30	50.90	20.45	0.00	塔形	长椭圆	渐尖	平	平滑	绿	厚	松散	菱形	淡红	中	76.0
4460	171.18	7.30	4.77	27.50	53.70	25.30	0.00	塔形	卵圆	渐尖	较皱	微波	浅绿	厚	松散	倒圆锥形	淡红	中	94.0
4461	165.40	10.80	5.25	22.80	66.20	27.50	0.00	塔形	长椭圆	渐尖	较皱	皱折	绿	较薄	密集	球形	淡红	中	57.0
4462	146.60	8.76	5.09	20.00	60.76	26.46	0.00	塔形	长椭圆	钝尖	较皱	波浪	绿	中等	密集	球形	淡红	中	57.0
4463	138.40	9.50	4.20	22.00	62.00	27.20	0.00	筒形	长椭圆	急尖	较皱	波浪	绿	中等	密集	球形	红	中	54.0
4464	144.90	9.74	4.85	20.60	61.88	25.28	0.00	塔形	长椭圆	急尖	较皱	波浪	绿	中等	密集	球形	淡红	中	56.0
4465	149.70	8.90	4.93	20.80	64.80	28.00	0.00	塔形	长椭圆	渐尖	较皱	波浪	绿	较薄	密集	球形	淡红	中	53.0
4466	134.20	8.26	4.21	21.20	58.76	25.28	0.00	筒形	长椭圆	钝尖	较皱	波浪	绿	中等	密集	球形	淡红	中	54.0
4467	140.20	9.74	4.52	22.80	55.76	24.22	0.00	筒形	长椭圆	急尖	较皱	波浪	绿	中等	密集	球形	淡红	中	56.0
4468	154.60	9.70	4.53	24.00	69.40	31.50	0.00	塔形	椭圆	渐尖	平	波浪	绿	较厚	密集	球形	淡红	中	54.0
4469	171.50	12.10	6.10	22.00	70.20	30.50	0.00	筒形	长椭圆	渐尖	较平	波浪	绿	中等	密集	球形	白	小	61.0
4470	168.00	9.00	5.50	21.00	55.00	29.00	0.00	筒形	宽椭圆	钝尖	较平	波浪	浅绿	较厚	密集	球形	淡红	中	63.0
4471	167.80	13.40	5.10	21.00	74.20	37.70	0.00	塔形	椭圆	尾状	较皱	皱折	绿	中等	松散	菱形	淡红	中	61.0
4472	168.02	8.50	5.29	24.20	53.80	28.50	0.00	塔形	宽椭圆	渐尖	较皱	波浪	绿	较厚	密集	球形	红	中	65.0
4473	180.00	9.20	5.80	23.40	66.20	29.50	0.00	塔形	长椭圆	渐尖	较皱	波浪	绿	中等	密集	倒圆锥形	红	中	55.0

序号	全国统一编号	种质名称	杂交组合	编目单位	种子来源	原产地	收集时间
4474	00005243	波兰烤烟 -1		云南院	波兰	波兰	2008 年
4475	00005244	南罗得西亚 72-1	南罗得西亚 72 系选	云南院	云南院	津巴布韦	2008 年
4476	00005247	Granvilli17A		云南院	美国	美国	2008 年
4477	00005248	南罗得西亚 76-1	南罗得西亚 76 系选	云南院	云南院	津巴布韦	2008 年
4478	00003745	ADT108/B40		中烟所	孔凡玉提供		1997 年
4479	00003747	CNH-NO.7		中烟所	中烟所引自美国	美国	1995 年
4480	00003749	Coker110		中烟所	中烟所引自美国	美国	1995 年
4481	00003750	Coker371Gold	〔（G-28×354）×（CB139×F-105）×（G-28×354）〕×NC82	中烟所	中烟所引自美国	美国	1995 年
4482	00003751	CU199	〔（MC944×TI170）×MC944〕×K326	中烟所	中烟所引自美国	美国 克莱姆森大学	1995 年
4483	00003752	CU231	〔（MC944×TI170）×MC944〕×K326	中烟所	中烟所引自美国	美国 克莱姆森大学	1995 年
4484	00003753	CU235	〔（MC944×TI170）×MC944〕×K326	中烟所	中烟所引自美国	美国 克莱姆森大学	1995 年
4485	00003754	CU236	〔（MC944×TI170）×MC944〕×K326	中烟所	中烟所引自美国	美国克莱姆森大学	1995 年
4486	00003755	CU263	〔（SC72×TI112）×G-28〕×G-28	中烟所	中国烟叶生产购销公司；中烟所引自美国	美国 克莱姆森大学	1995 年
4487	00003756	CU343	（MCN944×TI1112）×G28	中烟所	引自美国	美国 克莱姆森大学	1993 年
4488	00003757	Cyst941		中烟所	中烟所引自美国	美国	1995 年
4489	00003758	Cyst943		中烟所	中烟所引自美国	美国	1995 年
4491	00003760	I-514		中烟所	中烟所引自美国	美国	1995 年
4492	00003761	JB-26		中烟所	中烟所引自美国	美国	1995 年

序号	株高/cm	茎围/cm	节距/cm	叶数/片	叶长/cm	叶宽/cm	叶柄/cm	株型	叶形	叶尖	叶面	叶缘	叶色	叶片厚薄	花序密度	花序形状	花色	茎叶角度	移栽至开花/天
4474	204.56	9.90	6.80	24.20	63.40	32.00	0.00	塔形	椭圆	渐尖	较平	波浪	浅绿	中等	密集	倒圆锥形	红	中	55.0
4475	197.80	8.90	6.70	23.40	55.90	27.80	0.00	塔形	椭圆	渐尖	较皱	波浪	浅绿	较薄	密集	倒圆锥形	红	中	58.0
4476	188.80	9.30	6.50	23.80	62.60	32.70	0.00	塔形	椭圆	渐尖	较皱	波浪	浅绿	较薄	密集	倒圆锥形	红	中	57.0
4477	196.20	9.50	5.90	25.20	64.50	25.30	0.00	塔形	长椭圆	渐尖	较皱	波浪	绿	较厚	密集	倒圆锥形	红	中	57.0
4478	199.60	11.32	6.38	25.00	69.30	33.80	0.00	塔形	椭圆	急尖	较平	微波	黄绿	较薄	松散	球形	淡红	中	62.0
4479	176.00	8.20	5.14	25.80	68.60	28.30	0.00	塔形	长卵圆	渐尖	较平	波浪	深绿	中等	密集	球形	红	中	63.0
4480	177.40	9.80	5.88	24.20	57.40	34.30	0.00	塔形	宽椭圆	急尖	较平	波浪	绿	中等	密集	菱形	淡红	中	62.0
4481	140.50	8.20	4.35	24.00	60.80	23.50	0.00	筒形	长椭圆	渐尖	较皱	波浪	绿	中等	密集	球形	红	中	58.0
4482	138.40	7.59	4.21	22.20	57.20	26.80	0.00	筒形	椭圆	渐尖	较皱	波浪	绿	中等	密集	球形	红	中	61.0
4483	157.40	8.16	6.60	17.80	68.60	25.60	0.00	塔形	长椭圆	尾状	皱	皱折	绿	中等	松散	菱形	淡红	中	69.0
4484	126.47	7.39	5.15	16.80	52.00	21.20	0.00	塔形	长椭圆	渐尖	较皱	波浪	绿	中等	密集	球形	红	中	66.0
4485	163.00	9.80	4.89	25.20	57.00	22.40	0.00	筒形	长椭圆	渐尖	平	波浪	深绿	中等	密集	球形	红	中	69.0
4486	176.20	8.96	5.08	26.00	57.80	25.80	0.00	塔形	长椭圆	渐尖	皱	波浪	绿	中等	松散	球形	淡红	中	65.0
4487	129.00	8.82	4.00	21.00	59.80	26.50	0.00	筒形	长椭圆	渐尖	较皱	波浪	绿	中等	密集	球形	红	中	72.0
4488	154.40	8.00	4.04	26.40	50.70	25.50	0.00	筒形	椭圆	渐尖	较皱	波浪	绿	中等	密集	球形	红	中	63.0
4489	180.00	8.16	8.24	17.00	72.60	31.60	0.00	塔形	长椭圆	渐尖	较皱	皱折	黄绿	中等	松散	菱形	淡红	中	71.0
4491	198.40	9.23	6.44	24.60	59.80	33.60	0.00	筒形	宽椭圆	渐尖	较皱	微波	绿	较薄	松散	菱形	淡红	中	61.0
4492	164.00	6.97	4.46	27.80	62.80	25.20	0.00	塔形	长椭圆	急尖	较皱	皱折	绿	中等	松散	菱形	淡红	中	84.0

序号	全国统一编号	种质名称	杂交组合	编目单位	种子来源	原产地	收集时间
4493	00003762	JB-33		中烟所	中烟所引自美国	美国	1995 年
4494	00003763	JB-200		中烟所	中烟所引自美国	美国	1995 年
4495	00003764	JB-250		中烟所	中烟所引自美国	美国	1995 年
4496	00003765	K149	［(G-28×Coker254)×(CB139×F-105)×(G-28×Coker254)］×McN399	中烟所	中国烟叶生产购销公司；中烟所引自美国	美国	1995 年
4497	00003766	K346	McN926×80241	中烟所	中国烟叶生产购销公司；中烟所引自美国	美国	1995 年
4498	00003767	K358	McN926×80241	中烟所	中烟所引自美国	美国	1995 年
4499	00003768	K730	McNair926×80241	中烟所	中烟所引自美国	美国	1995 年
4500	00003769	Meck		中烟所	中烟所引自美国	美国	1995 年
4501	00003770	MRS-1		中烟所	中烟所引自美国	美国	1995 年
4502	00003771	MRS-2		中烟所	中烟所引自美国	美国	1995 年
4503	00003772	MRS-3	Coker139×Va45	中烟所	中烟所引自美国	美国	1995 年
4504	00003773	MRG-4		中烟所	中烟所引自美国	美国	1995 年
4505	00003774	NC729	K326×K399	中烟所	中烟所引自美国	美国	1995 年
4506	00003775	NC1108	Coker371-Goldt×NC5130	中烟所	中烟所引自美国	美国	1995 年
4507	00003780	NC27NF	(Coker319×NCTG21)×Coker319	中烟所	中烟所引自美国	美国	1995 年
4508	00003781	NC37NF	(Coker319×NCTG82)×NC82	中烟所	中烟所引自美国	美国	1995 年
4509	00003782	NCTG55	K326×Coker371-Gold	中烟所	中烟所引自美国	美国	1995 年
4510	00003783	NCTG60		中烟所	中烟所引自美国	美国	1995 年

序号	株高/cm	茎围/cm	节距/cm	叶数/片	叶长/cm	叶宽/cm	叶柄/cm	株型	叶形	叶尖	叶面	叶缘	叶色	叶片厚薄	花序密度	花序形状	花色	茎叶角度	移栽至开花/天
4493	174.60	9.67	5.87	23.80	80.60	31.90	0.00	塔形	长椭圆	渐尖	皱	波浪	绿	中等	松散	菱形	淡红	小	61.0
4494	163.00	9.00	5.18	23.60	47.40	19.70	0.00	筒形	长椭圆	渐尖	较皱	波浪	绿	中等	密集	球形	红	中	56.0
4495	135.00	7.80	3.81	23.60	45.10	21.00	0.00	筒形	椭圆	渐尖	较皱	波浪	绿	中等	密集	球形	红	中	62.0
4496	157.20	10.50	4.21	25.60	65.60	28.40	0.00	筒形	长椭圆	渐尖	较平	波浪	绿	中等	密集	球形	淡红	中	69.0
4497	152.40	7.85	4.54	23.00	67.20	23.20	0.00	筒形	长椭圆	渐尖	皱	皱折	绿	中等	松散	菱形	淡红	中	74.0
4498	172.00	9.17	5.69	23.20	68.60	28.80	0.00	塔形	长椭圆	渐尖	皱	波浪	绿	中等	松散	菱形	淡红	小	60.0
4499	188.40	10.00	5.61	25.70	62.20	27.80	0.00	筒形	长椭圆	渐尖	较皱	波浪	绿	中等	密集	球形	淡红	中	62.0
4500	142.80	8.40	3.92	26.60	69.70	36.70	0.00	筒形	椭圆	渐尖	较平	波浪	绿	中等	密集	球形	红	中	65.0
4501	150.40	9.20	6.13	18.00	64.40	34.80	0.00	塔形	宽椭圆	渐尖	较平	微波	绿	中等	松散	菱形	淡红	中	57.0
4502	145.40	9.00	5.73	18.40	56.20	22.60	0.00	塔形	长椭圆	渐尖	较皱	微波	绿	较薄	松散	球形	淡红	中	56.0
4503	177.00	8.98	6.12	23.20	69.80	40.00	0.00	筒形	宽椭圆	急尖	较皱	波浪	绿	中等	松散	菱形	淡红	中	59.0
4504	201.00	8.54	7.89	20.40	60.50	34.60	0.00	塔形	宽椭圆	渐尖	较皱	微波	绿	较厚	松散	菱形	淡红	中	62.0
4505	149.80	7.98	4.94	21.20	66.40	25.00	0.00	塔形	长椭圆	尾状	较皱	皱折	黄绿	中等	松散	菱形	淡红	中	74.0
4506	149.00	10.20	4.41	23.60	61.00	27.20	0.00	筒形	长椭圆	渐尖	较皱	波浪	绿	中等	密集	球形	红	中	71.0
4507	183.30	9.20	3.42	42.50	56.70	21.60	0.00	筒形	长椭圆	渐尖	较平	波浪	绿	中等	密集	球形	淡红	中	86.0
4508	230.80	10.60	4.94	37.60	65.46	28.76	0.00	塔形	长椭圆	渐尖	较皱	微波	绿	较薄	松散	菱形	淡红	中	88.0
4509	184.40	11.48	7.22	20.00	74.30	29.60	0.00	塔形	长椭圆	渐尖	较皱	波浪	绿	较薄	松散	菱形	淡红	中	59.0
4510	164.00	8.90	4.07	29.00	54.50	22.10	0.00	筒形	长椭圆	渐尖	较皱	波浪	绿	中等	密集	球形	红	中	60.0

序号	全国统一编号	种质名称	杂交组合	编目单位	种子来源	原产地	收集时间
4511	00003784	NCTG61		中烟所	中烟所引自美国	美国	1995 年
4512	00003785	NCTG70	（K326×MDH1220）×K149	中烟所	中烟所引自美国	美国	1995 年
4513	00003786	NK939		中烟所	中烟所引自美国	美国	1995 年
4514	00003787	OX940	G-28×Coker347	中烟所	中烟所引自美国	美国	1995 年
4515	00003788	OX2001	4080×K399	中烟所	中烟所引自美国	美国	1995 年
4516	00003789	OX2007	Coker319×K399	中烟所	中烟所引自美国	美国	1995 年
4517	00003790	OX2022	Coker371Gold×NC5130	中烟所	中烟所引自美国	美国	1995 年
4518	00003791	OX2028	NC5130×Coker8619NR	中烟所	中烟所引自美国	美国	1995 年
4519	00003792	OX2101	〔（ENSHU×G15）×NC85〕×NC95	中烟所	中烟所引自美国	美国	1995 年
4520	00003793	PD468		中烟所	中烟所引自美国	美国	1995 年
4521	00003794	PD1097		中烟所	中烟所引自美国	美国	1995 年
4522	00003795	Qual916		中烟所	中烟所引自美国	美国	1995 年
4523	00003796	Qual938		中烟所	中烟所引自美国	美国	1995 年
4524	00003797	Qual945		中烟所	中烟所引自美国	美国	1995 年
4525	00003798	Qual946		中烟所	中烟所引自美国	美国	1995 年
4526	00003799	RG8	K326×K399	中烟所	中烟所引自美国	美国	1995 年
4527	00003800	RG11	NC50×K399	中烟所	中烟所引自美国	美国	1995 年
4528	00003801	RG12		中烟所	中烟所引自美国	美国	1995 年

序号	株高/cm	茎围/cm	节距/cm	叶数/片	叶长/cm	叶宽/cm	叶柄/cm	株型	叶形	叶尖	叶面	叶缘	叶色	叶片厚薄	花序密度	花序形状	花色	茎叶角度	移栽至开花/天
4511	157.00	8.20	4.04	27.00	56.40	23.70	0.00	筒形	长椭圆	渐尖	较皱	波浪	绿	中等	密集	球形	红	中	68.0
4512	177.60	8.80	4.68	26.80	68.00	25.50	0.00	筒形	长椭圆	渐尖	较皱	波浪	绿	中等	密集	球形	淡红	中	61.0
4513	167.00	9.17	5.20	24.40	65.20	23.10	0.00	塔形	长椭圆	渐尖	较皱	波浪	绿	中等	松散	倒圆锥形	淡红	中	59.0
4514	155.20	10.20	4.39	26.60	75.80	32.40	0.00	筒形	长椭圆	渐尖	较平	波浪	绿	中等	密集	球形	淡红	中	65.0
4515	153.00	8.00	3.55	30.60	45.30	23.00	0.00	筒形	椭圆	钝尖	较皱	波浪	绿	中等	密集	球形	红	中	63.0
4516	163.00	9.23	5.37	22.40	63.10	30.30	0.00	塔形	椭圆	渐尖	较皱	波浪	绿	中等	松散	菱形	淡红	中	61.0
4517	164.00	9.17	5.30	23.40	68.60	26.50	0.00	筒形	长椭圆	渐尖	较皱	波浪	绿	较薄	密集	菱形	淡红	小	63.0
4518	165.40	8.99	4.65	24.80	75.50	39.90	0.00	筒形	宽椭圆	渐尖	较皱	波浪	绿	中等	密集	球形	淡红	中	66.0
4519	164.40	8.23	5.50	22.60	65.10	29.50	0.00	塔形	长椭圆	渐尖	较皱	波浪	绿	中等	松散	菱形	淡红	小	60.0
4520	188.00	9.61	7.55	19.60	71.90	35.90	0.00	筒形	椭圆	渐尖	较皱	微波	黄绿	中等	密集	菱形	淡红	中	59.0
4521	211.00	9.42	7.09	23.40	49.00	25.79	0.00	筒形	宽椭圆	急尖	较平	微波	深绿	中等	松散	菱形	白	中	60.0
4522	176.00	8.92	6.18	22.80	68.20	28.20	0.00	塔形	长椭圆	渐尖	较皱	波浪	绿	中等	密集	菱形	淡红	小	61.0
4523	165.00	9.17	5.08	24.60	63.80	24.30	0.00	筒形	长椭圆	渐尖	较皱	波浪	黄绿	中等	松散	菱形	淡红	小	63.0
4524	174.60	8.90	4.88	27.60	49.50	22.26	0.00	塔形	长椭圆	渐尖	较皱	微波	绿	中等	松散	菱形	淡红	中	65.0
4525	151.80	8.90	4.54	23.40	64.50	33.60	0.00	塔形	椭圆	渐尖	较皱	微波	浅绿	较厚	松散	菱形	淡红	中	59.0
4526	161.60	9.50	4.25	28.60	56.54	22.64	0.00	筒形	长椭圆	渐尖	较皱	微波	浅绿	较厚	松散	菱形	淡红	中	62.0
4527	157.00	8.50	4.04	27.00	57.30	23.70	0.00	筒形	长椭圆	渐尖	较皱	波浪	绿	中等	密集	球形	淡红	中	58.0
4528	150.60	9.50	4.33	24.20	66.90	27.60	0.00	筒形	长椭圆	渐尖	较皱	波浪	绿	中等	密集	球形	红	中	68.0

序号	全国统一编号	种质名称	杂交组合	编目单位	种子来源	原产地	收集时间
4529	00003802	RG13	NC60×NC82	中烟所	中烟所引自美国	美国	1995 年
4530	00003803	RG17	K326×K399	中烟所	中烟所引自美国	美国	1995 年
4531	00003805	RG89	（K326×Coker319）×Coker411	中烟所	中烟所引自美国	美国	1995 年
4532	00003806	RGOB-2		中烟所	中烟所引自美国	美国	1995 年
4533	00003807	RG3A13	K326×K399	中烟所	中烟所引自美国	美国	1995 年
4534	00003808	RG3A16		中烟所	中烟所引自美国	美国	1995 年
4535	00003809	RG3A1		中烟所	中烟所引自美国	美国	1995 年
4536	00003810	RG3414		中烟所	中烟所引自美国	美国	1995 年
4537	00003811	RGOB-18	K326×K399	中烟所	中烟所引自美国	美国	1995 年
4538	00003812	ReamsM-1	Reams158×G-28	中烟所	中烟所引自美国	美国	1995 年
4539	00003813	Reams158	MC944×Hicks	中烟所	中烟所引自美国	美国	1995 年
4540	00003814	ReamsC44	Coker319×K326	中烟所	中烟所引自美国	美国	1995 年
4541	00003815	ReamsC73	Coker319×K346	中烟所	中烟所引自美国	美国	1995 年
4542	00003816	ReamsB17		中烟所	中烟所引自美国	美国	1995 年
4543	00003818	SPG-72		中烟所	中烟所引自美国	美国	1995 年
4544	00003819	SPG-108	G-70×G-28	中烟所	中烟所引自美国	美国	1995 年
4545	00003820	SPG-111	G-85×G-14	中烟所	中烟所引自美国	美国	1995 年
4546	00003821	SPG-117	Coker176×G-107	中烟所	中国烟叶生产购销公司；中烟所引自美国	美国	1995 年

序号	株高/cm	茎围/cm	节距/cm	叶数/片	叶长/cm	叶宽/cm	叶柄/cm	株型	叶形	叶尖	叶面	叶缘	叶色	叶片厚薄	花序密度	花序形状	花色	茎叶角度	移栽至开花/天
4529	150.60	8.99	4.79	22.60	61.00	24.20	0.00	筒形	长椭圆	渐尖	较平	波浪	绿	中等	密集	球形	红	中	66.0
4530	156.80	9.80	3.97	28.40	53.82	23.66	0.00	塔形	长椭圆	渐尖	皱	波浪	绿	较薄	松散	倒圆锥形	淡红	中	59.0
4531	169.80	9.18	4.76	25.20	68.10	24.40	0.00	筒形	长椭圆	渐尖	较皱	波浪	绿	中等	密集	球形	淡红	中	66.0
4532	179.60	8.70	5.05	27.00	55.06	21.96	0.00	塔形	长椭圆	渐尖	皱	波浪	绿	中等	松散	菱形	淡红	中	63.0
4533	152.20	8.70	4.32	26.00	49.72	20.50	0.00	塔形	长椭圆	钝尖	较皱	波浪	绿	中等	松散	菱形	淡红	中	61.0
4534	165.80	9.10	4.66	27.00	50.78	19.26	0.00	塔形	长椭圆	渐尖	较皱	波浪	绿	中等	密集	球形	淡红	中	62.0
4535	169.60	9.40	4.26	30.40	53.12	18.78	0.00	塔形	长椭圆	渐尖	较皱	波浪	浅绿	中等	松散	菱形	淡红	中	60.0
4536	169.60	10.30	4.53	29.60	65.10	28.20	0.00	筒形	长椭圆	渐尖	较平	波浪	浅绿	中等	密集	球形	淡红	中	66.0
4537	160.00	9.69	4.54	26.80	71.80	30.70	0.00	筒形	椭圆	渐尖	较皱	波浪	绿	中等	密集	球形	红	中	65.0
4538	153.20	9.31	4.32	26.60	67.30	29.00	0.00	筒形	长卵圆	渐尖	较皱	波浪	绿	中等	密集	球形	淡红	中	68.0
4539	167.60	9.84	4.83	26.80	72.00	36.00	0.00	筒形	椭圆	渐尖	较平	波浪	绿	中等	密集	球形	淡红	中	64.0
4540	185.80	9.82	5.36	27.00	67.50	29.20	0.00	筒形	长卵圆	渐尖	较皱	波浪	绿	中等	密集	球形	红	中	65.0
4541	179.20	9.51	4.86	27.00	70.30	34.80	0.00	筒形	椭圆	渐尖	较皱	波浪	绿	中等	密集	球形	红	中	65.0
4542	144.60	8.62	3.85	27.20	52.42	18.92	0.00	塔形	长椭圆	渐尖	较皱	波浪	绿	中等	密集	球形	淡红	中	64.0
4543	158.60	8.60	4.86	24.40	56.04	24.44	0.00	筒形	长椭圆	渐尖	较平	波浪	绿	中等	松散	菱形	淡红	中	63.0
4544	148.60	10.06	4.35	25.40	56.54	23.52	0.00	塔形	长椭圆	渐尖	皱	波浪	绿	中等	松散	菱形	淡红	中	61.0
4545	163.40	9.87	4.90	25.00	58.60	26.20	0.00	筒形	长椭圆	渐尖	较皱	波浪	绿	中等	密集	球形	淡红	中	66.0
4546	147.00	9.20	5.05	21.60	64.76	24.96	0.00	塔形	长椭圆	渐尖	较皱	微波	绿	薄	松散	菱形	深红	中	52.0

序号	全国统一编号	种质名称	杂交组合	编目单位	种子来源	原产地	收集时间
4547	00003822	SPG-126		中烟所	中烟所引自美国	美国	1995 年
4548	00003823	SPG-152		中烟所	中烟所引自美国	美国	1995 年
4549	00003824	SPG-162	G-116×G-28	中烟所	中烟所引自美国	美国	1995 年
4550	00003825	SPG-164	Coker371×G-102	中烟所	中烟所引自美国	美国	1995 年
4551	00003826	SPG-166		中烟所	中烟所引自美国	美国	1995 年
4552	00003827	SPG-168	Coker371-Gold×G-118	中烟所	中国烟叶生产购销公司；中烟所引自美国	美国	1995 年
4553	00003828	SPG-169		中烟所	中烟所引自美国	美国	1995 年
4554	00003829	SPG-172	Coker371 Gold×G-126	中烟所	中国烟叶生产购销公司；中烟所引自美国	美国	1995 年
4555	00003831	TI170		中烟所	中烟所引自美国	日本	1995 年
4556	00003832	TI692		中烟所	中烟所引自美国	厄瓜多尔	1995 年
4557	00003833	TI877		中烟所	中烟所引自美国	委内瑞拉	1995 年
4558	00003834	TI896		中烟所	中烟所引自美国	委内瑞拉	1995 年
4559	00003835	TI955		中烟所	中烟所引自美国	委内瑞拉	1995 年
4560	00003836	TI1024		中烟所	引自美国	委内瑞拉	1998 年
4561	00003837	TI1298		中烟所	引自美国	美国	1998 年
4562	00003838	TI1409		中烟所	中烟所引自美国	保加利亚	1995 年
4563	00003839	TI1473		中烟所	引自美国	委内瑞拉	1999 年
4564	00003840	TI1500		中烟所	中烟所引自美国	前苏联	1995 年

序号	株高/cm	茎围/cm	节距/cm	叶数/片	叶长/cm	叶宽/cm	叶柄/cm	株型	叶形	叶尖	叶面	叶缘	叶色	叶片厚薄	花序密度	花序形状	花色	茎叶角度	移栽至开花/天
4547	148.20	7.51	3.89	27.80	55.20	20.60	0.00	筒形	长椭圆	渐尖	较皱	波浪	绿	中等	密集	球形	红	中	68.0
4548	159.40	8.68	4.25	26.00	58.00	26.60	0.00	筒形	椭圆	渐尖	较皱	波浪	绿	中等	密集	球形	红	中	74.0
4549	143.60	9.90	4.17	24.80	64.60	29.00	0.00	筒形	长椭圆	渐尖	较皱	波浪	绿	中等	密集	球形	淡红	中	68.0
4550	185.20	8.30	4.93	28.80	70.30	32.80	0.00	筒形	椭圆	渐尖	较皱	波浪	绿	中等	密集	球形	淡红	中	61.0
4551	151.60	8.50	4.46	25.00	46.70	20.34	0.00	塔形	长椭圆	渐尖	皱	波浪	绿	较薄	松散	菱形	淡红	中	63.0
4552	165.20	9.10	5.05	24.80	54.92	24.24	0.00	筒形	长椭圆	渐尖	较平	波浪	绿	中等	密集	球形	淡红	中	59.0
4553	172.60	8.70	5.82	22.80	57.16	25.06	0.00	塔形	长椭圆	渐尖	较皱	波浪	绿	中等	松散	倒圆锥形	淡红	中	58.0
4554	166.40	11.40	4.93	25.80	65.78	30.62	0.00	塔形	椭圆	渐尖	较平	微波	黄绿	中等	密集	球形	淡红	中	61.0
4555	183.20	7.70	6.63	21.60	49.24	15.32	0.00	筒形	披针形	尾状	较平	平滑	绿	中等	松散	菱形	淡红	中	51.0
4556	124.00	8.60	4.32	18.80	60.20	25.50	0.00	筒形	长椭圆	急尖	较皱	波浪	绿	中等	密集	球形	红	中	60.0
4557	163.40	8.24	4.75	26.00	50.38	16.62	0.00	筒形	披针形	尾状	较平	平滑	绿	中等	松散	菱形	淡红	中	54.0
4558	174.40	8.52	4.94	27.20	51.60	14.56	0.00	塔形	披针形	尾状	平	微波	绿	中等	密集	球形	淡红	中	57.0
4559	160.40	7.90	4.07	30.80	39.00	19.20	0.00	筒形	椭圆	渐尖	较皱	波浪	绿	中等	密集	球形	红	中	67.0
4560	189.00	9.66	9.55	15.60	55.90	28.70	0.00	塔形	椭圆	渐尖	平	微波	绿	中等	松散	菱形	淡红	中	52.0
4561	150.80	9.82	7.69	14.40	50.40	22.70	0.00	塔形	长椭圆	渐尖	平	微波	绿	中等	松散	菱形	淡红	中	52.0
4562	158.60	6.20	3.80	30.20	31.60	19.75	0.00	筒形	宽椭圆	钝尖	较皱	波浪	绿	中等	密集	球形	红	中	52.0
4563	149.80	7.40	5.27	20.90	39.00	11.00	0.00	筒形	披针形	尾状	较皱	波浪	绿	中等	松散	倒圆锥形	红	中	46.0
4564	174.00	8.72	5.74	24.20	52.78	30.88	0.00	塔形	宽椭圆	渐尖	较皱	微波	浅绿	薄	松散	菱形	红	中	64.0

序号	全国统一编号	种质名称	杂交组合	编目单位	种子来源	原产地	收集时间
4565	00003841	TI1504		中烟所	中烟所引自美国	台湾省	1995 年
4566	00003842	TI1597		中烟所	中烟所引自美国	意大利	1995 年
4567	00003843	TI1625		中烟所	引自美国	津巴布韦	1998 年
4568	00003844	Va45		中烟所	中烟所引自美国	美国	1995 年
4569	00003845	Va80	NC95×Bur.49)B4S4	中烟所	中烟所引自美国	美国	1995 年
4570	00003846	Va770	NC95×Va3160	中烟所	引自美国	美国	1993 年
4571	00003847	Va3160		中烟所	中烟所引自美国	美国	1995 年
4572	00003848	Vamorr50		中烟所	中烟所引自美国	美国	1995 年
4573	00003849	VPI103		中烟所	中烟所引自美国	美国	1995 年
4574	00003850	VPI104	Va182×K399	中烟所	中烟所引自美国	美国	1996 年
4575	00003851	Va040-1		中烟所	中烟所引自美国	美国	1995 年
4576	00003852	Va410	K394×Coker176	中烟所	中烟所引自美国	美国	1995 年
4577	00003853	Va411		中烟所	中烟所引自美国	美国	1995 年
4578	00003854	Va432	K394×AJ-91	中烟所	中烟所引自美国	美国	1995 年
4579	00003855	Va444	Coker176×MCN373	中烟所	中烟所引自美国	美国	1995 年
4580	00003856	Va458	Coker176×Va116	中烟所	中烟所引自美国	美国	1995 年
4581	00003857	Va436		中烟所	中烟所引自美国	美国	1995 年
4582	00003858	Va437		中烟所	中烟所引自美国	美国	1995 年

序号	株高/cm	茎围/cm	节距/cm	叶数/片	叶长/cm	叶宽/cm	叶柄/cm	株型	叶形	叶尖	叶面	叶缘	叶色	叶片厚薄	花序密度	花序形状	花色	茎叶角度	移栽至开花/天
4565	131.40	8.10	4.57	20.80	58.60	26.90	0.00	筒形	椭圆	渐尖	较皱	波浪	绿	中等	密集	球形	红	中	55.0
4566	152.60	8.70	3.35	33.60	48.80	27.50	0.00	筒形	宽椭圆	渐尖	较皱	波浪	绿	中等	密集	球形	红	中	69.0
4567	187.20	10.76	7.01	21.00	71.90	31.70	0.00	塔形	长椭圆	渐尖	较平	微波	绿	较薄	松散	菱形	淡红	中	56.0
4568	132.00	7.54	4.41	22.00	57.80	30.20	0.00	筒形	椭圆	渐尖	较皱	波浪	绿	中等	密集	球形	红	中	53.0
4569	163.00	9.33	4.95	24.20	51.20	29.20	0.00	塔形	宽椭圆	渐尖	较皱	波浪	绿	中等	密集	球形	淡红	中	65.0
4570	165.20	6.99	4.82	26.00	54.60	28.80	0.00	筒形	宽椭圆	渐尖	较皱	波浪	绿	中等	密集	球形	红	中	53.0
4571	157.20	9.82	5.21	21.60	68.30	34.00	0.00	筒形	椭圆	渐尖	较皱	皱折	绿	中等	密集	球形	红	中	63.0
4572	151.40	5.14	4.93	22.60	51.40	29.00	0.00	筒形	宽椭圆	渐尖	较皱	波浪	绿	中等	密集	球形	红	中	61.0
4573	170.20	8.90	4.89	26.60	52.00	19.18	0.00	塔形	长椭圆	渐尖	皱	波浪	绿	较薄	松散	菱形	淡红	中	63.0
4574	140.40	8.80	4.66	20.60	45.60	21.70	0.00	筒形	椭圆	渐尖	较皱	波浪	绿	中等	密集	球形	红	中	60.0
4575	219.00	9.12	5.65	30.80	53.82	30.14	0.00	塔形	宽椭圆	渐尖	较平	波浪	黄绿	中等	松散	菱形	淡红	中	62.0
4576	154.00	9.92	4.84	23.20	68.40	35.80	0.00	筒形	卵圆	渐尖	较平	波浪	绿	中等	密集	球形	红	中	63.0
4577	132.00	8.40	4.34	21.00	50.40	28.10	0.00	筒形	宽椭圆	渐尖	较皱	波浪	绿	中等	密集	球形	红	中	61.0
4578	154.60	8.52	4.27	27.40	69.00	36.40	0.00	筒形	宽椭圆	渐尖	较皱	波浪	绿	中等	密集	球形	淡红	中	63.0
4579	179.20	9.65	4.75	27.80	71.80	39.80	0.00	筒形	椭圆	渐尖	较平	波浪	绿	中等	密集	球形	淡红	中	72.0
4580	179.60	11.34	5.76	23.60	70.20	38.80	0.00	筒形	宽椭圆	急尖	较皱	微波	绿	薄	松散	菱形	淡红	中	61.0
4581	169.80	8.28	4.57	25.80	68.90	40.00	0.00	塔形	宽椭圆	钝尖	较皱	波浪	绿	中等	松散	球形	淡红	中	66.0
4582	152.40	9.42	4.50	25.00	52.04	25.12	0.00	塔形	椭圆	渐尖	较皱	波浪	绿	中等	松散	菱形	淡红	中	64.0

序号	全国统一编号	种质名称	杂交组合	编目单位	种子来源	原产地	收集时间
4583	00003859	Va567		中烟所	引自美国	美国	1998 年
4584	00003860	Va578		中烟所	中烟所引自美国	美国	1995 年
4585	00003861	Va600		中烟所	中烟所引自美国	美国	1995 年
4586	00003862	Va613		中烟所	中烟所引自美国	美国	1995 年
4587	00003863	Va618		中烟所	中烟所引自美国	美国	1995 年
4588	00003864	Va645	NC745×MCN373	中烟所	中烟所引自美国	美国	1995 年
4589	00003865	Va730	（NC82×PD4）×Va182	中烟所	中烟所引自美国	美国	1995 年
4590	00003866	Va260		中烟所	中烟所引自美国	美国	1995 年
4591	00003867	Va407		中烟所	引自美国	美国	1996 年
4592	00005235	佛杰伦		中烟所	美国	美国	2008 年
4593	00005245	波兰烤烟 -3		中烟所	波兰	波兰	2008 年
4594	00005249	NCTG52		中烟所	美国	美国	1997 年
4595	00005250	筑波 2 号		中烟所	日本	日本	2006 年
4596	00005251	台烟 10 号		中烟所	中国台湾	中国台湾	2008 年
4597	00005252	PBD6		中烟所	中烟所		2011 年
4598	00005253	VD		中烟所	中烟所		2011 年
4599	00005254	台烟 11 号		中烟所	中国台湾	中国台湾	2007 年

序号	株高/cm	茎围/cm	节距/cm	叶数/片	叶长/cm	叶宽/cm	叶柄/cm	株型	叶形	叶尖	叶面	叶缘	叶色	叶片厚薄	花序密度	花序形状	花色	茎叶角度	移栽至开花/天
4583	157.80	8.20	3.49	33.30	41.30	19.50	0.00	塔形	椭圆	渐尖	较皱	波浪	绿	中等	密集	球形	红	中	101.0
4584	161.40	8.50	4.54	27.20	52.90	28.70	0.00	筒形	宽椭圆	钝尖	较皱	波浪	绿	中等	密集	球形	红	中	74.0
4585	154.40	9.46	4.97	23.00	51.46	28.22	0.00	塔形	宽椭圆	渐尖	皱	波浪	绿	较薄	松散	菱形	淡红	中	56.0
4586	158.00	8.28	5.00	23.60	47.52	22.64	0.00	塔形	椭圆	渐尖	平	平滑	深绿	中等	松散	菱形	淡红	中	55.0
4587	176.70	9.30	4.56	30.70	51.70	23.70	0.00	塔形	椭圆	渐尖	较皱	波浪	绿	中等	密集	球形	红	中	60.0
4588	199.00	8.47	5.78	27.50	58.60	38.00	0.00	筒形	宽椭圆	渐尖	较平	波浪	绿	中等	密集	球形	淡红	中	69.0
4589	160.00	9.38	4.28	29.00	72.00	35.00	0.00	筒形	宽椭圆	渐尖	平	波浪	绿	中等	密集	球形	淡红	中	68.0
4590	154.70	8.96	4.05	28.40	70.00	30.80	0.00	塔形	长椭圆	渐尖	较平	微波	浅绿	较薄	松散	菱形	淡红	中	53.0
4591	155.00	9.20	4.67	24.60	54.08	31.86	0.00	塔形	宽椭圆	钝尖	较皱	微波	绿	中等	松散	倒圆锥形	淡红	中	60.0
4592	192.40	9.30	7.00	23.00	63.10	26.00	0.00	塔形	长椭圆	渐尖	较皱	波浪	绿	中等	密集	倒圆锥形	深红	中	49.0
4593	172.40	11.00	6.10	22.80	77.10	32.40	0.00	塔形	长椭圆	渐尖	较平	波浪	绿	较薄	密集	倒圆锥形	深红	中	52.0
4594	190.20	10.00	5.24	25.00	66.20	39.80	0.00	塔形	宽椭圆	钝尖	皱	皱折	绿	中等	松散	球形	淡红	中	64.0
4595	186.80	9.40	5.22	27.00	58.00	33.40	0.00	筒形	宽椭圆	渐尖	较皱	波浪	浅绿	较薄	密集	球形	红	中	66.0
4596	191.60	9.80	5.04	27.00	65.20	35.50	0.00	筒形	宽椭圆	渐尖	较皱	波浪	绿	中等	松散	菱形	淡红	中	65.0
4597	165.20	9.00	5.08	24.40	54.00	31.00	0.00	塔形	宽椭圆	渐尖	较平	波浪	绿	中等	密集	球形	淡红	中	65.0
4598	153.80	10.00	4.04	29.00	54.80	31.40	0.00	塔形	宽椭圆	渐尖	较平	波浪	绿	中等	密集	球形	淡红	中	65.0
4599	147.20	9.40	4.48	23.80	57.20	30.00	0.00	塔形	椭圆	渐尖	较平	平滑	绿	中等	松散	菱形	淡红	中	66.0

5. 白肋烟地方种质资源目录——护照信息

序号	全国统一编号	种质名称	编目单位	种子来源	原产地	收集时间	备注
4600	00004043	牛利白肋	广东所	广东所	广东省广州市	2007 年	广东所
4601	00004044	白茎烟	湖北院	中烟所	湖北省五峰县	2010 年	湖北院
4602	00005401	湖北白筋烟	山东农大	山东农大	湖北省	2015 年	山东农大

6. 白肋烟品系种质资源目录——护照信息

序号	全国统一编号	种质名称	杂交组合	编目单位	种子来源	原产地	收集时间
4603	00004280	22057-1		安徽所	安徽所	安徽省凤阳市	2007 年
4604	00004326	达所 26	宣明 12 号系选	达州公司	四川达州	四川省达州市	2011 年
4605	00005283	MS B21-1		达州公司	达州公司	四川省达州市	2011 年
4606	00005284	B21-1	Burley 21 系选	达州公司	达州公司	四川省达州市	2011 年
4607	00005369	MSVa1061	MS Burley21×Va1061	达州公司	达州公司	四川省	2015 年
4608	00004279	68-34（白）	广黄十号 ×64006-1-1	广东所	广东所	广东省广州市	2007 年
4609	00004288	宽叶 106		广东所	广东所	广东省广州市	2007 年
4610	00004289	白肋 2046		广东所	河南	河南省	2007 年
4611	00004309	迟 121		广东所	广东所	广东省广州市	2007 年
4612	00003968	MSKY10	MS Burley21×KY10	湖北院	湖北院	湖北省	1995 年

5. 白肋烟地方种质资源目录——植物学信息

序号	株高/cm	茎围/cm	节距/cm	叶数/片	叶长/cm	叶宽/cm	叶柄/cm	株型	叶形	叶尖	叶面	叶缘	叶色	叶片厚薄	花序密度	花序形状	花色	茎叶角度	移栽至开花/天
4600	147.70	7.94	3.50	28.90	44.35	21.40	6.40	塔形	卵圆	渐尖	平	平滑	黄绿	中等	密集	球形	淡红	中	61.0
4601	170.00	12.45	4.65	28.00	71.30	32.70	0.00	筒形	椭圆	渐尖	较平	波浪	黄绿	中等	松散	菱形	淡红	中	61.0
4602	149.00	7.30	5.45	20.00	51.20	28.10	0.00	塔形	卵圆	急尖	平	微波	黄绿	厚	密集	倒圆锥形	淡红	中	69.0

6. 白肋烟品系种质资源目录——植物学信息

序号	株高/cm	茎围/cm	节距/cm	叶数/片	叶长/cm	叶宽/cm	叶柄/cm	株型	叶形	叶尖	叶面	叶缘	叶色	叶片厚薄	花序密度	花序形状	花色	茎叶角度	移栽至开花/天
4603	131.80	8.60	6.54	14.40	40.80	27.60	0.00	塔形	宽卵圆	渐尖	较平	微波	黄绿	较薄	密集	菱形	淡红	中	54.0
4604	240.00	11.00	3.90	49.00	63.00	32.00	0.00	筒形	椭圆	渐尖	较平	波浪	黄绿	中等	密集	球形	淡红	中	84.0
4605	148.92	9.95	4.13	25.00	68.83	35.21	0.00	筒形	椭圆	渐尖	平	波浪	黄绿	中等	密集	球形	红	中	64.0
4606	148.92	9.95	4.13	25.00	68.83	35.21	0.00	筒形	椭圆	渐尖	平	波浪	黄绿	中等	密集	球形	红	中	64.0
4607	153.40	11.00	3.84	30.60	65.90	29.90	0.00	筒形	椭圆	渐尖	较皱	波浪	黄绿	中等	密集	球形	淡红	中	65.0
4608	136.80	7.69	3.40	29.00	42.95	20.60	0.00	塔形	椭圆	急尖	平	平滑	浅绿	中等	松散	倒圆锥形	淡红	中	70.0
4609	154.80	8.45	4.49	24.30	47.90	23.20	0.00	橄榄形	椭圆	渐尖	平	平滑	黄绿	中等	松散	倒圆锥形	淡红	中	68.0
4610	135.70	8.16	4.12	22.00	42.80	19.05	0.00	橄榄形	长椭圆	急尖	平	平滑	黄绿	中等	密集	菱形	淡红	中	67.0
4611	153.70	8.32	4.42	24.70	51.85	24.65	0.00	橄榄形	椭圆	渐尖	平	平滑	黄绿	较厚	密集	扁球形	淡红	中	73.0
4612	179.30	10.60	5.10	26.80	74.20	37.20	0.00	筒形	椭圆	渐尖	较平	微波	黄绿	中等	密集	球形	红	中	50.0

序号	全国统一编号	种质名称	杂交组合	编目单位	种子来源	原产地	收集时间
4613	00003969	MSVa509	MS86-6×Virginia509	湖北院	湖北院	湖北省恩施市	1995 年
4614	00003970	MSKY17	MS Kentucky14×Kentucky17	湖北院	湖北院	湖北省恩施市	1995 年
4615	00003971	MSK26		湖北院	湖北院	湖北省	1995 年
4616	00003972	MSTN90	MS Burley21×TN90	湖北院	湖北院	湖北省恩施市	1995 年
4617	00003973	MSKY14	MSBurley21×Ky14，连续回交 6 代	湖北院	湖北院	湖北省恩施市	1995 年
4618	00003974	MS Burley21（津）		湖北院	湖北院	湖北省	1995 年
4619	00003975	MS Burley21（韩）		湖北院	湖北院	湖北省	1995 年
4620	00003976	MS PB9	MS Burley21×PB9	湖北院	湖北院	湖北省恩施市	1995 年
4621	00003977	MS Ky16	MS Kentucky14×Kentucky16	湖北院	湖北院	湖北省恩施市	1995 年
4622	00003978	MS Ky8959	MS Burley21×Kentucky8959	湖北院	湖北院	湖北省恩施市	1995 年
4623	00003979	MS Ky907	MS Burley21×Kentucky907	湖北院	湖北院	湖北省恩施市	1995 年
4624	00004282	MS TN97	MSBurley21×TN97	湖北院	湖北恩施市	湖北省恩施市	2011 年
4625	00004284	MS Burley64	MSKy14×Burley64	湖北院	湖北恩施市	湖北省恩施市	2011 年
4626	00004286	MS LA Burley21	MSBurley21×LA Burley21	湖北院	湖北恩施市	湖北省恩施市	2011 年
4627	00004287	五峰白肋烟	中叶 2 号 ×Ky14	湖北院	湖北五峰	湖北省五峰县	2011 年
4628	00004291	MS 鄂白 003	MSVa509× 鄂白 003	湖北院	湖北院	湖北省恩施市	2009 年
4629	00004293	省白肋窄叶	Burley21 系选	湖北院	湖北院	湖北省武汉市	2010 年
4630	00004295	鄂白 99-2-4	鄂白 20 号 ×（Tennessee90×Kentucky8959）	湖北院	湖北院	湖北省恩施市	2010 年

序号	株高/cm	茎围/cm	节距/cm	叶数/片	叶长/cm	叶宽/cm	叶柄/cm	株型	叶形	叶尖	叶面	叶缘	叶色	叶片厚薄	花序密度	花序形状	花色	茎叶角度	移栽至开花/天
4613	150.61	11.44	4.16	25.40	67.67	34.42	0.00	塔形	椭圆	渐尖	较平	波浪	黄绿	中等	密集	球形	淡红	大	61.0
4614	160.40	9.30	5.29	22.40	71.70	34.58	0.00	塔形	椭圆	渐尖	较平	波浪	黄绿	中等	密集	球形	淡红	中	55.0
4615	172.30	10.14	5.38	24.60	68.38	29.36	0.00	筒形	长椭圆	渐尖	较平	波浪	绿	中等	松散	菱形	淡红	中	69.0
4616	182.00	9.92	4.66	30.40	73.70	32.60	0.00	塔形	长椭圆	渐尖	较皱	波浪	绿	中等	密集	球形	淡红	大	68.0
4617	147.60	9.86	3.94	27.80	69.80	33.50	0.00	筒形	椭圆	渐尖	较皱	波浪	绿	中等	密集	球形	淡红	中	58.0
4618	175.78	10.44	5.14	27.40	77.60	31.30	0.00	筒形	长椭圆	渐尖	较平	波浪	黄绿	中等	密集	球形	淡红	中	59.0
4619	181.94	10.62	5.22	27.20	81.16	33.14	0.00	筒形	长椭圆	渐尖	较平	波浪	黄绿	中等	密集	球形	淡红	中	63.0
4620	139.53	9.42	4.50	21.00	74.28	34.61	0.00	塔形	椭圆	渐尖	较平	波浪	黄绿	中等	密集	球形	淡红	中	58.0
4621	168.40	11.76	4.26	30.80	76.28	35.32	0.00	筒形	椭圆	渐尖	较平	波浪	黄绿	中等	松散	菱形	淡红	中	55.0
4622	203.78	12.54	4.41	34.60	78.28	37.82	0.00	筒形	椭圆	渐尖	较平	波浪	绿	中等	密集	菱形	淡红	中	60.0
4623	149.00	10.40	4.11	27.00	65.20	37.00	0.00	筒形	宽椭圆	渐尖	较皱	波浪	黄绿	中等	密集	球形	淡红	中	67.0
4624	169.10	10.03	5.06	23.90	72.85	35.70	0.00	筒形	椭圆	渐尖	较平	波浪	黄绿	中等	密集	球形	淡红	中	64.0
4625	166.50	10.06	4.74	24.30	73.80	34.90	0.00	筒形	椭圆	渐尖	较平	波浪	黄绿	中等	密集	球形	淡红	中	61.0
4626	158.00	10.08	4.50	24.00	80.20	35.20	0.00	塔形	长椭圆	渐尖	较平	波浪	黄绿	中等	密集	球形	淡红	中	63.0
4627	150.80	9.98	6.02	18.50	76.40	40.25	0.00	塔形	宽椭圆	渐尖	较平	波浪	黄绿	中等	松散	菱形	淡红	中	50.0
4628	156.50	7.55	4.42	25.00	64.76	33.51	0.00	筒形	椭圆	渐尖	较平	波浪	黄绿	中等	密集	球形	淡红	中	59.0
4629	131.00	10.60	2.95	32.00	65.50	17.10	0.00	筒形	长椭圆	渐尖	较平	波浪	浅绿	中等	松散	菱形	淡红	中	60.0
4630	173.00	11.50	4.40	30.40	66.20	31.40	0.00	筒形	椭圆	渐尖	较平	波浪	黄绿	中等	密集	球形	淡红	中	62.0

序号	全国统一编号	种质名称	杂交组合	编目单位	种子来源	原产地	收集时间
4631	00004299	鄂白单株 9 号	Kentucky8959 系选	湖北院	湖北院	湖北省恩施市	2010 年
4632	00004300	白肋 23		湖北院	湖北院	湖北省恩施市	2007 年
4633	00004301	白肋 11 号		湖北院	湖北院	湖北省建始县	2007 年
4634	00004302	鄂白 005	Burley21 系选	湖北院	湖北院	湖北省恩施市	2008 年
4635	00004303	鄂白 004	L-8 系选	湖北院	湖北院	湖北省恩施市	2008 年
4636	00004306	鄂白 006	Burley37 系选	湖北院	湖北院	湖北省恩施市	2008 年
4637	00004307	MS 鄂白 005	MSBurley21× 鄂白 005	湖北院	湖北院	湖北省恩施市	2009 年
4638	00004308	鄂白 010	Ky8959×Burley37	湖北院	湖北院	湖北省恩施市	2008 年
4639	00004310	鄂白 003	Va509 系选	湖北院	湖北院	湖北省恩施市	2008 年
4640	00004311	鄂白 007	Burley21 系选	湖北院	湖北院	湖北省恩施市	2008 年
4641	00004312	鄂白 008	从韩国引进 Burley21 系选	湖北院	湖北院	湖北省恩施市	2008 年
4642	00004313	鄂白 001	Ky14 系选	湖北院	湖北院	湖北省恩施市	2008 年
4643	00004314	鄂白 002	Va509 系选	湖北院	湖北院	湖北省恩施市	2008 年
4644	00004316	MS 鄂白 001	MSKY14× 鄂白 001	湖北院	湖北院	湖北省恩施市	2009 年
4645	00004317	MS 金水白肋烟 2 号	MSBurley21× 金水白肋 2 号	湖北院	湖北院	湖北省恩施市	2007 年
4646	00004318	MS 鄂白 004	MSKY14× 鄂白 004	湖北院	湖北院	湖北省恩施市	2009 年
4647	00004320	鄂白 011	Burley37×Ky8959	湖北院	湖北院	湖北省恩施市	2008 年
4648	00004321	鄂白 009	Ky8959× 鄂白 004	湖北院	湖北院	湖北省恩施市	2008 年

序号	株高/cm	茎围/cm	节距/cm	叶数/片	叶长/cm	叶宽/cm	叶柄/cm	株型	叶形	叶尖	叶面	叶缘	叶色	叶片厚薄	花序密度	花序形状	花色	茎叶角度	移栽至开花/天
4631	182.50	12.00	4.67	31.50	74.65	31.90	0.00	筒形	长椭圆	渐尖	较平	波浪	黄绿	中等	密集	球形	淡红	中	68.0
4632	166.00	9.95	4.24	28.53	72.97	33.78	0.00	筒形	椭圆	渐尖	较平	波浪	黄绿	中等	密集	球形	淡红	中	86.0
4633	167.67	9.37	4.09	30.40	69.65	33.13	0.00	筒形	长卵圆	渐尖	较平	波浪	黄绿	中等	密集	球形	淡红	大	76.0
4634	194.40	10.92	5.88	26.30	65.90	35.60	0.00	筒形	宽椭圆	渐尖	较皱	波浪	黄绿	中等	密集	球形	淡红	中	63.0
4635	162.10	10.73	4.96	24.70	69.24	32.05	0.00	筒形	椭圆	渐尖	较平	波浪	黄绿	中等	密集	球形	淡红	中	50.0
4636	163.20	10.70	4.84	25.00	70.80	31.17	0.00	筒形	长椭圆	渐尖	较平	波浪	黄绿	中等	密集	球形	淡红	中	56.0
4637	141.40	7.58	3.95	23.70	61.91	35.92	0.00	塔形	宽椭圆	钝尖	较平	波浪	黄绿	中等	密集	球形	淡红	中	58.0
4638	165.74	10.89	4.97	25.30	70.70	32.75	0.00	筒形	椭圆	渐尖	较平	波浪	黄绿	中等	密集	球形	淡红	中	58.0
4639	178.50	10.69	5.31	25.80	69.90	34.70	0.00	筒形	椭圆	渐尖	较平	波浪	黄绿	中等	密集	球形	淡红	中	58.0
4640	174.50	10.40	5.14	26.70	69.90	28.64	0.00	筒形	长椭圆	渐尖	较平	波浪	黄绿	中等	密集	球形	淡红	中	62.0
4641	166.60	11.39	4.78	26.90	75.30	33.48	0.00	筒形	长椭圆	渐尖	较平	波浪	黄绿	中等	密集	球形	淡红	中	63.0
4642	175.10	10.75	5.32	25.10	71.25	36.60	0.00	筒形	椭圆	渐尖	较平	波浪	黄绿	中等	密集	球形	淡红	中	55.0
4643	178.30	10.99	5.08	26.40	71.50	35.13	0.00	筒形	椭圆	渐尖	较平	波浪	黄绿	中等	密集	球形	淡红	中	55.0
4644	153.20	7.70	4.56	24.80	66.88	33.72	0.00	筒形	椭圆	渐尖	较平	波浪	黄绿	中等	密集	球形	淡红	中	56.0
4645	143.40	5.33	4.16	25.20	69.31	37.84	0.00	筒形	宽椭圆	钝尖	较皱	波浪	黄绿	较厚	密集	球形	淡红	中	64.0
4646	138.00	7.45	3.92	23.50	66.49	33.51	0.00	筒形	椭圆	渐尖	较平	波浪	黄绿	中等	密集	球形	淡红	中	58.0
4647	186.06	11.19	5.35	27.30	71.71	34.76	0.00	筒形	椭圆	渐尖	较平	波浪	黄绿	中等	密集	球形	淡红	中	63.0
4648	192.70	11.08	5.89	26.40	74.70	35.64	0.00	筒形	椭圆	渐尖	较平	波浪	黄绿	中等	松散	菱形	淡红	中	60.0

序号	全国统一编号	种质名称	杂交组合	编目单位	种子来源	原产地	收集时间
4649	00003981	MSTI1406	MS Burley21×TI1406	中烟所	中烟所	山东省	2003 年

7. 白肋烟选育品种资源目录——护照信息

序号	全国统一编号	品种名称	杂交组合	编目单位	种子来源	原产地	收集时间
4650	00004323	达白二号	MSVa509× 达所 26	达州公司	四川达州	四川省达州市	2015 年
4651	00005282	川白 1 号	MS B21-1× 达所 26	达州公司	达州公司	四川省达州市	2012 年
4652	00005295	9026	MSTN90× 达所 26	达州公司	达州公司	四川省达州市	2013 年
4653	00005370	川白 2 号	MSVa1061× 达所 26	达州公司	达州公司	四川省达州市	2014 年
4654	00003966	建选 1 号	Kentucky17 系选	湖北院	湖北院	湖北省恩施市	1995 年
4655	00003967	建选 2 号		湖北院	湖北院	湖北省恩施市	1995 年
4656	00003980	鄂烟 3 号	MSTN86×LABurley21	湖北院	湖北省烟草公司建始县公司	湖北省建始县	2000 年
4657	00004281	鄂烟 211	MSBurley21×Kentucky16	湖北院	湖北恩施市	湖北省恩施市	2011 年
4658	00004283	鄂烟 209	MSVa509E×Burley37	湖北院	湖北恩施市	湖北省恩施市	2009 年
4659	00004285	鄂烟 6 号	MS 金水白肋 2 号 ×Burley37	湖北院	湖北恩施市	湖北省恩施市	2007 年
4660	00004292	建选 304 号		湖北院	湖北院	湖北省建始县	2010 年
4661	00004294	鄂白 21 号	（Kentucky17×Virginia509）×（Virginia509×BanketA-1）	湖北院	湖北院	湖北省恩施市	2010 年
4662	00004296	建选 3 号	Burley21 系选	湖北院	湖北院	湖北省建始县	2010 年
4663	00004298	鄂白 20 号	（Kentucky17×Virginia508）×（Virginia509×BanketA-1）	湖北院	湖北院	湖北省恩施市	2010 年

序号	株高/cm	茎围/cm	节距/cm	叶数/片	叶长/cm	叶宽/cm	叶柄/cm	株型	叶形	叶尖	叶面	叶缘	叶色	叶片厚薄	花序密度	花序形状	花色	茎叶角度	移栽至开花/天
4649	160.00	8.40	5.45	22.00	52.80	28.40	0.00	筒形	宽椭圆	渐尖	较皱	波浪	绿	中等	密集	球形	红	中	63.0

7. 白肋烟选育品种资源目录——植物学信息

序号	株高/cm	茎围/cm	节距/cm	叶数/片	叶长/cm	叶宽/cm	叶柄/cm	株型	叶形	叶尖	叶面	叶缘	叶色	叶片厚薄	花序密度	花序形状	花色	茎叶角度	移栽至开花/天
4650	173.50	11.50	5.30	25.00	78.80	35.20	0.00	筒形	长椭圆	渐尖	较平	波浪	黄绿	中等	密集	球形	淡红	中	60.0
4651	196.00	11.20	5.00	31.00	78.00	37.80	0.00	筒形	椭圆	渐尖	平	波浪	黄绿	中等	密集	球形	淡红	中	68.6
4652	176.20	11.20	4.70	28.80	71.40	29.30	0.00	筒形	长椭圆	渐尖	平	波浪	黄绿	中等	密集	球形	淡红	中	68.0
4653	169.80	11.00	4.60	24.70	73.20	33.60	0.00	筒形	椭圆	渐尖	较平	微波	黄绿	中等	密集	球形	淡红	中	68.0
4654	164.67	11.20	4.07	29.20	63.17	28.98	0.00	筒形	椭圆	渐尖	较平	波浪	黄绿	中等	密集	球形	淡红	中	58.0
4655	143.16	10.15	3.60	29.20	70.16	33.07	0.00	筒形	椭圆	渐尖	平	微波	黄绿	中等	松散	球形	淡红	中	54.0
4656	152.00	11.20	4.23	24.60	71.00	35.20	0.00	筒形	椭圆	渐尖	较平	波浪	黄绿	中等	密集	球形	淡红	中	61.0
4657	167.10	11.30	5.20	23.60	72.10	35.10	0.00	塔形	椭圆	渐尖	较平	波浪	黄绿	中等	密集	球形	淡红	中	55.0
4658	172.70	10.02	4.22	25.20	74.80	34.30	0.00	筒形	椭圆	渐尖	较平	波浪	黄绿	中等	密集	球形	淡红	中	57.0
4659	168.30	10.00	4.93	24.80	70.55	36.65	0.00	筒形	椭圆	渐尖	较平	波浪	黄绿	中等	密集	球形	淡红	中	65.0
4660	182.50	11.90	4.75	31.00	69.20	31.70	0.00	筒形	椭圆	渐尖	较平	波浪	浅绿	中等	密集	球形	淡红	中	61.0
4661	171.50	12.35	4.60	28.40	64.40	29.75	0.00	筒形	椭圆	渐尖	较皱	波浪	浅绿	较厚	密集	球形	淡红	中	61.0
4662	180.50	12.60	4.65	27.70	73.30	33.60	0.00	筒形	椭圆	渐尖	较平	波浪	黄绿	中等	密集	球形	淡红	中	64.0
4663	188.30	11.35	4.34	34.20	71.40	31.80	0.00	筒形	长椭圆	渐尖	较平	波浪	黄绿	较厚	密集	球形	淡红	中	61.0

序号	全国统一编号	品种名称	杂交组合	编目单位	种子来源	原产地	收集时间
4664	00004319	鄂烟 101	鄂白 003×Ky8959	湖北院	湖北院	湖北省恩施市	2008 年
4665	00005294	鄂烟 213	MSKentucky8959×Virginia528	湖北院	湖北院	湖北省武汉市	2013 年
4666	00005376	鄂烟 215	MSBurley21×Virginia509	湖北院	湖北院	湖北省武汉市	2014 年
4667	00004322	YNBS1	MSTN90×Ky907	云南院	云南院	云南省玉溪市	2007 年
4668	00004324	云白 2 号	Kentucky14×Burley64	云南院	云南院	云南省玉溪市	2009 年
4669	00005273	云白 3 号	Tennessee90×Kentucky8959	云南院	焦芳婵寄来	云南省玉溪市	2012 年
4670	00005298	云白 4 号	Tennessee90×Burley64	云南院	云南院	云南省玉溪市	2013 年
4671	00005372	0B122	Ky14×Kentucky8959	云南院	云南院	云南省玉溪市	2014 年

8. 白肋烟引进种质资源目录——护照信息

序号	全国统一编号	种质名称	编目单位	种子来源	原产地	收集时间
4672	00005191	粤白二号	广东所	广东所	美国	2007 年
4673	00005196	Skromowski burley	广东所	轻工所	波兰	2008 年
4674	00005199	粤二（纯）乳源县	广东所	广东省乳源县	美国	2007 年
4675	00005202	Wloski（白肋 4 号）	广东所	轻工所	波兰弗沃斯基	2007 年
4676	00003984	Burley21（津）	湖北院	湖北院		1995 年
4677	00003989	PB9	湖北院	中烟所		1995 年
4678	00005188	Burley2	湖北院	中烟所	美国	2011 年

序号	株高/cm	茎围/cm	节距/cm	叶数/片	叶长/cm	叶宽/cm	叶柄/cm	株型	叶形	叶尖	叶面	叶缘	叶色	叶片厚薄	花序密度	花序形状	花色	茎叶角度	移栽至开花/天
4664	192.40	10.30	5.55	27.70	70.05	35.00	0.00	筒形	椭圆	渐尖	较平	波浪	黄绿	中等	密集	球形	淡红	中	62.3
4665	171.80	10.90	5.00	25.80	77.30	36.10	0.00	塔形	长椭圆	渐尖	较平	波浪	黄绿	中等	松散	菱形	淡红	中	63.0
4666	165.60	11.10	4.70	25.30	77.80	35.00	0.00	塔形	长椭圆	渐尖	较平	波浪	黄绿	中等	松散	球形	淡红	中	63.0
4667	171.50	11.80	5.05	26.50	73.40	34.20	0.00	塔形	椭圆	渐尖	较平	波浪	黄绿	中等	密集	球形	淡红	中	60.0
4668	180.50	12.50	4.70	26.50	72.40	32.00	0.00	塔形	长椭圆	渐尖	较平	波浪	黄绿	中等	密集	球形	红	中	62.0
4669	179.65	11.84	4.99	28.00	76.27	35.63	0.00	塔形	椭圆	渐尖	较平	波浪	黄绿	中等	密集	球形	红	中	59.0
4670	171.40	11.60	4.80	24.00	74.70	35.30	0.00	塔形	长椭圆	渐尖	较平	波浪	黄绿	中等	密集	球形	淡红	中	60.0
4671	178.40	11.50	4.40	24.00	77.40	35.60	0.00	塔形	椭圆	渐尖	较平	波浪	黄绿	中等	密集	球形	淡红	中	61.0

8. 白肋烟引进种质资源目录——植物学信息

序号	株高/cm	茎围/cm	节距/cm	叶数/片	叶长/cm	叶宽/cm	叶柄/cm	株型	叶形	叶尖	叶面	叶缘	叶色	叶片厚薄	花序密度	花序形状	花色	茎叶角度	移栽至开花/天
4672	137.98	7.72	4.26	23.00	50.85	23.90	0.00	橄榄形	椭圆	急尖	平	平滑	黄绿	较厚	密集	菱形	淡红	小	68.0
4673	159.10	8.92	6.47	18.20	78.10	32.70	0.00	塔形	长椭圆	渐尖	较皱	波浪	绿	中等	松散	菱形	淡红	中	58.0
4674	138.40	7.72	3.67	27.50	50.40	22.40	0.00	橄榄形	长椭圆	渐尖	平	平滑	黄绿	中等	密集	菱形	淡红	中	72.0
4675	168.00	7.82	5.01	24.70	49.07	25.57	0.00	塔形	椭圆	急尖	平	平滑	黄绿	中等	密集	球形	淡红	中	61.0
4676	173.34	10.36	5.45	25.40	73.62	30.20	0.00	筒形	长椭圆	渐尖	较平	波浪	黄绿	中等	密集	球形	淡红	中	65.0
4677	174.16	9.46	5.08	27.40	65.58	33.18	0.00	筒形	椭圆	渐尖	较平	波浪	黄绿	中等	松散	菱形	淡红	中	65.0
4678	155.60	10.02	3.91	28.30	68.85	28.70	0.00	筒形	长椭圆	渐尖	较平	波浪	黄绿	中等	密集	球形	淡红	中	63.0

序号	全国统一编号	种质名称	编目单位	种子来源	原产地	收集时间
4679	00005189	巴引白肋1号	湖北院	云南院	巴西	2011年
4680	00005190	津引白肋2号	湖北院	云南院	津巴布韦	2011年
4681	00005197	A-1	湖北院	马拉维	马拉维	2008年
4682	00005201	Burley5	湖北院	中烟所	美国	2007年
4683	00005203	B18-100	湖北院	中烟所	美国	2007年
4684	00005204	Ky21	湖北院	建始县	美国	2007年
4685	00005206	S174	湖北院	湖北省农科院桑蚕研究所	湖北省	1988年
4686	00005207	Ky24	湖北院	中烟所	美国	2007年
4687	00005210	TN97	湖北院	中烟所	美国	1998年
4688	00005198	KB108	延边所	延边所	韩国	2009年
4689	00003986	KY908	云南院	1999年云南院从美国引进	美国	2016年
4690	00005200	B151	云南院	云南院	美国	2011年
4691	00005205	KY171	云南院	云南院	美国	2011年
4692	00005211	Sota2	云南院	云南院	瑞典	2016年
4693	00003983	Burley11A	中烟所	引自美国	美国	1998年
4694	00003985	Gold no Burley	中烟所	中烟所引自美国	美国	1995年
4695	00003987	LA Burley21	中烟所	引自美国	美国	1995年
4696	00003990	TI1459	中烟所	中烟所引自美国	德国	1995年

序号	株高/cm	茎围/cm	节距/cm	叶数/片	叶长/cm	叶宽/cm	叶柄/cm	株型	叶形	叶尖	叶面	叶缘	叶色	叶片厚薄	花序密度	花序形状	花色	茎叶角度	移栽至开花/天
4679	181.80	12.30	4.40	30.50	79.80	34.75	0.00	筒形	长椭圆	渐尖	较平	波浪	黄绿	中等	密集	球形	淡红	中	70.0
4680	166.40	9.91	5.19	22.80	64.85	34.85	0.00	筒形	宽椭圆	渐尖	较平	波浪	绿	中等	密集	球形	淡红	中	59.0
4681	192.95	11.07	5.86	26.10	69.70	37.60	0.00	筒形	宽椭圆	渐尖	较平	波浪	黄绿	中等	密集	球形	淡红	中	64.0
4682	175.53	9.85	4.99	26.93	68.59	38.13	0.00	筒形	卵圆	渐尖	较平	波浪	黄绿	中等	密集	球形	淡红	中	67.0
4683	156.00	10.67	4.11	26.13	71.97	31.95	0.00	筒形	长卵圆	渐尖	较平	波浪	黄绿	中等	密集	球形	淡红	中	70.0
4684	203.00	8.69	5.24	31.13	67.03	33.99	0.00	筒形	卵圆	渐尖	较平	波浪	黄绿	中等	密集	球形	淡红	中	75.0
4685	178.10	10.37	5.64	24.40	69.20	35.25	0.00	筒形	椭圆	渐尖	较平	波浪	黄绿	中等	密集	球形	淡红	中	68.0
4686	170.97	9.34	4.88	27.73	75.07	37.80	0.00	筒形	卵圆	渐尖	较平	波浪	黄绿	中等	密集	球形	淡红	中	73.0
4687	182.40	10.29	5.08	28.00	70.00	30.30	0.00	筒形	长椭圆	渐尖	较皱	波浪	黄绿	中等	松散	菱形	淡红	中	67.0
4688	167.80	10.05	5.00	25.50	67.80	31.45	0.00	塔形	椭圆	渐尖	较皱	波浪	浅绿	中等	密集	球形	深红	中	78.0
4689	171.30	12.60	5.20	25.00	70.80	35.80	0.00	筒形	椭圆	渐尖	较皱	波浪	绿	中等	密集	球形	淡红	小	58.0
4690	161.00	10.00	5.10	24.20	70.10	29.20	0.00	塔形	宽卵圆	急尖	较皱	波浪	深绿	中等	松散	球形	红	中	52.0
4691	160.32	9.70	4.70	25.60	67.70	29.80	0.00	塔形	长椭圆	尾状	较平	波浪	绿	中等	密集	球形	红	中	61.0
4692	176.00	12.10	5.60	25.00	72.20	41.20	0.00	筒形	宽椭圆	渐尖	较平	波浪	黄绿	中等	密集	球形	淡红	中	65.0
4693	154.00	8.54	4.36	25.00	74.53	33.99	0.00	筒形	椭圆	渐尖	较平	波浪	黄绿	中等	密集	球形	淡红	中	62.0
4694	136.40	10.60	4.84	20.40	62.90	27.40	0.00	筒形	长椭圆	渐尖	较平	波浪	黄绿	中等	密集	球形	淡红	中	56.0
4695	169.80	10.36	3.86	33.20	75.01	36.50	0.00	筒形	椭圆	渐尖	较皱	波浪	绿	中等	密集	球形	淡红	中	63.0
4696	137.00	10.80	4.04	24.00	64.50	26.90	0.00	筒形	长椭圆	渐尖	较皱	波浪	黄绿	中等	密集	球形	淡红	中	56.0

序号	全国统一编号	种质名称	编目单位	种子来源	原产地	收集时间
4697	00003991	TI1462	中烟所	中烟所引自美国	德国	1995年
4698	00003992	TI1463	中烟所	中烟所引自美国	德国	1995年
4699	00003993	Va1010	中烟所	中烟所引自美国		1995年
4700	00003994	Va1012	中烟所	中烟所引自美国	美国	1995年
4701	00003995	Va1013R	中烟所	中烟所引自美国	美国	1995年
4702	00003996	Va1019	中烟所	中烟所引自美国	美国	1995年
4703	00003997	Va1052R	中烟所	引自美国	美国	1999年
4704	00003998	Va1088	中烟所	中烟所引自美国	美国	1995年
4705	00003999	Va1411	中烟所	中烟所引自美国	美国	1995年
4706	00004000	Va1053	中烟所	中烟所引自美国	美国	1995年
4707	00004290	Burley29	中烟所	中烟所		2007年
4708	00004297	Burley34	中烟所	中烟所		2007年
4709	00004304	Burley68	中烟所	中烟所		2007年
4710	00004305	Burley69	中烟所	中烟所		2007年
4711	00004315	Burley93	中烟所	中烟所		2008年
4712	00004325	Burley100	中烟所	中烟所	美国	2008年
4713	00005193	KY26	中烟所	美国	美国	2008年
4714	00005194	Burley27	中烟所	中烟所	美国	2007年

序号	株高/cm	茎围/cm	节距/cm	叶数/片	叶长/cm	叶宽/cm	叶柄/cm	株型	叶形	叶尖	叶面	叶缘	叶色	叶片厚薄	花序密度	花序形状	花色	茎叶角度	移栽至开花/天
4697	131.00	10.20	5.55	16.40	59.30	30.20	0.00	筒形	椭圆	渐尖	较皱	波浪	黄绿	中等	松散	菱形	淡红	中	54.0
4698	175.60	11.40	5.08	26.40	60.10	31.20	0.00	筒形	椭圆	渐尖	较皱	波浪	黄绿	中等	密集	球形	淡红	中	66.0
4699	148.60	8.60	2.59	42.00	51.80	22.40	0.00	筒形	长椭圆	渐尖	较皱	波浪	绿	中等	密集	球形	红	中	76.0
4700	158.00	9.80	3.91	30.80	50.80	23.00	0.00	筒形	长椭圆	渐尖	较皱	波浪	绿	中等	密集	球形	红	中	62.0
4701	159.40	12.60	3.87	29.40	68.50	29.60	0.00	筒形	长椭圆	渐尖	较皱	波浪	黄绿	中等	密集	球形	淡红	中	68.0
4702	171.00	12.20	4.98	26.60	66.40	30.80	0.00	筒形	椭圆	渐尖	较皱	波浪	黄绿	中等	密集	球形	淡红	中	67.0
4703	140.00	12.60	4.20	25.00	66.10	27.90	0.00	筒形	长椭圆	渐尖	较皱	波浪	黄绿	中等	密集	球形	淡红	中	59.0
4704	144.60	11.40	4.16	25.60	66.80	31.40	0.00	筒形	椭圆	渐尖	较皱	波浪	黄绿	中等	密集	球形	淡红	中	65.0
4705	147.00	11.20	4.21	24.20	61.90	30.20	0.00	筒形	椭圆	渐尖	较平	波浪	黄绿	中等	密集	球形	淡红	中	61.0
4706	145.00	9.60	4.04	26.00	60.10	31.20	0.00	筒形	椭圆	渐尖	较皱	波浪	黄绿	中等	密集	球形	白	中	67.0
4707	151.13	10.50	4.22	27.33	62.58	35.55	0.00	筒形	卵圆	渐尖	较平	波浪	黄绿	中等	密集	菱形	淡红	中	73.0
4708	173.73	8.88	4.21	28.67	66.11	36.96	0.00	筒形	卵圆	渐尖	较平	波浪	黄绿	中等	密集	球形	淡红	中	74.0
4709	166.40	9.70	4.11	30.40	74.65	34.35	0.00	筒形	长卵圆	渐尖	较平	波浪	黄绿	中等	密集	球形	淡红	中	69.0
4710	174.27	10.33	4.31	30.13	73.37	34.49	0.00	筒形	长卵圆	渐尖	较平	波浪	黄绿	中等	密集	球形	淡红	中	75.0
4711	148.30	10.23	4.80	23.40	65.20	30.50	0.00	筒形	椭圆	渐尖	较平	波浪	黄绿	中等	密集	球形	淡红	中	48.0
4712	170.00	11.20	5.05	25.50	71.50	31.20	0.00	筒形	长椭圆	渐尖	较平	波浪	黄绿	中等	密集	球形	淡红	中	63.0
4713	150.90	8.64	3.13	29.00	50.30	24.40	0.00	塔形	椭圆	渐尖	较平	微波	黄绿	较薄	密集	球形	淡红	中	76.0
4714	177.67	10.50	4.24	32.60	74.05	34.79	0.00	塔形	长卵圆	渐尖	较平	波浪	黄绿	中等	密集	球形	淡红	中	76.0

序号	全国统一编号	种质名称	编目单位	种子来源	原产地	收集时间
4715	00005209	VAM	中烟所	法国	法国	2007 年
4716	00005340	Kentucky 29	中烟所	赵彬寄来		2015 年
4717	00005341	BV1	中烟所	赵彬寄来		2015 年
4718	00005342	S173	中烟所	赵彬寄来	中国湖北省	1988 年
4719	00005408	Kentucky 18	中烟所	中烟所	美国	2015 年

9. 黄花烟种质资源目录——护照信息

序号	全国统一编号	种质名称	编目单位	种子来源	原产地	收集时间	种质类型
4720	00004045	德昌黄花烟	安徽所	德昌县	四川省德昌县大湾乡大湾村	2008 年	地方
4721	00004046	新疆黄花烟	广东所	新疆	新疆维吾尔族自治区	2008 年	地方
4722	00004032	镇沅兰花烟	云南院	云南院	云南省镇沅县	2016 年	地方
4723	00004011	泾川黄花烟	中烟所	甘肃省泾川县	甘肃省泾川县	1997 年	地方
4724	00004012	灵台黄花烟	中烟所	甘肃省灵台县	甘肃省灵台县	1997 年	地方
4725	00004013	云阳兰花烟	中烟所	品资所征集	重庆市云阳县	1997 年	地方
4726	00004014	奉节兰花烟	中烟所	刘国祥考察收集	四川省奉节县	2015 年	地方
4727	00004015	官房兰花烟	中烟所	李毅军考察收集	四川省盐源县树河镇官房村	1994 年	地方
4728	00004016	大院兰花烟	中烟所	李毅军考察收集	四川省盐源县大河乡大院村	1994 年	地方
4729	00004017	小山七二烟	中烟所	李毅军考察收集	四川省越西县南箐乡小山村	1994 年	地方

序号	株高/cm	茎围/cm	节距/cm	叶数/片	叶长/cm	叶宽/cm	叶柄/cm	株型	叶形	叶尖	叶面	叶缘	叶色	叶片厚薄	花序密度	花序形状	花色	茎叶角度	移栽至开花/天
4715	167.60	8.50	4.80	22.60	57.90	27.50	0.00	塔形	椭圆	渐尖	平	平滑	黄绿	较薄	松散	球形	淡红	中	65.0
4716	134.21	7.63	4.15	22.70	44.40	18.50	0.00	塔形	长椭圆	尾状	较平	平滑	黄绿	中等	密集	球形	淡红	小	64.0
4717	155.10	8.13	4.40	25.60	50.80	25.05	0.00	塔形	卵圆	渐尖	较平	平滑	黄绿	中等	松散	倒圆锥形	淡红	中	79.0
4718	159.50	7.63	5.10	23.20	53.15	26.80	0.00	塔形	卵圆	渐尖	较平	平滑	黄绿	中等	松散	倒圆锥形	淡红	中	64.0
4719	139.35	7.73	4.75	21.60	53.65	26.85	0.00	塔形	卵圆	急尖	平	平滑	黄绿	中等	密集	球形	淡红	中	76.0

9. 黄花烟种质资源目录——植物学信息

序号	株高/cm	茎围/cm	节距/cm	叶数/片	叶长/cm	叶宽/cm	叶柄/cm	株型	叶形	叶尖	叶面	叶缘	叶色	叶片厚薄	花序密度	花序形状	花色	茎叶角度	移栽至开花/天
4720	85.53	7.63	4.25	14.67	45.27	20.37	7.70	塔形	长卵圆	渐尖	较平	微波	绿	较厚	密集	菱形	黄	中	37.0
4721	90.60	7.25	5.25	13.90	41.80	31.43	9.00	橄榄形	心脏形	钝尖	较皱	波浪	深绿	较薄	密集	菱形	黄	大	35.0
4722	58.30	5.00	3.70	9.80	17.90	11.50	5.50	筒形	宽卵圆	钝尖	较平	平滑	深绿	较厚	密集	球形	黄	大	20.0
4723	55.00	3.70	2.30	15.20	24.50	14.50	2.80	筒形	卵圆	渐尖	较平	微波	绿	中等	密集	球形	黄	中	29.0
4724	56.50	4.10	2.39	15.30	28.50	13.50	4.20	筒形	长卵圆	渐尖	较皱	波浪	绿	中等	密集	球形	黄	中	29.0
4725	65.00	4.54	5.85	7.60	24.02	17.16	4.96	筒形	心脏形	渐尖	较平	波浪	绿	中等	密集	球形	黄	中	30.0
4726	35.00	6.37	2.82	12.20	25.30	19.70	6.10	筒形	宽卵圆	钝尖	皱	平滑	深绿	中等	密集	球形	黄	大	26.0
4727	55.30	3.53	2.78	12.70	18.30	12.70	4.70	筒形	心脏形	钝尖	较皱	波浪	绿	中等	密集	球形	黄	中	31.0
4728	57.70	4.03	3.07	12.30	22.00	14.30	5.00	筒形	宽卵圆	钝尖	较皱	波浪	绿	中等	密集	球形	黄	中	30.0
4729	55.70	3.81	2.90	12.30	24.70	15.30	5.00	筒形	卵圆	钝尖	较皱	波浪	绿	中等	密集	球形	黄	中	28.0

序号	全国统一编号	种质名称	编目单位	种子来源	原产地	收集时间	种质类型
4730	00004018	瓦里觉兰花烟	中烟所	李毅军考察收集	四川省越西县瓦里觉乡瓦里觉村	1994年	地方
4731	00004019	达布七二烟	中烟所	李毅军考察收集	四川省越西县申果乡达布村	1994年	地方
4732	00004020	依洛七二烟（中）	中烟所	李毅军考察收集	四川省越西县上普雄依洛村	1994年	地方
4733	00004021	梨花七二烟	中烟所	李毅军考察收集	四川省越西县保安乡梨花村	1994年	地方
4734	00004022	打土七二烟	中烟所	李毅军考察收集	四川省越西县梅花乡打土村	1994年	地方
4735	00004023	店子兰花烟	中烟所	李毅军考察收集	四川省冕宁县大桥乡店子村	1994年	地方
4736	00004024	海泉兰花烟	中烟所	李毅军考察收集	四川省冕宁县锦屏乡海泉村	1994年	地方
4737	00004025	湾塘兰花烟	中烟所	李毅军考察收集	四川省盐边县永兴乡湾塘村	1994年	地方
4738	00004026	红宝兰花烟	中烟所	李毅军考察收集	四川省盐边县红宝乡二村	1994年	地方
4739	00004027	大坪子兰花烟	中烟所	李毅军考察收集	四川省盐边县岩口乡大坪子村	1994年	地方
4740	00004028	高坪兰花烟	中烟所	李毅军考察收集	四川省盐边县高坪乡二村	1994年	地方
4741	00004029	合觉兰花烟	中烟所	李毅军考察收集	四川省昭觉县四开乡合觉村	1994年	地方
4742	00004030	昭觉兰花烟	中烟所	李毅军考察收集	四川省昭觉县	1994年	地方
4743	00004031	昭觉黄花烟	中烟所	李毅军考察收集	四川省昭觉县	1994年	地方
4744	00004033	拖湖兰花烟	中烟所	李毅军考察收集	四川省昭觉县日哈乡拖湖村	1994年	地方
4745	00004034	大谷维兰花烟	中烟所	李毅军考察收集	四川省雷波县谷维乡大谷维村	1994年	地方
4746	00004035	发富兰花烟	中烟所	李毅军考察收集	四川省美姑县柳洪乡发富村	1994年	地方
4747	00004036	木耳兰花烟	中烟所	李毅军考察收集	四川省布拖县特木里镇木耳乡三村	1994年	地方

序号	株高/cm	茎围/cm	节距/cm	叶数/片	叶长/cm	叶宽/cm	叶柄/cm	株型	叶形	叶尖	叶面	叶缘	叶色	叶片厚薄	花序密度	花序形状	花色	茎叶角度	移栽至开花/天
4730	60.70	3.62	3.48	11.70	16.00	10.70	4.00	筒形	心脏形	钝尖	较皱	波浪	绿	中等	密集	球形	黄	中	20.0
4731	56.70	4.33	2.82	13.00	18.70	15.00	4.30	筒形	宽卵圆	钝尖	较皱	波浪	绿	中等	密集	球形	黄	中	22.0
4732	55.00	4.40	3.00	11.70	21.70	16.00	5.00	筒形	心脏形	钝尖	较皱	波浪	绿	中等	密集	球形	黄	中	33.0
4733	56.70	3.54	2.82	13.00	19.70	13.00	5.30	筒形	心脏形	钝尖	较皱	波浪	绿	中等	密集	球形	黄	中	29.0
4734	72.70	4.04	3.76	14.00	20.70	13.70	4.70	筒形	宽卵圆	钝尖	较皱	波浪	绿	中等	密集	球形	黄	中	27.0
4735	54.70	3.73	3.26	11.70	20.30	14.30	5.00	筒形	心脏形	钝尖	较皱	波浪	绿	中等	密集	球形	黄	中	36.0
4736	66.70	4.04	3.51	13.30	23.80	14.80	6.30	筒形	卵圆	钝尖	较皱	波浪	绿	中等	密集	球形	黄	中	32.0
4737	51.70	4.38	2.64	12.00	15.50	10.00	3.30	筒形	心脏形	钝尖	较皱	波浪	绿	中等	密集	球形	黄	中	24.0
4738	59.00	3.99	3.00	13.00	17.00	10.70	3.00	筒形	宽卵圆	钝尖	较皱	波浪	绿	中等	密集	球形	黄	中	24.0
4739	58.70	4.32	3.05	12.70	25.00	16.30	5.30	筒形	宽卵圆	钝尖	较皱	波浪	绿	中等	密集	球形	黄	中	30.0
4740	55.30	4.25	2.65	13.30	14.30	10.00	3.00	筒形	心脏形	钝尖	较皱	波浪	绿	厚薄	密集	球形	黄	中	23.0
4741	51.00	4.07	2.52	12.30	18.70	11.70	4.00	筒形	宽卵圆	钝尖	较皱	波浪	绿	中等	密集	球形	黄	中	24.0
4742	57.70	3.74	2.97	12.70	20.70	13.30	5.00	筒形	宽卵圆	钝尖	较皱	波浪	绿	中等	密集	球形	黄	中	29.0
4743	52.30	3.89	2.48	13.00	21.00	12.70	4.70	筒形	卵圆	钝尖	较皱	波浪	绿	中等	密集	球形	黄	中	23.0
4744	59.70	3.81	2.59	15.30	14.70	10.70	3.30	筒形	心脏形	钝尖	较皱	波浪	绿	中等	密集	球形	黄	中	23.0
4745	48.70	5.00	2.70	13.30	17.70	10.70	3.70	筒形	宽卵圆	钝尖	较平	波浪	绿	中等	密集	球形	黄	中	23.0
4746	61.00	3.39	3.15	13.00	14.70	10.30	3.00	筒形	心脏形	钝尖	较皱	波浪	绿	中等	密集	球形	黄	中	35.0
4747	59.30	4.34	2.95	13.30	18.30	15.00	4.00	筒形	宽卵圆	钝尖	较皱	波浪	绿	中等	密集	球形	黄	中	27.0

序号	全国统一编号	种质名称	编目单位	种子来源	原产地	收集时间	种质类型
4748	00004037	金江兰花烟	中烟所	李毅军考察收集	四川省布拖县龙潭镇金江村	1994 年	地方
4749	00004038	槽田兰花烟	中烟所	李毅军考察收集	四川省雷波县永盛乡槽田村	1994 年	地方
4750	00004039	干池兰花烟	中烟所	李毅军考察收集	四川省雷波县中田乡干池村	1994 年	地方
4751	00004040	树窝兰花烟	中烟所	李毅军考察收集	四川省美姑县龙窝乡树窝村	1994 年	地方
4752	00004041	四川兰花烟	中烟所	四川	四川省	2003 年	地方
4753	00004047	青海黄花烟	中烟所	青海化隆县	青海省化隆县群科镇	2010 年	地方
4754	00004048	木黑兰花烟	中烟所	四川木黑县	四川省木黑县	2011 年	地方
4755	00005448	利川兰花烟	中烟所	徐宜民湖北资源考察	湖北省利川市南坪乡长乐村 10 组	2016 年	地方
4756	00004042	*N. rustica*	中烟所	蒋予恩引自美国	美国	1995 年	引进

10. 晒晾烟地方种质资源目录——护照信息

序号	全国统一编号	种质名称	编目单位	种子来源	原产地	收集时间
4757	00004120	石柱晒烟	安徽所	苑文林寄来	重庆市石柱县	1990 年
4758	00004135	山郭晒烟	安徽所	安徽所	安徽省凤阳市	2013 年
4759	00004146	临溪晒烟	安徽所	苑文林寄来	重庆市石柱县临溪镇	1990 年
4760	00004169	川蛮烟	安徽所	苑文林寄来	贵州省湄潭县	1990 年
4761	00004195	阜阳晒烟	安徽所	阜阳市建委大院内	安徽省阜阳市	2008 年
4762	00004197	岔口晒烟	安徽所	安徽所	安徽省凤阳市	2007 年

序号	株高/cm	茎围/cm	节距/cm	叶数/片	叶长/cm	叶宽/cm	叶柄/cm	株型	叶形	叶尖	叶面	叶缘	叶色	叶片厚薄	花序密度	花序形状	花色	茎叶角度	移栽至开花/天
4748	54.30	4.43	2.57	13.30	19.00	13.70	4.70	筒形	心脏形	钝尖	较皱	波浪	绿	中等	密集	球形	黄	中	25.0
4749	63.30	3.51	3.16	13.70	18.70	13.30	4.30	筒形	心脏形	钝尖	较皱	波浪	绿	中等	密集	球形	黄	中	24.0
4750	63.30	4.20	3.41	12.70	17.70	12.00	3.70	筒形	心脏形	钝尖	较皱	波浪	绿	中等	密集	球形	黄	中	24.0
4751	48.70	4.77	3.15	10.70	18.70	12.00	5.00	筒形	宽卵圆	钝尖	较皱	波浪	绿	中等	密集	球形	黄	中	30.0
4752	63.00	3.54	3.31	13.00	19.70	14.30	4.70	筒形	心脏形	钝尖	较皱	波浪	绿	中等	密集	球形	黄	中	27.0
4753	60.00	6.50	2.90	10.00	25.50	18.90	2.50	筒形	心脏形	钝尖	平	平滑	深绿	较厚	密集	球形	黄	中	30.0
4754	53.00	3.59	3.31	11.00	19.70	14.30	4.70	筒形	心脏形	钝尖	较皱	波浪	绿	中等	密集	球形	黄	中	30.0
4755	71.25	3.50	5.80	8.00	14.85	7.75	4.10	筒形	卵圆	钝尖	平	平滑	绿	较薄	松散	菱形	黄	中	34.0
4756	56.80	4.20	2.59	14.20	25.60	12.50	4.30	筒形	长卵圆	渐尖	较皱	波浪	绿	中等	密集	球形	黄	中	31.0

10. 晒晾烟地方种质资源目录——植物学信息

序号	株高/cm	茎围/cm	节距/cm	叶数/片	叶长/cm	叶宽/cm	叶柄/cm	株型	叶形	叶尖	叶面	叶缘	叶色	叶片厚薄	花序密度	花序形状	花色	茎叶角度	移栽至开花/天
4757	145.00	11.12	5.08	19.00	54.40	13.60	3.00	塔形	披针形	尾状	平	平滑	绿	厚	松散	球形	深红	中	59.0
4758	133.20	11.26	6.18	15.40	54.60	33.30	0.00	塔形	宽椭圆	急尖	较平	微波	绿	中等	密集	菱形	淡红	中	55.0
4759	153.20	9.80	8.16	14.00	55.90	32.60	0.00	塔形	宽椭圆	渐尖	平	平滑	深绿	厚	松散	菱形	淡红	中	56.0
4760	157.40	11.46	5.30	21.00	62.30	37.80	0.00	塔形	卵圆	急尖	平	平滑	绿	厚	松散	菱形	淡红	中	61.0
4761	123.10	8.77	5.09	17.27	28.40	21.83	0.00	塔形	宽卵圆	渐尖	较皱	波浪	绿	中等	密集	菱形	黄	中	58.0
4762	161.40	8.76	8.86	14.40	55.20	29.60	0.00	塔形	宽椭圆	渐尖	较皱	波浪	深绿	中等	松散	菱形	淡红	中	53.0

序号	全国统一编号	种质名称	编目单位	种子来源	原产地	收集时间
4763	00004222	长安晒烟	安徽所	安徽所	安徽省凤阳市	2007 年
4764	00004244	石台土烟	安徽所	安徽石台	安徽省石台县	2009 年
4765	00004258	金川晒烟	安徽所	安徽所	安徽省凤阳市	2007 年
4766	00004094	磨刀石晒红	东北站	牡丹江	黑龙江省牡丹江市穆棱市磨刀石镇	2010 年
4767	00004095	星子	东北站	广东所	广东省广州市	2010 年
4768	00004167	腰岭子	东北站	东北站	黑龙江省穆棱市穆棱镇腰岭村	2008 年
4769	00004191	穆棱千层塔	东北站	东北站	黑龙江省穆棱市	2008 年
4770	00004208	小花青（东北）	东北站	东北站	黑龙江省穆棱市	2008 年
4771	00004211	农安晒黄	东北站	东北站	吉林省农安县	2010 年
4772	00004219	马桥河	东北站	东北站	黑龙江省穆棱市	2010 年
4773	00004241	子拾河大叶	东北站	东北站	黑龙江省穆棱市	2007 年
4774	00004143	小菜叶	东南站	东南站	福建省	2011 年
4775	00004157	芒勐町晒烟	东南站	中烟所	云南省德宏傣族景颇族自治州盈江县	2010 年
4776	00004238	沙县中杆	东南站	龙岩分所	福建省沙县	2011 年
4777	00004256	香烟晒烟	东南站	福建龙岩	福建省龙岩市	2011 年
4778	00003895	中密合	广东所	广东所	广东省封开县	1995 年
4779	00004096	中山晒烟	广东所	中山	广东省中山市	2011 年
4780	00004097	武鸣晒烟 -1	广东所	武鸣	广西壮族自治区南宁市武鸣区	2011 年

序号	株高/cm	茎围/cm	节距/cm	叶数/片	叶长/cm	叶宽/cm	叶柄/cm	株型	叶形	叶尖	叶面	叶缘	叶色	叶片厚薄	花序密度	花序形状	花色	茎叶角度	移栽至开花/天
4763	181.40	9.72	8.40	15.80	54.70	37.10	0.00	塔形	宽卵圆	渐尖	较平	微波	深绿	中等	松散	菱形	淡红	中	56.0
4764	168.56	10.03	4.92	26.13	55.69	31.73	0.00	塔形	宽椭圆	渐尖	较皱	波浪	绿	中等	松散	菱形	淡红	中	57.0
4765	144.20	10.84	6.16	15.00	70.00	34.70	0.00	塔形	椭圆	渐尖	较皱	波浪	绿	中等	松散	菱形	淡红	中	58.0
4766	131.00	8.84	4.60	15.40	60.30	28.00	0.00	橄榄形	椭圆	渐尖	平	平滑	黄绿	中等	松散	倒圆锥形	淡红	小	62.0
4767	180.00	9.14	6.30	19.20	62.80	38.16	0.00	塔形	宽椭圆	急尖	较皱	波浪	黄绿	中等	松散	倒圆锥形	淡红	中	62.0
4768	158.00	8.70	5.30	18.40	60.40	31.60	0.00	橄榄形	椭圆	急尖	平	平滑	深绿	厚	松散	球形	淡红	大	49.0
4769	104.60	6.40	5.00	10.00	66.20	30.60	0.00	塔形	椭圆	渐尖	平	平滑	深绿	厚	密集	倒圆锥形	红	大	38.0
4770	179.40	9.74	4.00	34.20	53.90	29.40	7.00	塔形	宽椭圆	渐尖	较皱	波浪	深绿	较厚	松散	球形	淡红	大	73.0
4771	154.40	10.80	4.90	19.20	73.80	34.50	0.00	橄榄形	椭圆	急尖	较平	微波	绿	中等	松散	倒圆锥形	淡红	小	63.0
4772	148.40	11.20	5.50	18.80	70.70	35.50	0.00	塔形	椭圆	急尖	平	平滑	深绿	较厚	松散	倒圆锥形	淡红	大	60.0
4773	138.80	9.50	5.40	16.60	62.00	28.20	0.00	筒形	长卵圆	渐尖	平	平滑	绿	较厚	密集	球形	淡红	大	39.0
4774	94.95	8.39	2.93	15.53	51.21	26.09	5.35	筒形	卵圆	急尖	较皱	波浪	绿	较厚	松散	球形	淡红	甚大	58.0
4775	152.70	6.43	10.00	10.90	39.10	29.45	0.00	筒形	心脏形	渐尖	较皱	波浪	深绿	较厚	密集	菱形	淡红	甚大	70.0
4776	164.76	9.14	7.07	17.87	55.37	35.21	6.78	筒形	宽卵圆	急尖	较平	微波	浅绿	中等	密集	扁球形	红	中	61.0
4777	101.70	6.80	4.47	14.20	56.81	17.70	0.00	塔形	披针形	尾状	平	平滑	浅绿	较厚	松散	菱形	淡红	中	56.0
4778	154.50	9.20	4.44	25.80	50.40	33.30	7.30	塔形	宽卵圆	急尖	较皱	波浪	绿	较薄	密集	菱形	淡红	中	63.0
4779	172.30	8.57	2.93	41.80	59.60	19.50	7.58	塔形	披针形	尾状	平	平滑	绿	中等	密集	菱形	淡红	中	69.0
4780	178.00	8.54	3.71	35.60	49.70	20.60	6.73	塔形	长卵圆	渐尖	较平	微波	绿	中等	密集	菱形	淡红	中	68.0

序号	全国统一编号	种质名称	编目单位	种子来源	原产地	收集时间
4781	00004098	秋根一号	广东所	鹤山	广东省鹤山市	2011 年
4782	00004100	秋根三号	广东所	鹤山	广东省鹤山市	2011 年
4783	00004101	秋根二号	广东所	鹤山	广东省鹤山市	2011 年
4784	00004102	密合仔 -1	广东所	罗定	广东省信宜市平塘镇	2009 年
4785	00004103	罗定三区牛利	广东所	罗定	广东省罗定市	2009 年
4786	00004104	崖城黄善烟 -10	广东所	崖城	海南省三亚市崖城镇	2011 年
4787	00004105	腾冲大光把	广东所	腾冲	云南省腾冲县	2011 年
4788	00004106	鹤山晒烟四号	广东所	鹤山	广东省鹤山市	2010 年
4789	00004107	密合仔 -2-2	广东所	广东所	广东省广州市	2010 年
4790	00004108	罗定四区牛利	广东所	罗定	广东省罗定市	2009 年
4791	00004109	金县柳叶	广东所	丹东	辽宁省金县	2009 年
4792	00004111	封开密合仔	广东所	封开	广东省肇庆 封开县杏花镇	2010 年
4793	00004113	罗定吕宋 -1	广东所	罗定	广东省罗定市平塘镇	2009 年
4794	00004114	罗定密合仔 -2	广东所	罗定	广东省罗定市平塘镇	2009 年
4795	00004116	连州大皱叶	广东所	连州	广东省连县	2009 年
4796	00004121	杂种晒烟	广东所	广东所	广东省广州市	2011 年
4797	00004122	湘潭垒垒剑	广东所	黄荆坪	湖南省湘潭市 湘潭县黄荆坪	2009 年
4798	00004129	连山晒烟	广东所	广东所	广东省连山 壮族瑶族自治县	2010 年

序号	株高/cm	茎围/cm	节距/cm	叶数/片	叶长/cm	叶宽/cm	叶柄/cm	株型	叶形	叶尖	叶面	叶缘	叶色	叶片厚薄	花序密度	花序形状	花色	茎叶角度	移栽至开花/天
4781	173.00	7.47	3.47	35.20	48.60	20.60	7.00	塔形	长卵圆	渐尖	较平	微波	绿	中等	松散	倒圆锥形	淡红	中	66.0
4782	174.90	8.38	3.94	30.20	54.60	20.80	6.47	塔形	长椭圆	渐尖	平	平滑	绿	中等	密集	倒圆锥形	淡红	大	67.0
4783	159.20	6.94	3.09	32.90	43.70	17.80	6.42	塔形	长卵圆	渐尖	平	平滑	绿	中等	密集	倒圆锥形	淡红	中	58.0
4784	165.10	10.17	5.83	20.40	60.20	22.90	8.40	橄榄形	长卵圆	渐尖	较皱	波浪	绿	较厚	松散	菱形	淡红	中	74.0
4785	191.30	8.95	5.40	25.80	59.90	22.70	7.40	橄榄形	长卵圆	尾状	较皱	波浪	绿	较厚	松散	菱形	淡红	大	72.0
4786	123.50	5.34	5.69	12.20	44.00	29.70	0.00	塔形	宽卵圆	急尖	较平	微波	绿	中等	密集	扁球形	红	中	48.0
4787	161.50	7.57	4.72	23.10	52.00	21.90	11.45	筒形	长卵圆	渐尖	较皱	波浪	绿	中等	密集	球形	淡红	中	58.0
4788	199.50	7.41	3.88	37.20	47.50	21.80	7.55	塔形	长卵圆	急尖	较皱	波浪	黄绿	中等	松散	菱形	淡红	大	80.0
4789	215.70	9.07	5.01	34.80	54.50	21.50	9.35	筒形	长卵圆	尾状	较皱	波浪	绿	中等	松散	球形	淡红	中	80.0
4790	165.00	8.70	4.15	24.50	61.80	15.45	8.50	橄榄形	披针形	尾状	较平	波浪	深绿	较厚	松散	菱形	淡红	中	73.0
4791	159.10	9.04	5.30	20.50	61.90	26.10	7.80	橄榄形	长卵圆	渐尖	较平	波浪	黄绿	中等	松散	菱形	淡红	中	74.0
4792	170.10	9.58	4.52	26.20	57.50	27.90	8.86	筒形	长卵圆	渐尖	较皱	波浪	绿	较厚	松散	菱形	淡红	中	81.0
4793	193.10	8.98	6.21	24.30	64.20	29.40	0.00	筒形	椭圆	渐尖	较平	微波	黄绿	中等	松散	菱形	淡红	中	79.0
4794	188.40	8.60	5.66	26.30	59.50	21.00	8.90	塔形	长卵圆	尾状	较皱	波浪	绿	中等	松散	球形	淡红	中	72.0
4795	185.30	9.39	8.74	15.70	57.00	29.90	6.90	塔形	卵圆	渐尖	较皱	波浪	绿	中等	松散	菱形	淡红	中	79.0
4796	173.60	8.57	5.67	24.10	64.80	26.40	0.00	塔形	长椭圆	渐尖	较皱	波浪	绿	薄	密集	菱形	深红	中	60.0
4797	114.48	9.48	4.90	15.20	66.10	27.30	0.00	塔形	长椭圆	渐尖	皱	皱折	深绿	中等	松散	菱形	淡红	中	71.0
4798	186.60	7.91	4.99	29.30	57.90	20.50	0.00	筒形	长椭圆	尾状	较皱	波浪	绿	中等	松散	菱形	淡红	中	69.0

序号	全国统一编号	种质名称	编目单位	种子来源	原产地	收集时间
4799	00004130	湘潭细叶枇杷	广东所	广东所	湖南省湘潭县九华乡	2009 年
4800	00004131	封开大种渔涝	广东所	广东所	广东省封开县渔涝镇	2009 年
4801	00004132	湘潭大肩叶	广东所	广东所	湖南省湘潭市	2009 年
4802	00004133	什邡毛烟铁杆仔	广东所	广东所	四川省德阳市什邡市	2009 年
4803	00004138	铁字晒烟二号	广东所	贵州铜仁	贵州省铜仁市	2009 年
4804	00004140	广丰大牛舌	广东所	封开县	江西省广丰县	2009 年
4805	00004141	怀集青梗	广东所	最初从广西自治区灵山县传入	广东省怀集县	2010 年
4806	00004149	罗定吕宋 -2	广东所	广东所	广东省罗定市平塘镇	2009 年
4807	00004150	鹤山晒烟五号	广东所	广东所	广东省鹤山市	2010 年
4808	00004158	广州棍子烟	广东所	广东所	广东省广州市	2010 年
4809	00004164	连州晒烟	广东所	广东所	广东省连州市	2009 年
4810	00004165	琼中五指山 -1	广东所	广东所	海南省琼中黎族苗族自治县	2010 年
4811	00004166	阳山烟	广东所	广东所	广东省阳山县	2011 年
4812	00004173	怀集烟	广东所	广东所	广东省怀集县	2010 年
4813	00004185	广州皱叶烟	广东所	广东所	广东省	2009 年
4814	00004193	鹤山企叶	广东所	广东所	广东省鹤山市	2010 年
4815	00004198	广州八大香	广东所	广东所	广东省广州市	2009 年
4816	00004210	什邡毛烟铁杆子	广东所	广东所	四川省德阳市什邡市	2010 年

序号	株高/cm	茎围/cm	节距/cm	叶数/片	叶长/cm	叶宽/cm	叶柄/cm	株型	叶形	叶尖	叶面	叶缘	叶色	叶片厚薄	花序密度	花序形状	花色	茎叶角度	移栽至开花/天
4799	107.40	9.20	4.73	14.70	73.60	21.30	0.00	塔形	披针形	尾状	较皱	皱折	绿	较厚	松散	菱形	淡红	中	68.0
4800	149.00	10.24	6.44	16.80	65.20	36.80	8.10	筒形	卵圆	渐尖	皱	皱折	绿	中等	密集	球形	淡红	大	73.0
4801	120.80	8.79	7.35	11.10	73.40	34.60	0.00	塔形	椭圆	尾状	皱	皱折	黄绿	中等	密集	球形	淡红	中	72.0
4802	154.10	7.57	6.10	15.10	58.10	16.14	7.40	塔形	披针形	尾状	较皱	波浪	深绿	中等	松散	菱形	淡红	中	68.0
4803	182.70	7.82	8.90	14.80	57.40	26.90	4.65	塔形	长卵圆	渐尖	较平	微波	黄绿	中等	松散	菱形	淡红	中	65.0
4804	168.30	8.54	6.17	18.70	60.40	27.30	7.20	橄榄形	长卵圆	渐尖	较皱	波浪	黄绿	中等	松散	菱形	淡红	中	75.0
4805	209.00	8.79	4.00	38.40	54.30	23.40	0.00	筒形	长椭圆	急尖	较平	微波	黄绿	中等	松散	菱形	淡红	中	74.0
4806	214.70	10.46	5.11	34.30	66.40	30.60	0.00	筒形	椭圆	渐尖	较平	微波	黄绿	中等	松散	菱形	淡红	中	87.0
4807	181.30	8.99	3.87	37.40	52.90	20.80	6.46	塔形	长卵圆	急尖	较平	微波	绿	较厚	松散	菱形	淡红	中	84.0
4808	116.30	7.03	3.61	20.40	52.10	17.60	5.85	塔形	长卵圆	尾状	较平	微波	绿	中等	松散	菱形	淡红	大	67.0
4809	161.40	8.51	5.28	23.50	63.60	22.50	0.00	塔形	长椭圆	渐尖	较皱	波浪	深绿	较厚	松散	菱形	淡红	大	80.0
4810	140.30	5.84	6.91	14.40	47.20	18.10	0.00	塔形	长椭圆	渐尖	较平	波浪	绿	较薄	松散	菱形	淡红	中	57.0
4811	224.30	9.73	7.07	26.10	48.60	29.20	0.00	塔形	宽椭圆	急尖	较平	波浪	绿	薄	密集	倒圆锥形	红	大	65.0
4812	172.70	8.13	5.35	23.20	54.30	23.40	0.00	橄榄形	长椭圆	急尖	较平	微波	黄绿	中等	密集	球形	红	中	70.0
4813	133.36	7.44	3.77	20.00	46.37	20.32	0.00	筒形	长椭圆	渐尖	皱	波浪	绿	中等	密集	球形	淡红	中	50.0
4814	184.40	8.38	3.66	35.50	55.60	21.50	6.42	塔形	长卵圆	渐尖	较皱	波浪	绿	较厚	松散	菱形	淡红	大	82.0
4815	133.30	9.70	4.30	22.00	55.00	27.60	6.00	筒形	椭圆	渐尖	较平	微波	绿	较厚	密集	球形	淡红	中	60.0
4816	129.18	5.53	5.34	16.70	59.90	23.90	7.65	塔形	长卵圆	渐尖	较平	微波	黄绿	较薄	松散	菱形	淡红	中	57.0

序号	全国统一编号	种质名称	编目单位	种子来源	原产地	收集时间
4817	00004213	陇川柳叶	广东所	云南院	云南省陇川县	2009 年
4818	00004214	连山晒烟小叶种	广东所	广东所	广东省清远市 连山壮族瑶族自治县	2010 年
4819	00004220	荆坪烟	广东所	黄荆坪	湖南省湘潭市 湘潭县黄荆坪	2009 年
4820	00004233	广州大叶秋根	广东所	广东所	广东省广州市	2009 年
4821	00004249	广州大叶烟	广东所	广东所	广东省广州市	2009 年
4822	00004260	怀集光叶疏梗	广东所	广东所	广东省怀集县	2010 年
4823	00005097	广州 FC- 八七	广东所	广东所	广东省广州市	2009 年
4824	00003901	盘县马场烟	贵州院	贵州院	贵州省六盘水市盘县 马场彝族苗族乡	1995 年
4825	00003902	罗甸烟冒	贵州院	贵州院	贵州省罗甸县羊官团	1995 年
4826	00003903	罗甸枇杷烟	贵州院	贵州院	贵州省罗甸县羊官团	1995 年
4827	00003904	罗甸柳叶烟	贵州院	贵州院	贵州省黔南布依族 苗族自治州罗甸县板庚乡	1995 年
4828	00003905	罗甸四十片	贵州院	贵州院	贵州省罗甸县羊官团	1995 年
4829	00003906	穆棱柳毛烟	牡丹江院	牡丹江院	黑龙江省穆棱市柳毛村	1999 年
4830	00003907	望奎 1 号	牡丹江院	牡丹江院	黑龙江省望奎县	2000 年
4831	00003908	望奎 2 号	牡丹江院	牡丹江院	黑龙江省望奎县	2000 年
4832	00003909	望奎 3 号	牡丹江院	牡丹江院	黑龙江省望奎县	2000 年
4833	00003910	望奎 4 号	牡丹江院	牡丹江院	黑龙江省望奎县	2000 年
4834	00003911	望奎 5 号	牡丹江院	牡丹江院	黑龙江省望奎县	2000 年

序号	株高/cm	茎围/cm	节距/cm	叶数/片	叶长/cm	叶宽/cm	叶柄/cm	株型	叶形	叶尖	叶面	叶缘	叶色	叶片厚薄	花序密度	花序形状	花色	茎叶角度	移栽至开花/天
4817	117.80	6.56	8.01	9.00	62.80	34.60	3.80	筒形	卵圆	渐尖	较平	微波	黄绿	中等	松散	菱形	深红	大	60.0
4818	175.20	7.57	6.00	23.00	63.50	23.40	0.00	筒形	长椭圆	尾状	较皱	波浪	黄绿	中等	松散	菱形	淡红	中	76.0
4819	216.00	9.23	7.61	23.00	63.70	28.80	0.00	塔形	长椭圆	渐尖	皱	皱折	黄绿	中等	松散	倒圆锥形	淡红	中	83.0
4820	143.30	10.50	3.10	32.00	50.30	24.70	7.00	筒形	长卵圆	渐尖	较平	微波	绿	较厚	松散	球形	淡红	中	77.0
4821	147.30	10.00	3.70	29.00	59.00	33.00	6.00	筒形	卵圆	渐尖	较平	微波	绿	较厚	密集	球形	淡红	中	90.0
4822	134.20	9.01	4.12	22.90	63.00	32.10	0.00	塔形	椭圆	渐尖	皱	皱折	黄绿	中等	松散	菱形	淡红	中	71.0
4823	162.30	10.49	4.23	29.30	53.00	27.00	0.00	塔形	椭圆	渐尖	较皱	波浪	黄绿	中等	松散	菱形	淡红	中	83.0
4824	157.68	9.14	5.94	19.80	53.94	23.32	3.96	塔形	长卵圆	钝尖	较平	平滑	深绿	较厚	松散	菱形	淡红	中	60.0
4825	121.80	10.26	4.35	18.80	51.40	12.85	0.00	塔形	披针形	尾状	较平	微波	绿	中等	密集	球形	淡红	大	61.0
4826	139.30	9.18	4.72	19.80	44.40	33.60	3.06	塔形	心脏形	渐尖	较平	平滑	深绿	较厚	松散	菱形	淡红	中	72.0
4827	135.58	6.80	5.35	18.80	45.00	18.10	4.42	塔形	长卵圆	渐尖	较皱	皱折	绿	中等	松散	倒圆锥形	淡红	中	50.0
4828	128.92	7.32	5.63	15.80	44.56	22.96	0.00	塔形	卵圆	渐尖	较平	微波	深绿	较厚	密集	球形	淡红	中	55.0
4829	172.00	7.42	6.11	21.60	57.40	31.60	0.00	塔形	宽椭圆	钝尖	平	平滑	深绿	薄	密集	菱形	白	甚大	54.0
4830	122.60	9.42	8.26	10.00	57.10	28.40	0.00	橄榄形	椭圆	渐尖	较平	平滑	深绿	中等	密集	球形	淡红	甚大	59.0
4831	163.40	8.60	7.91	15.60	54.20	27.30	0.00	橄榄形	椭圆	渐尖	平	平滑	浅绿	中等	松散	菱形	红	甚大	64.0
4832	130.60	9.36	8.44	10.60	50.14	24.92	0.00	橄榄形	椭圆	渐尖	平	平滑	绿	较厚	密集	球形	淡红	甚大	54.0
4833	126.80	9.36	6.29	13.80	51.50	27.76	0.00	橄榄形	宽椭圆	渐尖	平	平滑	绿	中等	密集	球形	淡红	甚大	58.0
4834	160.00	8.72	6.06	19.80	53.50	27.30	0.00	橄榄形	椭圆	渐尖	平	平滑	浅绿	薄	松散	菱形	淡红	甚大	68.0

序号	全国统一编号	种质名称	编目单位	种子来源	原产地	收集时间
4835	00004112	黑河引	牡丹江院	黑河市	黑龙江省黑河市	2010年
4836	00004176	牡引一号	牡丹江院	孙吴县	黑龙江省黑河市孙吴县	2008年
4837	00004180	穆棱镇大护脖香	牡丹江院	牡丹江院	黑龙江省牡丹江市穆棱市	2010年
4838	00004183	吉林农安晒黄烟（宽叶）	牡丹江院	牡丹江院	吉林省农安县	2010年
4839	00004194	牡引三号	牡丹江院	铁岭河	黑龙江省牡丹江市铁岭河镇	2008年
4840	00004200	东风一号	牡丹江院	牡丹江	黑龙江省牡丹江市	2010年
4841	00004218	星子烟	牡丹江院	牡丹江院	广东省连州市星子镇	2010年
4842	00004227	牡引二号	牡丹江院	铁岭河	黑龙江省牡丹江市铁岭河镇	2008年
4843	00004229	漂河晒烟	牡丹江院	牡丹江院	吉林省蛟河市漂河镇	2011年
4844	00004231	牡引四号	牡丹江院	牡丹江院	黑龙江省黑河市瑷珲镇	2008年
4845	00004243	吉林农安晒黄烟（窄叶）	牡丹江院	牡丹江院	吉林省农安县	2010年
4846	00004248	吉林小白花	牡丹江院	牡丹江院	吉林省	2011年
4847	00004250	刁翎镇半方地村引	牡丹江院	牡丹江院	黑龙江省牡丹江市林口县刁翎镇半方地村	2011年
4848	00004251	富强村引	牡丹江院	牡丹江院	黑龙江省牡丹江市	2010年
4849	00004253	刁翎镇合心村引	牡丹江院	牡丹江院	黑龙江省牡丹江市林口县刁翎镇合心村	2011年
4850	00004261	吉林晒黄烟（矮）	牡丹江院	牡丹江院	吉林省	2011年
4851	00005301	北流石吼烟	山东农大	山东农大	广西壮族自治区北流市	2015年
4852	00005303	牛耳朵（毛烟）	山东农大	山东农大	河南省新县	2015年

序号	株高/cm	茎围/cm	节距/cm	叶数/片	叶长/cm	叶宽/cm	叶柄/cm	株型	叶形	叶尖	叶面	叶缘	叶色	叶片厚薄	花序密度	花序形状	花色	茎叶角度	移栽至开花/天
4835	156.40	6.96	6.38	18.60	49.80	25.60	0.00	筒形	椭圆	渐尖	较平	微波	深绿	较厚	密集	倒圆锥形	深红	中	46.0
4836	119.60	6.04	6.02	10.80	39.80	23.00	0.00	筒形	宽椭圆	急尖	较皱	波浪	绿	中等	密集	球形	淡红	中	40.0
4837	161.88	8.61	6.84	18.39	68.27	34.32	0.00	筒形	椭圆	渐尖	较平	微波	黄绿	较厚	密集	球形	红	中	58.0
4838	169.79	9.18	6.76	19.20	70.00	35.80	0.00	塔形	椭圆	渐尖	较平	微波	黄绿	较薄	松散	菱形	淡红	小	65.0
4839	91.40	7.76	5.13	8.60	41.00	23.48	0.00	筒形	宽椭圆	渐尖	平	平滑	绿	厚	密集	球形	淡红	中	40.0
4840	169.26	8.14	6.04	21.40	70.20	34.00	0.00	塔形	椭圆	渐尖	平	平滑	浅绿	较厚	松散	菱形	淡红	小	55.0
4841	159.40	7.80	6.88	17.20	61.20	34.20	0.00	塔形	宽椭圆	急尖	较皱	波浪	黄绿	中等	密集	菱形	淡红	中	65.0
4842	107.40	8.68	4.90	10.40	55.90	27.48	0.00	塔形	椭圆	渐尖	平	平滑	深绿	厚	密集	菱形	深红	中	47.0
4843	152.40	10.00	6.19	15.40	68.98	34.82	0.00	塔形	椭圆	钝尖	较皱	波浪	深绿	厚	密集	菱形	红	中	57.0
4844	94.20	8.14	3.99	10.60	47.30	23.78	0.00	塔形	椭圆	渐尖	较平	微波	深绿	中等	密集	菱形	红	中	47.0
4845	185.40	9.80	6.08	25.40	68.80	34.20	0.00	筒形	椭圆	渐尖	平	平滑	黄绿	中等	松散	菱形	红	中	75.0
4846	132.00	10.46	5.10	15.80	61.24	33.94	0.00	塔形	宽椭圆	渐尖	较皱	波浪	深绿	厚	密集	球形	淡红	大	58.0
4847	137.58	9.80	5.93	14.97	63.14	29.99	0.00	塔形	椭圆	渐尖	较皱	波浪	深绿	厚	密集	菱形	淡红	小	50.0
4848	128.60	7.82	6.06	14.80	63.80	29.60	0.00	塔形	椭圆	渐尖	平	平滑	绿	中等	松散	菱形	淡红	小	52.0
4849	111.80	9.90	4.42	15.00	63.96	28.92	0.00	塔形	长椭圆	渐尖	较皱	波浪	深绿	厚	密集	球形	红	小	52.0
4850	99.40	9.26	3.77	13.20	60.88	28.32	0.00	筒形	椭圆	渐尖	较平	微波	黄绿	厚	密集	球形	淡红	中	60.0
4851	151.30	7.49	4.65	23.40	37.60	13.10	0.00	塔形	长卵圆	渐尖	较皱	平滑	深绿	厚	松散	倒圆锥形	红	小	64.0
4852	147.01	5.42	6.15	17.40	38.70	20.10	3.68	塔形	卵圆	渐尖	皱	微波	深绿	中等	松散	菱形	淡红	中	58.0

序号	全国统一编号	种质名称	编目单位	种子来源	原产地	收集时间
4853	00005304	大柳叶（东北）	山东农大	山东农大	东北	2015 年
4854	00005306	82-601-2 枇杷柳	山东农大	山东农大	四川省德阳市什邡市	2015 年
4855	00005307	80-34-2-2-2	山东农大	山东农大	广东省	2015 年
4856	00005312	光把小黑烟	山东农大	苑文林寄来	贵州省湄潭县	1986 年
4857	00005313	稀格巴小黑烟	山东农大	苑文林寄来	贵州省湄潭县	1986 年
4858	00005314	延吉朝阳晚熟	山东农大	山东农大	吉林省延边朝鲜族自治州	2015 年
4859	00005315	延边依世草	山东农大	山东农大	吉林省延边朝鲜族自治州	2015 年
4860	00005324	北京红	山东农大	山东农大	北京市	2015 年
4861	00005325	山东大叶	山东农大	山东农大	山东省	2015 年
4862	00005326	辽多叶	山东农大	山东农大	辽宁省	2015 年
4863	00005327	河南大叶晒烟	山东农大	山东农大	河南省	2015 年
4864	00005330	谭寨柳叶	山东农大	山东农大	贵州省	2015 年
4865	00005333	吊枝烟	山东农大	山东农大	山东省	2015 年
4866	00005404	82-608-2 白花半铁泡	山东农大	山东农大	四川省德阳市什邡市	2015 年
4867	00004175	彬县老旱烟	陕西所	彬县	陕西省咸阳市彬县	2008 年
4868	00004177	秦烟子	陕西所	旬邑	陕西省咸阳市旬邑县	2008 年
4869	00004179	唐泰烟	陕西所	旬邑	陕西省咸阳市旬邑县	2008 年
4870	00004181	唐泰老品种圆叶子	陕西所	旬邑	陕西省咸阳市旬邑县	2008 年

序号	株高/cm	茎围/cm	节距/cm	叶数/片	叶长/cm	叶宽/cm	叶柄/cm	株型	叶形	叶尖	叶面	叶缘	叶色	叶片厚薄	花序密度	花序形状	花色	茎叶角度	移栽至开花/天
4853	142.10	7.30	5.85	17.00	48.60	21.16	0.00	塔形	长卵圆	渐尖	平	平滑	深绿	厚	松散	菱形	淡红	大	62.0
4854	149.60	6.39	5.70	19.90	49.20	19.60	0.00	塔形	长卵圆	渐尖	皱	平滑	深绿	厚	松散	菱形	淡红	小	60.0
4855	182.60	7.36	5.80	24.20	48.20	20.55	5.80	塔形	长卵圆	渐尖	平	平滑	绿	厚	松散	菱形	淡红	中	62.0
4856	137.30	6.42	5.75	17.10	37.15	20.45	3.86	塔形	卵圆	急尖	较平	微波	深绿	厚	密集	倒圆锥形	淡红	中	58.0
4857	111.10	7.20	4.25	17.20	40.20	22.05	4.50	塔形	宽卵圆	急尖	较平	平滑	深绿	中等	松散	菱形	淡红	小	63.0
4858	118.47	5.03	5.90	13.30	29.73	18.48	0.00	筒形	椭圆	渐尖	平	微波	绿	较厚	密集	扁球形	淡红	大	38.0
4859	108.70	5.34	5.38	13.20	40.99	18.96	4.24	塔形	卵圆	渐尖	较平	微波	绿	中等	松散	倒圆锥形	红	大	40.0
4860	127.10	5.60	5.26	15.70	41.30	22.40	0.00	塔形	椭圆	急尖	平	微波	绿	厚	密集	菱形	红	中	44.0
4861	136.82	6.46	6.37	15.20	43.09	21.60	0.00	塔形	椭圆	急尖	平	平滑	绿	厚	密集	球形	红	中	44.0
4862	121.90	6.97	5.30	15.80	46.10	28.10	0.00	塔形	卵圆	急尖	较平	平滑	黄绿	中等	密集	球形	淡红	中	59.0
4863	151.15	9.11	4.75	23.40	51.70	26.50	0.00	塔形	卵圆	渐尖	皱	平滑	绿	中等	密集	球形	红	中	81.0
4864	152.71	5.36	5.84	19.30	38.50	9.75	5.60	塔形	披针形	尾状	较平	平滑	深绿	较薄	松散	倒圆锥形	淡红	中	51.0
4865	162.40	5.46	5.97	20.60	43.80	18.40	4.40	塔形	长卵圆	尾状	较皱	微波	绿	厚	松散	菱形	淡红	中	59.0
4866	107.74	4.91	4.64	14.60	35.60	17.32	0.00	塔形	卵圆	渐尖	较平	平滑	绿	中等	密集	菱形	红	中	59.0
4867	95.45	9.48	4.12	12.40	59.30	30.90	5.17	筒形	卵圆	渐尖	较平	微波	深绿	中等	松散	扁球形	深红	小	39.0
4868	111.60	9.85	4.93	13.10	69.30	39.35	8.25	塔形	卵圆	渐尖	较平	微波	绿	厚	密集	菱形	淡红	大	48.0
4869	119.10	9.80	4.84	14.20	70.20	39.25	12.25	塔形	卵圆	渐尖	较平	微波	深绿	中等	密集	菱形	淡红	大	48.0
4870	108.40	10.40	4.60	14.40	72.00	40.15	8.49	塔形	卵圆	渐尖	较平	微波	深绿	中等	密集	菱形	淡红	大	48.0

序号	全国统一编号	种质名称	编目单位	种子来源	原产地	收集时间
4871	00004182	罗门城关唐泰烟	陕西所	正宁	甘肃省庆阳市正宁县	2008 年
4872	00004189	旬邑长把尖叶子	陕西所	旬邑	陕西省旬邑县	2008 年
4873	00004142	凤凰晒烟	湘西所	凤凰县	湖南省凤凰县齐梁桥乡	2007 年
4874	00004168	天星 1 号	湘西所	泸溪县	湖南省凤凰县阿拉营镇天星村	2009 年
4875	00004178	杜叶烟 2 号	湘西所	凤凰县	湖南省凤凰县齐良乡杜叶村	2008 年
4876	00004186	李家田晒烟	湘西所	泸溪县	湖南省泸溪县李家田乡烂泥田村	2008 年
4877	00004190	麻阳大叶烟	湘西所	麻阳县	湖南省麻阳县	2007 年
4878	00004192	杜叶烟 1 号	湘西所	凤凰县	湖南省凤凰县齐良乡杜叶村	2008 年
4879	00004207	天星 2 号	湘西所	泸溪县	湖南省凤凰县阿拉营镇天星村	2009 年
4880	00004209	沱江十里牌	湘西所	凤凰县	湖南省凤凰县沱江镇十里牌村	2008 年
4881	00004212	沱江杜田晒烟	湘西所	凤凰县	湖南省凤凰县沱江镇杜田村	2008 年
4882	00004217	辰溪大红花	湘西所	辰溪县	湖南省辰溪县潭家场道光村	2010 年
4883	00004221	三里湾晒烟	湘西所	泸溪县	湖南省凤凰县吉信镇三里湾村	2009 年
4884	00004228	泸溪尖长叶	湘西所	泸溪县	湖南省泸溪县小章乡	2008 年
4885	00004236	麻阳红	湘西所	辰溪县	湖南省辰溪县后塘乡元坪村	2010 年
4886	00004237	辰溪尖叶子毛烟	湘西所	泸溪县	湖南省泸溪县小章乡大水坪村	2008 年
4887	00004239	辰溪小红花	湘西所	辰溪县	湖南省辰溪县潭家场王木屯	2010 年
4888	00004242	辰溪丝毛烟	湘西所	辰溪县	湖南省辰溪县后塘乡大坪村	2010 年

序号	株高/cm	茎围/cm	节距/cm	叶数/片	叶长/cm	叶宽/cm	叶柄/cm	株型	叶形	叶尖	叶面	叶缘	叶色	叶片厚薄	花序密度	花序形状	花色	茎叶角度	移栽至开花/天
4871	110.30	9.95	5.05	13.30	70.75	38.20	9.85	塔形	卵圆	渐尖	较平	微波	绿	厚	密集	菱形	淡红	大	46.0
4872	132.50	10.00	5.23	14.80	67.00	35.05	8.95	塔形	卵圆	渐尖	较皱	波浪	深绿	中等	密集	扁球形	淡红	中	51.0
4873	194.60	10.00	5.70	24.80	48.60	30.60	0.00	筒形	宽卵圆	钝尖	较皱	波浪	绿	厚	松散	球形	白	大	57.0
4874	130.40	11.90	3.40	27.60	61.20	29.50	7.70	筒形	长卵圆	渐尖	较平	微波	绿	中等	密集	球形	淡红	小	67.0
4875	155.60	9.20	4.16	27.20	70.00	26.00	7.40	筒形	长卵圆	渐尖	较皱	波浪	绿	中等	密集	扁球形	淡红	中	62.0
4876	118.30	11.20	2.90	27.00	73.60	28.60	5.40	筒形	长卵圆	渐尖	较皱	波浪	深绿	中等	松散	扁球形	淡红	中	56.0
4877	171.00	9.40	4.90	26.60	62.00	27.40	7.90	塔形	长卵圆	渐尖	较平	微波	绿	中等	密集	球形	淡红	大	58.0
4878	154.00	11.70	3.42	27.80	69.60	31.80	5.50	筒形	长卵圆	渐尖	较皱	波浪	浅绿	中等	密集	球形	淡红	中	64.0
4879	155.80	10.50	3.72	29.20	67.90	30.40	11.20	筒形	长卵圆	渐尖	平	平滑	绿	中等	密集	球形	红	大	72.0
4880	135.80	10.32	2.94	26.20	71.40	35.48	5.20	筒形	长卵圆	渐尖	较皱	波浪	绿	中等	密集	球形	红	中	58.0
4881	153.20	11.60	3.18	29.20	69.60	26.20	6.34	筒形	长卵圆	渐尖	较皱	波浪	浅绿	中等	密集	扁球形	淡红	中	64.0
4882	87.80	12.20	2.02	19.60	87.40	34.40	0.00	筒形	长椭圆	渐尖	较平	微波	黄绿	厚	密集	球形	白	中	87.0
4883	135.80	10.40	4.42	20.20	62.20	30.80	9.80	筒形	长卵圆	渐尖	较平	微波	绿	中等	松散	倒圆锥形	淡红	中	67.0
4884	168.80	11.80	4.30	30.60	75.80	33.80	7.96	筒形	长卵圆	渐尖	较皱	波浪	深绿	中等	密集	球形	红	中	67.0
4885	138.80	10.90	2.26	41.80	64.60	22.20	0.00	筒形	长椭圆	渐尖	较平	微波	黄绿	中等	密集	菱形	淡红	中	91.0
4886	146.20	11.90	5.60	19.60	69.20	34.40	7.00	筒形	长卵圆	渐尖	较皱	波浪	深绿	中等	松散	倒圆锥形	淡红	中	57.0
4887	91.00	12.60	2.86	16.60	82.20	31.80	0.00	筒形	长椭圆	渐尖	较平	微波	绿	厚	密集	菱形	白	中	85.0
4888	119.00	9.60	3.60	20.60	80.40	21.60	0.00	筒形	披针形	尾状	平	平滑	绿	厚	密集	球形	淡红	中	68.0

序号	全国统一编号	种质名称	编目单位	种子来源	原产地	收集时间
4889	00004245	小章晒烟	湘西所	泸溪县	湖南省泸溪县小章乡	2008年
4890	00004246	桥溪口晒烟	湘西所	泸溪县	湖南省凤凰县桥溪口乡	2009年
4891	00004252	辰溪芭蕉叶	湘西所	辰溪县	湖南省辰溪县 后塘乡元坪村	2010年
4892	00004255	辰溪密叶子	湘西所	辰溪县	湖南省辰溪县 后塘乡元坪村	2010年
4893	00004224	延边青旱烟	延边所	延边所	吉林省延边朝鲜族自治州	2011年
4894	00004230	延边青九密	延边所	延边所	吉林省延边朝鲜族自治州	2011年
4895	00003893	满耳草烟	云南院	苑文林寄来	贵州省惠水县	1996年
4896	00003894	惠民草烟	云南院	苑文林寄来	四川省攀枝花市 盐边县惠民乡	1995年
4897	00004068	竹园小柳叶	云南院	云南院	云南省富源县竹园镇	2016年
4898	00004093	丽江冲天烟	云南院	云南院	云南省丽江市巨甸乡	2009年
4899	00004099	文乐烟	云南院	云南院	云南省丽江市 华坪县文乐乡	2011年
4900	00004110	维登烟	云南院	云南院	云南省迪庆藏族自治州 维西傈僳族自治县维登乡	2011年
4901	00004115	丹株烟	云南院	云南院	云南省怒江州 贡山县茨开镇丹株村	2009年
4902	00004117	上江烟	云南院	云南院	云南省泸水县上江乡	2010年
4903	00004118	丙中洛烟	云南院	云南院	云南省贡山县丙中洛乡	2009年
4904	00004119	墨江柄路水烟	云南院	云南院	云南省墨江县	2009年
4905	00004123	金鼎大叶	云南院	云南院	云南省兰坪县金鼎乡	2010年
4906	00004124	玉溪山头烟	云南院	云南院	云南省玉溪市 红塔区北城镇	2010年

序号	株高/cm	茎围/cm	节距/cm	叶数/片	叶长/cm	叶宽/cm	叶柄/cm	株型	叶形	叶尖	叶面	叶缘	叶色	叶片厚薄	花序密度	花序形状	花色	茎叶角度	移栽至开花/天
4889	145.20	9.10	4.98	19.80	67.60	36.40	8.24	塔形	卵圆	渐尖	较皱	波浪	绿	中等	松散	扁球形	淡红	中	48.0
4890	154.00	11.10	4.50	23.60	66.90	29.60	10.00	塔形	长卵圆	渐尖	较平	微波	绿	中等	密集	扁球形	红	大	72.0
4891	90.00	10.80	2.54	17.00	80.00	32.60	0.00	筒形	长椭圆	渐尖	平	平滑	黄绿	中等	密集	球形	白	中	79.0
4892	147.40	10.20	3.76	28.80	73.00	27.00	0.00	塔形	长椭圆	渐尖	平	平滑	绿	中等	松散	球形	淡红	中	84.0
4893	130.10	8.35	5.10	18.10	74.65	37.60	0.00	塔形	椭圆	渐尖	平	平滑	绿	中等	密集	倒圆锥形	红	中	45.0
4894	165.30	9.55	5.05	24.10	75.90	40.40	0.00	塔形	宽椭圆	渐尖	平	平滑	绿	较厚	密集	倒圆锥形	红	中	60.0
4895	95.20	6.70	3.49	14.40	47.30	17.74	0.00	塔形	长椭圆	渐尖	平	波浪	绿	较厚	密集	球形	淡红	大	51.0
4896	153.74	10.72	5.03	22.00	65.30	30.20	0.00	塔形	椭圆	渐尖	皱	波浪	绿	较厚	密集	球形	红	中	58.0
4897	159.00	12.20	4.90	21.70	66.70	37.70	0.00	筒形	宽椭圆	尾状	较皱	波浪	绿	较厚	松散	菱形	淡红	中	57.0
4898	103.60	6.50	4.77	12.80	44.10	19.80	0.00	塔形	长椭圆	渐尖	较皱	波浪	绿	较厚	密集	球形	淡红	中	52.0
4899	124.00	8.70	5.10	14.80	57.40	24.30	6.00	塔形	卵圆	渐尖	较平	波浪	深绿	中等	密集	球形	红	大	50.0
4900	168.80	11.70	6.30	21.80	64.20	26.20	0.00	塔形	长椭圆	尾状	较皱	波浪	深绿	中等	密集	球形	红	大	52.0
4901	112.30	8.30	7.74	9.80	44.30	27.00	0.00	筒形	卵圆	渐尖	平	平滑	绿	中等	松散	菱形	淡红	大	50.0
4902	160.60	8.70	5.90	19.20	48.10	31.70	0.00	塔形	宽卵圆	钝尖	皱	皱折	深绿	中等	松散	球形	淡红	大	59.0
4903	134.30	7.20	5.14	18.20	37.60	19.30	0.00	塔形	椭圆	渐尖	较平	波浪	浅绿	中等	松散	球形	红	大	56.0
4904	125.30	7.20	4.19	21.50	37.90	19.30	5.00	筒形	椭圆	渐尖	较平	波浪	绿	中等	松散	球形	红	大	56.0
4905	138.80	8.00	6.60	13.00	46.20	37.50	5.50	塔形	宽卵圆	渐尖	较皱	皱折	绿	较厚	密集	球形	淡红	大	46.0
4906	144.80	8.10	5.80	15.00	48.30	27.40	5.70	塔形	卵圆	渐尖	较皱	皱折	绿	中等	密集	球形	淡红	大	46.0

序号	全国统一编号	种质名称	编目单位	种子来源	原产地	收集时间
4907	00004125	弄岛红花	云南院	云南院	云南省瑞丽市弄岛乡	2010 年
4908	00004126	景谷岔河草烟	云南院	云南院	云南省景谷县	2009 年
4909	00004128	丽江阿细烟	云南院	云南院	云南省丽江市长潘乡	2009 年
4910	00004134	景谷大绿草烟	云南院	云南院	云南省景谷县中山乡	2009 年
4911	00004136	华坪大卜扇	云南院	云南院	云南省华坪县中心镇	2009 年
4912	00004137	白济讯烟（大耳）	云南院	云南院	云南省维西县白济讯乡	2009 年
4913	00004139	永胜下川烟	云南院	云南院	云南省永胜县金官乡	2011 年
4914	00004144	禄丰大琵琶烟	云南院	云南院	云南省禄丰县碧城镇	2009 年
4915	00004145	黄草坝烟	云南院	广东	云南省中甸县下桥头乡	2009 年
4916	00004147	泸水晒烟	云南院	云南院	云南省泸水县	2009 年
4917	00004152	保山丙麻烟	云南院	云南院	云南省保山市丙麻乡	2009 年
4918	00004153	宣威二黑土烟	云南院	云南院	云南省宣威县田坝镇	2009 年
4919	00004154	南涧敢保烟	云南院	云南院	云南省南涧县敢保乡	2010 年
4920	00004155	玉溪格克烟	云南院	云南院	云南省玉溪市	2009 年
4921	00004156	玉溪二柳叶	云南院	云南院	云南省玉溪市	2009 年
4922	00004159	墨江磨黑烟	云南院	云南院	云南省墨江县	2010 年
4923	00004160	惠水摆金烟	云南院	云南院	贵州省惠水县摆金区	2010 年
4924	00004161	永胜砍柴坪烟	云南院	云南院	云南省永胜县涛源乡	2010 年

序号	株高/cm	茎围/cm	节距/cm	叶数/片	叶长/cm	叶宽/cm	叶柄/cm	株型	叶形	叶尖	叶面	叶缘	叶色	叶片厚薄	花序密度	花序形状	花色	茎叶角度	移栽至开花/天
4907	133.80	7.80	8.20	10.80	59.80	32.50	0.00	筒形	宽椭圆	钝尖	较皱	波浪	深绿	较厚	密集	球形	深红	甚大	39.0
4908	134.70	6.50	6.35	13.80	36.60	17.60	0.00	筒形	椭圆	渐尖	较皱	波浪	绿	中等	密集	球形	红	中	68.0
4909	97.60	6.50	3.32	18.20	43.00	25.70	2.50	塔形	宽卵圆	渐尖	较皱	波浪	绿	中等	密集	球形	红	中	54.0
4910	152.00	8.50	5.32	21.20	43.90	26.30	0.00	筒形	宽椭圆	急尖	平	平滑	深绿	中等	松散	球形	红	大	52.0
4911	105.30	7.30	4.28	14.60	51.20	28.00	0.00	塔形	宽椭圆	急尖	较平	波浪	绿	中等	密集	扁球形	淡红	大	42.0
4912	91.20	7.50	4.50	10.40	35.20	10.35	0.00	筒形	披针形	尾状	较皱	波浪	绿	中等	松散	倒圆锥形	淡红	中	44.0
4913	126.40	11.50	6.20	13.80	59.00	23.80	0.00	筒形	长椭圆	急尖	较皱	波浪	深绿	中等	密集	球形	红	中	50.0
4914	145.20	8.70	5.40	18.40	45.40	27.60	0.00	筒形	宽卵圆	钝尖	平	平滑	深绿	较厚	松散	倒圆锥形	淡红	大	50.0
4915	121.90	8.50	5.63	14.80	43.00	23.10	0.00	塔形	卵圆	渐尖	较皱	波浪	浅绿	中等	松散	菱形	红	大	48.0
4916	128.30	8.50	5.52	14.80	51.80	23.30	0.00	塔形	椭圆	渐尖	较皱	波浪	浅绿	中等	松散	球形	淡红	甚大	56.0
4917	113.30	7.20	4.85	14.40	32.00	10.40	0.00	塔形	披针形	尾状	较皱	波浪	浅绿	中等	密集	扁球形	淡红	大	43.0
4918	139.80	7.10	5.57	17.60	37.00	11.40	0.00	塔形	长椭圆	渐尖	较平	波浪	绿	较薄	密集	倒圆锥形	淡红	大	50.0
4919	141.40	6.10	5.60	15.80	45.70	11.60	4.90	塔形	披针形	渐尖	较皱	波浪	绿	厚	松散	扁球形	淡红	大	43.0
4920	140.40	9.60	5.66	15.60	57.90	14.40	5.00	筒形	披针形	尾状	较皱	波浪	绿	较厚	松散	扁球形	淡红	大	49.0
4921	110.00	8.20	2.99	24.60	64.50	15.80	0.00	塔形	披针形	尾状	较皱	波浪	绿	较厚	密集	倒圆锥形	红	大	65.0
4922	178.80	9.10	6.30	21.80	52.50	30.40	0.00	塔形	宽椭圆	钝尖	较平	波浪	绿	较薄	松散	倒圆锥形	淡红	大	56.0
4923	162.00	10.50	5.70	20.80	69.80	38.00	0.00	塔形	宽卵圆	钝尖	皱	皱折	深绿	较薄	密集	球形	淡红	中	59.0
4924	149.60	9.10	6.50	15.80	58.80	31.70	6.70	塔形	卵圆	渐尖	较平	波浪	绿	较厚	松散	扁球形	淡红	大	46.0

序号	全国统一编号	种质名称	编目单位	种子来源	原产地	收集时间
4925	00004162	墨江正街烟	云南院	云南院	云南省墨江县通关镇	2009 年
4926	00004163	孟连树啃咬	云南院	云南院	云南省孟连县勐马镇	2010 年
4927	00004170	卜甲烟	云南院	云南院	云南省永胜县片角乡	2009 年
4928	00004171	三坝烟	云南院	云南院	云南省中甸县三坝乡	2010 年
4929	00004172	安定草烟	云南院	云南院	云南省元江县安定镇	2009 年
4930	00004174	墨江把子烟	云南院	云南院	云南省墨江县双龙乡	2009 年
4931	00004184	维西叶枝烟	云南院	云南院	云南省维西县叶枝乡	2011 年
4932	00004187	九甲草烟	云南院	云南院	云南省镇沅县九甲乡	2009 年
4933	00004188	辽岭草烟	云南院	云南院	云南省景谷县正兴乡	2009 年
4934	00004196	啦嘛登烟	云南院	云南院	云南省兰坪县兔峨乡	2010 年
4935	00004199	永胜光华烟	云南院	云南院	云南省永胜县	2009 年
4936	00004201	丽江牛皮烟	云南院	云南院	云南省丽江市巨甸乡	2010 年
4937	00004202	马关烟	云南院	云南院	云南省马关县	2010 年
4938	00004203	永胜木桂烟	云南院	云南院	云南省永胜县涛源乡	2010 年
4939	00004204	景谷慢来草烟	云南院	云南院	云南省景谷县团结乡	2010 年
4940	00004205	马军烟	云南院	云南院	云南省玉溪市	2010 年
4941	00004206	金鼎小叶	云南院	云南院	云南省兰坪县金鼎乡	2009 年
4942	00004216	五境柳叶	云南院	云南院	云南省中甸县五境乡	2011 年

序号	株高/cm	茎围/cm	节距/cm	叶数/片	叶长/cm	叶宽/cm	叶柄/cm	株型	叶形	叶尖	叶面	叶缘	叶色	叶片厚薄	花序密度	花序形状	花色	茎叶角度	移栽至开花/天
4925	121.80	7.70	4.42	18.60	24.40	12.40	0.00	塔形	椭圆	渐尖	较平	微波	浅绿	中等	松散	倒圆锥形	深红	大	59.0
4926	150.60	8.00	7.50	12.40	56.30	27.00	5.50	塔形	长卵圆	渐尖	皱	皱折	深绿	中等	松散	倒圆锥形	淡红	大	38.0
4927	116.20	7.40	4.62	17.40	60.30	31.30	0.00	塔形	宽椭圆	渐尖	较平	波浪	绿	中等	松散	倒圆锥形	淡红	中	49.0
4928	164.00	9.00	6.00	19.20	56.60	25.80	0.00	塔形	椭圆	渐尖	较平	波浪	绿	中等	密集	球形	红	大	57.0
4929	124.30	7.20	4.25	18.20	39.90	16.30	3.00	塔形	长椭圆	渐尖	较皱	波浪	深绿	中等	密集	球形	淡红	甚大	67.0
4930	125.10	8.20	3.78	21.00	37.90	9.48	9.70	塔形	披针形	尾状	较皱	波浪	绿	中等	松散	倒圆锥形	深红	中	51.0
4931	111.00	9.20	3.90	18.00	57.20	27.10	0.00	塔形	椭圆	急尖	较平	微波	深绿	中等	密集	菱形	红	中	50.0
4932	107.00	7.70	3.71	17.40	36.40	10.11	3.30	筒形	披针形	尾状	较皱	波浪	浅绿	中等	密集	扁球形	红	大	56.0
4933	141.30	7.60	4.87	19.40	54.40	12.70	0.00	筒形	心脏形	渐尖	较皱	波浪	浅绿	中等	密集	球形	红	大	62.0
4934	126.20	8.10	5.80	14.80	60.10	33.50	9.00	塔形	卵圆	急尖	较皱	波浪	深绿	中等	松散	球形	淡红	大	41.0
4935	112.30	7.20	3.82	18.40	39.80	19.90	0.00	塔形	椭圆	渐尖	较皱	波浪	浅绿	中等	密集	倒圆锥形	淡红	甚大	56.0
4936	116.20	5.40	5.80	12.80	41.22	22.20	0.00	筒形	卵圆	渐尖	较平	波浪	深绿	厚	密集	扁球形	红	大	54.0
4937	164.40	9.80	6.90	17.80	64.30	28.80	0.00	塔形	长椭圆	钝尖	平	平滑	绿	中等	密集	球形	淡红	中	55.0
4938	133.80	7.10	6.50	12.60	55.80	24.30	0.00	塔形	长椭圆	渐尖	较皱	皱折	绿	中等	密集	倒圆锥形	淡红	大	40.0
4939	176.80	6.50	7.50	18.40	44.60	18.30	7.00	筒形	长椭圆	渐尖	较皱	波浪	绿	较厚	松散	倒圆锥形	淡红	大	51.0
4940	116.40	10.80	3.40	19.20	79.10	31.60	0.00	塔形	长椭圆	渐尖	较皱	波浪	绿	较薄	密集	球形	淡红	中	69.0
4941	130.30	7.50	4.87	17.60	54.80	12.80	5.30	筒形	长卵圆	渐尖	较皱	波浪	浅绿	中等	密集	球形	红	大	62.0
4942	131.20	10.10	4.60	17.60	69.80	26.10	7.50	塔形	宽卵圆	急尖	较皱	波浪	深绿	中等	松散	菱形	淡红	中	50.0

序号	全国统一编号	种质名称	编目单位	种子来源	原产地	收集时间
4943	00004223	镇沅冬烟	云南院	云南院	云南省镇沅县勐大乡	2009 年
4944	00004225	永胜拉杈烟	云南院	云南院	云南省永胜县仁和镇	2010 年
4945	00004226	孟连瓦烟	云南院	云南院	云南省孟连县	2016 年
4946	00004232	独山基长烟	云南院	云南院 1989 年从贵州烟科所引入	贵州省独山县基长镇	2009 年
4947	00004234	寸茎柳叶	云南院	云南院	云南省玉溪市	2009 年
4948	00004235	留叶川	云南院	云南院	云南省玉溪市	2009 年
4949	00004240	阿乐朵烟	云南院	云南院	云南省南涧县	2008 年
4950	00004247	凤庆密叶烟	云南院	云南院	云南省凤庆县诗礼乡	2009 年
4951	00004215	维西大川烟	云南院	云南院	云南省维西县白济讯乡	2009 年
4952	00004257	云县昔汉柳叶	云南院	云南院	云南省云县头道水乡	2011 年
4953	00004259	宜良猪大肠	云南院	云南院	云南省宜良县古城镇	2011 年
4954	00004262	凤凰山晒烟	云南院	云南院	四川省	2009 年
4955	00004274	镇沅振太大树烟	云南院	云南院	云南省镇沅县振太乡	2016 年
4956	00003868	彭水土烟	中烟所	品资所征集	重庆市彭水苗族土家族自治县	1997 年
4957	00003869	彭水小兰烟	中烟所	品资所征集	重庆市彭水苗族土家族自治县	1997 年
4958	00003870	平安土烟	中烟所	品资所征集	青海省海东市平安区	1997 年
4959	00003871	黔江黑烟	中烟所	品资所征集	重庆市黔江区	1997 年
4960	00003872	黔江乌烟	中烟所	品资所征集	重庆市黔江区	1997 年

序号	株高/cm	茎围/cm	节距/cm	叶数/片	叶长/cm	叶宽/cm	叶柄/cm	株型	叶形	叶尖	叶面	叶缘	叶色	叶片厚薄	花序密度	花序形状	花色	茎叶角度	移栽至开花/天
4943	113.60	5.20	2.92	23.80	32.40	16.40	0.00	塔形	心脏形	渐尖	较皱	波浪	绿	较厚	松散	菱形	淡红	中	64.0
4944	133.00	6.80	8.40	11.40	52.10	22.80	5.00	塔形	长卵圆	急尖	较平	波浪	绿	中等	松散	倒圆锥形	淡红	甚大	38.0
4945	150.40	9.10	4.70	23.40	67.00	18.61	0.00	塔形	披针形	尾状	较皱	波浪	深绿	中等	密集	倒圆锥形	淡红	中	47.0
4946	132.00	8.30	4.71	19.40	31.60	22.20	3.00	塔形	宽椭圆	渐尖	较皱	波浪	绿	较厚	密集	球形	淡红	中	48.0
4947	140.10	7.70	5.11	18.20	51.80	12.20	0.00	塔形	披针形	尾状	较平	波浪	深绿	中等	松散	菱形	深红	中	50.0
4948	137.00	6.50	3.54	26.80	51.70	12.10	0.00	塔形	披针形	尾状	较皱	波浪	浅绿	中等	松散	菱形	深红	大	58.0
4949	115.60	6.90	4.10	19.00	52.00	12.50	5.20	塔形	披针形	尾状	较平	波浪	深绿	较厚	密集	倒圆锥形	深红	大	46.0
4950	165.60	9.80	6.46	18.60	48.20	12.30	0.00	塔形	披针形	尾状	较皱	波浪	绿	中等	密集	倒圆锥形	淡红	中	50.0
4951	93.20	7.60	4.76	12.20	51.10	25.50	0.00	塔形	椭圆	急尖	平	平滑	深绿	较薄	密集	扁球形	红	大	50.0
4952	160.50	10.60	5.10	23.60	68.00	33.80	0.00	塔形	椭圆	急尖	较皱	波浪	深绿	中等	密集	球形	红	中	50.0
4953	122.20	8.90	3.40	24.20	58.30	17.67	0.00	筒形	披针形	尾状	较平	波浪	深绿	中等	松散	球形	红	中	63.0
4954	146.40	7.20	5.45	18.20	41.10	20.30	0.00	筒形	椭圆	渐尖	较皱	波浪	绿	较厚	密集	球形	红	中	59.0
4955	166.80	8.60	5.60	21.00	52.70	13.51	0.00	筒形	披针形	尾状	较平	微波	绿	较厚	松散	倒圆锥形	淡红	大	44.0
4956	104.40	5.50	6.55	10.60	30.20	17.20	0.00	筒形	宽椭圆	渐尖	较皱	波浪	绿	中等	密集	球形	红	中	39.0
4957	117.60	6.80	4.98	16.60	35.60	20.20	0.00	筒形	宽椭圆	渐尖	较皱	波浪	绿	中等	密集	球形	红	中	50.0
4958	110.80	6.60	5.05	15.00	42.40	23.60	0.00	筒形	宽椭圆	渐尖	较皱	波浪	绿	中等	密集	球形	白	中	50.0
4959	108.40	7.50	6.89	9.20	37.80	19.00	0.00	筒形	椭圆	渐尖	较皱	波浪	绿	中等	密集	球形	红	中	48.0
4960	132.60	9.20	5.40	17.60	49.00	23.00	0.00	筒形	椭圆	渐尖	较平	波浪	绿	中等	密集	球形	淡红	中	64.0

序号	全国统一编号	种质名称	编目单位	种子来源	原产地	收集时间
4961	00003873	大红花烟	中烟所	品资所征集	山东省	1997 年
4962	00003874	早谷烟	中烟所	品资所征集	云南省	1997 年
4963	00003875	黔江铁板烟	中烟所	品资所征集	重庆市黔江区	1997 年
4964	00003876	酉阳土烟 -1	中烟所	重庆市酉阳县	重庆市酉阳土家族苗族自治县	1994 年
4965	00003877	酉阳黑烟	中烟所	品资所征集	重庆市酉阳土家族苗族自治县	1997 年
4966	00003878	山东黑毛烟	中烟所	品资所征集	山东省	1997 年
4967	00003879	酉阳土烟 -2	中烟所	重庆市酉阳县	重庆市酉阳土家族苗族自治县	1994 年
4968	00003880	南川美烟	中烟所	品资所征集	重庆市南川区	1997 年
4969	00003881	南川土烟	中烟所	品资所征集	重庆市南川区	1997 年
4970	00003882	南川琵琶烟	中烟所	品资所征集	重庆市南川区	1997 年
4971	00003883	南川团鱼壳	中烟所	品资所征集	重庆市南川区	1997 年
4972	00003884	南川黑烟 -1	中烟所	品资所征集	重庆市南川区	1997 年
4973	00003885	南川黑烟 -2	中烟所	品资所征集	重庆市南川区	1997 年
4974	00003886	南川黑烟 -3	中烟所	品资所征集	重庆市南川区	1997 年
4975	00003887	涪陵土烟	中烟所	品资所征集	重庆市涪陵区	1997 年
4976	00003888	云阳柳叶烟	中烟所	品资所征集	重庆市云阳县	1997 年
4977	00003889	山烟（开县）	中烟所	品资所征集	重庆市开县	1997 年
4978	00003890	酉阳毛草烟	中烟所	品资所征集	重庆市酉阳县	1997 年

序号	株高/cm	茎围/cm	节距/cm	叶数/片	叶长/cm	叶宽/cm	叶柄/cm	株型	叶形	叶尖	叶面	叶缘	叶色	叶片厚薄	花序密度	花序形状	花色	茎叶角度	移栽至开花/天
4961	146.60	9.50	5.91	16.60	53.50	24.60	0.00	筒形	椭圆	渐尖	较皱	波浪	绿	中等	密集	球形	淡红	中	64.0
4962	102.89	6.60	6.03	9.60	43.18	31.47	0.00	筒形	宽卵圆	钝尖	较皱	波浪	绿	中等	松散	菱形	红	中	38.0
4963	110.60	7.40	5.56	11.80	38.00	25.60	0.00	筒形	宽卵圆	渐尖	较皱	波浪	绿	中等	密集	球形	红	中	52.0
4964	169.20	9.00	5.24	25.00	51.70	21.40	0.00	筒形	长椭圆	渐尖	较皱	波浪	绿	中等	密集	球形	红	中	66.0
4965	126.80	7.20	5.11	16.00	44.90	16.90	0.00	筒形	长卵圆	急尖	较皱	波浪	绿	中等	密集	球形	红	中	49.0
4966	131.40	8.00	5.68	15.20	44.80	18.60	4.00	筒形	长卵圆	渐尖	较皱	波浪	绿	中等	密集	球形	红	中	50.0
4967	125.20	8.40	5.90	13.60	47.00	20.20	7.00	筒形	长卵圆	渐尖	较皱	波浪	绿	中等	密集	球形	红	中	50.0
4968	126.80	8.60	5.53	14.80	46.60	16.00	0.00	筒形	长椭圆	尾状	较皱	波浪	绿	中等	密集	球形	红	中	49.0
4969	101.60	7.00	5.84	11.40	41.30	20.80	0.00	筒形	椭圆	渐尖	较皱	波浪	绿	中等	密集	球形	红	中	49.0
4970	96.60	7.70	5.40	11.40	39.80	22.80	0.00	筒形	宽椭圆	渐尖	较皱	波浪	绿	中等	密集	球形	红	中	47.0
4971	114.40	5.60	6.62	12.00	27.20	17.50	0.00	筒形	宽卵圆	钝尖	较皱	波浪	绿	中等	松散	菱形	淡红	中	41.0
4972	156.80	9.50	3.83	28.40	41.60	19.20	0.00	筒形	椭圆	渐尖	较皱	波浪	绿	中等	密集	球形	淡红	中	64.0
4973	102.00	7.50	4.53	14.80	36.20	16.80	0.00	筒形	椭圆	渐尖	较皱	波浪	绿	中等	密集	球形	红	中	51.0
4974	107.00	7.70	5.22	13.80	38.60	17.20	0.00	筒形	长椭圆	渐尖	较皱	波浪	绿	中等	密集	球形	红	中	51.0
4975	125.80	8.20	5.11	16.80	45.00	25.00	0.00	筒形	宽椭圆	钝尖	较皱	波浪	绿	中等	密集	球形	淡红	中	50.0
4976	106.67	7.99	3.51	18.20	68.10	28.77	0.00	筒形	长椭圆	急尖	较皱	波浪	绿	中等	密集	球形	红	中	56.0
4977	107.10	7.20	6.10	11.00	45.60	24.20	0.00	筒形	宽椭圆	钝尖	较皱	波浪	绿	中等	密集	球形	红	中	46.0
4978	105.00	8.20	3.10	22.60	43.20	18.60	0.00	筒形	长椭圆	渐尖	较皱	波浪	绿	中等	密集	球形	红	中	66.0

序号	全国统一编号	种质名称	编目单位	种子来源	原产地	收集时间
4979	00003891	西平乌烟	中烟所	品资所征集	河南省驻马店市西平县	1997 年
4980	00003892	丁塘烟	中烟所	品资所征集	湖南省	1997 年
4981	00003896	罗明坝草烟	中烟所	苑文林寄来	云南省保山市罗明坝	1997 年
4982	00003897	平地镇大柳叶	中烟所	苑文林寄来	四川省攀枝花市仁和区平地镇	1997 年
4983	00003898	永郎长叶草烟	中烟所	苑文林寄来	四川省德昌县永郎镇永跃村五组	1997 年
4984	00003899	金沙江小蒲扇叶	中烟所	苑文林寄来	四川省攀枝花市东区	1997 年
4985	00003900	金沙江小黑烟	中烟所	苑文林寄来	四川省攀枝花市东区	1997 年
4986	00004087	穆棱金边	中烟所	赵彬寄来	黑龙江省穆棱市	2016 年
4987	00004090	牡晒 84-1	中烟所	赵彬寄来	黑龙江省穆棱市	2016 年
4988	00004151	大牛耳	中烟所	云南院		2009 年
4989	00004263	老草烟	中烟所	云南江城县曲水乡龙塘村	云南省江城哈尼族彝族自治县	2009 年
4990	00004264	那坡晒烟	中烟所	广西那坡	广西壮族自治区那坡县	2008 年
4991	00004265	大方叶子烟	中烟所	贵州毕节大方县	贵州省毕节市大方县	2008 年
4992	00004266	Ye	中烟所	云南贡山县茨开镇丹株村	云南省贡山独龙族怒族自治县	2009 年
4993	00004267	密拖	中烟所	广东连州	广东省连州市	2006 年
4994	00004268	水泉头种	中烟所	广东连州	广东省连州市	2006 年
4995	00004269	黑河柳叶尖	中烟所	苑文林寄来	黑龙江省黑河市	2006 年
4996	00004270	那卡草烟	中烟所	云南景谷县威运镇那卡村	云南省景谷自治区威远镇那卡村	2008 年

序号	株高/cm	茎围/cm	节距/cm	叶数/片	叶长/cm	叶宽/cm	叶柄/cm	株型	叶形	叶尖	叶面	叶缘	叶色	叶片厚薄	花序密度	花序形状	花色	茎叶角度	移栽至开花/天
4979	118.60	6.80	5.66	13.00	36.20	21.00	0.00	筒形	卵圆	钝尖	较皱	波浪	绿	中等	密集	球形	淡红	中	46.0
4980	102.60	7.70	4.76	14.20	54.40	30.40	0.00	筒形	宽椭圆	渐尖	较皱	波浪	绿	中等	松散	菱形	淡红	中	49.0
4981	110.90	7.10	2.96	22.80	33.60	15.80	0.00	筒形	椭圆	渐尖	较皱	波浪	绿	中等	密集	球形	淡红	中	45.0
4982	166.23	7.88	5.21	23.20	61.43	19.45	0.00	筒形	披针形	尾状	较皱	波浪	绿	厚	密集	球形	淡红	中	54.0
4983	117.00	6.80	5.36	14.00	36.90	17.90	5.00	筒形	宽卵圆	渐尖	较平	波浪	绿	中等	密集	球形	淡红	中	42.0
4984	126.63	7.30	3.64	23.80	33.80	19.20	0.00	筒形	宽椭圆	渐尖	较皱	波浪	绿	中等	密集	球形	红	中	60.0
4985	119.38	7.40	3.28	24.20	31.60	16.20	0.00	筒形	椭圆	渐尖	较皱	波浪	绿	中等	密集	球形	红	中	44.0
4986	169.70	13.30	4.20	30.60	70.70	25.00	2.00	筒形	长椭圆	尾状	较平	微波	绿	较厚	松散	球形	淡红	中	54.0
4987	155.00	12.80	4.60	25.00	73.70	36.70	0.00	筒形	椭圆	尾状	较平	微波	绿	较厚	密集	菱形	白	中	56.0
4988	143.70	9.50	4.95	20.00	59.60	26.30	8.20	塔形	长椭圆	急尖	平	平滑	深绿	较厚	松散	菱形	淡红	大	52.0
4989	100.40	6.50	6.26	9.00	32.90	23.90	0.00	筒形	宽卵圆	钝尖	较皱	波浪	绿	中等	松散	菱形	淡红	中	55.0
4990	148.80	9.80	6.00	17.00	55.20	39.80	0.00	塔形	宽卵圆	渐尖	较平	微波	浅绿	较厚	松散	菱形	淡红	甚大	55.0
4991	148.80	9.10	6.40	17.00	47.70	31.00	7.50	塔形	宽卵圆	渐尖	较平	微波	深绿	厚	密集	球形	淡红	中	55.0
4992	109.20	7.70	6.68	11.00	47.60	28.20	0.00	塔形	宽椭圆	渐尖	较平	微波	绿	中等	松散	菱形	淡红	中	55.0
4993	176.40	9.70	5.92	23.00	55.80	32.00	2.44	筒形	卵圆	渐尖	较皱	波浪	绿	中等	松散	倒圆锥形	淡红	中	60.0
4994	186.60	9.80	6.16	22.00	60.60	34.20	0.00	筒形	宽椭圆	钝尖	平	平滑	浅绿	较薄	密集	球形	淡红	中	60.0
4995	110.40	7.50	4.86	13.00	50.80	27.60	0.00	筒形	宽椭圆	渐尖	平	平滑	深绿	厚	密集	球形	深红	中	60.0
4996	203.80	7.90	5.50	30.00	46.40	23.80	0.00	筒形	椭圆	渐尖	较皱	波浪	绿	中等	松散	菱形	淡红	中	60.0

序号	全国统一编号	种质名称	编目单位	种子来源	原产地	收集时间
4997	00004271	大桥晒烟	中烟所	四川会东县	四川省会东县	2007 年
4998	00004272	武夷山晒烟	中烟所	福建武夷山	福建省武夷山市	2009 年
4999	00004273	金山乡旱烟	中烟所	苑文林寄来	黑龙江省呼玛县金山乡	2007 年
5000	00004275	尾坪子旱烟	中烟所	云南大姚县湾碧乡巴拉村尾坪子组	云南省大姚县	2009 年
5001	00004276	内蒙琥珀香	中烟所	内蒙自治区莫力达瓦旗	内蒙自治区莫力达瓦旗	2011 年
5002	00004277	永州冷水滩晒烟	中烟所	中烟所	湖南省永州市冷水滩区	2009 年
5003	00004278	树烟籽	中烟所	贵州黔西南州	贵州省黔西南州	2011 年
5004	00005334	矮株晒黄	中烟所	赵彬寄来	云南省曲靖市会泽县	2015 年
5005	00005335	腰岭子晒黄	中烟所	赵彬寄来	黑龙江省穆棱市	2015 年
5006	00005336	杨木晒黄	中烟所	赵彬寄来	辽宁省丹东市宽甸满族自治县杨木川镇	2015 年
5007	00005337	桦甸晒黄	中烟所	赵彬寄来	吉林省吉林市桦甸市	2015 年
5008	00005338	广西八步晒烟	中烟所	赵彬寄来	广西壮族自治区贺州市八步区	2015 年
5009	00005339	封开晒烟	中烟所	赵彬寄来	广东省封开县	2015 年
5010	00005343	吉林大白花	中烟所	赵彬寄来	吉林省吉林市	2015 年
5011	00005344	漂河一号	中烟所	赵彬寄来	吉林省蛟河市漂河镇	2015 年
5012	00005346	晒五	中烟所	赵彬寄来	辽宁省丹东市凤城市	2015 年
5013	00005347	凤林晒烟	中烟所	赵彬寄来	吉林省延边朝鲜族自治州龙井市	2015 年
5014	00005348	凤凰城柳叶尖	中烟所	赵彬寄来	辽宁省丹东市凤城市	2015 年

序号	株高/cm	茎围/cm	节距/cm	叶数/片	叶长/cm	叶宽/cm	叶柄/cm	株型	叶形	叶尖	叶面	叶缘	叶色	叶片厚薄	花序密度	花序形状	花色	茎叶角度	移栽至开花/天
4997	112.00	7.80	4.00	18.00	51.70	23.20	0.00	塔形	长椭圆	渐尖	较皱	波浪	深绿	中等	松散	菱形	淡红	大	60.0
4998	97.68	5.00	4.12	14.00	39.90	16.30	2.00	筒形	长卵圆	渐尖	较平	微波	绿	中等	松散	菱形	淡红	中	60.0
4999	146.30	8.20	7.06	14.00	45.30	17.70	0.00	筒形	长椭圆	渐尖	平	平滑	深绿	厚	密集	球形	淡红	大	60.0
5000	102.90	6.00	4.50	14.00	50.70	16.40	0.00	塔形	披针形	渐尖	平	平滑	绿	较厚	松散	菱形	淡红	中	59.0
5001	104.00	7.80	5.00	13.60	40.40	22.80	0.00	塔形	椭圆	渐尖	较平	微波	绿	中等	密集	球形	淡红	中	56.0
5002	142.00	10.00	4.44	21.80	63.60	28.60	0.00	塔形	长椭圆	渐尖	平	平滑	绿	中等	密集	球形	淡红	中	56.0
5003	168.00	9.20	5.56	20.40	50.00	34.00	0.00	塔形	椭圆	渐尖	较平	微波	绿	中等	密集	球形	淡红	中	57.0
5004	100.50	7.67	3.70	17.20	50.00	23.60	0.00	塔形	椭圆	急尖	平	平滑	浅绿	中等	密集	球形	淡红	小	63.0
5005	106.70	7.24	4.05	15.80	48.70	25.45	0.00	塔形	椭圆	急尖	平	平滑	浅绿	中等	密集	球形	淡红	小	59.0
5006	104.00	7.08	4.06	16.30	48.65	25.45	0.00	塔形	卵圆	急尖	平	平滑	绿	中等	密集	菱形	淡红	小	58.0
5007	157.40	8.04	5.20	22.40	54.20	24.80	0.00	塔形	椭圆	渐尖	平	平滑	绿	厚	密集	球形	红	小	84.0
5008	212.90	8.44	6.11	28.40	49.60	25.70	0.00	筒形	卵圆	急尖	较平	微波	浅绿	厚	密集	球形	淡红	中	75.0
5009	122.90	6.72	4.74	18.30	39.65	25.55	4.10	塔形	宽卵圆	渐尖	皱	微波	绿	中等	密集	球形	淡红	中	58.0
5010	104.80	5.50	4.62	15.00	37.10	19.42	0.00	塔形	卵圆	急尖	较平	平滑	深绿	厚	密集	球形	白	小	51.0
5011	122.70	7.73	4.75	16.90	49.25	25.64	0.00	塔形	椭圆	急尖	较平	微波	绿	中等	密集	球形	淡红	小	59.0
5012	148.64	5.91	5.60	19.40	39.50	20.15	0.00	塔形	卵圆	急尖	较皱	平滑	绿	中等	密集	菱形	淡红	中	53.0
5013	143.20	6.40	4.78	21.50	31.30	20.60	0.00	塔形	宽卵圆	渐尖	平	平滑	绿	中等	密集	球形	红	小	48.0
5014	141.70	5.24	4.87	20.10	29.00	18.90	0.00	塔形	宽卵圆	急尖	平	平滑	浅绿	厚	密集	球形	深红	大	43.0

序号	全国统一编号	种质名称	编目单位	种子来源	原产地	收集时间
5015	00005349	松树营柳叶尖	中烟所	赵彬寄来		2015年
5016	00005350	新宾大团叶	中烟所	赵彬寄来	辽宁省抚顺市新宾满族自治县	2015年
5017	00005352	新宾小团叶	中烟所	赵彬寄来	辽宁省抚顺市新宾满族自治县	2015年
5018	00005353	穆棱密叶香	中烟所	赵彬寄来	黑龙江省穆棱市	2015年
5019	00005355	穆棱大护脖香	中烟所	赵彬寄来	黑龙江省穆棱市	2015年
5020	00005356	宽叶小护脖香	中烟所	赵彬寄来	黑龙江省穆棱市	2015年
5021	00005357	窄叶小护脖香	中烟所	赵彬寄来	黑龙江省穆棱市	2015年
5022	00005358	梨树早熟	中烟所	赵彬寄来	吉林省四平市梨树县	2015年
5023	00005359	穆棱晒红	中烟所	赵彬寄来	黑龙江省穆棱市	2015年
5024	00005360	刁翎晒红烟	中烟所	赵彬寄来	黑龙江省林口县刁翎镇	2015年
5025	00005361	佳木斯晒红烟	中烟所	赵彬寄来	黑龙江省佳木斯市	2015年
5026	00005362	千金亩晒烟	中烟所	赵彬寄来	中国	2015年
5027	00005363	湖南晒红烟	中烟所	赵彬寄来	湖南省	2015年
5028	00005364	漯河晒红烟	中烟所	赵彬寄来	河南省漯河市	2015年
5029	00005365	桦甸晒红烟	中烟所	赵彬寄来	吉林省桦甸市	2015年
5030	00005366	高州晒烟	中烟所	赵彬寄来	广东省高州市	2015年
5031	00005367	V-1	中烟所	赵彬寄来	中国	2015年
5032	00005413	二花草	中烟所	徐宜民湖北资源考察	湖北省巴东县茶店子朱砂土村8组	2016年

序号	株高/cm	茎围/cm	节距/cm	叶数/片	叶长/cm	叶宽/cm	叶柄/cm	株型	叶形	叶尖	叶面	叶缘	叶色	叶片厚薄	花序密度	花序形状	花色	茎叶角度	移栽至开花/天
5015	110.60	5.19	4.77	14.80	45.30	20.50	0.00	塔形	长椭圆	渐尖	较平	平滑	浅绿	厚	密集	球形	淡红	大	44.0
5016	108.10	5.71	4.18	16.80	41.20	21.45	0.00	塔形	椭圆	急尖	较平	微波	浅绿	较厚	密集	球形	淡红	中	46.0
5017	119.70	8.04	4.95	16.00	47.55	25.40	0.00	塔形	卵圆	渐尖	较皱	微波	浅绿	中等	密集	球形	淡红	中	61.0
5018	115.10	6.95	4.60	15.70	47.60	18.75	0.00	塔形	长椭圆	渐尖	较皱	微波	绿	中等	密集	球形	淡红	小	61.0
5019	117.50	6.52	4.45	16.60	41.25	21.20	0.00	塔形	卵圆	渐尖	较平	平滑	绿	中等	密集	球形	红	小	59.0
5020	73.50	3.90	3.13	11.00	22.80	11.30	0.00	塔形	椭圆	渐尖	较皱	平滑	深绿	厚	松散	球形	淡红	大	25.0
5021	69.05	3.40	3.25	7.40	21.70	11.65	0.00	塔形	卵圆	急尖	较平	微波	深绿	厚	松散	球形	淡红	大	25.0
5022	106.10	5.77	4.77	13.90	38.70	20.65	0.00	塔形	卵圆	渐尖	较皱	平滑	深绿	较薄	密集	菱形	淡红	中	45.0
5023	135.80	6.98	4.55	21.20	44.50	22.85	0.00	塔形	椭圆	急尖	平	平滑	浅绿	中等	密集	球形	淡红	中	59.0
5024	120.70	7.72	5.65	14.80	45.45	24.90	0.00	塔形	宽椭圆	渐尖	较皱	微波	绿	较薄	松散	球形	淡红	中	51.0
5025	154.40	6.64	6.25	17.90	43.70	23.20	0.00	塔形	卵圆	渐尖	较平	微波	绿	中等	松散	球形	淡红	小	58.0
5026	176.63	8.90	5.96	23.18	53.73	29.25	8.52	塔形	卵圆	急尖	较皱	平滑	绿	厚	松散	菱形	淡红	中	80.0
5027	169.40	9.77	5.47	23.10	58.20	22.50	0.00	塔形	长椭圆	急尖	较皱	微波	绿	厚	松散	菱形	淡红	中	107.0
5028	113.76	8.05	4.95	14.90	46.00	22.20	0.00	塔形	椭圆	渐尖	较皱	皱折	绿	厚	密集	球形	红	小	49.0
5029	110.76	7.85	4.45	15.90	47.80	22.20	0.00	塔形	长卵圆	渐尖	平	平滑	绿	中等	松散	菱形	淡红	中	53.0
5030	126.82	7.79	4.85	17.90	44.50	21.15	3.40	塔形	长卵圆	尾状	较平	微波	绿	厚	松散	菱形	白	小	64.0
5031	138.20	7.73	5.53	17.60	39.95	20.60	0.00	塔形	卵圆	渐尖	平	微波	黄绿	中等	密集	球形	淡红	大	58.0
5032	128.55	9.20	4.47	19.00	59.08	35.85	0.00	塔形	椭圆	急尖	较平	平滑	绿	较厚	密集	球形	淡红	中	38.0

序号	全国统一编号	种质名称	编目单位	种子来源	原产地	收集时间
5033	00005414	矮人头	中烟所	徐宜民湖北资源考察	湖北省巴东县 茶店子 朱砂土村 8 组	2016 年
5034	00005415	大柳子叶	中烟所	徐宜民湖北资源考察	湖北省巴东县 茶店子 朱砂土村 8 组	2016 年
5035	00005416	巴东大毛烟	中烟所	徐宜民湖北资源考察	湖北省巴东县 野三关镇招凤台村十组	2016 年
5036	00005417	巴东大毛烟 -1	中烟所	徐宜民湖北资源考察	湖北省巴东县	2016 年
5037	00005418	建始新大毛烟	中烟所	徐宜民湖北资源考察	湖北省建始县 红岩寺镇黄木垭村 1 组	2016 年
5038	00005419	长阳红叶烟 -1	中烟所	徐宜民湖北资源考察	湖北省长阳县 大堰乡邓家中村四组	2016 年
5039	00005420	长阳红叶烟 -2	中烟所	徐宜民湖北资源考察	湖北省长阳县大堰乡 大堰村一组	2016 年
5040	00005421	长阳枇杷烟	中烟所	徐宜民湖北资源考察	湖北省长阳县 大堰乡邓家中村四组	2016 年
5041	00005422	长阳大枇杷叶	中烟所	徐宜民湖北资源考察	湖北省长阳县 大堰乡大堰村一组	2016 年
5042	00005423	长阳大枇杷烟	中烟所	徐宜民湖北资源考察	湖北省长阳县 大堰乡大堰村一组	2016 年
5043	00005424	保康大枇杷烟	中烟所	徐宜民湖北资源考察	湖北省保康县	2016 年
5044	00005425	长阳小枇杷叶	中烟所	徐宜民湖北资源考察	湖北省长阳县 大堰乡大堰村一组	2016 年
5045	00005426	大黑高烟	中烟所	徐宜民湖北资源考察	湖北省长阳县榔坪镇 关口垭村三组	2016 年
5046	00005427	红余烟	中烟所	徐宜民湖北资源考察	湖北省长阳县 榔坪镇关口垭村三组	2016 年
5047	00005428	辽叶烟	中烟所	徐宜民湖北资源考察	湖北省长阳县 贺家坪村鲁家湾村五组	2016 年
5048	00005429	长阳大白金	中烟所	徐宜民湖北资源考察	湖北省长阳县 鱼峡口镇青龙村二组	2016 年
5049	00005430	长阳小白金	中烟所	徐宜民湖北资源考察	湖北省长阳县 鱼峡口镇青龙村二组	2016 年
5050	00005431	沙把青毛烟	中烟所	徐宜民湖北资源考察	湖北省恩施市 崔坝镇沙地乡黄广田村	2016 年

序号	株高/cm	茎围/cm	节距/cm	叶数/片	叶长/cm	叶宽/cm	叶柄/cm	株型	叶形	叶尖	叶面	叶缘	叶色	叶片厚薄	花序密度	花序形状	花色	茎叶角度	移栽至开花/天
5033	117.55	8.50	4.16	18.00	56.70	35.45	0.00	塔形	卵圆	渐尖	较平	微波	绿	中等	密集	球形	淡红	中	32.0
5034	139.30	9.29	5.80	17.00	59.80	36.90	0.00	塔形	卵圆	渐尖	较平	微波	绿	较厚	密集	球形	淡红	中	34.0
5035	116.35	6.90	8.64	9.00	48.30	34.80	0.00	筒形	宽卵圆	钝尖	平	平滑	绿	中等	松散	倒圆锥形	淡红	甚大	34.0
5036	125.00	8.00	6.00	14.00	50.00	26.00	0.00	塔形	椭圆	渐尖	较平	波浪	绿	中等	密集	球形	淡红	中	45.0
5037	88.38	11.34	3.53	14.00	63.87	36.92	0.00	塔形	卵圆	渐尖	较平	平滑	深绿	厚	密集	球形	淡红	大	37.0
5038	114.40	6.97	5.40	14.00	51.38	27.56	0.00	筒形	长椭圆	渐尖	较平	平滑	黄绿	较厚	密集	球形	淡红	中	38.0
5039	148.95	10.37	6.06	17.00	66.80	31.94	0.00	塔形	椭圆	急尖	皱	平滑	绿	中等	密集	球形	淡红	中	27.0
5040	139.08	9.31	5.55	18.00	53.91	23.10	0.00	筒形	长卵圆	急尖	较皱	平滑	绿	中等	密集	扁球形	淡红	大	38.0
5041	142.05	9.84	5.10	20.00	65.75	32.60	0.00	塔形	长卵圆	急尖	较平	平滑	黄绿	中等	密集	球形	淡红	大	36.0
5042	137.45	8.67	4.22	22.00	62.27	30.58	0.00	筒形	长椭圆	急尖	较平	平滑	黄绿	较薄	密集	球形	淡红	小	27.0
5043	86.40	5.30	2.86	15.00	39.77	19.13	6.02	筒形	长卵圆	急尖	较平	平滑	绿	中等	松散	菱形	淡红	大	37.0
5044	124.80	7.78	5.30	16.00	51.55	22.78	0.00	塔形	长椭圆	急尖	平	平滑	绿	较薄	松散	菱形	淡红	中	34.0
5045	95.03	7.30	4.75	12.00	50.29	32.63	0.00	塔形	宽卵圆	渐尖	较皱	平滑	绿	较厚	密集	球形	淡红	中	27.0
5046	109.85	7.99	5.76	12.00	55.02	35.86	0.00	塔形	宽卵圆	渐尖	较皱	平滑	绿	中等	密集	球形	淡红	中	36.0
5047	128.25	6.79	4.94	17.00	46.66	20.05	0.00	塔形	长椭圆	急尖	较平	平滑	黄绿	中等	松散	菱形	淡红	中	35.0
5048	167.50	10.40	7.30	17.00	39.85	25.15	0.00	塔形	宽卵圆	渐尖	较皱	波浪	黄绿	中等	密集	球形	淡红	中	43.0
5049	135.00	8.59	5.06	18.00	54.75	31.33	0.00	塔形	卵圆	渐尖	较皱	平滑	浅绿	中等	松散	扁球形	淡红	大	40.0
5050	101.84	9.24	3.62	17.00	60.52	39.22	0.00	塔形	宽卵圆	渐尖	较皱	平滑	深绿	中等	密集	球形	淡红	大	36.0

序号	全国统一编号	种质名称	编目单位	种子来源	原产地	收集时间
5051	00005432	恩施青毛烟	中烟所	徐宜民湖北资源考察	湖北省恩施市盛家坝乡石门坝村马巷村组	2016 年
5052	00005433	恩施小乌烟	中烟所	徐宜民湖北资源考察	湖北省恩施市盛家坝乡石门坝村马巷村组	2016 年
5053	00005434	利川小乌烟	中烟所	徐宜民湖北资源考察	湖北省利川市南坪乡长乐村 10 组	2016 年
5054	00005435	五峰毛把烟	中烟所	徐宜民湖北资源考察	湖北省五峰县付家堰乡火山村	2016 年
5055	00005436	五峰黄筋烟	中烟所	徐宜民湖北资源考察	湖北省五峰县付家堰乡火山村	2016 年
5056	00005437	鹤峰黄筋蔸	中烟所	徐宜民湖北资源考察	湖北省鹤峰市王里乡后坪村	2016 年
5057	00005438	青筋烟	中烟所	徐宜民湖北资源考察	湖北省五峰县付家堰乡大龙坪村	2016 年
5058	00005439	鹤峰青筋蔸	中烟所	徐宜民湖北资源考察	湖北省鹤峰市燕子乡瓦窑村四组	2016 年
5059	00005440	把把烟 -1	中烟所	徐宜民湖北资源考察	湖北省鹤峰市	2016 年
5060	00005441	把把烟 -2	中烟所	徐宜民湖北资源考察	湖北省鹤峰市	2016 年
5061	00005442	鹤峰乌烟	中烟所	徐宜民湖北资源考察	湖北省鹤峰市中营乡梅果湾村一组	2016 年
5062	00005443	人头黄烟	中烟所	徐宜民湖北资源考察	湖北省鹤峰市中营乡梅大兴和村	2016 年
5063	00005444	人头烟	中烟所	徐宜民湖北资源考察	湖北省竹溪县	2016 年
5064	00005445	鹤峰晾晒烟	中烟所	徐宜民湖北资源考察	湖北省鹤峰市燕子乡董家村二组	2016 年
5065	00005446	瓢瓜烟	中烟所	徐宜民湖北资源考察	湖北省利川市南坪乡长乐村 10 组	2016 年
5066	00005447	利川黄烟	中烟所	徐宜民湖北资源考察	湖北省利川市南坪乡长乐村 10 组	2016 年
5067	00005449	癞蛤蟆乌烟	中烟所	徐宜民湖北资源考察	湖北省利川市凉雾乡李子村 1 组	2016 年
5068	00005450	小铁梗烟	中烟所	徐宜民湖北资源考察	湖北省利川市凉雾乡凉雾村 1 组	2016 年

序号	株高/cm	茎围/cm	节距/cm	叶数/片	叶长/cm	叶宽/cm	叶柄/cm	株型	叶形	叶尖	叶面	叶缘	叶色	叶片厚薄	花序密度	花序形状	花色	茎叶角度	移栽至开花/天
5051	147.20	9.13	6.34	16.00	61.20	32.31	0.00	筒形	卵圆	急尖	较皱	平滑	深绿	中等	密集	球形	红	中	44.0
5052	143.05	8.79	5.82	18.00	57.08	26.76	0.00	橄榄形	长卵圆	急尖	较平	平滑	绿	中等	密集	球形	淡红	中	30.0
5053	123.88	10.17	5.10	17.00	64.16	37.23	0.00	塔形	卵圆	急尖	较皱	平滑	深绿	中等	密集	球形	淡红	大	32.0
5054	118.60	9.45	5.24	15.00	57.84	39.60	0.00	塔形	宽卵圆	渐尖	较皱	平滑	绿	中等	松散	扁球形	淡红	大	41.0
5055	114.75	10.38	4.33	18.00	65.04	39.73	0.00	塔形	卵圆	渐尖	较平	平滑	浅绿	中等	密集	球形	淡红	大	42.0
5056	138.69	9.58	5.60	18.00	64.89	30.32	0.00	塔形	长卵圆	急尖	较皱	平滑	浅绿	中等	松散	菱形	淡红	大	27.0
5057	122.70	13.14	4.18	18.00	69.03	41.27	0.00	橄榄形	卵圆	急尖	较平	平滑	绿	中等	密集	球形	淡红	中	35.0
5058	141.60	10.60	5.44	19.00	67.06	39.38	0.00	橄榄形	卵圆	渐尖	较皱	平滑	绿	中等	密集	球形	淡红	中	38.0
5059	176.80	8.00	7.60	18.00	65.25	41.35	0.00	塔形	宽卵圆	急尖	较平	平滑	绿	中等	松散	扁球形	淡红	中	34.0
5060	112.64	5.08	4.54	16.00	41.79	23.81	5.86	塔形	长椭圆	急尖	较平	平滑	绿	中等	松散	扁球形	淡红	中	35.0
5061	154.05	9.53	7.38	15.00	65.35	39.31	0.00	塔形	卵圆	渐尖	较平	平滑	深绿	中等	密集	球形	淡红	大	27.0
5062	125.20	10.50	7.00	13.00	60.00	28.00	0.00	塔形	长椭圆	急尖	较平	平滑	绿	中等	松散	球形	淡红	中	23.0
5063	130.00	10.00	7.00	13.00	61.00	28.00	0.00	塔形	长椭圆	急尖	较平	平滑	绿	中等	松散	球形	淡红	中	45.0
5064	174.90	9.33	9.54	14.00	61.45	37.01	0.00	塔形	卵圆	渐尖	较平	平滑	绿	中等	密集	球形	淡红	大	34.0
5065	147.50	10.21	5.48	20.00	60.55	41.74	4.95	塔形	宽卵圆	急尖	较皱	平滑	深绿	中等	密集	球形	淡红	大	42.0
5066	151.80	9.69	7.44	15.00	65.25	38.73	0.00	塔形	卵圆	渐尖	较平	平滑	绿	中等	密集	扁球形	淡红	大	34.0
5067	120.50	10.10	3.98	21.00	59.68	39.28	0.00	橄榄形	宽卵圆	渐尖	较平	平滑	深绿	中等	密集	球形	红	中	27.0
5068	143.35	7.99	6.00	17.00	54.31	26.46	0.00	塔形	椭圆	渐尖	较平	平滑	深绿	中等	密集	球形	红	大	38.0

序号	全国统一编号	种质名称	编目单位	种子来源	原产地	收集时间
5069	00005451	利川毛烟	中烟所	徐宜民湖北资源考察	湖北省利川市	2016 年
5070	00005452	五峰铁板烟 -1	中烟所	徐宜民湖北资源考察	湖北省五峰县采花乡红渔坪村三组	2016 年
5071	00005453	神农架晒烟	中烟所	徐宜民湖北资源考察	湖北省神农架	2016 年
5072	00005454	旱烟晒红烟	中烟所	徐宜民湖北资源考察	湖北省神农架	2016 年
5073	00005455	郧西大河柳子 -1	中烟所	徐宜民湖北资源考察	湖北省郧西县	2016 年
5074	00005456	郧西大河柳子 -2	中烟所	徐宜民湖北资源考察	湖北省郧西县关防镇总兵沟村	2016 年
5075	00005457	郧西柳子烟 -1	中烟所	徐宜民湖北资源考察	湖北省郧西县	2016 年
5076	00005458	郧西柳子烟 -2	中烟所	徐宜民湖北资源考察	湖北省郧西县	2016 年
5077	00005459	郧西柳子烟 -3	中烟所	徐宜民湖北资源考察	湖北省郧西县	2016 年
5078	00005460	竹山小柳叶	中烟所	徐宜民湖北资源考察	湖北省竹山县	2016 年
5079	00005461	竹山小柳子	中烟所	徐宜民湖北资源考察	湖北省竹山县双台镇茅塔寺	2016 年
5080	00005462	四川大金堂	中烟所	徐宜民湖北资源考察	四川省	2016 年
5081	00005463	小河柳子	中烟所	徐宜民湖北资源考察	湖北省郧西县关防镇固家坪村	2016 年
5082	00005464	均州柳子	中烟所	徐宜民湖北资源考察	湖北省郧西县六郎乡王家河村	2016 年
5083	00005465	竹山晒烟	中烟所	徐宜民湖北资源考察	湖北省竹山县双台镇水坝村	2016 年
5084	00005466	白洋筋烟 -1	中烟所	徐宜民湖北资源考察	湖北省五峰县五峰镇麦庄村	2016 年
5085	00005467	白洋筋烟 -2	中烟所	徐宜民湖北资源考察	湖北省五峰县采花乡红渔坪村三组	2016 年
5086	00005468	宣恩乌烟 -1	中烟所	徐宜民湖北资源考察	湖北省宣恩县万寨乡大明山村	2016 年

序号	株高/cm	茎围/cm	节距/cm	叶数/片	叶长/cm	叶宽/cm	叶柄/cm	株型	叶形	叶尖	叶面	叶缘	叶色	叶片厚薄	花序密度	花序形状	花色	茎叶角度	移栽至开花/天
5069	124.00	8.23	4.40	19.00	53.70	18.50	0.00	塔形	长卵圆	尾状	较平	平滑	黄绿	中等	松散	扁球形	红	中	27.0
5070	140.30	9.23	6.16	17.00	55.55	35.30	0.00	塔形	宽卵圆	渐尖	平	平滑	绿	中等	松散	扁球形	淡红	大	27.0
5071	129.88	5.04	7.21	12.00	34.69	26.06	3.13	筒形	宽卵圆	渐尖	较平	平滑	绿	较薄	密集	球形	淡红	大	36.0
5072	141.80	7.78	4.81	20.00	60.20	19.60	0.00	筒形	披针形	尾状	较平	平滑	绿	中等	松散	菱形	淡红	中	27.0
5073	115.25	6.13	5.06	14.00	47.19	24.98	0.00	塔形	宽椭圆	尾状	较平	平滑	绿	中等	松散	倒圆锥形	淡红	中	35.0
5074	125.50	7.31	4.40	19.00	54.80	24.95	0.00	塔形	椭圆	尾状	较平	平滑	绿	中等	松散	菱形	淡红	大	35.0
5075	141.60	10.45	4.40	23.00	68.55	34.65	0.00	塔形	卵圆	急尖	较平	平滑	绿	中等	密集	球形	红	中	34.0
5076	107.00	5.23	4.74	14.00	49.10	15.90	0.00	筒形	披针形	急尖	较平	平滑	绿	中等	松散	菱形	淡红	中	31.0
5077	115.00	7.00	5.00	15.00	52.00	25.00	0.00	筒形	长椭圆	急尖	较平	平滑	黄绿	中等	密集	球形	淡红	中	23.0
5078	99.68	6.29	3.73	16.00	49.56	20.56	0.00	筒形	长椭圆	急尖	较平	平滑	绿	较薄	松散	球形	淡红	大	27.0
5079	100.93	6.55	3.48	18.00	44.47	14.19	0.00	塔形	披针形	急尖	较皱	平滑	绿	中等	松散	球形	淡红	大	27.0
5080	140.20	9.92	7.12	14.00	61.17	37.69	0.00	塔形	宽椭圆	渐尖	较皱	平滑	绿	中等	密集	球形	淡红	大	32.0
5081	116.90	7.72	5.04	15.00	50.82	22.38	0.00	塔形	长椭圆	渐尖	较皱	平滑	绿	中等	松散	菱形	淡红	大	37.0
5082	111.90	9.42	4.02	19.00	55.32	19.72	9.28	塔形	长卵圆	尾状	较皱	平滑	绿	中等	密集	球形	淡红	中	37.0
5083	132.25	8.64	6.95	13.00	55.08	30.36	0.00	筒形	卵圆	急尖	较平	平滑	绿	中等	密集	扁球形	淡红	大	30.0
5084	126.40	10.18	4.48	20.00	57.61	33.41	0.00	塔形	卵圆	急尖	较平	平滑	浅绿	中等	密集	球形	淡红	中	44.0
5085	112.40	10.68	4.58	16.00	58.40	29.20	0.00	塔形	椭圆	急尖	较平	平滑	浅绿	中等	密集	球形	淡红	中	59.0
5086	111.80	9.80	3.39	21.00	50.20	28.69	0.00	塔形	椭圆	渐尖	较平	平滑	深绿	中等	密集	球形	淡红	大	34.0

序号	全国统一编号	种质名称	编目单位	种子来源	原产地	收集时间
5087	00005469	咸丰乌烟	中烟所	徐宜民湖北资源考察	湖北省咸丰县高乐镇梅坪村 17 组	2016 年
5088	00005470	咸丰大柳叶烟	中烟所	徐宜民湖北资源考察	湖北省咸丰县高乐镇梅坪村 17 组	2016 年
5089	00005471	咸丰晒烟	中烟所	徐宜民湖北资源考察	湖北省咸丰县高乐镇梅坪村 17 组	2016 年
5090	00005472	兴山把儿烟	中烟所	徐宜民湖北资源考察	湖北省兴山县黄梁镇石槽西村 4 组	2016 年
5091	00005473	兴山把烟	中烟所	徐宜民湖北资源考察	湖北省兴山县黄梁镇金家坝 1 组	2016 年
5092	00005474	兴山川柳子烟	中烟所	徐宜民湖北资源考察	湖北省兴山县黄梁镇金家坝 1 组	2016 年
5093	00005475	南漳土烟	中烟所	徐宜民湖北资源考察	湖北省南漳县八里川村	2016 年
5094	00005476	南漳旱烟	中烟所	徐宜民湖北资源考察	湖北省南漳县	2016 年
5095	00005477	四川毛烟	中烟所	徐宜民湖北资源考察	四川省	2016 年
5096	00005478	大潦叶烟 -1	中烟所	徐宜民湖北资源考察	湖北省秭归县杨林桥镇马回营村一组	2016 年
5097	00005479	大潦叶烟 -2	中烟所	徐宜民湖北资源考察	湖北省秭归县杨林桥镇马回营村一组	2016 年
5098	00005480	黑耳烟	中烟所	徐宜民湖北资源考察	湖北省秭归县杨林桥镇马回营村一组	2016 年
5099	00005481	竹溪枇杷叶	中烟所	徐宜民湖北资源考察	湖北省竹溪县	2016 年
5100	00005482	保康小火烟 -1	中烟所	徐宜民湖北资源考察	湖北省保康县	2016 年
5101	00005483	保康小火烟 -2	中烟所	徐宜民湖北资源考察	湖北省保康县	2016 年
5102	00005584	利川大乌烟	中烟所	徐宜民湖北资源考察	湖北省利川市	2016 年
5103	00005585	竹溪大乌烟 -1	中烟所	徐宜民湖北资源考察	湖北省竹溪县	2016 年
5104	00005586	竹溪大乌烟 -2	中烟所	徐宜民湖北资源考察	湖北省竹溪县	2016 年

序号	株高/cm	茎围/cm	节距/cm	叶数/片	叶长/cm	叶宽/cm	叶柄/cm	株型	叶形	叶尖	叶面	叶缘	叶色	叶片厚薄	花序密度	花序形状	花色	茎叶角度	移栽至开花/天
5087	100.60	9.07	4.04	15.00	49.14	29.94	3.66	塔形	椭圆	渐尖	较平	平滑	绿	中等	松散	菱形	淡红	大	35.0
5088	119.42	9.61	4.18	19.00	50.59	24.87	0.00	塔形	椭圆	急尖	较平	平滑	绿	中等	松散	扁球形	淡红	大	38.0
5089	119.60	9.71	4.66	16.00	52.57	35.12	0.00	塔形	宽卵圆	渐尖	较平	平滑	绿	中等	松散	倒圆锥形	淡红	大	35.0
5090	94.00	8.95	4.04	14.00	59.23	31.44	0.00	塔形	长椭圆	渐尖	较皱	平滑	绿	中等	密集	球形	淡红	大	35.0
5091	121.60	9.90	4.78	17.00	59.59	27.86	0.00	塔形	椭圆	渐尖	较皱	平滑	绿	中等	密集	球形	淡红	大	30.0
5092	111.90	9.48	4.34	16.00	54.49	31.01	7.52	塔形	卵圆	急尖	较平	平滑	绿	中等	密集	球形	淡红	大	38.0
5093	112.70	8.94	6.26	12.00	48.32	36.68	6.60	塔形	卵圆	渐尖	较平	平滑	绿	中等	松散	菱形	淡红	大	36.0
5094	104.80	8.79	5.80	12.00	46.96	33.87	5.85	筒形	宽卵圆	渐尖	较平	微波	绿	中等	密集	球形	淡红	中	38.0
5095	119.70	9.94	4.20	17.00	53.53	33.59	8.05	塔形	宽卵圆	渐尖	较皱	波浪	绿	较厚	密集	倒圆锥形	淡红	大	52.0
5096	112.60	10.20	5.06	15.00	65.31	34.21	0.00	筒形	椭圆	渐尖	较皱	波浪	绿	中等	密集	球形	淡红	中	38.0
5097	135.70	9.89	5.96	15.00	69.81	34.47	0.00	塔形	椭圆	渐尖	较平	微波	绿	中等	松散	倒圆锥形	淡红	中	40.0
5098	154.40	8.86	7.15	16.00	51.70	34.22	0.00	筒形	宽卵圆	钝尖	皱	波浪	深绿	厚	密集	倒圆锥形	淡红	大	32.0
5099	136.10	9.94	5.52	17.00	63.95	33.52	0.00	筒形	椭圆	渐尖	较平	波浪	绿	中等	密集	球形	淡红	中	40.0
5100	118.00	7.53	6.49	12.00	37.93	24.17	0.00	筒形	宽卵圆	渐尖	平	微波	绿	中等	松散	菱形	淡红	中	36.0
5101	118.30	7.73	5.78	14.00	43.96	23.62	0.00	塔形	宽椭圆	渐尖	较平	波浪	绿	较厚	密集	倒圆锥形	淡红	大	27.0
5102	116.00	8.49	4.87	15.00	48.70	24.60	0.00	塔形	长椭圆	渐尖	较平	平滑	绿	中等	密集	球形	红	中	22.0
5103	137.00	7.49	7.54	13.00	48.94	31.50	0.00	塔形	宽卵圆	渐尖	平	平滑	绿	中等	松散	菱形	淡红	大	30.0
5104	119.00	9.07	5.10	15.00	52.35	35.55	5.35	塔形	宽卵圆	渐尖	较平	平滑	深绿	中等	松散	倒圆锥形	淡红	大	30.0

序号	全国统一编号	种质名称	编目单位	种子来源	原产地	收集时间
5105	00005587	竹溪大乌烟 -3	中烟所	徐宜民湖北资源考察	湖北省竹溪县	2016 年
5106	00005588	竹溪大乌烟 -4	中烟所	徐宜民湖北资源考察	湖北省竹溪县	2016 年
5107	00005589	竹溪大乌烟 -5	中烟所	徐宜民湖北资源考察	湖北省竹溪县	2016 年
5108	00005590	竹山大柳叶	中烟所	徐宜民湖北资源考察	湖北省竹山县	2016 年
5109	00005591	竹山大柳子 -1	中烟所	徐宜民湖北资源考察	湖北省竹山县大庙镇鲁家坝村	2016 年
5110	00005592	竹山大柳子 -2	中烟所	徐宜民湖北资源考察	湖北省竹山县	2016 年

11. 晒晾烟品系种质资源目录——护照信息

序号	全国统一编号	种质名称	杂交组合	编目单位	种子来源	原产地	收集时间
5111	00005137	大谷运晒烟二号		安徽所	安徽所	安徽省歙县溪头镇大谷运村	2007 年
5112	00005170	大谷运晒烟一号		安徽所	安徽所	安徽省歙县溪头镇大谷运村	2007 年
5113	00005066	81-26	大叶青秆 × 塘蓬	东北站	牡丹江	黑龙江省牡丹江市	2011 年
5114	00005161	岩晒 201		东南站	龙岩分所	福建省龙岩市	2011 年
5115	00005176	始兴晒烟一号		东南站	龙岩分所	广东省始兴县	2011 年
5116	00003941	81-8-6	塘蓬 ×80-34	广东所	广东所	广东省广州市	1995 年
5117	00003942	87-10-1	307× 塘蓬	广东所	广东所	广东省广州市	1995 年
5118	00003943	87-11-3	青梗 4× 渔涝	广东所	广东所	广东省广州市	1995 年
5119	00003944	87-15-2	80-34-1-1-2-2-6×Va115	广东所	广东所	广东省广州市	1996 年

序号	株高/cm	茎围/cm	节距/cm	叶数/片	叶长/cm	叶宽/cm	叶柄/cm	株型	叶形	叶尖	叶面	叶缘	叶色	叶片厚薄	花序密度	花序形状	花色	茎叶角度	移栽至开花/天
5105	125.10	9.10	6.36	14.00	60.40	39.05	0.00	塔形	宽卵圆	渐尖	较平	平滑	绿	中等	松散	球形	淡红	大	28.0
5106	139.90	7.31	9.21	11.00	56.30	34.30	0.00	塔形	椭圆	渐尖	较平	平滑	深绿	中等	松散	扁球形	淡红	大	34.0
5107	123.33	7.63	5.66	15.00	56.67	35.11	0.00	塔形	椭圆	渐尖	较平	平滑	深绿	中等	松散	菱形	淡红	大	27.0
5108	169.30	8.85	4.79	24.00	66.00	24.55	0.00	筒形	长椭圆	急尖	较皱	平滑	绿	较薄	密集	球形	淡红	中	27.0
5109	110.90	7.65	3.88	17.00	59.55	23.70	0.00	筒形	长椭圆	急尖	较平	平滑	绿	较薄	松散	倒圆锥形	淡红	中	27.0
5110	103.10	6.62	3.67	17.00	49.75	23.35	0.00	塔形	椭圆	急尖	较平	平滑	绿	较薄	松散	倒圆锥形	淡红	大	34.0

11. 晒晾烟品系种质资源目录——植物学信息

序号	株高/cm	茎围/cm	节距/cm	叶数/片	叶长/cm	叶宽/cm	叶柄/cm	株型	叶形	叶尖	叶面	叶缘	叶色	叶片厚薄	花序密度	花序形状	花色	茎叶角度	移栽至开花/天
5111	197.20	10.64	6.64	20.40	65.40	39.20	0.00	塔形	宽椭圆	渐尖	较皱	皱折	浅绿	较厚	密集	球形	淡红	中	62.0
5112	213.80	10.80	8.06	21.60	59.90	35.70	0.00	橄榄形	宽椭圆	渐尖	较皱	皱折	浅绿	较厚	松散	菱形	淡红	中	61.0
5113	192.20	8.30	7.46	20.80	50.80	24.40	3.04	筒形	长卵圆	渐尖	较平	微波	绿	较厚	松散	倒圆锥形	淡红	大	63.0
5114	105.00	7.86	4.10	16.00	60.82	30.81	0.00	塔形	椭圆	急尖	较皱	波浪	绿	较厚	松散	菱形	淡红	中	63.0
5115	119.00	7.56	4.58	16.60	63.44	25.80	0.00	塔形	长椭圆	急尖	较平	微波	浅绿	中等	松散	菱形	淡红	大	63.0
5116	179.50	9.30	4.18	29.60	51.20	24.40	8.84	塔形	长卵圆	渐尖	平	平滑	绿	较厚	松散	菱形	淡红	中	64.0
5117	163.60	6.12	5.61	21.00	56.20	31.00	10.30	塔形	卵圆	渐尖	平	微波	绿	较厚	密集	菱形	淡红	中	64.0
5118	173.00	9.17	5.59	23.80	63.40	33.70	8.52	筒形	卵圆	渐尖	皱	波浪	深绿	较厚	密集	菱形	淡红	中	68.0
5119	152.00	6.12	4.82	22.20	54.60	29.00	8.60	筒形	卵圆	渐尖	平	波浪	绿	较薄	密集	菱形	红	中	65.0

序号	全国统一编号	种质名称	杂交组合	编目单位	种子来源	原产地	收集时间
5120	00005063	63018-3-1-2-1	（6012×6015）×6346	广东所	广东所	广东省广州市	2009年
5121	00005064	5669-1-青-1	圆叶×塘蓬	广东所	广东所	广东省广州市	2009年
5122	00005065	91-27-2-1	云罗01×81-8-7	广东所	广东所	广东省广州市	2009年
5123	00005067	123-13-2（72-58-123）	68-72×净叶黄	广东所	广东所	广东省广州市	2009年
5124	00005068	5669-青-2	圆叶×塘蓬	广东所	广东所	广东省广州市	2009年
5125	00005069	6208-1	Ky56×（金英×塘蓬）	广东所	广东所	广东省广州市	2009年
5126	00005070	C2-1-1（82-40-2-1-1）	2183×75-81	广东所	广东所	广东省广州市	2009年
5127	00005071	401-1 Ⅱ		广东所	福建	福建省	2009年
5128	00005072	6208-1-3-2兼抗	Ky56×6012	广东所	广东所	广东省广州市	2009年
5129	00005073	91-13-2-1-2	87-10×84-53	广东所	广东所	广东省广州市	2009年
5130	00005075	91-22-2-2	81-86×铁字晒烟二号	广东所	广东所	广东省广州市	2009年
5131	00005076	91-12-1-1-2	大宁旱烟籽×青梗	广东所	广东所	广东省广州市	2009年
5132	00005077	89-22-1	C151×G28	广东所	广东所	广东省广州市	2009年
5133	00005078	91-1-1-3	青梗四号×连州晒烟	广东所	广东所	广东省广州市	2009年
5134	00005079	89-38（红）		广东所	广东所	广东省广州市	2009年
5135	00005080	89-18（红）	C151×G28	广东所	广东所	广东省广州市	2009年
5136	00005081	89-20	C151×G28	广东所	广东所	广东省广州市	2009年
5137	00005082	89-16-1-1	〔（C151×G28）×G28〕F_3 ×Coker176（2）-1	广东所	广东所	广东省广州市	2009年

序号	株高/cm	茎围/cm	节距/cm	叶数/片	叶长/cm	叶宽/cm	叶柄/cm	株型	叶形	叶尖	叶面	叶缘	叶色	叶片厚薄	花序密度	花序形状	花色	茎叶角度	移栽至开花/天
5120	210.00	9.70	8.39	19.20	58.50	30.60	0.00	筒形	椭圆	渐尖	较皱	波浪	绿	较厚	松散	球形	淡红	大	74.0
5121	151.80	8.26	4.69	23.30	62.60	19.40	8.00	橄榄形	披针形	尾状	较皱	波浪	深绿	中等	松散	菱形	淡红	中	70.0
5122	149.60	6.82	3.48	28.40	41.20	16.00	0.00	塔形	长椭圆	急尖	平	平滑	深绿	中等	松散	菱形	淡红	小	57.0
5123	156.90	9.99	4.78	24.60	66.70	29.80	8.30	塔形	长卵圆	渐尖	皱	皱折	绿	中等	松散	菱形	淡红	中	80.0
5124	169.80	9.36	3.72	32.30	56.80	18.80	7.90	塔形	披针形	尾状	较皱	波浪	绿	中等	松散	菱形	淡红	中	76.0
5125	187.50	9.51	5.04	25.30	61.20	30.50	0.00	橄榄形	椭圆	急尖	较皱	波浪	绿	中等	松散	菱形	淡红	中	78.0
5126	166.50	9.51	6.14	18.60	68.60	30.10	0.00	塔形	长椭圆	渐尖	较平	波浪	绿	中等	密集	球形	白	中	73.0
5127	171.50	9.89	6.48	18.00	76.50	40.30	0.00	塔形	宽椭圆	渐尖	较皱	波浪	黄绿	较薄	松散	菱形	淡红	中	73.0
5128	215.00	7.72	5.75	30.70	48.60	20.40	0.00	塔形	长椭圆	急尖	较皱	波浪	绿	中等	松散	菱形	淡红	中	84.0
5129	234.80	10.40	6.80	28.00	59.80	27.40	0.00	塔形	椭圆	渐尖	平	平滑	绿	较厚	密集	球形	淡红	小	76.0
5130	217.40	10.04	5.44	31.40	64.60	30.00	0.00	筒形	椭圆	渐尖	较平	微波	绿	中等	密集	球形	淡红	小	78.0
5131	215.00	10.70	6.16	28.20	65.20	30.20	0.00	塔形	椭圆	渐尖	较平	微波	绿	中等	密集	球形	淡红	小	79.0
5132	208.20	8.24	5.32	28.20	62.20	28.80	0.00	筒形	椭圆	渐尖	较皱	波浪	绿	中等	密集	球形	淡红	小	66.0
5133	212.60	10.90	4.82	32.40	66.40	29.60	0.00	筒形	长椭圆	急尖	较平	微波	绿	中等	密集	菱形	淡红	小	76.0
5134	216.40	10.50	6.42	27.80	63.00	27.00	0.00	塔形	长椭圆	渐尖	较平	微波	绿	中等	密集	菱形	淡红	小	78.0
5135	214.60	10.40	6.18	27.80	60.80	28.20	0.00	塔形	椭圆	渐尖	较皱	波浪	绿	中等	密集	球形	淡红	小	65.0
5136	149.20	7.62	3.34	27.60	52.00	23.80	0.00	塔形	椭圆	渐尖	较皱	波浪	绿	中等	密集	球形	淡红	小	63.0
5137	222.00	10.24	5.36	32.40	58.40	26.80	0.00	筒形	椭圆	渐尖	较皱	波浪	绿	中等	密集	球形	淡红	小	76.0

序号	全国统一编号	种质名称	杂交组合	编目单位	种子来源	原产地	收集时间
5138	00005083	91-13-2-1-3	87-10×84-53	广东所	广东所	广东省广州市	2009 年
5139	00005085	89-37		广东所	广东所	广东省广州市	2009 年
5140	00005086	91-12-1-1-1	大宁旱烟籽 × 青梗	广东所	广东所	广东省广州市	2009 年
5141	00005087	91-25-1-2	81-8-6×87-10	广东所	广东所	广东省广州市	2009 年
5142	00005088	89-22-2	C151×G28	广东所	广东所	广东省广州市	2009 年
5143	00005089	91-25-1-2-1	81-8-6×87-10	广东所	广东所	广东省广州市	2009 年
5144	00005090	89-16-1-2	〔（C151×G28）×G28〕F_3 ×Coker176（2）-1	广东所	广东所	广东省广州市	2009 年
5145	00005091	91-22-2-1-1	81-26× 铁字晒烟二号	广东所	广东所	广东省广州市	2009 年
5146	00005092	91-22-2-1-2	81-26× 铁字晒烟二号	广东所	广东所	广东省广州市	2009 年
5147	00005093	91-13-2-2-1	87-10×84-53	广东所	广东所	广东省广州市	2009 年
5148	00005094	89-97-1-1	C151×Coker176	广东所	广东所	广东省广州市	2009 年
5149	00005095	89-97-1-2	C151×Coker176	广东所	广东所	广东省广州市	2009 年
5150	00005096	91-11-2-1	小花青 × 巴西晾烟	广东所	广东所	广东省广州市	2009 年
5151	00005098	青四一号		广东所	南雄	广东省南雄市	2010 年
5152	00005099	封开 10	封开晒烟系选	广东所	封开	广东省封开县	2009 年
5153	00005100	黑叶仔 23	黑叶籽系选	广东所	鹤山	广东省鹤山市	2010 年
5154	00005101	金菜定 -1	金菜定系选	广东所	罗定	广东省罗定市华石镇	2009 年
5155	00005104	金英 -1	金英系选	广东所	广东所	广东省广州市	2010 年

序号	株高/cm	茎围/cm	节距/cm	叶数/片	叶长/cm	叶宽/cm	叶柄/cm	株型	叶形	叶尖	叶面	叶缘	叶色	叶片厚薄	花序密度	花序形状	花色	茎叶角度	移栽至开花/天
5138	225.20	11.30	5.78	31.60	67.60	32.60	0.00	塔形	椭圆	渐尖	较平	微波	绿	中等	密集	菱形	淡红	小	76.0
5139	219.80	9.58	7.20	25.40	56.60	25.00	0.00	筒形	长椭圆	渐尖	较平	微波	绿	中等	密集	球形	淡红	小	79.0
5140	235.89	10.60	6.16	31.80	64.00	29.00	0.00	筒形	长椭圆	急尖	较皱	波浪	绿	中等	密集	菱形	淡红	小	78.0
5141	203.40	9.72	4.98	31.60	62.00	28.40	0.00	塔形	椭圆	渐尖	较平	微波	绿	中等	密集	球形	淡红	小	78.0
5142	221.40	9.00	5.50	33.80	56.00	26.00	0.00	筒形	椭圆	急尖	较平	微波	绿	中等	密集	球形	淡红	小	75.0
5143	221.00	10.10	5.76	31.00	68.20	32.60	0.00	筒形	椭圆	渐尖	较皱	波浪	绿	中等	密集	球形	淡红	中	78.0
5144	208.20	10.10	5.94	27.60	59.80	25.60	0.00	筒形	长椭圆	急尖	较皱	波浪	绿	中等	密集	球形	淡红	小	69.0
5145	221.00	11.12	5.54	33.40	63.80	28.40	0.00	塔形	长椭圆	渐尖	较平	微波	绿	中等	密集	菱形	淡红	小	79.0
5146	231.20	10.92	6.30	30.40	60.40	25.80	0.00	筒形	长椭圆	急尖	较平	微波	绿	中等	密集	球形	淡红	小	79.0
5147	228.40	10.86	5.78	32.60	71.00	29.00	0.00	筒形	长椭圆	急尖	较平	微波	绿	中等	密集	菱形	淡红	小	78.0
5148	220.60	10.10	6.36	28.80	66.60	31.20	0.00	筒形	椭圆	急尖	较皱	皱折	绿	中等	密集	菱形	淡红	小	77.0
5149	190.60	8.28	4.74	28.40	57.40	24.80	0.00	筒形	长椭圆	渐尖	较皱	皱折	深绿	较厚	密集	球形	淡红	小	61.0
5150	222.20	10.80	5.40	31.60	63.80	30.00	0.00	塔形	椭圆	渐尖	较平	微波	绿	中等	密集	球形	淡红	小	78.0
5151	136.60	7.16	6.85	14.00	49.60	23.50	0.00	塔形	椭圆	渐尖	较平	波浪	绿	较薄	松散	菱形	白	中	52.0
5152	145.50	9.95	5.69	18.80	57.60	33.30	7.50	塔形	卵圆	渐尖	皱	皱折	绿	中等	密集	球形	淡红	中	77.0
5153	150.80	7.19	4.50	25.30	44.30	20.30	3.50	筒形	长卵圆	渐尖	较平	微波	绿	中等	松散	菱形	淡红	中	68.0
5154	133.60	9.73	5.20	18.70	60.30	31.50	6.50	筒形	卵圆	渐尖	较皱	波浪	黄绿	中等	松散	球形	淡红	大	76.0
5155	162.00	8.07	3.83	33.10	57.10	20.60	7.01	塔形	长卵圆	尾状	较皱	波浪	绿	较厚	松散	菱形	淡红	大	75.0

序号	全国统一编号	种质名称	杂交组合	编目单位	种子来源	原产地	收集时间
5156	00005106	金英 -1-1	金英 -1 系选	广东所	广东所	广东省广州市	2010 年
5157	00005107	金菜定 -2	金菜定系选	广东所	广东所	广东省罗定市华石镇	2009 年
5158	00005108	连选五号		广东所	连州	广东省连州市	2010 年
5159	00005110	91-41-1-2	（青梗 4× 渔涝）× 小花青	广东所	广东所	广东省广州市	2009 年
5160	00005111	金英 -2-1	金英 -2 系选	广东所	广东所	广东省广州市	2010 年
5161	00005113	金英 70 Ⅱ	金英 70 系选	广东所	广东所	广东省广州市	2010 年
5162	00005114	封开 3	封开晒烟系选	广东所	封开	广东省封开县	2009 年
5163	00005116	陵水礼工 -3	陵水礼工晒烟系选	广东所	陵水	海南省陵水黎族自治县	2010 年
5164	00005117	金英选	金英系选	广东所	广东所	广东省广州市	2010 年
5165	00005119	金菜定 -5	金菜定系选	广东所	罗定	广东省罗定市华石镇	2009 年
5166	00005120	金菜定 -2-2	金菜定 -2 系选	广东所	罗定	广东省罗定市华石镇	2009 年
5167	00005121	金菜定 -3	金菜定系选	广东所	罗定	广东省罗定市华石镇	2009 年
5168	00005123	金英扁型 -3	金英扁型系选	广东所	清远	广东省清远市	2010 年
5169	00005125	金英扁型 -2	金英扁型系选	广东所	清远	广东省清远市	2010 年
5170	00005128	金英 -3-7	金英 -3 系选	广东所	广东所	广东省广州市	2010 年
5171	00005129	GZ81-26	大叶青梗 × 塘蓬	广东所	广东所	广东省广州市	2009 年
5172	00005130	92-14-2-1	（青梗 4× 连州晒烟）× 大皱叶	广东所	广东所	广东省广州市	2009 年
5173	00005131	91-41-1-1	（青梗 4× 渔涝）× 小花青	广东所	广东所	广东省广州市	2009 年

序号	株高/cm	茎围/cm	节距/cm	叶数/片	叶长/cm	叶宽/cm	叶柄/cm	株型	叶形	叶尖	叶面	叶缘	叶色	叶片厚薄	花序密度	花序形状	花色	茎叶角度	移栽至开花/天
5156	146.40	8.89	3.19	31.20	56.70	20.90	7.74	塔形	长卵圆	尾状	较平	微波	绿	中等	松散	菱形	淡红	大	73.0
5157	150.30	7.63	3.99	22.40	61.80	17.10	7.80	橄榄形	披针形	尾状	较皱	波浪	深绿	较厚	松散	菱形	淡红	中	72.0
5158	201.80	6.78	6.83	24.20	52.80	29.30	0.00	筒形	宽椭圆	渐尖	较平	微波	黄绿	较薄	松散	球形	红	中	74.0
5159	134.00	9.28	3.74	26.00	40.00	26.20	5.00	筒形	卵圆	渐尖	较平	微波	绿	较厚	松散	菱形	淡红	中	61.0
5160	143.40	9.04	3.33	31.90	53.10	18.30	7.08	塔形	长卵圆	尾状	较平	微波	绿	中等	松散	菱形	淡红	中	73.0
5161	167.70	9.64	3.89	32.20	58.50	19.30	7.49	塔形	长卵圆	尾状	较平	微波	绿	中等	松散	菱形	淡红	中	70.0
5162	160.50	10.21	6.14	19.20	58.30	33.30	6.30	塔形	卵圆	急尖	皱	皱折	绿	中等	密集	球形	淡红	中	80.0
5163	155.20	7.72	8.40	13.60	56.70	28.20	0.00	塔形	椭圆	急尖	较皱	波浪	黄绿	中等	松散	菱形	淡红	中	65.0
5164	168.60	8.51	3.70	30.90	57.10	19.90	7.55	塔形	长卵圆	尾状	较平	微波	绿	中等	松散	菱形	淡红	中	75.0
5165	178.40	8.89	5.89	23.40	58.70	28.60	6.90	筒形	长卵圆	渐尖	较皱	波浪	黄绿	中等	松散	球形	淡红	中	76.0
5166	142.96	10.30	4.40	23.40	60.60	27.90	7.90	筒形	长卵圆	渐尖	较平	微波	黄绿	中等	密集	菱形	淡红	大	83.0
5167	183.30	9.07	5.91	20.30	63.70	28.40	7.60	塔形	长卵圆	渐尖	较皱	波浪	黄绿	中等	松散	菱形	淡红	中	72.0
5168	127.20	8.04	4.72	18.20	59.70	21.50	5.13	塔形	长卵圆	尾状	较平	微波	绿	中等	松散	菱形	淡红	中	60.0
5169	183.60	8.98	3.92	35.50	55.10	21.40	6.88	塔形	长卵圆	尾状	较平	微波	黄绿	较厚	松散	菱形	淡红	中	83.0
5170	151.68	9.33	3.49	32.00	64.20	20.20	8.30	塔形	披针形	尾状	较平	波浪	绿	中等	松散	菱形	淡红	中	71.0
5171	167.00	9.90	5.24	24.00	47.60	29.80	8.20	筒形	卵圆	渐尖	较平	微波	绿	较厚	松散	菱形	淡红	中	59.0
5172	137.40	9.90	4.22	22.00	43.40	26.20	6.00	筒形	卵圆	渐尖	较平	微波	绿	较厚	松散	菱形	淡红	中	53.0
5173	165.60	10.10	4.96	25.00	49.60	29.50	8.60	筒形	卵圆	渐尖	较皱	波浪	绿	较厚	密集	球形	淡红	中	73.0

序号	全国统一编号	种质名称	杂交组合	编目单位	种子来源	原产地	收集时间
5174	00005132	GZ81-7	青梗 ×（塘蓬 × 青梗）F_2	广东所	广东所	广东省广州市	2009 年
5175	00005133	GZ91-34-1-1	87-15×87-11	广东所	广东所	广东省广州市	2009 年
5176	00005134	大秋根 -2	大秋根系选	广东所	广东所	广东省广州市	2009 年
5177	00005135	GZ82-62	75-81× 单 100	广东所	广东所	广东省广州市	2009 年
5178	00005138	GZ91-37-1-2	青梗 × 二黄	广东所	广东所	广东省广州市	2009 年
5179	00005144	GZ69-5	61006-1×63007-2-1-2-1	广东所	广东所	广东省广州市	2009 年
5180	00005152	6337	塘蓬 × 青梗	广东所	广东所	广东省广州市	2007 年
5181	00005154	91-32-3-2	二黄 × 连州晒烟	广东所	广东所	广东省广州市	2009 年
5182	00005156	91-34-1-2	87-15×87-11	广东所	广东所	广东省广州市	2009 年
5183	00005157	GZ91-36-3-1	81-26×87-10	广东所	广东所	广东省广州市	2009 年
5184	00005159	91-41-2-1	87-11-3× 小花青	广东所	广东所	广东省广州市	2009 年
5185	00005160	91-34-1-3	87-15×87-11	广东所	广东所	广东省广州市	2009 年
5186	00005163	单 55 选 -6（多叶型）	单 55 系选	广东所	广东所	广东省广州市	2010 年
5187	00005164	74- 杂五		广东所	广东所	广东省广州市	2009 年
5188	00005165	GZ75-5-6	广黄十号 × 革新三号	广东所	广东所	广东省广州市	2009 年
5189	00005177	单 55 选 -1	单 55 系选	广东所	广东所	广东省广州市	2009 年
5190	00005178	6502（福建）		广东所	广东所	广东省广州市	2009 年
5191	00003948	MS 贝拉烟	MSG28× 贝拉烟	河南所	河南所	河南省	1996 年

序号	株高/cm	茎围/cm	节距/cm	叶数/片	叶长/cm	叶宽/cm	叶柄/cm	株型	叶形	叶尖	叶面	叶缘	叶色	叶片厚薄	花序密度	花序形状	花色	茎叶角度	移栽至开花/天
5174	153.40	9.60	5.00	23.00	45.40	27.00	6.40	筒形	卵圆	渐尖	较平	微波	绿	较厚	松散	菱形	淡红	中	61.0
5175	122.00	9.30	4.74	18.00	52.60	28.80	0.00	筒形	卵圆	渐尖	较平	微波	绿	较厚	密集	球形	淡红	中	67.0
5176	144.00	9.80	4.00	26.00	46.00	23.50	5.00	筒形	卵圆	渐尖	较平	微波	绿	较厚	松散	菱形	淡红	中	80.0
5177	125.60	9.90	3.20	26.00	46.00	20.60	6.00	筒形	长卵圆	渐尖	较平	微波	深绿	厚	密集	球形	红	中	61.0
5178	147.40	8.40	4.40	24.00	47.20	23.80	4.40	筒形	卵圆	渐尖	较平	微波	绿	较厚	松散	菱形	淡红	中	57.0
5179	114.00	7.90	3.86	19.00	53.00	19.80	0.00	筒形	长卵圆	渐尖	较平	微波	绿	较厚	松散	球形	淡红	中	46.0
5180	198.58	8.42	3.74	42.40	46.45	22.00	0.00	筒形	椭圆	渐尖	较皱	波浪	绿	中等	松散	菱形	淡红	中	92.0
5181	158.00	10.00	5.30	22.00	58.00	34.60	6.80	筒形	卵圆	渐尖	较平	微波	绿	较厚	密集	扁球形	淡红	中	68.0
5182	106.40	9.70	3.64	19.00	49.40	29.80	6.80	筒形	卵圆	渐尖	较皱	波浪	绿	较厚	密集	扁球形	淡红	中	63.0
5183	129.00	9.50	4.48	18.00	57.80	30.00	0.00	筒形	卵圆	渐尖	较平	微波	绿	较厚	密集	球形	淡红	中	64.0
5184	164.88	11.00	4.46	28.00	53.40	33.80	6.20	筒形	卵圆	渐尖	较皱	波浪	绿	较厚	密集	球形	淡红	中	76.0
5185	175.00	10.30	5.24	26.00	57.20	34.80	5.60	筒形	卵圆	渐尖	较平	微波	绿	厚	密集	菱形	淡红	中	74.0
5186	139.30	7.76	4.09	24.60	54.20	20.70	0.00	塔形	长椭圆	渐尖	较平	微波	绿	中等	密集	球形	淡红	大	62.0
5187	167.80	9.40	4.70	27.00	53.00	32.20	0.00	筒形	卵圆	渐尖	较平	微波	深绿	中等	密集	球形	红	中	67.0
5188	113.60	9.70	3.74	20.00	64.40	29.60	0.00	筒形	椭圆	渐尖	较平	微波	绿	中等	密集	球形	红	中	56.0
5189	102.00	9.00	2.86	22.00	49.20	19.00	0.00	筒形	长椭圆	渐尖	较平	微波	绿	中等	密集	球形	淡红	中	57.0
5190	134.00	10.60	4.10	23.00	60.80	31.40	0.00	筒形	椭圆	渐尖	较平	微波	绿	较厚	松散	球形	淡红	中	55.0
5191	192.60	12.60	6.63	23.00	73.00	37.00	0.00	筒形	椭圆	渐尖	较平	波浪	绿	较厚	密集	菱形	淡红	甚大	54.0

序号	全国统一编号	种质名称	杂交组合	编目单位	种子来源	原产地	收集时间
5192	00003912	牡晒 89-25-1	龙烟三号 X｛〔（穆棱护脖香 X 柳叶尖 2142）X（小葵花 X6042）〕X〔（穆棱护脖香 X 柳叶尖 2142）X（辽多叶 X 金水白肋一号）〕｝	牡丹江院	牡丹江院	黑龙江省牡丹江市	1995 年
5193	00003913	牡晒 89-11-1	{〔（穆棱护脖香 X 晋太35）X 穆棱护脖香〕X 牡晒 80130-6-5-4} X 小护脖香	牡丹江院	牡丹江院	黑龙江省牡丹江市	1995 年
5194	00003914	牡晒 89-23-1	龙烟三号 ×8017	牡丹江院	牡丹江院	黑龙江省牡丹江市	1995 年
5195	00003915	牡晒 89-24-2	龙烟三号 X｛〔（穆棱护脖香 X 苯烟）X（一朵花 X 晋太 25）〕X〔（穆棱护脖香 X 柳叶尖 2142）X（小葵花 X6042）〕X 牡晒 8013-6-5-4}	牡丹江院	牡丹江院	黑龙江省牡丹江市	1995 年
5196	00003916	牡晒 89-30-1	龙烟三号 X（小葵花 X6042）X 牡晒 81-8-2X 金水白肋一号	牡丹江院	牡丹江院	黑龙江省牡丹江市	1995 年
5197	00003917	牡晒 89-23-4	龙烟三号 ×8017	牡丹江院	牡丹江院	黑龙江省牡丹江市	1995 年
5198	00003918	牡晒 89-26-5	龙烟三号 X｛〔（穆棱护脖香 X 苯烟）X（一朵花 X 晋太 35）〕X〔（穆棱护脖香 X 柳叶尖 2142）X（小葵花 X6042）〕X 净叶黄}	牡丹江院	牡丹江院	黑龙江省牡丹江市	1995 年
5199	00003919	牡晒 89-26-3	龙烟三号 X｛〔（穆棱护脖香 X 苯烟）X（一朵花 X 晋太 35）〕X〔（穆棱护脖香 X 柳叶尖 2142）X（小葵花 X6042）〕X 净叶黄}	牡丹江院	牡丹江院	黑龙江省牡丹江市	1995 年
5200	00003920	牡晒 84-1-1	牡晒 84-1 系选	牡丹江院	牡丹江院	黑龙江省牡丹江市	1995 年
5201	00003921	牡晒 84-1-2	牡晒 84-1 系选	牡丹江院	牡丹江院	黑龙江省牡丹江市	1995 年
5202	00003922	牡晒 84-1-5	牡晒 84-1 系选	牡丹江院	牡丹江院	黑龙江省牡丹江市	1995 年
5203	00003923	牡晒 84-5-2	〔（穆棱护脖香 × 晋太 35）× 穆棱护脖香〕× 牡单 78-7	牡丹江院	牡丹江院	黑龙江省牡丹江市	1995 年
5204	00003924	牡晒 90-4-1	{〔龙烟二号 X（小葵花 X6042）〕X 牡晒 80130-8-4-1} X 小护脖香 X 泉烟	牡丹江院	牡丹江院	黑龙江省牡丹江市	1995 年
5205	00005115	牡晒 98-6-5-2	（毛烟 × 大黄叶）×（牡晒 84-1-5× 延晒三号）	牡丹江院	牡丹江	黑龙江省牡丹江市	2009 年
5206	00005118	牡晒 97-1-2	密叶香 × 牡晒 84-1-5	牡丹江院	牡丹江	黑龙江省牡丹江市	2009 年
5207	00005122	牡晒 2001-1-1	牡晒 84-1-1× 护脖香	牡丹江院	牡丹江	黑龙江省牡丹江市	2009 年
5208	00005124	牡晒 94-1-6	（牡晒 83-12-4×8107）×8107	牡丹江院	牡丹江	黑龙江省牡丹江市	2007 年
5209	00005126	牡晒 2000-13-13	穆棱护脖香 × 牡晒 94-4-21	牡丹江院	牡丹江	黑龙江省牡丹江市	2009 年

序号	株高/cm	茎围/cm	节距/cm	叶数/片	叶长/cm	叶宽/cm	叶柄/cm	株型	叶形	叶尖	叶面	叶缘	叶色	叶片厚薄	花序密度	花序形状	花色	茎叶角度	移栽至开花/天
5192	151.00	9.94	6.53	17.00	73.20	39.00	0.00	塔形	宽椭圆	渐尖	较平	微波	浅绿	薄	密集	球形	红	甚大	61.0
5193	182.40	8.04	6.36	22.40	44.58	27.20	0.00	橄榄形	宽椭圆	急尖	皱	微波	深绿	中等	密集	菱形	深红	甚大	61.0
5194	188.40	8.30	6.13	24.20	45.82	28.34	0.00	橄榄形	宽椭圆	急尖	较平	平滑	浅绿	中等	松散	菱形	深红	甚大	61.0
5195	144.40	8.30	6.44	16.20	57.20	31.20	0.00	塔形	宽椭圆	急尖	较皱	皱折	绿	中等	密集	菱形	深红	甚大	54.0
5196	164.00	7.32	6.46	19.20	47.12	27.16	0.00	筒形	宽椭圆	急尖	较皱	微波	浅绿	薄	密集	菱形	淡红	甚大	61.0
5197	172.00	8.12	6.52	21.00	48.30	26.30	0.00	筒形	宽椭圆	渐尖	较平	平滑	深绿	中等	松散	菱形	红	甚大	54.0
5198	144.00	9.26	4.60	22.60	49.46	27.40	0.00	塔形	宽椭圆	急尖	较平	平滑	黄绿	中等	密集	球形	红	甚大	66.0
5199	134.20	7.78	3.83	24.60	48.26	30.20	0.00	塔形	宽椭圆	急尖	较平	微波	深绿	薄	密集	菱形	淡红	甚大	61.0
5200	146.00	9.72	6.09	17.40	66.40	32.00	0.00	橄榄形	椭圆	渐尖	较平	微波	深绿	中等	松散	菱形	深红	甚大	61.0
5201	158.20	9.38	6.03	19.60	55.14	26.04	0.00	筒形	椭圆	渐尖	平	平滑	绿	中等	松散	菱形	深红	甚大	61.0
5202	154.00	8.56	5.28	21.60	47.52	22.90	0.00	塔形	椭圆	渐尖	较平	平滑	绿	中等	松散	菱形	深红	甚大	61.0
5203	212.20	8.88	6.29	26.60	58.20	26.78	0.00	筒形	椭圆	渐尖	皱	皱折	浅绿	中等	松散	菱形	深红	甚大	59.0
5204	156.20	8.54	6.25	18.60	50.64	31.48	0.00	筒形	宽椭圆	渐尖	较平	微波	绿	厚	密集	菱形	淡红	甚大	59.0
5205	105.12	11.60	5.76	11.20	82.02	41.56	0.00	塔形	椭圆	渐尖	较皱	波浪	深绿	较厚	密集	球形	淡红	中	58.0
5206	126.20	11.90	4.71	13.20	71.84	28.70	0.00	筒形	长椭圆	渐尖	较平	微波	深绿	较厚	松散	菱形	深红	小	65.0
5207	125.00	11.50	4.49	16.20	68.44	27.68	0.00	筒形	长椭圆	渐尖	平	平滑	深绿	较厚	密集	菱形	深红	小	70.0
5208	156.00	8.28	5.04	18.80	51.30	29.40	0.00	筒形	宽椭圆	钝尖	较皱	波浪	浅绿	厚	密集	菱形	淡红	小	61.0
5209	139.80	10.10	6.13	11.80	72.40	40.06	0.00	塔形	宽椭圆	渐尖	较平	微波	浅绿	中等	密集	菱形	淡红	中	55.0

序号	全国统一编号	种质名称	杂交组合	编目单位	种子来源	原产地	收集时间
5210	00005136	牡晒 2000-13-14	穆棱护脖香 × 牡晒 94-4-21	牡丹江院	牡丹江	黑龙江省牡丹江市	2008 年
5211	00005139	牡晒 99-8-17	穆棱护脖香 × 牡晒 92-11-36	牡丹江院	牡丹江	黑龙江省牡丹江市	2008 年
5212	00005140	牡晒 2001-4-5	金家 × 牡晒 95-6-1	牡丹江院	牡丹江	黑龙江省牡丹江市	2010 年
5213	00005141	牡晒 97-9-11-2	龙烟三号 × 毛烟	牡丹江院	牡丹江	黑龙江省牡丹江市	2007 年
5214	00005143	牡晒 2000-10-7	风林一号 × 牡晒 94-4-21	牡丹江院	牡丹江	黑龙江省牡丹江市	2009 年
5215	00005147	丹引晒烟二号		牡丹江院	丹东市	辽宁省丹东市	2009 年
5216	00005149	牡晒 2000-10-6	风林一号 × 牡晒 94-4-21	牡丹江院	牡丹江	黑龙江省牡丹江市	2008 年
5217	00005150	牡晒 98-1-1	毛烟 × 延吉自来红	牡丹江院	牡丹江	黑龙江省牡丹江市	2007 年
5218	00005153	丹引晒烟一号		牡丹江院	丹东市	辽宁省丹东市	2009 年
5219	00005155	牡晒 92-11-37	龙烟三号 × 一口香	牡丹江院	牡丹江	黑龙江省牡丹江市	2011 年
5220	00005158	牡晒 2001-10-11	牡晒 93-4-3× 金家	牡丹江院	牡丹江	黑龙江省牡丹江市	2009 年
5221	00005167	牡晒 99-4-6	延晒三号 × 牡晒 89-25-2	牡丹江院	牡丹江院	黑龙江省牡丹江市	2008 年
5222	00005168	牡晒 2000-14-15	牡晒 84-1-1× 穆棱护脖香	牡丹江院	牡丹江院	黑龙江省牡丹江市	2008 年
5223	00005169	牡晒 99-12-25	牡晒 89-24-2× 牡晒 89-25-2	牡丹江院	牡丹江院	黑龙江省牡丹江市	2008 年
5224	00005171	牡晒 95-6-1	{（牡晒 83-12-4× 风林一号）× 风林一号} × 牡晒 84-7-2	牡丹江院	牡丹江院	黑龙江省牡丹江市	2009 年
5225	00005172	牡晒 95-6-1	〔（牡晒 83-12-4× 风林一号）× 风林一号〕× 牡晒 84-7-2	牡丹江院	牡丹江院	黑龙江省牡丹江市	2007 年
5226	00005174	牡晒 97-9-11-2	龙烟三号 × 毛烟	牡丹江院	牡丹江院	黑龙江省牡丹江市	2011 年
5227	00005175	牡晒 97-1-1-1	密叶香 × 牡晒 84-1-5	牡丹江院	牡丹江院	黑龙江省牡丹江市	2011 年

序号	株高/cm	茎围/cm	节距/cm	叶数/片	叶长/cm	叶宽/cm	叶柄/cm	株型	叶形	叶尖	叶面	叶缘	叶色	叶片厚薄	花序密度	花序形状	花色	茎叶角度	移栽至开花/天
5210	125.20	8.74	4.67	13.00	59.50	31.60	0.00	塔形	宽椭圆	渐尖	较平	微波	绿	中等	密集	菱形	红	小	51.0
5211	127.20	8.82	4.17	16.20	51.56	29.30	0.00	橄榄形	宽椭圆	渐尖	平	平滑	绿	厚	密集	球形	深红	小	55.0
5212	155.00	9.32	7.34	16.00	64.20	32.20	0.00	塔形	椭圆	渐尖	较平	微波	黄绿	较薄	密集	球形	深红	中	58.0
5213	128.00	7.38	4.53	16.20	50.30	29.40	0.00	塔形	宽椭圆	钝尖	平	平滑	绿	厚	密集	菱形	淡红	中	61.0
5214	146.20	10.86	5.84	15.40	63.24	28.18	0.00	塔形	长椭圆	渐尖	较平	微波	深绿	厚	密集	球形	深红	中	61.0
5215	142.60	10.80	5.07	19.00	57.66	24.88	3.94	塔形	长卵圆	渐尖	较平	微波	绿	较厚	松散	菱形	红	大	68.0
5216	125.40	9.94	4.29	15.80	63.50	29.20	0.00	塔形	椭圆	渐尖	较皱	波浪	绿	中等	密集	球形	红	小	55.0
5217	116.00	9.44	4.58	14.60	54.90	32.60	0.00	筒形	宽椭圆	急尖	平	平滑	深绿	厚	密集	球形	深红	中	63.0
5218	128.80	9.48	8.19	11.20	59.50	29.04	0.00	塔形	椭圆	渐尖	较皱	波浪	绿	较薄	密集	球形	深红	中	51.0
5219	113.80	8.96	4.67	11.60	51.38	27.04	4.28	筒形	卵圆	渐尖	较平	微波	绿	中等	密集	菱形	红	大	45.0
5220	163.60	10.70	6.25	18.60	63.98	31.44	0.00	筒形	椭圆	渐尖	较平	微波	深绿	较厚	松散	菱形	深红	小	64.0
5221	111.40	9.64	4.04	10.80	56.90	33.86	0.00	橄榄形	宽椭圆	钝尖	较平	微波	绿	厚	密集	球形	深红	大	61.0
5222	134.20	12.45	4.72	16.00	63.10	36.80	0.00	塔形	宽椭圆	急尖	较平	微波	深绿	中等	密集	球形	红	小	51.0
5223	142.40	10.08	4.36	21.60	57.90	31.90	0.00	橄榄形	宽椭圆	急尖	较平	微波	深绿	中等	密集	球形	红	中	64.0
5224	128.40	11.20	4.97	13.60	79.70	34.32	0.00	塔形	长椭圆	渐尖	平	平滑	深绿	较厚	密集	球形	淡红	小	58.0
5225	122.00	8.54	3.99	15.80	60.40	29.60	0.00	塔形	椭圆	渐尖	平	平滑	深绿	厚	松散	菱形	淡红	小	61.0
5226	142.80	9.22	4.55	19.40	58.70	33.14	0.00	筒形	宽椭圆	钝尖	较皱	波浪	绿	厚	密集	球形	淡红	大	64.0
5227	129.40	9.48	5.14	14.40	51.62	27.72	0.00	筒形	宽椭圆	渐尖	较平	微波	深绿	中等	密集	菱形	深红	小	62.0

序号	全国统一编号	种质名称	杂交组合	编目单位	种子来源	原产地	收集时间
5228	00003925	晒 9108	小花青 × 大幅烟	湘西所	湘西所	湖南省吉首市	1994 年
5229	00003927	晒 9118	小花青 × 寸三皮	湘西所	湘西所	湖南省吉首市	1994 年
5230	00003928	晒 9119	小花青 × 寸三皮	湘西所	湘西所	湖南省吉首市	1994 年
5231	00003929	晒 92414	（小花青 × 香烟）× 寸三皮	湘西所	湘西所	湖南省吉首市	1997 年
5232	00005084	81-26-2		湘西所	湘潭县	湖南省湘潭县	2007 年
5233	00005102	火马 1 号		湘西所	泸溪县	湖南省凤凰县新场乡火马村	2009 年
5234	00005142	兴隆晒烟 2 号		湘西所	泸溪县	湖南省泸溪县兴隆场镇	2008 年
5235	00005145	兴隆晒烟 1 号		湘西所	泸溪县	湖南省泸溪县兴隆场镇	2008 年
5236	00005151	火马 2 号		湘西所	泸溪县	湖南省凤凰县新场乡火马村	2009 年
5237	00005166	凤农家 6 号		湘西所	凤凰县	湖南省凤凰县吉信镇	2007 年
5238	00005109	KP-2001	千层塔 ×TN90	延边所	延边	吉林省延边朝鲜族自治州	2007 年
5239	00005146	KP-2002	八大香 ×TN90	延边所	延边	吉林省延边朝鲜族自治州	2007 年
5240	00003932	小白宰 -1	小白宰系选	云南院	云南院	云南省玉溪市	1996 年
5241	00003933	上川 -1	上川烟系选	云南院	云南院	云南省玉溪市	1996 年
5242	00003934	上川 -2	上川烟系选	云南院	云南院	云南省玉溪市	1996 年
5243	00003935	大角片马	片马烟系选	云南院	云南院	云南省	1996 年
5244	00003936	白济讯 -1	白济训系选	云南院	云南院	云南省	1996 年
5245	00003937	白济讯 -2	白济训系选	云南院	云南院	云南省	1996 年

序号	株高/cm	茎围/cm	节距/cm	叶数/片	叶长/cm	叶宽/cm	叶柄/cm	株型	叶形	叶尖	叶面	叶缘	叶色	叶片厚薄	花序密度	花序形状	花色	茎叶角度	移栽至开花/天
5228	186.80	9.74	4.83	30.40	60.80	28.60	5.80	筒形	长卵圆	尾状	较平	微波	黄绿	中等	松散	菱形	红	中	59.0
5229	155.86	8.34	4.44	25.40	64.79	29.17	6.40	筒形	长卵圆	渐尖	较平	波浪	绿	中等	密集	菱形	白	中	63.0
5230	175.00	9.80	6.03	23.20	57.60	31.60	9.40	筒形	卵圆	渐尖	较平	微波	绿	较厚	密集	球形	淡红	大	59.0
5231	140.63	8.23	4.56	22.60	65.91	35.63	5.74	筒形	卵圆	钝尖	较皱	皱折	绿	中等	密集	球形	红	中	56.0
5232	182.20	10.70	5.30	24.80	68.60	26.40	7.30	塔形	披针形	尾状	较平	微波	黄绿	较厚	密集	球形	淡红	大	52.0
5233	182.00	7.32	5.10	26.80	65.20	27.10	6.50	塔形	长卵圆	渐尖	较平	微波	浅绿	中等	松散	球形	红	中	54.0
5234	162.40	11.60	4.64	26.20	70.60	36.00	5.84	筒形	卵圆	尾状	较皱	波浪	绿	中等	密集	球形	红	中	59.0
5235	137.40	11.80	3.30	24.00	62.00	34.40	7.14	筒形	卵圆	渐尖	较皱	波浪	深绿	中等	密集	球形	淡红	中	55.0
5236	131.60	8.60	3.30	23.60	52.60	25.50	5.80	筒形	长卵圆	尾状	平	平滑	绿	中等	密集	扁球形	淡红	大	54.0
5237	154.00	10.50	4.20	26.20	72.20	30.80	6.90	塔形	长卵圆	渐尖	较平	波浪	深绿	厚	密集	球形	红	大	71.0
5238	143.20	9.25	4.60	20.40	73.15	34.05	0.00	塔形	椭圆	渐尖	较平	微波	绿	较厚	密集	菱形	红	中	57.0
5239	134.40	9.20	4.50	21.20	75.20	34.70	0.00	塔形	椭圆	渐尖	较平	微波	绿	中等	密集	菱形	红	中	69.0
5240	141.95	7.30	5.25	19.40	59.00	17.60	5.30	塔形	披针形	尾状	皱	波浪	绿	较厚	密集	球形	红	中	46.0
5241	148.60	10.48	8.35	12.40	64.10	31.72	6.30	塔形	长卵圆	急尖	较皱	皱折	深绿	中等	密集	球形	深红	中	45.0
5242	144.60	9.20	6.73	14.80	58.60	34.40	9.10	筒形	卵圆	渐尖	皱	波浪	浅绿	厚	密集	球形	白	大	45.0
5243	127.06	8.54	4.38	21.00	46.62	25.86	3.90	塔形	宽椭圆	渐尖	皱	波浪	绿	较厚	密集	球形	红	大	56.0
5244	119.40	8.10	5.74	14.00	51.90	22.10	0.00	塔形	长椭圆	渐尖	较皱	波浪	绿	较厚	密集	球形	红	大	46.0
5245	120.50	6.90	5.83	13.80	51.00	28.80	0.00	塔形	宽椭圆	渐尖	较皱	波浪	绿	中等	密集	球形	红	大	46.0

序号	全国统一编号	种质名称	杂交组合	编目单位	种子来源	原产地	收集时间
5246	00003938	傣烟 -1	傣烟系选	云南院	云南院	云南省玉溪市	1996 年
5247	00003939	傣烟 -2	傣烟系选	云南院	云南院	云南省玉溪市	1996 年
5248	00003940	傣烟 -3	傣烟系选	云南院	云南院	云南省玉溪市	1996 年
5249	00004127	特选晒烟		云南院	云南院	云南省玉溪市	2010 年
5250	00004148	长叶牛皮	牛皮烟系选	云南院	云南院	云南省玉溪市	2009 年
5251	00004254	瓦烟 -2	瓦烟系选	云南院	云南院	云南省玉溪市	2011 年
5252	00005074	8803		云南院	云南院	云南省玉溪市	2009 年
5253	00005103	昔汉 -1	昔汉柳叶系选	云南院	云南院	云南省云县道水乡	2011 年
5254	00005105	湘潭香叶		云南院	云南院	湖南省湘潭市	2011 年
5255	00005112	曼怕村 -1	曼怕村晒烟系选	云南院	云南院	云南省勐腊县谣山乡	2010 年
5256	00005127	砍柴坪 -1	砍柴坪烟系选	云南院	云南院	云南省玉溪市	2010 年
5257	00005148	CK01		云南院	云南院	云南省丽江市巨甸乡	2009 年
5258	00005162	昔汉 -2	昔汉柳叶系选	云南院	云南院	云南省云县道水乡	2011 年
5259	00005179	连选 4 号		中烟所	广东连州	广东省连州市	2006 年
5260	00005180	连选 1 号		中烟所	广东连州	广东省连州市	2006 年
5261	00005181	安丘晒香		中烟所	中烟所	山东省安丘市	2006 年
5262	00005345	延晒三号	风林一号系选	中烟所	赵彬寄送	吉林省	2015 年
5263	00005405	牡晒 82-38-4		中烟所	中烟所	黑龙江省穆棱市	2015 年

序号	株高/cm	茎围/cm	节距/cm	叶数/片	叶长/cm	叶宽/cm	叶柄/cm	株型	叶形	叶尖	叶面	叶缘	叶色	叶片厚薄	花序密度	花序形状	花色	茎叶角度	移栽至开花/天
5246	141.49	6.12	7.93	12.80	39.08	23.54	4.00	塔形	宽椭圆	渐尖	皱	波浪	深绿	较厚	密集	球形	淡红	大	43.0
5247	142.80	6.46	7.30	13.40	39.42	21.96	4.30	塔形	宽椭圆	渐尖	平	波浪	绿	较厚	密集	球形	淡红	大	44.0
5248	129.20	5.58	7.47	12.00	41.74	16.92	0.00	塔形	长椭圆	渐尖	平	波浪	绿	中等	密集	球形	淡红	中	45.0
5249	163.60	8.20	7.70	16.20	51.20	22.50	0.00	塔形	长卵圆	急尖	较皱	皱折	深绿	较厚	松散	倒圆锥形	淡红	大	47.0
5250	94.50	7.40	4.35	13.60	36.10	16.40	0.00	塔形	椭圆	渐尖	较皱	波浪	浅绿	较薄	密集	球形	淡红	中	56.0
5251	152.20	9.00	4.40	24.60	64.30	28.40	0.00	塔形	长椭圆	尾状	较皱	波浪	深绿	中等	密集	球形	淡红	中	49.0
5252	153.40	5.30	4.36	24.20	42.60	24.50	0.00	塔形	心脏形	渐尖	较皱	波浪	浅绿	厚	密集	球形	深红	中	59.0
5253	125.80	11.50	5.20	15.40	72.50	31.40	0.00	塔形	长椭圆	急尖	较皱	波浪	深绿	中等	密集	球形	红	中	45.0
5254	157.00	11.00	6.50	15.20	71.50	39.30	0.00	塔形	宽椭圆	渐尖	较皱	波浪	深绿	中等	松散	球形	红	大	49.0
5255	155.00	8.00	7.80	14.80	45.60	29.10	0.00	塔形	宽卵圆	渐尖	较皱	波浪	绿	较厚	松散	扁球形	深红	甚大	45.0
5256	133.40	7.00	6.40	14.20	47.00	21.40	5.60	塔形	长卵圆	渐尖	较平	波浪	绿	中等	密集	扁球形	淡红	大	41.0
5257	101.70	7.50	3.71	16.40	30.40	12.60	0.00	塔形	长椭圆	渐尖	较皱	波浪	绿	较厚	密集	扁球形	红	中	53.0
5258	124.80	10.28	3.70	20.60	41.10	17.40	0.00	筒形	长椭圆	渐尖	较平	波浪	深绿	中等	密集	倒圆锥形	红	中	53.0
5259	176.30	10.00	5.94	22.00	68.00	40.00	0.00	筒形	宽椭圆	钝尖	较平	波浪	浅绿	较厚	密集	球形	淡红	中	60.0
5260	164.40	10.20	5.76	22.00	70.60	41.40	0.00	塔形	宽椭圆	钝尖	较皱	波浪	浅绿	中等	密集	球形	淡红	中	59.0
5261	99.60	10.00	4.88	13.00	60.20	32.60	0.00	筒形	宽椭圆	渐尖	平	平滑	深绿	厚	密集	球形	深红	中	59.0
5262	127.47	5.22	5.95	14.70	38.90	21.30	0.00	塔形	卵圆	急尖	较平	微波	绿	中等	密集	球形	红	中	49.0
5263	150.60	7.21	5.10	22.50	45.30	24.25	0.00	塔形	椭圆	渐尖	较平	平滑	黄绿	中等	松散	菱形	淡红	中	53.0

序号	全国统一编号	种质名称	杂交组合	编目单位	种子来源	原产地	收集时间
5264	00005409	牡晒 84-1 新	牡晒 84 系选	中烟所	中烟所	黑龙江省牡丹江市	2015 年
5265	00005316	79-9-27		山东农大	山东农大	山西省太谷县	2015 年
5266	00005407	78-11-38		山东农大	山东农大	山西省太谷县	2015 年
5267	00004884	78-04-11-11-5-43	（川烟 × 晋太 309）×*N. glutinosa*	山西农大	山西农大	山西省太谷县	2007 年
5268	00004885	78-08-19-47	〔（晋太 309×Ky56）×*N. repanda*〕×（川烟 × 晋太 309）×*N. alata*	山西农大	山西农大	山西省太谷县	2007 年
5269	00004886	79-9-3-16-13-47	〔晋太 18×（川烟 × 晋太 56）×*N. glutinosa*〕×*N. glutinosa*	山西农大	山西农大	山西省太谷县	2007 年
5270	00004887	78-05-45-62-12-49-35	（川烟 × 晋太 309）×*N. glutinosa*	山西农大	山西农大	山西省太谷县	2007 年
5271	00004889	78-08-19-26-42-30	〔（晋太 309×Ky56）×*N. repanda*〕×〔（川烟 × 晋太 309）×*N. alata*〕	山西农大	山西农大	山西省太谷县	2007 年
5272	00004945	A-0092	（K394× 罗勒烟）BC1	山西农大	山西农大	山西省太谷县	2011 年
5273	00005487	Q-N-0001	*N. debneyi*×Q-0001	山西农大	山西农大	山西省太谷县	2016 年
5274	00005492	S-8-0033	78-08× 曼陀罗烟	山西农大	山西农大	山西省太谷县	2016 年
5275	00005494	A6-0018-26	（太谷猪耳朵 +A 烟）×*N. debneyi*	山西农大	山西农大	山西省太谷县	2016 年
5276	00005496	A-0042	*N. sylvestris*× 罗勒烟	山西农大	山西农大	山西省太谷县	2016 年
5277	00005499	8-14-0017	K-0001×*N. debneyi*	山西农大	山西农大	山西省太谷县	2016 年
5278	00005509	S-8-0016-5	78-05× 曼陀罗烟	山西农大	山西农大	山西省太谷县	2016 年
5279	00005530	S11-0002	（S 烟 ×8611）×*N. debneyi*	山西农大	山西农大	山西省太谷县	2016 年
5280	00005535	Q12-0008	（A-0007×Q-0010）× 紫苏烟 -6	山西农大	山西农大	山西省太谷县	2016 年
5281	00005547	Q6-0057	Q-0001× 紫苏烟 -5	山西农大	山西农大	山西省太谷县	2016 年

序号	株高/cm	茎围/cm	节距/cm	叶数/片	叶长/cm	叶宽/cm	叶柄/cm	株型	叶形	叶尖	叶面	叶缘	叶色	叶片厚薄	花序密度	花序形状	花色	茎叶角度	移栽至开花/天
5264	143.40	7.52	4.70	22.60	48.00	23.05	0.00	塔形	椭圆	急尖	较平	平滑	绿	厚	松散	球形	深红	中	56.0
5265	146.80	7.10	6.30	17.60	43.35	26.26	0.00	塔形	宽卵圆	渐尖	皱	平滑	浅绿	中等	密集	球形	红	小	59.0
5266	158.70	9.33	4.95	23.60	58.20	29.30	0.00	筒形	椭圆	渐尖	较平	波浪	浅绿	厚	密集	球形	淡红	大	76.0
5267	102.87	5.85	2.47	23.93	39.20	20.57	0.00	筒形	椭圆	渐尖	较平	微波	绿	薄	松散	球形	淡红	中	68.0
5268	137.80	7.93	4.27	21.80	27.82	13.64	0.00	筒形	椭圆	渐尖	较平	微波	绿	厚	密集	球形	淡红	大	51.0
5269	134.23	7.33	3.73	23.93	32.49	14.96	0.00	筒形	椭圆	渐尖	较平	微波	深绿	厚	松散	球形	淡红	中	79.0
5270	136.00	6.50	4.27	22.67	37.43	19.27	0.00	筒形	椭圆	渐尖	较平	微波	黄绿	薄	密集	球形	淡红	大	70.0
5271	111.33	7.87	2.91	23.07	34.47	18.77	0.00	筒形	宽椭圆	渐尖	较平	微波	黄绿	薄	密集	球形	淡红	中	80.0
5272	138.07	5.47	4.22	22.00	48.70	18.87	0.00	筒形	长椭圆	渐尖	较平	微波	黄绿	较厚	密集	球形	深红	大	74.0
5273	166.00	7.20	4.40	28.60	56.00	26.40	0.00	筒形	长椭圆	渐尖	较平	平滑	绿	厚	密集	扁球形	深红	中	76.0
5274	166.50	7.13	4.63	26.25	41.75	18.75	0.00	筒形	长椭圆	渐尖	较平	微波	绿	较厚	密集	扁球形	淡红	中	76.0
5275	127.60	7.20	4.20	21.00	47.90	21.70	0.00	筒形	长椭圆	渐尖	平	平滑	绿	较薄	密集	扁球形	淡红	中	65.0
5276	168.00	7.00	4.65	22.25	42.00	28.50	0.00	筒形	宽椭圆	急尖	较平	微波	绿	较厚	密集	扁球形	淡红	中	76.0
5277	130.00	6.40	3.40	26.40	47.80	19.80	0.00	筒形	长椭圆	渐尖	较平	微波	绿	薄	松散	扁球形	淡红	中	79.0
5278	145.00	7.83	3.83	27.33	34.16	15.66	0.00	筒形	长椭圆	急尖	较平	微波	绿	厚	密集	扁球形	淡红	中	70.0
5279	147.20	9.10	4.30	25.80	53.50	24.60	0.00	筒形	长椭圆	渐尖	较平	微波	绿	中等	密集	球形	淡红	中	73.0
5280	162.40	9.40	4.00	30.80	52.00	24.80	0.00	筒形	长椭圆	渐尖	较平	微波	绿	中等	密集	球形	淡红	中	86.0
5281	140.50	8.00	4.30	24.50	43.50	17.60	0.00	筒形	长椭圆	渐尖	较平	微波	绿	中等	密集	球形	深红	中	75.0

序号	全国统一编号	种质名称	杂交组合	编目单位	种子来源	原产地	收集时间
5282	00005554	Q6-0069-8	（*N. undulata*+Q-0001）× 紫苏烟 -9	山西农大	山西农大	山西省太谷县	2016 年
5283	00005560	G-11-0001	（*N. glauca*+A 烟）×G-28	山西农大	山西农大	山西省太谷县	2016 年
5284	00005564	G-11-0002	（*N. glauca*+A 烟）×G-28	山西农大	山西农大	山西省太谷县	2016 年
5285	00005565	K12-0003	K-0004×*N. debneyi*	山西农大	山西农大	山西省太谷县	2016 年

12. 晒晾烟选育品种资源目录——护照信息

序号	全国统一编号	品种名称	杂交组合	编目单位	种子来源	原产地	收集时间
5286	00003945	连选一号	连州种系选	广东所	广东所	广东省广州市	1996 年
5287	00004327	延晒七号	太兴烟 × 万宝四号	延边所	延边所	吉林省延边朝鲜族自治州	2005 年
5288	00005173	龙烟六号	龙烟二号 × 龙烟五号	牡丹江院	牡丹江院	黑龙江省牡丹江市	2005 年
5289	00005291	云晒 1 号	公会晒烟系选	云南院	云南院	云南省玉溪市	2013 年
5589	00005182	五峰 1 号	Maryland 609 系选	宜昌公司	湖北五峰	湖北省五峰县	2011 年
5590	00005296	五峰 2 号	MSMd609×Md872	宜昌公司	宜昌公司	湖北省五峰县王家坪	2013 年

13. 晒晾烟引进种质资源目录——护照信息

序号	全国统一编号	种质名称	编目单位	种子来源	原产地	收集时间
5290	00005255	ATNARELLO 毛晾	广东所	广东所	毛里求斯	2009 年
5291	00005256	巴西晒晾烟	广东所	广东所	巴西	2009 年

序号	株高/cm	茎围/cm	节距/cm	叶数/片	叶长/cm	叶宽/cm	叶柄/cm	株型	叶形	叶尖	叶面	叶缘	叶色	叶片厚薄	花序密度	花序形状	花色	茎叶角度	移栽至开花/天
5282	135.70	11.50	3.60	23.30	63.50	29.70	0.00	筒形	长椭圆	渐尖	较平	微波	绿	中等	密集	球形	深红	中	69.0
5283	113.40	9.60	4.40	17.00	61.80	30.60	0.00	筒形	长椭圆	渐尖	较平	微波	绿	中等	密集	球形	淡红	中	55.0
5284	133.20	9.80	4.60	19.00	63.80	30.60	0.00	筒形	长椭圆	渐尖	较平	微波	绿	中等	密集	球形	淡红	中	81.0
5285	153.20	9.00	4.60	25.20	58.00	26.80	0.00	筒形	长椭圆	渐尖	较平	微波	绿	中等	密集	球形	深红	中	83.0

12. 晒晾烟选育品种资源目录——植物学信息

序号	株高/cm	茎围/cm	节距/cm	叶数/片	叶长/cm	叶宽/cm	叶柄/cm	株型	叶形	叶尖	叶面	叶缘	叶色	叶片厚薄	花序密度	花序形状	花色	茎叶角度	移栽至开花/天
5286	148.20	9.30	5.10	21.20	56.50	27.50	0.00	塔形	椭圆	渐尖	较皱	微波	黄绿	较薄	密集	菱形	淡红	中	67.0
5287	141.00	8.60	5.40	15.60	66.00	27.60	0.00	塔形	椭圆	渐尖	较皱	波浪	绿	中等	密集	球形	淡红	中	45.0
5288	126.00	9.62	4.49	17.60	56.90	30.30	0.00	塔形	宽椭圆	渐尖	较平	微波	深绿	中等	松散	菱形	红	小	61.0
5289	175.30	9.30	4.70	25.00	40.70	15.30	0.00	塔形	长椭圆	渐尖	较平	波浪	浅绿	中等	松散	菱形	淡红	中	77.5
5589	200.00	12.00	5.50	29.00	84.00	31.00	0.00	筒形	长椭圆	渐尖	较平	波浪	深绿	较薄	密集	球形	淡红	中	62.0
5590	170.00	11.70	4.75	25.00	82.50	35.50	0.00	筒形	椭圆	渐尖	较平	波浪	绿	较薄	密集	球形	淡红	中	60.0

13. 晒晾烟引进种质资源目录——植物学信息

序号	株高/cm	茎围/cm	节距/cm	叶数/片	叶长/cm	叶宽/cm	叶柄/cm	株型	叶形	叶尖	叶面	叶缘	叶色	叶片厚薄	花序密度	花序形状	花色	茎叶角度	移栽至开花/天
5290	184.05	9.36	4.30	33.50	53.80	19.20	0.00	塔形	长椭圆	急尖	较皱	皱折	绿	中等	松散	菱形	淡红	中	94.0
5291	170.30	10.77	4.81	26.00	72.70	28.30	0.00	塔形	长椭圆	渐尖	较平	波浪	深绿	中等	松散	倒圆锥形	淡红	中	91.0

序号	全国统一编号	种质名称	编目单位	种子来源	原产地	收集时间
5292	00005257	毛里求斯 -1	广东所	广东所	毛里求斯	2008 年
5293	00005236	津引晒烟 3 号	云南院	云南	津巴布韦	2016 年
5294	00003748	Coker9	中烟所	中烟所引自美国	美国	1995 年
5295	00003949	Va331-1	中烟所	中烟所引自美国	美国	1995 年
5296	00003950	Va331-2	中烟所	中烟所引自美国	美国	1995 年
5297	00003951	Va787	中烟所	中烟所引自美国	美国	1995 年
5298	00003952	Va871	中烟所	中烟所引自美国	美国	1995 年
5299	00003953	Va932	中烟所	中烟所引自美国	美国	1995 年
5300	00003954	Va934	中烟所	中烟所引自美国	美国	1995 年
5301	00003955	Walkers Broad leaf	中烟所	中烟所引自美国	美国	1995 年
5302	00003956	Damdli Special	中烟所	中烟所引自美国	美国	1995 年
5303	00003957	Lizard Tail Orinoco	中烟所	中烟所引自美国	美国	1995 年
5304	00003958	Lizard Tail Turtle Foot	中烟所	中烟所引自美国	美国	1995 年
5305	00003959	Sears Special	中烟所	中烟所引自美国	美国	1995 年
5306	00003960	Shirey	中烟所	中烟所引自美国	美国	1995 年
5307	00003961	Silky Pride	中烟所	中烟所引自美国	美国	1995 年
5308	00003962	Brown Ieaf JH	中烟所	中烟所引自美国	美国	1995 年
5309	00003963	Bakers Special	中烟所	中烟所引自美国	美国	1995 年

序号	株高/cm	茎围/cm	节距/cm	叶数/片	叶长/cm	叶宽/cm	叶柄/cm	株型	叶形	叶尖	叶面	叶缘	叶色	叶片厚薄	花序密度	花序形状	花色	茎叶角度	移栽至开花/天
5292	168.50	11.18	4.85	27.40	61.90	22.10	0.00	橄榄形	长椭圆	急尖	较平	微波	黄绿	较厚	松散	菱形	淡红	中	62.0
5293	160.80	9.20	4.60	26.20	71.50	28.40	0.00	塔形	长椭圆	渐尖	较皱	波浪	绿	中等	密集	倒圆锥形	淡红	中	50.0
5294	157.40	8.60	5.04	20.40	57.40	33.80	0.00	筒形	宽椭圆	渐尖	较皱	波浪	绿	中等	密集	球形	红	中	51.0
5295	130.93	7.70	3.58	25.40	68.90	27.76	0.00	筒形	长椭圆	渐尖	较皱	波浪	绿	中等	密集	球形	红	中	59.0
5296	134.60	8.30	4.21	22.80	55.60	24.80	0.00	筒形	长椭圆	渐尖	较皱	波浪	绿	中等	密集	球形	红	中	59.0
5297	177.40	8.00	5.45	25.40	49.60	24.30	0.00	筒形	椭圆	渐尖	较皱	波浪	绿	中等	密集	球形	红	中	63.0
5298	164.80	7.70	5.27	24.40	51.50	22.10	0.00	筒形	长椭圆	渐尖	较皱	波浪	绿	中等	密集	球形	红	中	56.0
5299	149.60	9.60	4.02	25.00	67.60	21.10	0.00	筒形	披针形	渐尖	皱	皱折	深绿	中等	松散	倒圆锥形	淡红	中	57.0
5300	165.60	8.10	4.76	25.20	68.20	27.40	0.00	筒形	长椭圆	渐尖	较皱	波浪	绿	中等	密集	球形	淡红	中	59.0
5301	163.60	8.50	4.33	29.60	54.60	21.60	0.00	筒形	长椭圆	渐尖	较皱	波浪	绿	中等	密集	球形	红	中	68.0
5302	140.00	7.10	4.47	21.60	44.80	18.30	0.00	筒形	长椭圆	渐尖	较皱	波浪	绿	中等	密集	球形	红	中	42.0
5303	137.20	8.10	4.06	23.60	48.70	20.60	0.00	筒形	长椭圆	急尖	较皱	波浪	绿	中等	密集	球形	淡红	中	66.0
5304	148.60	9.10	4.12	24.80	56.40	17.09	0.00	筒形	披针形	尾状	较皱	波浪	绿	中等	密集	球形	红	中	56.0
5305	133.00	8.70	4.02	23.80	50.80	25.00	0.00	筒形	椭圆	渐尖	较皱	波浪	绿	中等	密集	球形	红	中	56.0
5306	128.20	7.60	3.64	24.20	53.00	21.00	0.00	筒形	长椭圆	渐尖	较皱	波浪	绿	中等	密集	球形	红	中	66.0
5307	132.60	7.80	4.01	22.40	48.60	17.70	0.00	筒形	长椭圆	急尖	较皱	波浪	绿	中等	密集	球形	红	中	56.0
5308	119.60	7.30	3.30	22.60	54.80	22.40	0.00	筒形	长椭圆	渐尖	较皱	波浪	绿	中等	密集	球形	红	中	58.0
5309	127.80	8.30	3.57	23.20	58.50	24.90	0.00	筒形	长椭圆	渐尖	较皱	波浪	黄绿	较厚	密集	球形	红	中	56.0

序号	全国统一编号	种质名称	编目单位	种子来源	原产地	收集时间
5310	00005258	Va878	中烟所	美国	美国	2009 年
5311	00005259	加拿大晒烟	中烟所	加拿大	加拿大	2006 年
5312	00005260	Habana92	中烟所	法国	法国	2006 年
5313	00005261	肯那	中烟所	中国烟叶进出口公司	印度尼西亚	2006 年
5314	00005262	拉加	中烟所	云南腾冲	印度尼西亚	2011 年
5315	00003964	Wilson	中烟所	中烟所引自美国	美国	1995 年
5316	00003965	Md40	中烟所	中烟所引自美国	美国	1995 年
5317	00005368	新 Wilson	中烟所	中烟所	美国	2015 年
4447	00005219	GAT-4-2	广东所	中烟所	美国	2009 年
4490	00003759	Enshu	中烟所	孔凡玉提供	日本	1998 年

14. 香料烟种质资源目录——护照信息

序号	全国统一编号	种质名称	编目单位	种子来源	原产地	收集时间	种质类型
5318	00005183	328-1	广东所	广东所	广东省广州市	2011 年	品系
5319	00005184	香五号	广东所	广东所	广东省广州市	2011 年	品系
5320	00005185	土耳其 M 型	东北站	穆棱	黑龙江省穆棱市	2008 年	品系
5321	00005186	土耳其 B 型	东北站	穆棱	黑龙江省穆棱市	2008 年	品系
5322	00005187	Samsun15A	中烟所	湖北十堰；徐宜民带回	湖北省十堰市	2000 年	品系

序号	株高/cm	茎围/cm	节距/cm	叶数/片	叶长/cm	叶宽/cm	叶柄/cm	株型	叶形	叶尖	叶面	叶缘	叶色	叶片厚薄	花序密度	花序形状	花色	茎叶角度	移栽至开花/天
5310	165.50	6.40	5.19	23.40	57.80	14.45	0.00	筒形	披针形	尾状	较皱	波浪	绿	较厚	密集	球形	深红	中	60.0
5311	175.45	8.67	9.03	15.00	49.64	32.67	0.00	筒形	宽卵圆	钝尖	较皱	波浪	浅绿	中等	松散	球形	淡红	中	61.0
5312	168.40	7.00	5.80	23.00	46.60	29.20	0.00	筒形	宽椭圆	渐尖	平	平滑	绿	较厚	密集	球形	淡红	中	62.0
5313	137.60	8.80	5.32	19.00	60.20	37.60	0.00	筒形	宽椭圆	钝尖	平	平滑	绿	厚	密集	球形	淡红	中	52.0
5314	172.40	9.00	6.26	20.80	50.40	32.80	0.00	筒形	宽椭圆	渐尖	较皱	波浪	浅绿	中等	密集	球形	红	中	56.0
5315	151.00	9.90	4.48	25.60	53.40	23.60	0.00	筒形	长椭圆	渐尖	皱	波浪	深绿	中等	密集	倒圆锥形	淡红	中	64.0
5316	140.80	9.20	3.89	25.00	54.60	23.70	0.00	筒形	长椭圆	渐尖	较皱	波浪	绿	中等	密集	球形	淡红	中	65.0
5317	134.30	9.26	4.05	23.10	57.20	30.75	0.00	塔形	宽椭圆	渐尖	皱	微波	绿	厚	密集	球形	淡红	小	74.0
4447	152.90	9.86	5.71	19.50	65.60	32.00	0.00	塔形	椭圆	渐尖	较皱	波浪	黄绿	中等	松散	菱形	淡红	中	83.0
4490	226.00	10.52	7.54	24.00	71.40	32.50	0.00	塔形	椭圆	渐尖	较皱	微波	绿	较薄	松散	菱形	淡红	中	62.0

14. 香料烟种质资源目录——植物学信息

序号	株高/cm	茎围/cm	节距/cm	叶数/片	叶长/cm	叶宽/cm	叶柄/cm	株型	叶形	叶尖	叶面	叶缘	叶色	叶片厚薄	花序密度	花序形状	花色	茎叶角度	移栽至开花/天
5318	137.00	5.94	4.16	23.20	39.20	15.00	0.00	橄榄形	长椭圆	渐尖	平	平滑	绿	厚	密集	菱形	淡红	中	58.0
5319	169.50	6.94	6.27	20.80	38.20	22.60	3.90	橄榄形	卵圆	急尖	较平	波浪	绿	较厚	松散	菱形	淡红	大	62.0
5320	138.20	7.36	6.00	16.40	42.60	28.60	0.00	筒形	心脏形	急尖	较平	微波	绿	薄	松散	菱形	淡红	大	47.0
5321	151.00	7.10	5.00	22.00	38.30	22.60	0.00	筒形	卵圆	渐尖	平	平滑	绿	薄	松散	菱形	淡红	大	47.0
5322	167.00	9.00	5.50	23.00	45.00	35.20	6.20	筒形	心脏形	渐尖	皱	皱折	深绿	较薄	密集	球形	红	中	71.0

序号	全国统一编号	种质名称	编目单位	种子来源	原产地	收集时间	种质类型
5323	00005292	云香 2 号	云南院	云南院	云南省玉溪市	2013 年	选育
5324	00004003	A37	云南院	云南院		2008 年	引进
5325	00004004	Bafra	中烟所	湖北省竹山县烟草公司	土耳其	1998 年	引进
5326	00004005	Canik	中烟所	湖北省竹山县烟草公司	土耳其	1998 年	引进
5327	00004006	Greece Basma	中烟所	苑文林寄来	希腊	1998 年	引进
5328	00004007	Turkey Basma	中烟所	苑文林寄来	土耳其	1998 年	引进
5329	00004008	Kukulu Izmir-63	中烟所	苑文林寄来		1998 年	引进
5330	00004009	Kukulu Izmir-46	中烟所	苑文林寄来		1998 年	引进
5331	00004010	Maden	中烟所	湖北省竹山县烟草公司	土耳其	1998 年	引进
5332	00005263	乌斯亭斯基 -24	广东所	轻工所		2011 年	引进
5333	00005264	罗斯科维奇	广东所	中烟所	阿尔巴尼亚	2011 年	引进
5334	00005265	帕扎尔齐克 17 香 4	广东所	郑州院	保加利亚	2011 年	引进
5335	00005266	利拉九号	广东所	轻工所	保加利亚	2011 年	引进
5336	00005267	司美那	广东所	云南院	土耳其伊兹密尔	2011 年	引进
5337	00005354	BUTSA B 型	中烟所	赵彬寄送		2015 年	引进
5338	00005484	Izmir	云南院	云南院	土耳其伊兹密尔	2016 年	引进
5339	00005485	K Izmir No.1	云南院	云南院	土耳其伊兹密尔	2016 年	引进

序号	株高/cm	茎围/cm	节距/cm	叶数/片	叶长/cm	叶宽/cm	叶柄/cm	株型	叶形	叶尖	叶面	叶缘	叶色	叶片厚薄	花序密度	花序形状	花色	茎叶角度	移栽至开花/天
5323	152.00	4.00	2.70	41.00	14.00	6.50	0.00	塔形	椭圆	渐尖	较平	波浪	深绿	较厚	密集	球形	淡红	小	60.0
5324	164.40	7.10	5.76	21.60	43.70	31.70	4.20	塔形	心脏形	渐尖	皱	波浪	绿	较薄	密集	球形	白	大	52.0
5325	145.00	8.40	4.47	23.20	49.40	25.80	0.00	筒形	椭圆	渐尖	较皱	波浪	绿	中等	密集	球形	红	中	40.0
5326	151.80	5.70	3.63	30.80	25.20	10.20	3.50	筒形	长椭圆	渐尖	较平	波浪	黄绿	中等	密集	球形	红	中	60.0
5327	134.00	6.90	3.22	29.00	33.60	15.60	2.10	筒形	椭圆	渐尖	较平	波浪	深绿	中等	密集	球形	红	中	63.0
5328	101.00	7.20	3.66	18.00	36.80	17.80	1.40	筒形	椭圆	渐尖	较皱	波浪	绿	中等	密集	球形	红	中	48.0
5329	120.40	7.10	2.98	27.00	32.80	16.20	2.30	筒形	椭圆	渐尖	较皱	波浪	绿	中等	密集	球形	红	中	49.0
5330	130.00	6.00	2.90	31.00	33.00	18.00	2.40	筒形	椭圆	渐尖	较皱	波浪	绿	中等	密集	球形	红	中	49.0
5331	91.80	7.00	2.74	18.90	26.60	12.00	2.80	筒形	椭圆	渐尖	较皱	波浪	绿	中等	密集	球形	红	中	43.0
5332	122.50	6.59	5.20	15.40	44.30	16.60	0.00	塔形	长椭圆	渐尖	平	平滑	绿	较厚	松散	菱形	白	中	48.0
5333	205.30	8.79	6.91	23.10	62.10	22.40	0.00	塔形	长椭圆	渐尖	较平	微波	绿	厚	松散	菱形	红	中	68.0
5334	120.70	5.75	4.05	20.20	39.10	14.60	0.00	橄榄形	长椭圆	渐尖	较平	微波	绿	中等	密集	菱形	淡红	中	59.0
5335	180.45	8.57	4.86	28.90	56.80	22.80	0.00	塔形	长椭圆	急尖	较平	波浪	黄绿	中等	密集	菱形	红	中	68.0
5336	203.02	8.23	7.15	22.80	58.30	21.30	0.00	塔形	长椭圆	渐尖	较平	微波	绿	中等	松散	菱形	淡红	中	67.0
5337	97.10	4.19	4.51	13.40	28.85	14.80	0.00	塔形	卵圆	渐尖	较平	平滑	绿	较厚	密集	球形	淡红	大	36.0
5338	138.20	4.00	3.90	26.00	19.20	7.00	0.00	筒形	长椭圆	渐尖	较平	波浪	绿	中等	密集	球形	淡红	小	67.0
5339	168.20	4.90	4.10	30.00	20.60	10.50	0.00	筒形	椭圆	渐尖	较平	波浪	绿	中等	密集	球形	淡红	小	120.0

15. 雪茄烟种质资源目录——护照信息

序号	全国统一编号	种质名称	编目单位	种子来源	原产地	收集时间	种质类型
5340	00005213	哈瓦娜	广东所	轻工所	古巴	2011 年	引进
5341	00005323	诺凡斯瑞加	山东农大	山东农大		2015 年	引进
5342	00004328	世纪一号	中烟所	苑文林寄来	浙江省桐乡县	2010 年	品系
5343	00005412	H382	中烟所	来凤烟草公司	印度尼西亚	2016 年	引进

16. 药烟种质资源目录——护照信息

序号	全国统一编号	种质名称	杂交组合	编目单位	种子来源	原产地	收集时间
5344	00003659	A-0012	〔（阳高黑老虎＋红花烟）×罗勒〕BC_1	山西农大	山西农大	山西省太谷县	2016 年
5345	00003665	S6-0025	长柄曼陀罗烟×曼陀罗	山西农大	山西农大	山西省太谷县	2016 年
5346	00003673	86-43Ht	〔（盂县小叶＋红花烟）×薄荷〕×黄芪	山西农大	山西农大	山西省太谷县	2016 年
5347	00003678	10-16-0013	（盂县小叶+G-28）×罗勒	山西农大	山西农大	山西省太谷县	2016 年
5348	00003728	A6-0027-19	（G-11-27×G-28）×罗勒	山西农大	山西农大	山西省太谷县	2016 年
5349	00003926	Q-5-0089-24	〔（定襄小叶＋龙烟二号）×土人参〕×紫苏	山西农大	山西农大	山西省太谷县	2016 年
5350	00003930	6-12-0021	〔（A-0001×Q-0010）×罗勒〕BC_1	山西农大	山西农大	山西省太谷县	2016 年
5351	00003931	K9-0076	（颠茄＋红花烟）×土人参	山西农大	山西农大	山西省太谷县	2016 年
5352	00003946	6-11-0006	（A-0001×Q-0010）×紫苏	山西农大	山西农大	山西省太谷县	2016 年

15. 雪茄烟种质资源目录——植物学信息

序号	株高/cm	茎围/cm	节距/cm	叶数/片	叶长/cm	叶宽/cm	叶柄/cm	株型	叶形	叶尖	叶面	叶缘	叶色	叶片厚薄	花序密度	花序形状	花色	茎叶角度	移栽至开花/天
5340	118.00	9.45	4.05	18.00	66.60	25.80	0.00	塔形	长椭圆	渐尖	较平	微波	绿	较厚	密集	菱形	红	中	62.0
5341	119.93	6.70	5.35	13.90	44.70	23.75	0.00	塔形	卵圆	急尖	较平	平滑	深绿	中等	松散	球形	红	中	59.0
5342	152.20	9.14	5.06	20.40	59.80	29.00	0.00	塔形	椭圆	渐尖	较平	微波	深绿	中等	密集	球形	淡红	中	61.0
5343	180.00	10.00	5.00	26.00	60.00	28.00	0.00	塔形	长椭圆	渐尖	平	波浪	绿	薄	密集	球形	淡红	中	60.0

16. 药烟种质资源目录——植物学信息

序号	株高/cm	茎围/cm	节距/cm	叶数/片	叶长/cm	叶宽/cm	叶柄/cm	株型	叶形	叶尖	叶面	叶缘	叶色	叶片厚薄	花序密度	花序形状	花色	茎叶角度	移栽至开花/天
344	144.25	6.75	4.63	22.00	36.00	21.50	0.00	筒形	宽椭圆	急尖	较皱	微波	绿	薄	密集	扁球形	深红	大	76.0
5345	131.50	8.50	3.63	24.50	51.50	20.00	0.00	筒形	长椭圆	渐尖	较平	平滑	绿	厚	密集	扁球形	淡红	中	82.0
5346	143.20	8.30	3.80	26.40	36.40	15.60	0.00	筒形	长椭圆	渐尖	较皱	微波	黄绿	较薄	密集	扁球形	淡红	中	78.0
5347	161.30	7.20	3.70	26.70	42.30	20.00	0.00	筒形	长椭圆	急尖	较平	微波	黄绿	较厚	密集	扁球形	淡红	中	92.0
5348	155.60	7.70	4.32	27.20	45.80	19.60	0.00	筒形	长椭圆	渐尖	较平	微波	黄绿	较厚	密集	扁球形	深红	62	64.0
5349	148.10	7.90	4.70	23.00	52.80	25.30	0.00	筒形	长椭圆	渐尖	较平	微波	黄绿	较厚	密集	扁球形	深红	中	70.0
5350	131.60	7.50	3.30	27.00	44.40	20.40	0.00	筒形	长椭圆	急尖	较平	微波	黄绿	较厚	密集	扁球形	深红	中	78.0
5351	129.00	6.10	3.40	27.60	53.00	24.60	0.00	筒形	长椭圆	渐尖	较平	微波	黄绿	较薄	密集	扁球形	淡红	中	81.0
5352	170.60	7.70	3.99	33.40	47.40	23.20	0.00	筒形	长椭圆	急尖	较平	微波	黄绿	厚	密集	扁球形	淡红	中	97.0

序号	全国统一编号	种质名称	杂交组合	编目单位	种子来源	原产地	收集时间
5353	00003947	6-12-0004-18	（A-0010×Q-0010）× 罗勒	山西农大	山西农大	山西省太谷县	2016 年
5354	00003982	A6-0048-16	（A-0001×G-28-11-8）× 罗勒	山西农大	山西农大	山西省太谷县	2016 年
5355	00004001	K-H-0001	（*N. undulata*+Hicks）× 土人参	山西农大	山西农大	山西省太谷县	2016 年
5356	00004002	A-6-0008-3	〔（罗勒烟 × 紫苏烟）× 罗勒〕BC_1	山西农大	山西农大	山西省太谷县	2016 年
5357	00004430	A7-0006	〔（Q 烟 × 紫苏）×Q-0001〕×A6-0007	山西农大	山西农大	山西省太谷县	2014 年
5358	00004666	曼陀罗烟一号	〔（静乐小叶 +78-04-9）× 曼陀罗〕BC_3	山西农大	山西农大	山西省太谷县	2007 年
5359	00004670	紫苏烟一号	〔（78-04+*N. sylvestris*）× 紫苏〕BC_3	山西农大	山西农大	山西省太谷县	2007 年
5360	00004704	罗勒烟一号	〔（代县兰花 +Hicks）× 罗勒〕BC_3	山西农大	山西农大	山西省太谷县	2007 年
5361	00004717	薄荷烟二号	〔（阳高黑老虎 +78-05）× 薄荷〕BC_3	山西农大	山西农大	山西省太谷县	2007 年
5362	00004745	曼陀罗烟 89-25 号	〔（*N. glauca*+ 龙烟二号）× 曼陀罗〕BC_1	山西农大	山西农大	山西省太谷县	2008 年
5363	00004774	人参烟 26 号	（定襄小叶 + 龙烟二号）× 土人参	山西农大	山西农大	山西省太谷县	2008 年
5364	00004791	薄荷烟 -6	〔（阳高黑老虎 + 红花烟）× 薄荷〕BC_1	山西农大	山西农大	山西省太谷县	2008 年
5365	00004796	黄芪烟 10 号	78-05× 黄芪	山西农大	山西农大	山西省太谷县	2008 年
5366	00004799	黄芪烟 15 号	78-05× 黄芪	山西农大	山西农大	山西省太谷县	2008 年
5367	00004800	黄芪烟 12t	（阳高黑老虎 +78-04）× 黄芪	山西农大	山西农大	山西省太谷县	2008 年
5368	00004801	黄芪烟 16 号	（阳高黑老虎 +78-04）× 黄芪	山西农大	山西农大	山西省太谷县	2008 年
5369	00004803	薄荷烟 89-15	〔（阳高黑老虎 + 红花烟）× 薄荷〕BC_2	山西农大	山西农大	山西省太谷县	2008 年
5370	00004804	黄芪烟 18 号	78-05× 黄芪	山西农大	山西农大	山西省太谷县	2008 年

序号	株高/cm	茎围/cm	节距/cm	叶数/片	叶长/cm	叶宽/cm	叶柄/cm	株型	叶形	叶尖	叶面	叶缘	叶色	叶片厚薄	花序密度	花序形状	花色	茎叶角度	移栽至开花/天
5353	146.00	6.40	4.00	26.40	46.00	20.40	0.00	筒形	长椭圆	渐尖	较皱	微波	黄绿	较薄	密集	扁球形	淡红	大	76.0
5354	145.30	7.44	4.50	23.40	41.40	18.60	0.00	筒形	长椭圆	渐尖	较平	微波	黄绿	较薄	密集	扁球形	淡红	中	72.0
5355	133.60	7.10	3.90	23.20	36.40	17.60	0.00	筒形	长椭圆	渐尖	较平	微波	黄绿	较薄	密集	扁球形	淡红	中	75.0
5356	133.00	7.10	4.00	23.80	32.20	14.20	0.00	筒形	长椭圆	急尖	较皱	微波	黄绿	较厚	密集	扁球形	淡红	中	71.0
5357	124.00	9.40	3.80	22.00	56.70	30.30	0.00	筒形	卵圆	渐尖	较平	微波	绿	中等	密集	球形	深红	中	86.0
5358	133.53	6.80	4.35	21.67	39.67	20.90	7.83	筒形	卵圆	渐尖	较平	微波	深绿	厚	密集	球形	深红	中	67.0
5359	129.60	5.10	4.67	17.67	32.87	18.57	0.00	筒形	宽椭圆	渐尖	较平	微波	黄绿	厚	密集	球形	深红	大	60.0
5360	143.47	7.63	3.51	28.00	44.33	22.50	0.00	塔形	椭圆	渐尖	较平	微波	黄绿	薄	松散	球形	淡红	大	71.0
5361	155.20	8.56	4.65	25.07	59.53	33.50	0.00	筒形	宽椭圆	渐尖	较平	微波	绿	厚	密集	球形	深红	大	68.0
5362	152.58	7.97	4.06	28.15	44.07	23.57	8.43	筒形	卵圆	渐尖	较平	微波	黄绿	中等	密集	球形	深红	大	50.0
5363	116.00	7.93	3.77	20.80	49.20	26.07	0.00	筒形	宽椭圆	渐尖	较平	微波	黄绿	厚	密集	球形	淡红	大	44.0
5364	122.67	6.60	4.20	19.23	41.87	22.47	0.00	筒形	宽椭圆	渐尖	较平	微波	黄绿	中等	密集	球形	淡红	大	50.0
5365	118.33	7.03	2.83	27.80	48.13	22.60	0.00	筒形	椭圆	渐尖	较平	微波	黄绿	薄	密集	球形	淡红	中	57.0
5366	126.33	6.30	3.73	21.93	43.47	19.60	0.00	筒形	长椭圆	渐尖	较平	微波	黄绿	中等	密集	球形	淡红	大	57.0
5367	125.27	6.10	3.93	21.47	38.60	19.60	0.00	筒形	椭圆	渐尖	较平	微波	黄绿	中等	密集	球形	淡红	大	59.0
5368	133.80	6.43	4.03	22.40	42.93	23.27	0.00	筒形	宽椭圆	渐尖	较平	微波	绿	中等	密集	球形	淡红	大	57.0
5369	136.80	7.67	3.30	28.33	49.20	21.47	0.00	筒形	长椭圆	渐尖	较平	微波	黄绿	中等	密集	球形	淡红	大	59.0
5370	148.08	8.27	3.13	30.53	53.80	26.27	0.00	筒形	椭圆	渐尖	较平	微波	黄绿	中等	密集	球形	淡红	中	59.0

序号	全国统一编号	种质名称	杂交组合	编目单位	种子来源	原产地	收集时间
5371	00004805	黄芪烟 4 号	78-05× 黄芪	山西农大	山西农大	山西省太谷县	2008 年
5372	00004806	罗勒烟 8929 号	〔（定襄小叶＋红花烟）× 罗勒〕BC_1	山西农大	山西农大	山西省太谷县	2008 年
5373	00004808	黄芪烟 -35	78-05× 黄芪	山西农大	山西农大	山西省太谷县	2008 年
5374	00004809	黄芪烟 -13	78-05× 黄芪	山西农大	山西农大	山西省太谷县	2008 年
5375	00004810	黄芪烟 6 号	78-05× 黄芪	山西农大	山西农大	山西省太谷县	2008 年
5376	00004888	Q-5-00003	〔（78-04+*N. sylvestris*）× 紫苏〕BC_3	山西农大	山西农大	山西省太谷县	2007 年
5377	00004890	S-8-00009	〔（*N. glauca*+ 龙烟二号）× 曼陀罗〕BC_2	山西农大	山西农大	山西省太谷县	2007 年
5378	00004891	H-11-0022	（阳高黑老虎＋红花烟）× 薄荷	山西农大	山西农大	山西省太谷县	2009 年
5379	00004892	S-8-0052	78-12-16× 曼陀罗	山西农大	山西农大	山西省太谷县	2009 年
5380	00004895	H-11-0036-1	（78-08× 薄荷）BC_1	山西农大	山西农大	山西省太谷县	2009 年
5381	00004896	Q-5-0022	（紫苏烟 × 紫苏）× 晋太 125	山西农大	山西农大	山西省太谷县	2009 年
5382	00004898	H-11-0035	薄荷烟 × 薄荷	山西农大	山西农大	山西省太谷县	2009 年
5383	00004899	A-00005	〔（太谷猪耳朵＋红花烟）× 罗勒〕BC_3	山西农大	山西农大	山西省太谷县	2007 年
5384	00004900	H-11-0030-30	（*N. glauca*+78-04）× 薄荷	山西农大	山西农大	山西省太谷县	2009 年
5385	00004902	H-11-0025	〔（*N. glauca*+78-04）× 土人参〕× 薄荷	山西农大	山西农大	山西省太谷县	2010 年
5386	00004903	Q-5-0061	（K394× 紫苏烟）× 紫苏	山西农大	山西农大	山西省太谷县	2009 年
5387	00004904	H-11-0002BC1	（78-08× 薄荷）BC_1	山西农大	山西农大	山西省太谷县	2009 年
5388	00004906	Q-5-0002	（8611× 紫苏烟）× 紫苏	山西农大	山西农大	山西省太谷县	2010 年

序号	株高/cm	茎围/cm	节距/cm	叶数/片	叶长/cm	叶宽/cm	叶柄/cm	株型	叶形	叶尖	叶面	叶缘	叶色	叶片厚薄	花序密度	花序形状	花色	茎叶角度	移栽至开花/天
5371	137.47	6.50	3.37	29.00	43.67	19.67	0.00	筒形	长椭圆	渐尖	较平	微波	黄绿	薄	密集	球形	淡红	中	67.0
5372	144.20	5.97	4.70	21.93	38.00	17.87	0.00	筒形	椭圆	渐尖	较平	微波	深绿	厚	密集	球形	深红	中	60.0
5373	123.07	6.23	3.80	20.73	50.93	21.87	0.00	筒形	长椭圆	渐尖	较平	微波	黄绿	薄	密集	球形	淡红	大	57.0
5374	120.47	6.37	3.53	20.93	49.00	21.33	0.00	筒形	长椭圆	渐尖	较平	微波	黄绿	薄	密集	球形	淡红	大	59.0
5375	115.60	5.70	3.13	25.13	39.33	18.07	0.00	筒形	椭圆	渐尖	较平	微波	黄绿	薄	密集	球形	淡红	中	67.0
5376	118.80	6.29	4.07	17.80	44.53	21.60	0.00	筒形	椭圆	渐尖	较平	微波	黄绿	厚	松散	球形	深红	大	45.0
5377	139.13	7.70	4.61	20.53	47.80	22.71	7.94	筒形	长卵圆	渐尖	较平	波浪	黄绿	厚	松散	球形	淡红	大	66.0
5378	146.73	7.57	4.80	21.33	55.53	30.80	0.00	筒形	宽椭圆	渐尖	较平	微波	黄绿	中等	密集	球形	淡红	大	57.0
5379	137.27	8.34	4.30	22.30	52.43	25.13	9.47	筒形	宽卵圆	渐尖	较平	微波	黄绿	薄	密集	球形	深红	大	53.0
5380	114.47	8.25	3.17	20.13	60.40	24.73	0.00	筒形	长椭圆	渐尖	较平	微波	黄绿	中等	密集	球形	深红	大	53.0
5381	109.80	6.59	5.67	12.87	53.47	28.87	0.00	筒形	宽椭圆	渐尖	较平	微波	黄绿	中等	密集	球形	深红	中	53.0
5382	115.73	8.16	3.37	22.67	55.80	26.73	0.00	筒形	椭圆	渐尖	较平	微波	黄绿	中等	密集	球形	淡红	大	57.0
5383	123.67	7.61	4.46	18.20	43.13	23.63	0.00	筒形	宽椭圆	渐尖	较平	微波	深绿	厚	密集	球形	深红	大	53.0
5384	108.13	7.15	3.27	19.13	53.93	33.20	0.00	筒形	宽椭圆	渐尖	较平	微波	黄绿	中等	密集	球形	淡红	中	64.0
5385	127.70	8.67	4.10	21.13	58.20	28.33	0.00	筒形	椭圆	渐尖	较平	微波	黄绿	较厚	密集	球形	深红	中	60.0
5386	135.13	9.55	3.82	24.87	60.80	28.87	0.00	筒形	椭圆	渐尖	较平	微波	黄绿	薄	密集	球形	淡红	中	66.0
5387	147.60	7.92	4.15	23.67	54.27	28.60	0.00	筒形	宽椭圆	渐尖	较平	微波	黄绿	中等	密集	球形	淡红	中	72.0
5388	120.13	9.12	3.91	20.73	57.87	28.00	0.00	筒形	椭圆	渐尖	较平	微波	黄绿	薄	密集	球形	深红	中	57.0

序号	全国统一编号	种质名称	杂交组合	编目单位	种子来源	原产地	收集时间
5389	00004907	Q-5-0036	（8611×紫苏烟）BC_1×紫苏	山西农大	山西农大	山西省太谷县	2011年
5390	00004908	Q-5-0051	（静乐小叶＋紫苏烟）×紫苏	山西农大	山西农大	山西省太谷县	2012年
5391	00004909	Q-5-0059	（K394×紫苏烟）×紫苏	山西农大	山西农大	山西省太谷县	2013年
5392	00004910	H-11-0002	78-08×薄荷	山西农大	山西农大	山西省太谷县	2009年
5393	00004911	H-11-0012	（8611×紫苏烟）×薄荷	山西农大	山西农大	山西省太谷县	2009年
5394	00004913	H-11-0013-11	（78-05×薄荷）BC_2	山西农大	山西农大	山西省太谷县	2009年
5395	00004914	S-8-0041	（*N. glauca*+龙烟二号）×曼陀罗	山西农大	山西农大	山西省太谷县	2009年
5396	00004915	A-0088	（岢岚小兰花＋红花烟）×土人参×罗勒	山西农大	山西农大	山西省太谷县	2010年
5397	00004916	Q-0007	（静乐小叶＋紫苏烟）×紫苏	山西农大	山西农大	山西省太谷县	2009年
5398	00004919	S-8-0043	（78-05×薄荷）×曼陀罗	山西农大	山西农大	山西省太谷县	2009年
5399	00004920	Q-5-0117	（薄荷烟×紫苏烟）×紫苏	山西农大	山西农大	山西省太谷县	2009年
5400	00004921	H-11-0027	78-08×薄荷	山西农大	山西农大	山西省太谷县	2009年
5401	00004923	H-11-0012	（8611+紫苏烟）×薄荷	山西农大	山西农大	山西省太谷县	2010年
5402	00004924	S-8-0054	（阳高黑老虎＋曼陀罗）×土三七	山西农大	山西农大	山西省太谷县	2010年
5403	00004925	Q-5-0016	（静乐小叶+78-04）×紫苏	山西农大	山西农大	山西省太谷县	2010年
5404	00004926	H-11-0027-5	（78-08-43×薄荷）BC_2	山西农大	山西农大	山西省太谷县	2010年
5405	00004928	Q-5-0103	（定襄小叶＋多伦晒烟）×紫苏	山西农大	山西农大	山西省太谷县	2009年
5406	00004929	H-11-0003	78-08×薄荷	山西农大	山西农大	山西省太谷县	2009年

序号	株高/cm	茎围/cm	节距/cm	叶数/片	叶长/cm	叶宽/cm	叶柄/cm	株型	叶形	叶尖	叶面	叶缘	叶色	叶片厚薄	花序密度	花序形状	花色	茎叶角度	移栽至开花/天
5389	134.67	6.71	5.15	17.93	54.47	26.27	0.00	筒形	椭圆	渐尖	较平	微波	黄绿	中等	密集	球形	深红	中	53.0
5390	117.80	6.73	4.81	17.00	53.47	25.47	0.00	筒形	椭圆	渐尖	较平	微波	黄绿	薄	密集	球形	深红	中	51.0
5391	112.86	8.27	3.68	19.80	57.00	25.27	0.00	筒形	长椭圆	渐尖	较平	微波	黄绿	薄	密集	球形	深红	中	53.0
5392	112.53	7.74	3.31	21.53	51.93	25.67	0.00	筒形	椭圆	渐尖	较平	微波	绿	薄	密集	球形	淡红	中	57.0
5393	112.73	7.99	3.40	21.53	55.73	25.13	0.00	筒形	长椭圆	渐尖	较平	微波	绿	薄	密集	球形	淡红	中	66.0
5394	114.53	6.57	3.99	19.40	49.07	27.00	0.00	筒形	宽椭圆	渐尖	较平	微波	黄绿	中等	密集	球形	淡红	大	56.0
5395	121.67	7.41	3.27	25.53	46.67	23.33	7.07	筒形	卵圆	渐尖	较平	微波	黄绿	薄	密集	球形	淡红	中	77.0
5396	166.67	7.70	6.23	19.67	64.00	30.00	0.00	筒形	椭圆	渐尖	较平	微波	深绿	中等	密集	球形	淡红	中	59.0
5397	125.53	8.15	5.82	14.47	54.60	25.93	0.00	筒形	椭圆	渐尖	较平	微波	黄绿	薄	密集	球形	深红	中	47.0
5398	130.40	8.50	3.75	24.07	49.00	26.93	7.29	筒形	卵圆	渐尖	较平	微波	黄绿	薄	密集	球形	深红	大	77.0
5399	130.93	6.56	5.42	16.67	55.40	27.33	0.00	筒形	椭圆	渐尖	较平	微波	黄绿	中等	密集	球形	深红	中	58.0
5400	117.60	7.66	4.34	16.33	55.00	33.27	0.00	筒形	宽椭圆	渐尖	较平	微波	黄绿	中等	密集	球形	淡红	大	57.0
5401	129.33	7.43	4.40	20.33	49.00	21.73	0.00	筒形	长椭圆	渐尖	较平	微波	黄绿	较厚	密集	球形	淡红	中	53.0
5402	134.60	9.17	4.17	23.67	58.87	31.13	10.43	筒形	卵圆	渐尖	较平	微波	黄绿	较厚	密集	球形	深红	中	74.0
5403	138.13	6.39	4.93	19.20	54.60	26.73	0.00	筒形	椭圆	渐尖	较平	微波	黄绿	中等	密集	球形	淡红	中	55.0
5404	140.00	8.07	5.37	18.73	51.13	29.53	0.00	筒形	宽椭圆	渐尖	较平	微波	黄绿	较厚	密集	球形	淡红	中	53.0
5405	153.93	10.01	4.17	28.13	62.80	28.93	0.00	筒形	椭圆	渐尖	较平	微波	黄绿	中等	松散	球形	淡红	中	78.0
5406	146.33	7.47	4.81	21.40	62.80	35.33	0.00	筒形	宽椭圆	渐尖	较平	微波	黄绿	中等	密集	球形	深红	中	57.0

序号	全国统一编号	种质名称	杂交组合	编目单位	种子来源	原产地	收集时间
5407	00004931	Q-5-0001	（78-04+*N. sylvestris*）×紫苏	山西农大	山西农大	山西省太谷县	2009 年
5408	00004932	Q-5-0056	紫苏烟×紫苏	山西农大	山西农大	山西省太谷县	2009 年
5409	00004933	S-8-0006-6	（多伦晒烟+马里兰烟）×曼陀罗	山西农大	山西农大	山西省太谷县	2010 年
5410	00004934	S-8-0055	（紫苏烟×龙烟二号）×曼陀罗	山西农大	山西农大	山西省太谷县	2010 年
5411	00004935	S-8-0010	（阳高黑老虎+龙烟二号）×曼陀罗	山西农大	山西农大	山西省太谷县	2010 年
5412	00004937	A-0090	（岢岚小兰花+红花烟）×土人参×罗勒	山西农大	山西农大	山西省太谷县	2010 年
5413	00004938	K9-0096	（42H+宾县柳叶尖）×土人参	山西农大	山西农大	山西省太谷县	2010 年
5414	00004939	H-11-0017	〔（*N. glauca*+78-04）×土人参〕×薄荷	山西农大	山西农大	山西省太谷县	2010 年
5415	00004940	S-8-0050	（曼陀罗+土三七）×曼陀罗	山西农大	山西农大	山西省太谷县	2010 年
5416	00004941	A-0077	〔（颠茄+红花烟）×罗勒〕×多伦晒烟	山西农大	山西农大	山西省太谷县	2010 年
5417	00004942	H-11-0026-13	〔（川烟×晋太 309）×*N. glutinosa*〕×薄荷	山西农大	山西农大	山西省太谷县	2009 年
5418	00004943	A-0003	（静乐小叶+紫苏烟）×罗勒	山西农大	山西农大	山西省太谷县	2009 年
5419	00004946	H-11-0034-13	（78-08×薄荷）BC_1	山西农大	山西农大	山西省太谷县	2010 年
5420	00004947	H-11-0014	（阳高黑老虎+红花烟）×薄荷	山西农大	山西农大	山西省太谷县	2010 年
5421	00004948	K9-0003	78-04×土人参	山西农大	山西农大	山西省太谷县	2010 年
5422	00004949	Q-5-0006	（紫苏烟×多伦晒烟）×紫苏	山西农大	山西农大	山西省太谷县	2010 年
5423	00004950	Q-5-0104	（（紫苏烟+42S）×紫苏）BC_2	山西农大	山西农大	山西省太谷县	2009 年
5424	00004951	S-8-0027-2	（龙烟二号+多伦晒烟）×曼陀罗	山西农大	山西农大	山西省太谷县	2010 年

序号	株高/cm	茎围/cm	节距/cm	叶数/片	叶长/cm	叶宽/cm	叶柄/cm	株型	叶形	叶尖	叶面	叶缘	叶色	叶片厚薄	花序密度	花序形状	花色	茎叶角度	移栽至开花/天
5407	138.93	9.67	4.71	19.20	59.60	29.07	0.00	筒形	椭圆	渐尖	较平	微波	黄绿	中等	密集	球形	淡红	中	59.0
5408	151.27	9.91	3.89	27.60	63.00	32.33	0.00	筒形	椭圆	渐尖	较平	微波	黄绿	中等	松散	球形	淡红	中	61.0
5409	168.00	10.13	5.50	22.53	69.67	33.40	0.00	筒形	椭圆	渐尖	较平	微波	黄绿	中等	密集	球形	深红	中	59.0
5410	127.33	7.50	6.83	12.80	58.87	27.60	0.00	筒形	椭圆	渐尖	较平	微波	黄绿	较厚	密集	球形	深红	中	41.0
5411	154.73	10.33	5.07	22.47	54.73	30.93	10.33	筒形	卵圆	渐尖	较平	微波	黄绿	较厚	密集	球形	深红	中	61.0
5412	158.67	10.47	5.87	20.33	55.47	27.47	0.00	筒形	椭圆	渐尖	较平	微波	深绿	中等	密集	球形	淡红	中	60.0
5413	138.60	9.03	4.57	21.50	59.33	27.83	0.00	筒形	椭圆	渐尖	较平	微波	黄绿	较厚	密集	球形	淡红	中	56.0
5414	127.60	8.03	4.37	20.00	55.87	22.60	0.00	筒形	长椭圆	渐尖	较平	微波	黄绿	较厚	密集	球形	淡红	中	61.0
5415	147.07	12.13	4.63	23.07	59.73	35.87	12.27	筒形	卵圆	渐尖	较平	微波	黄绿	中等	密集	球形	淡红	大	67.0
5416	153.67	10.23	3.60	30.93	63.67	32.00	0.00	筒形	椭圆	渐尖	较平	微波	深绿	中等	密集	球形	深红	中	61.0
5417	107.60	8.91	2.86	24.53	52.20	27.27	0.00	筒形	椭圆	渐尖	较平	微波	黄绿	薄	密集	球形	淡红	大	68.0
5418	112.73	5.95	3.89	16.80	47.13	22.80	0.00	塔形	椭圆	渐尖	较平	微波	黄绿	中等	密集	球形	深红	中	53.0
5419	151.07	9.27	5.30	19.87	59.43	29.47	0.00	筒形	椭圆	渐尖	较平	微波	黄绿	较厚	密集	球形	淡红	中	64.0
5420	135.87	7.87	4.77	19.40	54.60	22.00	0.00	筒形	长椭圆	渐尖	较平	微波	黄绿	较厚	密集	球形	深红	中	57.0
5421	125.30	6.60	4.80	17.30	37.00	14.00	0.00	筒形	长椭圆	渐尖	平	微波	黄绿	厚	密集	扁球形	深红	55	70.0
5422	116.60	6.40	5.13	15.00	40.40	20.33	0.00	筒形	椭圆	渐尖	较平	微波	深绿	中等	密集	球形	淡红	中	51.0
5423	123.73	7.08	4.35	19.33	59.60	28.00	0.00	筒形	椭圆	渐尖	较平	微波	黄绿	中等	松散	球形	淡红	中	55.0
5424	131.60	8.73	4.70	18.67	58.67	23.87	0.00	筒形	长椭圆	渐尖	较平	微波	黄绿	中等	密集	球形	淡红	中	51.0

序号	全国统一编号	种质名称	杂交组合	编目单位	种子来源	原产地	收集时间
5425	00004952	A-00009	（（定襄小叶＋红花烟）×罗勒）BC_2	山西农大	山西农大	山西省太谷县	2008年
5426	00004953	S-8-0034	（阳高黑老虎+78-05）×曼陀罗	山西农大	山西农大	山西省太谷县	2009年
5427	00004954	S-8-0061	（（8611×紫苏烟）×曼陀罗）BC_2	山西农大	山西农大	山西省太谷县	2010年
5428	00004955	A-0073	（岢岚小兰花＋红花烟）×土人参×罗勒	山西农大	山西农大	山西省太谷县	2010年
5429	00004957	H-11-0039	（（78-04×*N. sylvestris*）×薄荷）BC_1	山西农大	山西农大	山西省太谷县	2010年
5430	00004958	S-9-0002	（*N. glauca*+龙烟二号）×曼陀罗	山西农大	山西农大	山西省太谷县	2009年
5431	00004959	A-0001	（定襄小叶＋紫苏烟）×罗勒	山西农大	山西农大	山西省太谷县	2009年
5432	00004960	K9-0081	（A烟×罗勒）×土人参	山西农大	山西农大	山西省太谷县	2010年
5433	00004962	A-0010	（岢岚小兰花＋红花烟）×土人参×罗勒	山西农大	山西农大	山西省太谷县	2010年
5434	00004963	Q-5-0057	紫苏烟×紫苏	山西农大	山西农大	山西省太谷县	2009年
5435	00004965	A-0082	（*N. glauca*+龙烟二号）×罗勒	山西农大	山西农大	山西省太谷县	2010年
5436	00004966	S-8-0055-9	（（*N. glauca*+龙烟二号）×曼陀罗）BC_2	山西农大	山西农大	山西省太谷县	2010年
5437	00004967	K9-0075	〔（番茄＋红花烟）×罗勒〕×土人参	山西农大	山西农大	山西省太谷县	2010年
5438	00004968	Q-5-0037	（8611×紫苏烟）×紫苏	山西农大	山西农大	山西省太谷县	2009年
5439	00004969	A-0006	（定襄小叶＋紫苏烟）×罗勒	山西农大	山西农大	山西省太谷县	2009年
5440	00004971	A烟	（（定襄小叶＋红花烟）×罗勒）BC_3	山西农大	山西农大	山西省太谷县	2007年
5441	00004972	H-11-0032	（定襄小叶＋紫苏烟）×薄荷	山西农大	山西农大	山西省太谷县	2010年
5442	00004973	K9-0059	（44K×土人参）×G-140	山西农大	山西农大	山西省太谷县	2010年

序号	株高/cm	茎围/cm	节距/cm	叶数/片	叶长/cm	叶宽/cm	叶柄/cm	株型	叶形	叶尖	叶面	叶缘	叶色	叶片厚薄	花序密度	花序形状	花色	茎叶角度	移栽至开花/天
5425	125.60	6.93	3.51	24.53	40.60	18.60	0.00	筒形	椭圆	渐尖	较平	微波	深绿	厚	密集	球形	深红	中	65.0
5426	112.07	9.63	3.29	21.73	55.27	27.60	7.33	筒形	宽卵圆	渐尖	较平	微波	黄绿	薄	密集	球形	淡红	大	77.0
5427	154.13	11.13	4.63	23.93	57.20	33.73	12.13	筒形	卵圆	渐尖	较平	微波	黄绿	中等	密集	球形	淡红	大	56.0
5428	154.00	8.90	5.57	21.00	58.00	29.00	0.00	筒形	椭圆	渐尖	较平	微波	深绿	中等	密集	球形	深红	中	65.0
5429	137.53	7.63	4.90	19.80	57.53	23.47	0.00	筒形	长椭圆	渐尖	较平	微波	黄绿	较厚	密集	球形	深红	中	51.0
5430	125.73	8.56	3.62	23.87	52.73	28.33	7.36	筒形	卵圆	渐尖	较平	微波	黄绿	薄	密集	球形	深红	大	73.0
5431	137.80	7.95	4.06	23.07	55.03	27.09	0.00	塔形	椭圆	渐尖	较平	微波	黄绿	中等	密集	球形	深红	中	68.0
5432	137.93	10.80	4.33	21.27	64.33	35.20	0.00	筒形	宽椭圆	渐尖	较平	微波	深绿	中等	密集	球形	淡红	中	68.0
5433	145.67	8.27	4.53	23.67	55.33	24.67	0.00	筒形	长椭圆	渐尖	较平	微波	深绿	中等	密集	球形	深红	中	56.0
5434	115.60	8.12	4.95	15.47	61.13	29.53	0.00	筒形	椭圆	渐尖	较平	微波	黄绿	薄	密集	球形	淡红	中	60.0
5435	177.67	10.67	6.43	20.67	63.67	32.67	0.00	筒形	椭圆	渐尖	较平	微波	深绿	中等	密集	球形	深红	中	63.0
5436	143.27	9.50	5.53	18.53	61.67	29.87	0.00	筒形	椭圆	渐尖	较平	微波	黄绿	中等	密集	球形	淡红	中	50.0
5437	132.93	7.17	4.90	19.07	49.60	23.53	0.00	筒形	椭圆	渐尖	较平	微波	黄绿	较厚	密集	球形	淡红	中	59.0
5438	164.00	7.53	5.41	23.13	57.27	26.67	0.00	筒形	椭圆	渐尖	较平	微波	黄绿	中等	松散	球形	红	中	55.0
5439	116.47	8.07	2.96	24.87	55.51	25.74	0.00	塔形	椭圆	渐尖	较平	微波	黄绿	中等	密集	球形	深红	大	64.0
5440	97.00	7.13	3.23	14.23	46.83	21.83	0.00	塔形	椭圆	渐尖	较平	微波	深绿	厚	密集	球形	深红	中	59.0
5441	145.80	7.70	7.13	14.60	56.93	26.87	0.00	筒形	椭圆	渐尖	较平	微波	黄绿	较厚	密集	球形	深红	中	54.0
5442	158.33	8.87	4.63	25.60	58.80	24.27	0.00	筒形	长椭圆	渐尖	较平	微波	黄绿	较厚	密集	球形	淡红	中	68.0

序号	全国统一编号	种质名称	杂交组合	编目单位	种子来源	原产地	收集时间
5443	00004974	S-8-0056	〔龙烟二号 +（多伦 × 马里兰）〕× 曼陀罗	山西农大	山西农大	山西省太谷县	2010 年
5444	00004975	K9-0101	（定襄小叶 + 龙烟二号）× 土人参	山西农大	山西农大	山西省太谷县	2010 年
5445	00004976	Q-5-0023	（紫苏烟 × 黄芪）× 晋太 125	山西农大	山西农大	山西省太谷县	2010 年
5446	00004977	H-11-0018	（*N. glauca*+78-04）× 薄荷	山西农大	山西农大	山西省太谷县	2010 年
5447	00004978	K9-0091	（人参烟 × 曼陀罗）× 土人参	山西农大	山西农大	山西省太谷县	2010 年
5448	00004979	S-8-0035	（阳高黑老虎 +42S）× 曼陀罗	山西农大	山西农大	山西省太谷县	2009 年
5449	00004981	A-0091	（岢岚小兰花 + 红花烟）× 土人参 × 罗勒	山西农大	山西农大	山西省太谷县	2010 年
5450	00004983	Q-5-0039	（*N. sylvestris*+78-04）× 紫苏	山西农大	山西农大	山西省太谷县	2010 年
5451	00004985	K9-0069	（罗勒烟 × 罗勒）× 土人参	山西农大	山西农大	山西省太谷县	2009 年
5452	00004986	A-0075	（颠茄 +*N. glauca*）× 罗勒	山西农大	山西农大	山西省太谷县	2010 年
5453	00004987	87ABC1	（五台小叶 +78-04）× 罗勒	山西农大	山西农大	山西省太谷县	2009 年
5454	00004988	H-11-0038-14	（阳高黑老虎 + 红花烟）× 薄荷	山西农大	山西农大	山西省太谷县	2010 年
5455	00004989	A-0038-9	（岢岚小兰花 + 红花烟）× 土人参 × 罗勒	山西农大	山西农大	山西省太谷县	2010 年
5456	00004990	S-8-0038	（人参烟 × 曼陀罗）BC_1	山西农大	山西农大	山西省太谷县	2010 年
5457	00004991	K9-0077	（颠茄 + 红花烟）× 土人参	山西农大	山西农大	山西省太谷县	2010 年
5458	00004992	K9-0066	（静乐小叶 + 龙烟二号）× 土人参	山西农大	山西农大	山西省太谷县	2011 年
5459	00004993	K9-0089	78-04× 土人参	山西农大	山西农大	山西省太谷县	2010 年
5460	00004994	Q-000052	（紫苏烟 × 紫苏）BC_2	山西农大	山西农大	山西省太谷县	2008 年

序号	株高/cm	茎围/cm	节距/cm	叶数/片	叶长/cm	叶宽/cm	叶柄/cm	株型	叶形	叶尖	叶面	叶缘	叶色	叶片厚薄	花序密度	花序形状	花色	茎叶角度	移栽至开花/天
5443	157.73	10.73	4.80	24.13	63.47	34.57	10.27	筒形	卵圆	渐尖	较平	微波	黄绿	中等	密集	球形	深红	中	66.0
5444	164.23	8.27	7.57	16.67	60.40	29.67	0.00	筒形	椭圆	渐尖	较平	微波	黄绿	较厚	密集	球形	淡红	中	51.0
5445	122.33	7.67	4.50	18.60	54.13	24.33	0.00	筒形	长椭圆	渐尖	较平	微波	深绿	中等	密集	球形	淡红	中	51.0
5446	189.27	9.07	4.23	33.47	62.40	24.80	0.00	筒形	长椭圆	渐尖	较平	微波	黄绿	较厚	密集	球形	淡红	中	56.0
5447	187.00	9.10	5.77	24.73	63.20	30.60	0.00	筒形	椭圆	渐尖	较平	微波	黄绿	较厚	密集	球形	深红	中	62.0
5448	105.53	8.26	3.76	17.47	51.40	26.27	0.00	筒形	椭圆	渐尖	较平	微波	黄绿	薄	密集	球形	淡红	大	68.0
5449	171.00	7.93	5.83	22.33	43.67	21.57	0.00	筒形	椭圆	渐尖	较平	微波	深绿	中等	密集	球形	深红	中	62.0
5450	127.93	7.90	4.87	17.93	50.13	23.47	0.00	筒形	椭圆	渐尖	较平	微波	深绿	中等	密集	球形	淡红	中	59.0
5451	157.87	8.14	4.07	28.53	48.20	21.40	0.00	筒形	长椭圆	渐尖	较平	微波	黄绿	厚	密集	球形	深红	中	77.0
5452	150.00	9.53	5.50	20.00	58.50	29.50	0.00	筒形	椭圆	渐尖	较平	微波	深绿	中等	密集	球形	深红	中	62.0
5453	142.07	9.61	4.19	23.60	68.47	36.27	0.00	筒形	宽椭圆	渐尖	较平	微波	黄绿	中等	密集	球形	淡红	中	78.0
5454	161.00	7.17	5.50	22.47	52.13	27.47	0.00	筒形	宽椭圆	渐尖	较平	微波	黄绿	较厚	密集	球形	淡红	中	59.0
5455	140.66	7.33	4.87	20.67	55.00	22.33	0.00	筒形	长椭圆	渐尖	较平	微波	深绿	中等	密集	球形	深红	中	50.0
5456	167.86	8.80	6.90	18.53	61.33	30.87	0.00	筒形	椭圆	渐尖	较平	微波	黄绿	较厚	密集	球形	深红	中	56.0
5457	170.07	7.87	5.17	24.47	62.33	30.00	0.00	筒形	椭圆	渐尖	较平	微波	深绿	中等	密集	球形	淡红	中	58.0
5458	150.35	6.00	4.56	24.20	38.53	23.87	4.43	筒形	卵圆	渐尖	较平	微波	黄绿	较厚	密集	球形	淡红	大	60.0
5459	167.80	7.37	6.83	19.00	52.33	26.13	0.00	筒形	椭圆	渐尖	较平	微波	黄绿	较厚	密集	球形	淡红	中	59.0
5460	121.53	7.83	3.40	23.20	50.73	24.63	0.00	筒形	椭圆	渐尖	较平	微波	深绿	厚	密集	球形	淡红	中	66.0

序号	全国统一编号	种质名称	杂交组合	编目单位	种子来源	原产地	收集时间
5461	00004995	A-0038-4	（（岢岚小兰花＋红花烟）×罗勒）BC_2	山西农大	山西农大	山西省太谷县	2010年
5462	00004996	A-0000108	（（*N. glauca*+红花烟）×罗勒）BC_1	山西农大	山西农大	山西省太谷县	2008年
5463	00004997	Q-6-0014	（（定襄小叶＋红花烟）×罗勒）BC_1	山西农大	山西农大	山西省太谷县	2011年
5464	00004998	A-00002	（（定襄小叶＋紫老烟）×罗勒）BC_1	山西农大	山西农大	山西省太谷县	2008年
5465	00004999	S-8-0080	（（*N. glauca*+78-04）×曼陀罗）BC_1	山西农大	山西农大	山西省太谷县	2011年
5466	00005000	K9-0009	（薄荷烟＋宾县柳叶尖）×土人参	山西农大	山西农大	山西省太谷县	2011年
5467	00005001	A-00004	罗勒烟×罗勒	山西农大	山西农大	山西省太谷县	2008年
5468	00005002	H-11-0013-1	78-05×薄荷	山西农大	山西农大	山西省太谷县	2011年
5469	00005004	Q-000055	紫苏烟×紫苏	山西农大	山西农大	山西省太谷县	2008年
5470	00005005	Q-5-0090	［（定襄小叶＋龙烟二号）×土人参］×紫苏	山西农大	山西农大	山西省太谷县	2011年
5471	00005006	K-0005	人参烟×曼陀罗	山西农大	山西农大	山西省太谷县	2009年
5472	00005007	A-000098	（（*N. glauca*+红花烟）×罗勒）BC_2	山西农大	山西农大	山西省太谷县	2008年
5473	00005008	42S	（（*N. glauca*+龙烟二号）×曼陀罗）BC_1	山西农大	山西农大	山西省太谷县	2008年
5474	00005009	H-11-0033-21	（78-08-36×薄荷）BC_1	山西农大	山西农大	山西省太谷县	2011年
5475	00005010	Q-5-0096	（G-140×紫苏烟）×紫苏	山西农大	山西农大	山西省太谷县	2011年
5476	00005011	K9-0007	（太谷猪耳朵＋宾县柳叶尖）×土人参	山西农大	山西农大	山西省太谷县	2011年
5477	00005012	Q-00002	（8611×紫苏烟）×紫苏	山西农大	山西农大	山西省太谷县	2008年
5478	00005013	K9-0028	（静乐小叶+79A3）×土人参	山西农大	山西农大	山西省太谷县	2011年

序号	株高/cm	茎围/cm	节距/cm	叶数/片	叶长/cm	叶宽/cm	叶柄/cm	株型	叶形	叶尖	叶面	叶缘	叶色	叶片厚薄	花序密度	花序形状	花色	茎叶角度	移栽至开花/天
5461	134.50	7.17	4.50	21.00	50.33	21.33	0.00	筒形	长椭圆	渐尖	较平	微波	深绿	中等	密集	球形	深红	中	59.0
5462	166.00	7.17	4.70	25.80	49.13	22.87	0.00	筒形	椭圆	渐尖	较平	微波	绿	中等	密集	球形	深红	中	50.0
5463	126.07	6.39	3.74	22.87	45.07	18.73	0.00	筒形	长椭圆	渐尖	较平	微波	黄绿	较厚	密集	球形	深红	大	65.0
5464	120.93	5.63	4.00	18.93	32.27	14.47	0.00	筒形	长椭圆	渐尖	较平	微波	绿	厚	密集	球形	深红	大	59.0
5465	150.07	8.01	4.16	26.73	51.73	27.40	10.27	筒形	卵圆	渐尖	较平	微波	黄绿	较厚	密集	球形	深红	大	70.0
5466	145.27	5.52	4.42	23.07	53.90	21.73	0.00	筒形	长椭圆	渐尖	较平	微波	黄绿	较厚	密集	球形	深红	大	63.0
5467	130.20	6.13	4.23	20.27	43.27	19.60	0.00	筒形	长椭圆	渐尖	较平	微波	绿	厚	密集	球形	深红	大	50.0
5468	151.07	7.71	3.98	27.20	54.47	28.87	0.00	筒形	宽椭圆	渐尖	较平	微波	黄绿	较厚	密集	球形	淡红	大	64.0
5469	103.40	5.87	4.37	14.93	37.73	17.20	0.00	筒形	椭圆	渐尖	较平	微波	绿	中等	密集	球形	深红	大	58.0
5470	127.19	7.15	3.46	25.20	50.87	21.80	0.00	筒形	长椭圆	渐尖	较平	微波	黄绿	较厚	密集	球形	深红	大	74.0
5471	135.13	7.30	5.17	18.40	48.40	26.07	0.00	筒形	宽椭圆	渐尖	较平	微波	黄绿	厚	密集	球形	深红	大	65.0
5472	127.87	6.63	4.50	18.00	37.00	17.07	0.00	筒形	椭圆	渐尖	较平	微波	绿	厚	密集	球形	深红	中	62.0
5473	173.27	9.07	4.73	29.07	59.00	30.00	8.47	筒形	卵圆	渐尖	较平	微波	绿	厚	密集	球形	深红	大	59.0
5474	109.30	7.95	3.70	18.73	35.67	19.33	0.00	筒形	宽椭圆	渐尖	较平	微波	黄绿	较厚	密集	球形	淡红	大	68.0
5475	121.20	5.66	3.82	22.40	43.13	20.07	0.00	筒形	椭圆	渐尖	较平	微波	黄绿	较厚	密集	球形	淡红	大	64.0
5476	126.13	7.97	4.08	21.40	47.33	21.13	0.00	筒形	长椭圆	渐尖	较平	微波	黄绿	较厚	密集	球形	淡红	大	59.0
5477	134.93	6.63	3.73	24.87	36.73	19.33	0.00	筒形	宽椭圆	渐尖	较平	微波	绿	中等	密集	球形	深红	大	60.0
5478	144.27	6.70	3.96	27.47	54.60	22.87	0.00	筒形	长椭圆	渐尖	较平	微波	黄绿	较厚	密集	球形	深红	大	74.0

序号	全国统一编号	种质名称	杂交组合	编目单位	种子来源	原产地	收集时间
5479	00005014	S-8-00001	((*N. glauca*+ 龙烟二号)×曼陀罗)BC_1	山西农大	山西农大	山西省太谷县	2008年
5480	00005015	Q-5-0094	(G-140×紫苏烟)×紫苏	山西农大	山西农大	山西省太谷县	2011年
5481	00005016	A-0000128	(三七+78-04)×罗勒	山西农大	山西农大	山西省太谷县	2008年
5482	00005017	A-0045	((定襄小叶+紫老烟)×罗勒)BC_2	山西农大	山西农大	山西省太谷县	2011年
5483	00005018	Q-5-0006-6	(多伦晒烟×紫苏烟)×紫苏	山西农大	山西农大	山西省太谷县	2011年
5484	00005019	Q-5-000021	((*N. sylvestris*+78-04)×紫苏)BC_1	山西农大	山西农大	山西省太谷县	2008年
5485	00005020	A-0000111	(85-18+人参烟)×罗勒	山西农大	山西农大	山西省太谷县	2008年
5486	00005022	H-11-0002-2BC1	(78-08×薄荷)BC_1	山西农大	山西农大	山西省太谷县	2011年
5487	00005024	85F-17Q-3-20	((*N. sylvestris*+78-04)×紫苏)BC_2	山西农大	山西农大	山西省太谷县	2011年
5488	00005025	H-11-0026-2	([(川烟×晋太309)×*N. glutinosa*]×薄荷)BC_1	山西农大	山西农大	山西省太谷县	2011年
5489	00005026	A-0005	(岢岚小兰花+红花烟)×罗勒	山西农大	山西农大	山西省太谷县	2011年
5490	00005027	H-11-0037-11	(78-08-40×薄荷)BC_1	山西农大	山西农大	山西省太谷县	2011年
5491	00005028	H-11-0036	78-08-42×薄荷	山西农大	山西农大	山西省太谷县	2011年
5492	00005029	S-8-0016-6	([*N. glauca*+(多伦晒烟×马里兰烟)]×曼陀罗)BC_1	山西农大	山西农大	山西省太谷县	2011年
5493	00005030	S-8-0091	([*N. glauca*+(龙烟二号×多伦晒烟)]×曼陀罗)BC_1	山西农大	山西农大	山西省太谷县	2011年
5494	00005031	K9-0054	[定襄小叶+(多伦晒烟×马里兰烟)]×土人参	山西农大	山西农大	山西省太谷县	2011年
5495	00005032	K9-0024	78-05-45×土人参	山西农大	山西农大	山西省太谷县	2011年
5496	00005033	H-11-0036-9	(78-08-42×薄荷)BC_1	山西农大	山西农大	山西省太谷县	2011年

序号	株高/cm	茎围/cm	节距/cm	叶数/片	叶长/cm	叶宽/cm	叶柄/cm	株型	叶形	叶尖	叶面	叶缘	叶色	叶片厚薄	花序密度	花序形状	花色	茎叶角度	移栽至开花/天
5479	173.33	8.33	5.60	24.40	47.47	27.40	9.80	筒形	卵圆	渐尖	较平	微波	绿	厚	密集	球形	深红	大	58.0
5480	122.67	5.35	4.14	19.73	38.20	21.47	0.00	筒形	宽椭圆	渐尖	较平	微波	黄绿	较厚	密集	球形	淡红	大	69.0
5481	130.20	6.07	3.60	24.33	39.33	19.93	0.00	筒形	椭圆	渐尖	较平	微波	黄绿	中等	密集	球形	深红	大	50.0
5482	115.93	6.78	3.38	21.53	51.37	23.73	0.00	筒形	椭圆	渐尖	较平	微波	黄绿	较厚	密集	球形	淡红	大	74.0
5483	124.40	7.41	3.98	20.13	50.53	23.93	0.00	筒形	椭圆	渐尖	较平	微波	黄绿	较厚	密集	球形	深红	大	61.0
5484	156.20	7.67	3.83	30.67	50.60	22.60	0.00	筒形	长椭圆	渐尖	较平	微波	黄绿	中等	密集	球形	淡红	中	50.0
5485	105.87	6.47	3.50	17.53	43.33	20.40	0.00	筒形	椭圆	渐尖	较平	微波	绿	中等	密集	球形	深红	大	45.0
5486	140.80	6.06	3.98	25.13	53.33	25.00	0.00	筒形	椭圆	渐尖	较平	微波	黄绿	较厚	密集	球形	淡红	大	66.0
5487	118.76	6.84	4.06	19.40	51.07	27.40	0.00	筒形	宽椭圆	渐尖	较平	微波	黄绿	较厚	密集	球形	淡红	大	74.0
5488	127.40	6.20	4.28	21.20	41.73	22.00	0.00	筒形	宽椭圆	渐尖	较平	微波	黄绿	较厚	密集	球形	深红	大	50.0
5489	132.20	5.78	4.22	21.87	42.67	19.80	0.00	筒形	椭圆	渐尖	较平	微波	黄绿	较厚	密集	球形	深红	大	61.0
5490	137.07	7.57	5.64	18.00	37.40	19.80	0.00	筒形	宽椭圆	渐尖	较平	微波	黄绿	较厚	密集	球形	淡红	大	74.0
5491	161.13	7.42	3.98	29.73	65.40	31.53	0.00	筒形	椭圆	渐尖	较平	微波	黄绿	较厚	密集	球形	深红	大	74.0
5492	128.20	7.91	3.70	23.67	44.73	18.53	0.00	筒形	长椭圆	渐尖	较平	微波	黄绿	较厚	密集	球形	深红	大	63.0
5493	115.13	7.70	4.18	19.07	36.47	18.27	0.00	筒形	椭圆	渐尖	较平	微波	黄绿	较厚	密集	球形	深红	大	66.0
5494	174.64	6.72	3.96	34.00	50.27	20.67	0.00	筒形	长椭圆	渐尖	较平	微波	黄绿	较厚	密集	球形	淡红	大	74.0
5495	129.40	6.95	3.78	23.80	54.60	26.60	0.00	筒形	椭圆	渐尖	较平	微波	黄绿	较厚	密集	球形	淡红	大	68.0
5496	134.47	7.00	4.26	20.53	61.00	26.73	0.00	筒形	长椭圆	渐尖	较平	微波	黄绿	较厚	密集	球形	淡红	大	71.0

序号	全国统一编号	种质名称	杂交组合	编目单位	种子来源	原产地	收集时间
5497	00005034	A-0040	（（番茄＋红花烟）× 罗勒）BC_1	山西农大	山西农大	山西省太谷县	2011 年
5498	00005035	85F-12t-2	（阳高黑老虎 +78-04）× 黄芪	山西农大	山西农大	山西省太谷县	2008 年
5499	00005036	Q-5-0088	〔（定襄小叶＋龙烟二号）× 土人参〕× 紫苏烟	山西农大	山西农大	山西省太谷县	2011 年
5500	00005037	K9-0026	〔（44K× 土人参）×*N. glutinosa*〕× 土人参	山西农大	山西农大	山西省太谷县	2011 年
5501	00005038	Q-5-0006BC1	（紫苏烟 × 多伦晒烟）× 紫苏	山西农大	山西农大	山西省太谷县	2011 年
5502	00005039	A-0095	（（*N. undulata*+K326）× 罗勒）BC_1	山西农大	山西农大	山西省太谷县	2011 年
5503	00005040	H-11-0010	78-08-42× 薄荷	山西农大	山西农大	山西省太谷县	2011 年
5504	00005041	H-11-0016-6	（78-08-43× 薄荷）BC_1	山西农大	山西农大	山西省太谷县	2011 年
5505	00005042	K-00001	（78-08× 土人参）BC_1	山西农大	山西农大	山西省太谷县	2008 年
5506	00005043	H-11-0011-40	（78-05× 薄荷）BC_1	山西农大	山西农大	山西省太谷县	2011 年
5507	00005044	H-11-0026-7	〔（川烟 × 晋太 309）×*N. glutinosa*〕× 薄荷	山西农大	山西农大	山西省太谷县	2011 年
5508	00005045	A-00008	（（定襄小叶 +K394）× 罗勒）BC_1	山西农大	山西农大	山西省太谷县	2008 年
5509	00005046	A-0097	（85-017× 罗勒）BC_1	山西农大	山西农大	山西省太谷县	2011 年
5510	00005047	K9-0008-14	（定襄小叶＋龙烟二号）× 土人参	山西农大	山西农大	山西省太谷县	2011 年
5511	00005050	Q-6-0007	（紫苏烟 × 多伦晒烟）× 紫苏	山西农大	山西农大	山西省太谷县	2011 年
5512	00005051	K9-0067	（罗勒烟 × 曼陀罗）× 土人参	山西农大	山西农大	山西省太谷县	2011 年
5513	00005052	H-11-0026-1	〔（川烟 × 晋太 309）×*N. glutinosa*〕× 薄荷	山西农大	山西农大	山西省太谷县	2011 年
5514	00005053	A-0039	（定襄小叶＋龙烟二号）× 罗勒	山西农大	山西农大	山西省太谷县	2011 年

序号	株高/cm	茎围/cm	节距/cm	叶数/片	叶长/cm	叶宽/cm	叶柄/cm	株型	叶形	叶尖	叶面	叶缘	叶色	叶片厚薄	花序密度	花序形状	花色	茎叶角度	移栽至开花/天
5497	123.80	5.11	3.62	22.17	51.93	17.53	0.00	筒形	长椭圆	渐尖	较平	微波	黄绿	较厚	密集	球形	深红	大	62.0
5498	148.40	7.83	3.59	29.07	51.87	26.40	0.00	筒形	椭圆	渐尖	较平	微波	黄绿	薄	密集	球形	淡红	中	50.0
5499	149.87	6.61	4.54	24.00	48.13	22.53	0.00	筒形	椭圆	渐尖	较平	微波	黄绿	较厚	密集	球形	淡红	大	74.0
5500	126.40	6.44	3.60	21.87	54.07	22.67	0.00	筒形	长椭圆	渐尖	较平	微波	黄绿	较厚	密集	球形	淡红	大	73.0
5501	127.67	6.26	4.02	22.60	50.40	21.13	0.00	筒形	长椭圆	渐尖	较平	微波	黄绿	较厚	密集	球形	深红	大	72.0
5502	150.00	6.74	4.32	25.27	48.20	26.20	0.00	筒形	宽椭圆	渐尖	较平	微波	黄绿	较厚	密集	球形	深红	大	74.0
5503	145.86	5.89	4.48	23.63	43.93	21.07	0.00	筒形	椭圆	渐尖	较平	微波	黄绿	较厚	密集	球形	深红	大	74.0
5504	125.20	6.02	3.90	22.73	51.87	22.53	0.00	筒形	长椭圆	渐尖	较平	微波	黄绿	较厚	密集	球形	淡红	大	68.0
5505	145.47	8.85	3.87	27.20	51.13	26.73	0.00	筒形	椭圆	渐尖	较平	微波	黄绿	中等	密集	球形	淡红	大	59.0
5506	119.60	5.25	4.48	18.33	45.60	19.40	0.00	筒形	长椭圆	渐尖	较平	微波	黄绿	较厚	密集	球形	淡红	大	67.0
5507	126.20	6.65	4.58	19.33	44.20	20.78	0.00	筒形	椭圆	渐尖	较平	微波	黄绿	较厚	密集	球形	深红	中	63.0
5508	116.67	6.30	4.10	17.60	37.87	19.33	0.00	筒形	椭圆	渐尖	较平	微波	绿	厚	密集	球形	深红	大	59.0
5509	146.04	6.87	4.82	22.00	46.87	19.67	0.00	筒形	长椭圆	渐尖	较平	微波	黄绿	较厚	密集	球形	深红	大	72.0
5510	130.47	6.29	4.16	21.80	54.40	19.67	0.00	筒形	长椭圆	渐尖	较平	微波	黄绿	较厚	密集	球形	深红	大	63.0
5511	156.13	6.41	4.92	22.67	40.80	20.73	0.00	筒形	椭圆	渐尖	较平	微波	黄绿	较厚	密集	球形	淡红	大	68.0
5512	140.07	6.17	4.34	24.00	52.07	20.73	0.00	筒形	长椭圆	渐尖	较平	微波	黄绿	较厚	密集	球形	淡红	大	64.0
5513	137.67	5.81	4.88	20.53	47.53	24.80	0.00	筒形	椭圆	渐尖	较平	微波	黄绿	较厚	密集	球形	深红	大	54.0
5514	132.93	5.47	4.42	21.80	47.87	20.20	0.00	筒形	长椭圆	渐尖	较平	微波	黄绿	较厚	密集	球形	淡红	大	74.0

序号	全国统一编号	种质名称	杂交组合	编目单位	种子来源	原产地	收集时间
5515	00005054	A-0075-2	（颠茄+K326）×罗勒	山西农大	山西农大	山西省太谷县	2011年
5516	00005055	A-0065-7-9	（岢岚小兰花+85-017）×罗勒	山西农大	山西农大	山西省太谷县	2011年
5517	00005056	H-11-000011	（78-05×薄荷）BC_1	山西农大	山西农大	山西省太谷县	2008年
5518	00005057	A-0099	（（番茄+红花烟）×罗勒）BC_2	山西农大	山西农大	山西省太谷县	2011年
5519	00005058	H-11-00001	（78-05×薄荷）BC_1	山西农大	山西农大	山西省太谷县	2008年
5520	00005059	H-11-0038-8	（阳高黑老虎+红花烟）×薄荷	山西农大	山西农大	山西省太谷县	2011年
5521	00005060	A-000010	罗勒烟×罗勒	山西农大	山西农大	山西省太谷县	2008年
5522	00005061	Q-5-0065-7-9	8611×紫苏烟-4×紫苏	山西农大	山西农大	山西省太谷县	2011年
5523	00005062	A-0096	（（番茄+红花烟）×罗勒）BC_1	山西农大	山西农大	山西省太谷县	2011年
5524	00005192	A-0014	（（岢岚小兰花+红花烟）×罗勒）BC_4	山西农大	山西农大	山西省太谷县	2016年
5525	00005195	A-0058	85-A-08-2-12×罗勒	山西农大	山西农大	山西省太谷县	2016年
5526	00005208	S-8-0037	85-A-05×罗勒	山西农大	山西农大	山西省太谷县	2016年
5527	00005488	6-Q-0005	（罗勒烟×8611）×紫苏	山西农大	山西农大	山西省太谷县	2016年
5528	00005489	A-12-0005	（S-8-0003×Q-0010）×罗勒	山西农大	山西农大	山西省太谷县	2016年
5529	00005490	6-11-0008	（A-0001×Q-0010）×紫苏	山西农大	山西农大	山西省太谷县	2016年
5530	00005491	Q-0001（变异）	Q-0001×紫苏	山西农大	山西农大	山西省太谷县	2016年
5531	00005493	A-0031	（（阳高黑老虎+红花烟）×罗勒）BC	山西农大	山西农大	山西省太谷县	2016年
5532	00005495	Q-6-7-0025	（罗勒烟×8611）×紫苏	山西农大	山西农大	山西省太谷县	2016年

序号	株高/cm	茎围/cm	节距/cm	叶数/片	叶长/cm	叶宽/cm	叶柄/cm	株型	叶形	叶尖	叶面	叶缘	叶色	叶片厚薄	花序密度	花序形状	花色	茎叶角度	移栽至开花/天
5515	137.53	7.58	3.73	24.13	47.00	25.87	0.00	筒形	宽椭圆	渐尖	较平	微波	黄绿	较厚	密集	球形	深红	大	73.0
5516	128.80	7.48	4.00	22.80	51.83	18.50	0.00	筒形	长椭圆	渐尖	较平	微波	黄绿	较厚	密集	球形	淡红	大	65.0
5517	111.13	6.00	4.30	16.13	45.00	22.07	0.00	筒形	椭圆	渐尖	较平	微波	绿	厚	密集	球形	深红	大	57.0
5518	121.47	6.27	3.90	21.87	46.70	22.93	0.00	筒形	椭圆	渐尖	较平	微波	黄绿	较厚	密集	球形	深红	大	74.0
5519	164.33	7.77	4.27	28.60	47.67	21.13	0.00	筒形	长椭圆	渐尖	较平	微波	绿	中等	密集	球形	淡红	中	59.0
5520	155.53	6.16	4.36	26.07	52.73	29.00	0.00	筒形	宽椭圆	渐尖	较平	微波	黄绿	较厚	密集	球形	淡红	大	73.0
5521	98.67	6.80	3.33	17.93	44.80	22.60	0.00	筒形	椭圆	渐尖	较平	微波	深绿	厚	密集	球形	深红	大	50.0
5522	117.13	5.45	3.90	20.80	42.33	21.40	0.00	筒形	椭圆	渐尖	较平	微波	黄绿	较厚	密集	球形	深红	大	68.0
5523	133.67	5.41	4.06	23.00	39.87	18.93	0.00	筒形	椭圆	渐尖	较平	微波	黄绿	较厚	密集	球形	深红	大	64.0
5524	193.20	9.26	5.09	30.40	72.25	35.01	0.00	筒形	长卵圆	渐尖	较皱	波浪	黄绿	中等	密集	球形	淡红	大	100.0
5525	201.33	10.61	5.01	32.27	72.73	32.30	0.00	筒形	长卵圆	渐尖	较平	波浪	黄绿	中等	密集	球形	淡红	中	84.0
5526	186.00	9.00	5.40	27.00	58.00	39.00	0.00	筒形	宽卵圆	钝尖	较平	波浪	黄绿	中等	密集	菱形	淡红	中	70.0
5527	146.00	7.80	4.00	27.20	50.60	24.60	0.00	筒形	长椭圆	渐尖	平	微波	绿	较薄	密集	扁球形	淡红	中	90.0
5528	150.00	6.30	3.66	30.20	45.80	20.00	0.00	筒形	长椭圆	急尖	较平	微波	绿	较厚	密集	扁球形	淡红	中	87.0
5529	140.40	7.20	3.40	28.60	58.60	29.20	0.00	筒形	长椭圆	急尖	较平	微波	绿	较薄	松散	扁球形	淡红	大	77.0
5530	130.80	7.20	3.50	26.60	54.40	21.80	0.00	筒形	长椭圆	渐尖	较平	微波	绿	较厚	密集	扁球形	淡红	中	72.0
5531	104.20	5.10	3.10	19.40	30.60	18.40	0.00	筒形	长椭圆	急尖	平	微波	绿	薄	密集	扁球形	深红	中	62.0
5532	168.40	7.30	3.50	35.80	44.20	19.70	0.00	筒形	长椭圆	渐尖	较平	微波	绿	较薄	密集	扁球形	淡红	中	77.0

序号	全国统一编号	种质名称	杂交组合	编目单位	种子来源	原产地	收集时间
5533	00005497	A-0078	85F-11× 罗勒	山西农大	山西农大	山西省太谷县	2016 年
5534	00005498	A10-0001	罗勒烟 × 罗勒（叶厚）	山西农大	山西农大	山西省太谷县	2016 年
5535	00005500	Q-0010-2	（（8611× 紫苏烟）× 紫苏）BC_1	山西农大	山西农大	山西省太谷县	2016 年
5536	00005501	A-0071	86-05-A× 罗勒	山西农大	山西农大	山西省太谷县	2016 年
5537	00005502	Q-D-0016	（*N. debneyi*×Q-0001）× 紫苏	山西农大	山西农大	山西省太谷县	2016 年
5538	00005503	Q-N-0012	（（*N. undulata*+Q-0010）× 薄荷）BC_1	山西农大	山西农大	山西省太谷县	2016 年
5539	00005504	A-Sa-0001	（17Q+Samsun）× 罗勒	山西农大	山西农大	山西省太谷县	2016 年
5540	00005505	A-0126	（土三七 ×44K）× 罗勒	山西农大	山西农大	山西省太谷县	2016 年
5541	00005506	S-8-0092	（盂县小叶 + 紫苏烟）× 曼陀罗	山西农大	山西农大	山西省太谷县	2016 年
5542	00005507	A-0076	〔（番茄 + 红花烟）×*N. alata*〕× 罗勒	山西农大	山西农大	山西省太谷县	2016 年
5543	00005508	85F-30Qt-3-5	〔（*N. glauca*+78-04）× 紫苏〕× 黄芪	山西农大	山西农大	山西省太谷县	2016 年
5544	00005510	H-11-0026	（（阳高黑老虎 + 红花烟）× 薄荷）BC_1	山西农大	山西农大	山西省太谷县	2016 年
5545	00005511	Q-N-3-8-6	（（*N. undulata*+G-28）× 罗勒）BC_1	山西农大	山西农大	山西省太谷县	2016 年
5546	00005513	A-0076-14-15	〔（番茄 + 红花烟）×*N. alata*〕× 罗勒	山西农大	山西农大	山西省太谷县	2016 年
5547	00005514	6-11-0012	（（A-0010×Q-0010）× 紫苏）BC_1	山西农大	山西农大	山西省太谷县	2016 年
5548	00005515	A-0016	（定襄小叶 + 紫老烟）× 罗勒	山西农大	山西农大	山西省太谷县	2016 年
5549	00005516	A6-0071	A 烟 × 罗勒	山西农大	山西农大	山西省太谷县	2016 年
5550	00005517	A-N-0028	（*N. debneyi*×G-28）× 罗勒	山西农大	山西农大	山西省太谷县	2016 年

序号	株高/cm	茎围/cm	节距/cm	叶数/片	叶长/cm	叶宽/cm	叶柄/cm	株型	叶形	叶尖	叶面	叶缘	叶色	叶片厚薄	花序密度	花序形状	花色	茎叶角度	移栽至开花/天
5533	150.20	6.00	5.10	21.60	47.60	20.00	0.00	筒形	长椭圆	急尖	较平	平滑	绿	较厚	密集	扁球形	淡红	中	68.0
5534	136.80	6.00	4.22	23.00	35.20	19.80	0.00	筒形	长椭圆	急尖	较平	微波	绿	较薄	密集	扁球形	淡红	中	74.0
5535	154.60	8.10	4.30	26.60	56.00	23.80	0.00	筒形	长椭圆	急尖	较平	平滑	绿	厚	密集	扁球形	淡红	中	81.0
5536	126.20	6.10	5.00	16.60	47.20	21.30	0.00	筒形	长椭圆	渐尖	较平	微波	绿	厚	密集	扁球形	深红	中	69.0
5537	169.00	6.20	4.30	30.00	47.00	18.60	0.00	筒形	长椭圆	渐尖	较平	平滑	绿	较薄	密集	扁球形	淡红	中	81.0
5538	155.00	6.83	4.50	25.67	53.00	23.67	0.00	筒形	长椭圆	急尖	较平	微波	绿	厚	密集	扁球形	淡红	大	80.0
5539	156.00	7.00	4.73	25.33	46.66	28.33	0.00	筒形	宽椭圆	急尖	较平	平滑	深绿	较厚	密集	扁球形	淡红	大	73.0
5540	166.50	7.75	6.00	21.50	47.50	22.50	0.00	筒形	长椭圆	渐尖	较平	微波	绿	薄	密集	扁球形	淡红	中	81.0
5541	141.00	6.50	3.38	30.75	42.75	21.50	0.00	筒形	长椭圆	急尖	较平	微波	绿	较薄	密集	扁球形	淡红	中	76.0
5542	122.45	4.53	3.40	24.25	26.75	13.50	0.00	筒形	长椭圆	渐尖	平	微波	绿	厚	密集	扁球形	淡红	中	61.0
5543	143.75	6.00	3.50	29.25	40.00	15.50	0.00	筒形	长椭圆	渐尖	较皱	微波	绿	较薄	密集	扁球形	淡红	中	75.0
5544	126.40	6.00	3.90	19.40	24.00	12.60	0.00	筒形	长椭圆	渐尖	较平	微波	绿	较厚	密集	扁球形	深红	中	75.0
5545	125.12	5.30	3.80	22.40	49.00	22.60	0.00	筒形	长椭圆	急尖	较平	微波	绿	较厚	密集	扁球形	淡红	中	67.0
5546	138.80	6.00	5.00	19.80	54.40	21.40	0.00	筒形	长椭圆	急尖	平	平滑	绿	较厚	密集	扁球形	深红	中	61.0
5547	163.00	7.80	4.20	30.60	54.00	20.60	0.00	筒形	长椭圆	渐尖	较平	微波	绿	较厚	密集	扁球形	淡红	中	72.0
5548	121.50	5.65	3.63	21.50	41.00	21.75	0.00	筒形	宽椭圆	急尖	平	平滑	绿	薄	密集	扁球形	淡红	中	79.0
5549	145.00	7.75	3.50	30.00	52.50	25.00	0.00	筒形	长椭圆	急尖	较皱	微波	绿	厚	密集	扁球形	深红	中	90.0
5550	118.80	6.10	3.40	21.80	48.80	24.20	0.00	筒形	宽椭圆	渐尖	较平	平滑	深绿	较厚	密集	扁球形	深红	大	75.0

序号	全国统一编号	种质名称	杂交组合	编目单位	种子来源	原产地	收集时间
5551	00005518	A-0076-5	〔（番茄＋红花烟）×*N. alata*〕×罗勒	山西农大	山西农大	山西省太谷县	2016年
5552	00005519	A-0074	（（岢岚小兰花+K326）×薄荷）BC_1	山西农大	山西农大	山西省太谷县	2016年
5553	00005520	H-11-6-7	（78-05×薄荷）BC	山西农大	山西农大	山西省太谷县	2016年
5554	00005521	6-0025-8	（A-0010×Q-0010）×罗勒	山西农大	山西农大	山西省太谷县	2016年
5555	00005522	A-0038	（（定襄小叶＋红花烟）×罗勒）BC_1	山西农大	山西农大	山西省太谷县	2016年
5556	00005523	Q6-0014	Q烟×紫苏	山西农大	山西农大	山西省太谷县	2016年
5557	00005524	6-Q-0025	（罗勒烟×8611）×紫苏	山西农大	山西农大	山西省太谷县	2016年
5558	00005525	A6-0062	（*N. undulata*+G-28）×罗勒	山西农大	山西农大	山西省太谷县	2016年
5559	00005527	A14-0001	（A-0010×8611）×罗勒	山西农大	山西农大	山西省太谷县	2016年
5560	00005528	A6-0043-9	（A烟×G-28）×罗勒	山西农大	山西农大	山西省太谷县	2016年
5561	00005531	Q12-0007	（罗勒烟×8611）×紫苏	山西农大	山西农大	山西省太谷县	2016年
5562	00005532	A14-0008	（A-0010×8611）×罗勒	山西农大	山西农大	山西省太谷县	2016年
5563	00005533	H6-0024	H-17-0038-8×薄荷	山西农大	山西农大	山西省太谷县	2016年
5564	00005534	A6-0046-6	（A烟×G-28-15）×紫苏	山西农大	山西农大	山西省太谷县	2016年
5565	00005537	A6-0048-3	（A-0001×G-28-11-8）×罗勒	山西农大	山西农大	山西省太谷县	2016年
5566	00005539	A6-0061-4	（*N. undulata*×罗勒烟）×罗勒	山西农大	山西农大	山西省太谷县	2016年
5567	00005540	Q12-0013	（A-0010×8611）×罗勒	山西农大	山西农大	山西省太谷县	2016年
5568	00005541	A14-0005	（A-0010×8611）×罗勒	山西农大	山西农大	山西省太谷县	2016年

序号	株高/cm	茎围/cm	节距/cm	叶数/片	叶长/cm	叶宽/cm	叶柄/cm	株型	叶形	叶尖	叶面	叶缘	叶色	叶片厚薄	花序密度	花序形状	花色	茎叶角度	移栽至开花/天
5551	128.00	6.00	4.00	20.00	41.40	20.40	0.00	筒形	长椭圆	急尖	平	平滑	绿	厚	密集	扁球形	淡红	中	61.0
5552	119.00	5.50	3.83	21.00	41.67	19.67	0.00	筒形	长椭圆	渐尖	较平	微波	绿	较薄	密集	扁球形	淡红	中	78.0
5553	133.00	5.30	4.70	19.80	45.40	19.00	0.00	筒形	长椭圆	渐尖	较平	微波	绿	较厚	密集	扁球形	淡红	中	75.0
5554	156.20	6.00	5.00	22.60	41.40	19.20	0.00	筒形	长椭圆	渐尖	较平	微波	绿	较厚	密集	扁球形	淡红	中	71.0
5555	174.30	4.80	4.80	26.80	35.80	20.50	0.00	筒形	长椭圆	渐尖	较平	微波	绿	较薄	密集	扁球形	淡红	中	60.0
5556	134.00	6.30	4.50	20.00	40.20	17.40	0.00	筒形	长椭圆	急尖	较平	微波	绿	较薄	密集	扁球形	淡红	大	73.0
5557	152.00	6.80	3.60	30.40	46.20	18.40	0.00	筒形	长椭圆	渐尖	较平	微波	绿	较薄	密集	扁球形	淡红	中	83.0
5558	123.50	7.60	4.20	20.50	43.00	22.50	0.00	筒形	长椭圆	渐尖	较平	微波	绿	中等	密集	球形	深红	中	68.0
5559	173.00	10.40	4.00	33.00	56.80	25.60	0.00	筒形	长椭圆	渐尖	较平	微波	绿	中等	密集	球形	淡红	中	86.0
5560	97.70	8.70	3.10	20.00	41.80	24.70	0.00	筒形	长椭圆	渐尖	较平	微波	绿	中等	密集	球形	淡红	中	79.0
5561	171.20	10.90	3.90	33.30	57.00	25.20	0.00	筒形	长椭圆	渐尖	较平	微波	绿	中等	密集	球形	淡红	中	73.0
5562	143.60	10.20	4.30	24.20	60.40	28.50	0.00	筒形	长椭圆	渐尖	较平	微波	绿	中等	密集	球形	淡红	中	77.0
5563	110.30	7.40	4.00	17.80	40.10	20.10	0.00	筒形	长椭圆	渐尖	较平	微波	绿	中等	密集	球形	淡红	中	80.0
5564	121.04	7.90	3.80	21.80	46.90	25.10	0.00	筒形	长椭圆	渐尖	较平	微波	绿	中等	密集	球形	淡红	中	81.0
5565	122.70	8.80	3.30	24.30	51.30	27.50	0.00	筒形	长椭圆	渐尖	较平	微波	绿	中等	密集	球形	淡红	中	77.0
5566	114.00	7.00	3.70	20.00	37.50	19.50	0.00	筒形	长椭圆	渐尖	较平	微波	绿	中等	密集	球形	淡红	中	75.0
5567	193.30	10.20	4.80	30.30	64.00	31.30	0.00	筒形	长椭圆	渐尖	较平	微波	绿	中等	密集	球形	淡红	大	78.0
5568	155.50	11.50	3.40	30.50	32.00	14.00	6.00	筒形	长椭圆	渐尖	较平	微波	绿	中等	密集	球形	淡红	中	78.0

序号	全国统一编号	种质名称	杂交组合	编目单位	种子来源	原产地	收集时间
5569	00005543	A11-0006	（A-0001×Q-0010）× 紫苏	山西农大	山西农大	山西省太谷县	2016 年
5570	00005545	A6-0045-9	〔（A 烟 ×G-28）× 紫苏〕× 罗勒	山西农大	山西农大	山西省太谷县	2016 年
5571	00005546	A14-0003	（A-0010×8611）× 罗勒	山西农大	山西农大	山西省太谷县	2016 年
5572	00005550	A12-0005	（罗勒烟 ×8611）× 土人参	山西农大	山西农大	山西省太谷县	2016 年
5573	00005551	6-13-5-A	（6-13-17-31-5× 罗勒）×A-0005	山西农大	山西农大	山西省太谷县	2016 年
5574	00005555	H-10-16-0013BC1	（（盂县小叶 +G-28）× 薄荷）BC_1	山西农大	山西农大	山西省太谷县	2016 年
5575	00005556	A13-0003	（（曼陀罗烟 × 紫苏烟）× 罗勒）BC_1	山西农大	山西农大	山西省太谷县	2016 年
5576	00005558	Q12-0015	（A-0007×Q-0010）× 紫苏	山西农大	山西农大	山西省太谷县	2016 年
5577	00005562	Q12-0009	（罗勒烟 ×8611）× 紫苏	山西农大	山西农大	山西省太谷县	2016 年
5578	00005563	Q12-0010	（（罗勒烟 ×8611）× 紫苏）BC_1	山西农大	山西农大	山西省太谷县	2016 年
5579	00005566	H-10-16-0013	（盂县小叶 +G-28）× 薄荷	山西农大	山西农大	山西省太谷县	2016 年
5580	00005567	A14-0004	（A-0010×8611）× 紫苏	山西农大	山西农大	山西省太谷县	2016 年
5581	00005568	K-0001	（*N. glauca*+78-04）× 土人参	山西农大	山西农大	山西省太谷县	2016 年
5582	00005570	A14-0002	（A-0010×8611）× 罗勒	山西农大	山西农大	山西省太谷县	2016 年
5583	00005581	A13-0008	（（罗勒烟 × 紫苏烟）× 罗勒）BC_1	山西农大	山西农大	山西省太谷县	2016 年
5584	00005593	6-13-A-5	（A-0001×8611）× 罗勒	山西农大	山西农大	山西省太谷县	2016 年
5585	00005594	A-0043	（*N. sylvestris*× 罗勒）BC_1	山西农大	山西农大	山西省太谷县	2016 年
5586	00005595	K9-0002	（85-08K× 土人参）BC_1	山西农大	山西农大	山西省太谷县	2016 年

序号	株高/cm	茎围/cm	节距/cm	叶数/片	叶长/cm	叶宽/cm	叶柄/cm	株型	叶形	叶尖	叶面	叶缘	叶色	叶片厚薄	花序密度	花序形状	花色	茎叶角度	移栽至开花/天
5569	177.80	9.30	4.40	30.80	49.60	24.60	0.00	筒形	长椭圆	渐尖	较平	微波	绿	中等	密集	球形	淡红	中	90.0
5570	123.00	7.90	3.60	22.50	49.30	23.90	0.00	筒形	长椭圆	渐尖	较平	微波	绿	中等	密集	球形	淡红	大	80.0
5571	143.30	10.50	4.50	23.30	64.20	26.20	0.00	筒形	长椭圆	渐尖	较平	微波	绿	中等	密集	球形	淡红	大	77.0
5572	124.80	10.60	4.00	21.60	52.00	28.20	5.00	筒形	长椭圆	渐尖	较平	微波	绿	中等	密集	球形	深红	中	74.0
5573	127.30	8.50	3.40	23.00	47.90	21.90	5.00	筒形	长椭圆	渐尖	较平	微波	绿	中等	密集	球形	淡红	中	85.0
5574	119.60	7.80	4.20	18.60	50.40	23.50	0.00	筒形	长椭圆	渐尖	较平	微波	绿	中等	密集	球形	淡红	中	81.0
5575	155.50	10.00	3.10	31.70	40.10	19.10	0.00	筒形	长椭圆	渐尖	较平	微波	绿	中等	密集	球形	淡红	中	90.0
5576	156.40	9.48	3.70	28.80	65.00	29.80	0.00	筒形	长椭圆	渐尖	较平	微波	绿	中等	密集	球形	淡红	中	79.0
5577	158.20	10.80	2.80	41.70	55.30	25.80	0.00	筒形	长椭圆	渐尖	较平	微波	绿	中等	密集	球形	淡红	中	82.0
5578	169.30	10.80	3.30	38.00	59.30	27.60	0.00	筒形	长椭圆	渐尖	较平	微波	绿	中等	密集	球形	淡红	中	86.0
5579	139.70	8.30	4.60	21.70	47.50	22.00	0.00	筒形	长椭圆	渐尖	较平	微波	绿	中等	密集	球形	深红	大	80.0
5580	141.00	10.10	4.30	23.50	65.20	27.10	0.00	筒形	长椭圆	渐尖	较平	微波	绿	中等	密集	球形	淡红	大	78.0
5581	150.50	10.40	4.50	23.50	54.10	26.40	0.00	筒形	长椭圆	渐尖	较平	微波	绿	中等	密集	球形	淡红	中	57.0
5582	143.30	10.50	4.50	23.30	64.20	26.20	0.00	筒形	长椭圆	渐尖	较平	微波	绿	中等	密集	球形	淡红	中	77.0
5583	123.40	9.40	4.00	21.60	52.00	28.20	0.00	筒形	长椭圆	渐尖	较平	微波	绿	中等	密集	球形	淡红	中	71.0
5584	164.00	7.00	3.50	32.00	48.00	23.00	0.00	筒形	长椭圆	渐尖	较平	微波	绿	厚	密集	扁球形	淡红	中	94.0
5585	134.00	6.50	5.00	17.50	26.75	16.75	0.00	筒形	长椭圆	渐尖	平	平滑	绿	薄	密集	扁球形	淡红	中	60.0
5586	133.00	5.80	3.00	31.00	41.00	13.70	0.00	筒形	长椭圆	渐尖	平	微波	绿	厚	密集	扁球形	深红	中	75.0

序号	全国统一编号	种质名称	杂交组合	编目单位	种子来源	原产地	收集时间
5587	00005596	K9-0098	（*N. alata* + 78-04）× 土人参	山西农大	山西农大	山西省太谷县	2016 年
5588	00005598	N-A-0028	（*N. undulata*+G-28）× 罗勒	山西农大	山西农大	山西省太谷县	2016 年

17. 野生烟资源目录——护照信息

序号	全国统一编号	种名或变种名或杂交种名	编目单位	原产地	收集时间	染色体数	生长习性
5591	00005377	*N. acuminata* Var. Multiflora	中烟所	美国	2011 年		直立型一年生草本
5592	00005387	*N. rosulata*	中烟所	澳大利亚	2011 年	40	成熟迅速、周身无毛的一年生草本，生长在沙质土壤上。生长前期莲座丛状。主茎一至数根，直立
5593	00005391	*N. amplexicaulis*	中烟所	澳大利亚	2011 年	36	一年生草本，叶片多而粗糙，圆锥花序。主茎一至数根，茎多分枝，具茸毛
5594	00005392	*N. hybrid* B63 4n（cle × Glu）	中烟所	美国	2011 年		多分枝一年生草本
5595	00005393	*N. pauciflora*	中烟所	智利	2011 年	24	直立型一年生草本，茎具黏性
5596	00005394	*N. attennuata*	中烟所	美国	2011 年	24	直立型一年生草本，幼株呈莲座状
5598	00005396	*N. rotundifolia*	中烟所	澳大利亚	2011 年	44	一年生草本，分布于海拔 200—300m，生长于树荫下的花岗岩层及沙质河床
5599	00005397	*N. occidentalis*	中烟所	澳大利亚	2011 年	42	直立型一年生草本，具黏性
5600	00005398	*N. excelsior*	中烟所	澳大利亚	2011 年	38	多叶的直立型一年生草本，总状花序短
5601	00005399	*N. langsdorffii*	中烟所	巴西	2011 年	18	一年生草本，有黏性，花粉蓝色
5602	00005400	*N. miersii*	中烟所	智利	2011 年	24	一年生草本，分布于海拔 30—1400m，生长于沙质或多砾石的河道和路旁
5603	00005285	*N. benthamiana*	中烟所	澳大利亚	2011 年	38	一年生草本，分布于海拔 50—500m，生长于遮阴的岩石间、山洞或多石的山坡上
5604	00005604	*N. obtusifolia*	中烟所	美国	2011 年	24	多分枝一年生草本

序号	株高/cm	茎围/cm	节距/cm	叶数/片	叶长/cm	叶宽/cm	叶柄/cm	株型	叶形	叶尖	叶面	叶缘	叶色	叶片厚薄	花序密度	花序形状	花色	茎叶角度	移栽至开花/天
5587	113.25	7.25	3.00	23.50	41.75	22.75	0.00	筒形	长椭圆	渐尖	较平	微波	绿	较厚	密集	扁球形	淡红	中	82.0
5588	140.40	6.20	4.26	23.20	46.60	20.80	0.00	筒形	长椭圆	渐尖	较平	微波	绿	厚	密集	扁球形	深红	大	67.0

17. 野生烟资源目录——植物学信息

序号	全国统一编号	种名或变种名或杂交种名	中文名称	株高/cm	叶长/cm	花色	抗病性
5591	00005377	*N. acuminata* Var. Multiflora		150	20	白色	
5592	00005387	*N. rosulata*	莲座叶烟草	80	15	淡绿色	抗霜霉病
5593	00005391	*N. amplexicaulis*	抱茎烟草	100	20	白色	抗白粉病、霜霉病及蛙眼病
5594	00005392	*N. hybrid* B63 4n（cle × Glu）		40	8	粉色	高抗 TMV
5595	00005393	*N. pauciflora*	少花烟草	100	10	白色	抗白粉病，中抗青枯病
5596	00005394	*N. attennuata*	渐狭叶烟草	100	8	白色	抗青枯病、野火病、角斑病、根黑腐病、白粉病及霜霉病
5597	00005395	*N. cavicola*	洞生烟草	40	10	白色	抗野火病、角斑病、白粉病及霜霉病，中抗青枯病
5598	00005396	*N. rotundifolia*	圆叶烟草	100	15	淡绿色	抗白粉病和霜霉病，中抗青枯病
5599	00005397	*N. occidentalis*	西方烟草	80	20	白色	抗角斑病、白粉病、霜霉病、赤星病和炭疽病
5601	00005399	*N. langsdorffii*	蓝格斯多夫烟草	150	20	黄绿色	抗野火病、白粉病、霜霉病、炭疽病、TMV 及 PVY，中抗青枯病
5602	00005400	*N. miersii*	摩西氏烟草	40	10	白色	抗 PVY 和根结线虫病，中抗青枯病
5603	00005285	*N. benthamiana*	本塞姆氏烟草	60	8	淡绿色	抗根黑腐病、白粉病和 TMV
5604	00005604	*N. obtusifolia*	欧布特斯烟草	140	15	黄绿色	

序号	全国统一编号	种名或变种名或杂交种名	编目单位	原产地	收集时间	染色体数	生长习性
5605	00005605	*N. cordifolia*	中烟所	美国	2011 年	24	一年生草本，主茎直立
5606	00005606	*N. hybrid* B51 4n（sua×Tab）	中烟所	美国	2011 年		直立型一年生草本
5607	00005607	*N. hybrid* B38 4n（rep × syl）	中烟所	美国	2011 年		直立型一年生草本

序号	全国统一编号	种名或变种名或杂交种名	中文名称	株高/cm	叶长/cm	花色	抗病性
5605	00005605	*N. cordifolia*	心叶烟草	180	20	淡绿色	抗青枯病和 TSV（烟草条纹病）
5606	00005606	*N. hybrid* B51 4n（sua×Tab）		160	30	白色	
5607	00005607	*N. hybrid* B38 4n（rep × syl）		180	35	白色	

第二章 烟草种质资源品质鉴定

Quality evaluation of tobacco germplasm resources

1. 烟草种质资源原烟外观质量鉴定

序号	种质名称	颜色	色度	油分	身份	结构
3667	炉山柳叶	橘黄	弱	稍有	薄	疏松
3668	堡子烟	柠檬黄	中	有	中等	疏松
3669	埔烟 2 号	柠檬黄	中	有	中等	紧密
3670	江川烤烟	橘黄	强	少	中等	疏松
3671	宝丰烤烟	橘黄	强	多	中等	疏松
3672	大芭蕉叶	柠檬黄	中	有	中等	稍密
3673	大有种	橘黄	强	有	薄	尚疏松
3675	路南虎街烤烟	橘黄	强	多	中等	尚疏松
3679	9501	橘黄	中	有	中等	尚疏松
3684	96419	橘黄	强	有	中等	尚疏松
3741	9302	橘黄	强	有	中等	疏松
3750	8021	橘黄	强	有	中等	尚疏松
3768	8541	橘黄	强	有	中等	疏松
3815	3116	橘黄	浓	多	稍厚	疏松
3833	4082	橘黄	强	有	中等	尚疏松
3861	C152	微带青	中	有	中等	紧密
3862	C151	柠檬黄	弱	有	稍薄	紧密
3863	C212	红棕	中	有	中等	疏松
3864	丰字烤烟 1 号	橘黄	强	有	中等	疏松
3865	南选烤烟 1 号	橘黄	中	有	中等	稍密
3986	广黄 57	橘黄	强	有	稍薄	疏松
3991	MSGDH88	橘黄	强	多	中等	疏松
3992	GDH88	橘黄	强	多	中等	疏松
3993	930032	橘黄	中	稍有	稍厚	尚疏松
3995	96019	柠檬黄	中	稍有	稍薄	疏松
4015	娄山一号	橘黄	弱	稍有	稍薄	尚疏松
4029	农大 202	橘黄	强	有	中等	疏松
4040	MSK326（许）	橘黄	强	多	中等	疏松
4048	G80B	橘黄	强	多	中等	疏松
4051	KB-6	橘黄	强	多	中等	疏松
4061	K-2	橘黄	浓	有	中等	疏松
4078	H-11-0038-21	橘黄	强	多	薄	疏松

序号	种质名称	颜色	色度	油分	身份	结构
4079	A-0035-18	橘黄	强	多	稍薄	疏松
4080	A11-0002	橘黄	浓	多	中等	疏松
4081	Q-5-000015	橘黄	浓	多	厚	疏松
4082	H-11-0005	橘黄	浓	多	中等	疏松
4083	S-8-0008-16	橘黄	浓	多	薄	疏松
4084	Q-000010	柠檬黄	浓	多	稍薄	疏松
4085	Q-5-0075	橘黄	强	多	薄	疏松
4086	Q-5-0021-7	柠檬黄	强	多	薄	疏松
4087	S-8-0008-85	橘黄	强	多	稍厚	疏松
4088	Q-5-0049	柠檬黄	浓	多	中等	疏松
4089	Q-5-0070-16	柠檬黄	浓	多	中等	疏松
4090	H-11-0004	柠檬黄	浓	多	中等	稍密
4091	S-8-0046	柠檬黄	浓	多	薄	疏松
4092	Q-5-0068	橘黄	浓	多	中等	稍密
4093	Q-6-0001	橘黄	浓	多	薄	疏松
4094	Q-5-0069-5	柠檬黄	浓	多	中等	疏松
4095	Q-5-0066-14	棕黄	浓	多	中等	稍密
4096	K9-0055	橘黄	浓	多	稍厚	疏松
4097	Q-5-0065-16	橘黄	浓	多	中等	疏松
4098	K-0004	柠檬黄	浓	多	稍厚	疏松
4099	K-0002	柠檬黄	浓	多	稍厚	疏松
4100	Q-5-0025	柠檬黄	浓	多	中等	疏松
4101	Q-5-0070-85	柠檬黄	浓	多	稍厚	疏松
4102	Q-5-0070-98	橘黄	中	有	中等	尚疏松
4103	Q-5-000073	红棕	中	有	中等	稍密
4104	Q-5-0098-65	柠檬黄	浓	多	稍厚	疏松
4105	Q-5-0098-42	柠檬黄	浓	多	稍厚	疏松
4106	6-11-0016	橘黄	浓	多	薄	尚疏松
4107	6-11-0011	橘黄	浓	多	中等	疏松
4108	S11-0009	柠檬黄	浓	多	中等	疏松
4109	S11-0005	橘黄	浓	多	中等	疏松
4110	S11-0003	柠檬黄	浓	多	稍厚	疏松
4111	Q6-0022	柠檬黄	浓	多	稍厚	尚疏松
4112	Q12-0011	橘黄	浓	多	中等	疏松
4113	A12-0004	橘黄	浓	多	中等	疏松
4114	Q12-0003	橘黄	浓	多	中等	尚疏松

序号	种质名称	颜色	色度	油分	身份	结构	序号	种质名称	颜色	色度	油分	身份	结构
4115	S11-0008	橘黄	浓	多	中等	疏松	4133	A14-0007	橘黄	浓	多	中等	疏松
4116	A11-0004	柠檬黄	浓	多	中等	疏松	4134	A6-0028	橘黄	浓	多	稍薄	尚疏松
4117	A12-0001	柠檬黄	浓	多	中等	尚疏松	4135	Q-5-0066-28	橘黄	浓	多	稍厚	疏松
4118	Q6-0011	柠檬黄	浓	多	中等	尚疏松	4147	9706	橘黄	强	多	中等	疏松
4119	T12-0001	橘黄	浓	多	中等	疏松	4150	9802	橘黄	强	多	中等	疏松
4120	A11-0001	橘黄	浓	多	中等	疏松	4192	云烟 317-2	橘黄	中	多	中等	疏松
4121	T12-0002	柠檬黄	浓	多	中等	疏松	4193	8602-123	微带青	弱	稍有	中等	疏松
4122	Q12-0005	橘黄	浓	多	中等	疏松	4194	8813	橘黄	强	有	中等	疏松
4123	A14-0006	橘黄	浓	多	中等	疏松	4195	8801-2	橘黄	中	少	中等	尚疏松
4124	S11-0010	橘黄	浓	多	中等	疏松	4196	8801-3	橘黄	浓	有	稍薄	疏松
4125	Q12-0002	橘黄	浓	多	中等	疏松	4197	8801-5	橘黄	中	有	中等	稍密
4126	A11-0003	橘黄	浓	多	中等	疏松	4198	广黄 817	橘黄	强	有	中等	尚疏松
4127	Q12-0004	橘黄	浓	多	中等	疏松	4200	广烟 12	柠檬黄	中	有	中等	稍密
4128	S11-0004	橘黄	浓	多	中等	疏松	4202	高州 75	柠檬黄	强	有	中等	尚疏松
4129	S11-0007	橘黄	浓	多	中等	疏松	4203	高州 77	柠檬黄	淡	有	中等	尚疏松
4130	A13-0001	橘黄	浓	多	中等	疏松	4204	高州 78	橘黄	中	有	中等	尚疏松
4131	Q12-0012	橘黄	浓	多	中等	疏松	4205	高州 79	淡棕	淡	有	中等	稍密
4132	A12-0002	橘黄	浓	多	中等	尚疏松	4206	丰字 6 号	橘黄	中	多	中等	疏松

序号	种质名称	颜色	色度	油分	身份	结构	序号	种质名称	颜色	色度	油分	身份	结构
4207	8041	橘黄	强	有	中等	疏松	4261	CF20	橘黄	中	有	稍薄	疏松
4208	9147	橘黄	强	有	中等	疏松	4262	CF973	橘黄	中	多	稍厚	疏松
4209	72-50-5	橘黄	强	多	稍厚	疏松	4263	CV91	橘黄	浓	多	中等	疏松
4210	8807	橘黄	强	多	稍厚	疏松	4264	CV088	橘黄	中	有	中等	尚疏松
4212	8610-4-2-1	橘黄	强	多	中等	疏松	4265	CV502	橘黄	中	多	中等	疏松
4213	7813	青黄	弱	有	稍薄	稍密	4266	MSK326	橘黄	强	多	稍厚	疏松
4216	白花大金元	橘黄	中	有	稍厚	尚疏松	4276	68-54	青黄	弱	少	稍厚	紧密
4217	湖北 517	青黄	中	有	稍厚	稍密	4277	06-4004	柠檬黄	弱	稍有	中等	疏松
4219	云南株 8	柠檬黄	中	有	中等	稍密	4278	06-4023	柠檬黄	中	有	中等	尚疏松
4220	人民六队 -15	橘黄	中	有	中等	尚疏松	4279	06-4013	柠檬黄	中	有	中等	尚疏松
4221	小巴 6-3-1	橘黄	强	多	中等	疏松	4280	06-4008	柠檬黄	强	有	中等	疏松
4222	梁家村	橘黄	强	有	中等	疏松	4281	06-4009	橘黄	中	有	中等	尚疏松
4223	云烟 76 号	橘黄	强	多	中等	疏松	4282	06-4026	柠檬黄	中	有	中等	尚疏松
4224	云烟 86 号	橘黄	强	有	中等	疏松	4283	06-4028	柠檬黄	中	有	中等	尚疏松
4225	云烟 84 号	橘黄	强	多	中等	疏松	4284	06-4030	橘黄	中	有	稍薄	疏松
4229	MS 云烟 85	橘黄	中	多	中等	疏松	4285	06-4019	橘黄	中	有	稍厚	尚疏松
4230	MS 云烟 87	橘黄	强	有	厚	疏松	4286	06-4021	柠檬黄	中	有	中等	疏松
4250	CZ9303	橘黄	强	有	中等	疏松	4287	06-4010	柠檬黄	强	有	中等	疏松

序号	种质名称	颜色	色度	油分	身份	结构	序号	种质名称	颜色	色度	油分	身份	结构
4288	06-4024	橘黄	中	有	中等	疏松	4306	06-5001	柠檬黄	强	有	中等	尚疏松
4289	06-4020	橘黄	强	有	中等	尚疏松	4307	06-5002	柠檬黄	中	有	中等	尚疏松
4290	06-4025	柠檬黄	中	有	中等	疏松	4308	06-4005	柠檬黄	中	有	中等	尚疏松
4291	06-4027	橘黄	强	多	中等	疏松	4312	CV89	橘黄	强	多	稍厚	疏松
4292	06-4002	柠檬黄	强	有	中等	疏松	4314	CV73	橘黄	强	多	稍厚	疏松
4293	06-4011	柠檬黄	中	有	中等	尚疏松	4329	CT107	橘黄	强	有	中等	疏松
4294	06-4018	柠檬黄	中	有	稍薄	疏松	4335	航天 NC89	柠檬黄	中	有	稍薄	疏松
4295	06-4029	橘黄	强	多	中等	疏松	4336	安烟二号	橘黄	中	有	中等	疏松
4296	06-4017	柠檬黄	中	有	稍薄	疏松	4337	安烟 3 号	橘黄	强	有	稍薄	疏松
4297	06-4007	柠檬黄	强	多	中等	疏松	4338	安烟一号	橘黄	强	有	中等	疏松
4298	06-5003	柠檬黄	强	多	稍薄	疏松	4339	毕纳 1 号	橘黄	中	有	中等	疏松
4299	06-4006	柠檬黄	弱	稍有	中等	尚疏松	4340	黔西一号	橘黄	强	有	中等	疏松
4300	06-4014	橘黄	强	多	中等	疏松	4341	辽烟 17 号	橘黄	强	多	中等	疏松
4301	06-4022	柠檬黄	中	有	中等	疏松	4342	辽烟 16 号	橘黄	强	多	中等	疏松
4302	06-4001	橘黄	中	稍有	中等	疏松	4343	辽烟 18 号	橘黄	强	有	中等	疏松
4303	06-4003	橘黄	中	有	稍厚	尚疏松	4344	辽烟 9808	橘黄	中	有	中等	疏松
4304	06-4012	柠檬黄	弱	稍有	稍厚	稍密	4345	龙江 915	柠檬黄	中	有	中等	疏松
4305	06-5004	柠檬黄	中	稍有	中等	尚疏松	4346	龙江 911	柠檬黄	中	有	中等	疏松

序号	种质名称	颜色	色度	油分	身份	结构	序号	种质名称	颜色	色度	油分	身份	结构
4347	龙江 912	橘黄	浓	多	中等	疏松	4366	豫烟五号	橘黄	强	多	中等	尚疏松
4348	龙江 981	橘黄	中	有	中等	疏松	4367	豫烟 6 号	橘黄	中	有	中等	疏松
4349	龙江 935	橘黄	中	有	中等	疏松	4368	豫烟 10 号	橘黄	中	有	稍薄	疏松
4350	龙江 925	橘黄	强	有	中等	疏松	4369	豫烟 11 号	橘黄	中	有	中等	疏松
4351	龙江 237	橘黄	中	有	中等	疏松	4370	豫烟三号	橘黄	强	有	稍薄	疏松
4352	闽烟 7 号	橘黄	强	有	中等	疏松	4371	豫烟二号	橘黄	强	多	中等	疏松
4353	蓝玉一号	橘黄	中	有	中等	尚疏松	4372	豫烟四号	橘黄	中	有	中等	疏松
4354	闽烟 9 号	橘黄	强	有	中等	尚疏松	4373	豫烟 9 号	橘黄	强	有	中等	疏松
4355	闽烟 12	橘黄	强	有	中等	疏松	4374	豫烟 7 号	橘黄	强	有	中等	疏松
4356	粤烟 96	橘黄	浓	有	中等	疏松	4375	金神农 1 号	橘黄	中	有	中等	疏松
4357	20810	橘黄	中	有	中等	疏松	4376	湘烟 2 号	橘黄	浓	多	中等	疏松
4358	贵烟 202	橘黄	中	有	中等	尚疏松	4377	LS-2	橘黄	强	有	中等	疏松
4359	贵烟 11 号	柠檬黄	中	有	中等	疏松	4378	岩烟 97	橘黄	强	多	中等	疏松
4360	贵烟 4 号	橘黄	强	有	中等	疏松	4379	闽烟 35	橘黄	强	有	中等	疏松
4362	南江 3 号	橘黄	强	有	中等	疏松	4380	闽烟 38	橘黄	强	有	中等	疏松
4363	贵烟 1 号	橘黄	强	有	中等	疏松	4381	FL57	橘黄	中	有	中等	疏松
4364	韭菜坪 2 号	橘黄	中	有	稍薄	疏松	4382	粤烟 97	橘黄	强	有	中等	疏松
4365	兴烟 1 号	橘黄	强	有	中等	疏松	4383	粤烟 98	橘黄	强	多	中等	疏松

序号	种质名称	颜色	色度	油分	身份	结构	序号	种质名称	颜色	色度	油分	身份	结构
4384	翠碧二号	橘黄	强	有	中等	疏松	4402	云烟 98	橘黄	强	有	中等	疏松
4385	秦烟 97	橘黄	中	有	中等	疏松	4403	云烟 105	橘黄	中	有	中等	疏松
4386	秦烟 95	橘黄	强	有	中等	疏松	4404	云烟 203	橘黄	农	多	中等	疏松
4387	秦烟 98	橘黄	中	有	中等	疏松	4405	云烟 110	橘黄	强	有	中等	尚疏松
4388	秦烟 96	橘黄	强	有	中等	疏松	4406	云烟 201	橘黄	浓	有	中等	疏松
4389	秦烟 1 号	橘黄	强	有	中等	尚疏松	4407	云烟 116	橘黄	中	有	中等	疏松
4390	吉烟 5 号	橘黄	强	有	中等	尚疏松	4408	湘烟一号	橘黄	强	多	中等	疏松
4391	吉烟 7 号	橘黄	强	有	中等	疏松	4409	湘烟 4 号	橘黄	浓	有	中等	疏松
4392	益延 1 号	橘黄	浓	多	稍薄	疏松	4410	湘烟 3 号	橘黄	中	有	中等	疏松
4393	吉烟九号	橘黄	强	有	中等	疏松	4411	湘烟 5 号	橘黄	中	有	稍薄	疏松
4394	云烟 85	橘黄	中	多	中等	疏松	4412	中烟 9203	橘黄	强	有	中等	疏松
4395	云烟 87	橘黄	强	有	厚	疏松	4413	中烟 98	橘黄	强	有	中等	疏松
4396	丰字 3 号	橘黄	强	有	稍厚	尚疏松	4414	中烟 99	橘黄	浓	有	稍薄	疏松
4397	云烟 317	柠檬黄	强	有	稍薄	疏松	4415	中烟 100	橘黄	强	多	稍厚	疏松
4398	云烟 99	橘黄	中	有	中等	疏松	4416	中烟 103	橘黄	强	有	中等	疏松
4399	云烟 100	橘黄	中	有	中等	疏松	4417	中烟 202	橘黄	强	有	中等	尚疏松
4400	云烟 205	橘黄	强	有	稍薄	疏松	4418	中烟 204	柠檬黄	中	有	中等	疏松
4401	云烟 97	橘黄	中	多	中等	疏松	4419	中烟 102	橘黄	强	有	中等	尚疏松

序号	种质名称	颜色	色度	油分	身份	结构
4420	中烟 104	橘黄	中	有	中等	疏松
4421	中烟 101	橘黄	强	有	中等	疏松
4422	鲁烟 2 号	橘黄	强	有	中等	疏松
4423	中烟 203	橘黄	中	有	中等	疏松
4424	中烟 201	橘黄	强	多	中等	疏松
4425	金海一号	橘黄	浓	多	中等	疏松
4426	川烟 1 号	橘黄	中	有	中等	疏松
4427	鲁烟 1 号	橘黄	强	有	中等	疏松
4428	中烟 205	橘黄	中	有	中等	疏松
4429	CF225	橘黄	中	有	中等	疏松
4431	遵烟 1 号	橘黄	强	有	中等	疏松
4432	遵烟 6 号	橘黄	中	有	中等	疏松
4461	AK6	青黄	弱	稍有	中等	尚疏松
4462	NC6085	橘黄	强	有	中等	疏松
4463	NC8029	橘黄	强	多	中等	疏松
4464	NC8036	橘黄	强	有	中等	疏松
4465	NC8053	橘黄	中	多	中等	疏松
4466	RG22	橘黄	强	多	中等	疏松
4467	Reams713	橘黄	强	有	稍厚	疏松
4468	TI93	柠檬黄	中	有	中等	疏松
4469	泰国弗吉尼亚	柠檬黄	中	有	稍薄	疏松
4471	津引烤烟 1 号	橘黄	强	多	稍厚	疏松
4472	菲律宾烤烟 1 号	青黄	弱	稍有	稍厚	紧密
4473	VarNo1668	青黄	弱	少	中等	稍密
4474	波兰烤烟 -1	橘黄	强	有	稍厚	疏松
4475	南罗得西亚 72-1	橘黄	浓	多	中等	疏松
4476	Granvilli17A	橘黄	中	多	中等	疏松
4477	南罗得西亚 76-1	柠檬黄	强	有	中等	稍密
4479	CNH-NO.7	橘黄	浓	多	稍厚	疏松
4481	Coker371Gold	橘黄	浓	有	稍薄	疏松
4485	CU236	橘黄	中	稍有	稍薄	尚疏松
4486	CU263	橘黄	强	多	中等	疏松
4494	JB-200	橘黄	强	有	薄	疏松
4496	K149	橘黄	强	多	中等	疏松
4497	K346	橘黄	强	有	稍厚	疏松
4498	K358	橘黄	强	多	中等	疏松

序号	种质名称	颜色	色度	油分	身份	结构	序号	种质名称	颜色	色度	油分	身份	结构
4499	K730	橘黄	强	有	薄	疏松	4531	RG89	橘黄	强	多	稍薄	疏松
4500	Meck	柠檬黄	浓	有	中等	疏松	4536	RG3414	橘黄	浓	有	中等	疏松
4503	MRS-3	柠檬黄	浓	有	稍薄	尚疏松	4537	RGOB-18	橘黄	强	多	中等	疏松
4505	NC729	橘黄	强	有	中等	疏松	4538	ReamsM-1	橘黄	强	有	中等	疏松
4506	NC1108	橘黄	强	多	中等	疏松	4539	Reams158	橘黄	中	多	稍薄	疏松
4507	NC27NF	微带青	弱	有	中等	疏松	4540	ReamsC44	橘黄	强	多	中等	疏松
4508	NC37NF	橘黄	强	有	中等	疏松	4541	ReamsC73	橘黄	强	有	中等	疏松
4509	NCTG55	橘黄	强	多	稍厚	疏松	4544	SPG-108	橘黄	强	多	中等	疏松
4512	NCTG70	橘黄	浓	多	中等	疏松	4545	SPG-111	橘黄	强	多	中等	疏松
4514	OX940	橘黄	浓	多	中等	疏松	4546	SPG-117	橘黄	强	多	中等	尚疏松
4516	OX2007	橘黄	浓	有	稍厚	疏松	4549	SPG-162	橘黄	强	多	中等	疏松
4518	OX2028	橘黄	强	多	中等	疏松	4550	SPG-164	橘黄	浓	有	中等	疏松
4525	Qual946	柠檬黄	浓	有	中等	尚疏松	4552	SPG-168	橘黄	浓	有	中等	疏松
4526	RG8	橘黄	强	多	中等	疏松	4554	SPG-172	橘黄	浓	有	中等	疏松
4527	RG11	橘黄	中	有	稍薄	尚疏松	4558	TI896	柠檬黄	中	有	稍厚	稍密
4528	RG12	橘黄	强	多	稍薄	疏松	4559	TI955	柠檬黄	强	有	中等	疏松
4529	RG13	橘黄	强	多	中等	疏松	4562	TI1409	柠檬黄	中	有	中等	尚疏松
4530	RG17	橘黄	强	有	中等	疏松	4566	TI1597	柠檬黄	中	少	薄	疏松

序号	种质名称	颜色	色度	油分	身份	结构
4569	Va80	橘黄	强	有	稍薄	尚疏松
4571	Va3160	橘黄	强	稍有	稍薄	尚疏松
4576	Va410	橘黄	强	有	中等	疏松
4578	Va432	橘黄	强	有	稍厚	疏松
4579	Va444	橘黄	强	有	稍薄	疏松
4580	Va458	橘黄	强	有	稍薄	疏松
4581	Va436	柠檬黄	浓	多	中等	疏松
4584	Va578	橘黄	强	多	中等	疏松
4588	Va645	橘黄	强	有	稍薄	疏松
4589	Va730	橘黄	强	有	稍薄	疏松
4590	Va260	柠檬黄	浓	有	中等	疏松
4592	佛杰伦	橘黄	中	稍有	中等	疏松
4593	波兰烤烟 -3	橘黄	强	多	稍厚	疏松
4601	白茎烟	红棕	中	有	中等	尚疏松
4612	MSKY10	红棕	强	多	中等	疏松
4613	MSVa509	红棕	强	多	中等	疏松
4614	MSKY17	红棕	浓	有	中等	尚疏松
4616	MSTN90	红棕	中	多	稍厚	尚疏松
4617	MSKY14	红棕	浓	多	中等	疏松
4618	MS Burley21（津）	红棕	浓	多	中等	疏松
4620	MS PB9	红棕	中	稍有	中等	尚疏松
4621	MS Ky16	红棕	浓	多	中等	尚疏松
4622	MS Ky8959	红棕	浓	多	中等	疏松
4623	MS Ky907	红棕	中	有	稍厚	尚疏松
4624	MS TN97	红棕	中	多	中等	尚疏松
4625	MS Burley64	红棕	浓	多	中等	疏松
4626	MS LA Burley21	红棕	中	多	中等	尚疏松
4627	五峰白肋烟	红棕	中	多	中等	疏松
4628	MS 鄂白 003	红棕	浓	多	中等	疏松
4629	省白肋窄叶	红棕	中	多	稍厚	疏松
4630	鄂白 99-2-4	红棕	中	多	中等	尚疏松
4631	鄂白单株 9 号	红棕	中	多	中等	尚疏松
4634	鄂白 005	红棕	浓	有	中等	尚疏松
4635	鄂白 004	红棕	中	有	中等	疏松
4636	鄂白 006	红棕	浓	有	中等	疏松
4637	MS 鄂白 005	红棕	浓	多	中等	尚疏松

序号	种质名称	颜色	色度	油分	身份	结构	序号	种质名称	颜色	色度	油分	身份	结构
4638	鄂白 010	红棕	中	有	中等	疏松	4657	鄂烟 211	红棕	中	有	中等	疏松
4639	鄂白 003	红棕	中	有	中等	尚疏松	4658	鄂烟 209	红棕	浓		中等	疏松
4640	鄂白 007	红棕	中	有	中等	疏松	4659	鄂烟 6 号	红棕	浓	有	中等	疏松
4641	鄂白 008	红棕	中	有	中等	疏松	4660	建选 304 号	红棕	中	多	中等	疏松
4642	鄂白 001	红棕	浓	多	中等	疏松	4661	鄂白 21 号	红棕	浓	多	稍厚	疏松
4643	鄂白 002	红棕	浓	多	中等	疏松	4662	建选 3 号	红棕	中	多	中等	疏松
4644	MS 鄂白 001	红棕	浓	多	中等	疏松	4663	鄂白 20 号	红棕	中	有	稍厚	疏松
4645	MS 金水白肋烟 2 号	红棕	浓	多	中等	疏松	4664	鄂烟 101	红棕	中	有	稍薄	疏松
4646	MS 鄂白 004	红棕	中	多	中等	尚疏松	4665	鄂烟 213	红棕	中	有	中等	疏松
4647	鄂白 011	红棕	中	多	中等	疏松	4666	鄂烟 215	红棕	中	有	中等	疏松
4648	鄂白 009	红棕	中	多	中等	疏松	4667	YNBS1	红棕	浓	有	中等	疏松
4650	达白二号	红棕	中	有	中等	疏松	4668	云白 2 号	红棕	浓		中等	疏松
4651	川白 1 号	红棕	中	有	稍薄	尚疏松	4669	云白 3 号	红棕	强	有	中等	疏松
4652	9026	红棕	中	有	中等	疏松	4670	云白 4 号	红棕	中	有	稍厚	尚疏松
4653	川白 2 号	红棕	中	有	中等	疏松	4671	0B122	红棕	中	有	稍薄	疏松
4654	建选 1 号	棕色	强	多	中等	疏松	4677	PB9	红棕	中	有	中等	尚疏松
4655	建选 2 号	棕色	强	多	中等	疏松	4678	Burley2	红棕	中	多	中等	尚疏松
4656	鄂烟 3 号	红棕	中	有	中等	疏松	4679	巴引白肋 1 号	红棕	浓	有	中等	疏松

序号	种质名称	颜色	色度	油分	身份	结构
4680	津引白肋 2 号	红棕	浓	有	稍薄	疏松
4682	Burley5	红棕	浓	多	中等	疏松
4683	B18-100	红棕	中	多	中等	尚疏松
4684	Ky21	红棕	中	多	中等	尚疏松
4685	S174	红棕	中	有	稍厚	疏松
4686	Ky24	红棕	中	多	中等	尚疏松
4687	TN97	红棕	中	有	中等	疏松
4689	KY908	红棕	强	有	稍厚	尚疏松
4690	B151	红棕	弱	稍有	稍厚	稍密
4692	Sota2	红棕	强	有	稍薄	尚疏松
4693	Burley11A	褐色	弱	稍有	中等	稍密
4694	Gold no Burley	红棕	中	多	中等	尚疏松
4695	LA Burley21	褐色	弱	稍有	稍厚	稍密
4698	TI1463	红棕	弱	稍有	中等	尚疏松
4700	Va1012	红棕	弱	稍有	中等	尚疏松
4701	Va1013R	红棕	弱	稍有	中等	尚疏松
4702	Va1019	红棕	中	多	中等	尚疏松
4703	Va1052R	红棕	弱	稍有	稍薄	尚疏松
4704	Va1088	红棕	中	多	中等	疏松
4705	Va1411	红棕	中	多	中等	疏松
4706	Va1053	红棕	中	多	中等	尚疏松
4707	Burley29	红棕	弱	少	中等	紧密
4708	Burley34	红棕	中	多	中等	尚疏松
4709	Burley68	红棕	中	多	中等	尚疏松
4711	Burley93	红棕	中	多	中等	疏松
4712	Burley100	红棕	中	多	中等	尚疏松
4714	Burley27	红棕	中	有	中等	尚疏松
4722	镇沅兰花烟	黄绿	弱	有	稍厚	稍密
4723	泾川黄花烟	淡棕	中	稍有	中等	尚疏松
4760	川蛮烟	红棕	浓	有	中等	疏松
4795	连州大皱叶	深黄	强	有	中等	尚疏松
4799	湘潭细叶枇杷	深棕	弱	有	中等	尚疏松
4803	铁字晒烟二号	柠檬黄	中	多	中等	疏松
4804	广丰大牛舌	紫色	浓	多	中等	疏松
4809	连州晒烟	橘黄	弱	稍有	稍厚	稍密
4825	罗甸烟冒	淡棕	弱	少	稍薄	尚疏松

序号	种质名称	颜色	色度	油分	身份	结构	序号	种质名称	颜色	色度	油分	身份	结构
4826	罗甸枇杷烟	淡棕	弱	少	稍薄	尚疏松	4908	景谷岔河草烟	红棕	淡	少	薄	尚疏松
4828	罗甸四十片	红棕	弱	有	中等	疏松	4909	丽江阿细烟	红棕	强	多	稍薄	疏松
4829	穆棱柳毛烟	红棕	浓	有	稍厚	尚疏松	4910	景谷大绿草烟	红棕	淡	少	薄	疏松
4832	望奎 3 号	淡棕	弱	少	稍薄	尚疏松	4911	华坪大卜扇	红棕	浓	多	厚	疏松
4837	穆棱镇大护脖香	红棕	中	稍有	中等	尚疏松	4912	白济讯烟（大耳）	红棕	强	多	中等	稍密
4841	星子烟	金黄	浓	足	中等	疏松	4913	永胜下川烟	红棕	强	有	稍厚	疏松
4896	惠民草烟	红棕	弱	稍有	中等	尚疏松	4914	禄丰大琵琶烟	红棕	浓	有	中等	疏松
4897	竹园小柳叶	红棕	强	多	中等	疏松	4915	黄草坝烟	红棕	强	少	薄	疏松
4898	丽江冲天烟	红棕	弱	少	薄	疏松	4916	泸水晒烟	红棕	浓	有	稍厚	疏松
4899	文乐烟	棕色	强	多	稍厚	稍密	4917	保山丙麻烟	红棕	浓	有	薄	尚疏松
4900	维登烟	棕色	中	少	薄	稍密	4919	南涧敢保烟	红棕	浓	少	薄	疏松
4901	丹株烟	棕色	浓	多	稍薄	疏松	4920	玉溪格克烟	红棕	淡	少	稍薄	疏松
4902	上江烟	红棕	弱	少	厚	稍密	4922	墨江磨黑烟	红棕	弱	少	薄	疏松
4903	丙中洛烟	红棕	浓	有	中等	疏松	4923	惠水摆金	红棕	强	多	中等	疏松
4904	墨江柄路水烟	红棕	浓	有	薄	疏松	4924	永胜砍柴坪烟	棕色	强	有	中等	疏松
4905	金鼎大叶	红棕	强	有	厚	疏松	4925	墨江正街烟	红棕	浓	有	中等	尚疏松
4906	玉溪山头烟	褐色	浓	多	中等	疏松	4926	孟连树啃咬	红棕	浓	有	中等	尚疏松
4907	弄岛红花	红棕	强	有	中等	疏松	4927	卜甲烟	棕色	强	少	薄	稍密

序号	种质名称	颜色	色度	油分	身份	结构
4928	三坝烟	红棕	浓	有	薄	疏松
4929	安定草烟	红棕	弱	少	稍薄	疏松
4930	墨江把子烟	红棕	强	有	中等	稍密
4931	维西叶枝烟	红棕	浓	有	厚	疏松
4932	九甲草烟	红棕	浓	有	中等	稍密
4933	辽岭草烟	红棕	强	有	薄	稍密
4934	啦嘛登烟	棕色	弱	有	薄	疏松
4935	永胜光华烟	红棕	弱	少	薄	疏松
4936	丽江牛皮烟	红棕	强	有	中等	疏松
4937	马关烟	红棕	浓	多	稍厚	疏松
4938	永胜木桂烟	红棕	弱	稍有	中等	疏松
4939	景谷慢来草烟	红棕	强	有	中等	稍密
4940	马军烟	红棕	强	多	中等	疏松
4941	金鼎小叶	红棕	浓	有	厚	疏松
4942	五境柳叶	红棕	强	有	中等	疏松
4943	镇沅冬烟	红棕	淡	少	薄	疏松
4944	永胜拉杈烟	红棕	浓	少	薄	疏松
4946	独山基长烟	红棕	强	有	中等	尚疏松
4948	留叶川	棕黄	中	多	中等	疏松
4949	阿乐朵烟	红棕	强	多	中等	稍密
4950	凤庆密叶烟	褐色	强	少	薄	紧密
4951	维西大川烟	棕色	强	少	中等	稍密
4952	云县昔汉柳叶	红棕	浓	多	中等	疏松
4953	宜良猪大肠	红棕	浓	有	中等	尚疏松
4954	凤凰山晒烟	红棕	浓	有	中等	尚疏松
4955	镇沅振太大树烟	棕色	弱	稍有	中等	稍密
4960	黔江乌烟	棕色	弱	有	稍薄	稍密
4962	早谷烟	棕色	强	多	中等	疏松
4964	酉阳土烟 -1	棕色	中	稍有	中等	稍密
4972	南川黑烟 -1	红棕	弱	稍有	稍薄	尚疏松
4976	云阳柳叶烟	褐色	弱	稍有	稍薄	尚疏松
4982	平地镇大柳叶	棕色	浓	有	中等	稍密
4983	永郎长叶草烟	棕色	弱	有	中等	稍密
4988	大牛耳	褐色	淡	稍有	稍薄	疏松
4993	密拖	正黄	强	有	中等	尚疏松
4999	金山乡旱烟	红棕	淡	稍有	中等	紧密

序号	种质名称	颜色	色度	油分	身份	结构
5013	凤林晒烟	深棕	中	有	中等	尚疏松
5113	81-26	棕色	中	稍有	中等	尚疏松
5116	81-8-6	青黄	浓	多	中等	尚疏松
5117	87-10-1	橘黄	强	有	中等	稍密
5118	87-11-3	棕色	浓	有	稍厚	尚疏松
5119	87-15-2	橘黄	强	有	中等	稍密
5171	GZ81-26	微带青	强	有	中等	尚疏松
5192	牡晒 89-25-1	淡棕	中	有	稍薄	尚疏松
5195	牡晒 89-24-2	红棕	中	有	中等	疏松
5200	牡晒 84-1-1	红棕	强	有	薄	尚疏松
5229	晒 9118	红棕	浓	多	中等	尚疏松
5231	晒 92414	褐色	中	稍有	中等	尚疏松
5241	上川 -1	棕色	强	有	中等	尚疏松
5245	白济讯 -2	棕色	中	有	稍厚	稍密
5249	特选晒烟	红棕	强	有	厚	疏松
5253	昔汉 -1	红棕	强	多	中等	疏松
5254	湘潭香叶	深棕	强	多	中等	疏松
5255	曼怕村 -1	红棕	强	稍有	中等	疏松
5256	砍柴坪 -1	深棕	弱	较少	厚	紧密
5257	CK01	红棕	强	有	稍薄	疏松
5258	昔汉 -2	红棕	浓	多	中等	稍密
5267	78-04-11-11-5-43	柠檬黄	浓	多	薄	稍密
5268	78-08-19-47	柠檬黄	浓	多	稍厚	稍密
5269	79-9-3-16-13-47	柠檬黄	浓	多	稍厚	稍密
5270	78-05-45-62-12-49-35	柠檬黄	浓	多	薄	稍密
5271	78-08-19-26-42-30	柠檬黄	浓	多	稍薄	稍密
5272	A-0092	橘黄	浓	多	稍厚	疏松
5273	Q-N-0001	橘黄	浓	有	厚	疏松
5274	S-8-0033	橘黄	浓	多	中等	尚疏松
5275	A6-0018-26	黄棕	浓	多	中等	尚疏松
5276	A-0042	橘黄	浓	多	中等	尚疏松
5277	8-14-0017	橘黄	浓	多	中等	尚疏松
5278	S-8-0016-5	柠檬黄	浓	多	中等	尚疏松
5279	S11-0002	橘黄	浓	多	中等	疏松
5280	Q12-0008	柠檬黄	浓	多	稍厚	疏松
5281	Q6-0057	橘黄	浓	多	中等	尚疏松

序号	种质名称	颜色	色度	油分	身份	结构
5282	Q6-0069-8	柠檬黄	浓	多	中等	疏松
5283	G-11-0001	橘黄	浓	多	中等	疏松
5284	G-11-0002	橘黄	浓	多	中等	疏松
5285	K12-0003	橘黄	浓	多	中等	疏松
5286	连选一号	柠檬黄	浓	有	中等	尚疏松
5287	延晒七号	红棕	强	有	中等	尚疏松
5288	龙烟六号	红棕	强	有	中等	尚疏松
5289	云晒 1 号	柠檬黄	强	有	中等	疏松
5291	巴西晒晾烟	棕黄	强	有	中等	尚疏松
5293	津引晒烟 3 号	青黄	弱	少	中等	紧密
5294	Coker9	柠檬黄	弱	稍有	稍厚	紧密
5295	Va331-1	红棕	浓	多	中等	疏松
5590	五峰 2 号	浅红棕	强		中等	疏松
5297	Va787	棕色	中	有	稍薄	稍密
5298	Va871	红棕	强	多	稍厚	尚疏松
5299	Va932	红棕	浓	有	中等	疏松
5300	Va934	红棕	浓	多	中等	疏松
5310	Va878	红棕	强	多	中等	尚疏松
5313	肯那	红棕	浓	有	中等	尚疏松
5314	拉加	红棕	强	多	中等	疏松
5315	Wilson	褐色	强	有	稍薄	疏松
5316	Md40	褐色	强	有	稍薄	疏松
5323	云香 2 号	橘黄	强	有	稍厚	紧密
5324	A37	棕色	弱	有	薄	稍密
5326	Canik	红棕	强	有	稍薄	紧密
5327	Greece Basma	红棕	强	有	稍薄	紧密
5338	Izmir	红棕	强	有	厚	稍密
5339	K Izmir No.1	棕色	弱	多	厚	稍密
5344	A-0012	柠檬黄	浓	多	稍薄	疏松
5345	S6-0025	黄棕	浓	多	稍厚	疏松
5346	86-43Ht	橘黄	强	多	稍薄	疏松
5347	10-16-0013	橘黄	强	多	稍薄	疏松
5348	A6-0027-19	橘黄	强	多	稍薄	疏松
5349	Q-5-0089-24	橘黄	强	多	稍薄	疏松
5350	6-12-0021	橘黄	浓	多	稍厚	疏松
5351	K9-0076	橘黄	浓	多	稍薄	疏松

序号	种质名称	颜色	色度	油分	身份	结构
5352	6-11-0006	橘黄	浓	多	稍厚	疏松
5353	6-12-0004-18	橘黄	浓	多	薄	疏松
5354	A6-0048-16	橘黄	浓	多	薄	疏松
5355	K-H-0001	橘黄	浓	多	薄	疏松
5356	A-6-0008-3	橘黄	浓	多	稍厚	稍密
5357	A7-0006	橘黄	浓	多	中等	疏松
5358	曼陀罗烟一号	黄棕	浓	多	稍厚	疏松
5359	紫苏烟一号	橘黄	浓	多	稍厚	稍密
5360	罗勒烟一号	橘黄	浓	多	薄	疏松
5361	薄荷烟二号	橘黄	浓	多	厚	疏松
5362	曼陀罗烟 89-25 号	橘黄	浓	多	中等	疏松
5363	人参烟 26 号	橘黄	浓	多	稍厚	疏松
5364	薄荷烟 -6	橘黄	浓	多	中等	疏松
5365	黄芪烟 10 号	橘黄	浓	多	薄	疏松
5366	黄芪烟 15 号	橘黄	浓	多	中等	疏松
5367	黄芪烟 12t	橘黄	浓	多	中等	疏松
5368	黄芪烟 16 号	橘黄	浓	多	中等	疏松
5369	薄荷烟 89-15	橘黄	浓	多	中等	疏松
5370	黄芪烟 18 号	橘黄	浓	多	中等	疏松
5371	黄芪烟 4 号	橘黄	浓	多	稍薄	疏松
5372	罗勒烟 8929 号	橘黄	浓	多	稍薄	稍密
5373	黄芪烟 -35	橘黄	浓	多	稍厚	稍松
5374	黄芪烟 -13	橘黄	浓	多	薄	稍松
5375	黄芪烟 6 号	橘黄	浓	多	薄	稍密
5376	Q-5-00003	橘黄	浓	多	中等	疏松
5377	S-8-00009	橘黄	浓	多	厚	稍密
5378	H-11-0022	橘黄	浓	多	中等	疏松
5379	S-8-0052	橘黄	浓	多	薄	疏松
5380	H-11-0036-1	橘黄	浓	多	中等	疏松
5381	Q-5-0022	橘黄	浓	多	中等	疏松
5382	H-11-0035	橘黄	浓	多	中等	疏松
5383	A-00005	橘黄	浓	多	厚	稍密
5384	H-11-0030-30	橘黄	浓	多	中等	疏松
5385	H-11-0025	柠檬黄	浓	多	稍薄	疏松
5386	Q-5-0061	柠檬黄	浓	多	薄	疏松
5387	H-11-0002BC1	柠檬黄	浓	多	中等	疏松

序号	种质名称	颜色	色度	油分	身份	结构
5388	Q-5-0002	橘黄	强	多	薄	疏松
5389	Q-5-0036	柠檬黄	强	多	中等	疏松
5390	Q-5-0051	柠檬黄	强	多	薄	疏松
5391	Q-5-0059	柠檬黄	强	多	薄	疏松
5392	H-11-0002	柠檬黄	强	多	薄	疏松
5393	H-11-0012	柠檬黄	强	多	薄	疏松
5394	H-11-0013-11	橘黄	强	多	中等	疏松
5395	S-8-0041	橘黄	强	多	稍薄	疏松
5396	A-0088	橘黄	强	多	中等	疏松
5397	Q-0007	橘黄	强	多	稍厚	疏松
5398	S-8-0043	柠檬黄	浓	多	薄	疏松
5399	Q-5-0117	柠檬黄	浓	多	中等	疏松
5400	H-11-0027	柠檬黄	浓	多	中等	疏松
5401	H-11-0012	柠檬黄	浓	多	稍厚	疏松
5402	S-8-0054	柠檬黄	浓	多	稍厚	疏松
5403	Q-5-0016	柠檬黄	浓	多	中等	疏松
5404	H-11-0027-5	柠檬黄	浓	多	稍厚	疏松
5405	Q-5-0103	柠檬黄	浓	多	中等	疏松
5406	H-11-0003	柠檬黄	浓	多	中等	疏松
5407	Q-5-0001	柠檬黄	浓	多	中等	疏松
5408	Q-5-0056	柠檬黄	浓	多	中等	疏松
5409	S-8-0006-6	柠檬黄	浓	多	中等	疏松
5410	S-8-0055	橘黄	浓	多	稍厚	疏松
5411	S-8-0010	橘黄	浓	多	稍厚	疏松
5412	A-0090	橘黄	浓	多	中等	疏松
5413	K9-0096	橘黄	浓	多	稍厚	疏松
5414	H-11-0017	橘黄	浓	多	稍厚	疏松
5415	S-8-0050	橘黄	浓	多	中等	疏松
5416	A-0077	橘黄	浓	多	中等	疏松
5417	H-11-0026-13	橘黄	浓	多	薄	疏松
5418	A-0003	橘黄	浓	多	中等	稍密
5419	H-11-0034-13	橘黄	浓	多	稍厚	疏松
5420	H-11-0014	橘黄	浓	多	稍厚	疏松
5421	K9-0003	橘黄	浓	多	厚	稍密
5422	Q-5-0006	橘黄	浓	多	中等	稍密
5423	Q-5-0104	柠檬黄	浓	多	中等	疏松

序号	种质名称	颜色	色度	油分	身份	结构	序号	种质名称	颜色	色度	油分	身份	结构
5424	S-8-0027-2	柠檬黄	浓	多	中等	疏松	5442	K9-0059	柠檬黄	浓	多	稍厚	疏松
5425	A-00009	柠檬黄	浓	多	厚	稍密	5443	S-8-0056	橘黄	浓	多	中等	疏松
5426	S-8-0034	柠檬黄	浓	多	薄	疏松	5444	K9-0101	橘黄	浓	多	稍厚	疏松
5427	S-8-0061	柠檬黄	浓	多	中等	疏松	5445	Q-5-0023	柠檬黄	浓	多	中等	疏松
5428	A-0073	柠檬黄	浓	多	中等	疏松	5446	H-11-0018	柠檬黄	浓	多	稍厚	疏松
5429	H-11-0039	橘黄	强	多	稍厚	疏松	5447	K9-0091	柠檬黄	浓	多	稍厚	疏松
5430	S-9-0002	橘黄	浓	多	稍厚	疏松	5448	S-8-0035	柠檬黄	浓	多	稍薄	疏松
5431	A-0001	橘黄	浓	多	中等	疏松	5449	A-0091	柠檬黄	浓	多	中等	疏松
5432	K9-0081	橘黄	浓	多	中等	疏松	5450	Q-5-0039	橘黄	浓	多	中等	疏松
5433	A-0010	橘黄	浓	多	中等	疏松	5451	K9-0069	柠檬黄	浓	多	稍厚	尚疏松
5434	Q-5-0057	橘黄	浓	多	稍薄	疏松	5452	A-0075	柠檬黄	浓	多	中等	疏松
5435	A-0082	橘黄	浓	多	中等	疏松	5453	87ABC1	柠檬黄	浓	多	中等	疏松
5436	S-8-0055-9	橘黄	浓	多	中等	疏松	5454	H-11-0038-14	柠檬黄	浓	多	稍厚	疏松
5437	K9-0075	橘黄	浓	多	稍厚	疏松	5455	A-0038-9	柠檬黄	浓	多	中等	疏松
5438	Q-5-0037	棕黄	浓	多	中等	疏松	5456	S-8-0038	柠檬黄	浓	多	稍厚	疏松
5439	A-0006	橘黄	浓	多	中等	疏松	5457	K9-0077	柠檬黄	浓	多	中等	疏松
5440	A 烟	柠檬黄	浓	多	稍厚	疏松	5458	K9-0066	柠檬黄	浓	多	稍厚	尚疏松
5441	H-11-0032	柠檬黄	浓	多	稍厚	疏松	5459	K9-0089	柠檬黄	浓	多	稍厚	疏松

序号	种质名称	颜色	色度	油分	身份	结构
5460	Q-000052	柠檬黄	浓	多	厚	疏松
5461	A-0038-4	柠檬黄	浓	多	中等	疏松
5462	A-0000108	柠檬黄	浓	多	中等	疏松
5463	Q-6-0014	柠檬黄	浓	多	稍厚	疏松
5464	A-00002	柠檬黄	浓	多	厚	稍疏松
5465	S-8-0080	柠檬黄	浓	多	稍厚	疏松
5466	K9-0009	柠檬黄	浓	多	稍厚	疏松
5467	A-00004	柠檬黄	浓	多	厚	尚疏松
5468	H-11-0013-1	柠檬黄	浓	多	稍厚	疏松
5469	Q-000055	柠檬黄	浓	多	中等	疏松
5470	Q-5-0090	柠檬黄	浓	多	稍厚	疏松
5471	K-0005	柠檬黄	浓	多	厚	疏松
5472	A-000098	柠檬黄	浓	多	厚	尚疏松
5473	42S	柠檬黄	浓	多	厚	疏松
5474	H-11-0033-21	柠檬黄	浓	多	稍厚	疏松
5475	Q-5-0096	柠檬黄	浓	多	稍厚	疏松
5476	K9-0007	淡棕	浓	多	中等	疏松
5477	Q-00002	橘黄	中	有	中等	稍密
5478	K9-0028	橘黄	浓	多	中等	疏松
5479	S-8-00001	棕色	中	稍有	中等	稍密
5480	Q-5-0094	棕色	中	稍有	稍厚	稍密
5481	A-0000128	棕色	中	稍有	稍厚	稍密
5482	A-0045	淡棕	中	多	中等	疏松
5483	Q-5-0006-6	微带青	中	有	中等	稍密
5484	Q-5-000021	棕色	中	稍有	中等	稍密
5485	A-0000111	棕色	中	稍有	中等	尚疏松
5486	H-11-0002-2BC1	棕色	中	稍有	稍薄	尚疏松
5487	85F-17Q-3-20	微带青	中	有	中等	疏松
5488	H-11-0026-2	橘黄	强	多	中等	疏松
5489	A-0005	棕色	中	有	中等	尚疏松
5490	H-11-0037-11	棕色	强	多	中等	疏松
5491	H-11-0036	微带青	中	多	中等	疏松
5492	S-8-0016-6	棕色	强	多	中等	尚疏松
5493	S-8-0091	棕色	中	稍有	中等	尚疏松
5494	K9-0054	微带青	中	有	中等	尚疏松
5495	K9-0024	橘黄	中	多	中等	疏松

序号	种质名称	颜色	色度	油分	身份	结构	序号	种质名称	颜色	色度	油分	身份	结构
5496	H-11-0036-9	微带青	强	多	中等	疏松	5514	A-0039	棕色	浓	多	稍厚	尚疏松
5497	A-0040	红棕	中	稍有	中等	稍密	5515	A-0075-2	棕色	浓	多	稍厚	尚疏松
5498	85F-12t-2	橘黄	中	稍有	中等	尚疏松	5516	A-0065-7-9	棕色	浓	多	稍厚	疏松
5499	Q-5-0088	红棕	强	多	中等	疏松	5517	H-11-000011	橘黄	浓	多	厚	尚疏松
5500	K9-0026	棕色	中	稍有	稍薄	尚疏松	5518	A-0099	橘黄	浓	多	稍厚	尚疏松
5501	Q-5-0006BC1	橘黄	浓	多	稍厚	尚疏松	5519	H-11-00001	柠檬黄	浓	多	中等	尚疏松
5502	A-0095	棕色	浓	多	稍厚	尚疏松	5520	H-11-0038-8	柠檬黄	浓	多	稍厚	疏松
5503	H-11-0010	红棕	弱	有	中等	尚疏松	5521	A-000010	柠檬黄	浓	多	厚	尚疏松
5504	H-11-0016-6	橘黄	浓	多	稍厚	疏松	5522	Q-5-0065-7-9	橘黄	浓	多	稍厚	尚疏松
5505	K-00001	橘黄	浓	多	中等	疏松	5523	A-0096	橘黄	浓	多	稍厚	尚疏松
5506	H-11-0011-40	柠檬黄	浓	多	稍厚	尚疏松	5524	A-0014	红棕	中	稍有	中等	疏松
5507	H-11-0026-7	橘黄	浓	多	稍厚	尚疏松	5525	A-0058	红棕	中	稍有	中等	疏松
5508	A-00008	棕色	浓	多	厚	尚疏松	5527	6-Q-0005	橘黄	浓	多	稍薄	疏松
5509	A-0097	棕色	浓	多	稍厚	尚疏松	5528	A-12-0005	橘黄	浓	多	中等	尚疏松
5510	K9-0008-14	柠檬黄	浓	多	稍厚	疏松	5529	6-11-0008	橘黄	浓	多	中等	疏松
5511	Q-6-0007	柠檬黄	浓	多	稍厚	尚疏松	5530	Q-0001（变异）	橘黄	浓	多	中等	疏松
5512	K9-0067	棕色	浓	多	稍厚	疏松	5531	A-0031	橘黄	浓	多	中等	尚疏松
5513	H-11-0026-1	棕色	浓	多	稍厚	尚疏松	5532	Q-6-7-0025	橘黄	浓	多	中等	尚疏松

序号	种质名称	颜色	色度	油分	身份	结构
5533	A-0078	橘黄	浓	多	中等	尚疏松
5534	A10-0001	橘黄	浓	多	中等	尚疏松
5535	Q-0010-2	橘黄	浓	多	中等	疏松
5536	A-0071	橘黄	浓	多	中等	疏松
5537	Q-D-0016	橘黄	浓	多	中等	尚疏松
5538	Q-N-0012	橘黄	浓	多	中等	疏松
5539	A-Sa-0001	橘黄	浓	多	中等	尚疏松
5540	A-0126	柠檬黄	浓	多	中等	尚疏松
5541	S-8-0092	柠檬黄	浓	多	中等	尚疏松
5542	A-0076	柠檬黄	浓	多	中等	尚疏松
5543	85F-30Qt-3-5	柠檬黄	浓	多	中等	尚疏松
5544	H-11-0026	橘黄	浓	多	中等	尚疏松
5545	Q-N-3-8-6	橘黄	浓	多	中等	尚疏松
5546	A-0076-14-15	柠檬黄	浓	多	中等	疏松
5547	6-11-0012	柠檬黄	浓	多	中等	疏松
5548	A-0016	柠檬黄	浓	多	中等	尚疏松
5549	A6-0071	橘黄	浓	多	稍厚	疏松
5550	A-N-0028	橘黄	浓	多	稍厚	疏松
5551	A-0076-5	橘黄	浓	多	稍厚	尚疏松
5552	A-0074	橘黄	浓	多	中等	尚疏松
5553	H-11-6-7	橘黄	浓	多	中等	尚疏松
5554	6-0025-8	橘黄	浓	多	中等	尚疏松
5555	A-0038	橘黄	浓	多	中等	尚疏松
5556	Q6-0014	柠檬黄	浓	多	中等	尚疏松
5557	6-Q-0025	柠檬黄	浓	多	中等	尚疏松
5558	A6-0062	柠檬黄	浓	多	中等	尚疏松
5559	A14-0001	柠檬黄	浓	多	中等	疏松
5560	A6-0043-9	橘黄	浓	多	中等	尚疏松
5561	Q12-0007	橘黄	浓	多	中等	疏松
5562	A14-0008	橘黄	浓	多	稍厚	疏松
5563	H6-0024	柠檬黄	浓	多	稍厚	尚疏松
5564	A6-0046-6	柠檬黄	浓	多	稍厚	尚疏松
5565	A6-0048-3	柠檬黄	浓	多	稍厚	疏松
5566	A6-0061-4	橘黄	浓	多	稍厚	尚疏松
5567	Q12-0013	橘黄	浓	多	稍厚	疏松
5568	A14-0005	橘黄	浓	多	稍厚	尚疏松

序号	种质名称	颜色	色度	油分	身份	结构
5569	A11-0006	橘黄	浓	多	中等	疏松
5570	A6-0045-9	橘黄	浓	多	中等	疏松
5571	A14-0003	橘黄	浓	多	中等	疏松
5572	A12-0005	橘黄	浓	多	中等	疏松
5573	6-13-5-A	棕黄	浓	多	中等	尚疏松
5574	H-10-16-0013BC1	柠檬黄	浓	多	中等	疏松
5575	A13-0003	柠檬黄	浓	多	中等	尚疏松
5576	Q12-0015	橘黄	浓	多	中等	疏松
5577	Q12-0009	橘黄	浓	多	中等	疏松
5578	Q12-0010	橘黄	浓	多	中等	疏松
5579	H-10-16-0013	柠檬黄	浓	多	中等	尚疏松
5580	A14-0004	柠檬黄	浓	多	中等	疏松
5581	K-0001	柠檬黄	浓	多	中等	疏松
5582	A14-0002	柠檬黄	浓	多	中等	疏松
5583	A13-0008	橘黄	浓	多	中等	疏松
5584	6-13-A-5	橘黄	强	多	稍厚	尚疏松
5585	A-0043	橘黄	强	多	稍薄	尚疏松
5586	K9-0002	橘黄	强	多	稍厚	尚疏松
5587	K9-0098	橘黄	浓	多	稍厚	尚疏松
5588	N-A-0028	橘黄	浓	多	稍厚	尚疏松
5589	五峰 1 号	红棕	强	有	中等	疏松

2. 烟草种质资源化学成分鉴定

序号	全国统一编号	种质名称	类型	总糖	还原糖	两糖差	两糖比	总氮	蛋白质	烟碱	钾	氯	钾氯比	施木克值	总糖/烟碱	还原糖/烟碱	总氮/烟碱
3662	00004073	独山趴杆烟	烤烟	26.00	22.00	4.00	0.85	2.00	8.00	2.00	2.00			3.25	13.00	11.00	1.00
3663	00004076	折烟	烤烟	24.00	19.00	5.00	0.79	2.00	8.00	2.00	2.00			3.00	12.00	9.50	1.00
3664	00004080	贵定团鱼叶	烤烟	20.00	16.00	4.00	0.80	2.00	9.00	2.00	3.00			2.22	10.00	8.00	1.00
3667	00004089	炉山柳叶	烤烟	21.55	17.44	4.11	0.81	2.19	8.37	2.01	2.57	0.23	11.03	2.57	10.72	8.68	1.09

序号	全国统一编号	种质名称	类型	总糖	还原糖	两糖差	两糖比	总氮	蛋白质	烟碱	钾	氯	钾氯比	施木克值	总糖/烟碱	还原糖/烟碱	总氮/烟碱
3668	00004051	堡子烟	烤烟	28.30	24.85	3.45	0.88	1.77	9.12	1.80	1.53	0.12	12.75	3.10	15.72	13.81	0.98
3669	00004060	埔烟 2 号	烤烟	14.33	12.58	1.75	0.88	2.46	13.67	1.58	2.40	0.12	20.00	1.05	9.07	7.96	1.56
3670	00004065	江川烤烟	烤烟	24.70	13.72	10.98	0.56	1.88	10.55	1.11	1.53	0.48	3.19	2.34	22.25	12.36	1.69
3671	00004071	宝丰烤烟	烤烟	23.44	19.12	4.32	0.82	2.21	12.45	1.26	1.85	0.12	15.42	1.88	18.60	15.17	1.75
3672	00004079	大芭蕉叶	烤烟	18.53	16.48	2.05	0.89	2.63	14.86	1.46	1.44	0.14	10.29	1.25	12.69	11.29	1.80
3673	00004091	大有种	烤烟	25.73	19.34	6.39	0.75	1.96	10.24	1.86	1.67	0.11	15.18	2.51	13.83	10.40	1.05
3674	00004092	蔓光白烟	烤烟	24.37	21.06	3.31	0.86	1.80	9.84	1.31	1.65	0.10	16.50	2.48	18.60	16.08	1.37
3675	00004778	路南虎街烤烟	烤烟	26.20	20.30	5.90	0.77	1.56	7.45	2.13	1.23	0.20	6.15	3.52	12.30	9.53	0.73
3679	00003693	9501	烤烟	31.55	25.76	5.79	0.82	1.59	7.66	2.09	2.34	0.07	33.43	4.12	15.10	12.33	0.76
3684	00003698	96419	烤烟	23.45	20.75	2.70	0.88	2.15	11.21	2.45	1.62	0.48	3.38	2.09	9.57	8.47	0.88
3741	00004396	9302	烤烟	33.53				1.57	7.50	2.14				4.47	15.67		0.73
3750	00004427	8021	烤烟	21.52	16.70	4.82	0.78	2.00	9.29	2.96	1.41	0.06	23.50	2.32	7.27	5.64	0.68
3815	00004816	3116	烤烟	36.02	33.77	2.25	0.94	1.22	6.39	1.14	2.19	0.11	19.91	5.64	31.60	29.62	1.07
3833	00004784	4082	烤烟	14.30	12.27	2.03	0.86	1.20	5.51	1.84	1.97	0.14	14.07	2.60	7.77	6.67	0.65
3861	00003713	C152	烤烟		19.16			1.94	9.43	2.52						7.60	0.77
3862	00003714	C151	烤烟	11.38	9.13	2.25	0.80	2.41	12.80	2.09	2.70	0.19	14.21	0.89	5.44	4.37	1.15
3863	00003715	C212	烤烟		24.64			1.86	9.70	1.78						13.84	1.04
3864	00003716	丰字 1 号	烤烟	11.30				1.94	9.41	2.46				1.20	4.59		0.79

序号	全国统一编号	种质名称	类型	总糖	还原糖	两糖差	两糖比	总氮	蛋白质	烟碱	钾	氯	钾氯比	施木克值	总糖/烟碱	还原糖/烟碱	总氮/烟碱
3865	00003717	南选 1 号	烤烟	15.37	13.24	2.13	0.86	1.85	8.22	3.06				1.87	5.02	4.33	0.60
3993	00003720	930032	烤烟	24.54	18.76	5.78	0.76	1.93	7.02	2.76	1.80	0.19	9.47	3.50	8.89	6.80	0.70
3995	00003722	96019	烤烟	19.00	16.40	2.60	0.86	2.23	12.10	1.71	2.51	0.50	5.02	1.57	11.11	9.59	1.30
3997	00004457	68E-2	烤烟	18.97					7.34	1.48				2.58			
4015	00004743	娄山一号	烤烟	14.98	12.81	2.17	0.86	2.46	9.43	2.46	2.05	0.28	7.45	1.59	6.09	5.21	1.00
4029	00004871	农大 202	烤烟	23.10	19.60	3.50	0.85	2.30	7.30	2.20	1.80	0.40	4.50	2.56	10.50	8.80	1.09
4040	00003689	MSK326（许）	烤烟	18.12	16.28	1.84	0.90	2.56	6.48	2.98	3.07	0.45	6.82	2.80	6.08	5.46	0.86
4048	00003703	G80B	烤烟	20.89	17.48	3.41	0.84	1.09	7.87	3.05	2.10	0.44	4.77	2.65	6.85	5.73	0.36
4051	00003706	KB-6	烤烟	16.30	15.00	1.30	0.92	2.25	6.48	0.94	4.92	0.06	82.00	2.52	17.34	15.96	2.39
4080	00004588	A11-0002	烤烟	28.60	28.50	0.10	1.00	2.05	12.48	0.31	2.10	1.72	1.22	2.29	92.26	91.94	6.61
4081	00004893	Q-5-000015	烤烟	23.40	22.50	0.90	0.96	1.94	11.31	0.75	2.08	0.78	2.67	2.07	31.20	30.00	2.59
4106	00005486	6-11-0016	烤烟	19.50	18.50	1.00	0.95	2.51	13.76	1.78	1.40	1.44	0.97	1.42	10.96	10.39	1.41
4109	00005529	S11-0005	烤烟	21.00	20.80	0.20	0.99	2.36	12.35	2.20	1.40	1.29	1.09	1.70	9.55	9.45	1.07
4110	00005536	S11-0003	烤烟	21.20	20.80	0.40	0.98	2.34	12.35	2.17	1.38	1.26	1.10	1.72	9.77	9.59	1.08
4112	00005542	Q12-0011	烤烟	22.20	18.40	3.80	0.83	2.50	14.77	0.79	2.00	0.82	2.44	1.50	28.10	23.29	3.16
4113	00005544	A12-0004	烤烟	17.40	17.30	0.10	0.99	2.53	14.39	1.32	2.20	1.43	1.54	1.21	13.18	13.11	1.92
4114	00005548	Q12-0003	烤烟	22.60	20.30	2.30	0.90	2.31	13.59	0.76	1.89	0.84	2.25	1.66	29.74	26.71	3.04
4115	00005549	S11-0008	烤烟	16.30	15.80	0.50	0.97	3.18	16.93	2.73	1.34	1.62	0.83	0.96	5.97	5.79	1.16

序号	全国统一编号	种质名称	类型	总糖	还原糖	两糖差	两糖比	总氮	蛋白质	烟碱	钾	氯	钾氯比	施木克值	总糖/烟碱	还原糖/烟碱	总氮/烟碱
4116	00005552	A11-0004	烤烟	28.40	28.23	0.17	0.99	2.05	12.51	0.30	1.71	1.09	1.57	2.27	94.67	94.10	6.83
4119	00005559	T12-0001	烤烟	18.30	18.00	0.30	0.98	2.46	13.86	1.40	1.06	1.22	0.87	1.32	13.07	12.86	1.76
4120	00005561	A11-0001	烤烟	28.40	28.22	0.18	0.99	2.05	12.51	0.30	1.71	1.09	1.57	2.27	94.67	94.07	6.83
4123	00005572	A14-0006	烤烟	23.60	23.00	0.60	0.97	2.42	13.30	1.69	2.27	1.30	1.75	1.77	13.96	13.61	1.43
4124	00005573	S11-0010	烤烟	26.70	25.30	1.40	0.95	2.16	11.72	1.65	1.08	1.09	0.99	2.28	16.18	15.33	1.31
4125	00005574	Q12-0002	烤烟	21.80	19.40	2.40	0.89	2.18	12.35	1.18	2.03	1.20	1.69	1.77	18.47	16.44	1.85
4126	00005575	A11-0003	烤烟	23.87	21.13	2.74	0.89	2.64	16.15	0.32	1.82	1.00	1.82	1.48	74.59	66.03	8.25
4127	00005576	Q12-0004	烤烟	22.20	18.40	3.80	0.83	2.48	14.69	0.79	1.98	0.81	2.44	1.51	28.10	23.29	3.14
4128	00005577	S11-0004	烤烟	19.90	19.83	0.07	1.00	2.15	12.62	0.77	1.76	1.52	1.16	1.58	25.84	25.75	2.79
4131	00005580	Q12-0012	烤烟	22.60	20.40	2.20	0.90	2.28	13.81	0.75	1.89	0.84	2.25	1.64	30.13	27.20	3.04
4132	00005582	A12-0002	烤烟	17.17	17.07	0.10	0.99	2.53	14.39	1.32	2.19	1.44	1.52	1.19	13.01	12.93	1.92
4133	00005583	A14-0007	烤烟	23.60	23.00	0.60	0.97	2.42	13.30	1.69	2.27	1.30	1.75	1.77	13.96	13.61	1.43
4147	00003647	9706	烤烟	16.90	13.90	3.00	0.82	2.10	9.90	2.99	3.78	0.08	47.25	1.71	5.65	4.65	0.70
4150	00003650	9802	烤烟	19.30	18.30	1.00	0.95	2.25	8.12	2.21	3.74	0.08	46.75	2.38	8.73	8.28	1.02
4192	00003727	云烟 317-2	烤烟	25.00	23.60	1.40	0.94	1.99	8.27	2.22	2.96	0.51	5.80	3.02	11.26	10.63	0.90
4193	00003729	8602-123	烤烟	27.10	23.80	3.30	0.88	1.50	7.54	1.70	1.84	0.12	15.33	3.59	15.94	14.00	0.88
4194	00003730	8813	烤烟	23.60	23.40	0.20	0.99	1.97	6.69	2.30	2.94	0.21	14.00	3.53	10.26	10.17	0.86
4195	00003731	8801-2	烤烟	6.19	5.48	0.71	0.89	3.29	16.68	3.57	2.69	0.18	14.94	0.37	1.73	1.54	0.92

序号	全国统一编号	种质名称	类型	总糖	还原糖	两糖差	两糖比	总氮	蛋白质	烟碱	钾	氯	钾氯比	施木克值	总糖/烟碱	还原糖/烟碱	总氮/烟碱
4196	00003732	8801-3	烤烟	21.25	17.76	3.49	0.84	2.35	12.75	1.80	1.79	0.12	14.92	1.67	11.81	9.87	1.31
4197	00003733	8801-5	烤烟	24.09	14.38	9.71	0.60	2.51	13.53	2.00	1.79	0.13	13.77	1.78	12.05	7.19	1.26
4198	00003734	广黄 817	烤烟	17.49	13.61	3.88	0.78	2.35	13.00	1.56	2.46	0.12	20.50	1.35	11.21	8.72	1.51
4200	00003736	广烟 12	烤烟	5.94	4.41	1.53	0.74	2.49	12.44	2.89	1.99	0.12	16.58	0.48	2.06	1.53	0.86
4202	00003738	高州 75	烤烟	17.50	13.22	4.28	0.76	2.59	14.12	1.89	1.93	0.12	16.08	1.24	9.26	6.99	1.37
4203	00003739	高州 77	烤烟	25.03	21.22	3.81	0.85	2.51	13.76	1.76	1.58	0.12	13.17	1.82	14.22	12.06	1.43
4204	00003740	高州 78	烤烟	24.82	21.18	3.64	0.85	2.09	11.17	1.75	1.18	0.15	7.87	2.22	14.18	12.10	1.19
4205	00003741	高州 79	烤烟	9.77	6.80	2.97	0.70	3.18	15.55	3.99	1.71	0.13	13.15	0.63	2.45	1.70	0.80
4206	00003743	丰字 6 号	烤烟	22.36	19.79	2.57	0.89	2.13	11.69	1.50	1.83	0.11	16.64	1.91	14.91	13.19	1.42
4207	00003744	8041	烤烟	14.19	12.28	1.91	0.87	1.32	8.09	1.13	2.09	0.13	16.08	1.75	12.56	10.87	1.17
4208	00004499	9147	烤烟	26.38	22.61	3.77	0.86	2.05	11.62	1.67	2.30	0.08	28.75	2.27	15.80	13.54	1.23
4209	00004501	72-50-5	烤烟	16.46	14.82	1.64	0.90	2.78	14.49	2.67	1.41	0.12	11.75	1.14	6.16	5.55	1.04
4210	00004521	8807	烤烟	18.50				1.53	8.30	1.17				2.23	15.81		1.31
4212	00004583	8610-4-2-1	烤烟	26.73				1.80	8.43	2.61				3.17	10.24		0.69
4213	00004589	7813	烤烟	31.84	23.36	8.48	0.73	1.57		0.91	2.44	0.30	8.03		34.99	25.67	1.73
4216	00004663	白花大金元	烤烟	22.11	18.26	3.85	0.83	2.49	13.80	1.63	1.59	0.13	12.23	1.60	13.56	11.20	1.53
4217	00004676	湖北 517	烤烟	16.19	14.30	1.89	0.88	2.73	15.14	1.76	1.74	0.08	21.75	1.07	9.20	8.13	1.55
4219	00004728	云南株 8	烤烟	30.29	19.13	11.16	0.63	1.70	9.11	1.69	2.07	0.46	4.54	3.32	17.92	11.32	1.01

序号	全国统一编号	种质名称	类型	总糖	还原糖	两糖差	两糖比	总氮	蛋白质	烟碱	钾	氯	钾氯比	施木克值	总糖/烟碱	还原糖/烟碱	总氮/烟碱
4220	00004750	人民六队 -15	烤烟	22.62	15.97	6.65	0.71	2.21	10.65	2.93	0.73	0.65	1.12	2.12	7.72	5.45	0.75
4221	00004769	小巴 6-3-1	烤烟	32.58	19.38	13.20	0.59	1.57	8.94	1.85	2.07	0.39	5.31	3.64	17.61	10.48	0.85
4222	00004793	梁家村	烤烟	31.10	20.95	10.15	0.67	1.78	9.07	1.90	1.19	0.79	1.51	3.43	16.37	11.03	0.94
4223	00004802	云烟 76 号	烤烟	32.28	19.59	12.69	0.61	1.77		1.96	1.78	0.39	4.60		16.47	9.99	0.90
4224	00004811	云烟 86 号	烤烟	32.92	21.65	11.27	0.66	1.44	13.50	1.39	2.18	0.53	4.08	2.44	23.68	15.58	1.04
4225	00004815	云烟 84 号	烤烟	36.40	23.79	12.61	0.65	1.41	11.76	1.14	1.49	0.30	4.90	3.10	31.93	20.87	1.24
4229	00005286	MS 云烟 85	烤烟	25.60	24.40	1.20	0.95	2.13	9.81	2.49	2.54	0.21	12.10	2.61	10.28	9.80	0.86
4230	00005287	MS 云烟 87	烤烟	32.82	30.47	2.35	0.93	1.97	10.97	1.24	2.11	0.09	23.44	2.99	26.47	24.57	1.59
4250	00004748	CZ9303	烤烟	24.95				1.58	7.35	2.34				3.39	10.66		0.68
4261	00003657	CF20	烤烟	13.35	9.95	3.40	0.75	2.51	13.44	2.08	2.88	0.18	16.00	0.99	6.42	4.78	1.21
4262	00003661	CF973	烤烟	14.05	10.28	3.77	0.73	3.21	15.85	3.31	1.76			0.89	4.24	3.11	0.97
4263	00003662	CV91	烤烟	34.89	32.66	2.23	0.94	1.21	5.62	1.80	2.97	0.35	8.49	6.21	19.38	18.14	0.67
4264	00003663	CV088	烤烟	31.90	28.40	3.50	0.89	1.64	6.32	2.37	2.52	0.07	36.00	5.05	13.46	11.98	0.69
4265	00003664	CV502	烤烟	13.28	10.06	3.22	0.76	2.79	15.91	1.43	2.74	0.14	19.57	0.83	9.29	7.03	1.95
4266	00003666	MSK326	烤烟	31.77	29.07	2.70	0.92	1.63	8.49	1.57	2.46	0.25	9.84	3.74	20.24	18.52	1.04
4276	00004612	68-54	烤烟	12.62	8.76	3.86	0.69	2.67	13.50	2.96	2.05	0.12	17.08	0.93	4.26	2.96	0.90
4312	00004763	CV89	烤烟	14.52	11.47	3.05	0.79	1.59	7.81	1.43	3.68	0.10	36.80	1.86	10.15	8.02	1.11
4314	00004775	CV73	烤烟	18.49	13.74	4.75	0.74	1.95	9.91	1.75	1.64	0.62	2.65	1.87	10.57	7.85	1.11

序号	全国统一编号	种质名称	类型	总糖	还原糖	两糖差	两糖比	总氮	蛋白质	烟碱	钾	氯	钾氯比	施木克值	总糖/烟碱	还原糖/烟碱	总氮/烟碱
4336	00004359	安烟二号	烤烟	30.48	25.97	4.51	0.85	1.84		1.90	2.80	0.28	10.00		16.04	13.67	0.97
4337	00004549	安烟 3 号	烤烟	27.29	23.61	3.68	0.87	1.92		2.18	2.97	0.26	11.42		12.52	10.83	0.88
4338	00004847	安烟一号	烤烟	29.15	25.50	3.65	0.87	1.71		2.08	2.72	0.27	10.07		14.01	12.26	0.82
4339	00004864	毕纳 1 号	烤烟	30.94	25.06	5.88	0.81	1.96		2.18	1.90	0.20	9.50		14.19	11.50	0.90
4340	00004865	黔西一号	烤烟	24.95	20.98	3.97	0.84	1.99	7.53	2.50	1.59	0.25	6.36	3.31	9.25	8.39	0.84
4341	00004823	辽烟 17 号	烤烟	27.10	22.42	4.68	0.83	1.79		2.24	1.72	0.36	4.78		12.10	10.01	0.80
4342	00004827	辽烟 16 号	烤烟	29.38	23.21	6.17	0.79	1.57	7.79	1.98	1.58	0.55	2.87	3.77	14.83	11.72	0.79
4343	00004877	辽烟 18 号	烤烟	28.61	23.19	5.42	0.81	1.93		2.15	1.38	0.65	2.12		13.31	10.79	0.90
4344	00005272	辽烟 9808	烤烟	26.99	23.35	3.64	0.87	2.00		2.13	1.65	0.40	4.13		12.67	10.96	0.94
4345	00003638	龙江 915	烤烟	29.49	25.28	4.21	0.86	1.83	9.82	1.50	2.74	0.32	8.56	3.00	19.66	16.85	1.22
4346	00003639	龙江 911	烤烟	28.09	21.48	6.61	0.76	2.07	10.91	1.83	1.45	0.08	18.13	2.57	15.35	11.74	1.13
4347	00003640	龙江 912	烤烟	20.46	14.87	5.59	0.73	2.21	11.43	1.76	2.52			1.79	11.63	8.45	1.26
4348	00004831	龙江 981	烤烟	28.99	25.36	3.63	0.87	1.92		2.15	1.43				13.48	11.80	0.89
4349	00004832	龙江 935	烤烟	30.39	26.29	4.10	0.87	1.94		2.49	1.26				12.20	10.56	0.78
4350	00004875	龙江 925	烤烟	24.70	21.00	3.70	0.85	1.70		1.80	1.50	0.40	3.75		12.90	11.67	0.94
4351	00005381	龙江 237	烤烟	25.22	21.51	3.71	0.85	2.11		2.77	1.29	0.37	3.49		9.10	7.77	0.76
4352	00004596	闽烟 7 号	烤烟	25.90	20.99	4.91	0.81	1.80		2.60	2.91	0.15	19.40		9.96	8.07	0.69
4353	00004767	蓝玉一号	烤烟	24.98	22.88	2.10	0.92	1.97		1.76	2.72	0.28	9.71		14.19	13.00	1.12

序号	全国统一编号	种质名称	类型	总糖	还原糖	两糖差	两糖比	总氮	蛋白质	烟碱	钾	氯	钾氯比	施木克值	总糖/烟碱	还原糖/烟碱	总氮/烟碱
4354	00005275	闽烟 9 号	烤烟	32.09	26.01	6.08	0.81	1.71		2.25	2.53	0.30	8.43		14.26	11.56	0.76
4355	00005379	闽烟 12	烤烟	30.84	26.65	4.19	0.86	1.85		1.83	2.32	0.28	8.29		16.85	14.56	1.01
4356	00003718	粤烟 96	烤烟	19.83	16.49	3.34	0.83	1.56	7.19	2.35	2.73	0.14	19.50	2.76	8.44	7.02	0.66
4357	00004861	20810	烤烟	26.16	24.61	1.55	0.94	1.88		2.04	3.05	0.38	8.03		12.82	12.06	0.92
4358	00005374	贵烟 202	烤烟	29.72	24.01	5.71	0.81	1.98		2.80	1.68				10.61	8.58	0.71
4359	00003719	贵烟 11 号	烤烟	34.59	30.25	4.34	0.87	1.76	10.29	0.66	2.95	0.41	7.20	3.36	52.41	45.83	2.67
4360	00004685	贵烟 4 号	烤烟	25.00	20.91	4.09	0.84	1.77	7.86	2.51	2.16	0.12	18.00	3.18	9.96	8.33	0.71
4361	00004741	春雷五号	烤烟	21.60					7.39	0.40				2.92			
4362	00004850	南江 3 号	烤烟	29.84	25.58	4.26	0.86	1.79		2.14	2.02	0.21	9.62		10.49	11.95	0.84
4364	00004860	韭菜坪 2 号	烤烟	25.18	20.40	4.78	0.81	2.16		2.83	1.73	0.19	9.11		8.90	7.21	0.76
4365	00004870	兴烟 1 号	烤烟	27.56	24.25	3.31	0.88	1.95		2.11	1.75	0.35	5.00		13.06	11.49	0.92
4366	00004838	豫烟五号	烤烟	20.76						1.83	1.73	0.70	2.47		11.34		
4367	00004872	豫烟 6 号	烤烟	25.02	20.85	4.17	0.83	1.88		2.52	1.35	0.56	2.41		9.93	8.27	0.75
4368	00005274	豫烟 10 号	烤烟	20.86	18.39	2.47	0.88	1.89		2.29	1.52	0.29	5.24		9.11	8.03	0.83
4369	00005383	豫烟 11 号	烤烟	26.29	22.63	3.66	0.86	1.98		2.61	2.00	0.37	5.41		10.07	8.67	0.76
4370	00003679	豫烟三号	烤烟	18.66	15.07	3.59	0.81		8.11	2.74	1.12	0.23	4.90	2.30	6.81	5.50	
4371	00004873	豫烟二号	烤烟	20.96	17.24	3.72	0.82	1.89	9.39	2.13	1.38			2.23	9.84	8.09	0.89
4372	00004874	豫烟四号	烤烟	23.72	19.37	4.35	0.82	1.80	8.19	2.82	1.23	0.75	1.64	2.90	8.41	6.87	0.64

序号	全国统一编号	种质名称	类型	总糖	还原糖	两糖差	两糖比	总氮	蛋白质	烟碱	钾	氯	钾氯比	施木克值	总糖/烟碱	还原糖/烟碱	总氮/烟碱
4373	00005385	豫烟 9 号	烤烟	24.26	20.37	3.89	0.84	1.80		1.64	1.60	0.34	4.71		14.79	12.42	1.10
4374	00005603	豫烟 7 号	烤烟	22.34	20.10	2.24	0.90	1.86		2.39	1.40	0.39	3.59		9.35	8.41	0.78
4375	00005378	金神农 1 号	烤烟	28.58	22.73	5.85	0.80	2.14		2.38	1.81	0.49	3.69		12.01	9.55	0.90
4376	00004842	湘烟 2 号	烤烟	29.73	27.39	2.34	0.92	1.54		1.88	2.78	0.25	11.12		15.81	14.57	0.82
4377	00005380	LS-2	烤烟	28.47	23.81	4.66	0.84	2.06		2.39	1.65	0.46	3.59		11.94	9.98	0.86
4378	00003711	岩烟 97	烤烟	30.80	26.45	4.35	0.86	1.91	9.60	2.17	3.23	0.08	40.38	3.21	14.19	12.19	0.88
4379	00004857	闽烟 35	烤烟	32.95	28.54	4.41	0.87	1.73		1.60	2.64	0.11	24.00		20.59	17.84	1.08
4380	00004862	闽烟 38	烤烟	29.71	25.79	3.92	0.87	2.04		2.54	3.15	0.28	11.25		11.70	10.15	0.80
4381	00005271	FL57	烤烟	28.85	25.74	3.11	0.89	1.89		2.09	2.78	0.30	9.27		13.80	12.32	0.90
4382	00004863	粤烟 97	烤烟	28.05	25.29	2.76	0.90	1.63		2.14	2.34	0.42	5.57		13.11	11.82	0.76
4383	00004868	粤烟 98	烤烟	29.86	27.02	2.84	0.90	1.70		2.07	2.59	0.26	9.96		14.43	13.05	0.82
4384	00005299	翠碧二号	烤烟	30.61	26.08	4.53	0.85	1.81		2.18	2.50				14.04	11.96	0.83
4385	00004701	秦烟 97	烤烟	27.18	23.41	3.77	0.86	2.20		2.47	1.54	0.43	3.58		11.00	9.48	0.89
4386	00004702	秦烟 95	烤烟	22.47	18.05	4.42	0.80	1.90		2.77	1.39	0.49	2.81		8.11	6.52	0.69
4387	00004734	秦烟 98	烤烟	29.40	24.78	4.62	0.84	1.81		2.12	1.95	0.27	7.22		13.87	11.69	0.85
4388	00004779	秦烟 96	烤烟	28.18	23.81	4.37	0.84	1.78		2.18	1.26	0.39	3.23		12.93	10.92	0.82
4390	00003641	吉烟 5 号	烤烟	33.26	23.55	9.71	0.71	1.62	9.05	1.00	1.48			3.68	33.26	23.55	1.62
4391	00003642	吉烟 7 号	烤烟	31.32	25.43	5.89	0.81	2.17	11.77	1.51	1.78	0.09	19.78	2.66	20.74	16.84	1.44

序号	全国统一编号	种质名称	类型	总糖	还原糖	两糖差	两糖比	总氮	蛋白质	烟碱	钾	氯	钾氯比	施木克值	总糖/烟碱	还原糖/烟碱	总氮/烟碱
4392	00003643	益延1号	烤烟	18.44	14.87	3.57	0.81	2.20	11.77	1.83	2.49	0.15	16.60	1.57	10.08	8.13	1.20
4393	00004726	吉烟九号	烤烟	26.59	23.28	3.31	0.88	1.62		1.78	1.41	0.43	3.28		14.94	13.08	0.91
4394	00003725	云烟85	烤烟	25.60	24.40	1.20	0.95	2.13	9.81	2.49	2.54	0.21	12.10	2.61	10.28	9.80	0.86
4395	00003726	云烟87	烤烟	32.82	30.47	2.35	0.93	1.97	10.97	1.24	2.11	0.09	23.44	2.99	26.47	24.57	1.59
4396	00003742	丰字3号	烤烟	18.41	13.24	5.17	0.72	2.42	13.11	1.87	2.22	0.15	14.80	1.40	9.84	7.08	1.29
4397	00004673	云烟317	烤烟	29.90	25.88	4.02	0.87	1.72	10.78	1.96	1.56	0.11	14.18	2.77	15.26	13.20	0.88
4398	00004845	云烟99	烤烟	30.40	25.30	5.10	0.83	1.90		2.20	2.00	0.26	7.69		13.82	11.50	0.86
4399	00004851	云烟100	烤烟	27.60	23.80	3.80	0.86	1.90		2.20					12.55	10.82	0.86
4400	00004852	云烟205	烤烟	28.70	23.11	5.59	0.81	1.51		2.05	1.81				14.00	11.27	0.74
4401	00004854	云烟97	烤烟	26.42	22.01	4.41	0.83	1.90	7.29	2.56	2.41	0.16	15.06	3.62	10.32	8.60	0.74
4402	00004855	云烟98	烤烟	26.73	21.03	5.70	0.79	1.56	7.08	2.29	1.76	0.15	11.73	3.78	11.67	2.49	0.68
4403	00005269	云烟105	烤烟	28.60	24.00	4.60	0.84	2.10		2.20	2.00				13.00	10.91	0.95
4404	00005276	云烟203	烤烟	27.12	19.03	8.09	0.70	1.60	6.43	2.82	4.81	0.15	32.07	4.22	9.62	6.75	0.57
4405	00005297	云烟110	烤烟	24.71	20.72	3.99	0.84	1.70		1.74	2.41	0.43	5.60		14.20	11.91	0.98
4406	00005600	云烟201	烤烟	26.78	21.90	4.88	0.82	1.86	7.99	2.81	2.65	0.16	16.56	3.35	9.53	7.79	0.66
4407	00005602	云烟116	烤烟	34.10	28.11	5.99	0.82	1.98		2.66	1.35	0.35	3.86		12.82	10.57	0.74
4408	00004708	湘烟一号	烤烟	24.70	18.87	5.83	0.76	1.85	6.50	2.75	2.62			3.80	8.98	6.86	0.67
4409	00004853	湘烟4号	烤烟	28.25	23.61	4.64	0.84	1.79		2.26	3.17	0.30	10.57		12.50	10.45	0.79

序号	全国统一编号	种质名称	类型	总糖	还原糖	两糖差	两糖比	总氮	蛋白质	烟碱	钾	氯	钾氯比	施木克值	总糖/烟碱	还原糖/烟碱	总氮/烟碱
4410	00004858	湘烟 3 号	烤烟	30.51	26.46	4.05	0.87	1.85		2.03	3.02	0.35	8.63		15.03	13.03	0.91
4411	00005371	湘烟 5 号	烤烟	29.07	25.29	3.78	0.87	1.81		1.97	2.76	0.24	11.50		14.76	12.84	0.92
4412	00003655	中烟 9203	烤烟	18.92	16.28	2.64	0.86	2.03	9.88	2.63	1.59			1.91	7.19	6.19	0.77
4413	00003656	中烟 98	烤烟	26.43	21.64	4.79	0.82	1.69	7.95	2.21	2.13	0.29	7.34	3.32	11.96	9.79	0.76
4414	00003658	中烟 99	烤烟	24.18	19.23	4.95	0.80	1.73	8.19	2.41	2.17	0.20	10.85	2.95	10.03	7.98	0.72
4415	00003660	中烟 100	烤烟	23.74	20.37	3.37	0.86	1.78	8.54	2.41	2.48	0.14	17.71	2.78	9.85	8.45	0.74
4416	00004820	中烟 103	烤烟	26.43	22.42	4.01	0.85	1.83		2.09	3.01	0.18	16.72		12.65	10.73	0.88
4417	00004825	中烟 202	烤烟	27.50	23.47	4.03	0.85	1.81		2.40	1.38	0.49	2.82		11.46	9.78	0.75
4418	00004828	中烟 204	烤烟	25.57	20.73	4.84	0.81	1.91		2.15	1.92	0.26	7.38		11.89	9.64	0.89
4419	00004829	中烟 102	烤烟	28.61	23.07	5.54	0.81	1.66		2.50	1.31	0.69	1.90		11.44	9.23	0.66
4420	00004830	中烟 104	烤烟	26.37	22.24	4.13	0.84	1.94		2.56	1.34	0.49	2.73		10.30	8.69	0.76
4421	00004836	中烟 101	烤烟		17.63					2.16							
4422	00004840	鲁烟 2 号	烤烟	24.01	21.15	2.86	0.88	2.07		2.33	1.29	0.44	2.93		10.30	9.08	0.89
4423	00004848	中烟 203	烤烟	27.88	24.08	3.80	0.86	1.99		2.57	1.35	0.52	2.60		10.85	9.37	0.77
4424	00004849	中烟 201	烤烟	25.04	20.17	4.87	0.81	2.11	9.79	3.16	2.25	0.22	10.23	2.56	7.92	6.38	0.67
4425	00005268	金海一号	烤烟	19.81	18.04	1.77	0.91	1.51	8.55	2.36	2.26	0.13	17.38	2.32	8.39	7.64	0.64
4426	00005280	川烟 1 号	烤烟	27.50	22.25	5.25	0.81	2.02		2.45	2.08	0.25	8.32		11.22	9.08	0.82
4427	00005281	鲁烟 1 号	烤烟	29.47	28.30	1.17	0.96	1.91		2.07	1.61	0.18	8.94		14.24	13.67	0.92

序号	全国统一编号	种质名称	类型	总糖	还原糖	两糖差	两糖比	总氮	蛋白质	烟碱	钾	氯	钾氯比	施木克值	总糖/烟碱	还原糖/烟碱	总氮/烟碱
4428	00005289	中烟 205	烤烟	25.29	22.51	2.78	0.89	1.98		2.42	1.54	0.51	3.02		10.45	9.30	0.82
4429	00005300	CF225	烤烟	24.76	21.14	3.62	0.85	2.00		2.56	1.67	0.51	3.27		9.67	8.26	0.78
4430	00005410	CF228	烤烟	30.55	28.35	2.20	0.93	1.87		1.92	2.04	0.38	5.44		15.91	14.77	0.97
4431	00003724	遵烟 1 号	烤烟		21.26			1.93	8.69	3.11	2.58	0.08	32.25			6.84	0.62
4432	00004869	遵烟 6 号	烤烟	26.69	22.49	4.20	0.84	2.06		2.20	2.20	0.30	7.33		12.13	10.22	0.94
4461	00003746	AK6	烤烟	33.30	29.70	3.60	0.89	1.52	7.04	2.28	1.89	0.14	13.50	4.73	14.61	13.03	0.67
4462	00003776	NC6085	烤烟	27.67	25.57	2.10	0.92	1.89	9.97	1.71				2.78	16.18	14.95	1.11
4463	00003777	NC8029	烤烟	23.00	21.60	1.40	0.94	1.97	8.06	2.61	3.00	0.24	12.50	2.85	8.81	8.28	0.75
4464	00003778	NC8036	烤烟	24.99	23.70	1.29	0.95	2.06	11.23	1.52				2.23	16.44	15.59	1.36
4465	00003779	NC8053	烤烟	25.40	24.30	1.10	0.96	1.99	7.70	2.10	2.78	0.42	6.62	3.30	12.10	11.57	0.95
4466	00003804	RG22	烤烟	10.47	7.42	3.05	0.71	2.49	13.39	2.01				0.78	5.21	3.69	1.24
4467	00003817	Reams713	烤烟	13.57	9.13	4.44	0.67	2.62	13.57	2.58				1.00	5.26	3.54	1.02
4468	00003830	TI93	烤烟	22.60	21.30	1.30	0.94	1.97	6.47	2.10	3.03	0.37	8.19	3.49	10.76	10.14	0.94
4469	00003988	泰国弗吉尼亚	烤烟	19.23	14.72	4.51	0.77	1.98	9.65	2.15	2.43			1.99	8.94	6.85	0.92
4471	00005216	津引烤烟 1 号	烤烟	24.82	21.42	3.40	0.86	1.92	7.31	2.70	1.40	0.14	10.00	3.40	9.19	7.93	0.71
4472	00005233	菲律宾烤烟 1 号	烤烟	11.47	8.54	2.93	0.74	2.85	14.15	3.39	1.93	0.12	16.08	0.81	3.38	2.52	0.84
4473	00005242	VarNo1668	烤烟	15.71	12.27	3.44	0.78	2.74	14.05	2.85	2.34	0.14	16.71	1.12	5.51	4.31	0.96
4474	00005243	波兰烤烟 -1	烤烟	33.33	29.23	4.10	0.88	1.90	9.31	1.45				3.58	22.99	20.16	1.31

序号	全国统一编号	种质名称	类型	总糖	还原糖	两糖差	两糖比	总氮	蛋白质	烟碱	钾	氯	钾氯比	施木克值	总糖/烟碱	还原糖/烟碱	总氮/烟碱
4475	00005244	南罗得西亚72-1	烤烟	32.34	28.54	3.80	0.88	1.64	12.19	2.02	2.45	0.15	16.33	2.65	16.01	14.13	0.81
4476	00005247	Granvilli17A	烤烟	14.47	11.82	2.65	0.82	2.85	14.64	2.94	1.88	0.12	15.67	0.99	4.92	4.02	0.97
4477	00005248	南罗得西亚76-1	烤烟	14.14	10.11	4.03	0.71	2.66	14.22	2.23	2.27	0.13	17.46	0.99	6.34	4.53	1.19
4479	00003747	CNH-NO.7	烤烟	31.29	25.22	6.07	0.81	1.58	8.02	2.37	2.69	0.25	10.76	3.90	13.20	10.64	0.67
4481	00003750	Coker371Gold	烤烟	25.00	20.00	5.00	0.80	2.00	8.54	3.67	1.97	0.15	13.13	2.93	6.81	5.45	0.54
4482	00003751	CU199	烤烟	18.44	16.66	1.78	0.90	1.87	9.64	1.90				1.91	9.71	8.77	0.98
4483	00003752	CU231	烤烟	19.00	17.11	1.89	0.90	2.21	11.19	2.43				1.70	7.82	7.04	0.91
4484	00003753	CU235	烤烟	27.94	23.17	4.77	0.83	1.61	8.35	1.59				3.35	17.57	14.57	1.01
4485	00003754	CU236	烤烟	20.21	16.96	3.25	0.84	2.27	11.99	2.04	1.81	0.37	4.89	1.69	9.91	8.31	1.11
4486	00003755	CU263	烤烟	20.26	18.57	1.69	0.92	1.40	7.51	1.15				2.70	17.62	16.15	1.22
4487	00003756	CU343	烤烟	17.90	15.96	1.94	0.89	2.04	10.78	1.82				1.66	9.84	8.77	1.12
4494	00003763	JB-200	烤烟	20.20	18.30	1.90	0.91	2.44	10.20	4.67	2.95	0.39	7.56	1.98	4.33	3.92	0.52
4496	00003765	K149	烤烟	22.09	19.58	2.51	0.89	1.83	9.54	1.76	2.79	0.47	5.94	2.32	12.55	11.13	1.04
4497	00003766	K346	烤烟	30.64	24.35	6.29	0.79	1.35	6.21	2.15	2.22	0.20	11.10	4.93	14.25	11.33	0.63
4498	00003767	K358	烤烟	28.78	21.11	7.67	0.73	1.75	7.93	2.79	2.71	0.13	20.85	3.63	10.32	7.57	0.63
4499	00003768	K730	烤烟	39.68	25.00	14.68	0.63	1.55	6.84	2.64	2.25	0.15	15.00	5.80	15.03	9.47	0.59
4500	00003769	Meck	烤烟	15.57	11.17	4.40	0.72	2.18	11.02	2.41				1.41	6.46	4.63	0.90
4501	00003770	MRS-1	烤烟	25.00	22.09	2.91	0.88	2.01	9.37	2.96				2.67	8.45	7.46	0.68

序号	全国统一编号	种质名称	类型	总糖	还原糖	两糖差	两糖比	总氮	蛋白质	烟碱	钾	氯	钾氯比	施木克值	总糖/烟碱	还原糖/烟碱	总氮/烟碱
4503	00003772	MRS-3	烤烟	16.37	11.87	4.50	0.73	2.25	12.11	1.81				1.35	9.04	6.56	1.24
4505	00003774	NC729	烤烟	25.67	20.65	5.02	0.80	1.84	7.36	3.84	2.53	0.26	9.73	3.49	6.68	5.38	0.48
4506	00003775	NC1108	烤烟	23.07	17.41	5.66	0.75	2.01	7.49	1.37	2.26	0.08	28.25	3.08	16.84	12.71	1.47
4507	00003780	NC27NF	烤烟	27.14	23.17	3.97	0.85	2.01	8.77	3.51	2.19	0.10	21.90	3.09	7.73	6.60	0.57
4508	00003781	NC37NF	烤烟	20.21	16.10	4.11	0.80	2.07	9.95	2.77	2.89	0.31	9.32	2.03	7.30	5.81	0.75
4509	00003782	NCTG55	烤烟	21.11	19.19	1.92	0.91	1.45	7.49	1.46	2.75	0.06	45.83	2.82	14.46	13.14	0.99
4510	00003783	NCTG60	烤烟	16.23	12.02	4.21	0.74	2.34	11.95	2.47				1.36	6.57	4.87	0.95
4511	00003784	NCTG61	烤烟	16.52	9.69	6.83	0.59	2.13	10.25	2.84				1.61	5.82	3.41	0.75
4512	00003785	NCTG70	烤烟	19.00	12.50	6.50	0.66	2.44	12.57	2.48	2.20	0.13	16.92	1.51	7.66	5.04	0.98
4513	00003786	NK939	烤烟	15.32	11.37	3.95	0.74	2.62	13.13	3.01				1.17	5.09	3.78	0.87
4514	00003787	OX940	烤烟	18.62	16.96	1.66	0.91	1.94	9.95	2.02				1.87	9.22	8.40	0.96
4515	00003788	OX2001	烤烟	11.87	8.96	2.91	0.75	2.45	12.91	2.23				0.92	5.32	4.02	1.10
4516	00003789	OX2007	烤烟	14.96	10.79	4.17	0.72	2.39	12.57	2.19	2.05	0.11	18.64	1.19	6.83	4.93	1.09
4517	00003790	OX2022	烤烟	13.10	10.32	2.78	0.79	2.47	12.34	2.87				1.06	4.56	3.60	0.86
4518	00003791	OX2028	烤烟	20.21	17.43	2.78	0.86	2.18	11.19	2.26	2.00	0.11	18.18	1.81	8.94	7.71	0.96
4519	00003792	OX2101	烤烟	15.32	11.04	4.28	0.72	2.35	12.22	2.29				1.25	6.69	4.82	1.03
4522	00003795	Qual916	烤烟	12.02	8.05	3.97	0.67	2.54	12.94	2.72				0.93	4.42	2.96	0.93
4523	00003796	Qual938	烤烟	11.87	8.90	2.97	0.75	2.81	14.18	3.13				0.84	3.79	2.84	0.90

序号	全国统一编号	种质名称	类型	总糖	还原糖	两糖差	两糖比	总氮	蛋白质	烟碱	钾	氯	钾氯比	施木克值	总糖/烟碱	还原糖/烟碱	总氮/烟碱
4524	00003797	Qual945	烤烟	11.04	9.31	1.73	0.84	2.54	12.41	3.21				0.89	3.44	2.90	0.79
4525	00003798	Qual946	烤烟	31.53	27.41	4.12	0.87	2.13	11.39	1.76	2.13	0.12	17.75	2.77	17.91	15.57	1.21
4526	00003799	RG8	烤烟	25.13	20.70	4.43	0.82	2.21	11.52	1.62				2.18	15.51	12.78	1.36
4527	00003800	RG11	烤烟	26.38	21.59	4.79	0.82	2.02	9.08	3.28	2.05	0.09	22.78	2.91	8.04	6.58	0.62
4528	00003801	RG12	烤烟	18.09	15.96	2.13	0.88	2.32	12.40	1.95				1.46	9.28	8.18	1.19
4529	00003802	RG13	烤烟	16.52	14.61	1.91	0.88	2.04	11.63	1.04	2.38	0.13	18.31	1.42	15.88	14.05	1.96
4530	00003803	RG17	烤烟	22.61	19.19	3.42	0.85	1.85	8.37	2.96	3.37	0.54	6.24	2.70	7.64	6.48	0.63
4531	00003805	RG89	烤烟	22.61	18.09	4.52	0.80	2.34	12.16	2.28	2.91			1.86	9.92	7.93	1.03
4532	00003806	RGOB-2	烤烟	13.97	9.89	4.08	0.71	2.64	13.04	3.21				1.07	4.35	3.08	0.82
4534	00003808	RG3A16	烤烟	12.17	9.31	2.86	0.76	2.37	12.22	2.40				1.00	5.07	3.88	0.99
4535	00003809	RG3A1	烤烟	12.66	9.69	2.97	0.77	2.62	13.46	2.70				0.94	4.69	3.59	0.97
4536	00003810	RG3414	烤烟	13.70	10.13	3.57	0.74	2.71	10.65	2.34	2.31	0.08	28.88	1.29	5.85	4.33	1.16
4537	00003811	RGOB-18	烤烟	14.17	12.66	1.51	0.89	2.49	13.81	1.62				1.03	8.75	7.81	1.54
4538	00003812	ReamsM-1	烤烟	10.67	9.31	1.36	0.87	1.87	9.89	1.66				1.08	6.43	5.61	1.13
4539	00003813	Reams158	烤烟	19.19	17.43	1.76	0.91	2.15	11.69	1.62	2.36	0.14	16.86	1.64	11.85	10.76	1.33
4540	00003814	ReamsC44	烤烟	14.39	13.19	1.20	0.92	1.97	10.43	1.74	2.52	0.11	22.91	1.38	8.27	7.58	1.13
4541	00003815	ReamsC73	烤烟	17.90	16.37	1.53	0.91	2.01	9.68	2.67				1.85	6.70	6.13	0.75
4542	00003816	ReamsB17	烤烟	12.83	9.50	3.33	0.74	2.37	12.48	2.16				1.03	5.94	4.40	1.10

序号	全国统一编号	种质名称	类型	总糖	还原糖	两糖差	两糖比	总氮	蛋白质	烟碱	钾	氯	钾氯比	施木克值	总糖/烟碱	还原糖/烟碱	总氮/烟碱
4543	00003818	SPG-72	烤烟	15.07	10.79	4.28	0.72	2.30	10.69	3.41				1.41	4.42	3.16	0.67
4544	00003819	SPG-108	烤烟	26.38	21.83	4.55	0.83	1.70	8.11	2.33				3.25	11.32	9.37	0.73
4545	00003820	SPG-111	烤烟	19.38	15.70	3.68	0.81	2.06	10.64	2.07	1.71	0.15	11.40	1.82	9.36	7.58	1.00
4546	00003821	SPG-117	烤烟	26.00	19.20	6.80	0.74	1.58	8.03	1.71				3.24	15.20	11.23	0.92
4548	00003823	SPG-152	烤烟	21.59	16.66	4.93	0.77	2.39	12.40	2.35				1.74	9.19	7.09	1.02
4549	00003824	SPG-162	烤烟	26.35	19.00	7.35	0.72	2.01	10.26	2.13				2.57	12.37	8.92	0.94
4550	00003825	SPG-164	烤烟	29.24	25.53	3.71	0.87	2.06	11.35	1.41		0.12		2.58	20.74	18.11	1.46
4551	00003826	SPG-166	烤烟	17.27	13.19	4.08	0.76	2.60	14.51	1.61				1.19	10.73	8.19	1.61
4552	00003827	SPG-168	烤烟	23.23	17.15	6.08	0.74	1.82	8.52	2.44	1.83	0.12	15.25	2.73	9.52	7.03	0.75
4553	00003828	SPG-169	烤烟	15.32	10.55	4.77	0.69	2.34	12.20	2.25				1.26	6.81	4.69	1.04
4554	00003829	SPG-172	烤烟	23.02	17.90	5.12	0.78	1.74	7.48	2.97	2.35			3.08	7.75	6.03	0.59
4558	00003834	TI896	烤烟	2.31	0.97	1.34	0.42	2.76	14.30	2.69	2.00	0.39	5.13	0.16	0.86	0.36	1.03
4562	00003838	TI1409	烤烟	22.67	18.67	4.00	0.82	2.89	9.47	2.12	2.03	0.34	5.96	2.39	10.71	8.82	1.36
4568	00003844	Va45	烤烟	25.00	23.17	1.83	0.93	1.97	10.07	2.08				2.48	12.02	11.14	0.95
4569	00003845	Va80	烤烟	16.37	14.84	1.53	0.91	2.15	10.86	2.39				1.51	6.85	6.21	0.90
4570	00003846	Va770	烤烟	21.11	17.90	3.21	0.85	2.25	11.19	2.66				1.89	7.94	6.73	0.85
4571	00003847	Va3160	烤烟	30.51	25.00	5.51	0.82	1.27	6.19	1.62				4.93	18.83	15.43	0.78
4572	00003848	Vamorr50	烤烟	19.38	17.59	1.79	0.91	2.11	11.23	1.81				1.73	10.71	9.72	1.17

序号	全国统一编号	种质名称	类型	总糖	还原糖	两糖差	两糖比	总氮	蛋白质	烟碱	钾	氯	钾氯比	施木克值	总糖/烟碱	还原糖/烟碱	总氮/烟碱
4576	00003852	Va410	烤烟	31.22	28.42	2.80	0.91	1.52	8.37	1.05	2.22	0.11	20.18	3.73	29.73	27.07	1.45
4578	00003854	Va432	烤烟	20.43	19.36	1.07	0.95	1.53	7.70	1.73				2.65	11.81	11.19	0.88
4579	00003855	Va444	烤烟	29.75	26.82	2.93	0.90	1.46	7.31	1.68				4.07	17.71	15.97	0.87
4580	00003856	Va458	烤烟	34.31	32.28	2.03	0.94	1.26	6.17	1.50				5.56	22.87	21.52	0.84
4581	00003857	Va436	烤烟	33.83	26.86	6.97	0.79	1.37	8.14	1.29	3.04	0.09	33.78	4.16	26.22	20.82	1.06
4582	00003858	Va437	烤烟	15.70	11.58	4.12	0.74	2.45	12.19	2.89				1.29	5.43	4.01	0.85
4588	00003864	Va645	烤烟	27.73	25.70	2.03	0.93	1.88	9.34	2.23				2.97	12.43	11.53	0.84
4589	00003865	Va730	烤烟	26.63	24.62	2.01	0.92	1.85	8.58	2.76				3.10	9.65	8.92	0.67
4590	00003866	Va260	烤烟	34.80	29.27	5.53	0.84	1.83	9.29	1.97		0.06	0.00	3.75	17.66	14.86	0.93
4592	00005235	佛杰伦	烤烟	14.79	11.74	3.05	0.79	2.79	14.72	2.52	1.55	0.12	12.92	1.00	5.87	4.66	1.11
4593	00005245	波兰烤烟 -3	烤烟	30.83				1.92	10.55	1.92				2.92	16.06		1.00
4601	00004044	白茎烟	白肋烟	1.75	1.00	0.75	0.57	2.72	14.87	1.96	5.14	0.07	73.43	0.12	0.89	0.51	1.39
4613	00003969	MSVa509	白肋烟	0.60	0.36	0.24	0.60	2.99	12.73	2.91	5.18	0.52	9.96	0.05	0.21	0.12	1.03
4614	00003970	MSKY17	白肋烟					4.24		2.94	3.66						1.44
4616	00003972	MSTN90	白肋烟					3.78		2.08	3.56						1.82
4617	00003973	MSKY14	白肋烟					3.87		2.96	3.88						1.31
4618	00003974	MS Burley21（津）	白肋烟	2.17	0.96	1.21	0.44	3.91		2.23	4.19	0.40	10.48		0.97	0.43	1.75
4620	00003976	MS PB9	白肋烟	0.88	0.10	0.78	0.11	3.54	10.99	2.49	6.23	0.42	14.83	0.08	0.35	0.04	1.42

序号	全国统一编号	种质名称	类型	总糖	还原糖	两糖差	两糖比	总氮	蛋白质	烟碱	钾	氯	钾氯比	施木克值	总糖/烟碱	还原糖/烟碱	总氮/烟碱
4622	00003978	MS Ky8959	白肋烟					3.16		2.77	3.72						1.14
4623	00003979	MS Ky907	白肋烟					3.64		2.62	4.14						1.39
4625	00004284	MS Burley64	白肋烟	1.30	0.83	0.47	0.64	4.31		2.10	4.08	0.57	7.16		0.62	0.40	2.05
4627	00004287	五峰白肋烟	白肋烟					3.94		3.18	3.80						1.24
4628	00004291	MS 鄂白 003	白肋烟	1.46	0.99	0.47	0.68	4.06		1.56	3.83	0.57	6.72		0.94	0.63	2.60
4629	00004293	省白肋窄叶	白肋烟					6.53		1.48	3.22						4.41
4630	00004295	鄂白 99-2-4	白肋烟					3.51		2.90	4.33						1.21
4631	00004299	鄂白单株 9 号	白肋烟	1.25	0.90	0.35	0.72	4.17		3.69		0.71			0.34	0.24	1.13
4634	00004302	鄂白 005	白肋烟					3.89		3.89	5.43						1.00
4635	00004303	鄂白 004	白肋烟					3.32		2.85	5.75						1.16
4636	00004306	鄂白 006	白肋烟					3.80		3.81	4.91						1.00
4637	00004307	MS 鄂白 005	白肋烟					4.46		1.22	4.20						3.66
4638	00004308	鄂白 010	白肋烟					4.80		3.37	5.39						1.42
4639	00004310	鄂白 003	白肋烟					4.29		4.34	4.35						0.99
4640	00004311	鄂白 007	白肋烟					3.51		2.36	3.87						1.49
4641	00004312	鄂白 008	白肋烟					3.56		3.12	4.86						1.14
4642	00004313	鄂白 001	白肋烟					2.91		2.30	4.86						1.27
4643	00004314	鄂白 002	白肋烟					3.59		3.34	3.35						1.07

序号	全国统一编号	种质名称	类型	总糖	还原糖	两糖差	两糖比	总氮	蛋白质	烟碱	钾	氯	钾氯比	施木克值	总糖/烟碱	还原糖/烟碱	总氮/烟碱
4644	00004316	MS 鄂白 001	白肋烟					3.96		2.60	3.31						1.52
4645	00004317	MS 金水白肋烟 2 号	白肋烟					3.87		0.96	3.88						4.03
4646	00004318	MS 鄂白 004	白肋烟					3.15		2.14	3.89						1.47
4647	00004320	鄂白 011	白肋烟					3.15		2.88	3.50						0.92
4648	00004321	鄂白 009	白肋烟					3.80		3.00	3.70						1.27
4650	00004323	达白二号	白肋烟	0.76				3.25		3.80					0.20		0.86
4651	00005282	川白 1 号	白肋烟	0.56				3.82		3.87	4.10	0.53	7.74		0.14	0.00	0.99
4652	00005295	9026	白肋烟	0.55				3.85		4.04	4.05	0.49	10.73		0.14		1.01
4653	00005370	川白 2 号	白肋烟	0.46				4.22		3.81	4.59	0.57	8.05		0.12		1.11
4654	00003966	建选 1 号	白肋烟	0.59	0.30	0.29	0.51	3.48	12.17	3.68	5.23	0.58	9.02	0.05	0.16	0.08	0.95
4655	00003967	建选 2 号	白肋烟	0.95	0.32	0.63	0.34	3.47	9.50	4.48	4.90	0.58	8.45	0.10	0.21	0.07	0.77
4656	00003980	鄂烟 3 号	白肋烟	1.15	0.31	0.84	0.27	3.72		3.86	4.27	0.50	8.54		0.30	0.08	0.96
4657	00004281	鄂烟 211	白肋烟	2.15	1.21	0.94	0.56	3.84		4.36	4.39	0.86	5.10		0.49	0.28	0.88
4658	00004283	鄂烟 209	白肋烟	0.71				3.18		2.48	5.55	0.60	9.25		0.29		1.28
4659	00004285	鄂烟 6 号	白肋烟	1.21	0.92	0.29	0.76	3.70		4.30	7.76	1.24	6.26		0.28	0.21	0.86
4660	00004292	建选 304 号	白肋烟	1.07	0.80	0.27	0.75	2.96		1.70	3.62	0.65	5.57		0.63	0.47	1.74
4661	00004294	鄂白 21 号	白肋烟	1.51	0.76	0.75	0.50	3.10		3.91	3.73	0.80	4.66		0.39	0.19	0.79
4662	00004296	建选 3 号	白肋烟					3.55		2.06	4.38						1.72

序号	全国统一编号	种质名称	类型	总糖	还原糖	两糖差	两糖比	总氮	蛋白质	烟碱	钾	氯	钾氯比	施木克值	总糖/烟碱	还原糖/烟碱	总氮/烟碱
4663	00004298	鄂白 20 号	白肋烟	1.60	0.80	0.80	0.50	3.12		2.90	4.33	0.63	6.87		0.55	0.28	1.08
4664	00004319	鄂烟 101	白肋烟					3.13		3.40	3.93						0.92
4665	00005294	鄂烟 213	白肋烟	0.56				3.73		3.43	4.15	0.61	6.80		0.16		1.09
4666	00005376	鄂烟 215	白肋烟	0.65				3.84		3.77	4.93	0.57	8.65		0.17	0.00	1.02
4667	00004322	YNBS1	白肋烟	1.16	0.69	0.47	0.59	3.58	17.77	3.31				0.07	0.35	0.21	1.08
4668	00004324	云白 2 号	白肋烟	0.87	0.51	0.36	0.59	4.05		3.22					0.27	0.16	1.26
4669	00005273	云白 3 号	白肋烟	0.64				4.29		5.18	4.38	0.56	7.82		0.12		0.83
4670	00005298	云白 4 号	白肋烟	0.58	0.31	0.27	0.53	4.07		3.88	3.45	0.40	8.63		0.15	0.08	1.05
4671	00005372	0B122	白肋烟	0.43				4.24		4.39	4.45	0.61	7.30		0.10		0.97
4677	00003989	PB9	白肋烟					2.95		2.75	3.68						1.07
4678	00005188	Burley2	白肋烟	1.31	0.82	0.49	0.63	3.77		2.49	3.48	0.73	4.77		0.53	0.33	1.51
4679	00005189	巴引白肋 1 号	白肋烟	0.91	0.55	0.36	0.60	2.95	17.85	2.31				0.05	0.39	0.24	1.28
4680	00005190	津引白肋 2 号	白肋烟	0.96	0.65	0.31	0.68	2.87	16.85	2.49				0.06	0.39	0.26	1.15
4682	00005201	Burley5	白肋烟					4.10		2.69	4.75						1.52
4683	00005203	B18-100	白肋烟					3.36		2.93	2.11						1.15
4684	00005204	Ky21	白肋烟					3.74		2.37	3.90						1.58
4686	00005207	Ky24	白肋烟					3.40		2.57	3.15						1.32
4687	00005210	TN97	白肋烟	1.32	0.73	0.59	0.55	3.75		2.07	2.76				0.64	0.35	1.81

序号	全国统一编号	种质名称	类型	总糖	还原糖	两糖差	两糖比	总氮	蛋白质	烟碱	钾	氯	钾氯比	施木克值	总糖/烟碱	还原糖/烟碱	总氮/烟碱
4689	00003986	KY908	白肋烟	1.25	0.69	0.56	0.55	4.19	18.45	3.81				0.07	0.33	0.18	1.10
4690	00005200	B151	白肋烟	0.99	0.65	0.34	0.66	3.38	18.90	3.22				0.05	0.31	0.20	1.05
4692	00005211	Sota2	白肋烟	0.88	0.71	0.17	0.81	2.77	16.98	2.30				0.05	0.38	0.31	1.20
4693	00003983	Burley11A	白肋烟	0.61	0.22	0.39	0.36	3.68	11.56	3.52	6.21	0.66	9.41	0.05	0.17	0.06	1.05
4694	00003985	Gold no Burley	白肋烟	2.06	1.34	0.72	0.65	3.82	20.43	3.17	4.24			0.10	0.65	0.42	1.21
4695	00003987	LA Burley21	白肋烟	0.51	0.21	0.30	0.41	3.63	11.26	4.38	6.63	0.46	14.41	0.05	0.12	0.05	0.83
4696	00003990	TI1459	白肋烟	1.50	1.28	0.22	0.85	3.67	19.81	2.89				0.08	0.52	0.44	1.27
4697	00003991	TI1462	白肋烟	2.50	1.87	0.63	0.75	3.81	15.82	3.76				0.16	0.66	0.50	1.01
4698	00003992	TI1463	白肋烟	2.68	1.81	0.87	0.68	3.36	16.08	4.56	3.76			0.17	0.59	0.40	0.74
4699	00003993	Va1010	白肋烟	2.31	1.38	0.93	0.60	3.34	18.19	2.49				0.13	0.93	0.55	1.34
4700	00003994	Va1012	白肋烟					3.84		3.45	2.56						1.11
4701	00003995	Va1013R	白肋烟					4.10		2.49	3.68						1.65
4702	00003996	Va1019	白肋烟	1.38	1.25	0.13	0.91	3.72	18.07	2.71	3.88			0.08	0.51	0.46	1.37
4703	00003997	Va1052R	白肋烟	1.45	0.76	0.69	0.52	4.05	20.21	3.81				0.07	0.38	0.20	1.06
4704	00003998	Va1088	白肋烟	1.75	0.81	0.94	0.46	3.11	13.80	5.22	4.07	0.16	25.44	0.13	0.34	0.16	0.60
4705	00003999	Va1411	白肋烟	2.00	0.97	1.03	0.49	3.04	13.66	4.95	3.78	0.17	22.24	0.15	0.40	0.20	0.61
4706	00004000	Va1053	白肋烟	2.25	1.09	1.16	0.48	3.01	13.58	4.85	3.57	0.15	23.80	0.17	0.46	0.22	0.62
4707	00004290	Burley29	白肋烟	1.46	0.82	0.64	0.56	3.30		2.97	4.25	0.65	6.54		0.49	0.28	1.11

序号	全国统一编号	种质名称	类型	总糖	还原糖	两糖差	两糖比	总氮	蛋白质	烟碱	钾	氯	钾氯比	施木克值	总糖/烟碱	还原糖/烟碱	总氮/烟碱
4708	00004297	Burley34	白肋烟					3.38		2.87	3.68						1.18
4709	00004304	Burley68	白肋烟					3.53		2.27	3.06						1.56
4711	00004315	Burley93	白肋烟					3.52		2.27	2.92						1.55
4712	00004325	Burley100	白肋烟					3.30		1.55	3.56						2.13
4714	00005194	Burley27	白肋烟					3.86		2.37	4.00						1.63
4716	00005340	Kentucky 29	白肋烟	1.23	0.41	0.82	0.33	3.99	20.40	4.19	3.54	0.05	78.67	0.06	0.29	0.10	0.95
4717	00005341	BV1	白肋烟	3.56	2.84	0.73	0.80	4.19	19.40	6.31	2.45	1.64	1.50	0.18	0.56	0.45	0.66
4718	00005342	S173	白肋烟	1.49	0.98	0.51	0.66	4.16	22.60	3.19	4.02	0.15	27.72	0.07	0.47	0.31	1.30
4719	00005408	Kentucky 18	白肋烟	0.96	0.32	0.64	0.33	2.48	12.19	3.07	3.25			0.08	0.31	0.10	0.81
4722	00004032	镇沅兰花烟	黄花烟	1.38	0.53	0.85	0.38	2.69	14.06	2.56				0.10	0.54	0.21	1.05
4760	00004169	川蛮烟	晒烟	6.11	3.48	2.63	0.57	3.51	11.06	3.24		0.43		0.55	1.89	1.07	1.08
4778	00003895	中密合	晒烟	16.89	16.84	0.05	1.00	2.07	8.46	4.14				2.00	4.08	4.07	0.50
4782	00004100	秋根三号	晒烟							3.98							
4788	00004106	鹤山晒烟四号	晒烟							3.51							
4795	00004116	连州皱叶	晒烟	4.37	4.29	0.08	0.98	3.47	17.31	4.06				0.25	1.08	1.06	0.85
4799	00004130	湘潭细叶枇杷	晒烟	5.75	3.44	2.31	0.60	3.51	13.12	8.16				0.70	0.70	0.42	0.43
4804	00004140	广丰大牛舌	晒烟	9.95	7.57	2.38	0.76	3.17	14.25	5.14				0.70	1.94	1.47	0.62
4807	00004150	鹤山晒烟五号	晒烟							3.73							

序号	全国统一编号	种质名称	类型	总糖	还原糖	两糖差	两糖比	总氮	蛋白质	烟碱	钾	氯	钾氯比	施木克值	总糖/烟碱	还原糖/烟碱	总氮/烟碱
4808	00004158	广州棍子烟	晒烟							4.45							
4809	00004164	连州晒烟	晒烟	14.88				2.72	11.52	5.07				1.29	2.93		0.54
4820	00004233	广州大叶秋根	晒烟							3.51							
4825	00003902	罗甸烟冒	晒烟	3.50	1.82	1.68	0.52	3.17	16.40	3.17	1.41	0.05	28.20	0.21	1.10	0.57	1.00
4826	00003903	罗甸枇杷烟	晒烟	2.27	1.25	1.02	0.55	4.00	12.27	2.06	2.99	0.20	15.10	0.19	1.10	0.61	1.94
4828	00003905	罗甸四十片	晒烟	1.73	0.48	1.25	0.28	4.07	13.14	5.12	0.42	0.17	2.47	0.13	0.34	0.09	0.79
4829	00003906	穆棱柳毛烟	晒烟	3.81	3.48	0.33	0.91	3.09	18.13	1.11				0.21	3.43	3.14	2.78
4837	00004180	穆棱镇大护脖香	晒烟	3.23	1.15	2.08	0.36	3.08	13.69	1.48				0.24	2.18	0.78	2.08
4841	00004218	星子烟	晒烟	31.36	25.46	5.90	0.81	1.82	7.76	3.91	1.85	0.21	8.81	4.04	8.02	6.51	0.47
4896	00003894	惠民草烟	晒烟	1.94	0.97	0.97	0.50	3.25	11.44	4.10	2.96	0.17	17.72	0.17	0.47	0.24	0.79
4897	00004068	竹园小柳叶	晒烟	5.28	3.36	1.92	0.64	3.00	14.81	3.65				0.36	1.45	0.92	0.82
4898	00004093	丽江冲天烟	晒烟	5.00	3.75	1.25	0.75	2.60	13.74	2.30				0.36	2.17	1.63	1.13
4899	00004099	文乐烟	晒烟	5.19	3.94	1.25	0.76	2.73	12.72	4.04				0.41	1.28	0.98	0.68
4900	00004110	维登烟	晒烟	2.31	1.19	1.12	0.52	1.83	8.91	2.33				0.26	0.99	0.51	0.79
4901	00004115	丹株烟	晒烟	13.38	10.55	2.83	0.79	2.39	11.77	2.92				1.14	4.58	3.61	0.82
4902	00004117	上江烟	晒烟	5.75	3.88	1.87	0.67	2.94	15.06	2.92				0.38	1.97	1.33	1.01
4903	00004118	丙中洛烟	晒烟	14.07	10.67	3.40	0.76	2.84	15.83	1.77				0.89	7.95	6.03	1.60
4904	00004119	墨江柄路水烟	晒烟	2.91				2.15	11.40	1.89				0.26	1.54		1.14

序号	全国统一编号	种质名称	类型	总糖	还原糖	两糖差	两糖比	总氮	蛋白质	烟碱	钾	氯	钾氯比	施木克值	总糖/烟碱	还原糖/烟碱	总氮/烟碱
4905	00004123	金鼎大叶	晒烟	10.85	8.44	2.41	0.78	2.45	9.54	4.18				1.14	2.60	2.02	0.59
4906	00004124	玉溪山头烟	晒烟	2.25	1.06	1.19	0.47	2.96	16.05	2.25				0.14	1.00	0.47	1.32
4907	00004125	弄岛红花	晒烟	5.47	4.80	0.67	0.88	3.20	14.82	4.80				0.37	1.14	1.00	0.67
4908	00004126	景谷岔河草烟	晒烟	4.88				2.81	14.71	2.64				0.33	1.85		1.06
4909	00004128	丽江阿细烟	晒烟	11.30	8.79	2.51	0.78	3.15	18.15	1.42				0.62	7.96	6.19	2.22
4910	00004134	景谷大绿草烟	晒烟	7.18				2.03	12.28	0.38				0.58	18.89		5.34
4911	00004136	华坪大卜扇	晒烟	8.74	2.80	5.94	0.32	2.80	12.97	4.20				0.67	2.08	0.67	0.67
4912	00004137	白济讯烟（大耳）	晒烟	3.75	2.19	1.56	0.58	3.30	16.37	3.96				0.23	0.95	0.55	0.83
4913	00004139	永胜下川烟	晒烟	9.69	7.72	1.97	0.80	2.91	15.79	2.19				0.61	4.42	3.53	1.33
4914	00004144	禄丰大琵琶烟	晒烟	10.43	8.18	2.25	0.78	2.31	11.57	2.70				0.90	3.86	3.03	0.86
4915	00004145	黄草坝烟	晒烟	11.42	8.05	3.37	0.70	2.30	10.37	3.72				1.10	3.07	2.16	0.62
4916	00004147	泸水晒烟	晒烟	6.38	5.27	1.11	0.83	2.70	13.60	3.03				0.47	2.11	1.74	0.89
4917	00004152	保山丙麻烟	晒烟	3.25	1.50	1.75	0.46	4.33	21.63	5.01				0.15	0.65	0.30	0.86
4919	00004154	南涧敢保烟	晒烟	4.00	1.37	2.63	0.34	2.30	12.27	1.93				0.33	2.07	0.71	1.19
4920	00004155	玉溪格克烟	晒烟	4.00	2.26	1.74	0.57	3.91	21.13	3.06				0.19	1.31	0.74	1.28
4922	00004159	墨江磨黑烟	晒烟	11.21				2.16	12.40	1.02				0.90	10.99		2.12
4923	00004160	惠水摆金烟	晒烟	11.44	8.96	2.48	0.78	1.72	8.58	2.00				1.33	5.72	4.48	0.86
4924	00004161	永胜砍柴坪烟	晒烟	5.13	3.31	1.82	0.65	2.71	12.12	4.46				0.42	1.15	0.74	0.61

序号	全国统一编号	种质名称	类型	总糖	还原糖	两糖差	两糖比	总氮	蛋白质	烟碱	钾	氯	钾氯比	施木克值	总糖/烟碱	还原糖/烟碱	总氮/烟碱
4925	00004162	墨江正街烟	晒烟	8.25	7.38	0.87	0.89	2.71	15.44	1.41				0.53	5.85	5.23	1.92
4926	00004163	孟连树哨咬	晒烟	3.93	2.31	1.62	0.59	2.45	12.30	2.83				0.32	1.39	0.82	0.87
4927	00004170	卜甲烟	晒烟	5.25	3.56	1.69	0.68	3.42	19.00	2.19				0.28	2.40	1.63	1.56
4928	00004171	三坝烟	晒烟	5.88	3.25	2.63	0.55	2.11	10.45	2.54				0.56	2.31	1.28	0.83
4929	00004172	安定草烟	晒烟	6.56				2.72	13.03	3.68				0.50	1.78		0.74
4930	00004174	墨江把子烟	晒烟	6.88	5.56	1.32	0.81	4.06	12.45	4.06				0.55	1.69	1.37	1.00
4931	00004184	维西叶枝烟	晒烟	7.38	5.84	1.54	0.79	3.25	14.22	5.60				0.52	1.32	1.04	0.58
4932	00004187	九甲草烟	晒烟	2.75	1.31	1.44	0.48	2.63	12.68	3.84				0.22	0.72	0.34	0.68
4933	00004188	辽岭草烟	晒烟	13.97				1.94	10.73	1.29				1.30	10.83		1.50
4934	00004196	啦嘛登烟	晒烟	4.50	3.00	1.50	0.67	3.56	19.07	2.97				0.24	1.52	1.01	1.20
4935	00004199	永胜光华烟	晒烟	8.40	6.41	1.99	0.76	2.69	14.33	2.34				0.59	3.59	2.74	1.15
4936	00004201	丽江牛皮烟	晒烟	11.24	8.63	2.61	0.77	2.32	11.84	2.45				0.95	4.59	3.52	0.95
4937	00004202	马关烟	晒烟	5.00	2.88	2.12	0.58	2.58	11.50	4.31				0.43	1.16	0.67	0.60
4938	00004203	永胜木桂烟	晒烟	4.63	3.13	1.50	0.68	2.49	10.97	4.26				0.42	1.09	0.73	0.58
4939	00004204	景谷慢来草烟	晒烟	9.76				2.25	12.39	1.55				0.79	6.30		1.45
4941	00004206	金鼎小叶	晒烟	9.50	7.08	2.42	0.75	3.36	17.42	3.29				0.55	2.89	2.15	1.02
4942	00004216	五境柳叶	晒烟	7.00	3.88	3.12	0.55	2.18	10.29	3.09				0.68	2.27	1.26	0.71
4943	00004223	镇沅冬烟	晒烟	7.85				2.48	14.59	0.84				0.54	9.35		2.95

序号	全国统一编号	种质名称	类型	总糖	还原糖	两糖差	两糖比	总氮	蛋白质	烟碱	钾	氯	钾氯比	施木克值	总糖/烟碱	还原糖/烟碱	总氮/烟碱
4944	00004225	永胜拉杈烟	晒烟	7.00	4.19	2.81	0.60	2.15	9.90	3.25				0.71	2.15	1.29	0.66
4945	00004226	孟连瓦烟	晒烟	4.92	2.31	2.61	0.47	2.61	14.87	1.34				0.33	3.67	1.72	1.95
4946	00004232	独山基长烟	晒烟	4.93	3.25	1.68	0.66	2.16	9.14	4.10				0.54	1.20	0.79	0.53
4949	00004240	阿乐朵烟	晒烟	3.00	2.06	0.94	0.69	3.15	12.56	6.61				0.24	0.45	0.31	0.48
4950	00004247	凤庆密叶烟	晒烟	3.50	1.25	2.25	0.36	2.02	9.21	2.65	2.16	0.13	16.74	0.38	1.32	0.47	0.76
4951	00004215	维西大川烟	晒烟	2.25	0.94	1.31	0.42	2.79	15.38	1.88				0.15	1.20	0.50	1.48
4952	00004257	云县昔汉柳叶	晒烟	4.63	2.79	1.84	0.60	2.68	14.53	2.05				0.32	2.26	1.36	1.31
4953	00004259	宜良猪大肠	晒烟	5.75	4.23	1.52	0.74	2.24	12.55	1.34				0.46	4.29	3.16	1.67
4954	00004262	凤凰山晒烟	晒烟	26.06	22.57	3.49	0.87	1.80	9.33	1.42		0.21		2.79	18.35	15.89	1.27
4955	00004274	镇沅振太大树烟	晒烟	1.88	1.09	0.79	0.58	2.38	11.20	3.44				0.17	0.55	0.32	0.69
4960	00003872	黔江乌烟	晒烟	12.83	11.04	1.79	0.86	2.86	12.40	5.07	1.79	0.21	8.52	1.03	2.53	2.18	0.56
4961	00003873	大红花烟	晒烟	3.75	2.50	1.25	0.67	2.60	13.30	2.73				0.28	1.37	0.92	0.95
4962	00003874	早谷烟	晒烟	6.18	5.38	0.80	0.87	2.77	3.37	5.06	2.17	0.52	4.17	1.83	1.22	1.06	0.55
4964	00003876	酉阳土烟 -1	晒烟	3.63	2.75	0.88	0.76	2.79	15.87	1.45	3.60	0.12	29.51	0.23	2.50	1.90	1.92
4965	00003877	酉阳黑烟	晒烟	2.62	1.75	0.87	0.67	2.77	13.78	3.27				0.19	0.80	0.54	0.85
4966	00003878	山东黑毛烟	晒烟	2.69	1.69	1.00	0.63	3.33	15.47	4.87				0.17	0.55	0.35	0.68
4970	00003882	南川琵琶烟	晒烟	1.75	1.21	0.54	0.69	2.25	11.77	2.12				0.15	0.83	0.57	1.06
4976	00003888	云阳柳叶烟	晒烟	8.22	6.99	1.23	0.85	2.88	4.01	4.10	3.78	0.27	14.00	2.05	2.00	1.70	0.70

序号	全国统一编号	种质名称	类型	总糖	还原糖	两糖差	两糖比	总氮	蛋白质	烟碱	钾	氯	钾氯比	施木克值	总糖/烟碱	还原糖/烟碱	总氮/烟碱
4978	00003890	酉阳毛草烟	晒烟	3.13	1.97	1.16	0.63	3.11	15.64	3.52				0.20	0.89	0.56	0.88
4982	00003897	平地镇大柳叶	晒烟	7.22	6.26	0.96	0.87	2.70	4.79	3.87	3.80	0.25	15.20	1.51	1.87	1.62	0.70
4983	00003898	永郎长叶草烟	晒烟	7.11	5.68	1.43	0.80	3.58	14.70	6.55	1.70	0.11	15.04	0.48	1.09	0.87	0.55
4988	00004151	大牛耳	晒烟	7.78	6.69	1.09	0.86	2.41	11.70	3.14	1.18	0.43	2.72	0.66	2.48	2.13	0.77
4993	00004267	密拖	晒烟	8.40	8.31	0.09	0.99	2.32	10.37	3.83				0.81	2.19	2.17	0.61
4999	00004273	金山乡旱烟	晒烟	2.09	1.41	0.68	0.67	3.54	12.20	2.77	2.78	0.16	17.94	0.17	0.75	0.51	1.28
5013	00005347	凤林晒烟	晒烟	2.78	2.55	0.23	0.92	3.72	17.87	4.98				0.16	0.56	0.51	0.75
5074	00005456	郧西大河柳子 -2	晒烟	19.87	17.88	1.99	0.90	2.03		3.96	1.15	0.17	6.76		5.02	4.52	0.51
5082	00005464	均州柳子	晒烟	3.87	2.28	1.59	0.59	3.33		3.76	1.16	3.38	0.34		1.03	0.61	0.89
5113	00005066	81-26	晒烟	7.91	6.16	1.75	0.78	2.13	9.19	3.79	3.11	0.08	40.92	0.86	2.09	1.63	0.56
5116	00003941	81-8-6	晒烟		12.16			2.53	13.18	2.44						4.98	1.04
5117	00003942	87-10-1	晒烟		22.99			1.97	9.96	2.18						10.55	0.90
5118	00003943	87-11-3	晒烟		28.05			1.98	8.34	3.74						7.50	0.53
5119	00003944	87-15-2	晒烟		24.13			1.93	8.50	3.30						7.31	0.58
5120	00005063	63018-3-1-2-1	晒烟							3.77							
5156	00005106	金英 -1-1	晒烟							3.70							
5171	00005129	GZ81-26	晒烟	19.34	16.52	2.82	0.85	1.21	5.84	1.61				3.31	12.01	10.26	0.75
5195	00003915	牡晒 89-24-2	晒烟	7.43	5.77	1.66	0.78	2.40	12.50	2.32	1.27	1.46	0.87	0.59	3.20	2.49	1.03

序号	全国统一编号	种质名称	类型	总糖	还原糖	两糖差	两糖比	总氮	蛋白质	烟碱	钾	氯	钾氯比	施木克值	总糖/烟碱	还原糖/烟碱	总氮/烟碱
5200	00003920	牡晒 84-1-1	晒烟	1.04	0.40	0.64	0.38	2.62	3.71	3.84	1.34	0.48	2.79	0.28	0.27	0.10	0.68
5228	00003925	晒 9108	晒烟	4.50	2.38	2.12	0.53	3.32	14.08	6.18				0.32	0.73	0.39	0.54
5229	00003927	晒 9118	晒烟	8.37	7.25	1.12	0.87	2.64	12.32	3.91	2.67	0.22	12.14	0.68	2.14	1.85	0.68
5230	00003928	晒 9119	晒烟	7.25	5.50	1.75	0.76	3.10	11.56	7.24				0.63	1.00	0.76	0.43
5231	00003929	晒 92414	晒烟	8.65	7.27	1.38	0.84	2.48	4.16	4.94	2.75	0.38	7.24	2.08	1.75	1.47	0.50
5241	00003933	上川 -1	晒烟	3.24	2.99	0.25	0.92	1.56	15.13	3.46	1.72	0.18	9.56	0.21	0.94	0.86	0.45
5245	00003937	白济讯 -2	晒烟	3.07	2.49	0.58	0.81	1.11	15.12	4.12	2.22	0.21	10.57	0.20	0.75	0.60	0.27
5248	00003940	傣烟 -3	晒烟	16.07	14.09	1.98	0.88	2.44		4.16	0.91	0.41	2.22		3.86	3.39	0.59
5249	00004127	特选晒烟	晒烟	3.50	2.00	1.50	0.57	1.88	9.16	4.78				0.38	0.73		0.39
5253	00005103	昔汉 -1	晒烟	10.58				2.22	12.01	1.73				0.88	6.12		1.28
5254	00005105	湘潭香叶	晒烟	6.09	3.99	2.10	0.66	2.68	8.81	7.36				0.69	0.83	0.54	0.36
5255	00005112	曼怕村 -1	晒烟	8.08				2.70	2.87	3.71				2.82	2.18		0.73
5257	00005148	CK01	晒烟	12.50	8.71	3.79	0.70	2.08	9.05	3.64				1.38	3.43	2.39	0.57
5258	00005162	昔汉 -2	晒烟	9.60				2.62	12.92	3.20				0.74	3.00		0.82
5277	00005499	8-14-0017	晒烟	19.70	19.10	0.60	0.97	2.47	13.67	1.64	1.59	1.00	1.59	1.44	12.01	11.65	1.51
5279	00005530	S11-0002	晒烟	19.90	18.87	1.03	0.95	2.20	12.90	0.81	2.11	1.26	1.67	1.54	24.57	23.30	2.72
5286	00003945	连选一号	晒烟		13.22			1.98	9.33	2.82						4.69	0.70
5287	00004327	延晒七号	晒烟	4.34				3.52	17.21	4.84		0.23		0.25	0.90		0.73

序号	全国统一编号	种质名称	类型	总糖	还原糖	两糖差	两糖比	总氮	蛋白质	烟碱	钾	氯	钾氯比	施木克值	总糖/烟碱	还原糖/烟碱	总氮/烟碱
5288	00005173	龙烟六号	晒烟	7.48	6.16	1.32	0.82	2.20	10.72	3.82	1.28	0.28	4.57	0.70	1.96	1.61	0.58
5289	00005291	云晒 1 号	晒烟	32.49	27.92	4.57	0.86	1.52		1.68	2.16	0.49	4.41		19.34	16.62	0.90
5291	00005256	巴西晒晾烟	晒烟	2.46	1.16	1.30	0.47	4.07	20.47	4.60				0.12	0.53	0.25	0.88
5293	00005236	津引晒烟 3 号	晒烟	4.69	3.75	0.94	0.80	3.11	10.74	8.07	1.21	0.19	6.37	0.44	0.58	0.46	0.39
5294	00003748	Coker9	晒烟	3.00	2.25	0.75	0.75	2.72	11.20	5.36	2.49	0.46	5.41	0.27	0.56	0.42	0.51
5295	00003949	Va331-1	晒烟	12.80	11.80	1.00	0.92	2.13	11.29	2.75	3.89	0.26	14.96	1.13	4.65	4.29	0.77
5590	00005296	五峰 2 号	晾烟	1.12	0.62	0.50	0.55	3.49	16.50	4.89	3.93	0.10	39.30		0.23	0.13	0.71
5297	00003951	Va787	晒烟	4.56	3.63	0.93	0.80	3.13	15.64	3.63	2.45	0.17	14.33	0.29	1.26	1.00	0.86
5298	00003952	Va871	晒烟	1.10	0.46	0.64	0.42	3.03	12.10	3.06	2.21	0.12	19.22	0.09	0.36	0.15	0.99
5299	00003953	Va932	晒烟	22.09	19.38	2.71	0.88	1.92	9.63	2.20	1.92	0.21	9.14	2.29	10.04	8.81	0.87
5300	00003954	Va934	晒烟	27.14	21.83	5.31	0.80	1.83	8.95	2.30	1.52	0.16	9.50	3.03	11.80	9.49	0.80
5302	00003956	Damdli Special	晒烟	2.25	1.63	0.62	0.72	3.08	14.85	4.08				0.15	0.55	0.40	0.75
5304	00003958	Lizard Tail Turtle Foot	晒烟	3.00	1.87	1.13	0.62	3.25	15.93	4.06				0.19	0.74	0.46	0.80
5305	00003959	Sears Special	晒烟	5.00	3.59	1.41	0.72	3.11	16.15	3.05				0.31	1.64	1.18	1.02
5307	00003961	Silky Pride	晒烟	2.69	1.81	0.88	0.67	3.32	15.96	4.43				0.17	0.61	0.41	0.75
5308	00003962	Brown Ieaf JH	晒烟	2.88	1.87	1.01	0.65	3.25	15.00	4.92				0.19	0.59	0.38	0.66
5309	00003963	Bakers Special	晒烟	2.25	1.44	0.81	0.64	2.80	14.07	3.18				0.16	0.71	0.45	0.88
5310	00005258	Va878	晒烟	22.89	20.65	2.24	0.90	1.96	9.99	2.05	1.67	0.09	18.56	2.29	11.17	10.07	0.96

序号	全国统一编号	种质名称	类型	总糖	还原糖	两糖差	两糖比	总氮	蛋白质	烟碱	钾	氯	钾氯比	施木克值	总糖/烟碱	还原糖/烟碱	总氮/烟碱
5313	00005261	肯那	晒烟	21.55	21.02	0.53	0.98	2.25	9.55	3.79	1.10	0.17	6.47	2.26	5.69	5.55	0.59
5314	00005262	拉加	晒烟	16.68	16.08	0.60	0.96	2.27	9.96	3.53	1.31	0.16	8.19	1.67	4.73	4.56	0.64
5315	00003964	Wilson	晾烟	2.40	2.03	0.37	0.85	4.40	25.27	2.07	2.39	0.46	5.20	0.09	1.16	0.98	2.13
5316	00003965	Md40	晾烟	3.63	2.15	1.48	0.59	3.60	18.58	3.63	2.66	0.38	7.00	0.20	1.00	0.59	0.99
5323	00005292	云香 2 号	香料烟	19.71	18.49	1.22	0.94	1.84		0.34	1.98				57.97	54.38	5.41
5324	00004003	A37	香料烟	19.12	18.02	1.10	0.94	1.97	12.07	0.22	2.14	0.19	11.26	1.58	86.91	81.91	8.95
5326	00004005	Canik	香料烟	4.36	3.34	1.02	0.77	3.44	20.31	1.10	1.98	0.25	7.92	0.21	3.96	3.04	3.13
5327	00004006	Greece Basma	香料烟	8.53	8.30	0.23	0.97	2.22	13.56	0.30	3.32	0.78	4.26	0.63	28.43	27.67	7.40
5338	00005484	Izmir	香料烟	23.94	22.42	1.52	0.94	1.69	10.13	0.38	2.02	0.20	10.10	2.36	63.00	59.00	4.45
5339	00005485	K Izmir No.1	香料烟	17.56	16.93	0.63	0.96	1.75	10.80	0.15	3.08	0.91	3.38	1.63	117.07	112.87	11.67
5349	00003926	Q-5-0089-24	药烟	8.75	7.25	1.50	0.83	2.91	13.09	4.72				0.67	1.85	1.54	0.62
5352	00003946	6-11-0006	药烟	3.13	2.52	0.61	0.81	3.60	18.20	3.98				0.17	0.79	0.63	0.90
5353	00003947	6-12-0004-18	药烟	19.17	18.91	0.26	0.99	2.79	14.41	2.82	1.35	1.22	1.06	1.33	6.80	6.71	0.99
5359	00004670	紫苏烟一号	药烟	3.63	2.81	0.82	0.77	2.46	13.14	2.07				0.28	1.75	1.36	1.19
5360	00004704	罗勒烟一号	药烟	4.00	3.07	0.93	0.77	2.55	10.60	4.88				0.38	0.82	0.63	0.52
5361	00004717	薄荷烟二号	药烟	7.79	6.25	1.54	0.80	9.47	9.50	3.82				0.82	2.04	1.64	2.48
5363	00004774	人参烟 26 号	药烟	3.00	2.63	0.37	0.88	2.71	12.31	4.28				0.24	0.70	0.61	0.63
5367	00004800	黄芪烟 12t	药烟	20.65	16.38	4.27	0.79	1.78	8.64	2.31				2.39	8.94	7.09	0.77

序号	全国统一编号	种质名称	类型	总糖	还原糖	两糖差	两糖比	总氮	蛋白质	烟碱	钾	氯	钾氯比	施木克值	总糖/烟碱	还原糖/烟碱	总氮/烟碱
5368	00004801	黄芪烟 16 号	药烟	17.50	15.60	1.90	0.89	2.28	13.43	0.76	1.88	1.33	1.41	1.30	23.03	20.53	3.00
5376	00004888	Q-5-00003	药烟	20.10	17.60	2.50	0.88	2.24	12.49	1.40	1.04	0.91	1.14	1.61	14.36	12.57	1.60
5377	00004890	S-8-00009	药烟	16.20	16.20	0.00	1.00	2.67	23.86	0.79	2.09	1.00	2.09	0.68	20.51	20.51	3.38
5383	00004899	A-00005	药烟	13.20	12.20	1.00	0.92	2.79	15.40	1.89	1.43	0.78	1.83	0.86	6.98	6.46	1.48
5489	00005026	A-0005	药烟	13.20	12.20	1.00	0.92	2.79	15.40	1.89	1.43	0.78	1.83	0.86	6.98	6.46	1.48
5529	00005490	6-11-0008	药烟	19.50	18.50	1.00	0.95	2.51	13.76	1.78	1.40	1.44	0.97	1.42	10.96	10.39	1.41
5530	00005491	Q-0001（变异）	药烟	19.00	18.70	0.30	0.98	2.44	13.52	1.60	1.81	0.90	2.01	1.41	11.88	11.69	1.53
5535	00005500	Q-0010-2	药烟	23.40	22.30	1.10	0.95	2.25	13.08	0.91	2.29	1.00	2.29	1.79	25.71	24.51	2.47
5589	00005182	五峰 1 号	晾烟	0.54	0.27	0.27	0.50	4.52		3.22	3.94	0.25	15.76		0.17	0.08	1.40

3. 烟草种质资源香吃味评吸鉴定

序号	全国统一编号	种质名称	类型	香型风格	香型程度	香气质	香气量	浓度	余味	杂气	刺激性	劲头	燃烧性	灰色	质量档次
3662	00004073	独山趴杆烟	烤烟			尚好	足		尚舒适	微有	微有				
3663	00004076	折烟	烤烟			尚好	足		尚舒适	微有	微有				
3664	00004080	贵定团鱼叶	烤烟			尚好	足		尚舒适	微有	微有				
3667	00004089	炉山柳叶	烤烟			较好	足		尚舒适	有	有	适中	强	灰白	
3668	00004051	堡子烟	烤烟				有		较舒适	微有	微有				
3675	00004778	路南虎街烤烟	烤烟				有		较舒适	微有	微有		强	灰白	

序号	全国统一编号	种质名称	类型	香型风格	香型程度	香气质	香气量	浓度	余味	杂气	刺激性	劲头	燃烧性	灰色	质量档次
3679	00003693	9501	烤烟			中等	有		尚舒适	有	有	较小	强	灰白	
3684	00003698	96419	烤烟	中间香	中等 +	较好	尚足	中等	尚舒适	有	有	适中	较强	灰白	较好 -
3862	00003714	C151	烤烟	中偏浓	中等 +	较好	较足	中等	较舒适	较轻	微有	适中	中等	灰白	中等
3864	00003716	丰字烤烟1号	烤烟				有		尚舒适	微有	有	适中	强	灰白	
3865	00003717	南选烤烟1号	烤烟				尚足		尚舒适	微有	微有	适中	强	灰白	
3993	00003720	930032	烤烟	中间香		较好	有		欠适	较轻	微有				
3995	00003722	96019	烤烟	中间香	中等 +	较好	较足	中等	较舒适	较轻	微有	适中	中等	灰白	中等
4015	00004743	娄山一号	烤烟			较好	足		尚舒适	有	微有	较大	强	灰白	
4051	00003706	KB-6	烤烟	中偏浓	中等 +	较好	较足	中等	较舒适	较轻	微有	适中	中等	灰白	中等 +
4147	00003647	9706	烤烟	中偏浓	中等 +	较好	较足	中等 +	较舒适	较轻	微有	适中	中等	灰白	中等 +
4150	00003650	9802	烤烟	中间香	中等 +	较好	较足	中等 +	较舒适	有	微有	适中	中等	灰白	中等
4192	00003727	云烟 317-2	烤烟	中间香	中等 +	较好	较足	中等	较舒适	较轻	微有	适中	中等	灰白	中等
4193	00003729	8602-123	烤烟	中间香	中等 +	较好	较足	中等	较舒适	较轻	微有	适中	中等	灰白	中等
4208	00004499	9147	烤烟			中等	尚足	中等	尚舒适	有	有	适中	强	灰白	中等 +
4212	00004583	8610-4-2-1	烤烟			好			尚舒适	有	有	适中	强	灰白	
4219	00004728	云南株 8	烤烟			较好	尚足		尚舒适	微有	微有	适中	中等	灰白	
4221	00004769	小巴 6-3-1	烤烟				尚足		尚舒适	微有	微有	小	中	灰白	
4222	00004793	梁家村	烤烟				有		较舒适	微有	微有				

序号	全国统一编号	种质名称	类型	香型风格	香型程度	香气质	香气量	浓度	余味	杂气	刺激性	劲头	燃烧性	灰色	质量档次
4223	00004802	云烟 76 号	烤烟			中等	有		尚舒适	略重	有	适中	强	灰白	
4224	00004811	云烟 86 号	烤烟			中等	有		尚舒适	有	有	适中	强	灰白	
4225	00004815	云烟 84 号	烤烟			中等	有		尚舒适	有	有	适中	强	灰白	
4229	00005286	MS 云烟 85	烤烟	中间香	中等 +	较好	较足	中等	较舒适	有	有	适中	中等	灰白	中等
4230	00005287	MS 云烟 87	烤烟			中等	有	中等	尚舒适	有	有	适中	强	灰白	中等
4264	00003663	CV088	烤烟	浓偏中	中等 +	较好	较足	中等 +	较舒适	较轻	微有	适中 +	中等	灰白	中等 +
4336	00004359	安烟二号	烤烟			中等	有	中等	尚舒适	有	有	适中	强	灰白	中等
4337	00004549	安烟 3 号	烤烟			中等 +	尚足	中等	尚舒适	有	有	适中	中	灰白	中等
4338	00004847	安烟一号	烤烟			中等	有	中等	尚舒适	有	有	适中	强	灰白	中等
4339	00004864	毕纳 1 号	烤烟			较好	足	中等	较舒适		微有	适中			
4340	00004865	黔西一号	烤烟			较好	足		尚舒适	微有	微有				
4341	00004823	辽烟 17 号	烤烟				有		较舒适		有	适中	强		
4344	00005272	辽烟 9808	烤烟			中等	有	较浓	尚舒适	有	有	适中	强	灰白	中等
4345	00003638	龙江 915	烤烟	中偏浓	中等 +	较好	较足	中等	较舒适	较轻	微有	适中	中等	灰白	中等 +
4346	00003639	龙江 911	烤烟	中偏浓	中等 +	较好	较足	中等 +	较舒适	有	微有	适中	中等	灰白	中等
4348	00004831	龙江 981	烤烟			中等	有	中等	尚舒适	有	有	适中	强	灰白	中等
4350	00004875	龙江 925	烤烟			中等	有	中等	尚舒适	略重	有	适中	强	灰白	中等
4351	00005381	龙江 237	烤烟			中等	有	中等	尚舒适	有	有	适中	强	灰白	中等

序号	全国统一编号	种质名称	类型	香型风格	香型程度	香气质	香气量	浓度	余味	杂气	刺激性	劲头	燃烧性	灰色	质量档次
4352	00004596	闽烟 7 号	烤烟	浓透清		较好	有	中等	较舒适	有	有	强	灰白		中等
4353	00004767	蓝玉一号	烤烟			较好	尚足	中等	较舒适	微有	有	适中	强	灰白	较好
4354	00005275	闽烟 9 号	烤烟			中等	有	中等	尚舒适	有	有	适中	强	灰白	中等
4355	00005379	闽烟 12	烤烟			中等	尚足	中等	尚舒适	有	有	适中	中	灰白	中等–
4356	00003718	粤烟 96	烤烟				尚足	中等	尚舒适		有	适中	强	白色	
4357	00004861	20810	烤烟	中偏浓		中等	尚足	中等	尚舒适	有	有	适中	强	灰白	中等
4358	00005374	贵烟 202	烤烟			中等	尚足	中等	尚舒适	有	有	适中	中	灰白	中等
4359	00003719	贵烟 11 号	烤烟	中偏浓	中等 +	较好	较足	中等	较舒适	较轻	微有	适中	中等	灰白	中等 +
4360	00004685	贵烟 4 号	烤烟			较好	尚足	中等	尚舒适	有	有	适中	强	灰白	中等 +
4362	00004850	南江 3 号	烤烟			较好	较足	中等	尚舒适	微有	微有	适中	强	灰白	
4363	00004856	贵烟 1 号	烤烟			较好	足		尚舒适	微有	微有	适中	强		
4364	00004860	韭菜坪 2 号	烤烟			较好	较足	中等	尚舒适	微有	微有	适中	强		
4365	00004870	兴烟 1 号	烤烟	清偏中		较好	较足		尚舒适	微有	微有	较大	强	白	
4366	00004838	豫烟五号	烤烟			较好	尚足	中等	舒适	有	微有	适中	强	灰白	中等
4367	00004872	豫烟 6 号	烤烟			中等	有	中等	尚舒适	有	有	适中	强	灰白	中等
4368	00005274	豫烟 10 号	烤烟			中等	有	中等	尚舒适	略重	有	适中	强	灰白	中等
4369	00005383	豫烟 11 号	烤烟			中等	有	中等	尚舒适	略重	有	适中	强	灰白	中等
4370	00003679	豫烟三号	烤烟			中等 +	足一		舒适	有	有	适中			

序号	全国统一编号	种质名称	类型	香型风格	香型程度	香气质	香气量	浓度	余味	杂气	刺激性	劲头	燃烧性	灰色	质量档次
4371	00004873	豫烟二号	烤烟	浓香型		较好	足		较舒适	较轻		适中	强		
4372	00004874	豫烟四号	烤烟			中等	有	中等	尚舒适	有	有	适中	强	灰白	中等
4373	00005385	豫烟 9 号	烤烟			中等	有	中等	尚舒适	有	有	适中	强	灰白	中等
4374	00005603	豫烟 7 号	烤烟			中等	有	中等	尚舒适	有	有	适中	强	灰白	中等
4375	00005378	金神农 1 号	烤烟			较好	较足	中等	较舒适	有	有−	适中	中	灰白	中等
4376	00004842	湘烟 2 号	烤烟			中等	有	中等	尚舒适	有	有	适中	强	灰白	中等+
4377	00005380	LS-2	烤烟			中等	有	中等	尚舒适	有	有	适中	强	灰白	中等
4378	00003711	岩烟 97	烤烟	中偏浓	中等+	较好	较足	中等	较舒适	较轻	微有	适中	中等	灰白	中等
4379	00004857	闽烟 35	烤烟	清香型		较好	尚足	中等	较舒适	有	有	适中	强	灰白	中等+
4380	00004862	闽烟 38	烤烟			较好	较足	较浓	舒适	微有	有	适中	强	灰白	中等+
4381	00005271	FL57	烤烟	浓偏中		较好	较足	中等	较舒适	微有	有	适中	中	灰白	较好−
4382	00004863	粤烟 97	烤烟			较好	有	中等	尚舒适	有	有	适中	强	灰白	中等+
4383	00004868	粤烟 98	烤烟			中等	尚足	中等	尚舒适	有	有	适中	强	灰白	中等+
4385	00004701	秦烟 97	烤烟			中等	有	中等	尚舒适	有	有	适中	强	灰白	中等
4386	00004702	秦烟 95	烤烟			中等	有	中等	尚舒适	有	有	适中	强	灰白	中等
4387	00004734	秦烟 98	烤烟			中等	有	中等	尚舒适	有	有	适中	强	灰白	中等
4388	00004779	秦烟 96	烤烟			中等	有	中等	尚舒适	有	有	适中	强	灰白	中等
4390	00003641	吉烟 5 号	烤烟				有		尚舒适	微有	有	适中	强	灰白	较好

序号	全国统一编号	种质名称	类型	香型风格	香型程度	香气质	香气量	浓度	余味	杂气	刺激性	劲头	燃烧性	灰色	质量档次
4391	00003642	吉烟 7 号	烤烟	中间香	中等 +	较好	较足	中等	较舒适	较轻	微有	适中	中等	灰白	中等
4393	00004726	吉烟九号	烤烟			中等	有	中等	尚舒适	有	有	适中	强	灰白	中等
4394	00003725	云烟 85	烤烟	中间香	中等 +	较好	较足	中等	较舒适	有	有	适中	中等	灰白	中等
4395	00003726	云烟 87	烤烟			中等	有	中等	尚舒适	有	有	适中	强	灰白	中等
4397	00004673	云烟 317	烤烟			好	尚足			微有	微有	适中	强	灰白	
4398	00004845	云烟 99	烤烟			较好	有	中等	尚舒适	有	有	适中	强	灰白	中等
4399	00004851	云烟 100	烤烟			中等	有	中等	尚舒适	有	有	适中	强	灰白	中等
4400	00004852	云烟 205	烤烟			中等	有	中等	尚舒适	有	有	适中	强	灰白	中等
4401	00004854	云烟 97	烤烟			中等	尚足	中等	尚舒适	有	有	适中	强	灰白	中等 +
4402	00004855	云烟 98	烤烟			中等	有	中等	尚舒适	有	有	适中	强	灰白	中等 +
4403	00005269	云烟 105	烤烟			中等	有	中等	尚舒适	有	有	适中	强	灰白	中等
4404	00005276	云烟 203	烤烟			较好	尚足	中等	尚舒适		有	适中	强	白	中等
4405	00005297	云烟 110	烤烟			中等	有	中等	尚舒适	有	有	适中	强	灰白	中等 +
4406	00005600	云烟 201	烤烟			中等	有	中等	尚舒适	有	有	适中	强	灰白	中等
4407	00005602	云烟 116	烤烟	中间香		中等 +	尚足	中等	尚舒适	有	有	适中	强	灰白	中等 +
4408	00004708	湘烟一号	烤烟	中间香		好	足		舒适			适中	强	白	中等 +
4409	00004853	湘烟 4 号	烤烟			中等	有	中等	尚舒适	有	有	适中	强	灰白	中等
4410	00004858	湘烟 3 号	烤烟			中等	有	中等	尚舒适	有	有	适中	强	灰白	

序号	全国统一编号	种质名称	类型	香型风格	香型程度	香气质	香气量	浓度	余味	杂气	刺激性	劲头	燃烧性	灰色	质量档次
4411	00005371	湘烟 5 号	烤烟	中偏清		中等＋	有＋	中等	尚舒适	有	有－	适中	强	灰白	
4412	00003655	中烟 9203	烤烟			好	足			略重	有	适中	强	灰白	
4413	00003656	中烟 98	烤烟			较好	尚足		较舒适	有	有	适中	强	灰白	
4414	00003658	中烟 99	烤烟			较好	尚足	较浓	尚舒适	略重	有	适中	强	灰白	中等＋
4415	00003660	中烟 100	烤烟			较好	尚足	较浓	尚舒适	有	有	适中	强	灰白	较好
4417	00004825	中烟 202	烤烟			中等	有	中等	尚舒适	有	有	适中	强	灰白	中等
4418	00004828	中烟 204	烤烟			较好	较足		较舒适						
4419	00004829	中烟 102	烤烟			中等	有	中等	尚舒适	有	有	适中	强	灰白	中等
4420	00004830	中烟 104	烤烟			中等	有	中等	尚舒适	有	有	适中	强	灰白	中等
4421	00004836	中烟 101	烤烟			较好	较足		较舒适						
4422	00004840	鲁烟 2 号	烤烟	中间香	明显	中等	尚足	中等	尚舒适	有	有	适中	强	灰白	中等
4423	00004848	中烟 203	烤烟			较好	较足	中等	尚舒适	有	有	适中	强	灰白	中等
4424	00004849	中烟 201	烤烟			中等	有	中等	尚舒适	有	有	适中	强	灰白	中等＋
4425	00005268	金海一号	烤烟			中等	有	中等	尚舒适	有	有	适中	强	灰白	中等
4426	00005280	川烟 1 号	烤烟			中等	有	中等	尚舒适	有	有	适中	强	灰白	中等
4427	00005281	鲁烟 1 号	烤烟	中间香		中等	尚足	中等	尚舒适	有	有	适中	中	灰白	
4428	00005289	中烟 205	烤烟	中间香		较好	较足	中等	较舒适	较轻	微有	适中	中	灰白	
4429	00005300	CF225	烤烟	中间香		中等	尚足	中等	尚舒适	有	有	适中	中	灰白	中等

序号	全国统一编号	种质名称	类型	香型风格	香型程度	香气质	香气量	浓度	余味	杂气	刺激性	劲头	燃烧性	灰色	质量档次
4431	00003724	遵烟 1 号	烤烟			中等	尚足	较浓	尚舒适	有	有	适中	强	灰白	较好
4432	00004869	遵烟 6 号	烤烟	中间香		较好	较足		尚舒适	微有	微有	适中	中		
4461	00003746	AK6	烤烟	中间香	中等+	较好	较足	中等	较舒适	较轻	微有	适中	中等	灰白	中等+
4465	00003779	NC8053	烤烟	中间香	中等+	较好	较足	中等	较舒适	较轻	微有	适中	中等	灰白	中等
4466	00003804	RG22	烤烟			较好	有	中等	尚舒适	有	有	适中	中等	灰白	较好
4467	00003817	Reams713	烤烟				有		尚舒适	有	有	适中	中等	灰白	
4468	00003830	TI93	烤烟	中间香	中等+	较好	较足	中等+	较舒适	较轻	微有	适中	中等	灰白	中等+
4469	00003988	泰国弗吉尼亚	烤烟				有			有		较大	强	灰白	
4471	00005216	津引烤烟 1 号	烤烟			较好	尚足	中等	较舒适	有	有	适中	中	灰白	中等+
4481	00003750	Coker371Gold	烤烟			中等	有	中等	尚舒适	略重	略大	适中	强	灰白	中等
4482	00003751	CU199	烤烟				尚足		尚舒适	微有	有	适中	中等	灰白	
4483	00003752	CU231	烤烟				尚足		尚舒适	微有	有	适中	中等	灰白	
4484	00003753	CU235	烤烟				尚足		尚舒适	微有	有	适中	中等	灰白	
4485	00003754	CU236	烤烟	中间香	较显	中等	尚足	中等+	尚舒适	微有	有	适中	中等	灰白	中等
4486	00003755	CU263	烤烟			较好	尚足	中等	尚舒适	有	有	适中	强	灰白	
4487	00003756	CU343	烤烟				尚足		尚舒适	有	有	适中	中等	灰白	
4494	00003763	JB-200	烤烟	中间香	较显	中等	尚足	中等+	尚舒适	微有	有	适中	中等	灰白	中等
4496	00003765	K149	烤烟	中间香	中等+	较好	尚足	较浓	尚舒适	有	有	适中	较强	灰白	较好−

序号	全国统一编号	种质名称	类型	香型风格	香型程度	香气质	香气量	浓度	余味	杂气	刺激性	劲头	燃烧性	灰色	质量档次
4497	00003766	K346	烤烟	中间香	中等+	较好	尚足	较浓	尚舒适	有	有	适中	强	灰白	较好−
4498	00003767	K358	烤烟			中等	尚足	中等	尚舒适	有	有	适中	强	灰白	较好
4499	00003768	K730	烤烟	中间香	中等+	较好	尚足	较浓	尚舒适	有	有	适中	强	灰白	较好−
4500	00003769	Meck	烤烟				有		较舒适	有	有	较大	中等	灰白	
4501	00003770	MRS-1	烤烟				尚足		尚舒适	微有	有	适中	中等	灰白	
4503	00003772	MRS-3	烤烟				有		较舒适	有	有	较大	中等	灰白	
4505	00003774	NC729	烤烟			中等	有	中等	尚舒适	有	有	适中	强	灰白	中等
4506	00003775	NC1108	烤烟	中间香	较显	中等	尚足	中等+	尚舒适	有	有	适中	中等	灰白	中等
4507	00003780	NC27NF	烤烟	中间香	中等	中等	有	中等	欠适	略重	有	适中	强	灰白	中等
4508	00003781	NC37NF	烤烟			中等	有	中等	尚舒适	有	有	适中	强	灰白	中等
4509	00003782	NCTG55	烤烟				有		欠适	有	有	适中	中等	灰白	
4510	00003783	NCTG60	烤烟				尚足		尚舒适	微有	微有	适中	中等	灰白	
4511	00003784	NCTG61	烤烟				有		尚舒适	有	微有	适中	中等	灰白	
4512	00003785	NCTG70	烤烟				尚足		尚舒适	微有	微有	适中	中等	灰白	
4513	00003786	NK939	烤烟				尚足		尚舒适	有	微有	适中	中等	灰白	
4514	00003787	OX940	烤烟				尚足		尚舒适	有	有	适中	中等	灰白	
4515	00003788	OX2001	烤烟				尚足		尚舒适	微有	微有	适中	中等	灰白	
4516	00003789	OX2007	烤烟				有		尚舒适	有	有	适中	中等	灰白	

序号	全国统一编号	种质名称	类型	香型风格	香型程度	香气质	香气量	浓度	余味	杂气	刺激性	劲头	燃烧性	灰色	质量档次
4517	00003790	OX2022	烤烟				有		尚舒适	有	有	适中	中等	灰白	
4518	00003791	OX2028	烤烟				尚足		尚舒适	有	有	适中	中等	灰白	
4519	00003792	OX2101	烤烟				有		较舒适	有	有	适中	中等	灰白	
4522	00003795	Qual916	烤烟				有		尚舒适	有	有	适中	中等	灰白	
4523	00003796	Qual938	烤烟				有		较舒适	有	有	适中	中等	灰白	
4524	00003797	Qual945	烤烟				有		尚舒适	有	微有	适中	中等	灰白	
4525	00003798	Qual946	烤烟				有		尚舒适	有	有	适中	中等	灰白	
4526	00003799	RG8	烤烟			较好	尚足	较浓	尚舒适	有	有	适中	中等	灰白	较好
4527	00003800	RG11	烤烟	中间香	较显	中等	有	较浓	欠适	有	有	适中	强	灰白	中等+
4528	00003801	RG12	烤烟				尚足		尚舒适	有	有	适中	中等	灰白	
4529	00003802	RG13	烤烟			较好	有	较浓	尚舒适	有	有	适中	中等	灰白	较好
4530	00003803	RG17	烤烟			中等	有	中等	尚舒适	有	有	适中	强	灰白	中等
4531	00003805	RG89	烤烟				尚足		尚舒适	有	有	适中	中等	灰白	
4532	00003806	RGOB-2	烤烟				尚足		尚舒适	微有	微有	适中	中等	灰白	
4534	00003808	RG3A16	烤烟				有		尚舒适	有	微有	适中	中等	灰白	
4535	00003809	RG3A1	烤烟				尚足		尚舒适	有	微有	适中	中等	灰白	
4536	00003810	RG3414	烤烟				有		尚舒适	有	微有	适中	中等	灰白	
4537	00003811	RGOB-18	烤烟				尚足		尚舒适	微有	有	较小	中等	灰白	

序号	全国统一编号	种质名称	类型	香型风格	香型程度	香气质	香气量	浓度	余味	杂气	刺激性	劲头	燃烧性	灰色	质量档次
4538	00003812	ReamsM-1	烤烟				尚足		尚舒适	微有	有	适中	中等	灰白	
4539	00003813	Reams158	烤烟				尚足		尚舒适	微有	有	适中	中等	灰白	
4540	00003814	ReamsC44	烤烟				尚足		尚舒适	有	有	适中	中等	灰白	
4541	00003815	ReamsC73	烤烟				尚足		尚舒适	有	有	适中	中等	灰白	
4542	00003816	ReamsB17	烤烟				有		尚舒适	有	微有	适中	中等	灰白	
4543	00003818	SPG-72	烤烟				有		尚舒适	有	微有	适中	中等	灰白	
4544	00003819	SPG-108	烤烟				尚足		尚舒适	微有	有	适中	中等	灰白	
4545	00003820	SPG-111	烤烟				尚足		尚舒适	微有	有	适中	中等	灰白	
4546	00003821	SPG-117	烤烟			较好	尚足	中等	尚舒适	微有	有	适中	中等	灰白	较好
4548	00003823	SPG-152	烤烟				尚足		尚舒适	微有	有	适中	中等	灰白	
4549	00003824	SPG-162	烤烟				有		尚舒适	微有	有	适中	中等	灰白	
4550	00003825	SPG-164	烤烟				有		尚舒适	有	微有	适中	中等	灰白	
4551	00003826	SPG-166	烤烟				有		尚舒适	有	微有	适中	中等	灰白	
4552	00003827	SPG-168	烤烟			中等	尚足	较浓	尚舒适	有	有	适中	强	灰白	较好
4553	00003828	SPG-169	烤烟				有		尚舒适	有	有	适中	中等	灰白	
4554	00003829	SPG-172	烤烟			中等	尚足	中等	尚舒适	有	有	适中	强	灰白	较好
4558	00003834	TI896	烤烟	中间香	较显	中等	尚足	中等＋	尚舒适	微有	略大	适中	中等	灰白	中等
4568	00003844	Va45	烤烟				尚足		尚舒适	有	有	适中	中等	灰白	

序号	全国统一编号	种质名称	类型	香型风格	香型程度	香气质	香气量	浓度	余味	杂气	刺激性	劲头	燃烧性	灰色	质量档次
4569	00003845	Va80	烤烟				有		尚舒适	微有	微有	较大	中等	灰白	
4570	00003846	Va770	烤烟				尚足		尚舒适	微有	有	适中	中等	灰白	
4571	00003847	Va3160	烤烟				尚足		尚舒适	微有	有	适中	中等	灰白	
4572	00003848	Vamorr50	烤烟				有		尚舒适	微有	微有	较小	中等	灰白	
4579	00003855	Va444	烤烟			较好	足		尚舒适	有	微有	较大	强	灰白	
4581	00003857	Va436	烤烟				有		尚舒适	有	有	适中	中等	灰白	
4582	00003858	Va437	烤烟				有		较舒适	有	有	较大	中等	灰白	
4601	00004044	白茎烟	白肋烟	白肋香型		有	尚足	中等	尚舒适	有	有	适中−	中等	灰白	中等
4613	00003969	MSVa509	白肋烟	白肋香型	有+	较好	较足	较浓	较舒适	较轻	有	适中+	中等	灰白	中等+
4620	00003976	MS PB9	白肋烟	白肋香型	有	较好	较足	较浓	较舒适	较轻	有	适中+	较强	灰白	中等+
4650	00004323	达白二号	白肋烟		有		有	中等	尚舒适	有	有	适中	强	灰白	中等
4651	00005282	川白 1 号	白肋烟	白肋香型	有	中等	有	中等	尚舒适	有	有	适中	强	灰白	中等
4652	00005295	9026	白肋烟		有		有	中等	尚舒适	有	有	适中	强	灰白	中等
4653	00005370	川白 2 号	白肋烟	白肋香型	有+	中等	尚足	中等+	尚舒适	有−	有	适中	中	灰白	中等
4654	00003966	建选 1 号	白肋烟	白肋香型	有	较好	较足	较浓	较舒适	较轻	有	适中+	中等	灰白	中等+
4655	00003967	建选 2 号	白肋烟	白肋香型	有	较好	较足	较浓	较舒适	较轻	有	适中+	较强	灰白	较好
4656	00003980	鄂烟 3 号	白肋烟	白肋香型	较显	较好	有	中等	尚舒适	有	有	适中			
4657	00004281	鄂烟 211	白肋烟	白肋香型	有		有	中等	尚舒适	有	有	适中	中等	灰白	中等

序号	全国统一编号	种质名称	类型	香型风格	香型程度	香气质	香气量	浓度	余味	杂气	刺激性	劲头	燃烧性	灰色	质量档次
4658	00004283	鄂烟 209	白肋烟	白肋香型	较显	有	尚足	中等	欠适	有	有	适中	强	灰白	中等+
4659	00004285	鄂烟 6 号	白肋烟	白肋香型	有		有	中等	尚舒适	有	有	适中	中等	白	
4664	00004319	鄂烟 101	白肋烟	白肋香型	有		较足	中等	尚舒适	微有	微有	适中	强	灰白	中等
4665	00005294	鄂烟 213	白肋烟	白肋香型	有	较好	有	中等	尚舒适	稍有	有	适中	中	灰白	中等
4666	00005376	鄂烟 215	白肋烟	白肋香型	较显	较好	有	较好	尚舒适	微有	有	适中	中	灰白	中等
4667	00004322	YNBS1	白肋烟	白肋香型	显著	好	尚足		尚舒适			适中			
4668	00004324	云白 2 号	白肋烟		显著			较浓	舒适			适中			
4669	00005273	云白 3 号	白肋烟	白肋香型	有	有		中等	尚舒适	有	有	适中	强	灰白	中等
4670	00005298	云白 4 号	白肋烟		有+		尚足	较浓-	尚舒适	有	有	适中+	较强	灰白	
4671	00005372	0B122	白肋烟	白肋香型	有	中等	尚足	中等	尚舒适	有	有	适中	中	灰白	中等+
4689	00003986	KY908	白肋烟		有				尚舒适	有		适中	强	灰白	
4693	00003983	Burley11A	白肋烟	白肋香型	有	较好	较足	较浓	较舒适	较轻	有	较大−	较强	灰白	中等+
4694	00003985	Gold no Burley	白肋烟				尚足		欠适	有	有	较大	中等	灰白	
4695	00003987	LA Burley21	白肋烟	白肋香型	有	较好	较足	较浓	较舒适	较轻	有	适中+	较强	灰白	较好−
4696	00003990	TI1459	白肋烟				有		尚舒适	有	有	较小	中等	灰白	
4697	00003991	TI1462	白肋烟				有		尚舒适	有	有	适中	中等	灰白	
4698	00003992	TI1463	白肋烟				尚足		尚舒适	有	微有	适中	中等	灰白	
4699	00003993	Va1010	白肋烟				有		尚舒适	有	有	适中	中等	灰白	

序号	全国统一编号	种质名称	类型	香型风格	香型程度	香气质	香气量	浓度	余味	杂气	刺激性	劲头	燃烧性	灰色	质量档次
4702	00003996	Va1019	白肋烟				有		欠适	略重	有	适中	中等	灰白	
4703	00003997	Va1052R	白肋烟				有		尚舒适	有		适中	强	灰白	
4704	00003998	Va1088	白肋烟	白肋香型	较显		较足+	较浓−	尚舒适	微有	有	略大	中等	灰白	较好
4705	00003999	Va1411	白肋烟	白肋香型	较显		足	较浓+	较舒适	微有	有+	略大	强	灰白	好
4706	00004000	Va1053	白肋烟	白肋香型	较显		足−	较浓	尚舒适+	微有	有+	较大−	中等	灰白	好
4716	00005340	Kentucky 29	白肋			较好	较足					大	强	白	较好
4722	00004032	镇沅兰花烟	黄花烟		显著		有		尚舒适						
4760	00004169	川蛮烟	晒烟	晒红香型	较显	有+		中等	尚舒适−	有	有	适中+	强	白色	较好
4766	00004094	磨刀石晒红	晒烟	晒红香型											
4778	00003895	中密合	晒烟	晒黄香型	较显		较足	较浓	尚舒适	有+	有	适中+	较强	灰白	好
4795	00004116	连州大皱叶	晒烟	晒黄香型	较显		有+	浓−	尚舒适	有	有−	适中+	强	灰白	较好
4799	00004130	湘潭细叶枇杷	晒烟	晒红香型	有		有	中等	尚舒适	有	有	适中	中等	灰白	中等
4803	00004138	铁字晒烟二号	晒烟				有		尚舒适	微有	有	适中	强	白色	
4809	00004164	连州晒烟	晒烟				尚足		舒适	有		较大	强		
4825	00003902	罗甸烟冒	晒烟	晒红香型	有	中等	有	中等	欠适	有	有	适中	中等	灰白	较差+
4826	00003903	罗甸枇杷烟	晒烟			中等	有		欠适	有	有	适中	中等	灰白	
4827	00003904	罗甸柳叶烟	晒烟			较好	有		欠适	有	有	适中	中等	灰白	
4828	00003905	罗甸四十片	晒烟			较好	有		尚舒适	微有	有	较大	中等	灰白	

序号	全国统一编号	种质名称	类型	香型风格	香型程度	香气质	香气量	浓度	余味	杂气	刺激性	劲头	燃烧性	灰色	质量档次
4829	00003906	穆棱柳毛烟	晒烟		有−		有	中等−	尚舒适−	有−	有−	适中	强	白色	较差
4837	00004180	穆棱镇大护脖香	晒烟			中等	有		尚舒适	有	有	较小	中等	灰白	
4896	00003894	惠民草烟	晒烟			中等	有		尚舒适	有	有	大	中等	灰白	
4897	00004068	竹园小柳叶	晒烟				有		尚舒适						
4898	00004093	丽江冲天烟	晒烟				有		尚舒适	有		较小			中等+
4899	00004099	文乐烟	晒烟	晒红亚雪茄香型			有		尚舒适	有	有	适中			较差
4900	00004110	维登烟	晒烟	晒红亚雪茄香型			有		尚舒适	有	微有	适中			中等−
4901	00004115	丹株烟	晒烟	晒红亚雪茄香型			有		尚舒适		有	适中			中等
4902	00004117	上江烟	晒烟	晒红亚雪茄香型	显著		较多		尚舒适		有	适中			中等+
4903	00004118	丙中洛烟	晒烟	晒红亚雪茄香型			有		尚舒适	有	微有	适中			中等−
4905	00004123	金鼎大叶	晒烟	晒红亚雪茄香型	较显		有		尚舒适		微有	适中			中等−
4906	00004124	玉溪山头烟	晒烟	晒红亚雪茄香型	显著		有		尚舒适	有		适中	中等		中等−
4907	00004125	弄岛红花	晒烟	晒黄香型			有		尚舒适	有		适中		灰白	
4909	00004128	丽江阿细烟	晒烟	晒红亚雪茄香型			有		尚舒适		有	较小			中等−
4912	00004137	白济讯烟（大耳）	晒烟	雪茄香型			有		尚舒适	微有		适中			中等
4913	00004139	永胜下川烟	晒烟	似烤烟香型			有		尚舒适			较小			中等−
4914	00004144	禄丰大琵琶烟	晒烟	雪茄香型	显著	较好	有		尚舒适	微有	有	适中	中等	灰白	中等
4915	00004145	黄草坝烟	晒烟	晒红亚雪茄香型	显著				尚舒适	有		适中			较差

序号	全国统一编号	种质名称	类型	香型风格	香型程度	香气质	香气量	浓度	余味	杂气	刺激性	劲头	燃烧性	灰色	质量档次
4916	00004147	泸水晒烟	晒烟	晒红亚雪茄香型	显著				尚舒适	有		适中			中等−
4917	00004152	保山丙麻烟	晒烟	雪茄香型			尚足		尚舒适	有	略大	大			较好
4919	00004154	南涧敢保烟	晒烟	晒红亚雪茄香型	显著		有		尚舒适		有	适中			中等+
4920	00004155	玉溪格克烟	晒烟	晒红亚雪茄香型	显著		较足		尚舒适			适中			中等+
4923	00004160	惠水摆金烟	晒烟	晒红香型			有		尚舒适			适中			
4924	00004161	永胜砍柴坪烟	晒烟	雪茄香型	显著		有		尚舒适		有	适中			好
4925	00004162	墨江正街烟	晒烟	晒红亚雪茄香型			有		尚舒适		较小	适中			中等−
4926	00004163	孟连树啃咬	晒烟	雪茄香型			多		尚舒适		有	适中			中等+
4927	00004170	卜甲烟	晒烟	晒红亚雪茄香型			有		尚舒适		微有	适中			中等−
4928	00004171	三坝烟	晒烟	晒红亚雪茄香型	较显		较足		尚舒适		有	适中			中等
4930	00004174	墨江把子烟	晒烟	晒红亚雪茄香型			有		尚舒适		微有	适中			中等+
4931	00004184	维西叶枝烟	晒烟	雪茄香型	显著		有		尚舒适		有	适中			中等+
4932	00004187	九甲草烟	晒烟	雪茄香型	显著		有		尚舒适		有	适中			中等
4934	00004196	啦嘛登烟	晒烟	雪茄香型	较显		有		尚舒适		有	适中			中等
4935	00004199	永胜光华烟	晒烟	晒红亚雪茄香型			有		尚舒适			较小			中等
4936	00004201	丽江牛皮烟	晒烟				尚足		尚舒适	有	较小	适中			中等+
4937	00004202	马关烟	晒烟	晒红亚雪茄香型			有		尚舒适		有	适中			较好
4938	00004203	永胜木桂烟	晒烟	晒红亚雪茄香型	显著		有		尚舒适						中等

序号	全国统一编号	种质名称	类型	香型风格	香型程度	香气质	香气量	浓度	余味	杂气	刺激性	劲头	燃烧性	灰色	质量档次
4941	00004206	金鼎小叶	晒烟	雪茄香型	显著		较足		尚舒适		有	适中			中等+
4942	00004216	五境柳叶	晒烟	晒红亚雪茄香型			有		尚舒适			适中			中等+
4944	00004225	永胜拉杈烟	晒烟	晒红香型			尚足		较舒适	有	微有	较小			较好
4946	00004232	独山基长烟	晒烟				有		尚舒适		有	适中			
4949	00004240	阿乐朵烟	晒烟	晒红亚雪茄香型			有		尚舒适	略重	有	较大			中等
4950	00004247	凤庆密叶烟	晒烟			较差	有		尚舒适	有	有	适中	中等	灰白	
4951	00004215	维西大川烟	晒烟	晒红亚雪茄香型			有		尚舒适	有	微有	适中			中等+
4952	00004257	云县昔汉柳叶	晒烟	晒红调味香型	显著	较好	足		舒适			适中	中等		
4953	00004259	宜良猪大肠	晒烟				有		尚舒适		较小				中等
4955	00004274	镇沅振太大树烟	晒烟	雪茄香型			有		尚舒适			适中			较差
4960	00003872	黔江乌烟	晒烟	雪茄香型	显著		尚足		尚舒适	微有	略大	较大	中等	灰白	较好
4961	00003873	大红花烟	晒烟				尚足		尚舒适	有	有	适中	中等	灰白	
4962	00003874	旱谷烟	晒烟	晒黄香型	较显−	较好	较足	较浓	较舒适	较轻	有	适中+	较强	灰白	较好
4964	00003876	酉阳土烟-1	晒烟				有		欠适	有	有	适中	中等	灰白	
4965	00003877	酉阳黑烟	晒烟				尚足		尚舒适	有	有	适中	中等	灰白	
4966	00003878	山东黑毛烟	晒烟				尚足		尚舒适	有	有	适中	中等	灰白	
4970	00003882	南川琵琶烟	晒烟				有		欠适	有	有	适中	中等	灰白	
4976	00003888	云阳柳叶烟	晒烟	晒黄香型	微有	较好	较足	较浓	较舒适	较轻	有	适中+	较强	灰白	较好

序号	全国统一编号	种质名称	类型	香型风格	香型程度	香气质	香气量	浓度	余味	杂气	刺激性	劲头	燃烧性	灰色	质量档次
4978	00003890	酉阳毛草烟	晒烟				有		欠适	有	有	适中	中等	灰白	
4982	00003897	平地镇大柳叶	晒烟	晒黄香型	较显−	较好	尚足	中等+	较舒适	较轻	有	适中+	较强	灰白	较好−
4983	00003898	永郎长叶草烟	晒烟			较差	有		尚舒适	有	有	适中	中等	灰白	
4988	00004151	大牛耳	晒烟			较差	有		欠适	有	有	适中	中等	灰白	
4993	00004267	密拖晒烟	晒烟	晒黄香型	有+		有+	中等	尚舒适+	有+	有+	适中+	强	灰白	较好
4999	00004273	金山乡旱烟	晒烟			中等	有		尚舒适	有	有	适中	中等	灰白	
5013	00005347	凤林晒烟	晒烟	晒红香型	较显		多	浓	尚舒适	有	有+	大	强	灰白	好
5034	00005415	大柳子叶	晒烟			较好	较足	中等+	较舒适	有+	有	适中	较强	灰白	
5038	00005419	长阳红叶烟-1	晒烟			较好	较足	较浓	较舒适	较轻	有	适中	较强	灰白	
5048	00005429	长阳大白金	晒烟			较好	较足	较浓	尚舒适+	有	有	适中	较强	灰白	
5049	00005430	长阳小白金	晒烟	似白肋香型		较好	较足	较浓	尚舒适+	有	略大	较大	较强	灰白	
5055	00005436	五峰黄筋烟	晒烟			较好	较足	较浓	较舒适	较轻	有	适中	较强	灰白	
5056	00005437	鹤峰黄筋莌	晒烟			较好	较足	较浓	尚舒适+	较轻	有	适中	较强	灰白	
5057	00005438	青筋烟	晒烟			较好	较足	较浓	较舒适	较轻	有	适中	较强	灰白	
5058	00005439	鹤峰青筋莌	晒烟			较好	较足	较浓	尚舒适+	较轻	有	适中	较强	灰白	
5073	00005455	郧西大河柳子-1	晒烟			较好	尚足	中等	较舒适	较轻	有	较小	中等	灰白	
5074	00005456	郧西大河柳子-2	晒烟	晒黄香型		较好	较足	中等	较舒适	较轻	有	适中	中等	灰白	
5083	00005465	竹山晒烟	晒烟			中等	较足	中等	较舒适	较轻	有	适中	较强	灰白	

序号	全国统一编号	种质名称	类型	香型风格	香型程度	香气质	香气量	浓度	余味	杂气	刺激性	劲头	燃烧性	灰色	质量档次
5085	00005467	白洋筋烟 -2	晒烟			较好	较足	较浓	较舒适	较轻	有	适中	中等	灰白	
5096	00005478	大潦叶烟 -1	晒烟	似白肋香型		中等	较足	较浓	尚舒适＋	有	略大	较大	较强	灰白	
5113	00005066	81-26	晒烟			中等	有		尚舒适	有	有	小	强	灰白	
5116	00003941	81-8-6	晒烟				尚足		尚舒适	有	有	适中	强	白色	
5117	00003942	87-10-1	晒烟				尚足		尚舒适	有	有	略大	强	白色	
5118	00003943	87-11-3	晒烟				足		尚舒适	微有	微有	大	强	白色	
5119	00003944	87-15-2	晒烟				尚足		尚舒适	有	微有	略大	强	白色	
5171	00005129	GZ81-26	晒烟	晒黄香型	有＋		有＋	中等＋	尚舒适	有＋	有	适中	中等	灰白	较好
5195	00003915	牡晒 89-24-2	晒烟	晒红香型	有＋	中等	有	中等	尚舒适	有	有	适中	中等	灰白	中等
5228	00003925	晒 9108	晒烟				尚足		尚舒适	有	微有	适中	中等	灰白	
5229	00003927	晒 9118	晒烟	晒黄香型	有＋	较好	较足	较浓	较舒适	较轻	有	适中＋	中等	灰白	中等＋
5230	00003928	晒 9119	晒烟				有		尚舒适	有	有	适中	中等	灰白	
5231	00003929	晒 92414	晒烟	晒黄香型	较显－	较好	较足	较浓	较舒适	较轻	有	适中＋	中等	灰白	中等＋
5249	00004127	特选晒烟	晒烟	晒黄香型			有		尚舒适	有	微有				
5254	00005105	湘潭香叶	晒烟	晒红香型	较显		有＋	浓	尚舒适	有＋	有＋	适中＋	强	灰白	好
5257	00005148	CK01	晒烟	雪茄香型			有		尚舒适	有		适中			
5286	00003945	连选一号	晒烟				尚足		尚舒适	微有	微有	略大	强	灰白	
5287	00004327	延晒七号	晒烟	晒红调味香型		中等	有		尚舒适	有	有	较小			

序号	全国统一编号	种质名称	类型	香型风格	香型程度	香气质	香气量	浓度	余味	杂气	刺激性	劲头	燃烧性	灰色	质量档次
5289	00005291	云晒 1 号	晒烟	似烤烟香型	较显	好	足	较浓	舒适	较轻	有				
5291	00005256	巴西晒晾烟	晒烟	晒红香型	有 +		与	浓 -	尚舒适	有	有	大	强	灰白	中等
5294	00003748	Coker9	晒烟	中间香	中等	中等	有	中等	欠适	有	略大	适中	中等	灰白	较差 +
5295	00003949	Va331-1	晒烟	晒黄香型	有	较好	较足	较浓	较舒适	较轻	有	适中 +	较强	灰白	较好
5590	00005296	五峰 2 号	晾烟	马里兰	显著	较好	较足	中等	尚舒适	较轻	有	适中	强	灰白	
5297	00003951	Va787	晒烟				有		较舒适	略重	有	适中	中等	灰白	
5298	00003952	Va871	晒烟	亚雪茄香型			尚足	中等	尚舒适	略重	有	适中	中等	灰白	中等
5299	00003953	Va932	晒烟	似烤烟香型			较足	较浓	较舒适	有	有	适中	中等	白色	较好
5300	00003954	Va934	晒烟	似烤烟香型			较足	较浓	较舒适	略重	较大	适中	中等	灰白	好
5302	00003956	Damdli Special	晒烟				有		尚舒适	有	有	适中	中等	灰白	
5304	00003958	Lizard Tail Turtle Foot	晒烟				有		尚舒适	有	有	适中	中等	灰白	
5305	00003959	Sears Special	晒烟				有		尚舒适	有	有	适中	中等	灰白	
5307	00003961	Silky Pride	晒烟				有		尚舒适	有	有	适中	中等	灰白	
5308	00003962	Brown Ieaf JH	晒烟				有		尚舒适	有	有	适中	中等	灰白	
5309	00003963	Bakers Special	晒烟				尚足		尚舒适	有	有	适中	中等	灰白	
5310	00005258	Va878	晒烟	似烤烟香型			尚足	较浓	尚舒适	略重	有	适中	中等	灰白	较好
5315	00003964	Wilson	晾烟			较好	尚足	中等	尚舒适	有	有	适中	中等	灰白	中等
5316	00003965	Md40	晾烟			较好	尚足	中等	尚舒适	有	有	适中	中等	灰白	中等 +

序号	全国统一编号	种质名称	类型	香型风格	香型程度	香气质	香气量	浓度	余味	杂气	刺激性	劲头	燃烧性	灰色	质量档次
5323	00005292	云香 2 号	香料烟	芳香型	显著	较好	足	较浓	较舒适	较轻	有		中等	灰白	较好 +
5326	00004005	Canik	香料烟			好	尚足	中等	舒适	微有	微有	适中	强	灰白	好
5327	00004006	Greece Basma	香料烟			好	尚足	中等	舒适	微有	微有	适中	强	灰白	较好
5338	00005484	Izmir	香料烟			较好	较足	中等	舒适	微有	微有	适中	强	白色	中等 +
5339	00005485	K Izmir No.1	香料烟			较好	尚足	中等	尚舒适	有	有	适中	强	白色	中等
5344	00003659	A-0012	药烟	清偏中	显著	较好	足	较浓	尚舒适	微有	微有				
5349	00003926	Q-5-0089-24	药烟				尚足		尚舒适	有	微有	适中	中等	灰白	
5589	00005182	五峰 1 号	晾烟	马里兰	显著	较好	较足	中等	尚舒适	较轻	有	适中	强	灰白	

第三章
烟草种质资源主要病虫害抗性鉴定
Main diseases and insect pests resistance identification of tobacco germplasm resources

1. 烟草种质资源黑胫病抗性鉴定

序号	种质名称	类型	抗性
3638	西陂柳叶	烤烟烟	感病
3639	来凤十点	烤烟	感病
3642	大叶翘	烤烟	中感
3643	长汀烤烟	烤烟	中感
3644	封开烤烟	烤烟	感病
3646	山东 -2-7	烤烟	中感
3647	山东大白花	烤烟	感病
3648	湄黄四号 -A-2	烤烟	感病
3650	北金烤烟五号	烤烟	中感
3651	吕引烤烟一号	烤烟	抗病
3652	潞西长叶烟	烤烟	感病
3653	五九九	烤烟	中感
3654	大山沟（云南）	烤烟	感病
3655	山东 -3-3	烤烟	中感
3656	罗定金星	烤烟	感病
3658	郫县烤烟一号	烤烟	中感
3659	庆胜烟	烤烟	中抗
3660	海南烟	烤烟	中抗
3661	福泉小黄叶	烤烟	感病
3662	独山趴杆烟	烤烟	感病
3663	折烟	烤烟	感病
3664	贵定团鱼叶	烤烟	感病
3665	炉山小窝笋叶	烤烟	中感
3666	贵定尖叶折烟	烤烟	中感
3667	炉山柳叶	烤烟	中抗
3668	堡子烟	烤烟	中抗
3669	埔烟 2 号	烤烟	中感
3670	江川烤烟	烤烟	中抗
3671	宝丰烤烟	烤烟	感病
3672	大芭蕉叶	烤烟	感病
3673	大有种	烤烟	中感
3674	蔓光白烟	烤烟	中感
3675	路南虎街烤烟	烤烟	中感
3676	鲁益四号	烤烟	感病
3679	9501	烤烟	抗病
3705	L6-2	烤烟	感病
3724	安四少叶	烤烟	中抗
3741	9302	烤烟	中感
3748	9205	烤烟	中感
3749	87-414	烤烟	感病
3750	8021	烤烟	高感
3751	8901-2	烤烟	中抗
3763	8611	烤烟	抗病
3776	8210	烤烟	高感
3797	86651	烤烟	感病
3805	MSCoker86	烤烟	中感
3807	MS9205	烤烟	中感
3808	MS8901-2	烤烟	中感

序号	种质名称	类型	抗性
3809	MSNC567	烤烟	中抗
3810	MS8611	烤烟	中抗
3811	MS8210	烤烟	感病
3813	MS86651	烤烟	感病
3815	3116	烤烟	感病
3833	4082	烤烟	中抗
3836	930032	烤烟	中抗
3838	35-1	烤烟	中抗
3843	三明系 4	烤烟	抗病
3849	三明系 6	烤烟	中抗
3850	三明系 2	烤烟	抗病
3851	三明系 1	烤烟	抗病
3854	永定清香 2 号	烤烟	感病
3855	三明系 5	烤烟	中抗
3858	三明系 3	烤烟	抗病
3862	C151	烤烟	抗病
3864	丰字烤烟 1 号	烤烟	感病
3865	南选烤烟 1 号	烤烟	中抗

序号	种质名称	类型	抗性
3866	湄黄五号选 -1	烤烟	中感
3867	湄黄五号选 -2	烤烟	中感
3868	小黄金 1925-6	烤烟	中感
3873	97-10-2133	烤烟	中感
3881	72-42	烤烟	感病
3889	400-7-1-2	烤烟	高感
3890	517-B	烤烟	感病
3904	68-40	烤烟	感病
3906	75-159	烤烟	高感
3909	95-62-4	烤烟	感病
3910	7201（福建）	烤烟	感病
3914	400 新	烤烟	高感
3917	95-109-113	烤烟	中感
3920	72-41-114	烤烟	高感
3925	95-48	烤烟	中抗
3926	95-48-12	烤烟	中抗
3930	95-5-211	烤烟	感病
3937	95-43-3	烤烟	抗病

序号	种质名称	类型	抗性
3938	95-11-1250	烤烟	中感
3941	68-46	烤烟	感病
3943	95-6-1111	烤烟	中感
3944	95-11-1253	烤烟	中抗
3946	71-6	烤烟	感病
3951	95-36-111	烤烟	抗病
3957	72-41-115	烤烟	高感
3959	75-140	烤烟	高感
3960	75-130-1（白花烟）	烤烟	中感
3971	6428	烤烟	感病
3973	6647	烤烟	感病
3974	晋太 7681	烤烟	中感
3975	辽烟一号 -2（窄叶）	烤烟	感病
3981	春雷五号 -2	烤烟	中抗
3982	辽烟一号 -1	烤烟	感病
3984	单 401-30-2	烤烟	高感
3991	MSGDH88	烤烟	高抗
3992	GDH88	烤烟	高抗

序号	种质名称	类型	抗性	序号	种质名称	类型	抗性	序号	种质名称	类型	抗性
3993	930032	烤烟	中抗	4088	Q-5-0049	烤烟	中抗	4136	200303	烤烟	中感
3995	96019	烤烟	抗病	4089	Q-5-0070-16	烤烟	中抗	4137	200301-2	烤烟	中感
3997	68E-2	烤烟	中抗	4090	H-11-0004	烤烟	感病	4138	200301-1	烤烟	感病
4012	湄育 2-2	烤烟	抗病	4091	S-8-0046	烤烟	感病	4139	200304	烤烟	中抗
4013	湄育 2-1	烤烟	抗病	4092	Q-5-0068	烤烟	中感	4140	200302-1	烤烟	感病
4014	湄育 2-3	烤烟	抗病	4093	Q-6-0001	烤烟	中感	4141	200302-2	烤烟	感病
4018	春雷三号（甲）	烤烟	抗病	4094	Q-5-0069-5	烤烟	抗病	4147	9706	烤烟	中抗
4029	农大 202	烤烟	中抗	4095	Q-5-0066-14	烤烟	抗病	4150	9802	烤烟	抗病
4046	664-01	烤烟	中感	4096	K9-0055	烤烟	感病	4192	云烟 317-2	烤烟	中抗
4048	G80B	烤烟	抗病	4097	Q-5-0065-16	烤烟	抗病	4193	8602-123	烤烟	抗病
4051	KB-6	烤烟	抗病	4098	K-0004	烤烟	抗病	4194	8813	烤烟	抗病
4081	Q-5-000015	烤烟	感病	4099	K-0002	烤烟	感病	4195	8801-2	烤烟	抗病
4082	H-11-0005	烤烟	抗病	4100	Q-5-0025	烤烟	感病	4196	8801-3	烤烟	抗病
4083	S-8-0008-16	烤烟	中抗	4101	Q-5-0070-85	烤烟	中抗	4197	8801-5	烤烟	抗病
4084	Q-000010	烤烟	感病	4102	Q-5-0070-98	烤烟	中感	4198	广黄 817	烤烟	抗病
4085	Q-5-0075	烤烟	感病	4103	Q-5-000073	烤烟	感病	4199	埔烟 2 号	烤烟	抗病
4086	Q-5-0021-7	烤烟	感病	4104	Q-5-0098-65	烤烟	中抗	4200	广烟 12	烤烟	抗病
4087	S-8-0008-85	烤烟	中感	4105	Q-5-0098-42	烤烟	中感	4201	高州 74	烤烟	抗病

序号	种质名称	类型	抗性	序号	种质名称	类型	抗性	序号	种质名称	类型	抗性
4202	高州 75	烤烟	抗病	4225	云烟 84 号	烤烟	抗病	4323	CF203	烤烟	抗病
4203	高州 77	烤烟	抗病	4226	MS8610-711	烤烟	高抗	4326	抗 66	烤烟	抗病
4204	高州 78	烤烟	抗病	4227	MS 云烟 317	烤烟	高抗	4329	CT107	烤烟	抗病
4205	高州 79	烤烟	抗病	4228	KX13	烤烟	中抗	4330	白花大金元	烤烟	中抗
4206	丰字 6 号	烤烟	抗病	4229	MS 云烟 85	烤烟	抗病	4336	安烟二号	烤烟	中抗
4207	8041	烤烟	高感	4230	MS 云烟 87	烤烟	中感	4337	安烟 3 号	烤烟	中抗
4208	9147	烤烟	中抗	4235	YZ9302	烤烟	抗病	4338	安烟一号	烤烟	中抗
4209	72-50-5	烤烟	感病	4250	CZ9303	烤烟	抗病	4339	毕纳 1 号	烤烟	抗病
4212	8610-4-2-1	烤烟	抗病	4261	CF20	烤烟	抗病	4340	黔西一号	烤烟	抗病
4215	X-347	烤烟	中抗	4264	CV088	烤烟	抗病	4341	辽烟 17 号	烤烟	抗病
4216	白花大金元	烤烟	感病	4265	CV502	烤烟	抗病	4342	辽烟 16 号	烤烟	抗病
4217	湖北 517	烤烟	感病	4266	MSK326	烤烟	中抗	4343	辽烟 18 号	烤烟	抗病
4219	云南株 8	烤烟	中抗	4276	68-54	烤烟	高感	4344	辽烟 9808	烤烟	抗病
4220	人民六队 -15	烤烟	抗病	4310	CV70	烤烟	高抗	4345	龙江 915	烤烟	中抗
4221	小巴 6-3-1	烤烟	中抗	4312	CV89	烤烟	感病	4346	龙江 911	烤烟	中抗
4222	梁家村	烤烟	中抗	4314	CV73	烤烟	感病	4347	龙江 912	烤烟	中抗
4223	云烟 76 号	烤烟	抗病	4317	抗 88	烤烟	抗病	4348	龙江 981	烤烟	中感
4224	云烟 86 号	烤烟	中感	4322	4017	烤烟	抗病	4350	龙江 925	烤烟	中感

序号	种质名称	类型	抗性	序号	种质名称	类型	抗性	序号	种质名称	类型	抗性
4351	龙江 237	烤烟	中抗	4369	豫烟 11 号	烤烟	中抗	4387	秦烟 98	烤烟	中感
4352	闽烟 7 号	烤烟	中抗	4370	豫烟三号	烤烟	抗病	4388	秦烟 96	烤烟	抗病
4353	蓝玉一号	烤烟	中抗	4371	豫烟二号	烤烟	高抗	4389	秦烟 1 号	烤烟	抗病
4354	闽烟 9 号	烤烟	中抗	4372	豫烟四号	烤烟	抗病	4390	吉烟 5 号	烤烟	抗病
4355	闽烟 12	烤烟	中抗	4373	豫烟 9 号	烤烟	抗病	4391	吉烟 7 号	烤烟	中抗
4356	粤烟 96	烤烟	抗病	4374	豫烟 7 号	烤烟	抗病	4392	益延 1 号	烤烟	抗病
4357	20810	烤烟	中抗	4375	金神农 1 号	烤烟	抗病	4393	吉烟九号	烤烟	中感
4358	贵烟 202	烤烟	抗病	4376	湘烟 2 号	烤烟	抗病	4394	云烟 85	烤烟	抗病
4359	贵烟 11 号	烤烟	中感	4377	LS-2	烤烟	中抗	4395	云烟 87	烤烟	中感
4360	贵烟 4 号	烤烟	中抗	4378	岩烟 97	烤烟	抗病	4396	丰字 3 号	烤烟	中感
4361	春雷五号	烤烟	抗病	4379	闽烟 35	烤烟	抗病	4397	云烟 317	烤烟	高抗
4362	南江 3 号	烤烟	中抗	4380	闽烟 38	烤烟	中抗	4398	云烟 99	烤烟	中抗
4363	贵烟 1 号	烤烟	抗病	4381	FL57	烤烟	抗病	4399	云烟 100	烤烟	感病
4364	韭菜坪 2 号	烤烟	中抗	4382	粤烟 97	烤烟	抗病	4400	云烟 205	烤烟	抗病
4365	兴烟 1 号	烤烟	抗病	4383	粤烟 98	烤烟	中抗	4401	云烟 97	烤烟	抗病
4366	豫烟五号	烤烟	中抗	4384	翠碧二号	烤烟	感病	4402	云烟 98	烤烟	抗病
4367	豫烟 6 号	烤烟	抗病	4385	秦烟 97	烤烟	中抗	4403	云烟 105	烤烟	中抗
4368	豫烟 10 号	烤烟	中抗	4386	秦烟 95	烤烟	中抗	4404	云烟 203	烤烟	抗病

序号	种质名称	类型	抗性	序号	种质名称	类型	抗性	序号	种质名称	类型	抗性
4405	云烟 110	烤烟	中抗	4423	中烟 203	烤烟	抗病	4443	RG81	烤烟	中抗
4406	云烟 201	烤烟	抗病	4424	中烟 201	烤烟	高抗	4444	Reams 940	烤烟	感病
4407	云烟 116	烤烟	抗病	4425	金海一号	烤烟	中抗	4445	卡里	烤烟	中感
4408	湘烟一号	烤烟	中抗	4427	鲁烟 1 号	烤烟	抗病	4446	Hungary	烤烟	感病
4409	湘烟 4 号	烤烟	抗病	4428	中烟 205	烤烟	抗病	4447	GAT-4-2	晒烟	中感
4410	湘烟 3 号	烤烟	抗病	4429	CF225	烤烟	抗病	4448	印尼烤烟	烤烟	感病
4411	湘烟 5 号	烤烟	抗病	4431	遵烟 1 号	烤烟	抗病	4449	蔓光	烤烟	中感
4412	中烟 9203	烤烟	中抗	4432	遵烟 6 号	烤烟	抗病	4450	哈利亚波亚	烤烟	中感
4413	中烟 98	烤烟	抗病	4433	Va1168	烤烟	中抗	4451	NC347	烤烟	感病
4414	中烟 99	烤烟	高抗	4434	S142	烤烟	中感	4452	加里白色	烤烟	中抗
4415	中烟 100	烤烟	抗病	4435	Delliot	烤烟	中感	4453	印度尼西亚	烤烟	中感
4416	中烟 103	烤烟	中抗	4436	Delfield	烤烟	感病	4454	约克	烤烟	感病
4417	中烟 202	烤烟	抗病	4437	塞拉利昂	烤烟	感病	4455	忌利司买皮亚	烤烟	感病
4418	中烟 204	烤烟	抗病	4438	KE-2	烤烟	感病	4456	Mcnaiy133	烤烟	中抗
4419	中烟 102	烤烟	抗病	4439	B.L.Hicks	烤烟	感病	4457	Eygo	烤烟	中感
4420	中烟 104	烤烟	抗病	4440	Reams134	烤烟	中抗	4461	AK6	烤烟	抗病
4421	中烟 101	烤烟	抗病	4441	C.C.PD4	烤烟	中抗	4462	NC6085	烤烟	中抗
4422	鲁烟 2 号	烤烟	中抗	4442	KE-1	烤烟	感病	4463	NC8029	烤烟	中抗

序号	种质名称	类型	抗性	序号	种质名称	类型	抗性	序号	种质名称	类型	抗性
4464	NC8036	烤烟	抗病	4486	CU263	烤烟	抗病	4505	NC729	烤烟	中感
4465	NC8053	烤烟	抗病	4487	CU343	烤烟	感病	4506	NC1108	烤烟	抗病
4466	RG22	烤烟	抗病	4488	Cyst941	烤烟	抗病	4507	NC27NF	烤烟	中感
4467	Reams713	烤烟	感病	4489	Cyst943	烤烟	抗病	4508	NC37NF	烤烟	中抗
4471	津引烤烟 1 号	烤烟	抗病	4491	I-514	烤烟	感病	4509	NCTG55	烤烟	抗病
4472	菲律宾烤烟 1 号	烤烟	中抗	4492	JB-26	烤烟	中抗	4510	NCTG60	烤烟	中抗
4473	VarNo1668	烤烟	中抗	4493	JB-33	烤烟	感病	4511	NCTG61	烤烟	中抗
4474	波兰烤烟 -1	烤烟	感病	4494	JB-200	烤烟	抗病	4512	NCTG70	烤烟	抗病
4475	南罗得西亚 72-1	烤烟	中抗	4495	JB-250	烤烟	中抗	4513	NK939	烤烟	抗病
4476	Granvilli17A	烤烟	抗病	4496	K149	烤烟	抗病	4514	OX940	烤烟	抗病
4477	南罗得西亚 76-1	烤烟	中抗	4497	K346	烤烟	抗病	4515	OX2001	烤烟	中抗
4479	CNH-NO.7	烤烟	抗病	4498	K358	烤烟	中抗	4516	OX2007	烤烟	抗病
4480	Coker110	烤烟	抗病	4499	K730	烤烟	抗病	4517	OX2022	烤烟	抗病
4481	Coker371Gold	烤烟	抗病	4500	Meck	烤烟	中抗	4518	OX2028	烤烟	抗病
4482	CU199	烤烟	抗病	4501	MRS-1	烤烟	感病	4519	OX2101	烤烟	抗病
4483	CU231	烤烟	抗病	4502	MRS-2	烤烟	感病	4520	PD468	烤烟	感病
4484	CU235	烤烟	中感	4503	MRS-3	烤烟	抗病	4521	PD1097	烤烟	感病
4485	CU236	烤烟	中感	4504	MRG-4	烤烟	抗病	4522	Qual916	烤烟	抗病

序号	种质名称	类型	抗性
4523	Qual938	烤烟	抗病
4524	Qual945	烤烟	抗病
4525	Qual946	烤烟	抗病
4526	RG8	烤烟	抗病
4527	RG11	烤烟	抗病
4528	RG12	烤烟	抗病
4529	RG13	烤烟	抗病
4530	RG17	烤烟	中感
4531	RG89	烤烟	抗病
4532	RGOB-2	烤烟	抗病
4533	RG3A13	烤烟	抗病
4534	RG3A16	烤烟	抗病
4535	RG3A1	烤烟	中抗
4536	RG3414	烤烟	抗病
4537	RGOB-18	烤烟	抗病
4538	ReamsM-1	烤烟	抗病
4539	Reams158	烤烟	抗病
4540	ReamsC44	烤烟	抗病
4541	ReamsC73	烤烟	抗病
4542	ReamsB17	烤烟	抗病
4543	SPG-72	烤烟	抗病
4544	SPG-108	烤烟	抗病
4545	SPG-111	烤烟	抗病
4546	SPG-117	烤烟	抗病
4547	SPG-126	烤烟	抗病
4548	SPG-152	烤烟	抗病
4549	SPG-162	烤烟	抗病
4550	SPG-164	烤烟	抗病
4551	SPG-166	烤烟	抗病
4552	SPG-168	烤烟	中抗
4553	SPG-169	烤烟	抗病
4554	SPG-172	烤烟	抗病
4555	TI170	烤烟	中抗
4556	TI692	烤烟	感病
4557	TI877	烤烟	感病
4558	TI896	烤烟	中抗
4559	TI955	烤烟	感病
4560	TI1024	烤烟	中抗
4561	TI1298	烤烟	抗病
4562	TI1409	烤烟	感病
4563	TI1473	烤烟	中感
4564	TI1500	烤烟	感病
4565	TI1504	烤烟	感病
4566	TI1597	烤烟	感病
4567	TI1625	烤烟	感病
4568	Va45	烤烟	感病
4569	Va80	烤烟	抗病
4570	Va770	烤烟	中抗
4571	Va3160	烤烟	抗病
4572	Vamorr50	烤烟	感病
4573	VPI103	烤烟	抗病
4574	VPI104	烤烟	抗病
4575	Va040-1	烤烟	中感
4576	Va410	烤烟	抗病

序号	种质名称	类型	抗性	序号	种质名称	类型	抗性	序号	种质名称	类型	抗性
4577	Va411	烤烟	抗病	4597	PBD6	烤烟	感病	4628	MS 鄂白 003	白肋烟	中感
4578	Va432	烤烟	抗病	4598	VD	烤烟	感病	4629	省白肋窄叶	白肋烟	感病
4579	Va444	烤烟	抗病	4599	台烟 11 号	烤烟	感病	4630	鄂白 99-2-4	白肋烟	中感
4580	Va458	烤烟	抗病	4601	白茎烟	白肋烟	感病	4631	鄂白单株 9 号	白肋烟	中感
4581	Va436	烤烟	抗病	4604	达所 26	白肋烟	高抗	4634	鄂白 005	白肋烟	中抗
4582	Va437	烤烟	抗病	4613	MSVa509	白肋烟	中抗	4635	鄂白 004	白肋烟	中抗
4583	Va567	烤烟	中抗	4614	MSKY17	白肋烟	抗病	4636	鄂白 006	白肋烟	中抗
4584	Va578	烤烟	中抗	4616	MSTN90	白肋烟	中抗	4637	MS 鄂白 005	白肋烟	中抗
4585	Va600	烤烟	中感	4617	MSKY14	白肋烟	高感	4638	鄂白 010	白肋烟	抗病
4586	Va613	烤烟	感病	4618	MS Burley21（津）	白肋烟	中感	4639	鄂白 003	白肋烟	中感
4587	Va618	烤烟	中感	4620	MS PB9	白肋烟	抗病	4640	鄂白 007	白肋烟	中感
4588	Va645	烤烟	抗病	4621	MS Ky16	白肋烟	中抗	4641	鄂白 008	白肋烟	中抗
4589	Va730	烤烟	抗病	4622	MS Ky8959	白肋烟	中抗	4642	鄂白 001	白肋烟	中抗
4590	Va260	烤烟	抗病	4623	MS Ky907	白肋烟	中抗	4643	鄂白 002	白肋烟	中感
4591	Va407	烤烟	抗病	4624	MS TN97	白肋烟	中抗	4644	MS 鄂白 001	白肋烟	抗病
4592	佛杰伦	烤烟	感病	4625	MS Burley64	白肋烟	中抗	4645	MS 金水白肋烟 2 号	白肋烟	中感
4593	波兰 -3	烤烟	感病	4626	MS LA Burley21	白肋烟	抗病	4646	MS 鄂白 004	白肋烟	抗病
4596	台烟 10 号	烤烟	中抗	4627	五峰白肋烟	白肋烟	感病	4647	鄂白 011	白肋烟	中抗

序号	种质名称	类型	抗性
4648	鄂白 009	白肋烟	抗病
4650	达白二号	白肋烟	中抗
4651	川白 1 号	白肋烟	中感
4652	9026	白肋烟	中感
4653	川白 2 号	白肋烟	中抗
4654	建选 1 号	白肋烟	中抗
4655	建选 2 号	白肋烟	中抗
4656	鄂烟 3 号	白肋烟	中抗
4657	鄂烟 211	白肋烟	中抗
4658	鄂烟 209	白肋烟	中抗
4659	鄂烟 6 号	白肋烟	抗病
4660	建选 304 号	白肋烟	中抗
4661	鄂白 21 号	白肋烟	中抗
4662	建选 3 号	白肋烟	中抗
4663	鄂白 20 号	白肋烟	中抗
4664	鄂烟 101	白肋烟	抗病
4665	鄂烟 213	白肋烟	中抗
4666	鄂烟 215	白肋烟	中抗

序号	种质名称	类型	抗性
4667	YNBS1	白肋烟	抗病
4668	云白 2 号	白肋烟	抗病
4669	云白 3 号	白肋烟	中抗
4670	云白 4 号	白肋烟	中抗
4671	0B122	白肋烟	中抗
4677	PB9	白肋烟	感病
4678	Burley2	白肋烟	中感
4679	巴引白肋 1 号	白肋烟	感病
4680	津引白肋 2 号	白肋烟	抗病
4682	Burley5	白肋烟	中感
4683	B18-100	白肋烟	感病
4684	Ky21	白肋烟	感病
4685	S174	白肋烟	中抗
4686	Ky24	白肋烟	中抗
4687	TN97	白肋烟	中抗
4689	KY908	白肋烟	中感
4690	B151	白肋烟	抗病
4692	Sota2	白肋烟	感病

序号	种质名称	类型	抗性
4693	Burley11A	白肋烟	抗病
4694	Gold no Burley	白肋烟	中抗
4695	LA Burley21	白肋烟	抗病
4696	TI1459	白肋烟	感病
4697	TI1462	白肋烟	感病
4698	TI1463	白肋烟	感病
4699	Va1010	白肋烟	抗病
4700	Va1012	白肋烟	抗病
4701	Va1013R	白肋烟	中抗
4702	Va1019	白肋烟	抗病
4703	Va1052R	白肋烟	抗病
4704	Va1088	白肋烟	感病
4705	Va1411	白肋烟	抗病
4706	Va1053	白肋烟	抗病
4707	Burley29	白肋烟	感病
4708	Burley34	白肋烟	中感
4709	Burley68	白肋烟	感病
4711	Burley93	白肋烟	感病

序号	种质名称	类型	抗性	序号	种质名称	类型	抗性	序号	种质名称	类型	抗性
4712	Burley100	白肋烟	中感	4905	金鼎大叶	晒烟	感病	4936	丽江牛皮烟	晒烟	感病
4714	Burley27	白肋烟	高抗	4906	玉溪山头烟	晒烟	感病	4937	马关烟	晒烟	抗病
4754	木黑兰花烟	黄花烟	感病	4907	弄岛红花	晒烟	中抗	4938	永胜木桂烟	晒烟	抗病
4803	铁字晒烟二号	晒烟	抗病	4908	景谷岔河草烟	晒烟	感病	4939	景谷慢来草烟	晒烟	感病
4825	罗甸烟冒	晒烟	抗病	4909	丽江阿细烟	晒烟	感病	4941	金鼎小叶	晒烟	感病
4826	罗甸枇杷烟	晒烟	中抗	4911	华坪大卜扇	晒烟	感病	4942	五境柳叶	晒烟	感病
4827	罗甸柳叶烟	晒烟	中感	4912	白济讯烟（大耳）	晒烟	感病	4943	镇沅冬烟	晒烟	中感
4828	罗甸四十片	晒烟	中抗	4913	永胜下川烟	晒烟	中抗	4945	孟连瓦烟	晒烟	感病
4837	穆棱镇大护脖香	晒烟	中感	4915	黄草坝烟	晒烟	感病	4946	独山基长烟	晒烟	抗病
4896	惠民草烟	晒烟	中感	4916	泸水晒烟	晒烟	抗病	4949	阿乐朵烟	晒烟	中抗
4897	竹园小柳叶	晒烟	感病	4917	保山丙麻烟	晒烟	感病	4950	凤庆密叶烟	晒烟	中感
4898	丽江冲天烟	晒烟	感病	4919	南涧敢保烟	晒烟	感病	4951	维西大川烟	晒烟	感病
4899	文乐烟	晒烟	中感	4920	玉溪格克烟	晒烟	感病	4952	云县昔汉柳叶	晒烟	感病
4900	维登烟	晒烟	中感	4926	孟连树啃咬	晒烟	感病	4955	镇沅振太大树烟	晒烟	感病
4901	丹株烟	晒烟	感病	4929	安定草烟	晒烟	感病	4960	黔江乌烟	晒烟	中抗
4902	上江烟	晒烟	中抗	4931	维西叶枝烟	晒烟	感病	4962	早谷烟	晒烟	感病
4903	丙中洛烟	晒烟	感病	4932	九甲草烟	晒烟	抗病	4964	酉阳土烟 -1	晒烟	中感
4904	墨江柄路水烟	晒烟	中感	4934	啦嘛登烟	晒烟	感病	4972	南川黑烟 -1	晒烟	感病

序号	种质名称	类型	抗性	序号	种质名称	类型	抗性	序号	种质名称	类型	抗性
4976	云阳柳叶烟	晒烟	抗病	5255	曼怕村 -1	晒烟	高感	5303	Lizard Tail Orinoco	晒烟	感病
4982	平地镇大柳叶	晒烟	中抗	5267	78-04-11-11-5-43	晒烟	感病	5304	Lizard Tail Turtle Foot	晒烟	中抗
4983	永郎长叶草烟	晒烟	中抗	5268	78-08-19-47	晒烟	中感	5305	Sears Special	晒烟	感病
4988	大牛耳	晒烟	抗病	5270	78-05-45-62-12-49-35	晒烟	中抗	5306	Shirey	晒烟	感病
4999	金山乡旱烟	晒烟	中感	5271	78-08-19-26-42-30	晒烟	感病	5307	Silky Pride	晒烟	感病
5003	树烟籽	晒烟	中感	5272	A-0092	晒烟	感病	5308	Brown leaf JH	晒烟	感病
5113	81-26	晒烟	中抗	5289	云晒 1 号	晒烟	中抗	5309	Bakers Special	晒烟	感病
5195	牡晒 89-24-2	晒烟	感病	5293	津引晒烟 3 号	晒烟	抗病	5314	拉加	晒烟	感病
5229	晒 9118	晒烟	中感	5294	Coker9	晒烟	抗病	5315	Wilson	晾烟	感病
5231	晒 92414	晒烟	感病	5295	Va331-1	晒烟	抗病	5316	Md40	晾烟	抗病
5240	小白辛 -1	晒烟	感病	5296	Va331-2	晒烟	感病	5322	Samsun15A	香料烟	中感
5241	上川 -1	晒烟	抗病	5590	五峰 2 号	晾烟	抗病	5323	云香 2 号	香料烟	感病
5243	大角片马	晒烟	抗病	5297	Va787	晒烟	抗病	5324	A37	香料烟	中抗
5244	白济讯 -1	晒烟	高感	5298	Va871	晒烟	抗病	5325	Bafra	香料烟	中感
5245	白济讯 -2	晒烟	高感	5299	Va932	晒烟	抗病	5326	Canik	香料烟	抗病
5248	傣烟 -3	晒烟	抗病	5300	Va934	晒烟	抗病	5331	Maden	香料烟	中感
5249	特选晒烟	晒烟	中抗	5301	Walkers Broad leaf	晒烟	感病	5358	曼陀罗烟一号	药烟	抗病
5253	昔汉 -1	晒烟	感病	5302	Damdli Special	晒烟	感病	5359	紫苏烟一号	药烟	感病

序号	种质名称	类型	抗性	序号	种质名称	类型	抗性	序号	种质名称	类型	抗性
5360	罗勒烟一号	药烟	抗病	5379	S-8-0052	药烟	感病	5397	Q-0007	药烟	感病
5361	薄荷烟二号	药烟	抗病	5380	H-11-0036-1	药烟	中感	5599	*N. occidentalis*	野生烟	高感
5362	曼陀罗烟 89-25 号	药烟	感病	5381	Q-5-0022	药烟	感病	5398	S-8-0043	药烟	中抗
5364	薄荷烟 -6	药烟	感病	5382	H-11-0035	药烟	感病	5399	Q-5-0117	药烟	中感
5365	黄芪烟 10 号	药烟	中抗	5383	A-00005	药烟	感病	5400	H-11-0027	药烟	感病
5366	黄芪烟 15 号	药烟	感病	5384	H-11-0030-30	药烟	感病	5401	H-11-0012	药烟	抗病
5367	黄芪烟 12t	药烟	中感	5385	H-11-0025	药烟	中抗	5402	S-8-0054	药烟	感病
5368	黄芪烟 16 号	药烟	中抗	5386	Q-5-0061	药烟	感病	5403	Q-5-0016	药烟	感病
5369	薄荷烟 89-15	药烟	感病	5387	H-11-0002BC1	药烟	中抗	5404	H-11-0027-5	药烟	抗病
5370	黄芪烟 18 号	药烟	感病	5592	*N. rosulata*	野生烟	高感	5405	Q-5-0103	药烟	中感
5371	黄芪烟 4 号	药烟	抗病	5388	Q-5-0002	药烟	中感	5406	H-11-0003	药烟	中抗
5372	罗勒烟 8929 号	药烟	感病	5389	Q-5-0036	药烟	感病	5407	Q-5-0001	药烟	感病
5373	黄芪烟 -35	药烟	中抗	5391	Q-5-0059	药烟	感病	5408	Q-5-0056	药烟	中感
5374	黄芪烟 -13	药烟	感病	5392	H-11-0002	药烟	中感	5409	S-8-0006-6	药烟	中抗
5375	黄芪烟 6 号	药烟	感病	5393	H-11-0012	药烟	感病	5410	S-8-0055	药烟	感病
5376	Q-5-00003	药烟	中抗	5394	H-11-0013-11	药烟	中感	5412	A-0090	药烟	中感
5377	S-8-00009	药烟	中抗	5395	S-8-0041	药烟	中抗	5413	K9-0096	药烟	中感
5378	H-11-0022	药烟	感病	5396	A-0088	药烟	中感	5414	H-11-0017	药烟	中感

序号	种质名称	类型	抗性	序号	种质名称	类型	抗性	序号	种质名称	类型	抗性
5415	S-8-0050	药烟	中抗	5433	A-0010	药烟	抗病	5452	A-0075	药烟	感病
5416	A-0077	药烟	中感	5434	Q-5-0057	药烟	感病	5453	87ABC1	药烟	中抗
5417	H-11-0026-13	药烟	感病	5435	A-0082	药烟	中抗	5454	H-11-0038-14	药烟	中感
5418	A-0003	药烟	抗病	5436	S-8-0055-9	药烟	感病	5455	A-0038-9	药烟	中感
5419	H-11-0034-13	药烟	中抗	5437	K9-0075	药烟	中抗	5456	S-8-0038	药烟	抗病
5420	H-11-0014	药烟	中感	5438	Q-5-0037	药烟	感病	5457	K9-0077	药烟	中抗
5421	K9-0003	药烟	中感	5439	A-0006	药烟	感病	5458	K9-0066	药烟	中抗
5422	Q-5-0006	药烟	中抗	5440	A 烟	药烟	中感	5459	K9-0089	药烟	中感
5423	Q-5-0104	药烟	中抗	5441	H-11-0032	药烟	感病	5460	Q-000052	药烟	感病
5424	S-8-0027-2	药烟	中抗	5442	K9-0059	药烟	中感	5461	A-0038-4	药烟	中感
5425	A-00009	药烟	中感	5443	S-8-0056	药烟	中感	5462	A-0000108	药烟	感病
5426	S-8-0034	药烟	抗病	5444	K9-0101	药烟	中感	5463	Q-6-0014	药烟	抗病
5427	S-8-0061	药烟	中抗	5445	Q-5-0023	药烟	感病	5464	A-00002	药烟	感病
5428	A-0073	药烟	中感	5446	H-11-0018	药烟	中感	5465	S-8-0080	药烟	中抗
5429	H-11-0039	药烟	中抗	5447	K9-0091	药烟	抗病	5466	K9-0009	药烟	感病
5430	S-9-0002	药烟	中抗	5448	S-8-0035	药烟	感病	5467	A-00004	药烟	感病
5431	A-0001	药烟	感病	5449	A-0091	药烟	中抗	5468	H-11-0013-1	药烟	中感
5432	K9-0081	药烟	中感	5451	K9-0069	药烟	感病	5469	Q-000055	药烟	感病

序号	种质名称	类型	抗性	序号	种质名称	类型	抗性	序号	种质名称	类型	抗性
5470	Q-5-0090	药烟	中抗	5489	A-0005	药烟	感病	5509	A-0097	药烟	感病
5471	K-0005	药烟	感病	5490	H-11-0037-11	药烟	感病	5510	K9-0008-14	药烟	中抗
5472	A-000098	药烟	感病	5491	H-11-0036	药烟	抗病	5511	Q-6-0007	药烟	中抗
5473	42S	药烟	中感	5492	S-8-0016-6	药烟	感病	5512	K9-0067	药烟	中感
5474	H-11-0033-21	药烟	感病	5493	S-8-0091	药烟	感病	5513	H-11-0026-1	药烟	中感
5475	Q-5-0096	药烟	抗病	5495	K9-0024	药烟	中感	5514	A-0039	药烟	感病
5476	K9-0007	药烟	感病	5496	H-11-0036-9	药烟	中抗	5515	A-0075-2	药烟	中抗
5477	Q-00002	药烟	中感	5497	A-0040	药烟	中抗	5516	A-0065-7-9	药烟	感病
5478	K9-0028	药烟	感病	5498	85F-12t-2	药烟	抗病	5517	H-11-000011	药烟	感病
5479	S-8-00001	药烟	中抗	5499	Q-5-0088	药烟	感病	5519	H-11-00001	药烟	感病
5480	Q-5-0094	药烟	抗病	5500	K9-0026	药烟	感病	5520	H-11-0038-8	药烟	中感
5481	A-0000128	药烟	中感	5501	Q-5-0006BC1	药烟	中感	5521	A-000010	药烟	感病
5482	A-0045	药烟	感病	5502	A-0095	药烟	中感	5522	Q-5-0065-7-9	药烟	中感
5483	Q-5-0006-6	药烟	抗病	5503	H-11-0010	药烟	中感	5523	A-0096	药烟	中感
5484	Q-5-000021	药烟	感病	5504	H-11-0016-6	药烟	中抗	5524	A-0014	药烟	感病
5486	H-11-0002-2BC1	药烟	抗病	5506	H-11-0011-40	药烟	中感	5525	A-0058	药烟	感病
5487	85F-17Q-3-20	药烟	中感	5507	H-11-0026-7	药烟	感病	5589	五峰 1 号	晾烟	抗病
5488	H-11-0026-2	药烟	感病	5508	A-00008	药烟	感病	5603	*N. benthamiana*	野生烟	感病

序号	种质名称	类型	抗性
5604	*N. obtusifolia*	野生烟	感病

2. 烟草种质资源青枯病抗性鉴定

序号	种质名称	类型	抗性
3638	西陂柳叶	烤烟	感病
3639	来凤十点	烤烟	中感
3640	后坡种	烤烟	中抗
3641	黑烟	烤烟	感病
3642	大叶翘	烤烟	感病
3643	长汀烤烟	烤烟	中抗
3644	封开烤烟	烤烟	中感
3647	山东大白花	烤烟	中感
3648	湄黄四号 -A-2	烤烟	中感
3650	北金烤烟五号	烤烟	感病
3651	吕引烤烟一号	烤烟	感病
3652	潞西长叶烟	烤烟	中感
3653	五九九	烤烟	感病
3654	大山沟（云南）	烤烟	高感
3655	山东 -3-3	烤烟	中抗
3656	罗定金星	烤烟	中感
3658	郫县烤烟一号	烤烟	感病
3659	庆胜烟	烤烟	高感
3660	海南烟	烤烟	高感
3661	福泉小黄叶	烤烟	中感
3662	独山趴杆烟	烤烟	感病
3663	折烟	烤烟	中感
3664	贵定团鱼叶	烤烟	中感
3665	炉山小窝笋叶	烤烟	感病
3666	贵定尖叶折烟	烤烟	感病
3667	炉山柳叶	烤烟	感病
3668	堡子烟	烤烟	感病
3669	埔烟 2 号	烤烟	感病
3670	江川烤烟	烤烟	中感
3671	宝丰烤烟	烤烟	中抗
3672	大芭蕉叶	烤烟	感病
3673	大有种	烤烟	中感
3674	蔓光白烟	烤烟	感病
3676	鲁益四号	烤烟	中感
3684	96419	烤烟	中抗
3687	9506	烤烟	高感
3815	3116	烤烟	高感
3836	930032	烤烟	中抗
3837	91-5	烤烟	中抗
3862	C151	烤烟	感病
3863	C212	烤烟	中感
3864	丰字烤烟 1 号	烤烟	感病

序号	种质名称	类型	抗性	序号	种质名称	类型	抗性	序号	种质名称	类型	抗性
3865	南选烤烟 1 号	烤烟	中抗	4150	9802	烤烟	中感	4343	辽烟 18 号	烤烟	中抗
3866	湄黄五号选 -1	烤烟	感病	4192	云烟 317-2	烤烟	中感	4344	辽烟 9808	烤烟	中抗
3867	湄黄五号选 -2	烤烟	感病	4193	8602-123	烤烟	感病	4345	龙江 915	烤烟	感病
3868	小黄金 1925-6	烤烟	感病	4194	8813	烤烟	中感	4346	龙江 911	烤烟	中抗
3937	95-43-3	烤烟	抗病	4223	云烟 76 号	烤烟	感病	4347	龙江 912	烤烟	中感
3990	广黄五号	烤烟	高感	4225	云烟 84 号	烤烟	感病	4348	龙江 981	烤烟	中抗
3993	930032	烤烟	中抗	4229	MS 云烟 85	烤烟	感病	4349	龙江 935	烤烟	抗病
3995	96019	烤烟	感病	4230	MS 云烟 87	烤烟	中感	4350	龙江 925	烤烟	中感
4011	NB1	烤烟	感病	4264	CV088	烤烟	中感	4351	龙江 237	烤烟	中感
4012	湄育 2-2	烤烟	感病	4265	CV502	烤烟	中感	4352	闽烟 7 号	烤烟	中抗
4013	湄育 2-1	烤烟	抗病	4266	MSK326	烤烟	中感	4353	蓝玉一号	烤烟	抗病
4014	湄育 2-3	烤烟	抗病	4336	安烟二号	烤烟	中抗	4354	闽烟 9 号	烤烟	抗病
4018	春雷三号（甲）	烤烟	抗病	4337	安烟 3 号	烤烟	中抗	4355	闽烟 12	烤烟	中感
4029	农大 202	烤烟	感病	4338	安烟一号	烤烟	中抗	4356	粤烟 96	烤烟	中感
4048	G80B	烤烟	中感	4339	毕纳 1 号	烤烟	抗病	4357	20810	烤烟	中抗
4051	KB-6	烤烟	感病	4340	黔西一号	烤烟	中抗	4358	贵烟 202	烤烟	中感
4055	岩烟 89	烤烟	中感	4341	辽烟 17 号	烤烟	中感	4359	贵烟 11 号	烤烟	感病
4147	9706	烤烟	中感	4342	辽烟 16 号	烤烟	中感	4360	贵烟 4 号	烤烟	中感

序号	种质名称	类型	抗性	序号	种质名称	类型	抗性	序号	种质名称	类型	抗性
4362	南江 3 号	烤烟	中抗	4383	粤烟 98	烤烟	中抗	4415	中烟 100	烤烟	中感
4363	贵烟 1 号	烤烟	抗病	4384	翠碧二号	烤烟	中抗	4416	中烟 103	烤烟	中抗
4364	韭菜坪 2 号	烤烟	中感	4385	秦烟 97	烤烟	中感	4417	中烟 202	烤烟	中抗
4365	兴烟 1 号	烤烟	抗病	4387	秦烟 98	烤烟	中感	4419	中烟 102	烤烟	中抗
4366	豫烟五号	烤烟	感病	4388	秦烟 96	烤烟	中抗	4420	中烟 104	烤烟	中感
4367	豫烟 6 号	烤烟	中抗	4391	吉烟 7 号	烤烟	感病	4421	中烟 101	烤烟	感病
4368	豫烟 10 号	烤烟	抗病	4393	吉烟九号	烤烟	中感	4423	中烟 203	烤烟	中抗
4369	豫烟 11 号	烤烟	中抗	4394	云烟 85	烤烟	感病	4424	中烟 201	烤烟	中抗
4373	豫烟 9 号	烤烟	中抗	4395	云烟 87	烤烟	中感	4425	金海一号	烤烟	中抗
4374	豫烟 7 号	烤烟	中抗	4399	云烟 100	烤烟	中抗	4426	川烟 1 号	烤烟	中抗
4375	金神农 1 号	烤烟	中感	4400	云烟 205	烤烟	抗病	4429	CF225	烤烟	中抗
4376	湘烟 2 号	烤烟	中抗	4402	云烟 98	烤烟	中抗	4432	遵烟 6 号	烤烟	中抗
4377	LS-2	烤烟	中感	4404	云烟 203	烤烟	中抗	4433	Va1168	烤烟	抗病
4378	岩烟 97	烤烟	中抗	4406	云烟 201	烤烟	中抗	4434	S142	烤烟	中抗
4379	闽烟 35	烤烟	中抗	4408	湘烟一号	烤烟	抗病	4435	Delliot	烤烟	感病
4380	闽烟 38	烤烟	中抗	4409	湘烟 4 号	烤烟	中抗	4436	Delfield	烤烟	中感
4381	FL57	烤烟	抗病	4410	湘烟 3 号	烤烟	中抗	4437	塞拉利昂	烤烟	中感
4382	粤烟 97	烤烟	中抗	4411	湘烟 5 号	烤烟	中感	4438	KE-2	烤烟	感病

序号	种质名称	类型	抗性	序号	种质名称	类型	抗性	序号	种质名称	类型	抗性
4439	B.L.Hicks	烤烟	中感	4461	AK6	烤烟	中感	4490	Enshu	晒烟	中抗
4440	Reams134	烤烟	中感	4462	NC6085	烤烟	中抗	4492	JB-26	烤烟	中抗
4441	C.C.PD4	烤烟	中感	4463	NC8029	烤烟	中抗	4493	JB-33	烤烟	中感
4442	KE-1	烤烟	中感	4464	NC8036	烤烟	抗病	4494	JB-200	烤烟	中感
4443	RG81	烤烟	中感	4465	NC8053	烤烟	中感	4495	JB-250	烤烟	中感
4444	Reams 940	烤烟	感病	4466	RG22	烤烟	中抗	4496	K149	烤烟	中抗
4445	卡里	烤烟	中抗	4467	Reams713	烤烟	中感	4497	K346	烤烟	中抗
4446	Hungary	烤烟	感病	4468	TI93	烤烟	中感	4498	K358	烤烟	抗病
4447	GAT-4-2	晒烟	感病	4473	VarNo1668	烤烟	感病	4499	K730	烤烟	中抗
4448	印尼烤烟	烤烟	感病	4474	波兰烤烟 -1	烤烟	感病	4500	Meck	烤烟	中抗
4449	蔓光	烤烟	感病	4476	Granvilli17A	烤烟	中抗	4502	MRS-2	烤烟	感病
4451	NC347	烤烟	中抗	4481	Coker371Gold	烤烟	中感	4503	MRS-3	烤烟	中抗
4452	加里白色	烤烟	感病	4482	CU199	烤烟	中感	4504	MRG-4	烤烟	中抗
4453	印度尼西亚	烤烟	感病	4483	CU231	烤烟	中感	4505	NC729	烤烟	中抗
4454	约克	烤烟	感病	4484	CU235	烤烟	中感	4506	NC1108	烤烟	中抗
4455	忌利司买皮亚	烤烟	感病	4485	CU236	烤烟	中感	4507	NC27NF	烤烟	中抗
4456	Mcnaiy133	烤烟	抗病	4486	CU263	烤烟	中抗	4508	NC37NF	烤烟	中抗
4457	Eygo	烤烟	中感	4487	CU343	烤烟	中感	4509	NCTG55	烤烟	中抗

序号	种质名称	类型	抗性	序号	种质名称	类型	抗性	序号	种质名称	类型	抗性
4510	NCTG60	烤烟	中抗	4528	RG12	烤烟	抗病	4552	SPG-168	烤烟	抗病
4511	NCTG61	烤烟	中感	4529	RG13	烤烟	中抗	4554	SPG-172	烤烟	抗病
4512	NCTG70	烤烟	中抗	4530	RG17	烤烟	抗病	4555	TI170	烤烟	高感
4513	NK939	烤烟	中抗	4532	RGOB-2	烤烟	中抗	4558	TI896	烤烟	中感
4514	OX940	烤烟	中抗	4533	RG3A13	烤烟	中抗	4559	TI955	烤烟	中感
4515	OX2001	烤烟	中抗	4534	RG3A16	烤烟	中抗	4562	TI1409	烤烟	中抗
4516	OX2007	烤烟	中抗	4537	RGOB-18	烤烟	抗病	4566	TI1597	烤烟	中感
4517	OX2022	烤烟	中抗	4538	ReamsM-1	烤烟	中抗	4568	Va45	烤烟	感病
4518	OX2028	烤烟	抗病	4539	Reams158	烤烟	中抗	4569	Va80	烤烟	中抗
4519	OX2101	烤烟	抗病	4540	ReamsC44	烤烟	中抗	4570	Va770	烤烟	中抗
4520	PD468	烤烟	中抗	4541	ReamsC73	烤烟	中抗	4571	Va3160	烤烟	中感
4521	PD1097	烤烟	感病	4544	SPG-108	烤烟	感病	4572	Vamorr50	烤烟	感病
4522	Qual916	烤烟	中抗	4545	SPG-111	烤烟	中抗	4576	Va410	烤烟	中抗
4523	Qual938	烤烟	中抗	4546	SPG-117	烤烟	中抗	4579	Va444	烤烟	中抗
4524	Qual945	烤烟	中抗	4547	SPG-126	烤烟	中抗	4580	Va458	烤烟	中抗
4525	Qual946	烤烟	中抗	4548	SPG-152	烤烟	中抗	4588	Va645	烤烟	中感
4526	RG8	烤烟	中抗	4549	SPG-162	烤烟	中抗	4589	Va730	烤烟	中感
4527	RG11	烤烟	中抗	4550	SPG-164	烤烟	抗病	4593	波兰烤烟 -3	烤烟	感病

序号	种质名称	类型	抗性	序号	种质名称	类型	抗性	序号	种质名称	类型	抗性
4620	MS PB9	白肋烟	感病	4816	什邡毛烟铁杆子	晒烟	高感	5229	晒 9118	晒烟	感病
4627	五峰白肋烟	白肋烟	感病	4822	怀集光叶疏梗	晒烟	中感	5231	晒 92414	晒烟	中感
4653	川白 2 号	白肋烟	中抗	4825	罗甸烟冒	晒烟	感病	5241	上川 -1	晒烟	感病
4657	鄂烟 211	白肋烟	中抗	4826	罗甸枇杷烟	晒烟	中感	5245	白济讯 -2	晒烟	感病
4658	鄂烟 209	白肋烟	中抗	4892	辰溪密叶子	晒烟	抗病	5248	傣烟 -3	晒烟	中感
4671	0B122	白肋烟	中抗	4901	丹株烟	晒烟	中感	5290	ATNARELLO 毛晾	晒烟	中感
4682	Burley5	白肋烟	中抗	4962	早谷烟	晒烟	中感	5291	巴西晒晾烟	晒烟	中感
4693	Burley11A	白肋烟	中感	4976	云阳柳叶烟	晒烟	中感	5294	Coker9	晒烟	中感
4695	LA Burley21	白肋烟	中感	4982	平地镇大柳叶	晒烟	感病	5295	Va331-1	晒烟	中感
4701	Va1013R	白肋烟	中抗	5118	87-11-3	晒烟	抗病	5316	Md40	晾烟	感病
4703	Va1052R	白肋烟	中抗	5121	5669-1- 青 -1	晒烟	高感	5592	*N. rosulata*	野生烟	中感
4704	Va1088	白肋烟	中抗	5123	123-13-2（72-58-123）	晒烟	高感	5593	*N. amplexicaulis*	野生烟	中感
4705	Va1411	白肋烟	中抗	5157	金菜定 -2	晒烟	高感	5595	*N. pauciflora*	野生烟	中抗
4713	KY26	白肋烟	高感	5163	陵水礼工 -3	晒烟	高感	5596	*N. attennuata*	野生烟	抗病
4723	泾川黄花烟	黄花烟	中感	5176	大秋根 -2	晒烟	高感	5597	*N. cavicola*	野生烟	中抗
4779	中山晒烟	晒烟	高感	5192	牡晒 89-25-1	晒烟	中感	5598	*N. rotundifolia*	野生烟	中抗
4803	铁字晒烟二号	晒烟	感病	5195	牡晒 89-24-2	晒烟	感病	5599	*N. occidentalis*	野生烟	中感
4811	阳山烟	晒烟	中感	5200	牡晒 84-1-1	晒烟	中感	5600	*N. excelsior*	野生烟	感病

序号	种质名称	类型	抗性	序号	种质名称	类型	抗性	序号	种质名称	类型	抗性
5601	*N. langsdorffii*	野生烟	中抗	5603	*N. benthamiana*	野生烟	中感	5605	*N. cordifolia*	野生烟	抗病
5602	*N. miersii*	野生烟	中抗	5604	*N. obtusifolia*	野生烟	中感				

3. 烟草种质资源根结线虫病抗性鉴定

序号	种质名称	类型	抗性	序号	种质名称	类型	抗性	序号	种质名称	类型	抗性
3661	福泉小黄叶	烤烟	高感	3836	930032	烤烟	中抗	4150	9802	烤烟	感病
3662	独山趴杆烟	烤烟	感病	3865	南选烤烟 1 号	烤烟	抗病	4194	8813	烤烟	感病
3663	折烟	烤烟	中抗	3993	930032	烤烟	中抗	4210	8807	烤烟	中抗
3664	贵定团鱼叶	烤烟	高感	4009	春雷三号（丙）	烤烟	感病	4212	8610-4-2-1	烤烟	感病
3665	炉山小窝笋叶	烤烟	中感	4010	工农高大烟	烤烟	中抗	4215	X-347	烤烟	中抗
3666	贵定尖叶折烟	烤烟	高抗	4011	NB1	烤烟	高抗	4219	云南株 8	烤烟	中抗
3667	炉山柳叶	烤烟	感病	4012	湄育 2-2	烤烟	感病	4221	小巴 6-3-1	烤烟	高感
3668	堡子烟	烤烟	感病	4013	湄育 2-1	烤烟	感病	4223	云烟 76 号	烤烟	中抗
3674	蔓光白烟	烤烟	中抗	4014	湄育 2-3	烤烟	感病	4224	云烟 86 号	烤烟	中抗
3679	9501	烤烟	抗病	4015	娄山一号	烤烟	感病	4225	云烟 84 号	烤烟	抗病
3684	96419	烤烟	中感	4018	春雷三号（甲）	烤烟	中感	4226	MS8610-711	烤烟	中抗
3741	9302	烤烟	感病	4029	农大 202	烤烟	中感	4227	MS 云烟 317	烤烟	抗病
3833	4082	烤烟	感病	4046	664-01	烤烟	高抗	4228	KX13	烤烟	中抗

序号	种质名称	类型	抗性	序号	种质名称	类型	抗性	序号	种质名称	类型	抗性
4229	MS 云烟 85	烤烟	中抗	4351	龙江 237	烤烟	中抗	4375	金神农 1 号	烤烟	中感
4230	MS 云烟 87	烤烟	中抗	4352	闽烟 7 号	烤烟	中感	4376	湘烟 2 号	烤烟	中感
4250	CZ9303	烤烟	中抗	4354	闽烟 9 号	烤烟	中感	4377	LS-2	烤烟	中抗
4264	CV088	烤烟	中抗	4355	闽烟 12	烤烟	中感	4380	闽烟 38	烤烟	中感
4265	CV502	烤烟	中感	4356	粤烟 96	烤烟	中抗	4381	FL57	烤烟	感病
4310	CV70	烤烟	中抗	4357	20810	烤烟	中抗	4383	粤烟 98	烤烟	中抗
4336	安烟二号	烤烟	中感	4358	贵烟 202	烤烟	中感	4386	秦烟 95	烤烟	中抗
4337	安烟 3 号	烤烟	中抗	4359	贵烟 11 号	烤烟	感病	4387	秦烟 98	烤烟	中感
4338	安烟一号	烤烟	中感	4360	贵烟 4 号	烤烟	中感	4388	秦烟 96	烤烟	中感
4339	毕纳 1 号	烤烟	中抗	4361	春雷五号	烤烟	中感	4393	吉烟九号	烤烟	中感
4342	辽烟 16 号	烤烟	中感	4366	豫烟五号	烤烟	中抗	4394	云烟 85	烤烟	中抗
4343	辽烟 18 号	烤烟	中抗	4367	豫烟 6 号	烤烟	中感	4395	云烟 87	烤烟	中抗
4344	辽烟 9808	烤烟	中感	4368	豫烟 10 号	烤烟	中感	4397	云烟 317	烤烟	抗病
4346	龙江 911	烤烟	感病	4370	豫烟三号	烤烟	高抗	4398	云烟 99	烤烟	感病
4347	龙江 912	烤烟	感病	4371	豫烟二号	烤烟	高抗	4399	云烟 100	烤烟	中感
4348	龙江 981	烤烟	中感	4372	豫烟四号	烤烟	中抗	4400	云烟 205	烤烟	中抗
4349	龙江 935	烤烟	感病	4373	豫烟 9 号	烤烟	中抗	4401	云烟 97	烤烟	中抗
4350	龙江 925	烤烟	中感	4374	豫烟 7 号	烤烟	中感	4402	云烟 98	烤烟	中抗

序号	种质名称	类型	抗性	序号	种质名称	类型	抗性	序号	种质名称	类型	抗性
4403	云烟 105	烤烟	中抗	4425	金海一号	烤烟	感病	4483	CU231	烤烟	抗病
4404	云烟 203	烤烟	中抗	4426	川烟 1 号	烤烟	中感	4484	CU235	烤烟	高感
4405	云烟 110	烤烟	中感	4428	中烟 205	烤烟	中感	4485	CU236	烤烟	感病
4406	云烟 201	烤烟	中抗	4429	CF225	烤烟	中感	4486	CU263	烤烟	中抗
4407	云烟 116	烤烟	中抗	4431	遵烟 1 号	烤烟	中抗	4487	CU343	烤烟	中感
4409	湘烟 4 号	烤烟	中抗	4462	NC6085	烤烟	感病	4488	Cyst941	烤烟	感病
4410	湘烟 3 号	烤烟	中抗	4463	NC8029	烤烟	中抗	4489	Cyst943	烤烟	感病
4411	湘烟 5 号	烤烟	中感	4464	NC8036	烤烟	感病	4491	I-514	烤烟	抗病
4412	中烟 9203	烤烟	感病	4465	NC8053	烤烟	中感	4492	JB-26	烤烟	抗病
4414	中烟 99	烤烟	感病	4466	RG22	烤烟	高抗	4494	JB-200	烤烟	抗病
4415	中烟 100	烤烟	中抗	4467	Reams713	烤烟	中抗	4495	JB-250	烤烟	感病
4416	中烟 103	烤烟	中感	4468	TI93	烤烟	中抗	4496	K149	烤烟	中抗
4417	中烟 202	烤烟	中抗	4471	津引烤烟 1 号	烤烟	感病	4497	K346	烤烟	中抗
4419	中烟 102	烤烟	中抗	4474	波兰烤烟 -1	烤烟	抗病	4498	K358	烤烟	中抗
4420	中烟 104	烤烟	中感	4479	CNH-NO.7	烤烟	抗病	4499	K730	烤烟	中抗
4421	中烟 101	烤烟	中抗	4480	Coker110	烤烟	抗病	4500	Meck	烤烟	感病
4423	中烟 203	烤烟	感病	4481	Coker371Gold	烤烟	高感	4501	MRS-1	烤烟	中抗
4424	中烟 201	烤烟	中抗	4482	CU199	烤烟	高感	4502	MRS-2	烤烟	抗病

序号	种质名称	类型	抗性	序号	种质名称	类型	抗性	序号	种质名称	类型	抗性
4503	MRS-3	烤烟	感病	4521	PD1097	烤烟	高感	4539	Reams158	烤烟	抗病
4504	MRG-4	烤烟	感病	4522	Qual916	烤烟	高感	4540	ReamsC44	烤烟	中抗
4505	NC729	烤烟	中抗	4523	Qual938	烤烟	中抗	4541	ReamsC73	烤烟	抗病
4506	NC1108	烤烟	中抗	4524	Qual945	烤烟	高感	4542	ReamsB17	烤烟	感病
4507	NC27NF	烤烟	中抗	4525	Qual946	烤烟	高感	4543	SPG-72	烤烟	抗病
4508	NC37NF	烤烟	中抗	4526	RG8	烤烟	抗病	4544	SPG-108	烤烟	中抗
4509	NCTG55	烤烟	中抗	4527	RG11	烤烟	中抗	4545	SPG-111	烤烟	中抗
4510	NCTG60	烤烟	抗病	4528	RG12	烤烟	中抗	4546	SPG-117	烤烟	抗病
4511	NCTG61	烤烟	抗病	4529	RG13	烤烟	抗病	4547	SPG-126	烤烟	中抗
4512	NCTG70	烤烟	抗病	4530	RG17	烤烟	中抗	4548	SPG-152	烤烟	中抗
4513	NK939	烤烟	抗病	4531	RG89	烤烟	中抗	4549	SPG-162	烤烟	中抗
4514	OX940	烤烟	高感	4532	RGOB-2	烤烟	抗病	4550	SPG-164	烤烟	抗病
4515	OX2001	烤烟	抗病	4533	RG3A13	烤烟	抗病	4551	SPG-166	烤烟	抗病
4516	OX2007	烤烟	抗病	4534	RG3A16	烤烟	感病	4552	SPG-168	烤烟	抗病
4517	OX2022	烤烟	抗病	4535	RG3A1	烤烟	高感	4553	SPG-169	烤烟	抗病
4518	OX2028	烤烟	抗病	4536	RG3414	烤烟	抗病	4554	SPG-172	烤烟	抗病
4519	OX2101	烤烟	抗病	4537	RGOB-18	烤烟	中抗	4555	TI170	烤烟	感病
4520	PD468	烤烟	高感	4538	ReamsM-1	烤烟	中抗	4556	TI692	烤烟	抗病

序号	种质名称	类型	抗性	序号	种质名称	类型	抗性	序号	种质名称	类型	抗性
4558	TI896	烤烟	抗病	4580	Va458	烤烟	中感	4653	川白 2 号	白肋烟	中感
4559	TI955	烤烟	高感	4581	Va436	烤烟	感病	4656	鄂烟 3 号	白肋烟	中感
4562	TI1409	烤烟	中感	4582	Va437	烤烟	感病	4657	鄂烟 211	白肋烟	中感
4564	TI1500	烤烟	感病	4584	Va578	烤烟	抗病	4658	鄂烟 209	白肋烟	中感
4565	TI1504	烤烟	感病	4585	Va600	烤烟	抗病	4659	鄂烟 6 号	白肋烟	感病
4566	TI1597	烤烟	抗病	4586	Va613	烤烟	感病	4664	鄂烟 101	白肋烟	中抗
4568	Va45	烤烟	高感	4587	Va618	烤烟	抗病	4665	鄂烟 213	白肋烟	感病
4569	Va80	烤烟	中抗	4588	Va645	烤烟	感病	4666	鄂烟 215	白肋烟	感病
4570	Va770	烤烟	感病	4589	Va730	烤烟	中抗	4667	YNBS1	白肋烟	中感
4571	Va3160	烤烟	高感	4590	Va260	烤烟	感病	4668	云白 2 号	白肋烟	中抗
4572	Vamorr50	烤烟	感病	4591	Va407	烤烟	高感	4669	云白 3 号	白肋烟	中感
4573	VPI103	烤烟	感病	4593	波兰烤烟 -3	烤烟	抗病	4670	云白 4 号	白肋烟	中感
4574	VPI104	烤烟	抗病	4604	达所 26	白肋烟	高抗	4671	0B122	白肋烟	中感
4575	Va040-1	烤烟	抗病	4618	MS Burley21（津）	白肋烟	中感	4682	Burley5	白肋烟	感病
4576	Va410	烤烟	抗病	4627	五峰白肋烟	白肋烟	感病	4693	Burley11A	白肋烟	中感
4577	Va411	烤烟	抗病	4650	达白二号	白肋烟	感病	4697	TI1462	白肋烟	感病
4578	Va432	烤烟	高感	4651	川白 1 号	白肋烟	中感	4698	TI1463	白肋烟	感病
4579	Va444	烤烟	抗病	4652	9026	白肋烟	感病	4803	铁字晒烟二号	晒烟	中感

序号	种质名称	类型	抗性	序号	种质名称	类型	抗性	序号	种质名称	类型	抗性
4826	罗甸枇杷烟	晒烟	感病	4915	黄草坝烟	晒烟	抗病	4938	永胜木桂烟	晒烟	抗病
4827	罗甸柳叶烟	晒烟	感病	4916	泸水晒烟	晒烟	抗病	4939	景谷慢来草烟	晒烟	中抗
4898	丽江冲天烟	晒烟	抗病	4917	保山丙麻烟	晒烟	抗病	4941	金鼎小叶	晒烟	抗病
4899	文乐烟	晒烟	中感	4919	南涧敢保烟	晒烟	中感	4942	五境柳叶	晒烟	抗病
4900	维登烟	晒烟	中感	4920	玉溪格克烟	晒烟	感病	4943	镇沅冬烟	晒烟	中感
4901	丹株烟	晒烟	中抗	4924	永胜砍柴坪烟	晒烟	感病	4944	永胜拉杈烟	晒烟	抗病
4902	上江烟	晒烟	中抗	4925	墨江正街烟	晒烟	感病	4945	孟连瓦烟	晒烟	感病
4903	丙中洛烟	晒烟	中感	4926	孟连树啃咬	晒烟	感病	4949	阿乐朵烟	晒烟	中抗
4904	墨江柄路水烟	晒烟	感病	4927	卜甲烟	晒烟	中感	4951	维西大川烟	晒烟	中感
4905	金鼎大叶	晒烟	中抗	4928	三坝烟	晒烟	感病	4952	云县昔汉柳叶	晒烟	中感
4906	玉溪山头烟	晒烟	中感	4929	安定草烟	晒烟	中抗	4953	宜良猪大肠	晒烟	感病
4908	景谷岔河草烟	晒烟	中感	4930	墨江把子烟	晒烟	抗病	4955	镇沅振太大树烟	晒烟	抗病
4909	丽江阿细烟	晒烟	抗病	4931	维西叶枝烟	晒烟	中抗	4960	黔江乌烟	晒烟	感病
4910	景谷大绿草烟	晒烟	中感	4932	九甲草烟	晒烟	感病	4962	早谷烟	晒烟	中感
4911	华坪大卜扇	晒烟	感病	4933	辽岭草烟	晒烟	中感	4976	云阳柳叶烟	晒烟	感病
4912	白济讯烟（大耳）	晒烟	中感	4934	啦嘛登烟	晒烟	中抗	5113	81-26	晒烟	低抗
4913	永胜下川烟	晒烟	抗病	4935	永胜光华烟	晒烟	抗病	5192	牡晒 89-25-1	晒烟	感病
4914	禄丰大琵琶烟	晒烟	中抗	4936	丽江牛皮烟	晒烟	中感	5200	牡晒 84-1-1	晒烟	中感

序号	种质名称	类型	抗性
5247	傣烟 -2	晒烟	中感
5253	昔汉 -1	晒烟	感病
5255	曼怕村 -1	晒烟	中抗
5258	昔汉 -2	晒烟	感病
5293	津引晒烟 3 号	晒烟	中感
5294	Coker9	晒烟	感病
5296	Va331-2	晒烟	感病
5297	Va787	晒烟	感病
5298	Va871	晒烟	感病
5299	Va932	晒烟	高感

序号	种质名称	类型	抗性
5300	Va934	晒烟	感病
5301	Walkers Broad leaf	晒烟	抗病
5302	Damdli Special	晒烟	感病
5303	Lizard Tail Orinoco	晒烟	感病
5304	Lizard Tail Turtle Foot	晒烟	抗病
5305	Sears Special	晒烟	抗病
5306	Shirey	晒烟	抗病
5307	Silky Pride	晒烟	抗病
5308	Brown Ieaf JH	晒烟	抗病
5309	Bakers Special	晒烟	感病

序号	种质名称	类型	抗性
5310	Va878	晒烟	中抗
5315	Wilson	晾烟	感病
5316	Md40	晾烟	感病
5324	A37	香料烟	感病
5353	6-12-0004-18	药烟	感病
5602	*N. miersii*	野生烟	抗病
5524	A-0014	药烟	抗病
5525	A-0058	药烟	抗病

4. 烟草种质资源赤星病抗性鉴定

序号	种质名称	类型	抗性
3667	炉山柳叶	烤烟	感病
3668	堡子烟	烤烟	感病
3671	宝丰烤烟	烤烟	抗病
3672	大芭蕉叶	烤烟	感病
3675	路南虎街烤烟	烤烟	中感

序号	种质名称	类型	抗性
3679	9501	烤烟	高感
3741	9302	烤烟	高感
3815	3116	烤烟	抗病
3833	4082	烤烟	高感
3835	9891	烤烟	中抗

序号	种质名称	类型	抗性
3836	930032	烤烟	高抗
3862	C151	烤烟	感病
3865	南选烤烟 1 号	烤烟	中感
3982	辽烟一号 -1	烤烟	中抗
3991	MSGDH88	烤烟	高抗

序号	种质名称	类型	抗性	序号	种质名称	类型	抗性	序号	种质名称	类型	抗性
3992	GDH88	烤烟	高抗	4202	高州 75	烤烟	抗病	4250	CZ9303	烤烟	中抗
3993	930032	烤烟	高抗	4203	高州 77	烤烟	抗病	4261	CF20	烤烟	抗病
3997	68E-2	烤烟	感病	4204	高州 78	烤烟	抗病	4265	CV502	烤烟	抗病
4029	农大 202	烤烟	中抗	4205	高州 79	烤烟	抗病	4266	MSK326	烤烟	抗病
4046	664-01	烤烟	耐病	4206	丰字 6 号	烤烟	中抗	4310	CV70	烤烟	高抗
4048	G80B	烤烟	抗病	4207	8041	烤烟	中抗	4312	CV89	烤烟	抗病
4051	KB-6	烤烟	中抗	4209	72-50-5	烤烟	感病	4314	CV73	烤烟	抗病
4147	9706	烤烟	中感	4210	8807	烤烟	高感	4317	抗 88	烤烟	抗病
4192	云烟 317-2	烤烟	中抗	4215	X-347	烤烟	抗病	4329	CT107	烤烟	抗病
4193	8602-123	烤烟	中抗	4217	湖北 517	烤烟	感病	4336	安烟二号	烤烟	感病
4194	8813	烤烟	抗病	4220	人民六队 -15	烤烟	中感	4337	安烟 3 号	烤烟	中感
4195	8801-2	烤烟	中抗	4222	梁家村	烤烟	感病	4338	安烟一号	烤烟	中感
4196	8801-3	烤烟	抗病	4223	云烟 76 号	烤烟	高感	4339	毕纳 1 号	烤烟	抗病
4197	8801-5	烤烟	中抗	4224	云烟 86 号	烤烟	高感	4340	黔西一号	烤烟	中感
4198	广黄 817	烤烟	抗病	4225	云烟 84 号	烤烟	高感	4341	辽烟 17 号	烤烟	抗病
4199	埔烟 2 号	烤烟	中抗	4226	MS8610-711	烤烟	感病	4342	辽烟 16 号	烤烟	抗病
4200	广烟 12	烤烟	抗病	4227	MS 云烟 317	烤烟	感病	4343	辽烟 18 号	烤烟	中感
4201	高州 74	烤烟	抗病	4230	MS 云烟 87	烤烟	中感	4344	辽烟 9808	烤烟	中抗

序号	种质名称	类型	抗性
4345	龙江 915	烤烟	感病
4346	龙江 911	烤烟	抗病
4347	龙江 912	烤烟	中抗
4348	龙江 981	烤烟	中抗
4349	龙江 935	烤烟	中感
4350	龙江 925	烤烟	中感
4351	龙江 237	烤烟	感病
4352	闽烟 7 号	烤烟	感病
4354	闽烟 9 号	烤烟	中感
4355	闽烟 12	烤烟	中感
4357	20810	烤烟	感病
4358	贵烟 202	烤烟	感病
4359	贵烟 11 号	烤烟	中抗
4360	贵烟 4 号	烤烟	中感
4361	春雷五号	烤烟	感病
4362	南江 3 号	烤烟	高抗
4363	贵烟 1 号	烤烟	中感
4364	韭菜坪 2 号	烤烟	中感

序号	种质名称	类型	抗性
4365	兴烟 1 号	烤烟	感病
4366	豫烟五号	烤烟	高抗
4367	豫烟 6 号	烤烟	中感
4368	豫烟 10 号	烤烟	中感
4369	豫烟 11 号	烤烟	感病
4372	豫烟四号	烤烟	感病
4373	豫烟 9 号	烤烟	中感
4374	豫烟 7 号	烤烟	中抗
4375	金神农 1 号	烤烟	中感
4376	湘烟 2 号	烤烟	中感
4377	LS-2	烤烟	中感
4378	岩烟 97	烤烟	中抗
4380	闽烟 38	烤烟	中感
4381	FL57	烤烟	感病
4382	粤烟 97	烤烟	感病
4383	粤烟 98	烤烟	中感
4385	秦烟 97	烤烟	中抗
4387	秦烟 98	烤烟	中抗

序号	种质名称	类型	抗性
4388	秦烟 96	烤烟	中抗
4389	秦烟 1 号	烤烟	中抗
4390	吉烟 5 号	烤烟	抗病
4391	吉烟 7 号	烤烟	感病
4392	益延 1 号	烤烟	抗病
4393	吉烟九号	烤烟	感病
4395	云烟 87	烤烟	中感
4396	丰字 3 号	烤烟	中抗
4398	云烟 99	烤烟	中抗
4399	云烟 100	烤烟	中抗
4400	云烟 205	烤烟	中感
4401	云烟 97	烤烟	感病
4402	云烟 98	烤烟	中感
4403	云烟 105	烤烟	中抗
4404	云烟 203	烤烟	感病
4405	云烟 110	烤烟	中抗
4406	云烟 201	烤烟	感病
4407	云烟 116	烤烟	中感

序号	种质名称	类型	抗性	序号	种质名称	类型	抗性	序号	种质名称	类型	抗性
4409	湘烟 4 号	烤烟	中抗	4427	鲁烟 1 号	烤烟	感病	4508	NC37NF	烤烟	中抗
4410	湘烟 3 号	烤烟	中感	4428	中烟 205	烤烟	中抗	4509	NCTG55	烤烟	抗病
4411	湘烟 5 号	烤烟	感病	4429	CF225	烤烟	中感	4518	OX2028	烤烟	抗病
4412	中烟 9203	烤烟	中抗	4431	遵烟 1 号	烤烟	中感	4527	RG11	烤烟	中抗
4413	中烟 98	烤烟	中抗	4461	AK6	烤烟	感病	4530	RG17	烤烟	中抗
4414	中烟 99	烤烟	抗病	4467	Reams713	烤烟	中抗	4549	SPG-162	烤烟	感病
4415	中烟 100	烤烟	高抗	4473	VarNo1668	烤烟	感病	4558	TI896	烤烟	中抗
4416	中烟 103	烤烟	感病	4476	Granvilli17A	烤烟	中感	4562	TI1409	烤烟	感病
4417	中烟 202	烤烟	中抗	4481	Coker371Gold	烤烟	中抗	4569	Va80	烤烟	抗病
4418	中烟 204	烤烟	抗病	4485	CU236	烤烟	抗病	4571	Va3160	烤烟	中感
4419	中质 102	烤烟	中感	4486	CU263	烤烟	抗病	4576	Va410	烤烟	中抗
4420	中烟 104	烤烟	中感	4496	K149	烤烟	抗病	4578	Va432	烤烟	感病
4421	中烟 101	烤烟	高抗	4497	K346	烤烟	中抗	4579	Va444	烤烟	中抗
4422	鲁烟 2 号	烤烟	抗病	4498	K358	烤烟	抗病	4580	Va458	烤烟	中感
4423	中烟 203	烤烟	中感	4499	K730	烤烟	抗病	4588	Va645	烤烟	中抗
4424	中烟 201	烤烟	中抗	4505	NC729	烤烟	中抗	4589	Va730	烤烟	中感
4425	金海一号	烤烟	感病	4506	NC1108	烤烟	抗病	4592	佛杰伦	烤烟	感病
4426	川烟 1 号	烤烟	中抗	4507	NC27NF	烤烟	中抗	4620	MS PB9	白肋烟	中抗

序号	种质名称	类型	抗性	序号	种质名称	类型	抗性	序号	种质名称	类型	抗性
4650	达白二号	白肋烟	感病	4684	Ky21	白肋烟	中抗	4924	永胜砍柴坪烟	晒烟	感病
4651	川白 1 号	白肋烟	中感	4693	Burley11A	白肋烟	抗病	4926	孟连树啃咬	晒烟	中感
4652	9026	白肋烟	感病	4722	镇沅兰花烟	黄花烟	感病	4927	卜甲烟	晒烟	中感
4653	川白 2 号	白肋烟	感病	4804	广丰大牛舌	晒烟	感病	4929	安定草烟	晒烟	中抗
4656	鄂烟 3 号	白肋烟	感病	4825	罗甸烟冒	晒烟	抗病	4932	九甲草烟	晒烟	中感
4657	鄂烟 211	白肋烟	感病	4829	穆棱柳毛烟	晒烟	抗病	4935	永胜光华烟	晒烟	中抗
4658	鄂烟 209	白肋烟	感病	4841	星子烟	晒烟	抗病	4937	马关烟	晒烟	中抗
4659	鄂烟 6 号	白肋烟	感病	4895	满耳草烟	晒烟	感病	4944	永胜拉杈烟	晒烟	感病
4664	鄂烟 101	白肋烟	感病	4896	惠民草烟	晒烟	感病	4946	独山基长烟	晒烟	中抗
4665	鄂烟 213	白肋烟	感病	4897	竹园小柳叶	晒烟	感病	4949	阿乐朵烟	晒烟	中感
4666	鄂烟 215	白肋烟	感病	4902	上江烟	晒烟	中感	4960	黔江乌烟	晒烟	中抗
4667	YNBS1	白肋烟	感病	4904	墨江柄路水烟	晒烟	中感	4982	平地镇大柳叶	晒烟	中抗
4668	云白 2 号	白肋烟	中抗	4906	玉溪山头烟	晒烟	中感	4988	大牛耳	晒烟	中抗
4669	云白 3 号	白肋烟	中感	4908	景谷岔河草烟	晒烟	中感	5113	81-26	晒烟	抗病
4670	云白 4 号	白肋烟	感病	4914	禄丰大琵琶烟	晒烟	中感	5195	牡晒 89-24-2	晒烟	中感
4671	0B122	白肋烟	感病	4915	黄草坝烟	晒烟	中感	5229	晒 9118	晒烟	中抗
4679	巴引白肋 1 号	白肋烟	中抗	4919	南涧敢保烟	晒烟	中感	5231	晒 92414	晒烟	中抗
4680	津引白肋 2 号	白肋烟	中抗	4920	玉溪格克烟	晒烟	中抗	5240	小白宰 -1	晒烟	中抗

序号	种质名称	类型	抗性	序号	种质名称	类型	抗性	序号	种质名称	类型	抗性
5241	上川 -1	晒烟	中感	5251	瓦烟 -2	晒烟	感病	5590	五峰 2 号	晾烟	中抗
5242	上川 -2	晒烟	中抗	5255	曼怕村 -1	晒烟	感病	5298	Va871	晒烟	中抗
5244	白济讯 -1	晒烟	中感	5287	延晒七号	晒烟	高抗	5299	Va932	晒烟	中抗
5245	白济讯 -2	晒烟	感病	5288	龙烟六号	晒烟	高抗	5300	Va934	晒烟	中感
5247	傣烟 -2	晒烟	感病	5289	云晒 1 号	晒烟	抗病	5323	云香 2 号	香料烟	中抗
5248	傣烟 -3	晒烟	感病	5294	Coker9	晒烟	中感	5599	*N. occidentalis*	野生烟	抗病
5249	特选晒烟	晒烟	中抗	5295	Va331-1	晒烟	中抗	5589	五峰 1 号	晾烟	中抗

5. 烟草种质资源病毒病抗性鉴定

序号	种质名称	类型	TMV	CMV	PVY	序号	种质名称	类型	TMV	CMV	PVY
3638	西陂柳叶	烤烟	中感	中感	中感	3648	湄黄四号 -A-2	烤烟	中感	中感	感病
3639	来凤十点	烤烟	感病		中感	3650	北金烤烟五号	烤烟	中感	中抗	感病
3640	后坡种	烤烟	感病			3651	吕引烤烟一号	烤烟	中感	中感	感病
3642	大叶翘	烤烟	中感	感病	感病	3652	潞西长叶烟	烤烟	感病	中抗	感病
3643	长汀烤烟	烤烟	感病	中感	中感	3653	五九九	烤烟	中抗	中感	感病
3644	封开烤烟	烤烟	中感	中感	感病	3654	大山沟（云南）	烤烟	感病	中抗	感病
3646	山东 -2-7	烤烟	感病			3655	山东 -3-3	烤烟	感病	中感	感病
3647	山东大白花	烤烟	感病	感病	中感	3656	罗定金星	烤烟	中抗	中抗	感病

序号	种质名称	类型	TMV	CMV	PVY
3658	郫县烤烟一号	烤烟	感病	中抗	中抗
3659	庆胜烟	烤烟	中感	感病	感病
3660	海南烟	烤烟	感病	中感	中抗
3661	福泉小黄叶	烤烟	感病	中感	感病
3662	独山趴杆烟	烤烟	感病	中感	感病
3663	折烟	烤烟	中感	中感	感病
3664	贵定团鱼叶	烤烟	感病	中感	中抗
3665	炉山小窝笋叶	烤烟	感病	中感	中感
3666	贵定尖叶折烟	烤烟	感病	中感	中感
3667	炉山柳叶	烤烟	感病	感病	中感
3668	堡子烟	烤烟	中感	中感	中感
3669	埔烟 2 号	烤烟	感病	中感	感病
3670	江川烤烟	烤烟	感病	中感	中感
3671	宝丰烤烟	烤烟	中感	中抗	中感
3672	大芭蕉叶	烤烟	感病	中感	感病
3673	大有种	烤烟	感病	中感	感病
3674	蔓光白烟	烤烟	中感	中感	感病
3676	鲁益四号	烤烟	感病	中感	感病
3679	9501	烤烟	高感		
3684	96419	烤烟		中感	
3705	L6-2	烤烟		中抗	感病
3724	安四少叶	烤烟		抗病	感病
3741	9302	烤烟	高感		
3748	9205	烤烟		中抗	中感
3749	87-414	烤烟		中抗	中感
3750	8021	烤烟	抗病	抗病	中抗
3751	8901-2	烤烟		中抗	感病
3763	8611	烤烟		中抗	感病
3769	82501	烤烟	抗病		
3776	8210	烤烟		中抗	感病
3797	86651	烤烟		中抗	中感
3803	8022-1	烤烟	高抗	中抗	
3805	MSCoker86	烤烟		中抗	中感
3807	MS9205	烤烟		中抗	抗病
3808	MS8901-2	烤烟		中感	感病
3809	MSNC567	烤烟		中抗	中感

序号	种质名称	类型	TMV	CMV	PVY	序号	种质名称	类型	TMV	CMV	PVY
3810	MS8611	烤烟		中抗	中感	3854	永定清香 2 号	烤烟		中抗	感病
3811	MS8210	烤烟		中抗	感病	3855	三明系 5	烤烟		中抗	感病
3813	MS86651	烤烟		中感	中抗	3856	白花云烟 87	烤烟		感病	感病
3815	3116	烤烟	抗病		感病	3858	三明系 3	烤烟		中抗	中感
3816	NC55-1	烤烟			高抗	3861	C152	烤烟		高抗	
3833	4082	烤烟			中抗	3862	C151	烤烟	中感	高抗	抗病
3835	9891	烤烟	抗病		中抗	3863	C212	烤烟		高抗	
3836	930032	烤烟	感病	感病	感病	3864	丰字烤烟 1 号	烤烟		中抗	
3838	35-1	烤烟		中感	感病	3865	南选烤烟 1 号	烤烟		中感	
3843	三明系 4	烤烟		中抗	感病	3866	湄黄五号选 -1	烤烟	感病	中抗	感病
3844	龙岩烤烟型	烤烟		中感	感病	3867	湄黄五号选 -2	烤烟	感病	中感	感病
3845	平和黑骨种 C	烤烟	中感			3868	小黄金 1925-6	烤烟	中抗	中感	感病
3846	平和黑骨种 A	烤烟	中抗			3873	97-10-2133	烤烟		中感	感病
3847	白花 G28	烤烟		中感	感病	3881	72-42	烤烟		中抗	感病
3848	平和黑骨种 B	烤烟	中抗			3883	68-42	烤烟		中抗	感病
3849	三明系 6	烤烟		中抗	中感	3889	400-7-1-2	烤烟		中抗	感病
3850	三明系 2	烤烟		中感	感病	3890	517-B	烤烟		抗病	感病
3851	三明系 1	烤烟		感病	感病	3904	68-40	烤烟		抗病	感病

序号	种质名称	类型	TMV	CMV	PVY	序号	种质名称	类型	TMV	CMV	PVY
3906	75-159	烤烟		中抗	感病	3959	75-140	烤烟		抗病	中感
3909	95-62-4	烤烟		中感	感病	3960	75-130-1（白花烟）	烤烟		抗病	感病
3910	7201（福建）	烤烟		中抗	感病	3971	6428	烤烟		中抗	感病
3914	400 新	烤烟		中抗	感病	3973	6647	烤烟		中抗	抗病
3917	95-109-113	烤烟		中抗	中感	3974	晋太 7681	烤烟		中抗	感病
3920	72-41-114	烤烟		中抗	感病	3975	辽烟一号 -2（窄叶）	烤烟		中抗	感病
3925	95-48	烤烟		中抗	感病	3981	春雷五号 -2	烤烟		中感	中感
3926	95-48-12	烤烟		中抗	感病	3982	辽烟一号 -1	烤烟		中感	感病
3930	95-5-211	烤烟		中抗	中感	3984	单 401-30-2	烤烟		中抗	中感
3937	95-43-3	烤烟		中抗	感病	3993	930032	烤烟	感病	感病	感病
3938	95-11-1250	烤烟		中抗	中感	3995	96019	烤烟	中感	感病	中感
3941	68-46	烤烟		中抗	感病	4012	湄育 2-2	烤烟	感病		感病
3942	95-55	烤烟		中抗	感病	4029	农大 202	烤烟	感病	感病	感病
3943	95-6-1111	烤烟		中感	中感	4046	664-01	烤烟	耐病		
3944	95-11-1253	烤烟		中感	中感	4048	G80B	烤烟	中感	感病	中抗
3946	71-6	烤烟		中感	感病	4051	KB-6	烤烟	感病	感病	中感
3951	95-36-111	烤烟		中感	中感	4081	Q-5-000015	烤烟	中感	中感	中感
3957	72-41-115	烤烟		中感	感病	4082	H-11-0005	烤烟	中感	感病	感病

序号	种质名称	类型	TMV	CMV	PVY
4083	S-8-0008-16	烤烟	中感	感病	感病
4084	Q-000010	烤烟	中感	中感	感病
4085	Q-5-0075	烤烟	感病	感病	中感
4087	S-8-0008-85	烤烟	感病	中感	感病
4088	Q-5-0049	烤烟	感病	中感	中感
4089	Q-5-0070-16	烤烟	中感	感病	中感
4090	H-11-0004	烤烟	中抗	中感	中感
4091	S-8-0046	烤烟	中感	中感	感病
4092	Q-5-0068	烤烟	中感	中抗	中感
4093	Q-6-0001	烤烟	中抗	抗病	中感
4094	Q-5-0069-5	烤烟	感病	中感	中感
4095	Q-5-0066-14	烤烟	中感	中感	中感
4096	K9-0055	烤烟	中感	中感	感病
4097	Q-5-0065-16	烤烟	中感	抗病	中感
4098	K-0004	烤烟	中抗	中感	感病
4099	K-0002	烤烟	中抗	中感	感病
4100	Q-5-0025	烤烟	中感	感病	中感
4101	Q-5-0070-85	烤烟	中抗	中感	感病
4102	Q-5-0070-98	烤烟	抗病	中感	中感
4103	Q-5-000073	烤烟	中感	中感	感病
4104	Q-5-0098-65	烤烟	抗病	中抗	中抗
4105	Q-5-0098-42	烤烟	中感	中感	中感
4136	200303	烤烟		中感	感病
4137	200301-2	烤烟		中感	感病
4138	200301-1	烤烟		中感	感病
4139	200304	烤烟		中感	感病
4140	200302-1	烤烟		中感	感病
4141	200302-2	烤烟		中抗	感病
4147	9706	烤烟	中感	感病	中抗
4150	9802	烤烟		中感	
4192	云烟 317-2	烤烟	中感	感病	中抗
4193	8602-123	烤烟	中抗	中抗	中抗
4194	8813	烤烟		中感	
4210	8807	烤烟	感病		
4215	X-347	烤烟	中抗		
4223	云烟 76 号	烤烟	感病		

序号	种质名称	类型	TMV	CMV	PVY
4224	云烟 86 号	烤烟	感病		
4225	云烟 84 号	烤烟	感病		
4226	MS8610-711	烤烟	感病		
4227	MS 云烟 317	烤烟	感病		
4228	KX13	烤烟	抗病		
4229	MS 云烟 85	烤烟	感病	感病	中感
4230	MS 云烟 87	烤烟	感病	高感	高感
4250	CZ9303	烤烟	感病		
4261	CF20	烤烟	中抗	中抗	中抗
4263	CV91	烤烟	高抗	高抗	抗病
4264	CV088	烤烟	高抗	抗病	高抗
4265	CV502	烤烟		中感	
4310	CV70	烤烟			中抗
4317	抗 88	烤烟	抗病	高抗	高抗
4322	4017	烤烟	中感	中感	感病
4323	CF203	烤烟	中感	中感	感病
4324	CT106	烤烟	中感	中感	感病
4326	抗 66	烤烟	中感	感病	感病
4329	CT107	烤烟	抗病	中抗	中抗
4330	白花大金元	烤烟		中感	感病
4334	T136	烤烟	高抗		
4336	安烟二号	烤烟	中感	感病	感病
4337	安烟 3 号	烤烟	中感	感病	感病
4338	安烟一号	烤烟	感病	感病	感病
4339	毕纳 1 号	烤烟	感病	中感	中感
4340	黔西一号	烤烟	感病	感病	感病
4341	辽烟 17 号	烤烟	中抗	中感	抗病
4342	辽烟 16 号	烤烟	高抗	中抗	抗病
4343	辽烟 18 号	烤烟	中感	感病	中抗
4344	辽烟 9808	烤烟	中感	中感	感病
4345	龙江 915	烤烟	中感	感病	中感
4346	龙江 911	烤烟	中感	中感	中抗
4347	龙江 912	烤烟	免疫	感病	感病
4348	龙江 981	烤烟	中感	中感	抗病
4349	龙江 935	烤烟	中感	中抗	中抗
4350	龙江 925	烤烟	高抗	中抗	中感

序号	种质名称	类型	TMV	CMV	PVY
4351	龙江 237	烤烟	免疫	中感	感病
4352	闽烟 7 号	烤烟	感病	中感	中感
4353	蓝玉一号	烤烟	免疫	感病	中感
4354	闽烟 9 号	烤烟	感病	中感	中感
4355	闽烟 12	烤烟	免疫	中感	感病
4356	粤烟 96	烤烟	中感	中感	中感
4357	20810	烤烟	中感	中感	感病
4358	贵烟 202	烤烟	感病	感病	感病
4359	贵烟 11 号	烤烟	中感	感病	中抗
4360	贵烟 4 号	烤烟	中感	中感	
4362	南江 3 号	烤烟	感病	感病	感病
4363	贵烟 1 号	烤烟	感病	感病	感病
4364	韭菜坪 2 号	烤烟	感病	感病	感病
4365	兴烟 1 号	烤烟	感病	感病	感病
4366	豫烟五号	烤烟	中抗		
4367	豫烟 6 号	烤烟	中抗	感病	中感
4368	豫烟 10 号	烤烟	中感	中感	中感
4369	豫烟 11 号	烤烟	感病	感病	中感
4372	豫烟四号	烤烟		中抗	
4373	豫烟 9 号	烤烟	中感	感病	中感
4374	豫烟 7 号	烤烟	中感	感病	中感
4375	金神农 1 号	烤烟	免疫	中感	中感
4376	湘烟 2 号	烤烟	中感	中感	中感
4377	LS-2	烤烟	中感	中感	感病
4378	岩烟 97	烤烟	感病	感病	中感
4379	闽烟 35	烤烟	感病	感病	感病
4380	闽烟 38	烤烟	高抗	感病	感病
4381	FL57	烤烟	感病	中感	感病
4382	粤烟 97	烤烟	中感	中感	高感
4383	粤烟 98	烤烟	感病	感病	中感
4384	翠碧二号	烤烟	免疫	中感	中感
4385	秦烟 97	烤烟	中感	中感	中抗
4386	秦烟 95	烤烟	感病	中感	中抗
4387	秦烟 98	烤烟	中感	中抗	高抗
4388	秦烟 96	烤烟	中感	中感	中抗
4390	吉烟 5 号	烤烟	抗病		

序号	种质名称	类型	TMV	CMV	PVY
4391	吉烟 7 号	烤烟	免疫	感病	中感
4393	吉烟九号	烤烟	免疫	感病	中抗
4394	云烟 85	烤烟	感病	感病	中感
4395	云烟 87	烤烟	感病	高感	高感
4397	云烟 317	烤烟	中感		
4398	云烟 99	烤烟	感病		
4399	云烟 100	烤烟	感病		
4400	云烟 205	烤烟	抗病	中感	中抗
4401	云烟 97	烤烟	感病	感病	中感
4402	云烟 98	烤烟	中感		中感
4403	云烟 105	烤烟	感病		
4404	云烟 203	烤烟	抗病	感病	感病
4405	云烟 110	烤烟	感病		
4406	云烟 201	烤烟	抗病	中抗	感病
4407	云烟 116	烤烟	中感		
4408	湘烟一号	烤烟	中感	中抗	
4409	湘烟 4 号	烤烟	中感	中抗	感病
4410	湘烟 3 号	烤烟	中感	中感	中感
4411	湘烟 5 号	烤烟	中抗	中感	感病
4413	中烟 98	烤烟	中抗	感病	感病
4414	中烟 99	烤烟	中抗	感病	
4415	中烟 100	烤烟	感病	中感	中抗
4416	中烟 103	烤烟	感病	感病	中感
4417	中烟 202	烤烟	中感	中感	中抗
4418	中烟 204	烤烟	免疫	感病	
4419	中烟 102	烤烟	中感	中感	中感
4420	中烟 104	烤烟	中感	中感	中感
4421	中烟 101	烤烟	中抗	中抗	中抗
4422	鲁烟 2 号	烤烟	高感	感病	中感
4423	中烟 203	烤烟	高抗	感病	感病
4424	中烟 201	烤烟	感病	感病	感病
4425	金海一号	烤烟	感病		
4426	川烟 1 号	烤烟	中感	感病	中感
4427	鲁烟 1 号	烤烟	免疫	感病	
4428	中烟 205	烤烟	免疫	中感	中感
4429	CF225	烤烟	免疫	中感	感病

序号	种质名称	类型	TMV	CMV	PVY
4430	CF228	烤烟	高抗		
4431	遵烟 1 号	烤烟	高感		
4432	遵烟 6 号	烤烟	感病	感病	感病
4433	Va1168	烤烟	免疫	中感	中感
4434	S142	烤烟	免疫	抗病	中抗
4435	Delliot	烤烟	感病	中抗	中抗
4436	Delfield	烤烟	感病	中感	中抗
4437	塞拉利昂	烤烟	中感	中抗	中感
4438	KE-2	烤烟	感病	中感	中感
4439	B.L.Hicks	烤烟	感病	中感	中感
4440	Reams134	烤烟	感病	感病	中感
4441	C.C.PD4	烤烟	抗病	感病	感病
4442	KE-1	烤烟	感病	感病	感病
4443	RG81	烤烟	感病	中感	感病
4444	Reams 940	烤烟	感病	抗病	感病
4445	卡里	烤烟	免疫	中抗	中感
4446	Hungary	烤烟	中抗	中抗	感病
4447	GAT-4-2	晒烟	中抗	中抗	感病
4448	印尼烤烟	烤烟	中抗	中感	中感
4449	蔓光	烤烟	感病	中感	感病
4450	哈利亚波亚	烤烟	中抗	中感	感病
4451	NC347	烤烟	感病	中感	感病
4452	加里白色	烤烟	感病	中感	感病
4453	印度尼西亚	烤烟	感病	中抗	中感
4454	约克	烤烟	中感	感病	中感
4455	忌利司买皮亚	烤烟	免疫	抗病	中抗
4456	Mcnaiy133	烤烟	中抗	中感	中感
4457	Eygo	烤烟	抗病	中感	感病
4461	AK6	烤烟	免疫	感病	中感
4462	NC6085	烤烟	感病		
4463	NC8029	烤烟	感病	感病	
4464	NC8036	烤烟	高感		
4465	NC8053	烤烟	感病	中感	
4466	RG22	烤烟	感病		
4467	Reams713	烤烟	高感		
4468	TI93	烤烟		感病	

序号	种质名称	类型	TMV	CMV	PVY
4472	菲律宾烤烟 1 号	烤烟	感病	中感	中感
4473	VarNo1668	烤烟	免疫	中抗	感病
4474	波兰烤烟 -1	烤烟	中感	中感	感病
4475	南罗得西亚 72-1	烤烟	中抗	中感	感病
4476	Granvilli17A	烤烟	中感	中感	中感
4477	南罗得西亚 76-1	烤烟	感病	中感	感病
4479	CNH-NO.7	烤烟	中感	抗病	
4481	Coker371Gold	烤烟	高感		感病
4484	CU235	烤烟	中感	中感	
4485	CU236	烤烟	感病	感病	感病
4486	CU263	烤烟	感病	中感	中抗
4488	Cyst941	烤烟	中抗	抗病	
4489	Cyst943	烤烟	中感	中抗	
4491	I-514	烤烟	中感	中感	
4492	JB-26	烤烟	感病	感病	
4493	JB-33	烤烟	感病	中感	
4494	JB-200	烤烟	感病	感病	中感
4495	JB-250	烤烟	中抗	感病	
4496	K149	烤烟	高感	高感	感病
4497	K346	烤烟	感病	感病	中抗
4498	K358	烤烟	高感		中抗
4499	K730	烤烟	中抗		中感
4500	Meck	烤烟	感病	中感	
4501	MRS-1	烤烟	高抗		
4502	MRS-2	烤烟	免疫	感病	
4503	MRS-3	烤烟	免疫	感病	
4504	MRG-4	烤烟	免疫	中抗	
4505	NC729	烤烟	高感		
4506	NC1108	烤烟	感病	中感	抗病
4507	NC27NF	烤烟	感病		
4508	NC37NF	烤烟	感病		
4509	NCTG55	烤烟	中感	中抗	中抗
4510	NCTG60	烤烟	感病	抗病	
4511	NCTG61	烤烟	中感	抗病	
4512	NCTG70	烤烟	感病	中感	
4513	NK939	烤烟	感病	中感	

序号	种质名称	类型	TMV	CMV	PVY	序号	种质名称	类型	TMV	CMV	PVY
4514	OX940	烤烟	中抗	高感		4533	RG3A13	烤烟	中抗	中感	
4515	OX2001	烤烟	感病	中感		4534	RG3A16	烤烟	感病	感病	
4516	OX2007	烤烟	感病	感病		4535	RG3A1	烤烟	感病	中感	
4517	OX2022	烤烟	感病	感病		4536	RG3414	烤烟	中感	抗病	
4518	OX2028	烤烟	抗病	中感		4538	ReamsM-1	烤烟	高感	中抗	
4519	OX2101	烤烟	感病	中抗		4539	Reams158	烤烟	高感	中感	
4520	PD468	烤烟	感病	中感		4540	ReamsC44	烤烟	高感	中抗	
4521	PD1097	烤烟	中感	抗病		4541	ReamsC73	烤烟	高感	中抗	
4522	Qual916	烤烟	感病	抗病		4542	ReamsB17	烤烟	中抗	感病	
4523	Qual938	烤烟	感病	中感		4543	SPG-72	烤烟	感病	中抗	
4524	Qual945	烤烟	中抗	抗病		4544	SPG-108	烤烟	中抗	中抗	
4525	Qual946	烤烟	感病	抗病		4545	SPG-111	烤烟	高感	中感	
4526	RG8	烤烟	抗病	中感	感病	4546	SPG-117	烤烟	高感	中感	感病
4527	RG11	烤烟	感病	感病	感病	4547	SPG-126	烤烟	高感	高感	
4529	RG13	烤烟	中感	中抗	感病	4548	SPG-152	烤烟	高感	中感	
4530	RG17	烤烟	感病			4549	SPG-162	烤烟	高感	中感	
4531	RG89	烤烟	高感	中抗	高抗	4550	SPG-164	烤烟	感病	中感	
4532	RGOB-2	烤烟	感病	中抗		4551	SPG-166	烤烟	感病	中抗	

序号	种质名称	类型	TMV	CMV	PVY
4552	SPG-168	烤烟	感病	感病	中感
4553	SPG-169	烤烟	感病	抗病	
4554	SPG-172	烤烟	感病	感病	感病
4555	TI170	烤烟	中抗	中感	
4558	TI896	烤烟	中感	中抗	感病
4559	TI955	烤烟		中感	
4562	TI1409	烤烟	感病	中感	中感
4564	TI1500	烤烟	免疫	抗病	
4565	TI1504	烤烟	免疫	抗病	
4566	TI1597	烤烟	感病	抗病	
4568	Va45	烤烟	免疫	中感	
4569	Va80	烤烟	免疫	中感	
4570	Va770	烤烟	免疫	中感	
4571	Va3160	烤烟	高抗		
4572	Vamorr50	烤烟	免疫	中抗	
4573	VPI103	烤烟	中感	抗病	
4574	VPI104	烤烟	中抗	感病	
4575	Va040-1	烤烟	感病	中抗	
4576	Va410	烤烟	抗病	中感	
4577	Va411	烤烟	免疫	感病	
4578	Va432	烤烟	感病	中感	
4579	Va444	烤烟	感病	感病	
4580	Va458	烤烟	免疫	中感	
4581	Va436	烤烟	中感	中感	
4582	Va437	烤烟	感病	感病	
4584	Va578	烤烟	感病	抗病	
4585	Va600	烤烟	抗病	中抗	
4586	Va613	烤烟	免疫	中抗	
4587	Va618	烤烟	中抗	感病	
4588	Va645	烤烟	免疫	感病	
4589	Va730	烤烟	感病	感病	
4590	Va260	烤烟	感病	感病	
4591	Va407	烤烟	抗病	感病	
4592	佛杰伦	烤烟	感病	中感	感病
4593	波兰烤烟 -3	烤烟	中感	中感	感病
4596	台烟 10 号	烤烟	抗病	中感	中感

序号	种质名称	类型	TMV	CMV	PVY	序号	种质名称	类型	TMV	CMV	PVY
4597	PBD6	烤烟	免疫	中抗	抗病	4669	云白 3 号	白肋烟	高抗		
4598	VD	烤烟	中感	中感	中感	4670	云白 4 号	白肋烟	抗病		
4599	台烟 11 号	烤烟	免疫	中感	感病	4671	0B122	白肋烟	中感	中感	感病
4618	MS Burley21（津）	白肋烟	中抗			4678	Burley2	白肋烟	中感		
4620	MS PB9	白肋烟		感病	中感	4679	巴引白肋 1 号	白肋烟	抗病		
4650	达白二号	白肋烟	抗病			4680	津引白肋 2 号	白肋烟	抗病		
4651	川白 1 号	白肋烟	抗病			4684	Ky21	白肋烟	中抗		
4652	9026	白肋烟	抗病			4689	KY908	白肋烟	抗病		抗病
4653	川白 2 号	白肋烟	高抗			4691	KY171	白肋烟	高抗		
4656	鄂烟 3 号	白肋烟	抗病			4693	Burley11A	白肋烟	感病	中抗	感病
4657	鄂烟 211	白肋烟	抗病			4695	LA Burley21	白肋烟	抗病	感病	
4658	鄂烟 209	白肋烟	抗病			4697	TI1462	白肋烟	免疫	感病	
4659	鄂烟 6 号	白肋烟	抗病			4698	TI1463	白肋烟	感病		
4664	鄂烟 101	白肋烟	抗病			4703	Va1052R	白肋烟	感病		
4665	鄂烟 213	白肋烟	抗病			4713	KY26	白肋烟	中抗		
4666	鄂烟 215	白肋烟	抗病			4715	VAM	白肋烟			抗病
4667	YNBS1	白肋烟	抗病			4723	泾川黄花烟	黄花烟		中感	
4668	云白 2 号	白肋烟	抗病			4754	木黑兰花烟	黄花烟	感病	中感	中感

序号	种质名称	类型	TMV	CMV	PVY
4755	利川兰花烟	黄花烟		感病	
4804	广丰大牛舌	晒烟	感病		
4825	罗甸烟冒	晒烟	感病	中抗	中抗
4826	罗甸枇杷烟	晒烟	抗病	感病	中感
4827	罗甸柳叶烟	晒烟	中抗	中抗	中感
4828	罗甸四十片	晒烟	中抗	中感	中感
4829	穆棱柳毛烟	晒烟	抗病		抗病
4837	穆棱镇大护脖香	晒烟	中抗	中感	中抗
4841	星子烟	晒烟	中抗		抗病
4896	惠民草烟	晒烟	中抗	感病	中感
4898	丽江冲天烟	晒烟	中抗		
4899	文乐烟	晒烟	感病		
4900	维登烟	晒烟	感病		
4902	上江烟	晒烟	中感		
4904	墨江柄路水烟	晒烟	中感		
4905	金鼎大叶	晒烟	中感		
4906	玉溪山头烟	晒烟	中感		
4907	弄岛红花	晒烟	中感		
4910	景谷大绿草烟	晒烟	中感		
4912	白济讯烟（大耳）	晒烟	感病		
4913	永胜下川烟	晒烟	感病		
4914	禄丰大琵琶烟	晒烟	感病		中感
4915	黄草坝烟	晒烟	中感		
4916	泸水晒烟	晒烟	抗病		
4917	保山丙麻烟	晒烟	感病		
4919	南涧敢保烟	晒烟	感病		
4922	墨江磨黑烟	晒烟	中抗		
4923	惠水摆金烟	晒烟	感病		
4924	永胜砍柴坪烟	晒烟	中感		
4926	孟连树哨咬	晒烟	感病		
4927	卜甲烟	晒烟	感病		
4928	三坝烟	晒烟	感病		
4930	墨江把子烟	晒烟	感病		
4933	辽岭草烟	晒烟	抗病		
4934	啦嘛登烟	晒烟	感病		
4935	永胜光华烟	晒烟	感病		

序号	种质名称	类型	TMV	CMV	PVY
4936	丽江牛皮烟	晒烟	抗病		
4937	马关烟	晒烟	中感		
4938	永胜木桂烟	晒烟	中抗		
4940	马军烟	晒烟	感病		
4943	镇沅冬烟	晒烟	感病		
4944	永胜拉杈烟	晒烟	感病		
4945	孟连瓦烟	晒烟	中抗		
4948	留叶川	晒烟	感病		
4949	阿乐朵烟	晒烟	中感		
4950	凤庆密叶烟	晒烟	中感	中感	中抗
4951	维西大川烟	晒烟	感病		
4952	云县昔汉柳叶	晒烟	感病		
4953	宜良猪大肠	晒烟	感病		
4960	黔江乌烟	晒烟	中感	感病	中抗
4962	旱谷烟	晒烟		中抗	
4964	酉阳土烟 -1	晒烟	中抗	中感	感病
4972	南川黑烟 -1	晒烟	抗病	中感	中抗
4976	云阳柳叶烟	晒烟		中感	
4982	平地镇大柳叶	晒烟	中感	抗病	中抗
4983	永郎长叶草烟	晒烟	感病	感病	中感
4988	大牛耳	晒烟	中抗	中感	中感
4999	金山乡旱烟	晒烟	感病	感病	抗病
5001	内蒙琥珀香	晒烟	中感	感病	感病
5002	永州冷水滩晒烟	晒烟	感病	中感	感病
5003	树烟籽	晒烟	中感	中感	感病
5032	二花草	晒烟	感病	中感	感病
5033	矮人头	晒烟	感病	中感	感病
5034	大柳子叶	晒烟	感病	中感	中感
5035	巴东大毛烟	晒烟	感病	抗病	感病
5037	建始新大毛烟	晒烟	感病	中抗	感病
5038	长阳红叶烟 -1	晒烟	感病	中感	感病
5040	长阳枇杷烟	晒烟	中感	中感	感病
5041	长阳大枇杷叶	晒烟	感病	中感	中感
5044	长阳小枇杷叶	晒烟	感病	感病	中抗
5045	大黑高烟	晒烟	感病	中抗	感病
5046	红余烟	晒烟	感病	中感	中感

序号	种质名称	类型	TMV	CMV	PVY
5047	辽叶烟	晒烟	感病	中抗	感病
5048	长阳大白金	晒烟	感病	感病	中感
5049	长阳小白金	晒烟	感病	中抗	感病
5050	沙把青毛烟	晒烟	中抗	中感	中感
5051	恩施青毛烟	晒烟	免疫	中感	中感
5052	恩施小乌烟	晒烟	抗病	中感	感病
5053	利川小乌烟	晒烟	感病	感病	感病
5056	鹤峰黄筋蔸	晒烟	感病	抗病	感病
5057	青筋烟	晒烟	感病	中感	感病
5058	鹤峰青筋蔸	晒烟	中抗	中抗	
5059	把把烟 -1	晒烟	感病	中抗	中感
5060	把把烟 -2	晒烟	感病	中抗	中感
5061	鹤峰乌烟	晒烟	感病	感病	感病
5062	人头黄烟	晒烟	感病	中抗	中感
5064	鹤峰晾晒烟	晒烟	抗病	感病	中感
5065	瓢瓜烟	晒烟	感病	中感	感病
5066	利川黄烟	晒烟	感病	中抗	感病
5067	癞蛤蟆乌烟	晒烟	感病	中感	中感
5068	小铁梗烟	晒烟	感病	抗病	感病
5069	利川毛烟	晒烟	感病	感病	感病
5071	神农架晒烟	晒烟	感病	中感	感病
5072	旱烟晒红烟	晒烟	感病	中感	中感
5073	郧西大河柳子 -1	晒烟	中感	中抗	
5074	郧西大河柳子 -2	晒烟	感病	中感	中感
5075	郧西柳子烟 -1	晒烟	感病	中抗	感病
5076	郧西柳子烟 -2	晒烟	感病	感病	中感
5078	竹山小柳叶	晒烟	感病	感病	中感
5079	竹山小柳子	晒烟	中抗	中抗	抗病
5080	四川大金堂	晒烟	感病	中抗	抗病
5081	小河柳子	晒烟	感病	抗病	中感
5082	均州柳子	晒烟	抗病	抗病	中感
5083	竹山晒烟	晒烟	感病	中抗	中感
5084	白洋筋烟 -1	晒烟	感病	中感	感病
5085	白洋筋烟 -2	晒烟	感病	中感	中感
5086	宣恩乌烟 -1	晒烟	感病	中感	感病
5087	咸丰乌烟	晒烟	感病	抗病	中感

序号	种质名称	类型	TMV	CMV	PVY
5089	咸丰晒烟	晒烟	中感	感病	中感
5091	兴山把烟	晒烟	感病	中感	感病
5092	兴山川柳子烟	晒烟	感病	中抗	中感
5093	南漳土烟	晒烟	感病	中抗	感病
5094	南漳旱烟	晒烟	感病	中抗	感病
5095	四川毛烟	晒烟	感病	中抗	感病
5096	大潦叶烟 -1	晒烟	感病	中感	感病
5097	大潦叶烟 -2	晒烟	感病	中感	感病
5098	黑耳烟	晒烟	感病	中感	中感
5099	竹溪枇杷叶	晒烟	感病	中感	感病
5100	保康小火烟 -1	晒烟	感病	中感	感病
5101	保康小火烟 -2	晒烟	感病	中感	感病
5113	81-26	晒烟	中抗	中抗	中感
5118	87-11-3	晒烟		感病	
5192	牡晒 89-25-1	晒烟		感病	
5195	牡晒 89-24-2	晒烟	中感	中感	中抗
5200	牡晒 84-1-1	晒烟		中感	
5229	晒 9118	晒烟	中感	中感	中抗
5231	晒 92414	晒烟	中感	中感	中抗
5241	上川 -1	晒烟	感病	抗病	中抗
5245	白济讯 -2	晒烟	中感	中抗	中抗
5249	特选晒烟	晒烟	中感		
5255	曼怕村 -1	晒烟	感病		
5256	砍柴坪 -1	晒烟	感病		
5262	延晒三号	晒烟	中抗		中感
5267	78-04-11-11-5-43	晒烟	中感	中抗	感病
5268	78-08-19-47	晒烟	中感	中感	感病
5269	79-9-3-16-13-47	晒烟	中感	中感	感病
5270	78-05-45-62-12-49-35	晒烟	中感	中感	感病
5271	78-08-19-26-42-30	晒烟	感病	中抗	感病
5272	A-0092	晒烟	中感	抗病	中感
5287	延晒七号	晒烟	中抗		中抗
5288	龙烟六号	晒烟	高抗		
5289	云晒 1 号	晒烟	中感		
5294	Coker9	晒烟	感病	中感	感病
5295	Va331-1	晒烟	感病	感病	感病

序号	种质名称	类型	TMV	CMV	PVY
5590	五峰2号	晾烟	免疫	感病	中抗
5297	Va787	晒烟	高抗	感病	中抗
5298	Va871	晒烟	中感	感病	中感
5299	Va932	晒烟	中抗	感病	中感
5300	Va934	晒烟	抗病	中感	中感
5310	Va878	晒烟	中感	抗病	
5313	肯那	晒烟	中抗		
5314	拉加	晒烟	中感	中感	感病
5315	Wilson	晾烟	感病		
5316	Md40	晾烟	中抗		
5317	新 Wilson	晾烟	中感		
5322	Samsun15A	香料烟	中抗	感病	中抗
5323	云香2号	香料烟	感病		
5324	A37	香料烟	中抗		
5326	Canik	香料烟	中感		
5358	曼陀罗烟一号	药烟	中抗	中感	感病
5359	紫苏烟一号	药烟	抗病	中感	感病
5360	罗勒烟一号	药烟	中感	中感	感病
5361	薄荷烟二号	药烟	中感	感病	感病
5362	曼陀罗烟 89-25 号	药烟		中感	感病
5363	人参烟 26 号	药烟	中抗	感病	中感
5364	薄荷烟 -6	药烟	中感	中感	感病
5365	黄芪烟 10 号	药烟	中感	中感	感病
5366	黄芪烟 15 号	药烟	中感	中感	感病
5367	黄芪烟 12t	药烟	中感	中感	感病
5368	黄芪烟 16 号	药烟	中感	中感	中感
5369	薄荷烟 89-15	药烟	中抗	中感	感病
5370	黄芪烟 18 号	药烟	中感	中感	感病
5371	黄芪烟 4 号	药烟	中抗	中感	感病
5372	罗勒烟 8929 号	药烟	中感	感病	感病
5373	黄芪烟 -35	药烟	抗病	中感	感病
5374	黄芪烟 -13	药烟	中感	感病	感病
5375	黄芪烟 6 号	药烟	中抗	中感	感病
5376	Q-5-00003	药烟	中感	中感	中感
5377	S-8-00009	药烟	中感	感病	感病
5378	H-11-0022	药烟	中感	中抗	中感

序号	种质名称	类型	TMV	CMV	PVY
5379	S-8-0052	药烟	中抗	中感	感病
5380	H-11-0036-1	药烟	中抗	中感	感病
5381	Q-5-0022	药烟	感病	中感	中感
5382	H-11-0035	药烟	中感	中感	感病
5383	A-00005	药烟	中抗	中抗	感病
5384	H-11-0030-30	药烟		中感	
5385	H-11-0025	药烟	中抗	抗病	感病
5386	Q-5-0061	药烟	中感	中感	感病
5387	H-11-0002BC1	药烟	中感	中感	感病
5388	Q-5-0002	药烟	抗病	中感	感病
5389	Q-5-0036	药烟	中感	中抗	感病
5390	Q-5-0051	药烟	感病	中感	中感
5391	Q-5-0059	药烟	感病	感病	中感
5392	H-11-0002	药烟	中抗	感病	感病
5594	*N. hybrid* B63 4n（cle × Glu）	野生烟	高抗		
5393	H-11-0012	药烟	中感	中感	感病
5394	H-11-0013-11	药烟	中感	中感	感病
5395	S-8-0041	药烟	感病	中感	感病

序号	种质名称	类型	TMV	CMV	PVY
5396	A-0088	药烟	中感	抗病	中感
5397	Q-0007	药烟	中感	感病	中感
5398	S-8-0043	药烟	中感	中感	感病
5399	Q-5-0117	药烟	感病	中抗	中感
5601	*N. langsdorffii*	野生烟	抗病		抗病
5400	H-11-0027	药烟	中抗	中感	中感
5602	*N. miersii*	野生烟			抗病
5401	H-11-0012	药烟	中感	中抗	中感
5402	S-8-0054	药烟	抗病	抗病	感病
5403	Q-5-0016	药烟	中感	中感	中感
5404	H-11-0027-5	药烟	中感	抗病	中感
5405	Q-5-0103	药烟	中抗	抗病	感病
5406	H-11-0003	药烟	中感	中感	感病
5407	Q-5-0001	药烟	中抗	抗病	感病
5408	Q-5-0056	药烟	中抗	中感	中感
5409	S-8-0006-6	药烟	抗病	抗病	中感
5410	S-8-0055	药烟	感病	中感	抗病
5411	S-8-0010	药烟	中感	感病	感病

序号	种质名称	类型	TMV	CMV	PVY
5412	A-0090	药烟	中抗	中抗	中感
5413	K9-0096	药烟	中感	中感	中感
5414	H-11-0017	药烟	抗病	感病	中感
5415	S-8-0050	药烟		中感	中感
5416	A-0077	药烟	抗病	中感	中感
5417	H-11-0026-13	药烟	中感	中感	感病
5418	A-0003	药烟	中感	中感	感病
5419	H-11-0034-13	药烟	中感		中感
5420	H-11-0014	药烟	感病	中抗	中感
5421	K9-0003	药烟	中抗	中抗	中感
5422	Q-5-0006	药烟	感病	中抗	中感
5423	Q-5-0104	药烟	中感	中抗	中感
5424	S-8-0027-2	药烟	中感	感病	中感
5425	A-00009	药烟	感病	中感	感病
5426	S-8-0034	药烟	中感	中感	感病
5427	S-8-0061	药烟	抗病	抗病	感病
5428	A-0073	药烟	中感	中感	中感
5429	H-11-0039	药烟	中抗	中感	中感
5430	S-9-0002	药烟	中感	中感	感病
5431	A-0001	药烟	中抗	感病	感病
5432	K9-0081	药烟	中抗	抗病	中感
5433	A-0010	药烟	中抗	中抗	感病
5434	Q-5-0057	药烟	中抗	抗病	中感
5435	A-0082	药烟	中感	中抗	感病
5436	S-8-0055-9	药烟	中感	感病	中感
5437	K9-0075	药烟	中感	抗病	中感
5438	Q-5-0037	药烟	中感	感病	中感
5439	A-0006	药烟	中感	中感	感病
5440	A 烟	药烟	中感	中感	感病
5441	H-11-0032	药烟	中感	抗病	中感
5442	K9-0059	药烟	中抗	抗病	中抗
5443	S-8-0056	药烟	抗病	中感	感病
5444	K9-0101	药烟	中感	中感	中感
5445	Q-5-0023	药烟	中感		感病
5446	H-11-0018	药烟	中抗	中抗	中抗
5447	K9-0091	药烟	中抗	抗病	感病

序号	种质名称	类型	TMV	CMV	PVY
5448	S-8-0035	药烟	中抗	中感	感病
5449	A-0091	药烟	中抗	中感	中感
5450	Q-5-0039	药烟	中感	中抗	中感
5451	K9-0069	药烟	中抗	中抗	感病
5452	A-0075	药烟	抗病	中抗	中感
5453	87ABC1	药烟	中感	中感	中感
5454	H-11-0038-14	药烟	中抗	中感	感病
5455	A-0038-9	药烟	中抗	抗病	中感
5456	S-8-0038	药烟	中抗	感病	感病
5457	K9-0077	药烟	中感	中抗	中感
5458	K9-0066	药烟	感病	中感	中感
5459	K9-0089	药烟	中感	感病	中感
5460	Q-000052	药烟	中感	中感	感病
5461	A-0038-4	药烟	中抗	抗病	中感
5462	A-0000108	药烟	中感	中感	感病
5463	Q-6-0014	药烟	中抗	中抗	中感
5465	S-8-0080	药烟	抗病	中抗	感病
5466	K9-0009	药烟	抗病	中抗	中感
5467	A-00004	药烟	中感	中感	感病
5468	H-11-0013-1	药烟	感病	抗病	感病
5469	Q-000055	药烟	中抗	中感	感病
5470	Q-5-0090	药烟	中抗	中感	中感
5471	K-0005	药烟	中抗	感病	感病
5472	A-000098	药烟	中感	中感	感病
5473	42S	药烟	中感	中感	感病
5474	H-11-0033-21	药烟	中感	中抗	感病
5475	Q-5-0096	药烟	中感	抗病	中感
5476	K9-0007	药烟	中抗	中感	中感
5477	Q-00002	药烟	中感	感病	感病
5478	K9-0028	药烟	中感	中感	感病
5479	S-8-00001	药烟	中感	中感	中感
5480	Q-5-0094	药烟	感病	中感	中感
5481	A-0000128	药烟	中感	中感	感病
5482	A-0045	药烟	中感	中感	中感
5483	Q-5-0006-6	药烟	感病	抗病	中感
5484	Q-5-000021	药烟	中抗	中感	感病

序号	种质名称	类型	TMV	CMV	PVY
5485	A-0000111	药烟	中感	中感	感病
5486	H-11-0002-2BC1	药烟	中抗	抗病	感病
5487	85F-17Q-3-20	药烟	感病		
5488	H-11-0026-2	药烟	中抗	中感	感病
5489	A-0005	药烟	中感	中抗	感病
5490	H-11-0037-11	药烟	抗病	抗病	中感
5491	H-11-0036	药烟	中感	抗病	感病
5492	S-8-0016-6	药烟	中抗	中抗	中感
5493	S-8-0091	药烟	中感	中抗	中感
5494	K9-0054	药烟	抗病		中感
5495	K9-0024	药烟	抗病	抗病	中感
5496	H-11-0036-9	药烟	中抗	中感	感病
5497	A-0040	药烟	中抗	中感	中感
5498	85F-12t-2	药烟	感病	中感	感病
5499	Q-5-0088	药烟	中感	中感	中感
5500	K9-0026	药烟	中感	抗病	中感
5501	Q-5-0006BC1	药烟	中抗	抗病	中感
5502	A-0095	药烟	感病	中感	中感
5503	H-11-0010	药烟	中感	中抗	中感
5504	H-11-0016-6	药烟	抗病	抗病	中感
5505	K-00001	药烟	中抗	中感	中感
5506	H-11-0011-40	药烟	中感	中感	中感
5507	H-11-0026-7	药烟	中抗	中感	感病
5508	A-00008	药烟	中感	中感	感病
5509	A-0097	药烟	感病	中抗	中感
5510	K9-0008-14	药烟	抗病	中抗	感病
5511	Q-6-0007	药烟	感病	中感	感病
5512	K9-0067	药烟	中感	中抗	中抗
5513	H-11-0026-1	药烟	感病	中感	中感
5514	A-0039	药烟	中抗	抗病	中感
5515	A-0075-2	药烟	抗病	抗病	中感
5516	A-0065-7-9	药烟	中感	感病	感病
5517	H-11-000011	药烟	中感	中感	感病
5518	A-0099	药烟	中抗	中抗	中感
5519	H-11-00001	药烟	中感	中感	感病
5520	H-11-0038-8	药烟	中抗	抗病	感病

序号	种质名称	类型	TMV	CMV	PVY
5521	A-000010	药烟	中感	中感	感病
5522	Q-5-0065-7-9	药烟	中感	中感	感病
5523	A-0096	药烟	中抗	感病	中感
5526	S-8-0037	药烟			抗病
5589	五峰 1 号	晾烟	感病	感病	感病
5603	*N. benthamiana*	野生烟	抗病	抗病	
5607	*N. hybrid* B38 4n（rep × syl）	野生烟	高抗		

6. 烟草种质资源白粉病抗性鉴定

序号	种质名称	类型	抗性
3836	930032	烤烟	感病
4013	湄育 2-1	烤烟	抗病
4014	湄育 2-3	烤烟	抗病
4323	CF203	烤烟	高感
4346	龙江 911	烤烟	中感
4359	贵烟 11 号	烤烟	感病
4393	吉烟九号	烤烟	中抗
4394	云烟 85	烤烟	中感
4395	云烟 87	烤烟	高感
4415	中烟 100	烤烟	中感
4416	中烟 103	烤烟	中感
4425	金海一号	烤烟	感病
4476	Granvilli17A	烤烟	感病
4497	K346	烤烟	中抗
4592	佛杰伦	烤烟	中感
4680	津引白肋 2 号	白肋烟	感病
4692	Sota2	白肋烟	中抗
4755	利川兰花烟	黄花烟	高抗
5032	二花草	晒烟	中抗
5033	矮人头	晒烟	中抗
5034	大柳子叶	晒烟	中抗
5035	巴东大毛烟	晒烟	中抗
5037	建始新大毛烟	晒烟	中感
5038	长阳红叶烟 -1	晒烟	中抗
5039	长阳红叶烟 -2	晒烟	中感
5040	长阳枇杷烟	晒烟	中感
5041	长阳大枇杷叶	晒烟	中感
5042	长阳大枇杷烟	晒烟	中感
5043	保康大枇杷烟	晒烟	中抗
5044	长阳小枇杷叶	晒烟	高感
5045	大黑高烟	晒烟	中抗
5046	红余烟	晒烟	高感
5047	辽叶烟	晒烟	中抗

序号	种质名称	类型	抗性	序号	种质名称	类型	抗性	序号	种质名称	类型	抗性
5048	长阳大白金	晒烟	高感	5068	小铁梗烟	晒烟	中抗	5086	宣恩乌烟 -1	晒烟	中感
5049	长阳小白金	晒烟	高感	5069	利川毛烟	晒烟	高感	5087	咸丰乌烟	晒烟	中抗
5050	沙把青毛烟	晒烟	中感	5070	五峰铁板烟 -1	晒烟	高抗	5088	咸丰大柳叶烟	晒烟	中抗
5051	恩施青毛烟	晒烟	中感	5071	神农架晒烟	晒烟	中感	5089	咸丰晒烟	晒烟	高抗
5052	恩施小乌烟	晒烟	高抗	5072	旱烟晒红烟	晒烟	高抗	5090	兴山把儿烟	晒烟	中感
5053	利川小乌烟	晒烟	高感	5073	郧西大河柳子 -1	晒烟	中抗	5091	兴山把烟	晒烟	中抗
5054	五峰毛把烟	晒烟	高感	5074	郧西大河柳子 -2	晒烟	中抗	5092	兴山川柳子烟	晒烟	中抗
5055	五峰黄筋烟	晒烟	高感	5075	郧西柳子烟 -1	晒烟	中抗	5093	南漳土烟	晒烟	中抗
5056	鹤峰黄筋蔸	晒烟	高感	5076	郧西柳子烟 -2	晒烟	中抗	5094	南漳旱烟	晒烟	中抗
5057	青筋烟	晒烟	中抗	5077	郧西柳子烟 -3	晒烟	中感	5095	四川毛烟	晒烟	中抗
5058	鹤峰青筋蔸	晒烟	中抗	5078	竹山小柳叶	晒烟	高抗	5096	大潦叶烟 -1	晒烟	高感
5061	鹤峰乌烟	晒烟	高抗	5079	竹山小柳子	晒烟	中抗	5097	大潦叶烟 -2	晒烟	高抗
5062	人头黄烟	晒烟	中感	5080	四川大金堂	晒烟	中感	5098	黑耳烟	晒烟	高抗
5063	人头烟	晒烟	高感	5081	小河柳子	晒烟	高感	5099	竹溪枇杷叶	晒烟	中抗
5064	鹤峰晾晒烟	晒烟	中感	5082	均州柳子	晒烟	中抗	5100	保康小火烟 -1	晒烟	中抗
5065	瓢瓜烟	晒烟	中抗	5083	竹山晒烟	晒烟	中感	5101	保康小火烟 -2	晒烟	中抗
5066	利川黄烟	晒烟	中抗	5084	白洋筋烟 -1	晒烟	高感	5102	利川大乌烟	晒烟	中抗
5067	癞蛤蟆乌烟	晒烟	高感	5085	白洋筋烟 -2	晒烟	中抗	5103	竹溪大乌烟 -1	晒烟	中抗

序号	种质名称	类型	抗性
5104	竹溪大乌烟 -2	晒烟	高感
5105	竹溪大乌烟 -3	晒烟	高感
5106	竹溪大乌烟 -4	晒烟	中抗
5107	竹溪大乌烟 -5	晒烟	高抗
5108	竹山大柳叶	晒烟	中感
5109	竹山大柳子 -1	晒烟	中抗
5110	竹山大柳子 -2	晒烟	高抗
5593	*N. amplexicaulis*	野生烟	抗病
5595	*N. pauciflora*	野生烟	抗病
5596	*N. attennuata*	野生烟	抗病
5597	*N. cavicola*	野生烟	抗病
5598	*N. rotundifolia*	野生烟	抗病
5599	*N. occidentalis*	野生烟	抗病
5600	*N. excelsior*	野生烟	抗病
5601	*N. langsdorffii*	野生烟	抗病
5603	*N. benthamiana*	野生烟	抗病

7. 烟草种质资源烟蚜抗性鉴定

序号	种质名称	类型	抗性
3862	C151	烤烟	高感
3995	96019	烤烟	高感
4048	G80B	烤烟	高抗
4051	KB-6	烤烟	高感
4192	云烟 317-2	烤烟	高感
4193	8602-123	烤烟	高感
4229	MS 云烟 85	烤烟	高感
4345	龙江 915	烤烟	高感
4378	岩烟 97	烤烟	高感
4391	吉烟 7 号	烤烟	高感
4394	云烟 85	烤烟	高感
4485	CU236	烤烟	高感
4494	JB-200	烤烟	高感
4499	K730	烤烟	中抗
4506	NC1108	烤烟	高感
4527	RG11	烤烟	高感
4555	TI170	烤烟	抗虫
4558	TI896	烤烟	抗虫
4562	TI1409	烤烟	感虫
4620	MS PB9	白肋烟	感虫
4825	罗甸烟冒	晒烟	高感
4826	罗甸枇杷烟	晒烟	高抗
4962	早谷烟	晒烟	高抗
4976	云阳柳叶烟	晒烟	高抗
4982	平地镇大柳叶	晒烟	高感
5192	牡晒 89-25-1	晒烟	高感
5195	牡晒 89-24-2	晒烟	高感
5231	晒 92414	晒烟	高抗
5241	上川 -1	晒烟	感虫
5245	白济讯 -2	晒烟	高感

序号	种质名称	类型	抗性	序号	种质名称	类型	抗性	序号	种质名称	类型	抗性
5294	Coker9	晒烟	抗虫	5295	Va331-1	晒烟	高感	5603	*N. benthamiana*	野生烟	高抗

第四章
烟草种质资源产量鉴定
Production evaluation of tobacco germplasm resources

1. 烟草审定（认定）品种产量鉴定

序号	全国统一编号	品种名称	类型	产量（kg/亩）	通过审定/认定时间
4336	00004359	安烟二号	烤烟	182.05	2015年
4337	00004549	安烟3号	烤烟	148.41	2016年
4338	00004847	安烟一号	烤烟	162.23	2009年
4339	00004864	毕纳1号	烤烟	183.27	2015年
4340	00004865	黔西一号	烤烟	139.36	2011年
4341	00004823	辽烟17号	烤烟	193.70	2009年
4342	00004827	辽烟16号	烤烟	176.97	2007年
4346	00003639	龙江911	烤烟	120.25	2000年
4347	00003640	龙江912	烤烟	164.00	2007年
4348	00004831	龙江981	烤烟	178.89	2011年
4349	00004832	龙江935	烤烟	169.34	2010年
4350	00004875	龙江925	烤烟	173.03	2010年
4351	00005381	龙江237	烤烟	172.79	2010年
4352	00004596	闽烟7号	烤烟	165.17	2007年
4353	00004767	蓝玉一号	烤烟	143.97	2010年
4354	00005275	闽烟9号	烤烟	159.60	2012年
4355	00005379	闽烟12	烤烟	149.60	2015年
4356	00003718	粤烟96	烤烟	170.00	2007年
4358	00005374	贵烟202	烤烟	137.18	2015年
4359	00003719	贵烟11号	烤烟	144.15	1997年
4360	00004685	贵烟4号	烤烟	153.70	2002年
4362	00004850	南江3号	烤烟	165.70	2009年
4363	00004856	贵烟1号	烤烟	126.42	2010年
4364	00004860	韭菜坪2号	烤烟	141.90	2009年
4365	00004870	兴烟1号	烤烟	183.14	2011年
4366	00004838	豫烟五号	烤烟	173.24	2007年
4367	00004872	豫烟6号	烤烟	179.75	2009年
4368	00005274	豫烟10号	烤烟	153.50	2012年
4371	00004873	豫烟二号	烤烟	149.58	1997年
4372	00004874	豫烟四号	烤烟	151.59	2006年
4375	00005378	金神农1号	烤烟	161.43	2015年
4376	00004842	湘烟2号	烤烟	172.68	2009年

序号	全国统一编号	品种名称	类型	产量(kg/亩)	通过审定/认定时间	序号	全国统一编号	品种名称	类型	产量(kg/亩)	通过审定/认定时间
4379	00004857	闽烟 35	烤烟	149.45	2010 年	4400	00004852	云烟 205	烤烟	167.00	2011 年
4380	00004862	闽烟 38	烤烟	167.97	2010 年	4401	00004854	云烟 97	烤烟	162.10	2009 年
4382	00004863	粤烟 97	烤烟	165.18	2009 年	4402	00004855	云烟 98	烤烟	171.50	2007 年
4383	00004868	粤烟 98	烤烟	171.46	2011 年	4403	00005269	云烟 105	烤烟	201.10	2012 年
4384	00005299	翠碧二号	烤烟	142.69	2015 年	4404	00005276	云烟 203	烤烟	161.12	2007 年
4385	00004701	秦烟 97	烤烟	167.82	2012 年	4405	00005297	云烟 110	烤烟	178.90	2015 年
4386	00004702	秦烟 95	烤烟	160.35	2002 年	4406	00005600	云烟 201	烤烟	167.91	2006 年
4387	00004734	秦烟 98	烤烟	170.88	2012 年	4407	00005602	云烟 116	烤烟	168.39	2016 年
4388	00004779	秦烟 96	烤烟	174.70	2009 年	4408	00004708	湘烟一号	烤烟	143.24	2000 年
4389	00005270	秦烟 1 号	烤烟	170.00	2002 年	4409	00004853	湘烟 4 号	烤烟	169.17	2010 年
4390	00003641	吉烟 5 号	烤烟	159.33	1996 年	4410	00004858	湘烟 3 号	烤烟	163.74	2010 年
4391	00003642	吉烟 7 号	烤烟	151.90	1996 年	4411	00005371	湘烟 5 号	烤烟	171.30	2015 年
4393	00004726	吉烟九号	烤烟	188.70	2007 年	4412	00003655	中烟 9203	烤烟	151.37	1995 年
4394	00003725	云烟 85	烤烟	145.73	1997 年	4413	00003656	中烟 98	烤烟	163.83	1999 年
4395	00003726	云烟 87	烤烟	160.00	2000 年	4414	00003658	中烟 99	烤烟	170.50	2000 年
4397	00004673	云烟 317	烤烟	175.00	1997 年	4415	00003660	中烟 100	烤烟	168.00	2002 年
4398	00004845	云烟 99	烤烟	165.30	2011 年	4416	00004820	中烟 103	烤烟	162.39	2007 年
4399	00004851	云烟 100	烤烟	136.00	2009 年	4417	00004825	中烟 202	烤烟	176.04	2009 年

序号	全国统一编号	品种名称	类型	产量（kg/亩）	通过审定/认定时间	序号	全国统一编号	品种名称	类型	产量（kg/亩）	通过审定/认定时间
4418	00004828	中烟 204	烤烟	165.88	2012 年	4651	00005282	川白 1 号	白肋烟	182.19	2012 年
4419	00004829	中烟 102	烤烟	161.68	2007 年	4656	00003980	鄂烟 3 号	白肋烟	158.68	2004 年
4420	00004830	中烟 104	烤烟	178.12	2009 年	4657	00004281	鄂烟 211	白肋烟	174.54	2011 年
4421	00004836	中烟 101	烤烟	167.03	2002 年	4658	00004283	鄂烟 209	白肋烟	152.90	2009 年
4422	00004840	鲁烟 2 号	烤烟	171.48	2012 年	4659	00004285	鄂烟 6 号	白肋烟	163.40	2007 年
4423	00004848	中烟 203	烤烟	167.00	2010 年	4664	00004319	鄂烟 101	白肋烟	163.90	2009 年
4424	00004849	中烟 201	烤烟	170.03	2004 年	4665	00005294	鄂烟 213	白肋烟	171.20	2015 年
4425	00005268	金海一号	烤烟	154.50	2001 年	4666	00005376	鄂烟 215	白肋烟	168.80	2015 年
4426	00005280	川烟 1 号	烤烟	164.91	2012 年	4667	00004322	YNBS1	白肋烟	175.50	2007 年
4427	00005281	鲁烟 1 号	烤烟	149.40	2012 年	4668	00004324	云白 2 号	白肋烟	154.00	2009 年
4428	00005289	中烟 205	烤烟	170.00	2012 年	4669	00005273	云白 3 号	白肋烟	208.37	2012 年
4432	00004869	遵烟 6 号	烤烟	155.86	2012 年	5287	00004327	延晒七号	晒烟	163.29	2005 年
4497	00003766	K346	烤烟	150.67	1997 年	5288	00005173	龙烟六号	晒烟	163.85	2005 年
4527	00003800	RG11	烤烟	157.83	1997 年	5289	00005291	云晒 1 号	晒烟	163.70	2015 年
4530	00003803	RG17	烤烟	170.20	1999 年	5323	00005292	云香 2 号	香料烟	170.10	2015 年
4650	00004323	达白二号	白肋烟	164.76	2007 年	5589	00005182	五峰 1 号	马里兰烟	170.00	2011 年

2. 烟草种质资源产量鉴定

序号	种质名称	类型	产量（kg/亩）	序号	种质名称	类型	产量（kg/亩）	序号	种质名称	类型	产量（kg/亩）
3667	炉山柳叶	烤烟	98.90	4051	KB-6	烤烟	128.31	4116	A11-0004	烤烟	236.80
3672	大芭蕉叶	烤烟	101.16	4061	K-2	烤烟	158.21	4117	A12-0001	烤烟	192.30
3675	路南虎街烤烟	烤烟	117.50	4078	H-11-0038-21	烤烟	155.00	4118	Q6-0011	烤烟	91.00
3679	9501	烤烟	142.50	4079	A-0035-18	烤烟	141.00	4119	T12-0001	烤烟	212.40
3684	96419	烤烟	132.48	4080	A11-0002	烤烟	198.20	4120	A11-0001	烤烟	197.20
3741	9302	烤烟	178.50	4084	Q-000010	烤烟	200.90	4121	T12-0002	烤烟	233.70
3750	8021	烤烟	126.17	4106	6-11-0016	烤烟	160.50	4122	Q12-0005	烤烟	240.60
3815	3116	烤烟	155.25	4107	6-11-0011	烤烟	201.10	4123	A14-0006	烤烟	194.60
3833	4082	烤烟	168.62	4108	S11-0009	烤烟	212.30	4124	S11-0010	烤烟	209.50
3862	C151	烤烟	104.82	4109	S11-0005	烤烟	157.30	4125	Q12-0002	烤烟	200.80
3993	930032	烤烟	136.21	4110	S11-0003	烤烟	240.30	4126	A11-0003	烤烟	201.10
3995	96019	烤烟	126.85	4111	Q6-0022	烤烟	91.00	4127	Q12-0004	烤烟	212.60
3997	68E-2	烤烟	147.00	4112	Q12-0011	烤烟	230.90	4128	S11-0004	烤烟	250.10
4029	农大 202	烤烟	150.00	4113	A12-0004	烤烟	203.30	4129	S11-0007	烤烟	247.20
4040	MSK326（许）	烤烟	128.70	4114	Q12-0003	烤烟	235.00	4130	A13-0001	烤烟	234.00
4048	G80B	烤烟	126.22	4115	S11-0008	烤烟	201.90	4131	Q12-0012	烤烟	200.80

序号	种质名称	类型	产量（kg/亩）	序号	种质名称	类型	产量（kg/亩）	序号	种质名称	类型	产量（kg/亩）
4132	A12-0002	烤烟	190.00	4224	云烟 86 号	烤烟	129.62	4361	春雷五号	烤烟	217.50
4133	A14-0007	烤烟	150.00	4225	云烟 84 号	烤烟	120.56	4369	豫烟 11 号	烤烟	160.70
4134	A6-0028	烤烟	182.20	4229	MS 云烟 85	烤烟	145.73	4370	豫烟三号	烤烟	135.17
4147	9706	烤烟	118.67	4230	MS 云烟 87	烤烟	160.00	4373	豫烟 9 号	烤烟	192.73
4150	9802	烤烟	110.82	4250	CZ9303	烤烟	157.45	4374	豫烟 7 号	烤烟	174.75
4192	云烟 317-2	烤烟	165.63	4262	CF973	烤烟	165.00	4377	LS-2	烤烟	155.89
4193	8602-123	烤烟	118.68	4263	CV91	烤烟	176.89	4378	岩烟 97	烤烟	128.55
4194	8813	烤烟	137.34	4264	CV088	烤烟	98.86	4381	FL57	烤烟	169.66
4207	8041	烤烟	134.43	4265	CV502	烤烟	102.23	4429	CF225	烤烟	151.17
4209	72-50-5	烤烟	115.14	4266	MSK326	烤烟	136.17	4430	CF228	烤烟	179.23
4210	8807	烤烟	172.89	4276	68-54	烤烟	182.70	4431	遵烟 1 号	烤烟	150.38
4212	8610-4-2-1	烤烟	179.00	4312	CV89	烤烟	159.02	4461	AK6	烤烟	154.61
4217	湖北 517	烤烟	114.62	4314	CV73	烤烟	160.49	4462	NC6085	烤烟	78.25
4219	株 8	烤烟	165.62	4335	航天 NC89	烤烟	145.54	4463	NC8029	烤烟	168.30
4220	人民六队 -15	烤烟	176.23	4343	辽烟 18 号	烤烟	177.64	4464	NC8036	烤烟	126.35
4221	小巴 6-3-1	烤烟	216.00	4344	辽烟 9808	烤烟	188.03	4465	NC8053	烤烟	143.25
4222	梁家村	烤烟	202.33	4345	龙江 915	烤烟	126.26	4466	RG22	烤烟	103.48
4223	云烟 76 号	烤烟	97.21	4357	20810	烤烟	157.52	4467	Reams713	烤烟	92.68

序号	种质名称	类型	产量（kg/亩）
4468	TI93	烤烟	156.25
4469	泰国弗吉尼亚	烤烟	194.47
4472	菲律宾烤烟 1 号	烤烟	145.26
4473	VarNo1668	烤烟	125.71
4474	波兰烤烟 -1	烤烟	142.78
4475	南罗得西亚 72-1	烤烟	143.19
4476	Granvilli17A	烤烟	160.22
4477	南罗得西亚 76-1	烤烟	165.30
4479	CNH-NO.7	烤烟	187.00
4481	Coker371Gold	烤烟	163.13
4485	CU236	烤烟	126.83
4486	CU263	烤烟	186.65
4494	JB-200	烤烟	129.67
4496	K149	烤烟	138.25
4498	K358	烤烟	207.00
4499	K730	烤烟	147.33
4505	NC729	烤烟	188.00
4506	NC1108	烤烟	135.24
4507	NC27NF	烤烟	132.83
4508	NC37NF	烤烟	188.00
4509	NCTG55	烤烟	182.07
4514	OX940	烤烟	165.13
4518	OX2028	烤烟	130.99
4526	RG8	烤烟	173.47
4528	RG12	烤烟	122.56
4529	RG13	烤烟	185.28
4531	RG89	烤烟	140.08
4537	RGOB-18	烤烟	119.20
4538	ReamsM-1	烤烟	120.54
4539	Reams158	烤烟	120.88
4540	ReamsC44	烤烟	124.25
4541	ReamsC73	烤烟	140.08
4544	SPG-108	烤烟	130.31
4545	SPG-111	烤烟	143.44
4546	SPG-117	烤烟	168.55
4547	SPG-126	烤烟	184.07
4549	SPG-162	烤烟	148.74
4550	SPG-164	烤烟	108.69
4552	SPG-168	烤烟	172.10
4554	SPG-172	烤烟	170.19
4558	TI896	烤烟	149.67
4559	TI955	烤烟	142.50
4562	TI1409	烤烟	137.69
4566	TI1597	烤烟	159.17
4569	Va80	烤烟	107.23
4571	Va3160	烤烟	105.39
4576	Va410	烤烟	160.07
4578	Va432	烤烟	176.25
4579	Va444	烤烟	175.56
4580	Va458	烤烟	156.05
4581	Va436	烤烟	126.50
4584	Va578	烤烟	84.20
4588	Va645	烤烟	140.03
4589	Va730	烤烟	113.20

序号	种质名称	类型	产量（kg/亩）	序号	种质名称	类型	产量（kg/亩）	序号	种质名称	类型	产量（kg/亩）
4592	佛杰伦	烤烟	142.72	4629	省白肋窄叶	白肋烟	130.37	4652	9026	白肋烟	177.70
4593	波兰烤烟 -3	烤烟	104.18	4630	鄂白 99-2-4	白肋烟	159.17	4653	川白 2 号	白肋烟	188.83
4601	白茎烟	白肋烟	102.20	4631	鄂白单株 9 号	白肋烟	127.30	4654	建选 1 号	白肋烟	129.75
4612	MSKY10	白肋烟	121.79	4634	鄂白 005	白肋烟	176.90	4655	建选 2 号	白肋烟	166.32
4613	MSVa509	白肋烟	126.33	4635	鄂白 004	白肋烟	148.50	4660	建选 304 号	白肋烟	155.60
4614	MSKY17	白肋烟	160.10	4636	鄂白 006	白肋烟	165.40	4661	鄂白 21 号	白肋烟	158.00
4616	MSTN90	白肋烟	155.60	4637	MS 鄂白 005	白肋烟	159.50	4662	建选 3 号	白肋烟	151.60
4617	MSKY14	白肋烟	157.17	4638	鄂白 010	白肋烟	161.30	4663	鄂白 20 号	白肋烟	161.90
4618	MS Burley21（津）	白肋烟	161.80	4639	鄂白 003	白肋烟	159.40	4670	云白 4 号	白肋烟	267.47
4620	MS PB9	白肋烟	156.42	4640	鄂白 007	白肋烟	154.20	4671	0B122	白肋烟	184.33
4621	MS Ky16	白肋烟	157.07	4641	鄂白 008	白肋烟	156.30	4677	PB9	白肋烟	146.90
4622	MS Ky8959	白肋烟	172.90	4642	鄂白 001	白肋烟	158.30	4678	Burley2	白肋烟	130.20
4623	MS Ky907	白肋烟	138.90	4643	鄂白 002	白肋烟	168.50	4679	巴引白肋 1 号	白肋烟	156.00
4624	MS TN97	白肋烟	141.10	4644	MS 鄂白 001	白肋烟	161.80	4680	津引白肋 2 号	白肋烟	153.00
4625	MS Burley64	白肋烟	150.40	4645	MS 金水白肋烟 2 号	白肋烟	165.40	4682	Burley5	白肋烟	137.08
4626	MS LA Burley21	白肋烟	164.54	4646	MS 鄂白 004	白肋烟	143.20	4683	B18-100	白肋烟	125.00
4627	五峰白肋烟	白肋烟	146.90	4647	鄂白 011	白肋烟	154.50	4684	Ky21	白肋烟	156.77
4628	MS 鄂白 003	白肋烟	160.80	4648	鄂白 009	白肋烟	156.30	4685	S174	白肋烟	145.30

序号	种质名称	类型	产量（kg/亩）	序号	种质名称	类型	产量（kg/亩）	序号	种质名称	类型	产量（kg/亩）
4686	Ky24	白肋烟	141.35	4709	Burley68	白肋烟	132.20	4898	丽江冲天烟	晒烟	36.70
4687	TN97	白肋烟	143.20	4711	Burley93	白肋烟	135.60	4899	文乐烟	晒烟	50.60
4689	KY908	白肋烟	170.87	4712	Burley100	白肋烟	150.70	4900	维登烟	晒烟	93.20
4690	B151	白肋烟	105.00	4714	Burley27	白肋烟	147.83	4901	丹株烟	晒烟	37.80
4692	Sota2	白肋烟	174.00	4723	泾川黄花烟	黄花烟	71.67	4902	上江烟	晒烟	54.70
4693	Burley11A	白肋烟	179.47	4760	川蛮烟	晒烟	90.80	4903	丙中洛烟	晒烟	53.30
4694	Gold no Burley	白肋烟	145.63	4804	广丰大牛舌	晒烟	137.50	4904	墨江柄路水烟	晒烟	65.70
4695	LA Burley21	白肋烟	153.42	4809	连州晒烟	晒烟	100.00	4905	金鼎大叶	晒烟	54.40
4698	TI1463	白肋烟	135.20	4825	罗甸烟冒	晒烟	74.42	4906	玉溪山头烟	晒烟	54.40
4700	Va1012	白肋烟	106.80	4826	罗甸枇杷烟	晒烟	55.93	4907	弄岛红花	晒烟	68.17
4701	Va1013R	白肋烟	112.50	4827	罗甸柳叶烟	晒烟	70.24	4908	景谷岔河草烟	晒烟	96.80
4702	Va1019	白肋烟	156.25	4828	罗甸四十片	晒烟	65.07	4909	丽江阿细烟	晒烟	72.00
4703	Va1052R	白肋烟	110.55	4829	穆棱柳毛烟	晒烟	175.00	4910	景谷大绿草烟	晒烟	68.00
4704	Va1088	白肋烟	145.00	4832	望奎 3 号	晒烟	65.88	4911	华坪大卜扇	晒烟	83.80
4705	Va1411	白肋烟	140.10	4837	穆棱镇大护脖香	晒烟	55.43	4912	白济讯烟（大耳）	晒烟	65.50
4706	Va1053	白肋烟	135.00	4841	星子烟	晒烟	200.00	4913	永胜下川烟	晒烟	100.00
4707	Burley29	白肋烟	123.80	4896	惠民草烟	晒烟	180.00	4914	禄丰大琵琶烟	晒烟	76.10
4708	Burley34	白肋烟	131.90	4897	竹园小柳叶	晒烟	118.00	4915	黄草坝烟	晒烟	57.80

序号	种质名称	类型	产量（kg/亩）
4916	泸水晒烟	晒烟	85.50
4917	保山丙麻烟	晒烟	37.40
4919	南涧敢保烟	晒烟	42.40
4920	玉溪格克烟	晒烟	25.30
4922	墨江磨黑烟	晒烟	62.00
4923	惠水摆金烟	晒烟	112.40
4925	墨江正街烟	晒烟	76.70
4926	孟连树哨咬	晒烟	30.60
4927	卜甲烟	晒烟	66.70
4928	三坝烟	晒烟	88.90
4929	安定草烟	晒烟	32.20
4930	墨江把子烟	晒烟	68.40
4931	维西叶枝烟	晒烟	69.40
4932	九甲草烟	晒烟	42.70
4933	辽岭草烟	晒烟	85.50
4934	啦嘛登烟	晒烟	46.10
4935	永胜光华烟	晒烟	38.90
4936	丽江牛皮烟	晒烟	53.30
4937	马关烟	晒烟	45.50
4938	永胜木桂烟	晒烟	51.30
4939	景谷慢来草烟	晒烟	53.10
4941	金鼎小叶	晒烟	35.60
4942	五境柳叶	晒烟	18.50
4943	镇沅冬烟	晒烟	86.10
4944	永胜拉权烟	晒烟	29.90
4946	独山基长烟	晒烟	69.00
4949	阿乐朵烟	晒烟	51.80
4950	凤庆密叶烟	晒烟	70.99
4951	维西大川烟	晒烟	62.20
4952	云县昔汉柳叶	晒烟	90.00
4953	宜良猪大肠	晒烟	101.70
4954	凤凰山晒烟	晒烟	87.50
4955	镇沅振太大树烟	晒烟	51.40
4960	黔江乌烟	晒烟	129.29
4962	早谷烟	晒烟	78.89
4964	酉阳土烟 -1	晒烟	156.20
4972	南川黑烟 -1	晒烟	85.46
4976	云阳柳叶烟	晒烟	97.63
4982	平地镇大柳叶	晒烟	123.25
4983	永郎长叶草烟	晒烟	65.38
4988	大牛耳	晒烟	69.90
4999	金山乡旱烟	晒烟	87.12
5113	81-26	晒烟	178.40
5192	牡晒 89-25-1	晒烟	85.80
5195	牡晒 89-24-2	晒烟	166.70
5200	牡晒 84-1-1	晒烟	136.22
5229	晒 9118	晒烟	140.62
5231	晒 92414	晒烟	101.30
5241	上川 -1	晒烟	104.55
5242	上川 -2	晒烟	118.00
5243	大角片马	晒烟	75.00
5245	白济讯 -2	晒烟	112.50
5246	傣烟 -1	晒烟	108.00
5247	傣烟 -2	晒烟	88.00

序号	种质名称	类型	产量（kg/亩）	序号	种质名称	类型	产量（kg/亩）	序号	种质名称	类型	产量（kg/亩）
5248	傣烟 -3	晒烟	76.00	5279	S11-0002	晒烟	208.70	5316	Md40	晾烟	141.36
5249	特选晒烟	晒烟	43.50	5280	Q12-0008	晒烟	203.30	5324	A37	香料烟	70.00
5250	长叶牛皮	晒烟	75.00	5281	Q6-0057	晒烟	162.30	5326	Canik	香料烟	100.00
5251	瓦烟 -2	晒烟	128.00	5282	Q6-0069-8	晒烟	246.00	5327	Greece Basma	香料烟	80.00
5253	昔汉 -1	晒烟	46.50	5283	G-11-0001	晒烟	188.00	5338	Izmir	香料烟	85.00
5255	曼怕村 -1	晒烟	60.00	5284	G-11-0002	晒烟	188.90	5339	K Izmir No.1	香料烟	100.00
5256	砍柴坪 -1	晒烟	76.00	5285	K12-0003	晒烟	187.10	5344	A-0012	药烟	195.50
5257	CK01	晒烟	51.00	5294	Coker9	晒烟	126.67	5345	S6-0025	药烟	155.90
5258	昔汉 -2	晒烟	53.00	5295	Va331-1	晒烟	95.45	5346	86-43Ht	药烟	140.00
5267	78-04-11-11-5-43	晒烟	80.70	5590	五峰 2 号	马里兰烟	175.00	5347	10-16-0013	药烟	175.00
5268	78-08-19-47	晒烟	157.80	5297	Va787	晒烟	59.48	5348	A6-0027-19	药烟	182.00
5269	79-9-3-16-13-47	晒烟	169.30	5298	Va871	晒烟	136.43	5349	Q-5-0089-24	药烟	195.00
5270	78-05-45-62-12-49-35	晒烟	181.30	5299	Va932	晒烟	126.79	5350	6-12-0021	药烟	214.70
5271	78-08-19-26-42-30	晒烟	165.70	5300	Va934	晒烟	150.36	5351	K9-0076	药烟	189.00
5273	Q-N-0001	晒烟	137.10	5310	Va878	晒烟	136.43	5352	6-11-0006	药烟	191.00
5274	S-8-0033	晒烟	183.10	5313	肯那	晒烟	101.71	5353	6-12-0004-18	药烟	182.00
5275	A6-0018-26	晒烟	230.20	5314	拉加	晒烟	99.53	5354	A6-0048-16	药烟	59.20
5277	8-14-0017	晒烟	202.40	5315	Wilson	晾烟	120.00	5356	A-6-0008-3	药烟	76.40

序号	种质名称	类型	产量（kg/亩）	序号	种质名称	类型	产量（kg/亩）	序号	种质名称	类型	产量（kg/亩）
5357	A7-0006	药烟	178.60	5375	黄芪烟 6 号	药烟	187.50	5532	Q-6-7-0025	药烟	216.20
5358	曼陀罗烟一号	药烟	155.90	5376	Q-5-00003	药烟	149.00	5534	A10-0001	药烟	182.20
5359	紫苏烟一号	药烟	196.50	5377	S-8-00009	药烟	148.00	5535	Q-0010-2	药烟	200.90
5360	罗勒烟一号	药烟	143.40	5385	H-11-0025	药烟	146.50	5537	Q-D-0016	药烟	112.02
5361	薄荷烟二号	药烟	126.30	5387	H-11-0002BC1	药烟	179.60	5538	Q-N-0012	药烟	239.60
5362	曼陀罗烟 89-25 号	药烟	171.00	5392	H-11-0002	药烟	179.00	5544	H-11-0026	药烟	122.12
5363	人参烟 26 号	药烟	144.00	5440	A 烟	药烟	135.21	5545	Q-N-3-8-6	药烟	239.60
5364	薄荷烟 -6	药烟	156.30	5464	A-00002	药烟	185.90	5547	6-11-0012	药烟	214.70
5365	黄芪烟 10 号	药烟	141.20	5473	42S	药烟	105.70	5548	A-0016	药烟	122.90
5366	黄芪烟 15 号	药烟	121.90	5482	A-0045	药烟	153.30	5549	A6-0071	药烟	165.20
5367	黄芪烟 12t	药烟	56.50	5519	H-11-00001	药烟	119.66	5550	A-N-0028	药烟	230.20
5368	黄芪烟 16 号	药烟	121.30	5521	A-000010	药烟	134.00	5554	6-0025-8	药烟	233.40
5369	薄荷烟 89-15	药烟	170.90	5524	A-0014	药烟	152.50	5556	Q6-0014	药烟	110.90
5370	黄芪烟 18 号	药烟	211.90	5525	A-0058	药烟	165.00	5557	6-Q-0025	药烟	216.20
5371	黄芪烟 4 号	药烟	184.10	5527	6-Q-0005	药烟	192.50	5558	A6-0062	药烟	239.90
5372	罗勒烟 8929 号	药烟	122.70	5528	A-12-0005	药烟	237.20	5559	A14-0001	药烟	232.21
5373	黄芪烟 -35	药烟	194.50	5529	6-11-0008	药烟	197.20	5560	A6-0043-9	药烟	150.50
5374	黄芪烟 -13	药烟	179.20	5530	Q-0001（变异）	药烟	145.00	5561	Q12-0007	药烟	200.10

序号	种质名称	类型	产量（kg/亩）
5562	A14-0008	药烟	243.80
5563	H6-0024	药烟	191.30
5564	A6-0046-6	药烟	228.90
5565	A6-0048-3	药烟	59.20
5566	A6-0061-4	药烟	235.80
5567	Q12-0013	药烟	192.30
5568	A14-0005	药烟	226.30
5569	A11-0006	药烟	234.00
5571	A14-0003	药烟	243.70
5572	A12-0005	药烟	231.20
5573	6-13-5-A	药烟	232.10
5574	H-10-16-0013BC1	药烟	133.30
5575	A13-0003	药烟	224.80
5576	Q12-0015	药烟	240.60
5577	Q12-0009	药烟	221.00
5578	Q12-0010	药烟	140.70
5579	H-10-16-0013	药烟	150.40
5580	A14-0004	药烟	251.50
5581	K-0001	药烟	153.60
5582	A14-0002	药烟	243.80
5584	6-13-A-5	药烟	223.60
5588	N-A-0028	药烟	239.90

附录

The appendix

附录1 各类烟草种质资源索引

1. 烤烟种质资源索引

种质名称	全国统一编号	种质类型	序号	种质名称	全国统一编号	种质类型	序号	种质名称	全国统一编号	种质类型	序号
0109-312	00004416	品系	3818	06-4017	00004637	品系	4296	06-5003	00004639	品系	4298
0110-52	00004383	品系	3817	06-4018	00004633	品系	4294	06-5004	00004652	品系	4305
06-4001	00004644	品系	4302	06-4019	00004623	品系	4285	138 号	00004341	品系	3870
06-4002	00004630	品系	4292	06-4020	00004627	品系	4289	200301-1	00004522	品系	4138
06-4003	00004647	品系	4303	06-4021	00004624	品系	4286	200301-2	00004502	品系	4137
06-4004	00004614	品系	4277	06-4022	00004643	品系	4301	200302-1	00004539	品系	4140
06-4005	00004655	品系	4308	06-4023	00004615	品系	4278	200302-2	00004553	品系	4141
06-4006	00004641	品系	4299	06-4024	00004626	品系	4288	200303	00004444	品系	4136
06-4007	00004638	品系	4297	06-4025	00004628	品系	4290	200304	00004523	品系	4139
06-4008	00004617	品系	4280	06-4026	00004620	品系	4282	2006504	00004397	品系	3699
06-4009	00004618	品系	4281	06-4027	00004629	品系	4291	2006507	00004429	品系	3701
06-4010	00004625	品系	4287	06-4028	00004621	品系	4283	2006509	00004366	品系	3697
06-4011	00004632	品系	4293	06-4029	00004636	品系	4295	2006513	00004371	品系	3698
06-4012	00004651	品系	4304	06-4030	00004622	品系	4284	2006522	00004418	品系	3700
06-4013	00004616	品系	4279	06-5001	00004653	品系	4306	2006523	00004495	品系	3703
06-4014	00004642	品系	4300	06-5002	00004654	品系	4307	2006528	00004556	品系	3709

种质名称	全国统一编号	种质类型	序号	种质名称	全国统一编号	种质类型	序号	种质名称	全国统一编号	种质类型	序号
2010A1	00004619	品系	3999	30010	00004478	品系	3767	39908	00004471	品系	3764
2010A13	00004631	品系	4000	30011	00004449	品系	3758	39910	00004412	品系	3745
2010A2	00004640	品系	4003	30012	00004460	品系	3760	39917	00004369	品系	3733
2010A3	00004650	品系	4008	30013	00004488	品系	3770	39920	00004390	品系	3738
2010A4	00004645	品系	4004	30015	00004355	品系	3730	39921	00004367	品系	3731
2010A5	00004646	品系	4005	30016	00004613	品系	3802	39923	00004354	品系	3729
2010A6	00004648	品系	4006	3033	00004662	品系	3714	39930	00004415	品系	3746
2010A7	00004635	品系	4002	3116	00004816	品系	3815	39931	00004562	品系	3788
2010A8	00004634	品系	4001	35-1	00004509	品系	3838	39934	00004346	品系	3726
2010A9	00004649	品系	4007	38211	00004368	品系	3732	39935	00004417	品系	3747
20810	00004861	选育	4357	39601	00004370	品系	3734	39936	00004404	品系	3742
30001	00004569	品系	3793	39606	00004503	品系	3773	400	00004352	品系	3875
30003	00004518	品系	3780	39607	00004350	品系	3727	400-7-1-2	00004386	品系	3889
30004	00004507	品系	3775	39611	00004406	品系	3743	400 新	00004454	品系	3914
30005	00004580	品系	3795	39703	00004351	品系	3728	401	00004361	品系	3879
30006	00004532	品系	3784	39901	00004558	品系	3787	4017	00004879	品系	4322
30008	00004445	品系	3756	39902	00004564	品系	3790	4032	00004684	品系	3806
30009	00004606	品系	3799	39904	00004477	品系	3766	4082	00004784	品系	3833

种质名称	全国统一编号	种质类型	序号	种质名称	全国统一编号	种质类型	序号	种质名称	全国统一编号	种质类型	序号
517	00004540	品系	3839	6928	00003684	品系	4035	7508	00004498	品系	3704
517-B	00004387	品系	3890	6929	00003685	品系	4036	7509	00004590	品系	3713
6-11-0011	00005512	品系	4107	6930	00003686	品系	4037	75-130-1（白花烟）	00004610	品系	3960
6-11-0016	00005486	品系	4106	6931	00003687	品系	4038	75-140	00004609	品系	3959
6205	00004765	品系	3814	6932	00003688	品系	4039	75-140-3-1	00005406	品系	4077
6428	00004693	品系	3971	7046	00004563	品系	3789	75-159	00004433	品系	3906
6603	00004697	品系	3829	7047	00004542	品系	3785	7518	00004571	品系	3710
664-01	00005386	品系	4046	7049	00004582	品系	3796	75-81<2>抗13	00005310	品系	4065
6647	00003680	品系	4031	71-6	00004575	品系	3946	75-81<2>抗18	00005311	品系	4066
6647	00004695	品系	3973	7201（福建）	00004447	品系	3910	7611	00004515	品系	3933
6654	00003682	品系	4033	72-41-114	00004482	品系	3920	78-04-44	00005318	品系	4068
6657	00003681	品系	4032	72-41-115	00004604	品系	3957	78-05-45-7	00005320	品系	4070
68-40	00004431	品系	3904	72-42	00004373	品系	3881	78-12-5	00005319	品系	4069
68-42	00004375	品系	3883	72-50-5	00004501	品系	4209	7813	00004589	品系	4213
68-46	00004551	品系	3941	73-11	00004546	品系	3840	78-3013	00004611	品系	4275
68-54	00004612	品系	4276	7501	00004552	品系	3708	79-9-15-9	00005322	品系	4072
68E-2	00004457	品系	3997	7505	00004548	品系	3707	79A3-14	00005317	品系	4067
6927	00003683	品系	4034	7506	00004577	品系	3712	79-A3-36-17	00005321	品系	4071

种质名称	全国统一编号	种质类型	序号	种质名称	全国统一编号	种质类型	序号	种质名称	全国统一编号	种质类型	序号
8002	00005302	品系	4062	87-414	00004420	品系	3749	9013	00004505	品系	3774
8021	00004427	品系	3750	87417	00004450	品系	3759	9014	00004476	品系	3765
8022-1	00004658	品系	3803	8801-2	00003731	品系	4195	9022-22	00004524	品系	3821
80-38-4-1	00005308	品系	4063	8801-3	00003732	品系	4196	9147	00004499	品系	4208
8041	00003744	品系	4207	8801-5	00003733	品系	4197	91-5	00004479	品系	3837
8105	00004381	品系	3736	8807	00004521	品系	4210	9205	00004419	品系	3748
8210	00004511	品系	3776	8813	00003730	品系	4194	9206	00004517	品系	3779
82501	00004483	品系	3769	88436	00004492	品系	3771	9207	00004657	品系	4059
8306	00005384	品系	4030	8901	00004446	品系	3757	92-4011	00004514	品系	3777
84-E101	00003723	品系	3996	8901-2	00004428	品系	3751	92409	00004608	品系	3801
8541	00004480	品系	3768	8902	00004392	品系	3739	930032	00003720	品系	3993
8602-123	00003729	品系	4193	8904	00004543	品系	3786	9302	00004396	品系	3741
8602-123	00004425	品系	3819	8907	00004407	品系	3744	9407	00003654	品系	4154
8610-4-2-1	00004583	品系	4212	8912	00004568	品系	3792	9408-21	00004531	品系	3824
8610-711	00004659	品系	4214	9003	00004434	品系	3752	9419	00004528	品系	3782
8611	00004470	品系	3763	9004	00004601	品系	3798	94202	00003691	品系	3677
86651	00004600	品系	3797	9006	00004567	品系	3791	94208	00003692	品系	3678
87402	00004607	品系	3800	9007	00004530	品系	3783	9501	00003693	品系	3679

种质名称	全国统一编号	种质类型	序号	种质名称	全国统一编号	种质类型	序号	种质名称	全国统一编号	种质类型	序号
9502	00003646	品系	4146	95-55	00004557	品系	3942	9707	00003648	品系	4148
9502-1	00005389	品系	4332	95-6-1111	00004570	品系	3943	97-10-2133	00004347	品系	3873
9502-24-3	00004541	品系	4211	95-62-4	00004442	品系	3909	97-4-3-1	00004357	品系	3877
9503	00003694	品系	3680	95801	00004437	品系	3754	97-4-310-1	00004485	品系	3922
9504	00003695	品系	3681	96019	00003722	品系	3995	97-5-3121	00004440	品系	3908
9506	00003701	品系	3687	96021	00003721	品系	3994	97-6-120-1	00004496	品系	3927
95-109-113	00004474	品系	3917	9607	00003644	品系	4144	97-7-1111	00004547	品系	3939
95-11-1250	00004537	品系	3938	9608	00003645	品系	4145	97-7-21230	00004342	品系	3871
95-11-1253	00004572	品系	3944	96-14-111	00004365	品系	3880	97Y1-3	00004554	品系	3841
951-5	00004393	品系	3740	96-14-21	00004512	品系	3931	9801	00003649	品系	4149
95-36-111	00004593	品系	3951	9619-531	00004527	品系	3823	9802	00003650	品系	4150
9539-13A	00004536	品系	3825	9619-531	00004560	品系	3826	9803	00003651	品系	4151
95428	00003696	品系	3682	96419	00003698	品系	3684	9804	00003652	品系	4152
95429	00003697	品系	3683	96438	00003699	品系	3685	9805	00003653	品系	4153
95-43-3	00004534	品系	3937	96452	00003700	品系	3686	98-100-1111	00004439	品系	3907
95-48	00004491	品系	3925	96801	00004389	品系	3737	98-102-1211	00004376	品系	3884
95-48-12	00004494	品系	3926	9706	00003647	品系	4147	98-103-2211	00004591	品系	3949
95-5-211	00004510	品系	3930	9706-1	00005390	品系	4333	98-103-2212	00004484	品系	3921

种质名称	全国统一编号	种质类型	序号	种质名称	全国统一编号	种质类型	序号	种质名称	全国统一编号	种质类型	序号
98-104-1211	00004520	品系	3934	98-13-11210	00004413	品系	3899	98-39-1	00004414	品系	3900
98-104-1221	00004462	品系	3916	98-13-1122	00004391	品系	3892	98-45-120	00004508	品系	3929
98-106-111	00004432	品系	3905	98-13-2111	00004475	品系	3918	98-48	00004382	品系	3887
98-106-112	00004451	品系	3912	98-14-1111	00004423	品系	3901	98-5-2	00004395	品系	3893
98-108-1111	00004533	品系	3936	98-15-2111	00004411	品系	3898	98-54-111	00004374	品系	3882
98-108-1112	00004592	品系	3950	98-16-210	00004458	品系	3915	98-57-111	00004360	品系	3878
98-108-1121	00004598	品系	3954	98-19-1111-1	00004579	品系	3947	9859-222	00004500	品系	3820
98-108-1122	00004597	品系	3953	98-19-1112	00004595	品系	3952	9861-82	00004525	品系	3822
98-109-1111	00004452	品系	3913	9821-612	00004555	品系	3827	98-6-2212	00004426	品系	3903
98-109-1122	00004605	品系	3958	9821-612 新	00004594	品系	3828	98814	00004516	品系	3778
98-109-113	00004497	品系	3928	98-24-1211	00004356	品系	3876	98815	00004438	品系	3755
98-109-713	00004486	品系	3923	98-24-1212-2	00004490	品系	3924	9891	00005382	品系	3835
9811	00004656	品系	4057	98-28-111	00004405	品系	3896	99-1-112	00004550	品系	3940
98-110-210	00004424	品系	3902	98-29-2112	00004384	品系	3888	99-2-111	00004408	品系	3897
98-110-2110	00004581	品系	3948	98-32-1121-1	00004529	品系	3935	99-4-311	00004481	品系	3919
98113	00004378	品系	3735	98-33-1111	00004388	品系	3891	99-6-111	00004380	品系	3886
98-13-1111	00004379	品系	3885	98-36-1111	00004343	品系	3872	99-6-122	00004402	品系	3895
98-13-1121	00004574	品系	3945	98-37-1121	00004348	品系	3874	99-6-131	00004603	品系	3956

种质名称	全国统一编号	种质类型	序号	种质名称	全国统一编号	种质类型	序号	种质名称	全国统一编号	种质类型	序号
99-6-211	00004340	品系	3869	A12-0004	00005544	品系	4113	CF228	00005410	选育	4430
99-7-231	00004398	品系	3894	A13-0001	00005579	品系	4130	CF80-99	00004331	品系	3690
99804-2	00004578	品系	3794	A14-0006	00005572	品系	4123	CF87	00005290	品系	4328
99814	00004435	品系	3753	A14-0007	00005583	品系	4133	CF973	00003661	品系	4262
99817	00004469	品系	3762	A6-0028	00005597	品系	4134	CNH-NO.7	00003747	引进	4479
99819	00004519	品系	3781	ADT108/B40	00003745	引进	4478	Coker110	00003749	引进	4480
99822	00004466	品系	3761	AH07C1	00004463	品系	3702	Coker371Gold	00003750	引进	4481
99-8-232-1	00004513	品系	3932	AH07C3	00004535	品系	3706	CT106	00004881	品系	4324
99825	00004493	品系	3772	AK6	00003746	引进	4461	CT107	00005293	品系	4329
99-8-321	00004602	品系	3955	B.L.Hicks	00005237	引进	4439	CU199	00003751	引进	4482
99-8-333-1	00004448	品系	3911	C.C.PD4	00005239	引进	4441	CU231	00003752	引进	4483
A-0035-18	00003677	品系	4079	C151	00003714	品系	3862	CU235	00003753	引进	4484
A11-0001	00005561	品系	4120	C152	00003713	品系	3861	CU236	00003754	引进	4485
A11-0002	00004588	品系	4080	C212	00003715	品系	3863	CU263	00003755	引进	4486
A11-0003	00005575	品系	4126	CF20	00003657	品系	4261	CU343	00003756	引进	4487
A11-0004	00005552	品系	4116	CF203	00004880	品系	4323	CV088	00003663	品系	4264
A12-0001	00005553	品系	4117	CF203-99	00004334	品系	3693	CV099	00004706	品系	4309
A12-0002	00005582	品系	4132	CF225	00005300	选育	4429	CV16-1	00004770	品系	3832

种质名称	全国统一编号	种质类型	序号
CV502	00003664	品系	4265
CV70	00004759	品系	4310
CV73	00004775	品系	4314
CV78	00004766	品系	4313
CV89	00004763	品系	4312
CV90	00004729	品系	3831
CV91	00003662	品系	4263
CY9108	00004713	品系	4249
CY9504	00004667	品系	4248
CY9506	00004664	品系	4246
CY97-7-11	00004335	品系	4231
Cyst941	00003757	引进	4488
Cyst943	00003758	引进	4489
CZ-1	00004665	品系	4247
CZ9303	00004748	品系	4250
DELCREST E.24	00005305	引进	4458
Delfield	00005246	引进	4436
Delliot	00005229	引进	4435
Enshu	00003759	引进	4490
ES-4	00003702	品系	4047
Eygo	00005231	引进	4457
F82-11-7	00004661	品系	4245
FL57	00005271	选育	4381
FY10	00004772	品系	3718
FY13	00004789	品系	3723
FY19	00004780	品系	3720
FY21	00004783	品系	3721
FY25	00004777	品系	3719
FY5	00004768	品系	3717
FY6	00004751	品系	3715
FY7	00004786	品系	3722
FY8	00004761	品系	3716
FY9	00004792	品系	3725
G28 丹东	00004807	品系	3834
G80B	00003703	品系	4048
GAT-4-2	00005219	引进	4447
GB	00003704	品系	4049
GDH88	00005375	品系	3992
Granvilli17A	00005247	引进	4476
GT-11A	00004747	品系	4017
H-11-0004	00004927	品系	4090
H-11-0005	00004894	品系	4082
H-11-0038-21	00003676	品系	4078
HJ002	00004716	品系	3830
HT-5	00004785	品系	3860
Hungary	00005217	引进	4446
H 红大 12	00004723	品系	3980
I-514	00003760	引进	4491
IRABOURBO No-1	00005328	引进	4459
JB-200	00003763	引进	4494
JB-250	00003764	引进	4495
JB-26	00003761	引进	4492
JB-33	00003762	引进	4493
Jy-02-3	00004385	品系	4165

种质名称	全国统一编号	种质类型	序号
Jy09-1	00004422	品系	4173
Jy09-2	00004441	品系	4175
Jy09-3	00004489	品系	4185
Jy09-4	00004401	品系	4169
Jy09-5	00004394	品系	4166
Jy10-1	00004399	品系	4167
Jy10-10	00004409	品系	4170
Jy10-2	00004410	品系	4171
Jy10-3	00004364	品系	4162
Jy10-4	00004472	品系	4183
Jy10-5	00004506	品系	4187
Jy10-6	00004584	品系	4190
Jy10-7	00004576	品系	4189
Jy10-8	00004504	品系	4186
Jy10-9	00004455	品系	4177
Jy11-01	00004456	品系	4178
Jy11-02	00004465	品系	4180
Jy11-03	00004467	品系	4181

种质名称	全国统一编号	种质类型	序号
Jy11-04	00004400	品系	4168
Jy11-05	00004436	品系	4174
Jy11-06	00004559	品系	4188
JY7-01	00004453	品系	4176
JY7-02	00004358	品系	4159
JY7-03	00004421	品系	4172
JY8-01	00004344	品系	4155
JY8-02	00004353	品系	4158
JY8-04	00004372	品系	4163
JZ7-02	00004349	品系	4157
JZ7-04	00004363	品系	4161
JZ7-07	00004377	品系	4164
JZ7-08	00004362	品系	4160
K-0002	00004982	品系	4099
K-0004	00004980	品系	4098
K149	00003765	引进	4496
K-2	00005279	品系	4061
K346	00003766	引进	4497

种质名称	全国统一编号	种质类型	序号
K358	00003767	引进	4498
K730	00003768	引进	4499
K9-0055	00004964	品系	4096
K9397	00004714	品系	4143
KB-4	00003705	品系	4050
KB-6	00003706	品系	4051
KC828	00004866	品系	4058
KE-1	00005240	引进	4442
KE-2	00005234	引进	4438
KX13	00005278	品系	4228
L6-2	00004526	品系	3705
LS-2	00005380	选育	4377
LZ-10-3	00004339	品系	3696
LZ-1-1	00004338	品系	3695
LZ-13	00004329	品系	3688
LZ-13-3	00004333	品系	3692
LZ-2-1-1	00004332	品系	3691
LZ-3-6	00004573	品系	3711

种质名称	全国统一编号	种质类型	序号	种质名称	全国统一编号	种质类型	序号	种质名称	全国统一编号	种质类型	序号
LZ-6-1（2）	00004330	品系	3689	MSCoker86	00004671	品系	3805	MS 云烟 87	00005287	品系	4230
Mcnaiy133	00005230	引进	4456	MSG80	00003670	品系	4270	MS 中烟 100	00004846	品系	4320
Meck	00003769	引进	4500	MSGDH88	00005373	品系	3991	MS 中烟 103	00004819	品系	4316
MRG-4	00003773	引进	4504	MSK326	00003666	品系	4266	MS 中烟 15	00003675	品系	4274
MRS-1	00003770	引进	4501	MSK326（许）	00003689	品系	4040	MS 中烟 90	00003672	品系	4272
MRS-2	00003771	引进	4502	MSK346	00003667	品系	4267	MS 中烟 98	00004859	品系	4321
MRS-3	00003772	引进	4503	MSK394	00003708	品系	4053	N15A	00004718	品系	3977
MS 9201	00004818	品系	4315	MSNC55	00004737	品系	3812	N32-5	00003709	品系	4054
MS Coker176	00003707	品系	4052	MSNC567	00004691	品系	3809	NB1	00004720	品系	4011
MS RG17	00004841	品系	4319	MSNC82	00003669	品系	4269	NC1108	00003775	引进	4506
MS 翠碧一号	00004837	品系	4318	MSNC89	00003668	品系	4268	NC205	00004712	品系	4142
MS8210	00004707	品系	3811	MSVa1168	00004669	品系	3804	NC27NF	00003780	引进	4507
MS8610-711	00004878	品系	4226	MS 大白筋 599	00003674	品系	4273	NC347	00005223	引进	4451
MS8611	00004699	品系	3810	MS 红大	00003671	品系	4271	NC37NF	00003781	引进	4508
MS86651	00004740	品系	3813	MS 湖南 1 号	00003690	品系	4041	NC55-1	00004876	品系	3816
MS8901-2	00004689	品系	3808	MS 抗 88	00005288	品系	4327	NC6085	00003776	引进	4462
MS9205	00004686	品系	3807	MS 云烟 317	00005277	品系	4227	NC729	00003774	引进	4505
MS9207	00004867	品系	4060	MS 云烟 85	00005286	品系	4229	NC8029	00003777	引进	4463

种质名称	全国统一编号	种质类型	序号	种质名称	全国统一编号	种质类型	序号	种质名称	全国统一编号	种质类型	序号
NC8036	00003778	引进	4464	Q12-0002	00005574	品系	4125	Q-5-0070-98	00005021	品系	4102
NC8053	00003779	引进	4465	Q12-0003	00005548	品系	4114	Q-5-0075	00004905	品系	4085
NCTG52	00005249	引进	4594	Q12-0004	00005576	品系	4127	Q-5-0098-42	00005049	品系	4105
NCTG55	00003782	引进	4509	Q12-0005	00005571	品系	4122	Q-5-0098-65	00005048	品系	4104
NCTG60	00003783	引进	4510	Q12-0011	00005542	品系	4112	Q-6-0001	00004944	品系	4093
NCTG61	00003784	引进	4511	Q12-0012	00005580	品系	4131	Q6-0011	00005557	品系	4118
NCTG70	00003785	引进	4512	Q-5-000015	00004893	品系	4081	Q6-0022	00005538	品系	4111
NK939	00003786	引进	4513	Q-5-000073	00005023	品系	4103	Qual916	00003795	引进	4522
OX2001	00003788	引进	4515	Q-5-0021-7	00004912	品系	4086	Qual938	00003796	引进	4523
OX2007	00003789	引进	4516	Q-5-0025	00004984	品系	4100	Qual945	00003797	引进	4524
OX2022	00003790	引进	4517	Q-5-0049	00004918	品系	4088	Qual946	00003798	引进	4525
OX2028	00003791	引进	4518	Q-5-0065-16	00004970	品系	4097	Reams940	00005214	引进	4444
OX2101	00003792	引进	4519	Q-5-0066-14	00004961	品系	4095	Reams134	00005238	引进	4440
OX940	00003787	引进	4514	Q-5-0066-28	00005599	品系	4135	Reams158	00003813	引进	4539
PBD6	00005252	引进	4597	Q-5-0068	00004936	品系	4092	Reams713	00003817	引进	4467
PD1097	00003794	引进	4521	Q-5-0069-5	00004956	品系	4094	ReamsB17	00003816	引进	4542
PD468	00003793	引进	4520	Q-5-0070-16	00004922	品系	4089	ReamsC44	00003814	引进	4540
Q-000010	00004901	品系	4084	Q-5-0070-85	00005003	品系	4101	ReamsC73	00003815	引进	4541

种质名称	全国统一编号	种质类型	序号	种质名称	全国统一编号	种质类型	序号	种质名称	全国统一编号	种质类型	序号
ReamsM-1	00003812	引进	4538	S11-0007	00005578	品系	4129	SPG-172	00003829	引进	4554
RG11	00003800	引进	4527	S11-0008	00005549	品系	4115	SPG-72	00003818	引进	4543
RG12	00003801	引进	4528	S11-0009	00005526	品系	4108	T12-0001	00005559	品系	4119
RG13	00003802	引进	4529	S11-0010	00005573	品系	4124	T12-0002	00005569	品系	4121
RG17	00003803	引进	4530	S142	00005232	引进	4434	T136	00005411	品系	4334
RG22	00003804	引进	4466	S-8-0008-16	00004897	品系	4083	TI1024	00003836	引进	4560
RG3414	00003810	引进	4536	S-8-0008-85	00004917	品系	4087	TI1298	00003837	引进	4561
RG3A1	00003809	引进	4535	S-8-0046	00004930	品系	4091	TI1409	00003838	引进	4562
RG3A13	00003807	引进	4533	SPG-108	00003819	引进	4544	TI1473	00003839	引进	4563
RG3A16	00003808	引进	4534	SPG-111	00003820	引进	4545	TI1500	00003840	引进	4564
RG8	00003799	引进	4526	SPG-117	00003821	引进	4546	TI1504	00003841	引进	4565
RG81	00005241	引进	4443	SPG-126	00003822	引进	4547	TI1597	00003842	引进	4566
RG89	00003805	引进	4531	SPG-152	00003823	引进	4548	TI1625	00003843	引进	4567
RGOB-18	00003811	引进	4537	SPG-162	00003824	引进	4549	TI170	00003831	引进	4555
RGOB-2	00003806	引进	4532	SPG-164	00003825	引进	4550	TI692	00003832	引进	4556
S11-0003	00005536	品系	4110	SPG-166	00003826	引进	4551	TI877	00003833	引进	4557
S11-0004	00005577	品系	4128	SPG-168	00003827	引进	4552	TI896	00003834	引进	4558
S11-0005	00005529	品系	4109	SPG-169	00003828	引进	4553	TI93	00003830	引进	4468

种质名称	全国统一编号	种质类型	序号	种质名称	全国统一编号	种质类型	序号	种质名称	全国统一编号	种质类型	序号
TI955	00003835	引进	4559	Va618	00003863	引进	4587	YZ0319	00004843	品系	4259
Va040-1	00003851	引进	4575	Va645	00003864	引进	4588	YZ0324	00004822	品系	4253
Va1168	00005218	引进	4433	Va730	00003865	引进	4589	YZ03241	00004821	品系	4252
Va260	00003866	引进	4590	Va770	00003846	引进	4570	YZ03242	00004833	品系	4255
Va3160	00003847	引进	4571	Va80	00003845	引进	4569	YZ0419	00004835	品系	4257
Va407	00003867	引进	4591	Vamorr50	00003848	引进	4572	YZ04194	00004834	品系	4256
Va410	00003852	引进	4576	VarNo1668	00005242	引进	4473	YZ0422	00004826	品系	4254
Va411	00003853	引进	4577	VD	00005253	引进	4598	YZ04223	00004844	品系	4260
Va432	00003854	引进	4578	VPI103	00003849	引进	4573	YZ04225	00004817	品系	4251
Va436	00003857	引进	4581	VPI104	00003850	引进	4574	YZ0432	00004839	品系	4258
Va437	00003858	引进	4582	WTSAGA 51E	00005329	引进	4460	YZ18-1	00004473	品系	4236
Va444	00003855	引进	4579	X-347	00004660	品系	4215	YZ18-2	00004585	品系	4242
Va45	00003844	引进	4568	Y041	00004739	品系	4044	YZ19-2	00004443	品系	4234
Va458	00003856	引进	4580	YB01-03	00004345	品系	4156	YZ-206	00004337	品系	4232
Va567	00003859	引进	4583	YB01-06	00004599	品系	4191	YZ2-1	00004565	品系	4240
Va578	00003860	引进	4584	YB02-06	00004487	品系	4184	YZ2-10-1	00004561	品系	4239
Va600	00003861	引进	4585	YB04-01	00004464	品系	4179	YZ2-11	00004587	品系	4244
Va613	00003862	引进	4586	YB04-02	00004468	品系	4182	YZ2-2	00004566	品系	4241

种质名称	全国统一编号	种质类型	序号
YZ2-7-1	00004545	品系	4238
YZ2-7-2	00004544	品系	4237
YZ2-8	00004586	品系	4243
YZ9201	00004403	品系	4233
YZ9302	00004461	品系	4235
ZT99-99	00004336	品系	3694
γ 72（3）B-2	00004538	品系	3998
安巴利马二号	00004674	品系	3963
安四少叶	00004790	品系	3724
安烟 3 号	00004549	选育	4337
安烟二号	00004359	选育	4336
安烟一号	00004847	选育	4338
白花 G28	00004703	品系	3847
白花大金元	00004663	品系	4216
白花大金元	00005351	品系	4330
白花云烟 85	00004882	品系	4325
白花云烟 87	00004755	品系	3856
宝丰烤烟	00004071	地方	3671
堡子烟	00004051	地方	3668
北金烤烟五号	00004058	地方	3650
毕纳 1 号	00004864	选育	4339
波兰烤烟 -1	00005243	引进	4474
波兰烤烟 -3	00005245	引进	4593
川烟 1 号	00005280	选育	4426
春雷三号（丙）	00004677	品系	4009
春雷三号（甲）	00004756	品系	4018
春雷五号	00004741	选育	4361
春雷五号 -1	00004744	品系	3985
春雷五号 -2	00004725	品系	3981
翠碧二号	00005299	选育	4384
大芭蕉叶	00004079	地方	3672
大白筋 0638	00004762	品系	4311
大山沟（云南）	00004067	地方	3654
大叶翘	00004074	地方	3642
大有种	00004091	地方	3673
单 401-30-2	00004735	品系	3984
单 75-81-<1>	00005403	品系	4076
单 75-81-2	00005309	品系	4064
单 82-40	00004797	品系	3989
独山趴杆烟	00004073	地方	3662
反帝 101-A	00004681	品系	3966
反帝 106-A-甲	00004680	品系	3965
反帝 115-B	00004678	品系	3964
反帝 202-A	00004668	品系	3961
反帝 203-B	00004721	品系	3979
反帝 213-A	00004687	品系	3969
反帝 3 号	00004675	品系	3842
反帝 603-C	00004733	品系	3983
菲律宾烤烟 1 号	00005233	引进	4472
丰字 2 号	00004742	品系	3852
丰字 3 号	00003742	选育	4396
丰字 6 号	00003743	品系	4206
丰字烤烟 1 号	00003716	品系	3864
封开烤烟	00004049	地方	3644

种质名称	全国统一编号	种质类型	序号	种质名称	全国统一编号	种质类型	序号	种质名称	全国统一编号	种质类型	序号
佛杰伦	00005235	引进	4592	贵烟 1 号	00004856	选育	4363	金海一号	00005268	选育	4425
福泉小黄叶	00004070	地方	3661	贵烟 202	00005374	选育	4358	金神农 1 号	00005378	选育	4375
高州 74	00003737	品系	4201	贵烟 4 号	00004685	选育	4360	津 7	00005212	引进	4470
高州 77	00003739	品系	4203	贵州 32 号	00004459	品系	3836	津引烤烟 1 号	00005216	引进	4471
高州 78	00003740	品系	4204	哈利亚波亚	00005222	引进	4450	晋太 7681	00004705	品系	3974
高州 75	00003738	品系	4202	海南烟	00004088	地方	3660	韭菜坪 2 号	00004860	选育	4364
高州 79	00003741	品系	4205	航天 NC89	00005601	品系	4335	卡里	00005215	引进	4445
革新三 -1	00004752	品系	3853	黑烟	00004064	地方	3641	卡里一号 -2-1	00004694	品系	3972
工农高大烟	00004700	品系	4010	后坡种	00004063	地方	3640	抗 <1>	00004776	品系	4045
广黄 57	00004749	品系	3986	湖北 517	00004676	品系	4217	抗 <2>	00004724	品系	4043
广黄 58	00004760	品系	3987	华南二号	00004672	品系	3962	抗 66	00004883	品系	4326
广黄 817	00003734	品系	4198	华南二号多叶	00004719	品系	3978	抗 88	00004824	品系	4317
广黄五号	00004798	品系	3990	吉烟 5 号	00003641	选育	4390	来凤十点	00004061	地方	3639
广烟 12	00003736	品系	4200	吉烟 7 号	00003642	选育	4391	蓝玉一号	00004767	选育	4353
贵定 400 号尖叶	00004746	品系	4016	吉烟九号	00004726	选育	4393	梁家村	00004793	品系	4222
贵定尖叶折烟	00004086	地方	3666	忌利司买皮亚	00005228	引进	4455	辽烟 16 号	00004827	选育	4342
贵定团鱼叶	00004080	地方	3664	加里白色	00005224	引进	4452	辽烟 17 号	00004823	选育	4341
贵烟 11 号	00003719	选育	4359	江川烤烟	00004065	地方	3670	辽烟 18 号	00004877	选育	4343

种质名称	全国统一编号	种质类型	序号
辽烟 9808	00005272	选育	4344
辽烟一号 -1	00004727	品系	3982
辽烟一号 -2（窄叶）	00004709	品系	3975
陵水礼工 -2	00004711	品系	3976
龙江 237	00005381	选育	4351
龙江 911	00003639	选育	4346
龙江 912	00003640	选育	4347
龙江 915	00003638	选育	4345
龙江 925	00004875	选育	4350
龙江 935	00004832	选育	4349
龙江 981	00004831	选育	4348
龙岩烤烟型	00004688	品系	3844
娄山一号	00004743	品系	4015
炉山柳叶	00004089	地方	3667
炉山小窝笋叶	00004081	地方	3665
鲁烟 1 号	00005281	选育	4427
鲁烟 2 号	00004840	选育	4422
鲁益四号	00004085	地方	3676

种质名称	全国统一编号	种质类型	序号
路南虎街烤烟	00004778	地方	3675
潞西长叶烟	00004062	地方	3652
罗定金星	00004075	地方	3656
吕引烤烟一号	00004059	地方	3651
蔓光	00005221	引进	4449
蔓光白烟	00004092	地方	3674
湄辐三号	00004078	地方	3657
湄黄四号 -A-2	00004055	地方	3648
湄黄五号选 -1	00004052	品系	3866
湄黄五号选 -2	00004069	品系	3867
湄育 2-1	00004732	品系	4013
湄育 2-2	00004730	品系	4012
湄育 2-3	00004738	品系	4014
闽烟 12	00005379	选育	4355
闽烟 35	00004857	选育	4379
闽烟 38	00004862	选育	4380
闽烟 7 号	00004596	选育	4352
闽烟 9 号	00005275	选育	4354

种质名称	全国统一编号	种质类型	序号
南江 3 号	00004850	选育	4362
南罗得西亚 72-1	00005244	引进	4475
南罗得西亚 76-1	00005248	引进	4477
南雄单四	00004050	地方	3645
南选 1 号	00003717	品系	3865
农大 202	00004871	品系	4029
郫县烤烟一号	00004082	地方	3658
平和黑骨种 A	00004698	品系	3846
平和黑骨种 B	00004710	品系	3848
平和黑骨种 C	00004692	品系	3845
埔烟 2 号	00003735	品系	4199
埔烟 2 号	00004060	地方	3669
黔 A10	00004781	品系	4020
黔 A15	00004812	品系	4026
黔 Q1	00004794	品系	4024
黔 Q13	00004787	品系	4022
黔 Q2	00004813	品系	4027
黔 Q3	00004795	品系	4025

种质名称	全国统一编号	种质类型	序号	种质名称	全国统一编号	种质类型	序号	种质名称	全国统一编号	种质类型	序号
黔 Q4	00004782	品系	4021	三明系 4	00004679	品系	3843	湘烟 5 号	00005371	选育	4411
黔 Q5	00004788	品系	4023	三明系 5	00004754	品系	3855	湘烟一号	00004708	选育	4408
黔 Q6	00004814	品系	4028	三明系 6	00004715	品系	3849	小巴 6-3-1	00004769	品系	4221
黔 Q7	00004758	品系	4019	山东 -2-7	00004053	地方	3646	小黄金 1925-6	00004077	品系	3868
黔西一号	00004865	选育	4340	山东 -3-3	00004072	地方	3655	兴烟 1 号	00004870	选育	4365
乔庄黑苗	00004056	地方	3649	山东大白花	00004054	地方	3647	许昌黄苗	00004722	品系	4042
秦烟 1 号	00005270	选育	4389	竖把 2139-1	00005388	品系	4331	岩烟 89	00003710	品系	4055
秦烟 95	00004702	选育	4386	台烟 10 号	00005251	引进	4596	岩烟 97	00003711	选育	4378
秦烟 96	00004779	选育	4388	台烟 11 号	00005254	引进	4599	益延 1 号	00003643	选育	4392
秦烟 97	00004701	选育	4385	泰国弗吉尼亚	00003988	引进	4469	印度尼西亚	00005226	引进	4453
秦烟 98	00004734	选育	4387	皖 7618	00004773	品系	3988	印尼烤烟	00005220	引进	4448
清香 2 号	00003712	品系	4056	五九九	00004066	地方	3653	永定清香 2 号	00004753	品系	3854
庆胜烟	00004084	地方	3659	西陂柳叶	00004057	地方	3638	豫烟 10 号	00005274	选育	4368
人民六队 -15	00004750	品系	4220	夏抗三号	00004682	品系	3967	豫烟 11 号	00005383	选育	4369
塞拉利昂	00005225	引进	4437	夏抗一号	00004690	品系	3970	豫烟 6 号	00004872	选育	4367
三明系 1	00004736	品系	3851	湘烟 2 号	00004842	选育	4376	豫烟 7 号	00005603	选育	4374
三明系 2	00004731	品系	3850	湘烟 3 号	00004858	选育	4410	豫烟 9 号	00005385	选育	4373
三明系 3	00004764	品系	3858	湘烟 4 号	00004853	选育	4409	豫烟二号	00004873	选育	4371

种质名称	全国统一编号	种质类型	序号
豫烟三号	00003679	选育	4370
豫烟四号	00004874	选育	4372
豫烟五号	00004838	选育	4366
远杂二号	00004696	品系	4218
约克	00005227	引进	4454
粤 7581-5A	00005331	品系	4073
粤 7581-71A	00005332	品系	4074
粤烟 96	00003718	选育	4356
粤烟 97	00004863	选育	4382
粤烟 98	00004868	选育	4383
云南多抗	00004757	品系	3857
云南株 4	00004683	品系	3968
云南株 8	00004728	品系	4219
云烟 100	00004851	选育	4399
云烟 105	00005269	选育	4403
云烟 110	00005297	选育	4405
云烟 116	00005602	选育	4407
云烟 201	00005600	选育	4406
云烟 203	00005276	选育	4404
云烟 205	00004852	选育	4400
云烟 317	00004673	选育	4397
云烟 317-2	00003727	品系	4192
云烟 4 号	00004771	品系	3859
云烟 5 号	00005402	品系	4075
云烟 76 号	00004802	品系	4223
云烟 84 号	00004815	品系	4225
云烟 85	00003725	选育	4394
云烟 86 号	00004811	品系	4224
云烟 87	00003726	选育	4395
云烟 97	00004854	选育	4401
云烟 98	00004855	选育	4402
云烟 99	00004845	选育	4398
长汀烤烟	00004083	地方	3643
折烟	00004076	地方	3663
中烟 100	00003660	选育	4415
中烟 101	00004836	选育	4421
中烟 102	00004829	选育	4419
中烟 103	00004820	选育	4416
中烟 104	00004830	选育	4420
中烟 201	00004849	选育	4424
中烟 202	00004825	选育	4417
中烟 203	00004848	选育	4423
中烟 204	00004828	选育	4418
中烟 205	00005289	选育	4428
中烟 9203	00003655	选育	4412
中烟 98	00003656	选育	4413
中烟 99	00003658	选育	4414
筑波 2 号	00005250	引进	4595
遵烟 1 号	00003724	选育	4431
遵烟 6 号	00004869	选育	4432

2. 白肋烟种质资源索引

种质名称	全国统一编号	种质类型	序号	种质名称	全国统一编号	种质类型	序号	种质名称	全国统一编号	种质类型	序号
0B122	00005372	选育	4671	Burley68	00004304	引进	4709	MS Burley21（津）	00003974	品系	4618
22057-1	00004280	品系	4603	Burley69	00004305	引进	4710	MS Burley64	00004284	品系	4625
68-34（白）	00004279	品系	4608	Burley93	00004315	引进	4711	MS Ky16	00003977	品系	4621
9026	00005295	选育	4652	BV1	00005341	引进	4717	MS Ky8959	00003978	品系	4622
A-1	00005197	引进	4681	Gold no Burley	00003985	引进	4694	MS Ky907	00003979	品系	4623
B151	00005200	引进	4690	KB108	00005198	引进	4688	MS LA Burley21	00004286	品系	4626
B18-100	00005203	引进	4683	Kentucky 18	00005408	引进	4719	MS PB9	00003976	品系	4620
B21-1	00005284	品系	4606	Kentucky 29	00005340	引进	4716	MS TN97	00004282	品系	4624
Burley100	00004325	引进	4712	KY171	00005205	引进	4691	MSK26	00003971	品系	4615
Burley11A	00003983	引进	4693	Ky21	00005204	引进	4684	MSKY10	00003968	品系	4612
Burley2	00005188	引进	4678	Ky24	00005207	引进	4686	MSKY14	00003973	品系	4617
Burley21（津）	00003984	引进	4676	KY26	00005193	引进	4713	MSKY17	00003970	品系	4614
Burley27	00005194	引进	4714	KY908	00003986	引进	4689	MSTI1406	00003981	品系	4649
Burley29	00004290	引进	4707	LA Burley21	00003987	引进	4695	MSTN90	00003972	品系	4616
Burley34	00004297	引进	4708	MS B21-1	00005283	品系	4605	MSVa1061	00005369	品系	4607
Burley5	00005201	引进	4682	MS Burley21（韩）	00003975	品系	4619	MSVa509	00003969	品系	4613

种质名称	全国统一编号	种质类型	序号	种质名称	全国统一编号	种质类型	序号	种质名称	全国统一编号	种质类型	序号
MS 鄂白 001	00004316	品系	4644	Va1052R	00003997	引进	4703	鄂白 002	00004314	品系	4643
MS 鄂白 003	00004291	品系	4628	Va1053	00004000	引进	4706	鄂白 003	00004310	品系	4639
MS 鄂白 004	00004318	品系	4646	Va1088	00003998	引进	4704	鄂白 004	00004303	品系	4635
MS 鄂白 005	00004307	品系	4637	Va1411	00003999	引进	4705	鄂白 005	00004302	品系	4634
MS 金水白肋烟 2 号	00004317	品系	4645	VAM	00005209	引进	4715	鄂白 006	00004306	品系	4636
PB9	00003989	引进	4677	Wloski（白肋 4 号）	00005202	引进	4675	鄂白 007	00004311	品系	4640
S173	00005342	引进	4718	YNBS1	00004322	选育	4667	鄂白 008	00004312	品系	4641
S174	00005206	引进	4685	巴引白肋 1 号	00005189	引进	4679	鄂白 009	00004321	品系	4648
Skromowski burley	00005196	引进	4673	白茎烟	00004044	地方	4601	鄂白 010	00004308	品系	4638
Sota2	00005211	引进	4692	白肋 11 号	00004301	品系	4633	鄂白 011	00004320	品系	4647
TI1459	00003990	引进	4696	白肋 2046	00004289	品系	4610	鄂白 20 号	00004298	选育	4663
TI1462	00003991	引进	4697	白肋 23	00004300	品系	4632	鄂白 21 号	00004294	选育	4661
TI1463	00003992	引进	4698	迟 121	00004309	品系	4611	鄂白 99-2-4	00004295	品系	4630
TN97	00005210	引进	4687	川白 1 号	00005282	选育	4651	鄂白单株 9 号	00004299	品系	4631
Va1010	00003993	引进	4699	川白 2 号	00005370	选育	4653	鄂烟 101	00004319	选育	4664
Va1012	00003994	引进	4700	达白二号	00004323	选育	4650	鄂烟 209	00004283	选育	4658
Va1013R	00003995	引进	4701	达所 26	00004326	品系	4604	鄂烟 211	00004281	选育	4657
Va1019	00003996	引进	4702	鄂白 001	00004313	品系	4642	鄂烟 213	00005294	选育	4665

种质名称	全国统一编号	种质类型	序号	种质名称	全国统一编号	种质类型	序号	种质名称	全国统一编号	种质类型	序号
鄂烟 215	00005376	选育	4666	建选 304 号	00004292	选育	4660	五峰白肋烟	00004287	品系	4627
鄂烟 3 号	00003980	选育	4656	建选 3 号	00004296	选育	4662	粤白二号	00005191	引进	4672
鄂烟 6 号	00004285	选育	4659	津引白肋 2 号	00005190	引进	4680	粤二（纯）乳源县	00005199	引进	4674
湖北白筋烟	00005401	地方	4602	宽叶 106	00004288	品系	4609	云白 2 号	00004324	选育	4668
建选 1 号	00003966	选育	4654	牛利白肋	00004043	地方	4600	云白 3 号	00005273	选育	4669
建选 2 号	00003967	选育	4655	省白肋窄叶	00004293	品系	4629	云白 4 号	00005298	选育	4670

3. 黄花烟种质资源索引

种质名称	全国统一编号	种质类型	序号	种质名称	全国统一编号	种质类型	序号	种质名称	全国统一编号	种质类型	序号
N. rustica	00004042	引进	4756	发富兰花烟	00004035	地方	4746	泾川黄花烟	00004011	地方	4723
槽田兰花烟	00004038	地方	4749	奉节兰花烟	00004014	地方	4726	梨花七二烟	00004021	地方	4733
达布七二烟	00004019	地方	4731	干池兰花烟	00004039	地方	4750	利川兰花烟	00005448	地方	4755
打土七二烟	00004022	地方	4734	高坪兰花烟	00004028	地方	4740	灵台黄花烟	00004012	地方	4724
大谷维兰花烟	00004034	地方	4745	官房兰花烟	00004015	地方	4727	木耳兰花烟	00004036	地方	4747
大坪子兰花烟	00004027	地方	4739	海泉兰花烟	00004024	地方	4736	木黑兰花烟	00004048	地方	4754
大院兰花烟	00004016	地方	4728	合觉兰花烟	00004029	地方	4741	青海黄花烟	00004047	地方	4753
德昌黄花烟	00004045	地方	4720	红宝兰花烟	00004026	地方	4738	树窝兰花烟	00004040	地方	4751
店子兰花烟	00004023	地方	4735	金江兰花烟	00004037	地方	4748	四川兰花烟	00004041	地方	4752

种质名称	全国统一编号	种质类型	序号
拖湖兰花烟	00004033	地方	4744
瓦里觉兰花烟	00004018	地方	4730
湾塘兰花烟	00004025	地方	4737
小山七二烟	00004017	地方	4729
新疆黄花烟	00004046	地方	4721
依洛七二烟（中）	00004020	地方	4732
云阳兰花烟	00004013	地方	4725
昭觉黄花烟	00004031	地方	4743
昭觉兰花烟	00004030	地方	4742
镇沅兰花烟	00004032	地方	4722

4. 晒晾烟种质资源索引

种质名称	全国统一编号	种质类型	序号
123-13-2（72-58-123）	00005067	品系	5123
401-1 II	00005071	品系	5127
5669-1- 青 -1	00005064	品系	5121
5669- 青 -2	00005068	品系	5124
6208-1	00005069	品系	5125
6208-1-3-2 兼抗	00005072	品系	5128
63018-3-1-2-1	00005063	品系	5120
6337	00005152	品系	5180
6502（福建）	00005178	品系	5190
74- 杂五	00005164	品系	5187
78-04-11-11-5-43	00004884	遗传	5267
78-05-45-62-12-49-35	00004887	遗传	5270
78-08-19-26-42-30	00004889	遗传	5271
78-08-19-47	00004885	遗传	5268
78-11-38	00005407	遗传	5266
79-9-27	00005316	遗传	5265
79-9-3-16-13-47	00004886	遗传	5269
80-34-2-2-2	00005307	地方	4855
81-26	00005066	品系	5113
81-26-2	00005084	品系	5232
8-14-0017	00005499	遗传	5277
81-8-6	00003941	品系	5116
82-601-2 枇杷柳	00005306	地方	4854
82-608-2 白花半铁泡	00005404	地方	4866
87-10-1	00003942	品系	5117
87-11-3	00003943	品系	5118
87-15-2	00003944	品系	5119
8803	00005074	品系	5252
89-16-1-1	00005082	品系	5137
89-16-1-2	00005090	品系	5144
89-18（红）	00005080	品系	5135
89-20	00005081	品系	5136
89-22-1	00005077	品系	5132

种质名称	全国统一编号	种质类型	序号
89-22-2	00005088	品系	5142
89-37	00005085	品系	5139
89-38（红）	00005079	品系	5134
89-97-1-1	00005094	品系	5148
89-97-1-2	00005095	品系	5149
91-11-2-1	00005096	品系	5150
91-1-1-3	00005078	品系	5133
91-12-1-1-1	00005086	品系	5140
91-12-1-1-2	00005076	品系	5131
91-13-2-1-2	00005073	品系	5129
91-13-2-1-3	00005083	品系	5138
91-13-2-2-1	00005093	品系	5147
91-22-2-1-1	00005091	品系	5145
91-22-2-1-2	00005092	品系	5146
91-22-2-2	00005075	品系	5130
91-25-1-2	00005087	品系	5141
91-25-1-2-1	00005089	品系	5143
91-27-2-1	00005065	品系	5122

种质名称	全国统一编号	种质类型	序号
91-32-3-2	00005154	品系	5181
91-34-1-2	00005156	品系	5182
91-34-1-3	00005160	品系	5185
91-41-1-1	00005131	品系	5173
91-41-1-2	00005110	品系	5159
91-41-2-1	00005159	品系	5184
92-14-2-1	00005130	品系	5172
A-0042	00005496	遗传	5276
A-0092	00004945	遗传	5272
A6-0018-26	00005494	遗传	5275
ATNARELLO 毛晾	00005255	引进	5290
Bakers Special	00003963	引进	5309
Brown Ieaf JH	00003962	引进	5308
C2-1-1（82-40-2-1-1）	00005070	品系	5126
CK01	00005148	品系	5257
Coker9	00003748	引进	5294
Damdli Special	00003956	引进	5302
FC- 八七	00005097	地方	4823

种质名称	全国统一编号	种质类型	序号
G-11-0001	00005560	遗传	5283
G-11-0002	00005564	遗传	5284
GZ69-5	00005144	品系	5179
GZ75-5-6	00005165	品系	5188
GZ81-26	00005129	品系	5171
GZ81-7	00005132	品系	5174
GZ82-62	00005135	品系	5177
GZ91-34-1-1	00005133	品系	5175
GZ91-36-3-1	00005157	品系	5183
GZ91-37-1-2	00005138	品系	5178
Habana92	00005260	引进	5312
K12-0003	00005565	遗传	5285
KP-2001	00005109	品系	5238
KP-2002	00005146	品系	5239
Lizard Tail Orinoco	00003957	引进	5303
Lizard Tail Turtle Foot	00003958	引进	5304
Md40	00003965	引进	5316
MS 贝拉烟	00003948	品系	5191

种质名称	全国统一编号	种质类型	序号
Q12-0008	00005535	遗传	5280
Q6-0057	00005547	遗传	5281
Q6-0069-8	00005554	遗传	5282
Q-N-0001	00005487	遗传	5273
S11-0002	00005530	遗传	5279
S-8-0016-5	00005509	遗传	5278
S-8-0033	00005492	遗传	5274
Sears Special	00003959	引进	5305
Shirey	00003960	引进	5306
Silky Pride	00003961	引进	5307
V-1	00005367	地方	5031
Va331-1	00003949	引进	5295
Va331-2	00003950	引进	5296
Va787	00003951	引进	5297
Va871	00003952	引进	5298
Va878	00005258	引进	5310
Va932	00003953	引进	5299
Va934	00003954	引进	5300

种质名称	全国统一编号	种质类型	序号
Walkers Broad leaf	00003955	引进	5301
Wilson	00003964	引进	5315
Ye	00004266	地方	4992
阿乐朵烟	00004240	地方	4949
矮人头	00005414	地方	5033
矮株晒黄	00005334	地方	5004
安定草烟	00004172	地方	4929
安丘晒香	00005181	品系	5261
巴东大毛烟	00005416	地方	5035
巴东大毛烟 -1	00005417	地方	5036
巴西晒晾烟	00005256	引进	5291
把把烟 -1	00005440	地方	5059
把把烟 -2	00005441	地方	5060
白济讯 -1	00003936	品系	5244
白济讯 -2	00003937	品系	5245
白济讯烟（大耳）	00004137	地方	4912
白洋筋烟 -1	00005466	地方	5084
白洋筋烟 -2	00005467	地方	5085

种质名称	全国统一编号	种质类型	序号
保康大枇杷烟	00005424	地方	5043
保康小火烟 -1	00005482	地方	5100
保康小火烟 -2	00005483	地方	5101
保山丙麻烟	00004152	地方	4917
北京红	00005324	地方	4860
北流石吼烟	00005301	地方	4851
彬县老旱烟	00004175	地方	4867
丙中洛烟	00004118	地方	4903
卜甲烟	00004170	地方	4927
岔口晒烟	00004197	地方	4762
辰溪芭蕉叶	00004252	地方	4891
辰溪大红花	00004217	地方	4882
辰溪尖叶子毛烟	00004237	地方	4886
辰溪密叶子	00004255	地方	4892
辰溪丝毛烟	00004212	地方	4888
辰溪小红花	00004239	地方	4887
川蛮烟	00004169	地方	4760
寸茎柳叶	00004234	地方	4947

种质名称	全国统一编号	种质类型	序号	种质名称	全国统一编号	种质类型	序号	种质名称	全国统一编号	种质类型	序号
大方叶子烟	00004265	地方	4991	丹株烟	00004115	地方	4901	封开密合仔	00004111	地方	4792
大谷运晒烟二号	00005137	品系	5111	单 55 选 -1	00005177	品系	5189	封开晒烟	00005339	地方	5009
大谷运晒烟一号	00005170	品系	5112	单 55 选 -6（多叶型）	00005163	品系	5186	凤凰城柳叶尖	00005348	地方	5014
大黑高烟	00005426	地方	5045	刁翎晒红烟	00005360	地方	5024	凤凰山晒烟	00004262	地方	4954
大红花烟	00003873	地方	4961	刁翎镇半方地村引	00004250	地方	4847	凤林晒烟	00005347	地方	5013
大角片马	00003935	品系	5243	刁翎镇河心村引	00004253	地方	4849	凤农家 6 号	00005166	品系	5237
大潦叶烟 -1	00005478	地方	5096	吊枝烟	00005333	地方	4865	凤庆密叶烟	00004247	地方	4950
大潦叶烟 -2	00005479	地方	5097	丁塘烟	00003892	地方	4980	涪陵土烟	00003887	地方	4975
大柳叶（东北）	00005304	地方	4853	东风一号	00004200	地方	4840	阜阳晒烟	00004195	地方	4761
大柳子叶	00005415	地方	5034	独山基长烟	00004232	地方	4946	富强村引	00004251	地方	4848
大牛耳	00004151	地方	4988	杜叶烟 1 号	00004192	地方	4878	高州晒烟	00005366	地方	5030
大桥晒烟	00004271	地方	4997	杜叶烟 2 号	00004178	地方	4875	光把小黑烟	00005312	地方	4856
大秋根 -2	00005134	品系	5176	恩施青毛烟	00005432	地方	5051	广丰大牛舌	00004140	地方	4804
傣烟 -1	00003938	品系	5246	恩施小乌烟	00005433	地方	5052	广西八步晒烟	00005338	地方	5008
傣烟 -2	00003939	品系	5247	二花草	00005413	地方	5032	广州八大香	00004198	地方	4815
傣烟 -3	00003940	品系	5248	封开 10	00005099	品系	5152	广州大叶秋根	00004233	地方	4820
丹引晒烟二号	00005147	品系	5215	封开 3	00005114	品系	5162	广州大叶烟	00004249	地方	4821
丹引晒烟一号	00005153	品系	5218	封开大种渔涝	00004131	地方	4800	广州棍子烟	00004158	地方	4808

种质名称	全国统一编号	种质类型	序号	种质名称	全国统一编号	种质类型	序号	种质名称	全国统一编号	种质类型	序号
广州皱叶烟	00004185	地方	4813	桦甸晒黄	00005337	地方	5007	金菜定 -2-2	00005120	品系	5166
旱烟晒红烟	00005454	地方	5072	怀集光叶疏梗	00004260	地方	4822	金菜定 -3	00005121	品系	5167
河南大叶	00005327	地方	4863	怀集青梗	00004141	地方	4805	金菜定 -5	00005119	品系	5165
鹤峰黄筋蔸	00005437	地方	5056	怀集烟	00004173	地方	4812	金川晒烟	00004258	地方	4765
鹤峰晾晒烟	00005445	地方	5064	黄草坝烟	00004145	地方	4915	金鼎大叶	00004123	地方	4905
鹤峰青筋蔸	00005439	地方	5058	惠民草烟	00003894	地方	4896	金鼎小叶	00004206	地方	4941
鹤峰乌烟	00005442	地方	5061	惠水摆金烟	00004160	地方	4923	金沙江小黑烟	00003900	地方	4985
鹤山企叶	00004193	地方	4814	火马 1 号	00005102	品系	5233	金沙江小蒲扇叶	00003899	地方	4984
鹤山晒烟四号	00004106	地方	4788	火马 2 号	00005151	品系	5236	金山乡旱烟	00004273	地方	4999
鹤山晒烟五号	00004150	地方	4807	吉林大白花	00005343	地方	5010	金县柳叶	00004109	地方	4791
黑耳烟	00005480	地方	5098	吉林农安晒黄烟（宽叶）	00004183	地方	4838	金英 -1	00005104	品系	5155
黑河柳叶尖	00004269	地方	4995	吉林农安晒黄烟（窄叶）	00004243	地方	4845	金英 -1-1	00005106	品系	5156
黑河引	00004112	地方	4835	吉林小白花	00004248	地方	4846	金英 -2-1	00005111	品系	5160
黑叶仔 23	00005100	品系	5153	加拿大晒烟	00005259	引进	5311	金英 -3-7	00005128	品系	5170
红余烟	00005427	地方	5046	佳木斯晒红烟	00005361	地方	5025	金英 70 II	00005113	品系	5161
湖南晒红烟	00005363	地方	5027	建始新大毛烟	00005418	地方	5037	金英扁型 -2	00005125	品系	5169
华坪大卜扇	00004136	地方	4911	金菜定 -1	00005101	品系	5154	金英扁型 -3	00005123	品系	5168
桦甸晒红烟	00005365	地方	5029	金菜定 -2	00005107	品系	5157	金英选	00005117	品系	5164

种质名称	全国统一编号	种质类型	序号	种质名称	全国统一编号	种质类型	序号	种质名称	全国统一编号	种质类型	序号
津引晒烟 3 号	00005236	引进	5293	丽江牛皮烟	00004201	地方	4936	留叶川	00004235	地方	4948
荆坪烟	00004220	地方	4819	利川大乌烟	00005584	地方	5102	龙烟六号	00005173	选育	5288
景谷岔河草烟	00004126	地方	4908	利川黄烟	00005447	地方	5066	陇川柳叶	00004213	地方	4817
景谷大绿草烟	00004134	地方	4910	利川毛烟	00005451	地方	5069	泸水晒烟	00004147	地方	4916
景谷慢来草烟	00004204	地方	4939	利川小乌烟	00005434	地方	5053	泸溪尖长叶	00004228	地方	4884
九甲草烟	00004187	地方	4932	连山晒烟	00004129	地方	4798	禄丰大琵琶烟	00004144	地方	4914
均州柳子	00005464	地方	5082	连山晒烟小叶种	00004214	地方	4818	罗甸柳叶烟	00003904	地方	4827
砍柴坪 -1	00005127	品系	5256	连选 1 号	00005180	品系	5260	罗甸枇杷烟	00003903	地方	4826
肯那	00005261	引进	5313	连选 4 号	00005179	品系	5259	罗甸四十片	00003905	地方	4828
宽叶小护脖香	00005356	地方	5020	连选五号	00005108	品系	5158	罗甸烟冒	00003902	地方	4825
拉加	00005262	引进	5314	连选一号	00003945	选育	5286	罗定三区牛利	00004103	地方	4785
啦嘛登烟	00004196	地方	4934	连州大皱叶	00004116	地方	4795	罗定四区牛利	00004108	地方	4790
癞蛤蟆乌烟	00005449	地方	5067	连州晒烟	00004164	地方	4809	罗门城关唐泰烟	00004182	地方	4871
老草烟	00004263	地方	4989	辽多叶	00005326	地方	4862	罗明坝草烟	00003896	地方	4981
梨树早熟	00005358	地方	5022	辽岭草烟	00004188	地方	4933	漯河晒红烟	00005364	地方	5028
李家田晒烟	00004186	地方	4876	辽叶烟	00005428	地方	5047	吕宋 -1	00004113	地方	4793
丽江阿细烟	00004128	地方	4909	临溪晒烟	00004146	地方	4759	吕宋 -2	00004149	地方	4806
丽江冲天烟	00004093	地方	4898	陵水礼工 -3	00005116	品系	5163	麻阳大叶烟	00004190	地方	4877

种质名称	全国统一编号	种质类型	序号	种质名称	全国统一编号	种质类型	序号	种质名称	全国统一编号	种质类型	序号
麻阳红	00004236	地方	4885	墨江正街烟	00004162	地方	4925	牡晒 89-23-4	00003917	品系	5197
马关烟	00004202	地方	4937	牡晒 2000-10-6	00005149	品系	5216	牡晒 89-24-2	00003915	品系	5195
马军烟	00004205	地方	4940	牡晒 2000-10-7	00005143	品系	5214	牡晒 89-25-1	00003912	品系	5192
马桥河	00004219	地方	4772	牡晒 2000-13-13	00005126	品系	5209	牡晒 89-26-3	00003919	品系	5199
满耳草烟	00003893	地方	4895	牡晒 2000-13-14	00005136	品系	5210	牡晒 89-26-5	00003918	品系	5198
曼怕村 -1	00005112	品系	5255	牡晒 2000-14-15	00005168	品系	5222	牡晒 89-30-1	00003916	品系	5196
芒勐町晒烟	00004157	地方	4775	牡晒 2001-10-11	00005158	品系	5220	牡晒 90-4-1	00003924	品系	5204
毛里求斯 -1	00005257	引进	5292	牡晒 2001-1-1	00005122	品系	5207	牡晒 92-11-37	00005155	品系	5219
孟连树啃咬	00004163	地方	4926	牡晒 2001-4-5	00005140	品系	5212	牡晒 94-1-6	00005124	品系	5208
孟连瓦烟	00004226	地方	4945	牡晒 82-38-4	00005405	品系	5263	牡晒 95-6-1	00005171	品系	5224
密合仔 -1	00004102	地方	4784	牡晒 84-1-1	00003920	品系	5200	牡晒 95-6-1 新	00005172	品系	5225
密合仔 -2	00004114	地方	4794	牡晒 84-1-2	00003921	品系	5201	牡晒 97-1-1-1	00005175	品系	5227
密合仔 -2-2	00004107	地方	4789	牡晒 84-1-5	00003922	品系	5202	牡晒 97-1-2	00005118	品系	5206
密拖	00004267	地方	4993	牡晒 84-1	00004090	地方	4987	牡晒 97-9-11-2	00005141	品系	5213
磨刀石晒红	00004094	地方	4766	牡晒 84-1 新	00005409	品系	5264	牡晒 97-9-11-2 新	00005174	品系	5226
墨江把子烟	00004174	地方	4930	牡晒 84-5-2	00003923	品系	5203	牡晒 98-1-1	00005150	品系	5217
墨江柄路水烟	00004119	地方	4904	牡晒 89-11-1	00003913	品系	5193	牡晒 98-6-5-2	00005115	品系	5205
墨江磨黑烟	00004159	地方	4922	牡晒 89-23-1	00003914	品系	5194	牡晒 99-12-25	00005169	品系	5223

种质名称	全国统一编号	种质类型	序号	种质名称	全国统一编号	种质类型	序号	种质名称	全国统一编号	种质类型	序号
牡晒 99-4-6	00005167	品系	5221	南川美烟	00003880	地方	4968	平安土烟	00003870	地方	4958
牡晒 99-8-17	00005139	品系	5211	南川琵琶烟	00003882	地方	4970	平地镇大柳叶	00003897	地方	4982
牡引二号	00004227	地方	4842	南川土烟	00003881	地方	4969	千金亩晒烟	00005362	地方	5026
牡引三号	00004194	地方	4839	南川团鱼壳	00003883	地方	4971	黔江黑烟	00003871	地方	4959
牡引四号	00004231	地方	4844	南涧敢保烟	00004154	地方	4919	黔江铁板烟	00003875	地方	4963
牡引一号	00004176	地方	4836	南漳旱烟	00005476	地方	5094	黔江乌烟	00003872	地方	4960
穆棱大护脖香	00005355	地方	5019	南漳土烟	00005475	地方	5093	桥溪口晒烟	00004246	地方	4890
穆棱金边	00004087	地方	4986	内蒙琥珀香	00004276	地方	5001	秦烟子	00004177	地方	4868
穆棱柳毛烟	00003906	地方	4829	牛耳朵（毛烟）	00005303	地方	4852	青筋烟	00005438	地方	5057
穆棱密叶香	00005353	地方	5018	农安晒黄	00004211	地方	4771	青四一号	00005098	品系	5151
穆棱千层塔	00004191	地方	4769	农家晒烟	00004142	地方	4873	琼中五指山 -1	00004165	地方	4810
穆棱晒红	00005359	地方	5023	弄岛红花	00004125	地方	4907	秋根二号	00004101	地方	4783
穆棱镇大护脖香	00004180	地方	4837	盘县马场烟	00003901	地方	4824	秋根三号	00004100	地方	4782
那卡草烟	00004270	地方	4996	彭水土烟	00003868	地方	4956	秋根一号	00004098	地方	4781
那坡晒烟	00004264	地方	4990	彭水小兰烟	00003869	地方	4957	人头黄烟	00005443	地方	5062
南川黑烟 -1	00003884	地方	4972	漂河晒烟	00004229	地方	4843	人头烟	00005444	地方	5063
南川黑烟 -2	00003885	地方	4973	漂河一号	00005344	地方	5011	三坝烟	00004171	地方	4928
南川黑烟 -3	00003886	地方	4974	瓢瓜烟	00005446	地方	5065	三里湾晒烟	00004221	地方	4883

种质名称	全国统一编号	种质类型	序号
沙把青毛烟	00005431	地方	5050
沙县中杆	00004238	地方	4776
晒 9108	00003925	品系	5228
晒 9118	00003927	品系	5229
晒 9119	00003928	品系	5230
晒 92414	00003929	品系	5231
晒黄烟（矮）	00004261	地方	4850
晒五	00005346	地方	5012
山东大叶	00005325	地方	4861
山东黑毛烟	00003878	地方	4966
山郭晒烟	00004135	地方	4758
山烟（开县）	00003889	地方	4977
上川 -1	00003933	品系	5241
上川 -2	00003934	品系	5242
上江烟	00004117	地方	4902
什邡毛烟铁杆仔	00004133	地方	4802
什邡毛烟铁杆子	00004210	地方	4816
神农架晒烟	00005453	地方	5071

种质名称	全国统一编号	种质类型	序号
石台土烟	00004244	地方	4764
石柱晒烟	00004120	地方	4757
始兴晒烟一号	00005176	品系	5115
树烟籽	00004278	地方	5003
水泉头种	00004268	地方	4994
四川大金堂	00005462	地方	5080
四川毛烟	00005477	地方	5095
松树营柳叶尖	00005349	地方	5015
谭寨柳叶	00005330	地方	4864
唐泰老品种圆叶子	00004181	地方	4870
唐泰烟	00004179	地方	4869
特选晒烟	00004127	品系	5249
腾冲大光把	00004105	地方	4787
天星 1 号	00004168	地方	4874
天星 2 号	00004207	地方	4879
铁字晒烟二号	00004138	地方	4803
沱江杜田晒烟	00004212	地方	4881
沱江十里牌	00004209	地方	4880

种质名称	全国统一编号	种质类型	序号
瓦烟 -2	00004254	品系	5251
望奎 1 号	00003907	地方	4830
望奎 2 号	00003908	地方	4831
望奎 3 号	00003909	地方	4832
望奎 4 号	00003910	地方	4833
望奎 5 号	00003911	地方	4834
维登烟	00004110	地方	4900
维西大川烟	00004215	地方	4951
维西叶枝烟	00004184	地方	4931
尾坪子旱烟	00004275	地方	5000
文乐烟	00004099	地方	4899
五峰 1 号	00005182	选育	5589
五峰 2 号	00005296	选育	5590
五峰黄筋烟	00005436	地方	5055
五峰毛把烟	00005435	地方	5054
五峰铁板烟 -1	00005452	地方	5070
五境柳叶	00004216	地方	4942
武鸣晒烟 -1	00004097	地方	4780

种质名称	全国统一编号	种质类型	序号	种质名称	全国统一编号	种质类型	序号	种质名称	全国统一编号	种质类型	序号
武夷山晒烟	00004272	地方	4998	小章晒烟	00004245	地方	4889	延晒七号	00004327	选育	5287
西坪乌烟	00003891	地方	4979	新 Wilson	00005368	引进	5317	延晒三号	00005345	品系	5262
昔汉 -1	00005103	品系	5253	新宾大团叶	00005350	地方	5016	岩晒 201	00005161	品系	5114
昔汉 -2	00005162	品系	5258	新宾小团叶	00005352	地方	5017	阳山烟	00004166	地方	4811
稀格巴小黑烟	00005313	地方	4857	星子	00004095	地方	4767	杨木晒黄	00005336	地方	5006
咸丰大柳叶烟	00005470	地方	5088	星子烟	00004218	地方	4841	腰岭子	00004167	地方	4768
咸丰晒烟	00005471	地方	5089	兴隆晒烟 1 号	00005145	品系	5235	腰岭子晒黄	00005335	地方	5005
咸丰乌烟	00005469	地方	5087	兴隆晒烟 2 号	00005142	品系	5234	宜良猪大肠	00004259	地方	4953
香烟晒烟	00004256	地方	4777	兴山把儿烟	00005472	地方	5090	永郎长叶草烟	00003898	地方	4983
湘潭大肩叶	00004132	地方	4801	兴山把烟	00005473	地方	5091	永胜光华烟	00004199	地方	4935
湘潭垒垒剑	00004122	地方	4797	兴山川柳子烟	00005474	地方	5092	永胜砍柴坪烟	00004161	地方	4924
湘潭细叶枇杷	00004130	地方	4799	宣恩乌烟 -1	00005468	地方	5086	永胜拉杈烟	00004225	地方	4944
湘潭香叶	00005105	品系	5254	宣威二黑土烟	00004153	地方	4918	永胜木桂烟	00004203	地方	4938
小白宰 -1	00003932	品系	5240	崖城黄善烟 -10	00004104	地方	4786	永胜下川烟	00004139	地方	4913
小菜叶	00004143	地方	4774	延边青旱烟	00004224	地方	4893	永州冷水滩晒烟	00004277	地方	5002
小河柳子	00005463	地方	5081	延边青九密	00004230	地方	4894	酉阳黑烟	00003877	地方	4965
小花青（东北）	00004208	地方	4770	延边依世草	00005315	地方	4859	酉阳毛草烟	00003890	地方	4978
小铁梗烟	00005450	地方	5068	延吉朝阳晚熟	00005314	地方	4858	酉阳土烟 -1	00003876	地方	4964

种质名称	全国统一编号	种质类型	序号
酉阳土烟 -2	00003879	地方	4967
玉溪二柳叶	00004156	地方	4921
玉溪格克烟	00004155	地方	4920
玉溪山头烟	00004124	地方	4906
云晒 1 号	00005291	选育	5289
云县昔汉柳叶	00004257	地方	4952
云阳柳叶烟	00003888	地方	4976
郧西大河柳子 -1	00005455	地方	5073
郧西大河柳子 -2	00005456	地方	5074
郧西柳子烟 -1	00005457	地方	5075
郧西柳子烟 -2	00005458	地方	5076
郧西柳子烟 -3	00005459	地方	5077
杂种晒烟	00004121	地方	4796
早谷烟	00003874	地方	4962
窄叶小护脖香	00005357	地方	5021
长安晒烟	00004222	地方	4763
长把尖叶子	00004189	地方	4872
长阳大白金	00005429	地方	5048
长阳大枇杷烟	00005423	地方	5042
长阳大枇杷叶	00005422	地方	5041
长阳红叶烟 -1	00005419	地方	5038
长阳红叶烟 -2	00005420	地方	5039
长阳枇杷烟	00005421	地方	5040
长阳小白金	00005430	地方	5049
长阳小枇杷叶	00005425	地方	5044
长叶牛皮	00004148	品系	5250
镇沅冬烟	00004223	地方	4943
镇沅振太大树烟	00004274	地方	4955
中密合	00003895	地方	4778
中山晒烟	00004096	地方	4779
竹山大柳叶	00005590	地方	5108
竹山大柳子 -1	00005591	地方	5109
竹山大柳子 -2	00005592	地方	5110
竹山晒烟	00005465	地方	5083
竹山小柳叶	00005460	地方	5078
竹山小柳子	00005461	地方	5079
竹溪大乌烟 -1	00005585	地方	5103
竹溪大乌烟 -2	00005586	地方	5104
竹溪大乌烟 -3	00005587	地方	5105
竹溪大乌烟 -4	00005588	地方	5106
竹溪大乌烟 -5	00005589	地方	5107
竹溪枇杷叶	00005481	地方	5099
竹园小柳叶	00004068	地方	4897
子拾河大叶	00004241	地方	4773

5. 香料烟种质资源索引

种质名称	全国统一编号	种质类型	序号
328-1	00005183	品系	5318
A37	00004003	引进	5324
Bafra	00004004	引进	5325
BUTSA B 型	00005354	引进	5337
Canik	00004005	引进	5326
Greece Basma	00004006	引进	5327
Izmir	00005484	引进	5338
K Izmir No.1	00005485	引进	5339
Kukulu Izmir-46	00004009	引进	5330
Kukulu Izmir-63	00004008	引进	5329
Maden	00004010	引进	5331
Samsun15A	00005187	品系	5322
Turkey Basma	00004007	引进	5328
利拉九号	00005266	引进	5335
罗斯科维奇	00005264	引进	5333
帕扎尔齐克 17 香 4	00005265	引进	5334
司美那	00005267	引进	5336
土耳其 B 型	00005186	品系	5321
土耳其 M 型	00005185	品系	5320
乌斯亭斯基 -24	00005263	引进	5332
香五号	00005184	品系	5319
云香 2 号	00005292	选育	5323

6. 雪茄烟种质资源索引

种质名称	全国统一编号	种质类型	序号
H382	00005412	引进	5343
哈瓦娜	00005213	引进	5340
诺凡斯瑞加	00005323	引进	5341
世纪一号	00004328	品系	5342

7. 药烟种质资源索引

种质名称	全国统一编号	种质类型	序号
A-0075	00004986	遗传	5452
A-0075-2	00005054	遗传	5515
A-0076	00005507	遗传	5542
A-0076-14-15	00005513	遗传	5546
A-0076-5	00005518	遗传	5551
A-0077	00004941	遗传	5416
A-0078	00005497	遗传	5533
A-0082	00004965	遗传	5435
A-0088	00004915	遗传	5396
A-0090	00004937	遗传	5412
A-0091	00004981	遗传	5449
A-0095	00005039	遗传	5502
A-0096	00005062	遗传	5523
A-0097	00005046	遗传	5509
A-0099	00005057	遗传	5518
A-0126	00005505	遗传	5540
A10-0001	00005498	遗传	5534
A11-0006	00005543	遗传	5569
A12-0005	00005550	遗传	5572
A-12-0005	00005489	遗传	5528
A13-0003	00005556	遗传	5575
A13-0008	00005581	遗传	5583
A14-0001	00005527	遗传	5559
A14-0002	00005570	遗传	5582
A14-0003	00005546	遗传	5571
A14-0004	00005567	遗传	5580
A14-0005	00005541	遗传	5568
A14-0008	00005532	遗传	5562
A-6-0008-3	00004002	遗传	5356
A6-0027-19	00003728	遗传	5348
A6-0043-9	00005528	遗传	5560
A6-0045-9	00005545	遗传	5570
A6-0046-6	00005534	遗传	5564
A6-0048-16	00003982	遗传	5354
A6-0048-3	00005537	遗传	5565
A6-0061-4	00005539	遗传	5566
A6-0062	00005525	遗传	5558
A6-0071	00005516	遗传	5549
A7-0006	00004430	遗传	5357
A-N-0028	00005517	遗传	5550
A-Sa-0001	00005504	遗传	5539
A 烟	00004971	遗传	5440
H-10-16-0013	00005566	遗传	5579
H-10-16-0013BC1	00005555	遗传	5574
H-11-00001	00005058	遗传	5519
H-11-000011	00005056	遗传	5517
H-11-0002	00004910	遗传	5392
H-11-0002-2BC1	00005022	遗传	5486
H-11-0002BC1	00004904	遗传	5387
H-11-0003	00004929	遗传	5406
H-11-0010	00005040	遗传	5503
H-11-0011-40	00005043	遗传	5506
H-11-0012	00004911	遗传	5393
H-11-0012	00004923	遗传	5401

种质名称	全国统一编号	种质类型	序号
H-11-0013-1	00005002	遗传	5468
H-11-0013-11	00004913	遗传	5394
H-11-0014	00004947	遗传	5420
H-11-0016-6	00005041	遗传	5504
H-11-0017	00004939	遗传	5414
H-11-0018	00004977	遗传	5446
H-11-0022	00004891	遗传	5378
H-11-0025	00004902	遗传	5385
H-11-0026	00005510	遗传	5544
H-11-0026-1	00005052	遗传	5513
H-11-0026-13	00004942	遗传	5417
H-11-0026-2	00005025	遗传	5488
H-11-0026-7	00005044	遗传	5507
II-11-0027	00004921	遗传	5400
H-11-0027-5	00004926	遗传	5404
H-11-0030-30	00004900	遗传	5384
H-11-0032	00004972	遗传	5441
H-11-0033-21	00005009	遗传	5474
H-11-0034-13	00004946	遗传	5419
H-11-0035	00004898	遗传	5382
H-11-0036	00005028	遗传	5491
H-11-0036-1	00004895	遗传	5380
H-11-0036-9	00005033	遗传	5496
H-11-0037-11	00005027	遗传	5490
H-11-0038-14	00004988	遗传	5454
H-11-0038-8	00005059	遗传	5520
H-11-0039	00004957	遗传	5429
H-11-6-7	00005520	遗传	5553
H6-0024	00005533	遗传	5563
K-00001	00005042	遗传	5505
K-0001	00005568	遗传	5581
K-0005	00005006	遗传	5471
K9-0002	00005595	遗传	5586
K9-0003	00004948	遗传	5421
K9-0007	00005011	遗传	5476
K9-0008-14	00005047	遗传	5510
K9-0009	00005000	遗传	5466
K9-0024	00005032	遗传	5495
K9-0026	00005037	遗传	5500
K9-0028	00005013	遗传	5478
K9-0054	00005031	遗传	5494
K9-0059	00004973	遗传	5442
K9-0066	00004992	遗传	5458
K9-0067	00005051	遗传	5512
K9-0069	00004985	遗传	5451
K9-0075	00004967	遗传	5437
K9-0076	00003931	遗传	5351
K9-0077	00004991	遗传	5457
K9-0081	00004960	遗传	5432
K9-0089	00004993	遗传	5459
K9-0091	00004978	遗传	5447
K9-0096	00004938	遗传	5413
K9-0098	00005596	遗传	5587
K9-0101	00004975	遗传	5444

种质名称	全国统一编号	种质类型	序号
K-H-0001	00004001	遗传	5355
N-A-0028	00005598	遗传	5588
Q-00002	00005012	遗传	5477
Q-000052	00004994	遗传	5460
Q-000055	00005004	遗传	5469
Q-0001（变异）	00005491	遗传	5530
Q-0007	00004916	遗传	5397
Q-0010-2	00005500	遗传	5535
Q12-0007	00005531	遗传	5561
Q12-0009	00005562	遗传	5577
Q12-0010	00005563	遗传	5578
Q12-0013	00005540	遗传	5567
Q12-0015	00005558	遗传	5576
Q-5-000021	00005019	遗传	5484
Q-5-00003	00004888	遗传	5376
Q-5-0001	00004931	遗传	5407
Q-5-0002	00004906	遗传	5388
Q-5-0006	00004949	遗传	5422
Q-5-0006-6	00005018	遗传	5483
Q-5-0006BC1	00005038	遗传	5501
Q-5-0016	00004925	遗传	5403
Q-5-0022	00004896	遗传	5381
Q-5-0023	00004976	遗传	5445
Q-5-0036	00004907	遗传	5389
Q-5-0037	00004968	遗传	5438
Q-5-0039	00004983	遗传	5450
Q-5-0051	00004908	遗传	5390
Q-5-0056	00004932	遗传	5408
Q-5-0057	00004963	遗传	5434
Q-5-0059	00004909	遗传	5391
Q-5-0061	00004903	遗传	5386
Q-5-0065-7-9	00005061	遗传	5522
Q-5-0088	00005036	遗传	5499
Q-5-0089-24	00003926	遗传	5349
Q-5-0090	00005005	遗传	5470
Q-5-0094	00005015	遗传	5480
Q-5-0096	00005010	遗传	5475
Q-5-0103	00004928	遗传	5405
Q-5-0104	00004950	遗传	5423
Q-5-0117	00004920	遗传	5399
Q-6-0007	00005050	遗传	5511
Q6-0014	00005523	遗传	5556
Q-6-0014	00004997	遗传	5463
Q-6-7-0025	00005495	遗传	5532
Q-D-0016	00005502	遗传	5537
Q-N-0012	00005503	遗传	5538
Q-N-3-8-6	00005511	遗传	5545
S6-0025	00003665	遗传	5345
S-8-00001	00005014	遗传	5479
S-8-00009	00004890	遗传	5377
S-8-0006-6	00004933	遗传	5409
S-8-0010	00004935	遗传	5411
S-8-0016-6	00005029	遗传	5492
S-8-0027-2	00004951	遗传	5424

种质名称	全国统一编号	种质类型	序号
S-8-0034	00004953	遗传	5426
S-8-0035	00004979	遗传	5448
S-8-0037	00005208	遗传	5526
S-8-0038	00004990	遗传	5456
S-8-0041	00004914	遗传	5395
S-8-0043	00004919	遗传	5398
S-8-0050	00004940	遗传	5415
S-8-0052	00004892	遗传	5379
S-8-0054	00004924	遗传	5402
S-8-0055	00004934	遗传	5410
S-8-0080	00004999	遗传	5465
S-8-0091	00005030	遗传	5493
S-8-0092	00005506	遗传	5541
S-9-0002	00004958	遗传	5430
薄荷烟 -6	00004791	遗传	5364
薄荷烟 89-15	00004803	遗传	5369
薄荷烟二号	00004717	遗传	5361
黄芪烟 10 号	00004796	遗传	5365
黄芪烟 12t	00004800	遗传	5367
黄芪烟 -13	00004809	遗传	5374
黄芪烟 15 号	00004799	遗传	5366
黄芪烟 16 号	00004801	遗传	5368
黄芪烟 18 号	00004804	遗传	5370
黄芪烟 -35	00004808	遗传	5373
黄芪烟 4 号	00004805	遗传	5371
黄芪烟 6 号	00004810	遗传	5375
罗勒烟 8929 号	00004806	遗传	5372
罗勒烟一号	00004704	遗传	5360
曼陀罗烟 89-25 号	00004745	遗传	5362
曼陀罗烟一号	00004666	遗传	5358
人参烟 26 号	00004774	遗传	5363
紫苏烟一号	00004670	遗传	5359

8. 野生烟种质资源索引

种质名称	全国统一编号	种质类型	序号
N. acuminata Var. Multiflora	00005377	引进	5591
N. amplexicaulis	00005391	引进	5593
N. attennuata	00005394	引进	5596
N. benthamiana	00005285	引进	5603
N. cavicola	00005395	引进	5597
N. cordifolia	00005605	引进	5605
N. excelsior	00005398	引进	5600
N. hybrid B51 4n（sua×Tab）	00005606	引进	5606
N. hybrid B38 4n（rep×syl）	00005607	引进	5607
N. hybrid B63 4n（cle×Glu）	00005392	引进	5594
N. langsdorffii	00005399	引进	5601
N. miersii	00005400	引进	5602

种质名称	全国统一编号	种质类型	序号
N. obtusifolia	00005604	引进	5604
N. occidentalis	00005397	引进	5599
N. pauciflora	00005393	引进	5595
N. rosulata	00005387	引进	5592
N. rotundifolia	00005396	引进	5598

附录 2 优异种质名录

1. 抗黑胫病种质

序号	全国统一编号	种质名称	类型	种质类型
3992	00005375	GDH88	烤烟	品系
4310	00004759	CV70	烤烟	品系
4371	00004873	豫烟二号	烤烟	选育
4414	00003658	中烟 99	烤烟	选育
4604	00004326	达所 26	白肋烟	品系
4714	00005194	Burley27	白肋烟	引进
4976	00003888	云阳柳叶烟	晒烟	地方
5295	00003949	Va331-1	晒烟	引进

2. 抗青枯病种质

序号	全国统一编号	种质名称	类型	种质类型
4552	00003827	SPG-168	烤烟	引进
4892	00004255	辰溪密叶子	晒烟	地方
5118	00003943	87-11-3	晒烟	品系
5596	00005394	*N. attennuata*	野生烟	引进
5605	00005605	*N. cordifolia*	野生烟	引进

3. 抗根结线虫病种质

序号	全国统一编号	种质名称	类型	种质类型
4011	00004720	NB1	烤烟	品系
4046	00005386	664-01	烤烟	品系
4370	00003679	豫烟三号	烤烟	选育

序号	全国统一编号	种质名称	类型	种质类型
4371	00004873	豫烟二号	烤烟	选育
4466	00003804	RG22	烤烟	引进
4604	00004326	达所 26	白肋烟	品系

4. 抗赤星病种质

序号	全国统一编号	种质名称	类型	种质类型
3992	00005375	GDH88	烤烟	品系
4310	00004759	CV70	烤烟	品系
4362	00004850	南江 3 号	烤烟	选育
4415	00003660	中烟 100	烤烟	选育

序号	全国统一编号	种质名称	类型	种质类型
4421	00004836	中烟 101	烤烟	选育
5287	00004327	延晒七号	晒烟	选育
5288	00005173	龙烟六号	晒烟	选育
5599	00005397	*N. occidentalis*	野生烟	引进

5. 抗 TMV 种质

序号	全国统一编号	种质名称	类型	种质类型
4347	00003640	龙江 912	烤烟	选育
4353	00004767	蓝玉一号	烤烟	选育
4355	00005379	闽烟 12	烤烟	选育

序号	全国统一编号	种质名称	类型	种质类型
4384	00005299	翠碧二号	烤烟	选育
4391	00003642	吉烟 7 号	烤烟	选育
4393	00004726	吉烟九号	烤烟	选育

序号	全国统一编号	种质名称	类型	种质类型
4427	00005281	鲁烟 1 号	烤烟	选育
4429	00005300	CF225	烤烟	选育
4433	00005218	Va1168	烤烟	引进
4434	00005232	S142	烤烟	引进
4445	00005215	卡里	烤烟	引进
4455	00005228	忌利司买皮亚	烤烟	引进
4461	00003746	AK6	烤烟	引进
4473	00005242	VarNo1668	烤烟	引进
4502	00003771	MRS-2	烤烟	引进
4503	00003772	MRS-3	烤烟	引进
4504	00003773	MRG-4	烤烟	引进
4564	00003840	TI1500	烤烟	引进
4565	00003841	TI1504	烤烟	引进
4568	00003844	Va45	烤烟	引进
4569	00003845	Va80	烤烟	引进
4570	00003846	Va770	烤烟	引进
4572	00003848	Vamorr50	烤烟	引进
4577	00003853	Va411	烤烟	引进
4580	00003856	Va458	烤烟	引进
4586	00003862	Va613	烤烟	引进
4588	00003864	Va645	烤烟	引进
4597	00005252	PBD6	烤烟	引进
4599	00005254	台烟 11 号	烤烟	引进
4697	00003991	TI1462	白肋烟	引进
5051	00005432	恩施青毛烟	晒烟	地方

6. 抗 CMV 种质

序号	全国统一编号	种质名称	类型	种质类型
3861	00003713	C152	烤烟	品系
3862	00003714	C151	烤烟	品系
3863	00003715	C212	烤烟	品系
4263	00003662	CV91	烤烟	品系

序号	全国统一编号	种质名称	类型	种质类型
4317	00004824	抗 88	烤烟	品系

7. 抗 PVY 种质

序号	全国统一编号	种质名称	类型	种质类型
3816	00004876	NC55-1	烤烟	品系
4264	00003663	CV088	烤烟	品系
4317	00004824	抗 88	烤烟	品系
4387	00004734	秦烟 98	烤烟	选育
4531	00003805	RG89	烤烟	引进
4715	00005209	VAM	白肋烟	引进

8. 抗白粉病种质

序号	全国统一编号	种质名称	类型	种质类型
4755	00005448	利川兰花烟	黄花烟	地方
5052	00005433	恩施小乌烟	晒烟	地方
5061	00005442	鹤峰乌烟	晒烟	地方
5070	00005452	五峰铁板烟 -1	晒烟	地方
5072	00005454	旱烟晒红烟	晒烟	地方
5078	00005460	竹山小柳叶	晒烟	地方
5089	00005471	咸丰晒烟	晒烟	地方
5097	00005479	大潦叶烟 -2	晒烟	地方
5098	00005480	黑耳烟	晒烟	地方
5107	00005589	竹溪大乌烟 -5	晒烟	地方
5110	00005592	竹山大柳子 -2	晒烟	地方
5593	00005391	*N. amplexicaulis*	野生烟	引进
5595	00005393	*N. pauciflora*	野生烟	引进
5596	00005394	*N. attennuata*	野生烟	引进
5597	00005395	*N. cavicola*	野生烟	引进
5598	00005396	*N. rotundifolia*	野生烟	引进

序号	全国统一编号	种质名称	类型	种质类型
5599	00005397	*N. occidentalis*	野生烟	引进
5600	00005398	*N. excelsior*	野生烟	引进
5601	00005399	*N. langsdorffii*	野生烟	引进
5603	00005285	*N. benthamiana*	野生烟	引进

9. 抗烟蚜种质

序号	全国统一编号	种质名称	类型	种质类型
4048	00003703	G80B	烤烟	品系
4826	00003903	罗甸枇杷烟	晒烟	地方
4962	00003874	早谷烟	晒烟	地方
4976	00003888	云阳柳叶烟	晒烟	地方
5231	00003929	晒 92414	晒烟	品系
5603	00005285	*N. benthamiana*	野生烟	引进

附录 3　烟草种质资源调查记载标准

烟草种质资源调查记载标准

一、植株

1. 株型

于现蕾期上午 10 时前观察，一般分塔形、筒形、橄榄形 3 种。

（1）塔形 叶片自下而上逐渐缩小。

（2）筒形 上、中、下三部分叶片大小近似。

（3）橄榄形 上下部叶片较小，中部较大。

2. 株高

于第一青果期调查，采用杆尺，自垄背量至第一青果柄基部的长度。单位为 cm。

3. 茎围

于第一青果期调查，采用软（皮）尺，测量株高 1/3 处茎的周长。单位为 cm。

4. 节距

于第一青果期调查，采用钢卷尺，测量株高 1/3 处上下各 5 个叶位（共 10 个节距）的平均长度。单位为 cm。

5. 茎叶角度

在现蕾期于上午 10 时前，用量角器测量中部叶片在茎上的着生角度，分小、中、大及甚大四级。

（1）30° 以内 小。

（2）30° ～ 60° 中。

（3）60° ～ 90° 大。

（4）90° 以上 甚大。

二、叶片

1. 叶数

于中部叶工艺成熟期调查，计数植株基部至中心花以下第 5 花枝处的着生叶片数。

2. 叶片大小

包括叶长和叶宽，于中部叶工艺成熟期，采用钢卷（直）尺，分别测量茎叶连接处至茎间的直线长度及与主脉垂直的叶面最宽处的长度。单位为 cm。

3. 叶形

根据叶片最宽处的位置和长宽比例而定，一般以成熟叶为准。

（1）宽椭圆〔叶片最宽处在中部，长宽比（1.6 ～ 1.9）:1〕。

（2）椭圆〔叶片最宽处在中部，长宽比（1.9 ～ 2.2）:1〕。

（3）长椭圆〔叶片最宽处在中部，长宽比（2.2 ～ 3.0）:1〕。

（4）宽卵圆〔叶片最宽处在基部，长宽比（1.2 ～ 1.6）:1〕。

（5）卵圆〔叶片最宽处在基部，长宽比（1.6 ～ 2.0）:1〕。

（6）长卵圆〔叶片最宽处在基部，长宽比（2.0 ～ 3.0）:1〕。

（7）心脏形〔叶片最宽处在基部，叶基近中脉处呈凹陷状，长宽比（1 ～ 1.5）:1〕。

（8）披针形（叶片最宽处在基部，长宽比 3 倍以上）。

4. 叶片性状描述

（1）叶柄 分有、无 2 种，有柄的加注叶柄长度。单位为 cm。

（2）叶尖 分钝尖、渐尖、急尖及尾状 4 种。

（3）叶面 分平、较平、较皱及皱 4 种。

（4）叶缘 分平滑、微波、波浪、皱折及锯齿 5 种。

（5）叶色 分浅绿、黄绿、绿及深绿 4 种。

（6）叶耳 分无、小、中及大 4 种。

（7）主脉粗细 分细、中、粗 3 种。

（8）叶片厚薄 分薄、较薄、中等、较厚及厚 5 种。

（9）主侧脉夹角 分小、中、大 3 种。

三、花与蒴果

1. 花序密度

于群体 50% 植株盛花时期，记载花序的松散或密集程度。

2. 花序形状

分球形、扁球形、倒圆锥形及菱形 4 种。

3. 花色

分白、黄、淡红、红及深红 5 种。

4. 花冠尖

分无、有 2 种。

5. 花冠长度

测量第一中心花的花冠基部至花冠口的长度。单位为 cm。

6. 花冠直径

测量第一中心花的花冠口外圈最大处的距离。单位为 cm。

7. 花萼长度

测量第一中心花的萼片着生的基部到萼片尖端距离。单位为 cm。

8. 蒴果形状

在蒴果收获时观察，分圆形、卵圆形及长卵圆形 3 种。

9. 种子形状

在种子收获时观察，分卵圆形、椭圆形及肾形 3 种。

10. 种子颜色

在种子收获时观察，分浅褐色、褐色及深褐色 3 种。

四、生育期

1. 移栽至现蕾天数

大田移栽期至现蕾期的天数。单位为 d。

2. 移栽至中心花开放天数

大田移栽期至中心花开放的天数。单位为 d。

3. 全生育期

播种期至蒴果成熟期的总天数。单位为 d。

五、抗病虫性

1. 黑胫病

分高抗、抗病、中抗、中感、感病 5 级。

2. 青枯病

分高抗、抗病、中抗、中感、感病 5 级。

3. 根结线虫病

分高抗、抗病、中抗、中感、感病 5 级。

4. 赤星病

分高抗、抗病、中抗、中感、感病 5 级。

5.TMV

分免疫、高抗、抗病、中抗、中感、感病 6 级。

6.CMV

分高抗、抗病、中抗、中感、感病 5 级。

7.PVY

分高抗、抗病、中抗、中感、感病 5 级。

8. 烟蚜

分高抗、抗、中抗、感、高感 5 级。

9. 烟青虫

分高抗、抗、中抗、感、高感 5 级。

六、产量

以每亩生产调制后干烟叶的重量计算，一般用 kg/ 亩（1 亩≈ 667m^2）表示。

七、质量

1. 原烟外观质量鉴定

（1）原烟颜色 分柠檬黄、青黄、橘黄、微带青、淡棕、棕色、红棕及褐色。

（2）原烟色度 分浓、强、中、弱、淡。

（3）原烟结构 分疏松、尚疏松、稍密、紧密。

（4）原烟身份 分薄、稍薄、中等、稍厚、厚。

（5）原烟油分 分少、稍有、有、多。

2. 化验分析

包括分析总糖、还原糖、蛋白质、总氮、烟碱、焦油、钾、氯等，计算施木克值、钾氯比、总糖烟碱比、总氮烟碱比、焦油烟碱比等。

3. 评吸鉴定

（1）香型风格 卷烟烟气所具有的香型风格，分清、清偏中、中偏清、中间香、中偏浓、浓偏中、浓香、特香型、皮丝香型（即莫合烟）、雪茄香型（雪茄烟）、香料香型（香料烟）、白肋香型（白肋烟）、晒黄香型（晒黄烟）、似烤烟香型（晒黄烟）、调味香型（晒黄烟）、晒红香型（晒红烟）、调味香型（晒红烟）、亚雪茄香型（晒红烟）、半香料香型（晒红烟）、似白肋香型（晒红烟）、马里兰香型（马里兰烟）。

（2）香型程度 香型风格的显露程度，分显著、较显著、有、微有、缺乏、

（3）劲头 烟气入喉时刺激喉部收缩的反应，同时使吸烟者在生理上感到兴奋，分小、较小、适中、较大、大。

（4）浓度 卷烟烟气的香气程度，分浓、较浓、中等、较淡、淡。

（5）香气质 卷烟烟气的香气质量，分好、较好、中等、较差。

（6）香气量 卷烟烟气中香气量的程度，分充足、足、较足、尚足、有、较少。

（7）余味 烟气从口腔、鼻腔呼出后，遗留下来的味觉感受，分舒适、较舒适、尚舒适、欠适、差。

（8）杂气 不具有卷烟本身气味的、轻微的和明显的不良气息，分微有、较轻、有、略重、重。

（9）刺激性 烟气对感官所造成的、轻微和明显的不适感受，分轻、微有、有、略大、大。

（10）燃烧性 烟支均匀点燃后，在自由燃烧状态下烟支燃烧性能的好坏，分强、较强、中等、较差、熄火。

（11）灰色 烟支自由燃烧后烟灰的颜色，分白色、灰白、黑灰。

（12）评吸得分 各感官质量单项计分的总和，最大值为100。

（13）质量档次 依据评吸得分结合单项指标综合评价确定质量档次，分好、较好、中偏上、中等、中偏下、较差、差。

参考文献

Reference

参考文献

[1]Alpert H R, Koh H, Connolly G N. Free nicotine content and strategic marketing of moist snuff tobacco products in the United States: 2000-2006 [J]. *Tobacco Control*, 2008, 17 (5): 332-338.

[2]Aoki S, Ito M. Molecular phylogeny of *Nicotiana* (Solanaceae) based on the nucleotide sequence of the *MatK* gene [J]. *Plant Biology*, 2000, 2(3): 316-324.

[3]Ashihara H, Crozier A, and Komamine A. Plant Metabolism and Biotechnology [M]. Chippenham: John Wiley & Sons, Ltd, 2011.

[4]Baldwin B G. Phylogenetic utility of the internal transcribed spacers of nuclear ribosomal DNA in plants: an example from the compositae [J]. *Molecular Phylogenetics and Evolution*, 1992, 1(1): 3-16.

[5]Chase M W, Knapp S, Cox A V, et al. Molecular systematics, GISH and the origin of Hybrid Taxa in *Nicotiana* (Solanaceae) [J]. *Annals of Botany*, 2003, 92(1): 107-127.

[6]Clarkson J J, Kelly L J, Leitch A R, et al. Nuclear glutamine synthetase evolution in *Nicotiana*: Phylogenetics and the origins of allotetraploid and homoploid (diploid) hybrids [J]. *Molecular Phylogenetics and Evolution*, 2010, 55(1): 99-112.

[7]Clarkson J J, Knapp S, Garcia V F, et al. Phylogenetic relationships in *Nicotiana* (Solanaceae) inferred from multiple plastid DNA regions [J]. *Molecular Phylogenetics and Evolution*, 2004, 33(1): 75-90.

[8]Clarkson J J, Lim K Y, Kovarik A, et al. Longterm genome diploidization in allopolyploid *Nicotiana* section Repandae (Solanaceae) [J]. *New Phytologist*, 2005, 168(1): 241-252.

[9]Clarkson J R, Symon D E. *Nicotiana wuttkei* (Solanaceae), a new species from north-eastern Queensland with an unusual chromosome number [J]. *Austrobaileya*, 1991, 3(3): 389-392.

[10]Frost-pined A K, Zedler B K, Lian G Q, et al. Environmental tobacco smoke (ETS) evaluation of a third-generation electrically heated cigarette smoking system (EHCSS) [J]. *Regulatory Toxicology & Pharmacology Rtp*, 2008, 52(2): 118-121.

[11]Goodin M M, Zaitlin D, Naidu R A, et al. Nicotiana benthamiana: its history and future as a model for plant-pathogen interactions [J]. *Molecular plant-microbe interactions*, 2008, 21(8):1 015-1 026.

[12]Goodspeed, T H. The genus Nicotiana [J]. *Chronica Botanica*, 1954, 16: 531-536.

[13]Horton P. A taxonomic revision of *Nicotiana* (Solanaceae) in Australia [J]. *Journal of the Adelaide Botanic Gardens*, 1981, 3: 1-56

[14]Kenton A, Parokonny A S, Gleba Y Y, et al. Characterization of the *Nicotiana* tabacum L. genome by molecular cytogenetics [J]. *Molecular & General Genetics: Mgg*, 1993, 240 (2): 159-169.

[15]Kitamura S, Inoue M, Shikazono N, et al. Relationships among *Nicotiana* species revealed by the 5S rDNA space sequence and fluorescence in situ hybridization [J]. *Theoretical & Applied Genetics*, 2001, 103(5): 678-686.

[16]Knapp S, Chase M W, Clarkson J J. Nomenclatural changesand a new sectional classification in *Nicotiana* (Solanaceae) [J]. *Taxon*, 2004, 53(1): 73-82.

[17]Kovarik A, Matyasek R, Lim K Y, et al. Concerted evolution of 18-5.8-26S rDNA repeats in *Nicotiana* allotetraploids [J]. *Biological Journal of the Linnean Society*, 2004, 82(4): 615-625.

[18]Laskowska D, Berbec' A. Preliminary study of the newly discovered tobacco species *Nicotiana wuttkei* Clarkson et Symon [J]. *Genetic Resources and Crop Evolution*, 2003, 50(8): 835-839.

[19]Leitch I, Hanson L, Lim K, et al. The ups and downs of genome size evolution in polyploid species of *Nicotiana* (Solanaceae) [J]. *Annals of Botany*, 2008, 101(6): 805-814.

[20]Lewis R S, Milla S R, Levin J S. Molecular and genetic characterization of *Nicotiana glutinosa* L. chromosome segments in tobacco mosaic virus-resistant tobacco accessions [J]. *Crop Science*, 2005, 45(6): 2 355-2 362.

[21]Lim K Y, Matyasek R, Lichtenstein C P, et al. Molecular cytogenetic analyses and phylogenetic studies in the *Nicotiana* section Tomentosae [J]. *Chromosoma*, 2000, 109(4): 245-258.

[22]Lim Y K, Kovarik A, Matyasek R, et al. Gene conversion of ribosomal DNA in *Nicotiana tabacum* is associated with undermethylated, decondensed and probably active gene units [J]. *Chromosoma*, 2000, 109(3): 161-172.

[23]Meckley D R, Hayes J R, Van Kampen K R, et al. Comparative study of smoke condensates from 1R4F cigarettes that burn tobacco versus ECLIPSE cigarettes that primarily heat tobacco in the SENCAR mouse dermal tumor promotion assay [J]. *Food & Chemical Toxicology An International Journal Published for the British Industrial Biological Research Association*, 2004, 42(5): 851-863.

[24]Olmstead R G, Palmer J D. Chloroplast DNA and systematics of the Solanaceae [M]. London: Royal Botanic Gardens, Kew, 1991: 161-168.

[25]Olmstead R G, Sweere J A, Spangler R E, et al. Phylogeny and provisional classication of the Solanaceae based on chloroplast DNA [D]. London: Royal Botanic Gardens, Kew, 1999: 111-137

[26]Pöschl E. Schnupf tabak Lexikon [M]. Pöschl Tabak, Landshut. Germany, 2004: 15-26.

[27]Stehmann J R, Semir J, Ippolito A. *Nicotiana mutabilis* (Solanaceae), a new species from southern Brazil [J]. *Kew Bulletin*, 2002, 57(33): 639-646.

[28]Stepanov I, Jensen J, Hatsukami D, et al. New and traditional smokeless tobacco: Comparison of toxicant and carcinogen levels [J]. *Nicotine & Tobacco Research*, 2008, 10(12): 1 773-1 782.

[29]Symon D E, Kenneally K F. A new species of *Nicotiana* (Solanaceae) form near Broome, Western Australia [J]. *Nuytsia*, 1994, 9(3): 421-425

[30]Symon D E. A new *Nicotiana* (Solanaceae) from near coober pedy, South Australia [J]. *Journal of the Adelaide Botanic Garden*, 1998, 18(1): 1-4.

[31]Symon D E. A new species of *Nicotiana* (Solanaceae) from Dalhousie Springs, South Australia [J]. *Journal of the Adelaide Botanic Garden*, 1984, 7(1): 117-121.

[32]Volkov R A, Borisjuk N V, P anchuk I I, et al. Elimination and rearrangement of parental DNA in the allotetraploid *Nicotiana tabacum* [J]. *Molecular Biology and Evolution*, 1999, 16(3): 311-320.

[33]Yanhua Liu, Zhide Wang, Yumei Qian, et al. Rapid detection of tobacco mosaic virus using the reverse transcription loop-mediated isothermal amplification method[J]. *Archives of Virology*, 2010, 155(10): 1 681–1 685.

[34] 阿彬. 阿拉伯 - 咖啡与水烟 [J]. 中国石油企业，2010，(6)：125.

[35] 蔡长春，柴利广，林国平，等. 白肋烟遗传连锁图谱的构建及部分农艺性状的 QTL 分析 [A]// 现代烟草农

业学术论文集 [C]. 北京：中国农业科学技术出版社，2008.

[36] 蔡长春，冯吉，周永碧，等 . 中国烟草品种资源的研究现状与展望 [J]. 湖北农业科学，2012，51(13)：2666-2670.

[37] 曹景林，王毅，张俊杰，等 . 烤烟新品种金神农 1 号的选育及评价 [J]. 烟草科技，2016，49(7)：14-22.

[38] 柴家荣，管仕军，字萍，等 . 白肋烟新品种云白 3 号的选育及其特征特性 [J]. 中国烟草科学，2014，35(4)：1-5.

[39] 柴家荣 . 白肋烟新品种 YNBS1 的选育及生产试验示范 [J]. 中国烟草科学，2008，29(3)：6-10.

[40] 柴家荣 . 白肋烟新品种云白 2 号的选育及其特征特性 [J]. 中国烟草科学，2011，32(2)：1-5.

[41] 常爱霞，贾兴华，冯全福，等 . 我国主要烤烟品种的亲缘系谱分析及育种工作建议 [J]. 中国烟草科学，2013，34(1)：1-6.

[42] 陈德鑫，王凤龙，钱玉梅，等 . 烤烟新品种中烟 204 的选育及其应用评价 [J]. 中国烟草学报，2014，20(1)：39-47.

[43] 陈怀珠，蔡秀英 . 桂西山区烟草种质资源考察简报 [J]. 广西农业科学，1996，(1)：33-34.

[44] 陈敏，王申，张浩，等 . 无烟气烟草制品研究进展 [C]// 上海市烟草系统 2012 年度优秀学术论文集：工程技术类，2011.

[45] 陈荣平，邱恩建，宋宝刚，等 . 烤烟新品种龙江 911 的选育及特征特性 [J]. 中国烟草科学，2002，(4)：22-26.

[46] 陈荣平，邱恩建，宋宝刚，等 . 烤烟新品种龙江 925 的选育及其特征特性 [J]. 中国烟草科学，2014，35(1)：7-12.

[47] 陈顺辉，巫升鑫，程崖芝，等 . 烤烟新品种闽烟 7 号的选育研究 [J]. 中国烟草科学，2009，30(2)：1-6.

[48] 陈卫国，朱列书，沈六泉 . 烤烟新品种湘烟 1 号的选育及特征特性 [J]. 作物研究，2006，(3)：238-240.

[49] 陈泽鹏，陈元生，罗占勇，等 . 烟草品种对青枯病的抗性鉴定初报 [J]. 广东农业科学，2000，(2)：34-35.

[50] 陈志华，谢子发，吴纯奎，等 . 白肋烟达白 2 号 (50926) 选育及其特征特性 [J]. 昆明学院学报，2009，31(6)：31-34.

[51] 陈志华，杨兴友，靳冬梅，等 . 白肋烟新品种川白 1 号的选育及其特征特性 [J]. 中国烟草科学，2013，34(5)：57-61.

[52] 陈志华，杨兴友，向杰，等 . 白肋烟新品种川白 2 号的选育及其应用评价 [J]. 中国烟草科学，2015，36(6)：8-12.

[53] 程晓兵，李保江，韩彦东 . 世界新型烟草制品发展状况 [J]. 中国烟草，2014，(3)：38.

[54] 丛佩远 . 烟草传入东北的途径与年代 [J]. 北方文物，2003，(4)：81-90

[55] 崔昌范，金祯麟 . 烤烟新品种吉烟 7 号的选育 [J]. 吉林农业大学学报，1996，18(4)：22-26.

[56] 崔昌范，吴国贺，金妍姬，等 . 烤烟新品种吉烟九号的选育及特征特性 [J]. 中国烟草科学，2009，30(2)：7-14.

[57] 德国烟草国际出版公司．烟草百科全书 [M]．烟草百科全书编委会，译 . 北京：中国大百科全书出版社，2006：432.

[58] 丁巨波 . 烟草育种 [M]. 北京：中国农业出版社，1976.

[59] 董清山 . 晒烟新品种龙烟六号的选育及其特征特性 [J]. 牡丹江师范学院学报，2006，(3)：19-20.

[60] 方允中，郑荣梁．自由基生物学的理论与应用 [M]．北京：科学出版社，2002.

[61] 冯宇 . 尼古丁替代法简介 [A]// 第 12 届全国吸烟与健康学术研讨会暨第二届烟草控制框架公约论坛论文集 [C]. 深圳，2005.

[62] 福建省地方志编纂委员会 . 福建省志烟草志 (1991-2008)[M]. 北京：社会科学文献出版社，2015.

[63] 戈登·莫特 . 解码古巴雪茄背后的秘密 [N]. 东方烟草报，2017 年 10 月 27 日第 003 版 .

[64] 耿永勤，刘春波，刘汉青，等 . 热裂解 - 气质联用技术在卷烟加工与质量控制中的应用研究进展 [J]. 云南大学学报：自然科学版，2010，32(S1)：196-201.

[65] 郭小义，钟科军，代远刚，等 . 一种非燃烧型低温卷烟：中国，103584288A [P]. 2014-02-19.

[66] 郭兆奎，杨谦，姚泉洪，等 . 转拟南芥 Atkup1 基因高含钾量烟草获得 [J]. 中国生物工程杂志，2005，25(12)：24-28.

[67] 国家烟草专卖局 . 中国烟草年鉴 2016[M]. 北京：中国经济出版社，2016.

[68] 韩晓红，王玉平，关国经，等 . 烤烟新品种贵烟 11 号的选育 [J]. 中国烟草科学，1997，(3)：7-11.

[69] 胡启秀，方智勇，成涛，等. 利用植物提取物降低卷烟主流烟气中的自由基 [J]. 中国烟草学报，2006，12(3)：22-26.

[70] 胡日生，赵松义，杨全柳，等 . 烤烟新品种湘烟 3 号的选育及其特征特性 [J]. 中国烟草科学，2012，33(1)：7-11.

[71] 黄凯，刘岱松，操琼，等 . 均州名晒烟 [J]. 中国烟草科学，2013，34(4)：76-79.

[72] 黄平俊，易建华，王松峰，等 . 烤烟新品种湘烟 4 号的选育及其特征特性 [J]. 中国烟草科学，2012，33(5)：9-13.

[73] 黄文昌，林国平，王毅，等 . 白肋烟新品种鄂烟 211 的选育及其特征特性 [J]. 中国烟草科学，2012，33(6)：7-12.

[74] 黄文昌，王毅，程君奇，等 . 白肋烟新品种“鄂烟 213”的选育及其特征特性 [J]. 作物研究，2017，31(1)：46-51.

[75] 黄文昌，王毅，程君奇，等 . 白肋烟新品种“鄂烟 215”的选育及其特征特性 [J]. 中国农学通报，2016，32(34)：35-41.

[76] 黄文昌，王毅，林国平，等 . 白肋烟新品种鄂烟 209 的选育及特征特性 [J]. 中国烟草科学，2010，31(4)：1-7.

[77] 黄挣鸣 . 加热型低温卷烟及其制备方法：中国，103549657A[P]. 2014-02-05.

[78] 贾兴华，冯全福，王元英，等 . 烤烟新品种中烟 202(CF202) 的选育及其主要性状鉴定 [J]. 中国烟草科学，2012，33(1)：1-6.

[79] 贾兴华，王元英，冯全福，等 . 烤烟新品种“中烟 99”的选育及其特征特性 [J]. 中国烟草学报，2002，8(1)：20-24，33.

[80] 贾兴华，王元英，冯全福，等 . 烤烟新品种中烟 102 的选育及其应用评价 [J]. 中国烟草科学，2011，32(6)：1-6.

[81] 贾兴华，王元英，佟道儒，等 . 烤烟新品种中烟 100(CF965) 的选育及其应用评价 [J]. 中国烟草学报，2006，12(2)：20-25.

[82] 姜洪甲，邢世东，马维广 . 抗 TMV 烤烟种质资源材料筛选与利用研究初报 [J]. 中国烟草科学，2009，30(增刊)：53-55.

[83] 蒋彩虹，王元英，高亭亭，等 . 雪茄烟 Beinhart 1000-1 抗赤星病和黑胫病基因的 QTL 定位 [J]. CORESTA2014 年大会入选论文集 .

[84] 蒋举兴，者为，詹建波，等 . 电子烟的发展现状及其危害性 [J]. 安徽农业科学，2013，41(16)：7 322-7 353.

[85] 蒋慕东，王思明 . 烟草在中国的传播及其影响 [J]. 中国农史，2006，25(2)：30-41.

[86] 蒋予恩，李毅军 . 广西晒晾烟 [J]. 中国烟草科学，1990，(1)：31-34.

[87] 蒋予恩 . 我国烟草资源概况 [J]. 中国烟草科学，1988，(1)：42-46.

[88] 蒋予恩 . 中国烟草品种资源 [M]. 北京：中国农业出版社，1997.

[89] 蒋予恩 . 中美两国烤烟育种比较与分析 [J]. 中国烟草学报，1996,3(1)：26-35.

[90] 焦芳婵，吴兴富，张谊寒，等 . 烤烟新品种云烟 99 的选育及其特征特性 [J]. 中国烟草科学，2013，34(6)：1-4.

[91] 焦芳婵，肖炳光，李永平，等．烤烟新品种“云烟203”的选育及特征特性 [J]. 西南农业学报，2010，23(3)：625-628.

[92] 焦芳婵，张谊寒，吴兴富，等．烤烟新品种云烟105的选育及其特征特性 [J]. 烟草科技，2014，(10)：79-82.

[93] 金爱兰，金妍姬，朴世领，等．35份晒烟品种（系）对PVY和TMV病的抗性鉴定 [J]. 延边大学农学学报，2014，36(3)：204-210.

[94] 金爱兰，金妍姬，吴国贺，等．晒红烟新品种延晒七号的选育及其特征特性 [J]. 烟草科技，2006，(3)：48-51.

[95] 匡传富，罗宽．烟草品种对青枯病抗病性及抗性机制的研究 [J]. 湖南农业大学学报（自然科学版），2002，28(5)：395-398.

[96] 匡达人．对烟草起源我国论的辩析 [J]. 农业考古，2000，(3)：201-204.

[97] 兰俊荣，刘启彤，何宏仪．部分烟草种质资源的青枯病抗性鉴定 [J]. 福建农业科技，2010，(5)：62-63.

[98] 雷永和，许美玲，黄学跃．云南烟草品种志 [M]. 昆明：云南科技出版社，1999.

[99] 李保江．全球电子烟市场发展、主要争议及政府管制 [J]. 中国烟草学报，2014，20(4)：101-107.

[100] 李丛民，田卫群．类胡萝素清除焦油中自由基的研究 [J]．烟草科技，2000，(8)：22-23.

[101] 李丹，刘祥谋，王庆九．电加热型低温卷烟：中国，203341010U[P]. 2013-12-18.

[102] 李丹，彭波，梅文浩，等．一种化学加热低温卷烟：中国，203388265U[P]. 2014-01-15.

[103] 李梅云，冷晓东，肖炳光，等．烟草抗黑胫病和TMV种质资源的鉴定与评价 [J]. 安徽农业科学，2012，40(23)：11 678-11 680.

[104] 李梅云，李永平，刘勇，等．抗黑胫病烟草种质资源的田间筛选 [J]. 云南农业大学学报，2011，26(5)：725-729.

[105] 李梅云，许美玲，焦芳婵，等．不同类型烟草种质资源对TMV的抗性鉴定 [J]. 烟草科技，2016，49(11)：7-13.

[106] 李雪君，孙焕，段旺军，等．烤烟新品种豫烟7号的选育及其特征特性 [J]. 中国烟草科学，2011，32(3)：8-11.

[107] 李毅军，向培彩．神农架及三峡地区烟草资源考察与鉴定 [J]. 作物品种资源，1992，(1)：16-18.

[108] 李毅军，牛佩兰，蒋予恩，等．我国烟草品种资源概况及研究战略 [J]. 中国烟草科学，1995，(1)：11-14.

[109] 李毅军，王华彬，张连涛，等．我国晒凉烟的传入及演变 [J]. 中国烟草科学，1996，(4)：45-48.

[110] 李毅军，钟永模．川东北及川西南地区烟草品种资源考察与鉴定研究 [J]. 中国烟草科学，1996，(1)：23-26.

[111] 李永平，马文广．美国烟草育种现状及对我国的启示 [J]. 中国烟草科学，2009，30(4)：6-12.

[112] 李永平，王颖宽，马文广，等．烤烟新品种云烟87的选育及特征特性 [J]. 中国烟草科学，2001，(4)：38-42.

[113] 李永平，肖炳光，焦芳婵，等．烤烟新品种云烟97的选育及其特征特性 [J]. 中国烟草科学，2012，33(4)：28-31.

[114] 李智勇，韩晓红，谭建，等．烤烟新品种南江3号的选育及特征特性 [J]. 中国烟草科学，2009，30(4)：1-5.

[115] 李宗平，唐嗣平，李进平，等．白肋烟品种鄂烟3号的选育及特征特性 [J]. 烟草科技，2005，(10)：29-32,42.

[116] 梁美萍，王岩，申艳霞，等．烤烟新品种辽烟17的选育及特征特性 [J]. 黑龙江农业科学，2010，(1)：130-134.

[117] 林国平，王毅，肖宗友，等．白肋烟新品种鄂烟6号选育及其特征特性 [J]. 中国烟草学报，2008，14(4)：49-51.

[118] 林龙云，张燕云，周以飞，等．抗花叶病烟草种质资源的鉴定与筛选 [J]. 植物遗传资源学报，2013，14(6)：1 173-1 178.

[119] 凌成兴．谋划三大课题提升五个形象努力实现烟草行业税利总额超万亿元年度目标：在2014年全国烟草

工作会议上的报告 [R]. 2014.
[120] 刘洪祥，贾兴华，王元英，等 . 烤烟新品种中烟 98 的选育及评价利用 [J]. 中国烟草学报，2000，6(3)：7-13.
[121] 刘洪祥，刘起业，罗成刚，等 . 烤烟雄性不育一代杂交新品种中烟 205 选育及其主要特征特性 [J]. 中国烟草科学，2014，35(2)：13-19.
[122] 刘洪祥，罗成刚，陈志强，等 . 烤烟新品种中烟 104 的选育及评价利用 [J]. 中国烟草科学，2010，31(3)：1-6，12.
[123] 刘佳 . 烟草鼻烟与鼻烟壶 [J]. 收藏家，2010，(6)：63-66.
[124] 刘起业，刘洪祥，刘中庆，等 . 烤烟新品种鲁烟 2 号的选育及其主要特征特性 [J]. 中国烟草科学，2014，35(1)：1-6.
[125] 刘仁祥，朱峻，喻奇伟，等 . 烤烟新品种贵烟 202 的选育及其特征特性 [J]. 中国烟草科学，2016，37(6)：8-13.
[126] 刘仁祥 . 烤烟杂交种贵烟 4 号选育及制种技术研究 [D]. 贵阳：贵州大学，2005.
[127] 刘瑞新. 兰州水烟回顾 [J]. 甘肃行政学院学报，2001，(4)：63-64.
[128] 刘唐勋. 一种保健烟：中国，03146642.7 [P]. 2004-01-28.
[129] 刘添毅，陈文滔，黄一兰，等 . 烤烟新品种蓝玉一号的选育及特征特性 [J]. 中国烟草科学，2010，31(5)：19-24.
[130] 刘祥浩，陈义坤，李丹，等 . 金属导热式低温卷烟辅助工具：中国，103549663A[P]. 2014-02-05.
[131] 刘祥浩，陈义坤，李丹，等 . 一体导热式低温卷烟辅助工具：中国，103549662A[P]. 2014-02-05.
[132] 刘亚丽，郑路，洪群业，等 . 加热型无烟气烟草制品专利技术统计分析 [J]. 烟草科技，2013，(7)：16-19.
[133] 刘艳华，王志德，钱玉梅，等 . 烟草抗病毒病种质资源的鉴定与评价 [J]. 中国烟草科学，2007，28(5)：1-4.
[134] 刘勇，秦西云，李文正，等 . 抗青枯病烟草种质资源在云南省的评价 [J]. 植物遗传资源学报，2010，11(1)：10-16.
[135] 刘勇，许美玲，黄昌军，等 . 高抗烟草花叶病毒的烟草种质资源筛选 [J]. 种子，2016，35(12)：51-54.
[136] 卢秀萍，李永平 . 烤烟新品种云烟 201 的选育及特征特性 [J]. 湖南农业大学学报 (自然科学版)，2006，32(4)：378-381.
[137] 罗成刚，蒋予恩，王元英，等 . 烤烟新品种中烟 103 的选育及其特征特性 [J]. 中国烟草科学，2008，29(5)：1-5，10.
[138] 罗诚浩，陈义坤，魏敏，等 . 一种干馏型卷烟：中国，103190699A [P]. 2013-07-10.
[139] 罗勇，马莹，彭宇，等 . 烤烟新品种兴烟 1 号的选育及其特征特性 [J]. 中国烟草科学，2013，34(2)：89-92，98.
[140] 雒振宁，时焦，王聪，等 . 湖北晒晾烟地方种质对烟草白粉病抗性的温室鉴定 [J]. 烟草科技，2015，48(1)：26-30.
[141] 马维广，姜洪甲，邢世东，等 . 烤烟雄性不育辽烟 16 号的选育 [J]. 中国农学通报，2008，24(10)：157-160.
[142] 毛文中 . 傈僳族嚼烟能消炎 [J]. 医学文选，1991，(4)：94.
[143] 梅建华. 抑制氮氧自由基卷烟滤嘴及其制备方法：中国，1314117 [P]. 2001-09-26.
[144] 孟坤，时焦，孙丽萍，等 . 不同烟草品种对白粉病的抗性 [J]. 烟草科技，2013，(12)：78-80.
[145] 牛颜冰，王德富，姚敏，等 . 应用 RNA 沉默技术获取抗黄瓜花叶 (CMV) 和烟草花叶病毒 (TMV) 转基因烟草 [J]. 作物学报，2011，37(3)：484-488.
[146] 钱祖坤，文光红，赵传良，等 . 马里兰烟新品种五峰 1 号的选育及其特征特性 [J]. 安徽农业科学，2012，40(24)：11 972-11 973，11990.
[147] 邱恩建，陈荣平，宋宝刚，等 . 烤烟新品种龙江 237 的选育及其特征特性 [J]. 安徽农业科学，2014，42(2)：347-350.
[148] 邱恩建，陈荣平，宋宝刚，等 . 烤烟新品种龙江 981 的选育及其特征特性 [J]. 中国烟草科学，2015，36(4)：

18-23.

[149] 任民，王志德，牟建民，等．我国烟草种质资源的种类与分布概况．中国烟草科学，2009，30(增刊)：8-14.

[150] 任学良，李继新，李明海．美国烟草育种进展简况 [J]. 中国烟草学报，2007，6(13)：57-64.

[151] 荣廷玉，张晨东，张燕春．烤烟新品种云烟 317 简介 [J]. 中国烟草科学，1997，(4)：45-46.

[152] 沈轶．新一代烟草替代制品的研发和趋势 [J]．烟草科技，2012，(3)：38-40.

[153] 世界卫生组织．2008 年世界卫生组织全球烟草流行报告 [R]. 2008.

[154] 世界卫生组织．卫生组织烟草控制框架公约 - 缔约方会议：控制和预防无烟烟草制品和电子烟 - 公约秘书处的报告 [R]. 2010.

[155] 世界姓名译名手册编译组．世界姓名译名手册 [M]. 北京：化学工业出版社，1987.

[156] 宋俊，王勇，戴培刚，等．烤烟新品种川烟 1 号的选育及其特征特性 [J]. 中国烟草科学，2013，34(6)：5-9.

[157] 孙计平，吴照辉，李雪君，等．21 世纪中国烤烟种植区域及主栽品种变化分析 [J]. 中国烟草科学，2016，37(3)：86-92.

[158] 孙渭，陈志强，马英明，等．烤烟新品种秦烟 96 的选育及其特征特性 [J]. 中国烟草科学，2012，33(2)：28-33.

[159] 孙新会．戒毒康复病人用雾化电子烟替代戒烟 12 例疗效观察 [J]. 中国药物滥用防治杂志，2008(6)：323-324.

[160] 孙永剑．烟草行业无可奈何花落去 [N]. 中华工商时报，2014-01-03(A03).

[161] 谭彩兰，李永平，王颖宽，等．烤烟新品种云烟 85 的选育及其特征特性 [J]. 中国烟草科学，1997，(1)：7-10.

[162] 唐永红，马英明，薛锋，等．烤烟新品种秦烟 95 的选育与应用研究 [J]. 种子，2006，25(1)：71-73.

[163] 陶卫宁．论烟草传入我国的时间及其路线 [J]. 中国历史地理论丛 ,1998，(3)：157-164.

[164] 田峰，田晓云，吕启松，等．湘西晒红烟种质资源收集鉴定与创新 [J]. 作物品种资源，1999，(3)：12-14.

[165] 佟道儒，蒋予恩，李毅军．新疆霍城莫合烟 [J]. 中国烟草，1986，(3)：29-31.

[166] 佟道儒，邵进翚编译．烟草属植物 [M]. 北京：中国农业出版社，1996.

[167] 佟道儒．烟草育种学 [M]. 北京：中国农业出版社，1997：12-24.

[168] 汪仁兆．中草药合成香烟：中国，00113378.0[P]. 2001-11-07.

[169] 汪银生，张翔．明清时期福建烟草的传入与发展 [J]. 农业考古，2006，(1)：179-182.

[170] 王闯，胡亚杰，时显芸，等．中草药在卷烟中的应用研究进展 [J]. 广东农业科学，2010，(9)：60-62.

[171] 王春军，陈荣平，邱恩建，等．烤烟新品种粤烟 97 的选育及特征特性 [J]. 中国烟草科学，2010，31(5)：25-28.

[172] 王凤龙，时焦，钱玉梅，等．烟草种质资源对黄瓜花叶病毒抗性鉴定研究 [J]. 中国烟草科学，2000，(3)：1-4.

[173] 王年，石金开，孔凡玉，等．烟草品种资源对根结线虫病抗病性鉴定 [J]. 植物病理学报，2000，30(1)：82-86.

[174] 王仁刚，蔡刘体，任学良．烟属起源与分子系统进化的研究进展 [J]. 贵州农业科学，2011，39(1)：1-7.

[175] 王仁刚，李莉，杨春元，等．贵州烤烟品种资源对根结线虫的抗性鉴定 [J]. 贵州农业科学，2007，35(6)：57-59.

[176] 王仁刚，林世峰，杨志晓，等．烟草野生种资源对青枯病的抗性 [J]. 贵州农业科学，2016，44(12)：71-74.

[177] 王仁刚，王云鹏，任学良．烟属植物学分类研究新进展 [J]. 中国烟草学报，2010，16(2)：84-90.

[178] 王仁刚，杨春元，吴春，等．贵州晾晒烟品种资源对根结线虫的抗性研究 [J]. 安徽农业科学，2008，36(17)：7 242-7 243，7 252.

[179] 王素琴，陈廷贵，李桂英，等．烤烟新品种豫烟 3 号 [J]. 中国烟草科学，2001，(4)：27-28.

[180] 王素琴，刘凤兰，李群平，等．烤烟新品种豫烟四号的选育及特征特性 [J]. 中国烟草科学，2006，(3)：36-39.

[181] 王毅，黄文昌，蔡长春，等．白肋烟新品种鄂烟 101 的选育及其特征特性 [J]. 中国烟草科学，2011，32(增

刊 1)：39-44.

[182] 王元春，等 . 明清之际烟草在中国的传播和影响 [J]. 阜阳师范学院学报 (社会科学版)，2006，(3)：123-125.

[183] 王元英，周健 . 中美主要烟草品种亲缘分析与烟草育种 [J]. 中国烟草学报，1995，2(3)：11-22.

[184] 王志德，牟建民，刘艳华，等 . 我国烟草种质资源平台建设状况与发展思路 [J]. 中国烟草科学，2009，30(增刊)：1-7.

[185] 王志德，王元英，牟建民，等 . 烟草种质资源描述规范和数据标准 [M]. 北京：中国农业出版社，2006.

[186] 王志德，张兴伟，刘艳华 . 中国烟草核心种质图谱 [M]. 北京：科学技术文献出版社，2014.

[187] 魏治中，魏克强 . 烟草远缘杂交育种 [M]. 北京：中国农业科学技术出版社，2008.

[188] 魏治中，闫新甫，邓志峰，等 . 烟草与曼陀罗属间杂交育种研究 [J]. 中国烟草科学，2005，(01)：1-5.

[189] 魏治中 . 药烟栽培技术 [M]. 北京：金盾出版社，2002 年 .

[190] 魏治中 . 药用植物与烟草远缘诱导育种的研究 [A]// 跨世纪烟草农业科技展望和持续发展战略研讨会论文集 [C]. 北京：中国商业出版社，1998.

[191] 文光红，刘圣高，钱祖坤，等 . 马里兰烟新品种五峰 2 号的选育及其特征特性 [J]. 中国烟草科学，2014，35(6)：1-5.

[192] 巫升鑫，程崖芝，王涛，等 . 烤烟新品种闽烟 9 号的选育研究 [J]. 中国烟草学报，20163，19(6)：39-49.

[193] 巫升鑫，程崖芝，余文，等 . 烤烟新品种闽烟 12 选育研究 [J]. 中国烟草学报，2016，22(2)：43-51.

[194] 巫升鑫，方树民，潘建菁，等 . 烟草种质资源抗青枯病筛选鉴定 [J]. 中国烟草学报，2004，10(1)：22-24,40.

[195] 吴成林，黄文昌，李锡宏，等 . 湖北省不同白肋烟品种 (系) 黑胫病抗性鉴定 [J]. 湖北农业科学，2016，55(2)：359-361.

[196] 吴晗 . 谈烟草 [N]. 光明日报，1959-10-28.

[197] 肖丽娜，谭建，廖勇，等 . 烤烟新品种南江 3 号的特征特性研究 [J]. 种子，2011，30(2)：89-91,93.

[198] 萧德荣，周定国 . 21 世纪世界地名录 (上中下册)[M]. 北京：现代出版社，2001.

[199] 小川茂男 . クバコ属植物图鉴 (The Genus Nicotiana Illustrated)[M]. 日本東京都：日本たばこ产业株式会社，1994.

[200] 许美玲，李永平，殷端，等 . 烟草种质资源图鉴 (上、下册)[M]. 北京：科学出版社，2009.

[201] 许美玲，卢秀萍，王树会 . 烟草品种资源对根结线虫病的抗性评价 [J]. 烟草科技，1998，(3)：42-43.

[202] 许石剑，肖炳光，李永平 . 烟草抗 TMV 育种研究进展 [J]. 中国农学通报，2009，25(16)：91-94.

[203] 许文舟 . 吸旱烟的佤族妇女 [J]. 食品与生活，2008，(12)：28-29.

[204] 许永，向能军，缪明明 . 中草药添加剂在卷烟中的应用 [J]. 云南化工，2007，34(4)：67-75.

[205] 闫克玉，赵铭钦 . 烟草原料学 [M]. 北京：科学出版社，2008：306-313.

[206] 杨春元，任学良，吴春 . 贵州烟草品种资源 (卷一)[M]. 贵阳：贵州科技出版社，2008.

[207] 杨春元，吴春，任学良 . 贵州烟草品种资源 (卷二)[M]. 贵阳：贵州科技出版社，2009.

[208] 杨春元 . 贵州烟草品种资源 (卷一)[M]. 贵阳：贵州科技出版社，2008.

[209] 杨进文，魏治中 . 烟草与罗勒科间远缘杂交育种的研究 [J]. 山西农业大学学报 (自然科学版)，2014，34(01)：10-16.

[210] 杨良驹，张龙根，王金康，等 . 降低卷烟烟气有害成分的卷烟滤嘴：中国，1356072[P]. 2002-07-03.

[211] 杨天瑞 . 兰州水烟 [J]. 发展，2013，(3)：47-49.

[212] 杨铁钊，张小全，李群平，等 . 烤烟新品种豫烟 6 号的选育及特征特性 [J]. 中国烟草科学，2010，31(3)：7-12.

[213] 杨铁钊，张小全，殷全玉，等 . 烤烟新品种豫烟 10 号的选育及其特征特性 [J]. 中国烟草学报，2015，21

(3)：48-56.

[214] 杨小年，易建华，蒲文宣，等．烤烟新品种湘烟 2 号的选育及其特征特性 [J]. 湖北农业科学，2012，51(12)：2 517-2 523.

[215] 杨友才，周清明，朱列书．烟草品种青枯病抗病性及抗性遗传研究 [J]. 湖南农业大学学报 (自然科学版)，2005，31(4)：381-383.

[216] 叶依能．烟草：传入、发展及其他 [J]. 中国烟草科学，1986，(3)：23-26.

[217] 于海芹，卢秀萍，肖炳光，等．烤烟新品种 YH05 选育及其特征特性研究 [J]. 云南农业大学学报，2012，27(2)：203-209.

[218] 于梅芳，王玉奎．“抢救”晒晾烟资源 - 关于补充征集烟草品种的意见 [J]. 中国烟草，1980，(2)：37-38.

[219] 于梅芳．我国烟草品种资源的研究 [J]. 中国种业．1986，(1): 11-14.

[220] 于民．兰州水烟兴衰记 [N]. 甘肃经济日报，2006-06-01.

[221] 喻奇伟，翟欣，顾怀胜，等．烤烟新品种黔西 1 号的选育及其特征特性 [J]. 中国烟草科学，2012，33(2)：34-37.

[222] 喻奇伟，翟欣，江远泽，等．毕纳 1 号烤烟新品系的选育及特征特性研究 [J]. 江西农业学报，2011，23(9)：15-17.

[223] 苑文林．烤烟品种发展趋势的探讨 [J]. 贵州烟草，1985，(1)：25-37.

[224] 苑文林．湄潭县烤烟生产的引入发展以及在国内的影响 [J]. 贵州省湄潭县文史资料第十辑，1999,10,200-204.

[225] 苑文林．烟草属种名拉丁文中译名录——烟草属种名中译名之商榷 [J]. 贵州烟草，1990，(2)：64-67.

[226] 张丽芬，黄学跃，赵立红．云南优特异晾晒烟品种 [J]. 云南农业，2003，(12)：10-12.

[227] 张文杰．鼻烟杂谈 [J]. 烟草科技，1990，(4)：46-48.

[228] 张兴伟，冯全福，杨爱国，等．中国烟草种质资源分发利用情况分析 [J]. 植物遗传资源学报，2016,17(3)：507-516.

[229] 张兴伟，王志德，张久权，等．中国烟草种质资源信息网的开发与应用 [J]. 中国烟草科学，2009，30(增刊)：32-36.

[230] 张兴伟，邢丽敏，苏建东，等．新型烟草制品未来发展探讨 [J]. 中国烟草科学，2015,36(4)：110-116.

[231] 张兴伟．烟草基因组计划进展篇：4. 中国烟草种质资源平台建设 [J]. 中国烟草科学，2013，34(4)：112-113.

[232] 张艳，李小波，杨超．不同白肋烟品种 (系) 青枯病黑胫病抗性比较 [J]. 安徽农业科学，2015，43(26)：118-119.

[233] 张谊寒，焦芳婵，吴兴富，等．烤烟新品种云烟 100 的选育及其特征特性 [J]. 贵州农业科学，2015，43(11)：11-13，16.

[234] 张振臣，邓海滨，刘琼光，等．广东抗青枯病烟草种质资源筛选 [J]. 广东农业科学，2014，(7)：27-29.

[235] 赵浩达，王梦萦，欧姝媚，等．无害电子烟烟液的配制 [J]. 化学工程师，2012，(11)：58-60.

[236] 赵伟才，邱妙文，陈杰，等．烤烟新品种粤烟 98 的选育及其特征特性 [J]. 中国烟草学报，2013，19 (4)：35-40.

[237] 赵伟才，邱妙文，罗慧红，等．烤烟新品种粤烟 96 选育研究 [J]. 广东农业科学，2008，(3)：11-13.

[238] 赵伟才，邱妙文，罗慧红，等．烤烟新品种粤烟 97 的选育及特征特性 [J]. 中国烟草科学，2010，31 (2)：10-14.

[239] 郑超雄．从广西合浦明代窑址内发现瓷烟斗谈及烟草传入我国的时间问题 [J]. 农业考古，1986，(2)：383-387.

[240] 郑明伟，冯娅，姜清治，等 . 烤烟新品种遵烟 6 号的特性研究 [J]. 耕作与栽培，2012，(2)：29-30，12.

[241] 中国农业科学院烟草研究所 . 中国烟草品种志 [M]. 农业出版社，1987.

[242] 中国烟草白肋烟试验站、湖北省烟草科研所 . 中国烟草白肋烟种质资源 [M]. 武汉：湖北科学技术出版社，2009.

[243] 中国烟叶公司 . 中国烟叶生产实用技术指南 [M]. 北京：中国烟叶公司，2017.

[244] 周应兵，杨华应，邵伏文，等 . 烤烟新品种安烟 1 号的选育及其特征特性 [J]. 安徽农业科学，2014，42(23)：7 792-7 796.

[245] 朱贵川，龙丽琴，喻奇伟，等 . 烤烟新品种韭菜坪 2 号的选育及特征特性 [J]. 贵州农业科学，2009，37(5)：16-19.

[246] 訾天镇，杨升同 . 晾晒烟栽培与调制 [M]. 上海：上海科学技术出版社，1988.